THIS IS SPAIN

THIS IS SPAIN

초판 1쇄 발행 2019년 4월 1일
개정 1판 1쇄 발행 2022년 8월 10일
개정 2판 1쇄 발행 2023년 4월 3일
개정 3판 1쇄 발행 2024년 5월 10일
개정 3판 2쇄 발행 2024년 10월 16일

지은이 전혜진

발행인 박성아
편집 김현신
디자인 & 지도 일러스트 the Cube
제작·경영 지원 유양현, 홍사여리

펴낸 곳 테라(TERRA)
주소 03925 서울시 마포구 월드컵북로 400, 서울경제진흥원 2층(상암동)
전화 02 332 6976
팩스 02 332 6978
이메일 travel@terrabooks.co.kr
인스타그램 terrabooks
등록 제2009-000244호
ISBN 979-11-92767-19-2 13980
값 21,000원

THIS IS
디스이즈스페인
SPAIN

글·사진 전혜진

TERRA

About <This is SPAIN>

● 스페인 여행에 대해 알쏭달쏭하고 궁금했던 질문과 답을 한곳에 모은 FAQ

여행자가 정말 궁금한 질문만 앞부분에 따로 모은 FAQ가 여행자의 궁금증을 한 번에 해소해드립니다.

● 계획 1도 없이 떠나도 좋아! 이대로 따라 하기만 해도 완벽한 추천 일정

<디스 이즈 스페인>이 제시하는 8개의 스페인 베스트 코스와 도시별 추천 일정은 평균 소요 시간과 이동시간을 면밀하게 계산한 것입니다. 어디부터 어떻게 가야할 지 감이 오지 않는 초보 여행자들에게 자신있게 권하는 일정입니다.

● 더 이상의 방황은 없다! 한눈에 쏙 들어오는 친절한 교통 정보

교통 정보는 이 책에서 가장 심혈을 기울인 부분 중 하나입니다. 여행자가 가장 많이 이용하는 교통수단을 중심으로 글보다 '도표와 사진 위주'로 쉽게 설명했습니다.

● 스페인 가이드북의 끝판왕! 안심되는 현지 실용 정보

여행자의 거점이 되는 공항과 기차역, 버스터미널의 부대시설은 물론 화장실, 코인 로커, 여행안내소, 슈퍼마켓, 통신사 대리점의 위치까지 사진과 함께 자세히 소개해 여행자의 시간을 최대한 아껴드립니다.

● 아는 만큼 보인다! 재미있고 풍부한 읽을거리

스페인 여행은 문화 기행의 성격이 강한 만큼, 관광 명소는 물론 역사적인 건물과 예술품의 문화적 지식을 풍부하게 실어 여행자들의 이해를 도왔습니다.

● 유럽 여행서 중 최고! 지도 앱보다 강력한 세밀 지도

지도 앱에서 잘 보이지 않는 작은 길 하나까지도 놓치지 않고 정확하게 만든 <디스 이즈 스페인>의 세밀 지도는 유럽 여행서 중 최고임을 자부합니다.

● 꾹꾹 눌러 담은 스페인의 '찐' 맛집 대방출

세상 어느 곳보다도 먹는 즐거움이 넘쳐 나는 스페인의 식문화를 A부터 Z까지 제대로 즐길 수 있도록, 스페인 음식 문화를 낱낱이 파헤쳐 소개했습니다.

이 책의 지도에 사용된 기호

관광 명소	여행안내소	메트로 역	바르셀로나 렌페 로달리에스
쇼핑	성당	기차역	마드리드 렌페 세르카니아스
레스토랑	화장실	버스터미널	트램
카페·디저트	주차장	버스 정류장	푸니쿨라
호텔·호스텔	맥도날드, 스타벅스	공항	케이블카
엔터테인먼트	버거킹, KFC	항구·선착장	바르셀로나 FGC

일러두기

- 이 책에 수록된 요금 및 영업시간, 교통 패스, 스케줄 등의 정보는 현지 사정에 따라 수시로 변동될 수 있습니다. 여행에 불편함이 없도록 방문 전 공식 홈페이지 또는 현장에서 다시 확인하길 권합니다.

- 일부 박물관과 미술관은 입장객 수 조절을 위해 인터넷 예매로만 입장권을 판매하는 곳이 있으며, 예매 수수료를 받기도 합니다. 성수기에는 예매 필수가 아니더라도 예매하고 가는 것이 안전합니다.

- 외래어 표기는 국립국어원의 외래어 표기법을 따랐으나, 우리에게 익숙하거나 이미 굳어진 지명과 인명, 관광지명, 상호 및 상품명 등은 관용적 표현을 사용함으로써 독자의 이해와 인터넷 검색을 도왔습니다.

- 이 책에서 Ⓖ 는 온라인 지도 서비스인 구글맵스(www.google.com/maps)의 검색 키워드를 의미합니다. 구글맵스에서 장소를 찾을 때 그 장소의 스페인어명과 도시명을 입력하면 되므로, 이 책에서는 한국어로 검색할 수 있는 곳의 검색 키워드는 한국어로 적었고, 그렇지 않은 곳은 간단한 단어 또는 구글맵스에서 제공하는 '플러스 코드(Plus Code, ·⁝·)'로 표기했습니다. 플러스 코드는 '95J9+2H 바르셀로나'와 같이 알파벳(대소문자 구분 없음)과 숫자로 이루어진 6~7개의 문자와 '+' 기호, 도시명으로 이루어져 있습니다. 도시명은 한국어로 입력할 수 있으며, 현재 내 위치가 있는 도시에서 장소를 검색할 경우 생략해도 됩니다.

- 구글맵스에서 목적지를 검색할 때 대소문자는 구분하지 않으며, ñ, ü, á, é, í, ó, ú 등의 특수문자는 강세부호를 생략하고 각각 n, u, a, e, i, o, u로 검색하면 됩니다.

- 스페인에서 날짜는 일/월/년 순으로 표기합니다. 예를 들어 2024년 8월 15일이라면, 15/08/2024이라고 적습니다. 월을 영어로 표기해 15/Aug/2024라고 적는 것도 좋은 방법입니다.

- 스페인에서는 0세부터 시작해 각자 생일을 기준으로 1살씩 추가하는 '만 나이'를 사용하고 있습니다. 이 책에 수록된 나이 기준은 모두 만 나이입니다.

- 스페인은 건물의 층수를 셀 때 '0'부터 시작합니다. 즉, 우리나라의 1층이 스페인에서는 0층, 우리나라의 2층이 스페인에서는 1층인 식입니다. 스페인어로 0층은 PB(Planta Baja), 1층은 Primer Piso, 2층은 Segundo Piso라고 표기합니다.

- 스페인에서는 천 자리 숫자 단위를 표시할 때 쉼표(,) 대신 마침표(.)를, 소수점을 표시할 때는 마침표(.) 대신 쉼표(,)를 사용합니다. 예를 들어 1,000은 1.000, 13.5는 13,5로 적습니다. 이 책에서는 우리나라식으로 표기했습니다.

- 교통 및 도보 소요 시간은 대략적으로 적었으며, 현지 사정에 따라 다를 수 있습니다.

- 교통편 운행 시간 및 각 장소의 오픈 시간은 평일과 휴일(토·일요일 및 공휴일)에 따라 달라질 수 있습니다. 이 책에서는 주로 평일을 기준으로 작성했습니다.

- 급격히 상승하는 에너지 가격 등 높은 인플레이션에 대응해 2024년 말까지 스페인의 여러 도시에서 대중교통 요금을 할인 중입니다. 이후 정책 변화에 따라 할인이 종료되거나 연장될 수 있음을 알려 드립니다.

Contents

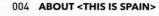

SPAIN Gourmet & Shopping

About SPAIN 05

바르셀로나 & 근교 도시

마드리드 & 근교 도시

남부 지역

남부 해안 지역

북부 지역

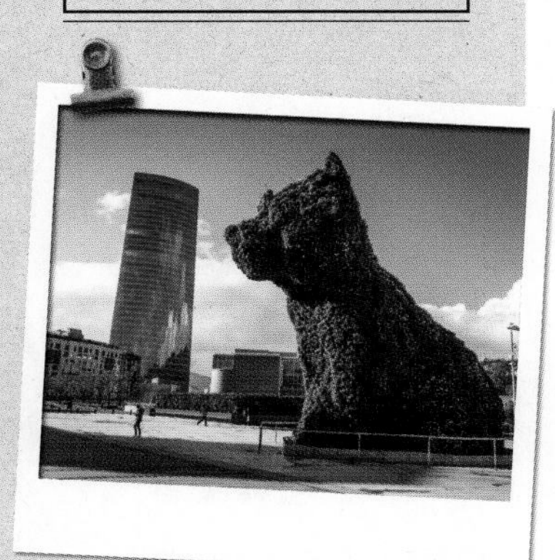

자신 있게 소개하는
스페인 추천 명소 20선

Best Attractions 20

01 바르셀로나

가우디 최고의 건축 걸작

푸른 지중해를 바라보며 자유를 갈망하는 항구도시 바르셀로나는 역사에 남을 예술가 안토니 가우디를 키워냈다. 가우디의 작품이 길모퉁이 건물이 되고, 공원이 되고, 가로등이 되는 예술의 도시. 내딛는 걸음마다 영화 속 한 장면이다.

02 바르셀로나 에스파냐 광장의 화려한 분수 쇼

일 년 내내 축제와 문화의 중심이 되는 에스파냐 광장에는 마법과도 같은 분수가 기다리고 있다. 음악과 함께 춤추는 분수의 물결이 꿈처럼 아름다운 한밤의 추억이 되는 곳. 달콤한 키스처럼 공기마저 로맨틱하다.

03 바르셀로나 고딕 지구 느리게 걷기

고딕 지구로 걸어 들어가는 한 걸음 한 걸음은 오래 전의 이곳으로 떠나는 타임머신이다. 거리 끝에서 만나는 작은 광장에도 무심히 걸터앉은 계단에도 수백 년 전의 이야기가 새겨져 있다. 골목골목이 모두 손때 묻은 역사책이다.

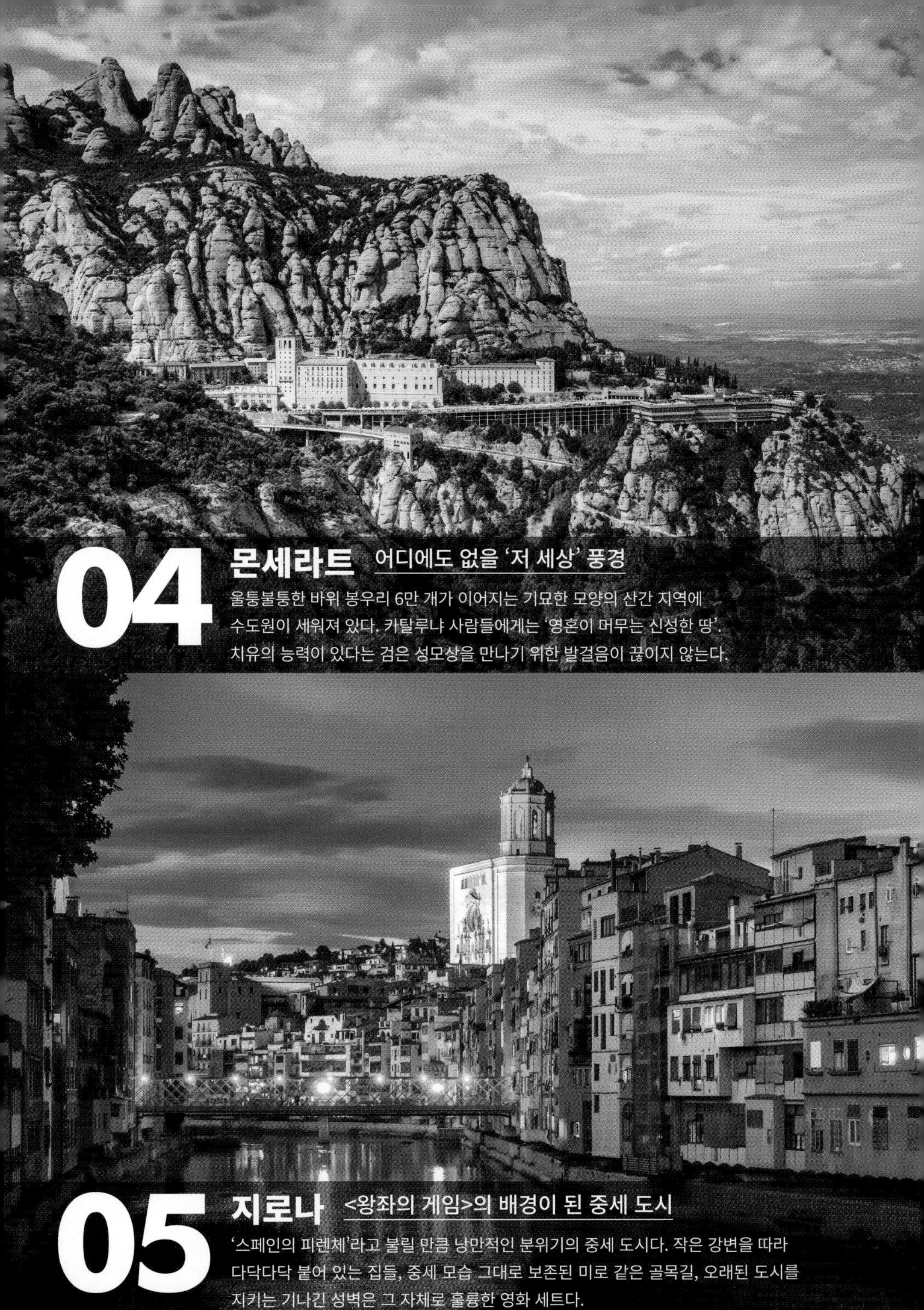

04 몬세라트 어디에도 없을 '저 세상' 풍경

울퉁불퉁한 바위 봉우리 6만 개가 이어지는 기묘한 모양의 산간 지역에 수도원이 세워져 있다. 카탈루냐 사람들에게는 '영혼이 머무는 신성한 땅'. 치유의 능력이 있다는 검은 성모상을 만나기 위한 발걸음이 끊이지 않는다.

05 지로나 <왕좌의 게임>의 배경이 된 중세 도시

'스페인의 피렌체'라고 불릴 만큼 낭만적인 분위기의 중세 도시다. 작은 강변을 따라 다닥다닥 붙어 있는 집들, 중세 모습 그대로 보존된 미로 같은 골목길, 오래된 도시를 지키는 기나긴 성벽은 그 자체로 훌륭한 영화 세트다.

06 시체스 자유와 낭만이 밀려오는 해변 도시

바르셀로나에서 40km 정도 떨어진 해변 도시. 동성 커플들이 자유로운 분위기로 즐기는 여름 휴양지로 명성이 높다. 푸른 바다와 황금빛 모래밭, 고풍스러운 구시가까지 모두 한 번에 즐길 수 있다.

07 마드리드 잊지 못할 감동, 고품격 미술관 순례

왕실의 소장품으로 가득한 프라도 미술관부터 피카소의 <게르니카>가 전시된 레이나 소피아 미술관까지. 스페인이 자랑하는 최고의 미술관은 모두 마드리드에 모여 있다. 팍스 에스파냐(스페인 주도의 평화 체제)를 외치던 스페인 왕실이 모아놓은 진귀한 미술품의 보고다.

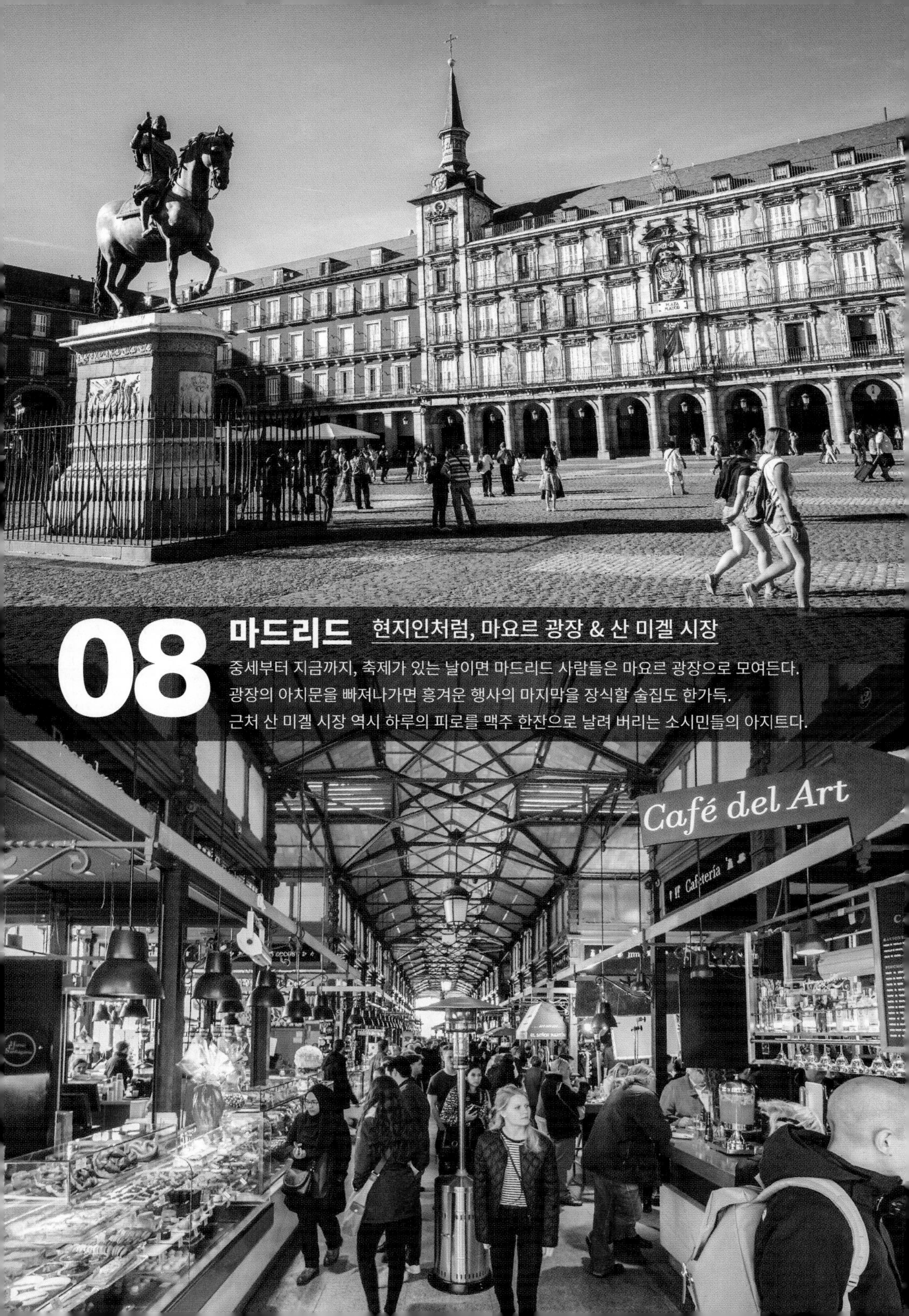

08 마드리드 현지인처럼, 마요르 광장 & 산 미겔 시장

중세부터 지금까지, 축제가 있는 날이면 마드리드 사람들은 마요르 광장으로 모여든다.
광장의 아치문을 빠져나가면 흥겨운 행사의 마지막을 장식할 술집도 한가득.
근처 산 미겔 시장 역시 하루의 피로를 맥주 한잔으로 날려 버리는 소시민들의 아지트다.

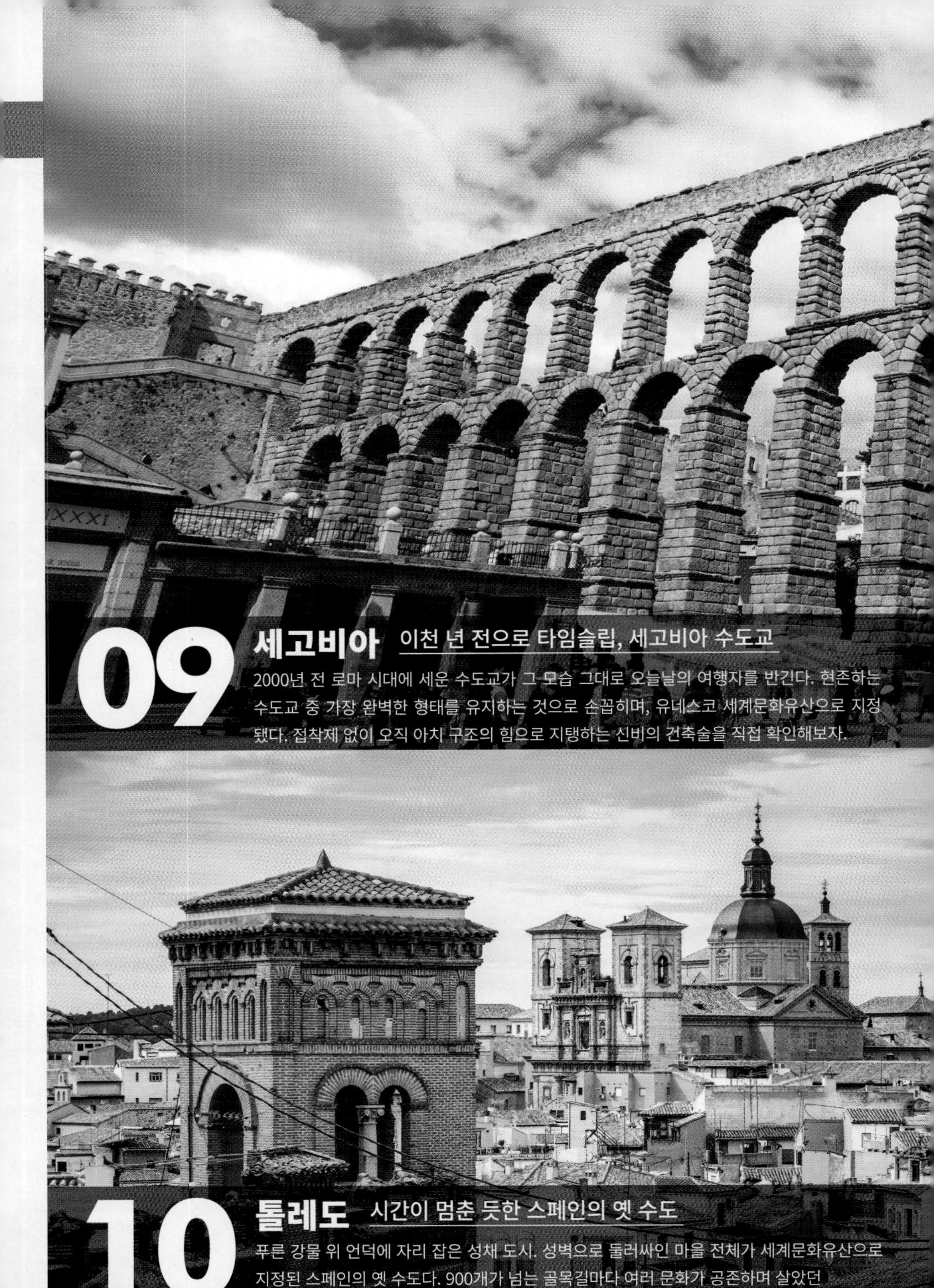

09 세고비아 이천 년 전으로 타임슬립, 세고비아 수도교

2000년 전 로마 시대에 세운 수도교가 그 모습 그대로 오늘날의 여행자를 반긴다. 현존하는 수도교 중 가장 완벽한 형태를 유지하는 것으로 손꼽히며, 유네스코 세계문화유산으로 지정됐다. 접착제 없이 오직 아치 구조의 힘으로 지탱하는 신비의 건축술을 직접 확인해보자.

10 톨레도 시간이 멈춘 듯한 스페인의 옛 수도

푸른 강물 위 언덕에 자리 잡은 성채 도시. 성벽으로 둘러싸인 마을 전체가 세계문화유산으로 지정된 스페인의 옛 수도다. 900개가 넘는 골목길마다 여러 문화가 공존하며 살았던 수백 년 전 모습을 그대로 간직하고 있다.

11 쿠엥카 아슬아슬, 절벽 끝에 매달린 옛 가옥

절벽 위에 자리 잡은 난공불락의 요새 도시. 마을 전체가 유네스코 문화유산으로 등재됐다. 거대한 협곡의 절벽 끝에 아슬아슬하게 매달린 15세기 가옥 풍경으로 유명하다

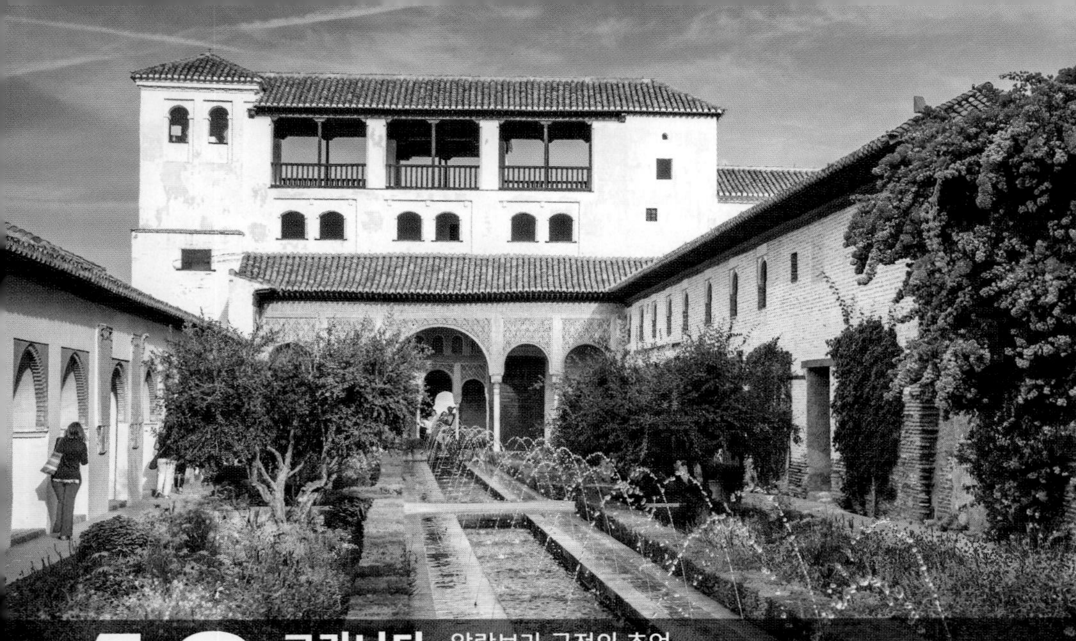

12 그라나다 알람브라 궁전의 추억

스페인 여행을 꿈꾸게 만드는 이름, 알람브라. 스페인을 점령했던 이슬람 왕국이 남긴 최후의 궁전이자, 유럽에 세워진 최고의 아랍 유적지로 꼽힌다. 눈부신 아라베스크가 선보이는 절대 미학을 만날 수 있다.

13 그라나다 붉게 타오르는 빛, 알바이신 언덕 전망대

알바이신 언덕으로 올라가면 만년설을 얹은 네바다산맥 아래로 알람브라가 펼쳐지는 그라나다 최고의 전망을 누릴 수 있다. 해 질 무렵이면 더욱더 선명해지는 붉은빛의 향연. 평생 잊지 못할 순간으로 꼽을 단 하나의 풍경이다.

14 세비야 광장계의 원탑, 에스파냐 광장

스페인에서 가장 아름다운 광장으로 손꼽히는 에스파냐 광장. 어느 방향에서 찍어도 근사하게 살아나는 화사한 배경 덕분에 CF나 화보의 단골 촬영 장소로 사랑받는다. SNS 타임라인을 장식하는 핫 스폿도 바로 이곳!

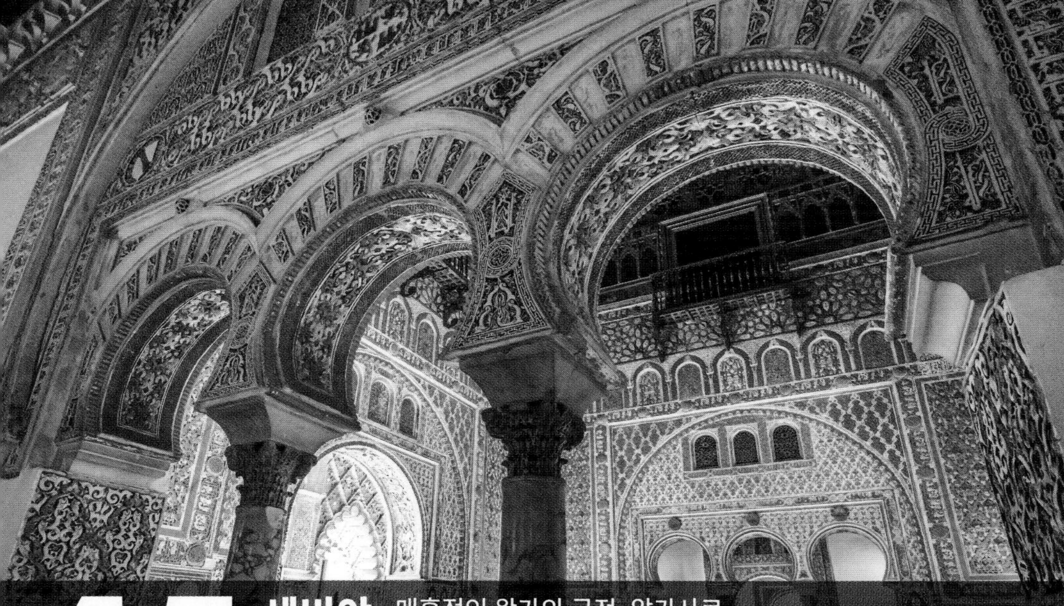

15 세비야 매혹적인 왕가의 궁전, 알카사르

세비야의 운명을 좌지우지하던 군주들이 살았던 은밀하고 매혹적인 궁전. 세비야를 떠도는 무수한 전설이 이곳을 배경으로 탄생했다. 유네스코 세계문화유산에 등재된 유럽의 궁전 중에서도 가장 오래된 궁전이다.

16 론다 절벽을 가로지르는 아찔한 다리

19세기 낭만파 예술가들에게 무한한 영감을 주었던 절벽 도시. 까마득한 절벽을 가로지르는 다리는 세상 어디에도 없는 드라마틱한 풍경이다. 헤밍웨이의 소설에도 등장한 시청과 협곡, 투우장을 빠짐없이 둘러보자.

17 코르도바 스페인에 남은 이슬람 문화의 향기

유럽 속의 이슬람 문화를 꽃피운 알 안달루스의 중심지. 한때 스페인 남부와 포르투갈을 지배하던 이슬람 칼리프 왕조의 수도다. 다양한 문화와 인종이 공존하던 황금기의 유산들이 구시가 구석구석에 남아 있다.

18 네르하 푸른 지중해를 바라보는 유럽의 발코니

하얀 집들이 이어지는 태양의 해변 '코스타 델 솔'에서도 숨겨진 보석이라는 극찬을 받는 스페인 남부 해안의 작은 마을이다. 해안 절벽에 불쑥 튀어나온 '유럽의 발코니'에 서면 발아래가 온통 푸른 바다다.

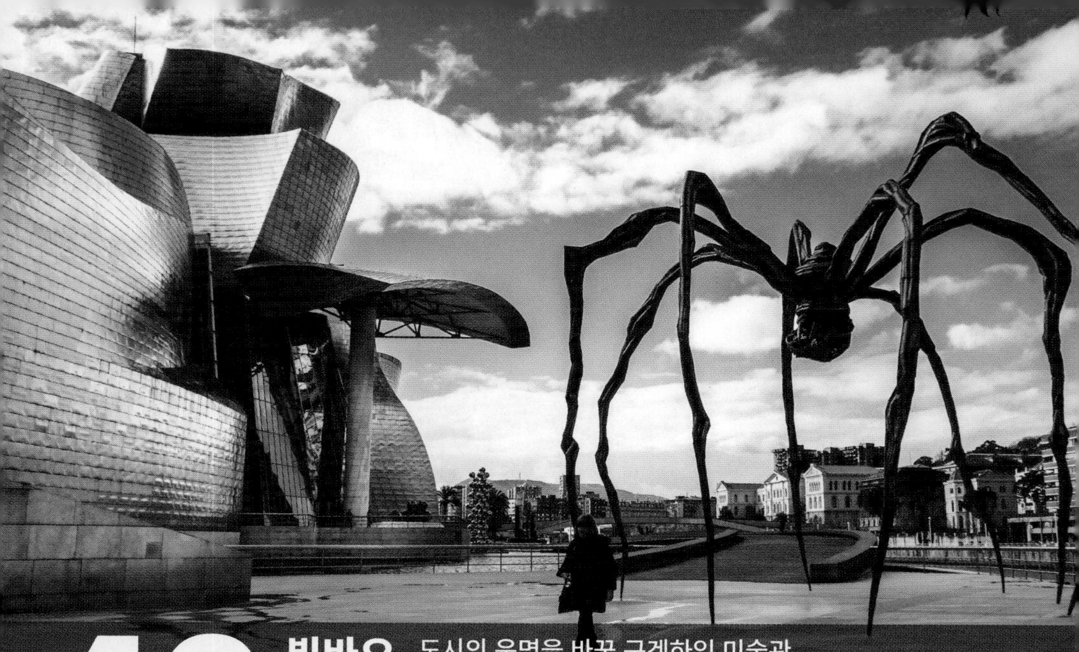

19 빌바오 도시의 운명을 바꾼 구겐하임 미술관

디자인으로 미래를 개척한 도시다. 한때 버려진 고철덩이만 쌓여 있던 빌바오 강변에는 구겐하임 미술관을 비롯해 감각적인 디자인의 21세기 최첨단 빌딩들이 가득하다. 특히 3만 장이 넘는 티타늄 강판을 사용해 미끈한 곡선으로 뽑아낸 구겐하임 미술관은 그 자체가 멋진 작품이다.

20 산 세바스티안 맛으로 승부하는 미식의 도시

tvN 예능 <장사천재 백사장>의 배경으로 등장해 우리에게도 유명해진 휴양 도시다. 오래된 골목을 가득 채운 바르마다 자신만의 특제 레시피를 선보이는 미식의 본고장. 하루 열 끼를 먹어도 다 먹지 못할 미지의 음식들이 기다리고 있다.

여행자가 가장 궁금해하는

12가지 유용한 정보와 알짜 여행 팁을 한자리에!

FAQ 12

FAQ

01

스페인 여행은 언제 가는 게 좋나요?

◆ 여행하기 제일 좋은 4~6월, 9~11월

스페인은 우리나라와 같은 사계절을 가지고 있지만, 지중해성 기후라 우리나라보다 봄과 가을이 길다. 4월부터 따뜻한 훈풍이 불기 시작하고, 지역에 따라 11월까지도 포근하다. 적당한 기온과 쾌적한 날씨를 즐길 수 있는 4~6월과 9~11월에는 크고 작은 축제가 많고, 항공권이나 숙소를 구할 때도 여유가 있다. 단, 같은 시기라도 지역에 따라 기온차가 큰 편이다.

★
쇼핑이 목적이라면 겨울을 공략하자!

상점의 쇼윈도마다 '레바하스(REBAJAS)'라는 글자가 붙기 시작하면 정기 세일의 시작이다. 1년에 딱 두 번, 1월 7일과 7월 초에 시작하는데, 특히 겨울 세일은 2월 중순까지 길게 이어진다. 대형 매장뿐 아니라 작은 가게도 세일에 참여하며, 자라나 망고, 마시모 두띠 같은 패션 브랜드의 참여율이 제일 높다. 세일에 관한 자세한 사항은 95p 참고.

◆ 바다가 뜨거워지는 7~8월

휴가와 방학이 있는 7~8월은 여행자가 제일 많이 몰리는 시기다. 따라서 일년 중 항공료와 숙박비가 가장 비싸고, 항공권을 미리 예매하지 않으면 원하는 날짜에 출발하기도 힘들다. 이 기간의 스페인은 우리나라의 여름만큼이나 뜨겁다. 특히 남부 안달루시아 지방은 한낮 기온이 40°C를 넘는 날이 많다. 하지만, 습도가 낮아 그늘에 들어가면 제법 시원하다. 또한 오후 2~4시는 뜨거운 한낮의 열기를 피해 휴식을 취하는 시에스타Siesta 시간이다. 이때에는 대부분 상점과 관공서가 문을 닫고 거리도 조용해진다. 2009년 금융위기 이후 시에스타를 차츰 줄이는 추세지만, 남부 안달루시아 지역의 소도시로 갈수록 시에스타가 잘 지켜지는 편이다.

◆ 한적한 스페인을 즐기는 1~2월

관광지의 긴 줄을 피하고 싶다면 오히려 1~2월에 방문하는 것이 좋다. 특히 바르셀로나의 가우디 건축물이나 그라나다의 알람브라처럼 관광객이 몰리는 명소를 느긋하게 둘러보기 좋은 시기다. 겨울철은 온난 다습한 지중해성 기후라 비 오는 날이 많긴 하지만, 강렬한 햇빛이 쏟아지는 여름보다 여행하기에 편한 이점도 있다. 남부 지방의 한낮 기온은 가을처럼 따뜻하기도 하다. 숙박 요금도 성수기보다 절반 가까이 떨어지고, 인기 있는 숙소를 예약하기도 쉽다. 단, 크리스마스 시즌과 연말연시에는 문을 닫는 관광지와 식당, 상점이 많다.

봄, 마드리드 여름, 바르셀로나 가을, 그라나다 겨울, 산 세바스티안

유럽이라 물가가 비쌀 것 같은데, 하루 예산은 얼마나 잡아야 하나요?

◆ 여행 예산 계산법

전체 예산 = 하루 예산(숙박비, 식비, 시내교통비 등) X 여행일수
+ 도시 간 이동 비용(비행기·기차·버스 요금) + 입장료 + 투어 이용요금
+ 쇼핑 비용 + 비상금 + 왕복 항공권

✚ 여행 타입별 하루 예산표(1인 기준)

	알뜰형	호텔형	럭셔리형
숙박비	일평균 60€ 민박 & 호스텔 도미토리	일평균 100€ 3성급 호텔 더블룸	일평균 200€ 4성급 이상 호텔 더블룸
식사비	일평균 40~50€ **아침** 민박 제공 **점심** 메뉴 델 디아 **저녁** 타파스	일평균 60~70€ **아침** 호텔 제공 **점심** 메뉴 델 디아 **저녁** 레스토랑 단일 메뉴	일평균 120~140€ **아침** 호텔 제공 **점심** 레스토랑 단일 메뉴 **저녁** 레스토랑 코스 메뉴
입장료	일평균 40€ 박물관, 미술관, 유적지 등 기본 입장료		
시내교통비 & 잡비	일평균 20€ 버스, 지하철, 간식, 숙소에서 마실 맥주·와인 등		
하루 예산	160~170€	220~230€	380~400€

*호텔은 더블룸을 기준으로 1인당 경비를 산출했으므로 싱글룸을 이용할 경우에는 위 숙박비의 1.5~2배 정도임을 감안해야 한다.

★
관광세가 따로 있다

프랑스, 이탈리아 등 다른 유럽 국가들처럼 스페인도 관광객에게 받는 관광세(Tourist Tax)를 늘려가는 추세다. 숙소를 예약할 때 숙박비에 포함하는 경우도 있고, 체크인할 때 따로 요구하기도 한다. 바르셀로나에서는 숙소 등급에 따라 1박당 1인 4.25~6.75€(2024년 10월 기준)씩 부과하고 있다.

◆ 교통편은 무조건 빨리 예매한다

교통비는 빨리 예매할수록 저렴해진다. 항공뿐 아니라 기차와 버스도 여행을 떠나기 전에 예매할 수 있다. 대략적인 코스가 정해지면 3~4개월 전부터 교통편을 검색하기 시작하자. 알사Alsa 버스는 절반 이상 할인된 특가 티켓이 자주 나오고, 스페인 국영 철도 렌페Renfe 역시 할인 폭이 큰 티켓부터 매진된다.

저가 항공이 발달한 스페인은 국내선 요금도 저렴하다. 프로모션 요금으로 예매하면 기차와 비슷한 20~50€에 국내선 항공권을 구할 수 있다. 스페인은 공항과 시내가 가까운 편이라서, 버스나 기차로 이동 시간이 3시간 이상 걸린다면 공항과 시내를 오가는 시간을 고려하더라도 저가 항공이 유리하다는 점도 기억해두자.

스페인 대표 고속버스 회사, 알사

◆ 보는 만큼 늘어나는 입장료

스페인은 교과서에서 본 명작이 가득한 미술관과 성당, 멋진 건축물과 놓칠 수 없는 세계문화유산까지 볼거리가 무궁무진하다. 특히 바르셀로나에서는 봐도 봐도 끝이 없는 명소들 때문에 입장료에 드는 비용이 만만치 않다. 여행자가 반드시 방문하는 가우디의 건축물만 해도 보통 20€ 이상이다. 비용을 줄이려면 최대한 할인 받을 수 있는 조건들을 알뜰하게 챙기자. 일정 연령 이하거나 국제학생증을 소지하면 할인 또는 무료 혜택을 주는 곳이 많다. 명소마다 무료입장할 수 있는 날짜와 시간도 꼼꼼하게 따져보자.

그라나다는 술을 한 잔 주문할 때마다 타파스를 하나씩 공짜로 내주는 바르가 많다.

◆ 다른 서유럽 국가보다 저렴한 식비

스페인은 다른 서유럽 국가보다 물가가 저렴한 편이다. 특히 타파스 문화 덕분에 음식의 가격대가 전반적으로 낮아서 이를 잘만 활용하면 식비를 크게 절약할 수 있다. 점심시간에는 오늘의 메뉴 '메뉴 델 디아Menu del Dia'를 이용하면 15~20€ 정도에 빵과 음료가 포함된 푸짐한 3코스 식사를 즐길 수 있다. 하지만 일반적인 레스토랑에서 와인 한잔을 곁들여 식사하려면 1인당 30~50€, 고급 레스토랑에서는 1인당 80~150€ 정도 예상해야 한다.

◆ 계절에 따라 차이가 큰 숙박비

온라인 호텔 예약 사이트의 예약 비중이 높아지면서 예약률에 따라 숙박 요금도 빠르게 오르내린다. 성수기에는 요금이 비쌀 뿐만 아니라 좋은 객실을 잡는 것도 힘들다. 바르셀로나 같은 대도시는 물론 인기 있는 해안 지역의 숙박 요금도 크게 오른다. 성수기, 비수기에 따라 요금의 차이가 큰 편이지만, 혼자 여행하는 사람이 제일 저렴하게 묵을 수 있는 도미토리(다인실)는 대개 35~60€, 2명이 머물 수 있는 더블룸은 대개 120~200€ 정도다.

항공권은 어떻게 구매하면 저렴하고 효율적인가요?

◆ 항공권 구매는 최소 1개월 전, 성수기에는 최소 3개월 전

우리나라에서 스페인까지 원하는 날짜에 출발하는 할인 항공권을 사려면 최소 1개월 전에는 예약하는 것이 좋다. 성수기라면 적어도 3개월 전에는 예약해야 한다. 연휴 기간이나 여름 휴가철, 설날이나 추석 시즌에는 6개월 전부터 준비해야 원하는 항공권을 구할 수 있다.

◆ 요금 비교 사이트에서 항공권을 한눈에

대략적인 여행 시기를 결정했다면 제일 먼저 항공권부터 검색한다. 항공권 요금 비교 사이트에서 요금 순이나 경유 횟수 순, 출발 혹은 도착 시각 순으로 정렬해서 자신에게 적합한 항공권을 빠르게 찾을 수 있다.

◆ 빠르고 편리한 직항 노선

시간과 체력을 아끼고 싶다면 직항 노선을 이용한다. 대한항공은 마드리드 직항 노선을, 아시아나항공과 티웨이항공은 바르셀로나 직항 노선을 정규편으로 운항하고 있다. 다만, 수요 공급 불균형으로 항공료가 올라 여행자의 부담이 커졌다.

◆ 선택지가 다양한 경유 노선

경유 노선은 직항 노선보다 저렴한 요금이 장점이다. 인천국제공항에서 스페인까지 루프트한자, KLM, 에어프랑스, 터키항공, 에미레이트항공, 에티하드항공, 카타르항공 등 다양한 항공사가 경유편을 운항한다.

경유하는 공항을 잘 선택하면 중간 체류지 여행도 덤으로 즐길 수 있다. 단, 스탑오버(24시간 이상 체류)나 레이오버(24시간 미만 체류)가 가능한 조건인지 확인할 것. 체류지마다 다르게 적용되는 비자 관련 규정도 꼭 확인해야 한다. 2회 이상 환승하는 항공편은 체력 소모가 크고 만족도가 떨어지니 가급적 피하는 것이 좋다.

★
항공권 요금 비교 사이트

스카이스캐너
www.skyscanner.com
카약
www.kayak.com

★
할인 항공권 구매 시 확인 사항

항공사나 여행사의 프로모션을 통해 할인 항공권을 구매할 때는 다음 조건들을 다시 한번 확인해야 한다. 요금이 싼 대신 이런저런 제약이 많은 편이므로 꼼꼼하게 따지지 않고 충동구매 했다가는 생각지도 않은 비용이 추가로 발생할 수 있다.

- ▶ 항공권 유효 기간
- ▶ 위탁·기내수하물의 개수와 무게, 사이즈
- ▶ 날짜 변경 가능 여부와 변경 수수료
- ▶ 취소 가능 여부와 수수료
- ▶ 마일리지 적립 가능 여부

MORE

특가 알림 앱으로 최저가 항공권을 노리자!

출발 날짜에 다소 여유가 있다면 특가 프로모션을 노려보자. 스마트폰에 각 항공사나 항공권 특가 알림 앱을 설치하고 알림을 수락하면 프로모션 소식을 실시간으로 받을 수 있다. 전반적인 항공권 요금 동향도 파악할 수 있고, 운 좋으면 아주 싼 가격에 항공권도 구매할 수 있어 유용하다. 날짜에 상관없이 언제라도 출발할 수 있다면 땡처리 패키지·단체항공권을 전문으로 취급하는 웹사이트에도 알림 받기를 신청해두자.

항공권 특가 알림 앱 플레이윙즈
www.playwings.co.kr

패키지 특가 전문 사이트
땡처리닷컴
www.ttang.com
투어캐빈
www.tourcabin.com

FAQ

04

호텔은 어떻게 예약해야 할까요? 초보여행자인데 에어비앤비를 이용해도 괜찮을까요?

◆ 미리 예약할수록 숙박 요금도 저렴해진다

숙박 요금도 저가 항공처럼 예약률에 따라 빠르게 오르내린다. 항공권을 구매하고 대략적인 도시 간 이동 계획을 세웠다면 숙소를 예약할 차례다. 10일 이내의 단기 여행자라면 중간에 일정이 바뀔 가능성이 거의 없으니 출발 전에 모든 숙소를 예약한다. 장기 여행자도 여행 초반부의 숙소는 예약하고 움직이는 게 좋다. 성수기나 축제 기간에는 인기 있는 숙소들이 일찌감치 마감되니 서두르자.

◆ 초보여행자에게는 에어비앤비(Airbnb) 비추!

현지인이 사는 집을 숙소로 사용하는 숙박 공유 플랫폼 에어비앤비가 큰 인기를 끌고 있다. 현지인처럼 (게다가 저렴하게!) 생활해보고 싶다는 여행자의 로망을 반영한 것인데, 대개는 숙박업을 위해 따로 임대한 집을 빌려주는 곳이 많다. 또한, 집주인과의 분쟁(기물파손, 위생 문제, 범죄 등)이 생겼을 때 본사의 적극적인 해결을 기대하기 힘들며, 환불이나 취소 등의 절차가 신속하게 이루어지지 않아 애를 먹을 수 있다. 따라서 영어나 스페인어로 원활하게 의사소통할 수 있는 사람에게만 추천하며, 호스텔이나 호텔 등 전문 숙박업체도 적절히 섞어가며 머무르길 권한다.

◆ 인터넷으로 예약하고 앱으로 찾아간다

호텔 예약 사이트를 이용하면 원하는 지역의 숙소를 한눈에 검색하고 예약할 수 있다. 이때, 요금과 시설만 보고 숙소를 결정하기 쉬운데, 안전하고 편안한 여행을 위해서는 숙소 위치뿐 아니라 숙소가 있는 동네 분위기나 교통편, 각종 편의 시설 등을 자세히 비교해봐야 한다. 예약할 때는 예약 보증을 위해 신용카드가 필요하며, 숙소 조건에 따라 선결제를 요구하는 경우도 있다. 호텔 예약 사이트의 앱을 스마트폰에 설치하면 숙소까지 길 찾기나 숙소로 전화 걸기, 체크인에 필요한 정보와 예약 알림까지 다양한 편의 장치를 사용할 수 있어 매우 편리하다.

◆ 장단점이 명확한 한인 민박

요금은 일반 호텔과 비슷하거나 더 저렴한데, 한식을 제공받으며 한국어로 편하게 정보를 얻으면서 한국인 여행 친구도 사귈 수 있어 외국어에 능숙하지 않은 여행자에게 매우 유용한 숙박 시설이다. 문의와 예약도 카카오톡이나 카페를 통해 할 수 있다. 하지만 정식 허가를 받은 숙소가 많지 않아 여행자가 불미스러운 일에 휘말릴 수 있으니 주의해야 한다. 숙소 주인과 스태프가 자주 바뀌어 예상한 것과는 전혀 다른 환경의 숙소에서 묵게 되거나, 불법 숙박업소 단속으로 숙박비를 날리는 일이 심심찮게 발생한다.

★
호텔 예약 사이트
부킹닷컴
www.booking.com
아고다
www.agoda.com
호텔스닷컴
www.hotels.com

★
에어비앤비, 불법 숙소 주의
바르셀로나에서는 시의 허가를 받고 정식 등록한 주택만 에어비앤비 서비스를 제공할 수 있다. 무허가 숙소 주인에게는 벌금을 부과하고, 단속도 벌이니 불이익을 당하지 않도록 주의하자.

★
체크인 시간 확인 필수!
정식 숙박업소가 아닌 민박형 숙소나 아파트먼트가 호텔 예약 사이트에 등록되기도 한다. 이런 곳들은 체크인 시간이 매우 제한적이거나 체크아웃 후 짐을 보관해주지 않는 곳이 많으니 체크인 가능 시간과 24시간 리셉션 오픈 여부를 반드시 확인하자.

스페인 국영 최고급 호텔, 파라도르

알아두면 당황하지 않을
스페인 숙소 이용 팁

➔ 간판 없는 숙소 찾아가기

우리나라처럼 눈에 확 띄는 대형간판을 걸어둔 곳은 드물다. 또한 스페인의 호텔은 건물 전체가 아니라 한 층 또는 일부만 사용하는 곳이 많다. 특히 비앤비B&B류의 소규모 숙소는 간판이 눈에 잘 띄지 않고, 건물 출입구도 굳게 닫혀 있다. 건물 일부만 사용하는 숙소를 예약했다면 주소에 적힌 거리 이름과 번지수를 확인한 후 초인종 옆에 붙어 있는 입주자 목록에서 숙소 이름을 찾아 벨을 누르자. 이때, 다른 집 벨을 누르지 않도록 주의한다. 인터폰으로 누구냐고 물었을 때 예약 손님임을 밝히면 입구의 문을 열어준다. 스마트폰의 데이터 연결이 원활하지 않을 때를 대비해 숙소의 정확한 주소와 지도를 따로 저장해두거나 출력해 가는 것이 안전하다.

➔ 구식 엘리베이터에 익숙해지자

20세기 초반에 지은 석조 건물에 입주한 호텔은 엘리베이터 역시 건축 당시 설치한 것을 수리해가면서 사용하는 경우가 많다. 보통 2명이 짐을 들고 타면 꽉 찰 정도의 작은 크기. 엘리베이터 안과 밖의 문을 수동으로 조작하는 형태도 흔히 볼 수 있는데, 이런 곳에서는 엘리베이터에서 내린 뒤 문을 꼭 닫는 것이 매너다. 이를 생략하면 엘리베이터가 작동하지 않아 다른 사람들이 큰 불편을 겪게 되니 반드시 기억해두자.

➔ 공용 주방 사용은 간단히

호스텔이나 비앤비 같이 저렴한 숙소 중에는 여행자가 직접 음식을 해 먹을 수 있는 공용 주방을 갖춘 곳이 많다. 공용 주방은 대부분 화구나 냄비가 넉넉하지 않으니 장시간 화구를 독점하지 않도록 주의해야 한다. 조리 시간이 긴 요리는 민폐가 될 수 있다. 조리 도구와 식기는 사용 후 바로바로 설거지해두는 센스!

➔ 로커용 자물쇠를 챙겨가자

여러 명이 함께 사용하는 도미토리에는 대부분 개인 로커(사물함)가 설치돼 있다. 이런 곳에서는 방을 1분만 비우더라도 귀중품을 로커에 넣고 자물쇠를 잠그는 습관을 들일 것! 숙소에서 로커 열쇠를 지급하지 않을 때를 대비해 개인용 자물쇠를 준비해 가는 것도 좋다. 자물쇠는 열쇠형보다는 번호 조합형이 편리하다.

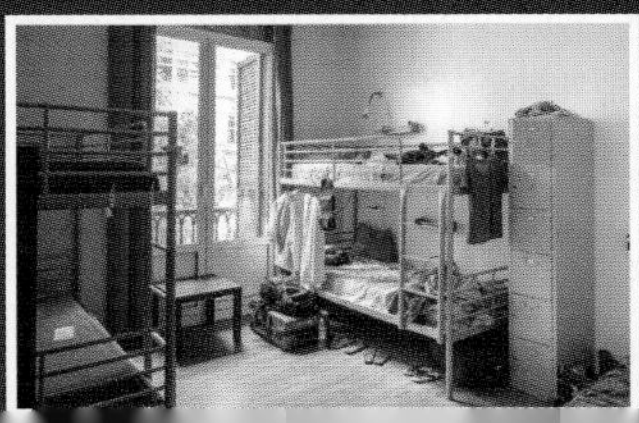

★
대형 캐리어를 가져 간다면 엘리베이터 확인!

스페인에는 엘리베이터가 없는 숙소가 꽤 많다. 2층이니 괜찮겠지 생각한다면 큰 오산. 우리나라의 1층이 스페인에서는 G층, 우리나라의 2층이 1층으로 표기되므로 스페인의 2층은 캐리어를 들고 올라가기에 꽤 힘들다. 예약할 때 층수와 엘리베이터 여부를 꼭 체크하자.

★
숙소 위치 검증하기

저마다 명소에서 가깝고 편리한 위치라고 광고하지만, 실제로는 아닌 경우가 있다. 예약하기 전 구글맵스에서 다음 사항을 확인하자.

- ▶ 공항, 터미널, 역에서의 이동 방법 및 요금, 소요 시간
- ▶ 지하철역 출구에서 도보로 이동해야 하는 거리 및 소요 시간
- ▶ 주요 명소까지의 이동 거리 및 소요 시간

FAQ

05

현지 교통편을 한국에서 예약할 수 있나요?

◆ 영어 홈페이지를 활용하자

스페인의 국내선 항공권과 기차·버스 승차권은 모두 인터넷을 통해 예매할 수 있다. 대부분 교통기관 회사가 영어 홈페이지를 운영하므로, 스페인어를 몰라도 예매하는 데는 전혀 문제없다.

◆ 미리 계획할수록 할인 찬스를 잡기 좋다

할인 프로모션을 통해 티켓을 구매하면 정상 요금보다 훨씬 저렴하게 살 수 있다. '고유로GO Euro' 사이트에서 검색하면 비행기-기차-버스 순으로 가격대가 표시되며, 버스 요금으로 기차를, 기차 요금으로 비행기를 탈 수 있는 경우도 종종 있다. 단, 할인 프로모션 티켓은 시간대와 좌석 수가 제한적이라서 빨리 예매해야 구할 수 있다.

★
비행기, 기차, 버스를 한 번에 비교하자

도시 간 이동 방법을 결정할 때마다 항공사나 기차·버스 회사 홈페이지를 각각 들어가 보는 건 매우 귀찮은 일이다. 이럴 때는 '고유로' 사이트를 활용해보자. 도시 간 다양한 이동 옵션을 한 번에 볼 수 있어 편리하다. 스마트폰용 앱도 있다.

www.goeuro.com

◆ 온라인 결제는 페이팔!

렌페나 알사 홈페이지는 예매할 때 결제 과정에서 종종 오류가 난다. 국내 카드 회사로 결제를 이관하는 과정에서 국내 결제 시스템이 과도한 플러그인을 요구하기 때문이다. 예매를 원활하게 진행하려면 '페이팔Paypal' 같은 전자 결제 서비스에 가입해두는 것이 좋다. 대개 PC용 웹사이트보다는 앱의 오류가 더 적은 편이다.

✚ 페이팔 가입하기

❶ 페이팔 홈페이지(www.paypal.com)에 접속한다.
❷ 회원가입을 한다(이메일 주소 필요).
❸ 해외 결제가 가능한 신용카드 정보를 입력한다.

✚ 페이팔로 결제하기

❶ 온라인 예매 시 결제 수단으로 페이팔을 선택한다.
❷ 페이팔 홈페이지로 넘어가면 페이팔 ID(이메일 주소)와 비밀번호를 입력한 후 결제한다.
❸ 최종 결제 내역을 확인한다.

❶ 비행기: 기차보다 싼 저가 항공을 노린다

항공을 이용하면 스페인 국내 대부분 도시를 1시간대에 이동할 수 있다. 마드리드와 바르셀로나를 비롯해 세비야, 말라가, 그라나다 등 여행자가 즐겨 찾는 도시마다 공항이 있다. 항공편으로 이동할 때는 시내-공항 간 이동 시간과 공항 대기시간까지 고려해 계획을 세우자.

부엘링Vueling 같은 스페인 국적의 저가 항공사를 이용하면 기차나 버스만큼 부담 없는 요금으로 국내선을 이용할 수 있다. 출발일이 가까워질수록 요금이 비싸지니 최대한 빨리 좌석을 예매하자. 일반적으로 2개월 전, 바캉스 기간이나 연휴 같은 성수기에는 최소 3~4개월 전에 예매를 마쳐야 한다.

#CHECK

부엘링 예약 방법

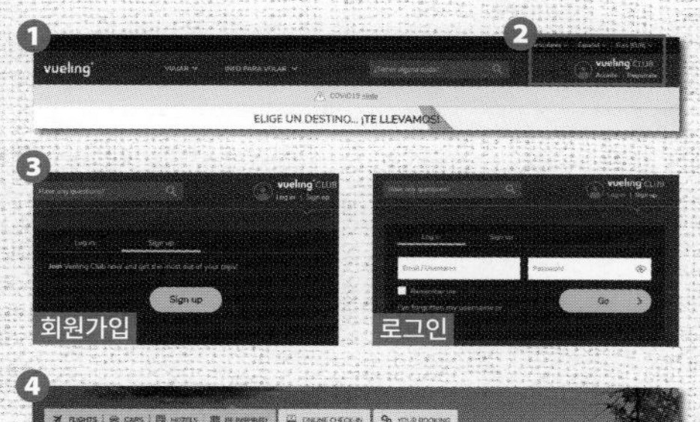

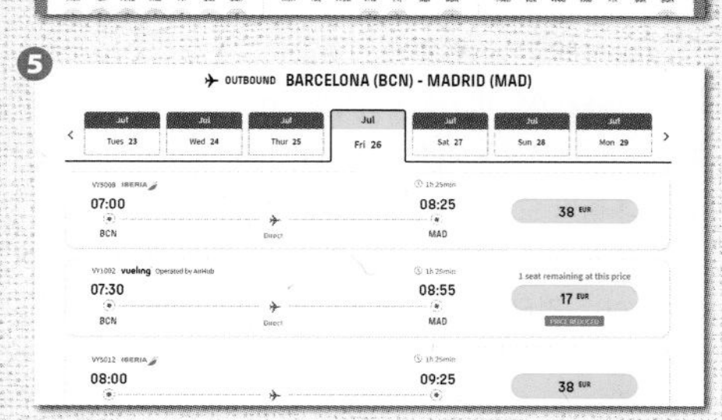

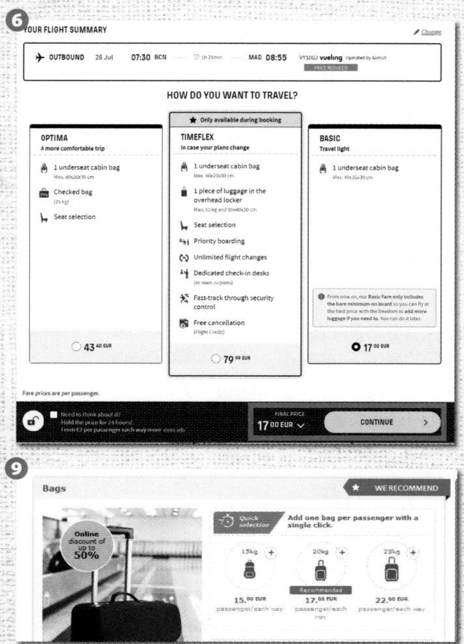

❶ 부엘링 홈페이지(www.vueling.com)에 접속한다.

❷ 오른쪽 상단의 'Español'을 누르고 'English'를 선택해 영어 화면으로 전환한다.

❸ 'Sign up'을 선택하고 회원가입을 한다. 비밀번호는 8~20자 사이, 최소 1개의 대문자와 숫자, 특수문자가 들어가야 한다. 이름은 여권과 같게 입력한다. 이미 회원이라면 로그인한다.

❹ 출발지, 도착지, 날짜, 인원수 등을 선택하고 'Search'를 클릭한다.

❺ 출발 시각과 요금을 보고 항공권을 선택한다. 화면에 보이는 요금은 최저 요금제인 베이직Basic이다.

❻ 요금은 베이직Basic, 옵티마Optima, 타임플렉스TimeFlex로 나뉜다. 요금과 혜택(온라인 체크인 시간, 변경/환불, 수하물, 좌석 지정 등)을 비교하고 항공권을 선택한 후 'Continue'를 클릭한다.

❼ 로그인한 정보로 기본 문항이 입력돼 나온다. 탑승자 이름과 이메일을 확인하고 'All set'을 클릭한다.

❽ 거주 국가, 주소, 연락처 등을 입력하고 약관에 동의한 후 'Continue'를 클릭한다.

❾ 수하물 추가, 좌석 지정 등의 옵션 중 필요한 사항을 선택하고 화면 하단의 'Continue'를 누른다. 기내에 무료로 들고 탈 수 있는 짐의 개수와 크기도 꼼꼼히 확인한다.

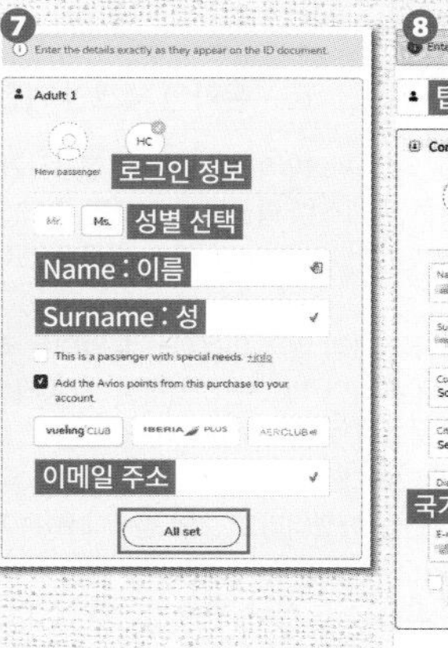

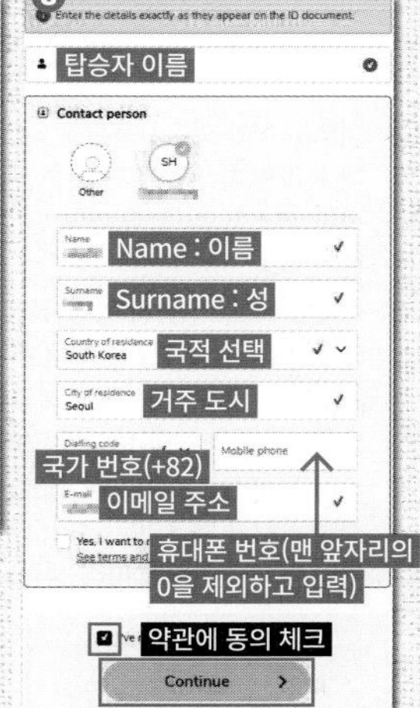

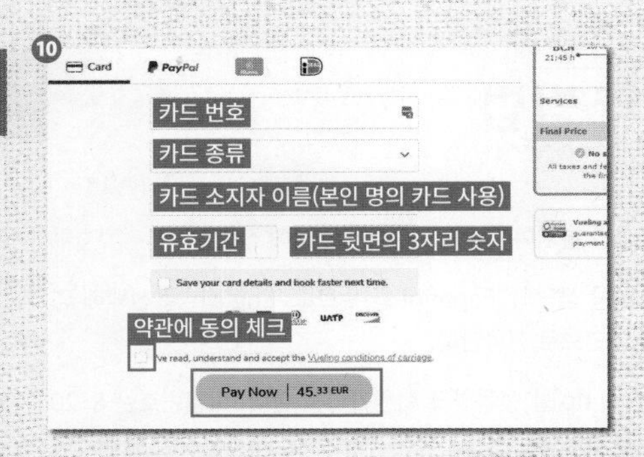

⑩ 결제수단을 선택하고 카드 정보를 입력한 뒤 약관에 동의하고 'Pay Now'를 클릭한다. 비자, 마스터 등 글로벌브랜드 카드사의 신용카드는 물론 페이팔로도 결제할 수 있다.

⑪ 입력한 이메일로 받은 예약확인서를 확인한다.

부엘링
라이언에어

✚ 유럽의 대표적인 저가 항공사

- **부엘링** www.vueling.com 바르셀로나를 거점으로 하는 스페인 최초의 저가 항공사. 스페인에서 제일 대중적인 항공사로, 가장 많은 수의 국내 노선을 운항하고 있다. 유럽 지역과 스페인 각 도시를 연결하는 국제선의 요금도 저렴한 편이다. 특히 부엘링 제2의 거점국가인 이탈리아에서는 로마·밀라노·베네치아 등 다양한 지역에서 스페인을 연결한다.
- **라이언에어** www.ryanair.com 아일랜드를 기반으로 한 유럽 최대 규모의 저가 항공사. 저렴한 요금을 무기로 내세우지만, 도심에서 멀리 떨어진 공항에 취항하는 노선이 많으니 출발·도착 공항을 꼭 확인해야 한다. 특히 바르셀로나를 오가는 국제선 노선은 근교 도시인 지로나 공항(GRO)이나 레우스 공항(REU)을 이용하는 경우가 많다. 바르셀로나에서 세비야, 말라가를 잇는 국내 노선은 메이저 공항을 주로 이용한다.
- **이지젯** www.easyjet.com 유럽 제2의 저가 항공사. 유럽 내 취항 도시가 다양하고, 메이저 공항을 주로 이용해 이용자가 많다. 유럽 지역과 스페인 각 도시를 연결하는 국제 노선은 많지만, 스페인 국내 노선은 운항하지 않는다.

MORE

온라인 체크인 기한을 확인하자!

대부분 저가 항공사들은 온라인 체크인이 필수다. 각 항공사가 정한 체크인 기한 안에 온라인 체크인을 하고 보딩 패스를 발급받지 않으면 추가 요금이 발생하거나 좌석이 취소될 수 있다. 온라인 체크인과 보딩 패스 발급은 스마트폰 앱을 이용하면 편리하다.
스페인 국내 이동 시 여행자가 가장 많이 이용하는 부엘링은 좌석 미지정 티켓을 구매한 경우 출발 7일 전부터 온라인 체크인이 시작된다. 온라인 체크인이 불가능한 경우에는 탑승 당일 공항 체크인 카운터에서 수속을 밟는다. 이때에는 공항에 일찍 도착할수록 좌석 확보에 유리하다.
라이언에어는 온라인 체크인을 마쳤더라도 보안 검색대를 통과하기 전에 출력한 티켓을 가지고 체크인 카운터로 가서 비자 체크 도장을 받아야 하는 노선도 있다. 공항이나 항공사 직원에 따라 생략되기도 하나, 공항에 여유 있게 도착하는 것이 좋다.

온라인 무료 체크인 기한
- 좌석 미지정 티켓의 경우, 비행기 출발 시각 기준

부엘링
7일 전부터 4시간 전까지

이지젯
30일 전부터 2시간 전까지

라이언에어
24시간 전부터 2시간 전까지

*체크인 기한은 항공사 정책에 따라 바뀔 수 있다.

❷ 기차 버스보다 저렴한 고속기차를 노린다

우리나라의 KTX처럼 고속기차를 이용하면 버스의 절반 정도로 이동 시간을 단축할 수 있다. 정상 요금은 버스보다 비싸지만, 프로모션 티켓을 구매하면 버스만큼 저렴해진다. 국내선은 보통 약 3개월 전부터 예매할 수 있는데, 프로모션 기간이 명확하게 정해져 있는 것이 아니므로 수시로 웹사이트를 방문해 확인해야 한다.

기차 티켓은 스페인 국영 철도 회사 렌페Renfe의 홈페이지나 앱을 통해 예약할 수 있다. 예약 완료 후 이메일로 보내주는 PDF 티켓을 출력해서 가져가거나, 스마트폰에 저장해서 검표원에게 보여준다. 앱으로 예매한 경우 앱에 저장된 티켓을 보여주면 된다.

★
어린이 할인 혜택
13세 이하 어린이는 정상요금(Flexible)의 40%를 할인받을 수 있다. 어린이를 동반하는 어른이 대폭 할인된 프로모션 티켓을 구매했더라도 어린이용 할인 티켓은 고정가로만 판매한다. 3세 이하의 유아는 안고 탈 경우 무료로 예약할 수 있다.

스페인에 가장 먼저 도입된 고속기차, AVE

'꼬마 오리'라고도 불리는 고속기차, ALVIA/ALTARIA

일반 기차

AVE의 일반석 내부

✚ 렌페의 기차 종류

● 고속기차

아베 AVE 1992년 마드리드-세비야 노선을 시작으로 도입된 스페인 최초의 고속기차. 아베라는 말 자체가 '스페인 고속Alta Velocidad Española'이라는 뜻으로, 지금까지도 고속기차의 대명사처럼 쓰이고 있다.

아반트 AVANT 세계 최초로 중거리용으로 특화해서 설계한 고속기차

알비아 ALVIA/**알타리아** ALTARIA 기존 일반 기차(TALGO 등)의 객차를 사용하는 고속기차. 오리주둥이 모양의 기관차가 끄는 형태의 기차는 '꼬마 오리Patito'라는 애칭으로도 불린다.

아블로 AVLO 2021년 운행을 시작한 저가형 고속열차. 마드리드를 중심으로 운행 중이다.

● 일반 기차

MD/TALGO/LD 중장거리용 일반 기차

Regional 근거리용 일반 기차

★
유레일패스, 사야 할까?
스페인만 여행한다면 유레일패스를 구매할 필요가 없다. 스페인에서는 일부 통근열차를 제외한 대부분 기차가 사전 예약제로 운영되는데, 유레일패스 소지자 역시 별도의 좌석 예약 요금(기차 종류와 좌석 등급에 따라 4~23.50€)을 추가로 내야 한다. 특히 환승 노선을 이용할 경우 탑승하는 기차마다 예약 요금이 추가되기 때문에 비용 부담이 매우 커진다. 고속기차의 할인 프로모션을 잘 활용하면 훨씬 저렴한 가격으로 이동할 수 있으므로, 패스 구매 비용을 고려하면 유레일 패스를 사는 것이 오히려 손해일 수 있다.

★
렌페 정보
www.renfe.com

#CHECK

렌페 철도 예약 방법

★

렌페 예약 시 알아둘 점

우리나라에서는 렌페 공식 홈페이지 접속이 원활하지 못하다. VPN을 이용해 접속하더라도 결제단계에서 오류가 자주 발생한다. 스마트폰에서 우회 앱을 설치한 후 회원가입을 하고 페이팔로 결제하면 제일 성공 확률이 높다는 것을 참고하자.

❶ 홈페이지(www.renfe.com)에 접속한다.

❷ 상단의 '지구 모양' 버튼을 눌러 영어(Inglés) 화면으로 전환한다.

❸ 출발지와 도착지를 입력한다. 도시명을 입력하면 자동으로 검색되는 역명을 선택한다.

❹ 왕복(Return)/편도(One-way only), 인원수(Passenger) 등을 선택한다.

❺ 날짜를 클릭해 캘린더에서 원하는 날짜를 선택한 후 'Accept'를 클릭한다.

❻ 'Search for a ticket'을 클릭한다.

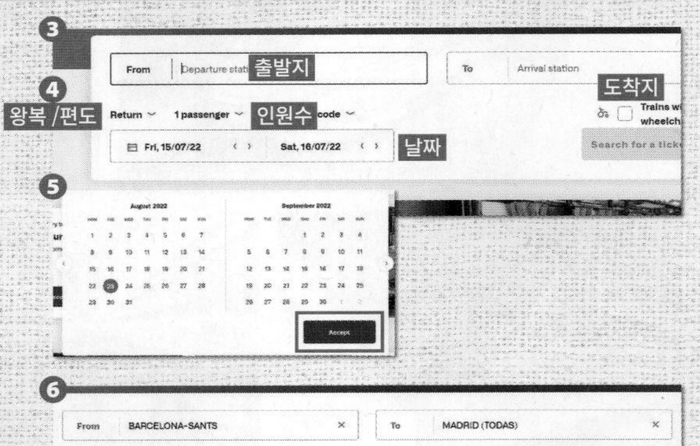

❼ 출발 시각 순으로 예약 가능한 기차 노선이 표시된다. 원하는 시간대의 기차 요금을 클릭한다.

❽ 각 요금마다 포함내역 등 요금 조건이 표시된다. 'Journey details'를 누르면 각 역의 정차시간, 소요 시간 등 상세 운행정보를 확인할 수 있다.

❾ 모두 확인 후 하단의 'Next'를 클릭한다.

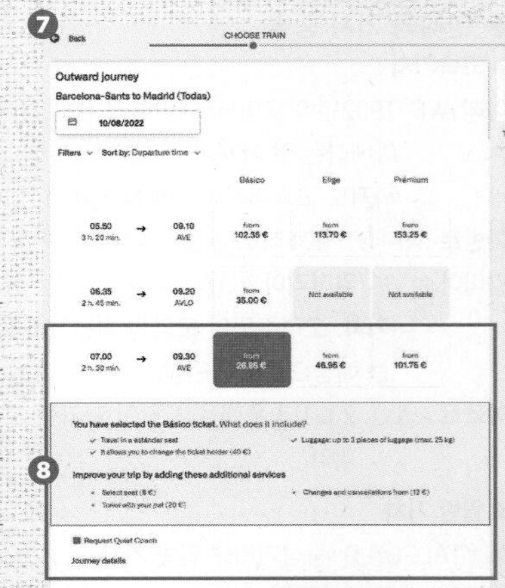

+ 렌페의 요금 종류 & 수수료

요금	좌석	탑승자 변경	좌석 선택	변경	취소
Básico(바시코)	일반석	40€	8€	12€~	12€~
Elige(엘리헤)		30€	5€	요금의 20%	요금의 30%
Elige Confort(엘리헤 콘포트)	우등석	30€	5€	요금의 20%	요금의 30%
Prémium(프레미움)		없음	없음	없음	요금의 5%

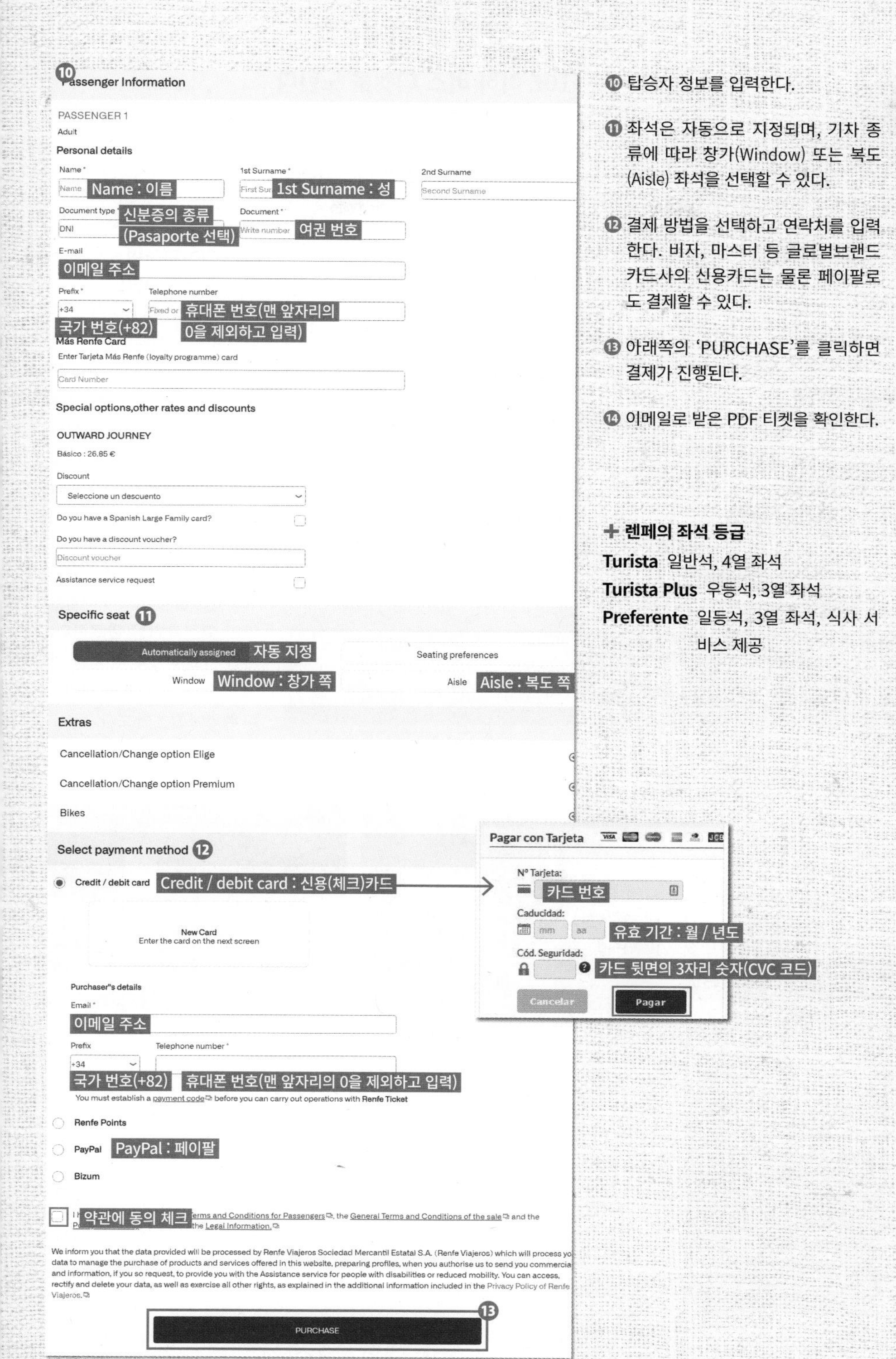

⑩ 탑승자 정보를 입력한다.

⑪ 좌석은 자동으로 지정되며, 기차 종류에 따라 창가(Window) 또는 복도(Aisle) 좌석을 선택할 수 있다.

⑫ 결제 방법을 선택하고 연락처를 입력한다. 비자, 마스터 등 글로벌브랜드 카드사의 신용카드는 물론 페이팔로도 결제할 수 있다.

⑬ 아래쪽의 'PURCHASE'를 클릭하면 결제가 진행된다.

⑭ 이메일로 받은 PDF 티켓을 확인한다.

+ 렌페의 좌석 등급

Turista 일반석, 4열 좌석
Turista Plus 우등석, 3열 좌석
Preferente 일등석, 3열 좌석, 식사 서비스 제공

❸ 버스 10€ 이하 버스 티켓을 노린다

스페인의 대표 버스 회사인 알사Alsa가 가장 많은 노선을 확보하고 있으며, 알사가 운행하지 않는 구간은 지방의 버스 회사들이 담당한다.
알사는 홈페이지에서 비인기 시간대의 버스 티켓을 대폭 할인해서 판매한다. 5~9€의 파격적인 할인 티켓도 종종 등장하며, 빠른 속도로 매진된다.

★
알사 버스
www.alsa.com

알사 버스 회원가입 양식

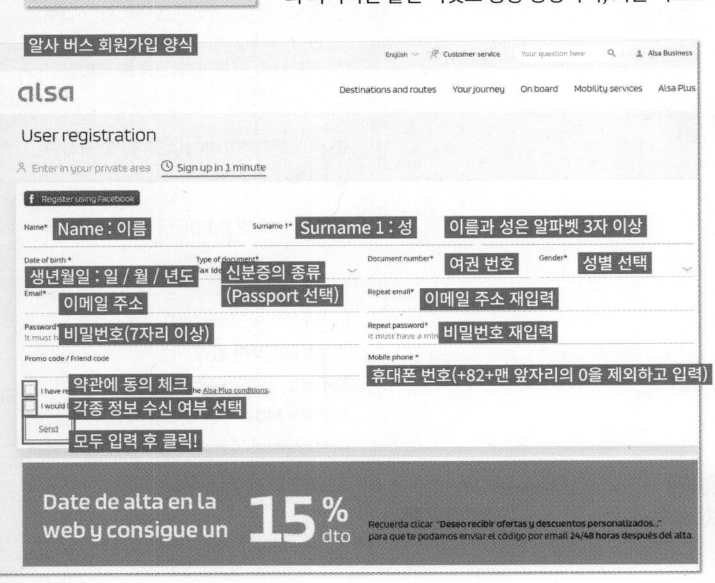

➕ 회원가입하면 수수료가 0원!

알사 버스의 국내 노선을 홈페이지에서 예매하면 수수료가 붙는다(티켓 1장당 10€ 미만은 요금에 따라 0.10~0.90€, 10€ 이상은 2.90€). 알사 버스 회원은 수수료가 면제되니, 티켓을 여러 장 구매할 예정이라면 회원가입부터 해두자.
회원가입 양식을 모두 입력하고 'SEND'를 클릭하면 확인 이메일이 발송된다. 이메일을 열어 회원가입을 완료한다. 가입 완료 후 24~48시간 안에 15% 할인 코드도 보내주니 예약에 활용해 보자.

MORE

연령별 할인 혜택 받기

알사 버스 홈페이지에서 회원가입을 하면 다양한 혜택이 있는 할인 패스를 구매하거나 연령, 상황 등에 따라 할인받을 수 있다. 연령에 따른 할인은 18~25세(특정 노선에 한해 30%), 12~17세(노선에 따라 0~30%), 60세 이상(Mayores: 요일과 노선에 따라 0~40%), 4~11세(Niños: 30%), 3세 이하 (Bebés: 무료, 수수료 별도)로 구분해 제공된다. 단, 연령별 할인은 정상 요금 기준이라 프로모션 할인을 적용한 성인 요금보다 비싼 경우도 있다. 나이는 여권상의 생년월일에 따른 만 나이를 기준으로 한다.

#CHECK

알사 버스 예약 방법

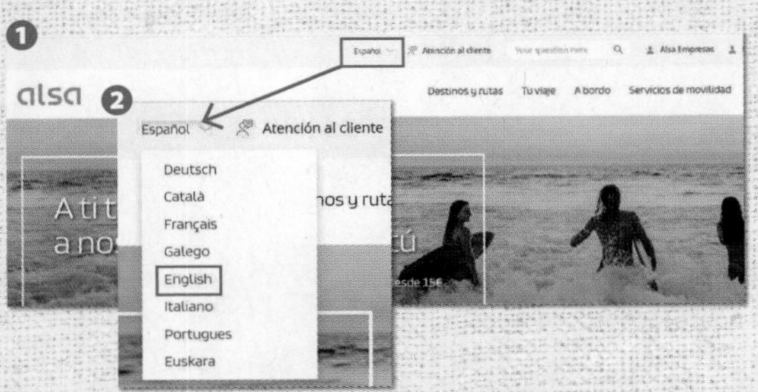

❶ 알사 버스 홈페이지(www.alsa.com)에 접속한다.

❷ 상단의 'Español'을 누르고 'English'를 선택해 영어 화면으로 전환한다.

❸ 출발지, 도착지, 날짜, 인원수를 선택하고 'Search'를 누른다.

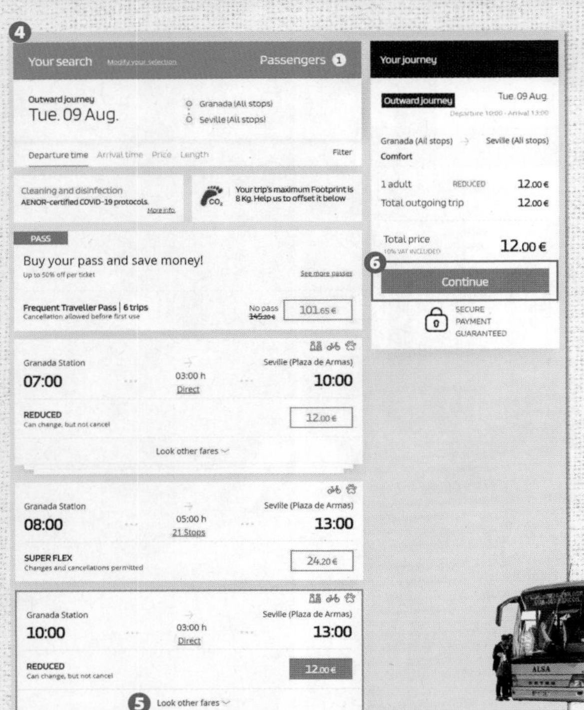

❹ 출발 시각 순으로 예약 가능한 버스 노선이 표시된다. 원하는 시간대의 요금을 클릭한다.

❺ 여러 요금제가 가능한 노선에는 'Look other fares'가 표시된다. 클릭하면 다른 요금제를 확인할 수 있다.

❻ 원하는 출발 시각과 요금을 선택하면 오른쪽에 총액이 표시된다. 오른쪽 하단의 'Continue'를 클릭한다.

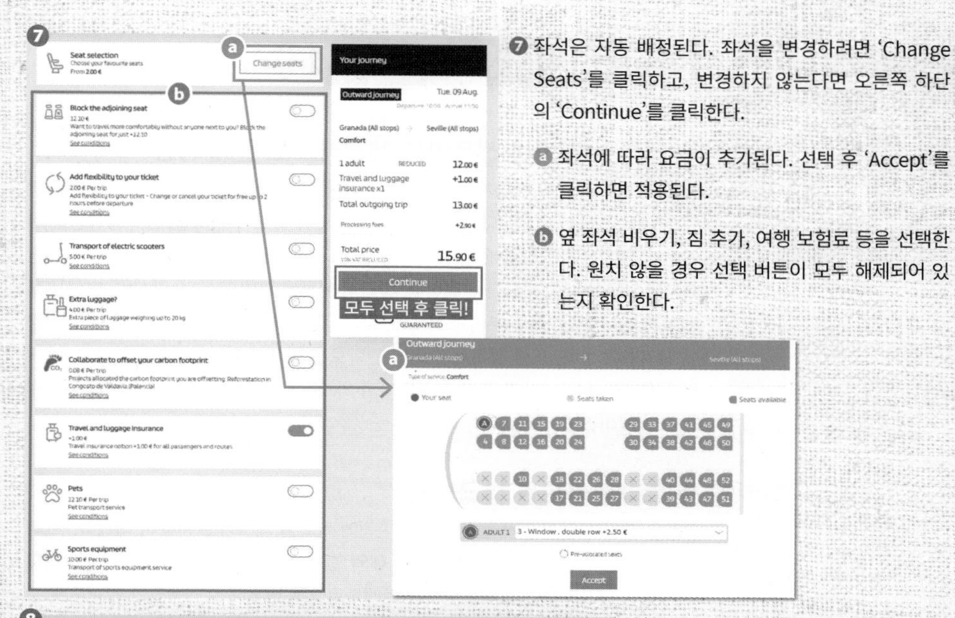

⑦ 좌석은 자동 배정된다. 좌석을 변경하려면 'Change Seats'를 클릭하고, 변경하지 않는다면 오른쪽 하단의 'Continue'를 클릭한다.

ⓐ 좌석에 따라 요금이 추가된다. 선택 후 'Accept'를 클릭하면 적용된다.

ⓑ 옆 좌석 비우기, 짐 추가, 여행 보험료 등을 선택한다. 원치 않을 경우 선택 버튼이 모두 해제되어 있는지 확인한다.

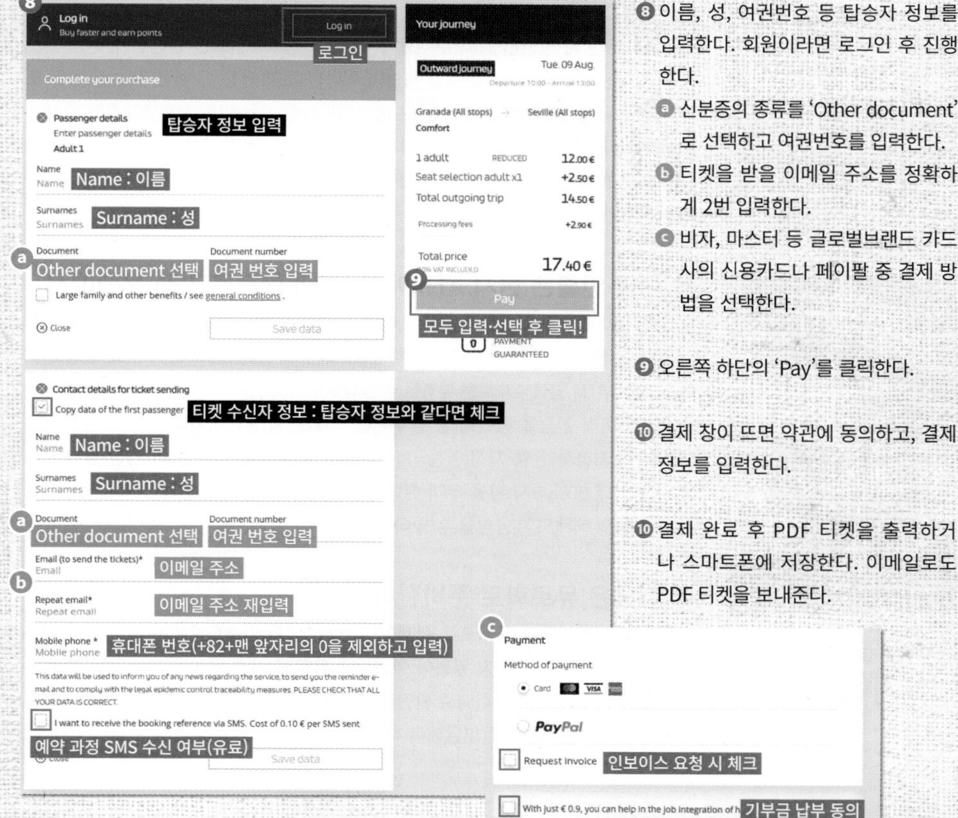

⑧ 이름, 성, 여권번호 등 탑승자 정보를 입력한다. 회원이라면 로그인 후 진행한다.

ⓐ 신분증의 종류를 'Other document'로 선택하고 여권번호를 입력한다.

ⓑ 티켓을 받을 이메일 주소를 정확하게 2번 입력한다.

ⓒ 비자, 마스터 등 글로벌브랜드 카드사의 신용카드나 페이팔 중 결제 방법을 선택한다.

⑨ 오른쪽 하단의 'Pay'를 클릭한다.

⑩ 결제 창이 뜨면 약관에 동의하고, 결제 정보를 입력한다.

⑩ 결제 완료 후 PDF 티켓을 출력하거나 스마트폰에 저장한다. 이메일로도 PDF 티켓을 보내준다.

FAQ

06

환전, 어디서 얼마나 해야 하죠?

★
컨택리스 카드인지 확인!
유럽에서는 IC칩을 카드 리더기에 꽂아서 결제하는 방식보다 컨택리스 단말기에 터치하는 것만으로 결제가 진행되는 비접촉식 컨택리스 카드(Contactless Card)를 많이 사용한다. 해외에서 사용할 내 카드가 와이파이와 비슷한 모양의 마크가 있는 컨택리스 카드인지 확인하자. 2024년 10월 현재 바르셀로나, 마드리드, 그라나다, 세비야, 빌바오, 산 세바스티안 등의 버스(일부 도시는 지하철·트램 포함)에서 컨택리스 카드 결제 시스템을 운영 중이다.

◆ 대부분 경비는 신용카드·체크카드로 결제 가능

여행 경비에서 큰 비중을 차지하는 숙박비와 장거리 교통비, 입장권 등은 대부분 카드를 이용해 사전 결제한다. 현지에서는 소규모의 바르나 커피숍, 간이음식점을 제외한 대부분 식당과 상점에서 카드를 쓸 수 있다. 기차역, 관광지 등에 설치된 자동판매기를 이용할 때도 카드가 편리하다. 따라서 현금은 시내 교통비, 간식비, 비상금 정도면 충분하다. 단, 카드 분실과 복제에 주의하고 결제할 때는 단말기 앞에서 전 과정을 지켜봐야 한다. 또한 유로화가 아닌 원화로 결제하면 원화결제서비스 수수료DCC로 사용 금액의 3~8%가 추가 청구되니 주의. 출국하기 전에 카드사에 '해외원화결제 차단 서비스'를 신청하자.

◆ 트래블카드를 발급받자

요즘은 현금 환전이 어색할 만큼 해외여행에 특화된 체크카드 사용이 대세다. '트래블카드 전쟁'이라는 말이 나올 정도로 해외 결제 시장을 노리는 금융사들의 경쟁이 뜨거운데, 대표주자인 트래블월렛과 트래블로그를 비롯해 토스뱅크와 신한은행 등 해외 여행자를 겨냥한 전용 카드가 속속 출시되고 있다.
트래블카드는 환전·인출·결제 수수료가 없고 그때그때 필요한 만큼만 현금을 찾으면 되기 때문에 현금 도난 및 분실 위험이 적다는 것이 가장 큰 매력이다. 지정 앱 또는 지정 통장에 유로화를 충전해 놓고 체크카드처럼 사용하며, 카드별로 'VISA' 또는 'Master' 마크가 있는 가맹점에서 결제하거나 ATM에서 현금을 인출할 수 있다. 하지만 세금 환급 등 충전식 체크카드를 사용할 수 없는 경우도 있으니 국제 브랜드가 다른 신용카드도 1~2개 더 챙겨가자.

◆ 현금 인출은 현지 ATM에서, 국내 환전은 거래 은행에서

간식비나 비상금 등 소소한 현금은 스페인 곳곳에 설치된 ATM에서 편리하게 인출할 수 있다. 인출 수수료가 무료인 카드를 한도 내에서 사용하면 카드 수수료 걱정도 없다(단, 현지 ATM 업체 수수료는 부과될 수 있다).
국내에서 미리 현금을 환전해 갈 경우에는 거래 은행 홈페이지나 앱에서 미리 환전 신청한 뒤 지정한 은행 지점(인천국제공항 지점 포함)에서 찾는 것이 가장 유리하다. 이 경우 최대 90%까지 환율 우대 혜택은 물론 무료 여행자보험 가입이나 면세점 할인 쿠폰 등의 혜택도 제공받을 수 있다.

스페인은 ATM 기기가 거리에 노출돼 있으므로 현금을 인출할 때는 꼭 주변을 잘 살펴 소매치기를 예방하자.

◆ 현금은 유로화로 준비한다

비용의 상당 부분을 신용카드로 결제할 수 있고 현지 인출도 간편하니 현금 환전은 최소한으로 준비하자. 여행 일정이 확정되면 유로화 가격 동향을 살피면서 환전 시기를 결정한다. 무심코 달러화로 환전하면 원화에서 달러화로, 달러화에서 유로화로 바꾸는 환차손을 이중으로 부담해야 하니 주의한다.

요즘 해외여행에 특화된 체크카드가 대세라던데요. 어떤 카드를 신청할까요?

◆ 환전·인출·결제 수수료 없는 체크카드(트래블카드)

모든 은행이 해외에서 사용 가능한 체크카드를 발급하고 있다. 그중에서도 여행자가 가장 많이 찾는 카드는 환전·인출·결제 수수료가 없는 체크카드(트래블카드)다. 카드별로 다른 외화 환전 한도, 외화 결제 한도, ATM 인출 한도는 미리 확인하자. 또한 가맹점에 따라 결제 제한이 생길 때를 대비해 다른 국제 브랜드의 신용카드를 여분으로 챙겨가는 것이 좋다. 스마트폰 분실이나 고장 등 충전이 불가능할 경우를 대비해 전통적인 방식의 출금 카드도 준비하자.

✚ 스페인에서 쓰기 좋은 인기 체크카드 비교

구분	트래블월렛 트레블페이	하나카드 트래블로그	토스뱅크 외화통장	신한 솔 트래블
국제 브랜드	VISA	Master 또는 UnionPay	Master	Master
연동 앱	트래블월렛	하나머니	토스뱅크	신한 SOL 뱅크
연결계좌	모든 은행	모든 은행	토스뱅크 외화통장	신한은행 외화예금
환전수수료	유로화 면제	유로화 면제	유로화 면제	유로화 면제
해외 가맹점 결제수수료	면제	면제	면제	면제
해외 ATM 인출수수료	월 US$500까지 무료, US$500 초과 시 이용 금액의 2%	면제	면제	면제
전월 실적 필요 여부	없음	없음	없음	없음
재환전 수수료	별도 수수료 있음	별도 수수료 있음	면제	50% 우대

*해외 ATM 인출 수수료 면제 조건이라도 기기에 따라 현지 ATM 업체 수수료가 부과될 수 있다.
*이외에도 여러 은행이 수수료 할인과 캐시백 등 다양한 서비스를 제공하고 있으니 카드 발급 시 참고하자.

MORE

체크카드·신용카드를 가져갈 때 꼭 확인하세요!

- 'VISA', 'Master' 등 국제브랜드 마크가 있는 해외 사용 카드인지 확인하자. ATM 기계 오류나 분실, 해외 가맹점에 따른 제한에 대비해 2가지 이상 다른 종류로 준비할 것.
- IC칩 카드라면 비밀번호 설정 여부를 확인하자. 단말기 결제 승인 시 6자리 비밀번호를 요구하면, 설정한 비밀번호 4자리 뒤에 '00'을 추가로 입력한다.
- 카드 영문 이름과 뒷면 사인이 여권과 같은지 확인한다.
- 결제계좌의 통장 잔액, 결제일, 해외 사용 한도 등을 확인한다.
- 카드 분실 시에는 국내 카드사의 고객 센터로 전화해 분실 신고를 한다. 여행 후에는 카드 일시 정지나 '해외 결제분 지급 정지 신청'을 해 카드 번호 도용이나 복제를 통한 피해를 방지한다. 카드를 분실하지 않았더라도 귀국 후 신청하는 것이 좋다.

FAQ

08

가방 크기는 어느 정도가 적당한가요? 뭘 챙겨야 하나요?

◆ 일주일 정도의 여행이라면 24인치 캐리어

일주일 정도의 여행이라면 24인치 정도의 캐리어가 적당하다. 더 큰 캐리어를 가지고 가면 돌길을 지나거나 계단을 오르내릴 때 꽤 힘들 수 있다. 스페인에는 엘리베이터가 없는 숙소가 많고, 구시가 골목에서는 울퉁불퉁한 돌길을 자주 만나게 된다. 매끈한 아스팔트를 생각하고 대용량 캐리어를 가져가면 여행 내내 고생할 수 있다.

◆ 저가 항공을 자주 이용한다면 20인치 캐리어

저가 항공을 자주 이용할 계획이라면 기내 반입이 가능한 20인치 캐리어에 도전해보자. 특가 프로모션으로 저가 항공 이용 시 항공권 요금보다 위탁수하물 추가 요금이 더 비쌀 수 있으니 기내에 반입할 수 있는 정도로 최대한 짐을 줄이자.

기내에 가지고 탈 수 있는 캐리어는 크기 외에 무게에도 제한이 있다. 부엘링은 베이직 기준 10kg이며, 항공사마다 조금씩 다르다. 20인치 캐리어 외에 추가로 가지고 탈 수 있는 '노트북 가방이나 핸드백 1개' 조항도 적극 활용하자.

◆ 산티아고 순례에 나선다면 배낭이 필수

산티아고 순례길을 목표로 한다면 가볍고 튼튼한 배낭을 준비한다. 중간중간 짐을 옮겨 주는 서비스가 있긴 하지만, 기본적으로는 전 구간 내내 짐을 직접 메고 걸어야 한다. 정말 꼭 필요한 물건 말고는 모두 뺀다는 생각으로 짐을 챙기자. 출발 전에 짐을 메고 몇 시간 걸으면서 자신의 체력을 체크하는 것도 필수! 배낭 역시 튼튼한 것은 물론이고 자신의 몸에 잘 맞고 편안한지까지 반드시 확인하고 떠나자.

◆ 없으면 은근히 불편한 소품 리스트

스마트폰 충전이나 카메라 백업을 위한 케이블은 예비용까지 넉넉하게 챙긴다. 고장나거나 잃어버리는 경우가 잦기 때문. 야외 활동 시간이 길어지는 만큼 비상시 충전할 수 있는 보조 배터리도 챙겨 둔다. 단, 비행기에 탈 때는 카메라용 배터리, 보조 배터리 등을 위탁수하물에 넣지 않도록 주의한다.

고급 호텔을 제외한 대부분 호텔에서 슬리퍼를 제공하지 않으니 객실용 슬리퍼도 가져간다. 특히 호스텔을 이용한다면 공동 욕실에서 쓸 수 있는 고무 슬리퍼를 꼭 챙기자. 시간을 확인할 때마다 스마트폰을 꺼내기보다는 저렴한 손목시계를 하나 가져가는 것도 좋다. 일회용 옷걸이도 두루두루 유용한 아이템이다.

★
알짜배기 쇼핑 팁

캐리어가 작으면 가장 아쉬운 부분이 쇼핑이다. 따라서 부피가 크고 무거운 물건은 가능한 여행 막판에 구매할 것. 마드리드나 바르셀로나같이 쇼핑할 곳이 많은 대도시를 여행의 마지막 일정으로 잡는 것도 좋다. 기내에 반입할 수 있는 물건은 큰 비닐 가방이나 에코백을 가져가 들고 타고, 기내 반입이 금지된 물건 위주로 캐리어를 꾸리자.

★
스페인의 전원

스페인의 전원은 230V, 50Hz로 우리나라의 220V, 60Hz와 거의 유사하고, 콘센트 모양도 같다. 스페인만 여행할 예정이라면 별도의 어댑터나 돼지코를 준비해 가지 않아도 된다.

★
빨래는 코인 세탁소에서

호텔과 호스텔에서 손빨래는 금지다. 숙소의 세탁 서비스를 이용하거나 코인 세탁소를 찾는다. 세탁 요금은 세탁 용량에 따라 건조까지 하면 1회 8~12€ 정도. 세제와 섬유 유연제도 따로 구매해야 한다.

코인 세탁기

◆ 여행물품 체크리스트

필수 준비물	용도 및 준비 요령	체크
여권	사진이 있는 부분을 복사해서 2~3장 따로 보관하고, 여권용 사진도 몇 장 챙긴다.	
항공권	E-티켓을 미리 출력해둔다. 온라인 체크인 후에는 탑승권(Boarding Pass)도 출력한다.	
여행 경비	환전한 유로화, 국제 신용카드, 국제 체크카드 등을 빠짐없이 준비한다.	
각종 증명서	국제 운전면허증 & 국내 운전면허증, 여행자보험 증명서, 국제학생증 등	
가이드북	다채로운 여행을 위한 든든한 동반자	
보조 가방	가볍게 들고 다닐 수 있는 작은 가방을 별도로 준비한다.	
자물쇠	가방 크기와 종류에 맞춰 자물쇠를 준비한다. 와이어도 있으면 좋다.	
복대(전대)	여권과 현금 보관용	
의류팩 & 워시팩	옷과 세면도구를 깔끔하게 정리할 수 있다.	
세면도구	평소 쓰던 샴푸, 린스, 샤워젤, 비누, 치약 등을 필요한 만큼 챙긴다.	
겉옷 & 신발	여행을 떠나는 계절에 맞춰 옷과 신발을 고른다.	
속옷 & 양말	짧은 일정이라면 빨래가 필요 없을 정도로 넉넉히 챙긴다.	
화장품	자신에게 잘 맞는 제품으로 작은 용기에 담아서 가져간다.	
스마트폰 & 충전기	스마트폰이 손에서 떨어지지 않도록 고리를 달면 좋다. 가방에 연결할 수 있는 안전 체인도 유용하다.	
선글라스	강한 햇빛으로부터 눈을 보호해준다.	
자외선 차단제	햇빛이 강한 편이기 때문에 피부가 쉽게 그을린다.	
비상약품	감기약, 소화제, 진통제, 지사제, 반창고, 연고 등 기본적인 약품을 준비한다.	
있으면 좋은 준비물	**용도**	**체크**
모자	햇빛을 막는 데 유용하다.	
수영복 & 방수팩	여름철 해변, 수영장, 액티비티 용으로 준비한다.	
우산 & 양산	한 여름에는 햇빛을 가리는 데 매우 유용하다.	
캐리어 커버	가방을 보호하고 절도를 방지하며, 수하물을 찾을 때도 눈에 잘 띈다.	
생리용품	자신에게 맞는 제품을 가져가면 편하다.	
물티슈	작은 것으로 준비하면 급할 때 쓸 일이 생긴다.	

MORE

급할 때 현지에서 구할 수 있는 비상약품

감기약이나 두통약 같은 기본 약품은 현지 약국(Farmacia)에서 쉽게 구할 수 있다. 예상치 않게 빈대(Bedbug)에 물리거나 관절염을 앓게 되면 아래 약품을 문의해보자. 유럽 대부분의 약국에서 취급하는 대표 상품들이다.

- **페니스틸 Fenistil** 빈대에 물려 곤욕을 치르는 여행자가 많다. 물린 부위가 빨갛게 부어 오르고 가려울 때 발라주면 좋다. 햇빛 화상이나 가려움증에도 효과가 있다. 15€ 정도.
- **볼타렌 Voltaren** 활동량이 갑자기 늘면서 손과 발, 허리에 통증을 호소하는 사람이 많다. 관절염, 근육통, 건초염 등의 증상을 빠르게 완화하는 소염 진통 겔이다. 15€ 정도.

감기약, 피부연고 등 간단한 의약품은 의사의 처방 없이도 약국에서 구매할 수 있으나, 그 외에는 처방전이 필요하다. 약국은 오후 8~9시에 문을 닫으며, 지역별로 24시간 운영 약국이 지정돼 있다. 구글맵스에서 'Farmacia 24 horas'로 검색하면 당일 문을 연 당번 약국을 찾을 수 있다.

FAQ 09

스페인은 혼자 여행해도 안전한가요? 조심해야 할 것이 있다면 알려주세요.

◆ 믿을 만한 치안 수준

스페인은 강력범죄의 발생률이 그리 높지 않으며, 아주 늦게까지 친구들과 어울리는 풍습 덕분에 밤에도 거리에 사람이 많아 안전한 편이다. 하지만 소매치기는 정말 조심해야 한다. 그들은 우리가 생각하지 못한 방법으로 순식간에 지갑을 털어간다. 또한 오토바이 날치기로 인한 안전사고에도 각별한 주의를 기울여야 한다. 여권 및 신용카드 분실 시 연락처는 맵북을 참고하자.

◆ 대도시에서는 소매치기를 늘 경계한다

마드리드나 바르셀로나 같은 대도시에서는 소매치기 예방을 위해 귀중품을 잘 관리하고, 으슥한 골목을 혼자 다니는 것은 피하도록 한다. 요즘에는 지갑뿐만 아니라 고가의 스마트폰을 노리는 경우가 많으니 잘 간수할 것. 축제 행렬에 있거나 지하철을 탈 때는 특히 더 조심한다.

◆ 편안하게 여행할 수 있는 소도시

복잡하고 위험 요소가 많은 대도시에 비하면 코르도바, 세고비아, 네르하 등 소도시의 치안은 비교적 안전하다. 너무 늦은 시간만 아니라면 혼자서도 큰 걱정 없이 거리를 돌아다니며 편안한 기분으로 스페인 여행의 진수를 만끽할 수 있다. 하지만 여행자가 가는 곳은 어디라도 소매치기가 있을 수 있다는 사실을 잊지 말자.

★
소매치기 한눈에 알아보는 법

- 여행자처럼 지도를 들고 길을 물어보며 신경을 분산시킨다.
- 옷이나 가방에 오물을 묻힌 후 닦아준다며 접근한다. 이때 가까운 화장실로 닦으러 가는 것도 금물이다.
- 눈앞에서 물건을 떨어뜨리거나 주워 주면서 관심을 끈다.
- 지하철이나 버스 안에서 여러 명이 둘러싸며 압박한다.
- 설문조사나 서명운동을 핑계로 다가와 사인 판으로 시선을 가린다.
- 뜬금없이 나타나 길을 안내하는 등 과잉친절을 베푼다.

★
스페인의 흔한 도난 유형 5가지

❶ 공항, 역, 터미널, 해변, 식당에 방치된 물건 도난
❷ 관광지, 대중교통수단에서 팀을 이룬 소매치기
❸ 거리에서 오토바이 날치기(특히 여성 핸드백)
❹ 렌터카에 두고 내린 물품 도난
❺ 영수증이 함께 들어 있는 쇼핑백 도난

MORE

사건 사고 시 주요 연락처

통합 긴급전화 112(상담원이 사안에 따라 해당 기관으로 연결)

경찰 091 **응급의료** 061

주요 병원 응급실 Urgencias

- **마드리드** Hospital U. 12 de Octubre
  Av. Cordoba ☎91-390-8000
- **바르셀로나** Hospital de la Santa Creu I Sant Pau
  C/ Sant Quinti 87 ☎93-553-7600
- **세비야** Hospital U. Virgen del Rocio
  Av. Manuel Siurot ☎95-501-2000
- **그라나다** Hospital U. San Cecilio(PTS)
  Av. de la Investigacion
  ☎95-802-3000
- **말라가** Hopital Regional U. Malaga
  Av. Carlos Haya ☎95-129-0000

데이터 로밍과 심카드 중 어떤 게 낫나요? 유심(심카드)은 이심과 어떻게 다른가요?

◆ 스마트폰 데이터 서비스

숙소 주인과의 연락에서부터 길 찾기 앱 이용까지 현지에서의 데이터 사용은 필수다. 가성비를 따지는 젊은 층에서는 이심 사용이 늘고 있고, 가입 절차마저 귀찮은 장년층은 데이터 로밍을 선호하는 경향이 있다. 저마다 비용과 안정성에서 장단점이 있으니 필요에 따라 선택하자.

◆ 가입이 편리하고 안정적인 데이터 로밍

한국과의 전화 연락을 수시로 주고받아야 한다면 국내 통신사의 데이터 로밍 서비스를 추천한다. 통신사마다 한국과의 무제한 통화를 포함한 다양한 데이터 로밍 상품이 있다. 한국에서 사용하던 전화번호를 그대로 유지할 수 있고 앱이나 고객센터를 통해 쉽게 가입 가능한 것이 장점. 한 달간 4GB 사용하는 상품이 3만 원 정도고, 하루 1만 원 정도면 데이터 무제한 상품을 이용할 수 있다.

◆ 가상의 심카드를 하나 더 작동하는 이심eSIM

출고 때부터 이미 스마트폰에 내장돼 있던 칩에 가입자 정보를 내려받아 사용하는 디지털 심이다. 현지 통신사의 심카드를 바꿔 낄 필요가 없고 가격이 저렴한 것이 장점. 데이터 구매 후 이메일로 받은 QR코드를 촬영해 몇 가지 설정을 변경하면 된다. 기존 유심을 장착한 상태로 이심을 하나 더 설치하는 듀얼심 구성이 가능해서 국내용·해외용 등 용도를 구분해 활용하기 좋다. 단, 이심 기능이 탑재된 휴대폰 기종에서만 사용 가능(아이폰은 XS 이상, 갤럭시는 갤럭시Z4 이상).

◆ 전화번호가 바뀌는 현지 통신사의 심카드SIM Card

현지 통신사의 선불형 심카드(Prepaid SIM Card, 유심카드)를 기존 휴대폰의 심카드와 교체해서 데이터를 사용하는 방법이다. 통화·문자·데이터 등 옵션에 따라 여러 종류가 있으며, 통신사마다 요금과 서비스 체계가 다르다. 현지에서 심카드를 갈아 끼우기 때문에 교체 후에 전화번호가 바뀌어 한국 번호는 사용할 수 없게 되는 것이 단점. 장점은 현지 계정으로만 다운로드 가능한 앱을 사용할 수 있다는 것이다.

★
스페인의 이동 통신 서비스

보다폰
www.vodafone.es

오랑헤
www.orange.com

★
스페인에서 심카드 구매하기

현지 통신사의 심카드는 공항이나 시내에 있는 각 통신사의 대리점에서 구매할 수 있다(여권 지참 필수). 사용 중 문제가 생겼을 때를 대비해 규모가 큰 통신사 상품을 추천하며, 대리점에서 심카드를 교체하고 나오기 전에 데이터 통신이 원활한지 확인하자. 매장이 많고 서비스가 안정적인 보다폰(Vodafone)이나, 시내에서 쉽게 눈에 띄고 가격이 저렴한 오랑헤(Orange)가 여행자들에게 인기. 4주 동안 50~100GB 데이터를 사용할 수 있는 심 카드 가격은 10~15€ 정도다.

보다폰

오랑헤

FAQ 11

스페인은 부가세가 최대 21%라서 환급받으면 쏠쏠하다는데, 세금 환급은 어떻게 받나요?

◆ 세금 환급이란?

스페인에서는 물건을 살 때 최대 21%, 일부 식료품, 안경, 약품, 서적 등은 4~10%의 부가가치세VAT를 낸다. 유럽에 거주하지 않는 사람이 EU 내에서 구매한 제품을 사용하지 않고 가지고 나가면 부가가치세 중 일정 금액을 돌려받을 수 있는데, 이를 '세금 환급Tax Refund'이라 한다. 단, '택스 프리Tax Free' 표시가 있는 매장에서 구매해야 하며, 세금 환급 서류를 발급받아야 한다(스페인에는 구매 금액 하한선이 없다).

◆ 세금 환급은 유럽 내 최종 출국 국가에서

세금 환급은 EU에 속한 유럽 국가의 마지막 출국지에서 받을 수 있다. 즉, 스페인을 포함해 다른 유럽 국가를 여행하다가 돌아가는 일정이라면 스페인이 아닌 최종 출국 국가에서 세금을 돌려받게 된다. 스페인 여행을 마지막으로 면세물품을 위탁수하물로 보내고 다른 EU 국가에서 비행기만 갈아탄다면 스페인에서 환급받는다.

★ **현금 환급은 유로화로!**

현금 환급은 유로화로 받는 것이 제일 좋다. 달러나 원화 중에서 선택해야만 한다면 달러를 선택할 것. 원화로 받으면 유로→달러→원화 순으로 환전하면서 이중 환차손이 생긴다.

★ **공항에서 줄 서지 말고 모바일로 빠르게 환급 신청**

'글로벌 블루'와 '이노바' 의 세금 환급 서류는 모바일로 간편하게 환급 신청할 수 있다. 전용 앱이나 웹사이트, 환급 서류에 적은 이메일로 전송된 링크나 영수증의 QR 코드를 통해 환급 정보를 입력하면 신용카드로 환급 신청되며, 우편으로 서류를 제출하지 않아도 된다. 단, 공항에서 출국할 때 DIVA 키오스크 승인은 잊지 말고 받자!

◆ 세금 환급 절차 한눈에 보기

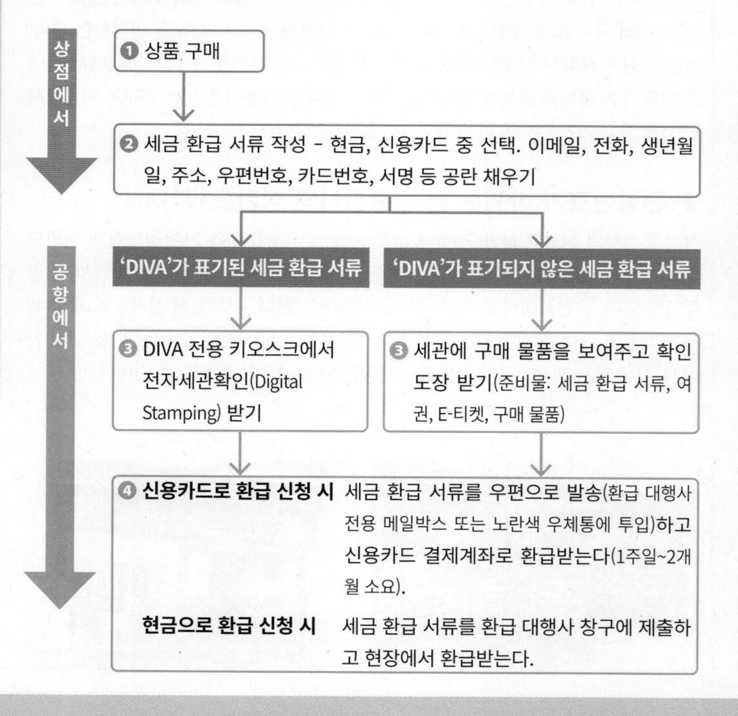

상점에서
❶ 상품 구매
❷ 세금 환급 서류 작성 - 현금, 신용카드 중 선택. 이메일, 전화, 생년월일, 주소, 우편번호, 카드번호, 서명 등 공란 채우기
공항에서
'DIVA'가 표기된 세금 환급 서류
'DIVA'가 표기되지 않은 세금 환급 서류
❸ DIVA 전용 키오스크에서 전자세관확인(Digital Stamping) 받기
❸ 세관에 구매 물품을 보여주고 확인 도장 받기(준비물: 세금 환급 서류, 여권, E-티켓, 구매 물품)
❹ 신용카드로 환급 신청 시 세금 환급 서류를 우편으로 발송(환급 대행사 전용 메일박스 또는 노란색 우체통에 투입)하고 신용카드 결제계좌로 환급받는다(1주일~2개월 소요).
현금으로 환급 신청 시 세금 환급 서류를 환급 대행사 창구에 제출하고 현장에서 환급받는다.

◆ 세금 환급 절차 상세 보기

■ 시내 상점에서

❶ 상점에서 세금 환급 서류 받기

우선 상점에 'Tax Free' 표시가 있는지 확인한다. 세금 환급 대행사의 가맹점에서는 대개 물건 구매 후 직원이 세금 환급 서류를 직접 작성해주며, 상점에 따라 서류의 공란에 고객이 직접 개인정보를 적어 넣기도 한다. 이때 여권 지참은 필수! 서류를 받은 후 공란이 없는지 확인하고, 환급 방법(현금 또는 신용카드)을 선택한다. 세금 환급 서류와 함께 반송용 봉투를 받아 잘 보관한다.

> ★
> **세금 환급 서류 작성 시 주의!**
> 신용카드로 세금 환급을 신청할 때는 반드시 여권과 같은 명의의 카드 번호를 적어야 한다. 외화 충전식 체크카드는 환급이 안 되는 경우가 있으니 일반 신용카드를 사용하자.

❷ 시내에서 현금으로 환급받기

세금 환급 대행사마다 시내에서 현금으로 환급해주는 부스를 별도로 운영한다. 이 경우 바로 환급받은 현금을 여행비에 보탤 수 있고 신용카드 환급누락 걱정이 없다는 게 장점이다. 단, 출국하는 공항에서 반드시 환급 서류에 DIVA 키오스크 승인(또는 세관 도장)을 받아서 제출해야 한다. 이 서류가 21일 이내에 환급 대행사에 도착하지 않으면 환급받을 때 등록한 신용카드에 환급액 전액이 청구돼 나온다.

시내 환급은 가능한 유로화로 받을 수 있는 곳을 이용할 것. 간혹 달러나 원화로만 환급해주는 곳이 있는데, 이 경우 아주 좋지 않은 환율이 적용된다. 환급 대행 장소에 따라 일정 금액 이상의 영수증만 접수하기도 한다. 접수 기준과 금액에 따른 장당 수수료 역시 환급 대행 장소에 따라 조금씩 다르니 비교해보고 이용한다.

■ 공항에서

❸-a 빠르고 편리한 DIVA 키오스크

'DIVA'가 표기된 세금 환급 서류는 세관원에게 도장을 받는 대신 DIVA 전용 키오스크(한국어 지원)에서 서류에 인쇄된 바코드를 스캔한다. DIVA 키오스크에서 정상 승인된 세금 환급 서류를 우편으로 제출하거나(신용카드로 환급) 해당 환급 대행사의 창구로 들고 가서 처리(현금으로 환급)하면 끝! 키오스크 창에 "신청 서류의 유효성을 확인"하라는 메시지가 뜨면 정상 처리되지 않은 것이니 세관원에게 가서 도장을 받는다.

❸ DIVA 키오스크

❸-b 세관 도장 받기

'DIVA'가 표기되지 않은 세금 환급 서류는 세관에서 확인도장을 받은 후 환급 처리한다. 'VAT refund', 'TAX FREE', 'VAT office'라고 쓰인 표지판을 따라 세관 도장을 받는 사무소Oficina Devolución de IVA로 간다. 이때 구매 물품을 확인할 수 있으니 미리 준비해둔다. 성수기에는 대기자가 많으니 비행기 출발 최소 4시간 전에는 도착하는 것이 안전하다.

❸ 세금 환급 사무소(Oficina Devolución de IVA)

✚ 세관 사무소 위치

- **마드리드 공항 제1 터미널** 출발 층 체크인 카운터 173번 옆
- **마드리드 공항 제4 터미널** 출발 층 보안 검색대 왼쪽
- **바르셀로나 공항 제1 터미널** 출발 층 체크인 카운터 264번 옆

★
세금 환급 대행사

글로벌 블루
www.globalblue.com
플래닛(구 프리미어 택스 프리)
www.planetpayment.com

★
악명 높은 현금 환급 수수료
글로벌 익스체인지는 현금 환급을 요청하면 창구에 따라 유로화가 아닌 달러화나 한화로 환급해주는 것으로 악명이 높다. 환율도 많이 불리하고 높은 수수료까지 붙으니, 차라리 카드 환급을 신청하는 편이 낫다. 글로벌 블루는 유로화로 환급해준다.

❹-a 시내 환급 & 신용카드 환급 - 세금 환급 서류 부치기

신용카드로 환급을 신청했거나 시내에서 미리 현금으로 환급받은 경우, 출국 당일 공항에서 세관 도장(또는 DIVA 승인)을 받은 세금 환급 서류를 환급 대행사로 보내야 한다. 상점에서 서류를 발급할 때 함께 준 전용봉투에 서류를 넣어 밀봉한 후, 글로벌 블루 사의 서류는 글로벌 블루 전용 메일박스에, 그 외 회사의 서류는 노란색 우체통에 넣는다.

✚ 신용카드 환급 확인하기

신용카드 환급은 빠르면 1주일, 길게는 3개월까지 소요된다. 세금 환급 서류의 숫자(DOC ID)와 구매 내역을 알고 있으면 세금 환급 대행사의 홈페이지에서 조회할 수 있으니, 서류를 봉투에 넣어 밀봉하기 전에 사진을 찍어 저장해두자. 이때, 바코드와 숫자(DOC ID)가 잘 보이게 할 것!

❹-b 현금 환급 - 환급 대행사 창구에 세금 환급 서류 제출하기

글로벌 블루 사는 글로벌 블루 전용창구에서, 그 외 회사(Planet, Innova, Travel 등)는 글로벌 익스체인지 창구(간판에 'Cambio Exchange'라고 적혀 있는 곳)에서 서류를 접수한다. 이곳에 세관 도장(또는 DIVA 승인)을 받은 세금 환급 서류와 구매 영수증을 제출하면 바로 현금으로 환급해준다. 금액에 따라 수수료가 부과되며, 수수료율은 환급 대행사에 따라 다르다. 공항과 터미널마다 창구의 위치와 운영 시간이 모두 다르니, 세금 환급 대행사의 홈페이지에서 출국 공항의 창구 정보를 미리 확인한다.

✚ 시내 현금 환급 vs 신용카드 환급

	시내 현금 환급	신용카드 환급
장점	바로 받아 현지에서 쓸 수 있다.	수수료가 없다(단, 계좌입금 시 환차손 발생).
단점	환급 장소에 따라 수수료가 붙는다. 서류가 제때 도착하지 않으면 벌금이 부과된다.	환급까지 시간이 걸린다. 환급이 누락될 수 있다.

❹-a 노란색 스페인 우체통

❹-a 글로벌 블루 전용 메일박스. 색상과 모양이 다를 수 있으니 글로벌 블루 로고를 꼭 확인하자.

❹-b 환급 대행사 키오스크

영어도 잘 못하고 스페인어는 더 못하는데, 여행할 수 있을까요?

◆ 영어는 필수가 아닌 선택 사항

영어를 잘하면 좋겠지만, 못한다고 하더라도 여행하는 데 큰 문제는 없다. 영어가 꼭 필요한 경우는 입국심사대와 매표소, 호텔, 식당, 쇼핑센터 정도다. 이 경우 목적이 분명하기 때문에 단어 몇 개와 짧은 문장만으로도 충분히 의사소통할 수 있다. 우리뿐 아니라 영어를 잘 못하는 외국인은 밤하늘의 별만큼 많다. 관광객을 상대하는 업소들은 이런 상황에 익숙하며, 대부분 아주 간단한 영어로 소통을 한다.

◆ 관광지에서는 영어만으로도 충분하다

스페인어를 몰라도 스페인을 여행하는 데는 문제없다. 워낙 많은 관광객이 방문하는 나라이기 때문에 대부분 숙소, 식당, 여행안내소에 영어가 유창한 직원들이 있다. 마드리드와 바르셀로나를 비롯해 세비야, 그라나다 등 여행자가 즐겨 찾는 도시라면 영어만으로도 편안하게 여행할 수 있다. 단, 소도시에서는 영어가 잘 통하지 않을 수 있으니 시간이나 방향 등에 관한 간단한 질문과 대답 정도를 미리 익혀가거나 동시통번역 앱을 활용한다.

◆ 올라! 그라시아스! 뽀르 파보르! 는 습관처럼 사용하자

스페인어 인사말은 아주 쉽고 일상적이다. 스페인 사람들은 모르는 사람이더라도 눈을 마주치거나 같은 공간 안에 있게 되면 "올라¡Hola!" 하며 가볍게 인사한다. 식당에 들어가거나 가게를 구경할 때에도 먼저 인사할 때와 안 할 때의 차이는 매우 크다. 무언가를 부탁하거나 주문할 때는 단어 끝에 영어의 '플리즈Please'에 해당하는 '뽀르 파보르Por favor'를 무조건 붙인다. 서비스를 받으면 '그라시아스¡Gracias!'라고 감사를 표한다.

◆ 미리 대비하면 걱정 끝! 입국심사

보통 질문 없이 여권 등 관련 서류만 확인하지만, 입국 목적에 의심을 가질 경우에는 질문할 수 있다. 유럽 다른 국가를 경유하는 국제선을 이용한다면 최초 입국공항에서 입국심사를 받는다. 스페인은 솅겐 협약 가입국(키프로스와 아일랜드를 제외한 대부분의 EU 국가)이므로, 다른 가입국에서 이미 입국심사를 마쳤다면 별도의 심사 없이 자유롭게 드나들 수 있다. 입국심사 시 예상 질문과 답은 52p를 참고하자.

★
2025년 내 ETIAS 도입 예정
European Travel Information and Authorization System

2025년부터(정확한 시행 시기는 미정) 유럽을 여행하려는 대한민국 국민은 유럽 여행 승인 시스템 ETIAS를 사전에 신청해야 한다. ETIAS는 유럽의 보안 강화를 위한 통합 비자 시스템으로, 솅겐 협약 가입국이 대상이다. ETIAS 여행 허가는 3년간 유효한 복수 입국 비자로, 최대 90일간 해당 지역에 체류 가능. 개인정보와 보안 질문 등으로 이루어진 온라인 신청서를 직접 작성하며, 대략 4일~최대 30일 이내에 검토 및 승인 처리된다. 발급 수수료는 7€(예정). 시행 일정이 계속 변동되고 있으니 여행 전 홈페이지에서 확인하자.

www.etias.co.kr

여행이 술술 풀리는

필수 스페인어 회화

안녕하세요.
올라!
¡Hola!

아침인사
~부에노스 디아스 Buenos días
오후인사
~부에나스 따르데스 Buenas tardes
저녁인사
~부에나스 노체스 Buenas noches

다시 만나요.
~아스따 루에고
Hasta luego

못 알아듣겠습니다.
노 엔띠엔도
No entiendo.

좋아요.
에스타 비엔
Está bien.

부탁합니다.
뽀르 파보르
Por favor.

죄송합니다.
로 씨엔또
Lo siento.

감사합니다.
그라시아스!
¡Gracias!

- 천만에요. **데 나다** De nada.
- 실례합니다. **디스꿀뻬 / 뻬르돈** Disculpe / Perdón.
- 신경쓰지 마세요. **노 임뽀르따** No importa.
- 한국인입니다. **쏘이 꼬레아노** Soy Coreano.
- 스페인어를 못합니다. **노 뿌에도 아블라르 에스빠뇰** No puedo hablar Español.

얼마인가요?

꾸안또 꾸에스따?

¿Cuánto cuesta?

이거 주세요. **에스따, 뽀르 파보르** Esta, por favor.

이 신용카드로 지불할 수 있나요?
아 따스 에스따 따르헤따 데 끄레디또?
¿Aceptas esta tarjeta de crédito?

싱겁게 해주실래요?
메 로 뜨라에 꼰 뽀까 쌀, 뽀르 파보르
¿Me lo trae con poca sal, por favor?

적당히 구워주세요.
라 까르네 알 뿐또, 뽀르 파보르
La carne al punto, por favor.

조금 덜 짜게 해주실래요?
메 로 뜨라에 메노쓰 쌀라도, 뽀르 파보르
¿Me lo trae menos salado, por favor?

웰던(레어)으로 주세요.
라 까르네 무이(뽀꼬) 에차, 뽀르 파보르
La carne muy(poco) hecha, por favor.

레드 와인 한 잔 주세요.
우나 꼬빠 데 비노 띤또, 뽀르 파보르
Una copa de vino tinto, por favor.

생맥주 한 잔 주세요.
우나 까냐, 뽀르 파보르
Una caña, por favor.

- 메뉴판 주세요. **메 뜨라에 라 까르따, 뽀르 파보르**
  Me trae la carta, por favor.
- 저 사람들이 먹는 걸로 주문할게요.
  메 구스따리아 라 미스마 꼬미다 께 에사스 뻬르소나스 아야
  Me gustaría la misma comida que esas personas allá.
- 매우 맛있네요. **에스따 무이 델리씨오소** Está muy delicioso.
- 계산해주세요. **라 꾸엔따, 뽀르 파보르** La cuenta, por favor.

★

스마트폰 안의 통역비서, 동시 통역 앱

외국어가 어려워 해외여행을 망설인다면 스마트폰에 동시 통번역 앱을 설치해보자. 여행 중에 만난 외국인들과 간단한 대화 정도는 즐길 수 있다.

지니톡 GenieTalk

2018 평창 동계올림픽 대회에서 공식 자동 통번역 솔루션으로 선정한 앱. 영어/스페인어/중국어/일본어/프랑스어/러시아어/독일어/아랍어 가능

파파고 Papago

네이버가 개발한 통번역 앱. 영어/스페인어/일본어/중국어/프랑스어/베트남어/태국어/인도네시아어 가능

공항	아에로뿌에르또	Aeropuerto
역	에스따씨온	Estacion
버스터미널	에스따씨온 데 아우또부세스	Estacion de autobuses
버스 정류장	빠라다 데 아우또부스	Parada de autobus
플랫폼	쁠라따포르마	Plataforma
입구	엔뜨라다	Entrada
출구	쌀리다	Salida
열림(영업 중)	아비에르또	Abierto
닫힘(영업 종료)	쎄라도	Cerrado
화장실	아세오스(바뇨 baño는 욕실)	Aseos
짐 보관소	꼰씨그나 데 에끼빠헤	Consigna de equipaje
여행안내소	인포르마씨온 뚜리스띠까	Información turística
렌터카	알낄레르 데 꼬체스	Alquiler de Coches
주차장	아빠르까미엔또	Aparcamiento
ATM	까헤로스 아우또마띠꼬스	Cajeros automáticos
환전소	깜비오 데 모네다	Cambio de moneda
서점/신문판매소	리브레리아	Librería
카페테리아	까페떼리아	Cafetería
식당	레스따우란떼	Restaurante
호텔	오뗄	Hotel
경찰	뽈리씨아	Policía
전화	뗄레포노	Teléfono

★

입국심사 예상 Q & A

Q : 입국한 목적은 무엇인가? What's the purpose of your visit?
A : 여행인 경우 – Travelling. / 출장인 경우 – Business trip.

Q : 얼마 동안 머무를 건가? How long will you stay? / How long are you staying?
A : 1주 예정 – One week. / 10일 예정 – Ten days.

Q : 어디서 머무를 예정인가? Where are you staying?
A : 호텔 – At *** Hotel / 친구 집 – My friend's place.

그 외 가능한 질문

- 혼자 여행하는 건가? Are you travelling alone?
- 귀국 티켓은 있나? Do you have a return ticket?
- 신고할 물건은 있나? Do you have anything to declare?

MORE

현지인의 관광객 거부 운동 '투어리스트 고 홈'에 대처하는 자세

관광객 때문에 임대료와 물가가 상승하면서 현지인의 삶이 흔들리고 있다. 특히 에어비앤비는 주거용 건물의 한 층이나 한 호실을 임대하는 경우가 많아서, 거주민과 여행자 사이의 갈등이 더욱더 깊어지고 있다. 현지인을 존중하지 않는 여행자의 안하무인격 태도도 화를 부추기고 있는데, 특히 바르셀로나를 중심으로 반감이 높다. 그 외에도 정치 사회적 이슈에 따라 종종 집회가 벌어지는데, 직접적인 폭력으로 이어지는 경우는 거의 없지만, 시위대와 마주치면 일단 피하는 것이 좋다.

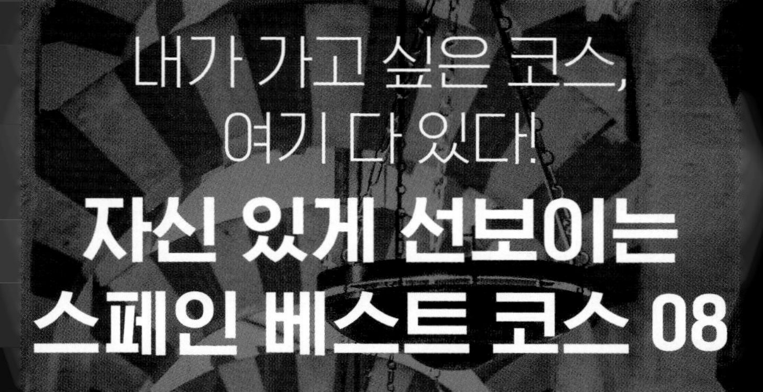

내가 가고 싶은 코스,
여기 다 있다!

자신 있게 선보이는 스페인 베스트 코스 08

Best Course 08

Best Course No.01

7박 9일
스페인 핵심 4대 도시 코스

스페인을 처음 방문하는 이들에게 추천하는 코스다. 일주일간 스페인의 4대 도시인 마드리드, 세비야, 그라나다, 바르셀로나를 모두 돌아볼 수 있다. 이용 항공사에 따라 바르셀로나로 들어가 마드리드로 나오는 역순의 일정을 짤 수도 있다.

1일	인천 → 마드리드
오전 / 오후	마드리드 도착
마드리드 숙박	

2일	마드리드
오전	마드리드 왕궁 구경
오후	미술관 관람 및 산 미겔 시장에서 식사
마드리드 숙박	

3일	마드리드 → 세비야
오전	세비야로 이동(비행기 1시간 5분)
오후	에스파냐 광장 + 메트로폴 파라솔 야경 감상
세비야 숙박	

4일	세비야
오전	대성당 + 히랄다 탑 구경
오후	알카사르 + 구시가 구경
세비야 숙박	

5일	세비야 → 그라나다
오전	그라나다로 이동(버스 3시간)
오후	알바이신 전망대 구경 & 플라멩코 관람
그라나다 숙박	

6일	그라나다 → 바르셀로나
오전	알람브라 구경
오후	바르셀로나로 이동(비행기 1시간 30분)
바르셀로나 숙박	

7일	바르셀로나
오전 / 오후	가우디 건축물 구경
바르셀로나 숙박	

8일	바르셀로나 → 인천
오전	고딕 지구 또는 몬주익 지구 구경
오후	인천으로 출발

★
알찬 일정을 위한 참고 사항

❶ 스페인에서 머무는 호텔은 7박 기준으로 예약한다. 8일째는 숙박하지 않고 귀국 편을 탑승하며, 날짜 변경으로 하루가 더 지난 9일째에 한국에 도착한다.
❷ 마드리드 인-바르셀로나 아웃 대신 바르셀로나 인-마드리드 아웃의 일정도 가능하다.
❸ **항공권 예매** 마드리드 → 세비야, 그라나다 → 바르셀로나
❹ **버스·기차표 예매** 세비야 → 그라나다
❺ **입장권 예매** 그라나다 알람브라, 바르셀로나 사그리다 파밀리아+구엘 공원, 마드리드 프라도 미술관, 세비야 알카사르+대성당 등

Best Course No.02

6박 8일
바르셀로나+그라나다+세비야 코스

바르셀로나 직항 노선을 활용한 일정. 효율적인 시간 분배가 중요한 직장인에게 추천하는 코스로, 마드리드 대신 여행자의 만족도가 높은 바르셀로나와 안달루시아 지역에 집중한다. 귀국 항공편이 야간이라면 아침 일찍 몬세라트나 시체스, 지로나, 피게레스 같은 근교 도시까지 섭렵할 수 있어서 단기간이어도 스페인의 매력을 충분히 느낄 수 있다.

1일	인천 → 바르셀로나
오전 오후	바르셀로나 도착
바르셀로나 숙박	

2일	바르셀로나
오전 오후	가우디 건축물 구경
바르셀로나 숙박	

3일	바르셀로나 → 그라나다
오전	그라나다로 이동(비행기 1시간 25분)
오후	알바이신 전망대 구경 & 플라멩코 관람
그라나다 숙박	

4일	그라나다 → 세비야
오전	알람브라 구경
오후	세비야로 이동(버스 3시간)
세비야 숙박	

5일	세비야
오전	알카사르 + 대성당 구경
오후	에스파냐 광장 구경 & 메트로폴 파라솔 야경 감상
세비야 숙박	

6일	세비야 → 바르셀로나
오전	바르셀로나로 이동(비행기 1시간 40분)
오후	고딕 지구 또는 몬주익 지구 구경
바르셀로나 숙박	

7일	바르셀로나 → 인천
오전	몬세라트 다녀오기
오후	인천으로 출발

알찬 일정을 위한 참고 사항

❶ 아시아나·티웨이항공의 바르셀로나 직항 노선을 이용하면 환승 공항에서의 대기시간을 줄일 수 있다.
❷ 6박 8일이면 3개 도시가 적당하다. 4개 도시 방문은 너무 빡빡하다.
❸ **항공권 예매** 바르셀로나 → 그라나다, 세비야 → 바르셀로나
❹ **버스·기차표 예매** 그라나다 → 세비야
❺ **입장권 예매** 그라나다 알람브라, 바르셀로나 사그리다 파밀리아+구엘 공원, 세비야 알카사르+대성당 등

Best Course No.03

7박 9일
마드리드+그라나다+세비야+론다 코스

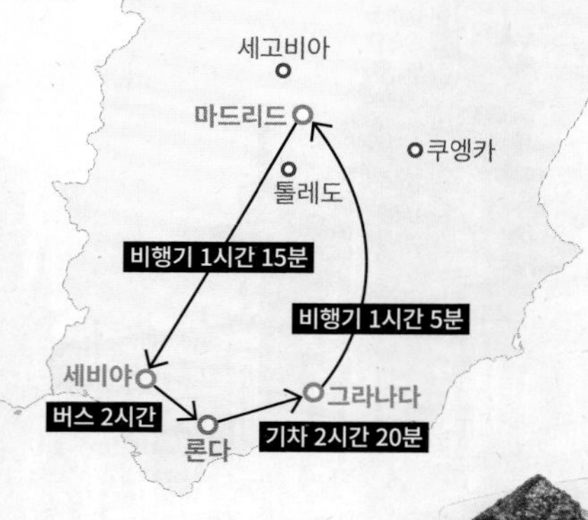

바르셀로나 대신 마드리드로 인-아웃 하는 일정이다. 바르셀로나를 이미 다녀온 여행자라면 마드리드 근교와 안달루시아 지역에 좀 더 집중할 수 있어 매력적이다. 마드리드는 바르셀로나보다 볼거리가 적은 편이라서 근교 도시를 둘러볼 수 있는 시간의 여유가 많다. 미술관 마니아라면 근교 도시 대신 스페인 최고의 미술관 순례에 시간을 더 써도 좋다. 6박 8일 일정보다 하루 더 머무는 만큼 스페인 남부 지방에서 최고의 절경을 자랑하는 론다도 다녀올 수 있다.

1일	인천 → 마드리드
오전 / 오후	마드리드 도착
마드리드 숙박	

2일	마드리드 근교 도시
오전 / 오후	톨레도 다녀오기
마드리드 숙박	

3일	마드리드 → 세비야
오전	세비야로 이동(비행기 1시간 5분)
오후	에스파냐 광장 구경 & 메트로폴 파라솔 야경 감상
세비야 숙박	

4일	세비야
오전	대성당 + 히랄다 탑 구경
오후	알카사르 + 구시가 구경
세비야 숙박	

5일	세비야 → 론다 → 그라나다
오전	론다로 이동(버스 1시간 50분)
오후	구시가 구경 후 그라나다로 이동(기차 2시간 30분)
그라나다 숙박	

6일	그라나다
오전	알람브라 구경
오후	알바이신 전망대 구경 & 플라멩코 관람
그라나다 숙박	

7일	그라나다 → 마드리드
오전	마드리드로 이동(비행기 1시간)
오후	미술관 관람 & 산 미겔 시장에서 식사
마드리드 숙박	

8일	마드리드 → 인천
오전	마드리드 왕궁 구경
오후	인천으로 출발

★
알찬 일정을 위한 참고 사항

❶ 짧은 휴가를 최대한 활용하려면 운항 일정이 효율적인 항공사를 선택한다.
❷ 마드리드 근교 도시 중 톨레도 대신 세고비아나 쿠엥카를 다녀와도 좋다.
❸ 론다를 당일치기로 다녀오면 일정이 효율적이다. 대신 세비야에서 아침 일찍 출발한다.
❹ **항공권 예매** 마드리드 → 세비야, 그라나다 → 마드리드
❺ **버스·기차표 예매** 세비야 → 론다, 론다 → 그라나다
❻ **입장권 예매** 그라나다 알람브라, 마드리드 프라도 미술관, 세비야 알카사르+대성당 등

Best Course No.04

6박 8일
마드리드+바르셀로나 코스

피게레스
지로나
몬세라트
바르셀로나
시체스
세고비아
비행기 1시간 20분
또는 기차 2시간 30분~
마드리드
쿠엥카
톨레도

짧은 기간 동안 스페인의 양대 도시인 마드리드와 바르셀로나에 집중하고, 틈틈이 근교 도시 3곳을 다녀오는 코스다. 마드리드와 바르셀로나는 시내를 산책하거나 카페에 앉아 시간을 보내기만 해도 매력적인 곳. 주변에는 한나절이면 다녀올 수 있는 근교 도시도 많으므로, 마음에 드는 소도시를 골라 자유롭게 일정을 짜보자.

1일	인천 → 마드리드
오전 / 오후	마드리드 도착
마드리드 숙박	

2일	마드리드
오전	마드리드 왕궁 구경
오후	미술관 관람 & 산 미겔 시장에서 식사
마드리드 숙박	

3일	마드리드 근교 도시
오전 / 오후	톨레도 또는 세고비아 당일 여행
마드리드 숙박	

4일	마드리드 → 바르셀로나 
오전	바르셀로나로 이동 (비행기 1시간 20분 혹은 기차 2시간 30분~)
오후	고딕 지구 또는 몬주익 지구 산책
바르셀로나 숙박	

5일	바르셀로나
오전 / 오후	가우디 건축물 구경
바르셀로나 숙박	

6일	바르셀로나 근교 도시
오전 / 오후	지로나 또는 시체스 당일 여행
바르셀로나 숙박	

7일	바르셀로나 → 인천
오전	몬세라트 다녀오기
오후	인천으로 출발

★
알찬 일정을 위한 참고 사항

❶ 마드리드 인-바르셀로나 아웃의 노선으로 예매한다.
❷ **항공권 또는 기차표 예매** 마드리드 → 바르셀로나
❸ 톨레도나 세고비아 대신 쿠엥카를, 시체스나 지로나 대신 피게레스를 당일치기로 다녀오거나, 피게레스와 지로나를 한 번에 다녀올 수 있다(270p 참고).
❹ 몬세라트에 다녀올 때는 오전 일찍 서둘러 국제선 출발에 늦지 않도록 주의한다.
❺ **입장권 예매** 바르셀로나 사그리다 파밀리아+구엘 공원, 몬세라트 검은 성모상, 마드리드 프라도 미술관 등

Best Course No.05

6박 8일
바르셀로나+산 세바스티안 코스

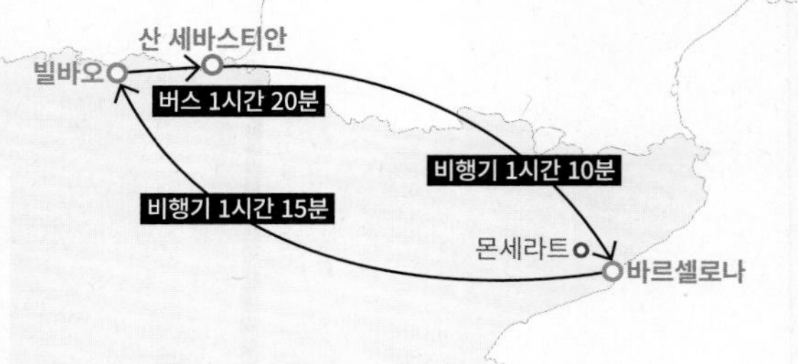

스페인 최고의 미식 도시로 유명한 산 세바스티안과 빌바오, 세련된 감각과 풍성한 식자재로 입맛을 사로잡는 바르셀로나를 여행하는 코스다. 특히 바스크의 대표 도시 빌바오와 산 세바스티안에는 미슐랭 레스토랑 뺨치는 맛이면서 가격은 동네시장 수준인 타파스 바르들이 수두룩하다. 빌바오의 구겐하임 미술관과 산 세바스티안의 근사한 해변도 놓칠 수 없다. 스페인에서 제일 맛있는 타파스와 가장 아름다운 해변, 가장 멋진 미술관을 한 번에 섭렵할 수 있다.

1일	인천 → 바르셀로나
오전 오후	바르셀로나 도착
바르셀로나 숙박	

2일	바르셀로나
오전 오후	가우디 건축물 구경
바르셀로나 숙박	

3일	바르셀로나 → 빌바오
오전	빌바오로 이동(비행기 1시간 10분)
오후	아르찬다 전망대 구경 & 시내 타파스 바르 투어
빌바오 숙박	

4일	빌바오 → 산 세바스티안
오전	구겐하임 미술관 구경
오후	산 세바스티안으로 이동(버스 1시간 25분) & 시내 타파스 바르 투어
산 세바스티안 숙박	

5일	산 세바스티안 → 바르셀로나
오전	라 콘차 해변 + 몬테 이겔도 전망대 구경
오후	바르셀로나로 이동(비행기 1시간 10분)
바르셀로나 숙박	

6일	바르셀로나 근교 도시
오전	몬세라트 다녀오기
오후	바르셀로나 시내 타파스 바르 투어
바르셀로나 숙박	

7일	바르셀로나 → 인천
오전	보른 지구 또는 라발 지구 맛집 탐방
오후	인천으로 출발

★
알찬 일정을 위한 참고 사항

❶ 바르셀로나 인-아웃의 노선으로 예약한다.
❷ **항공권 예매** 바르셀로나 → 빌바오, 산 세바스티안 → 바르셀로나
❸ **버스·기차표 예매** 빌바오 → 산 세바스티안
❹ **입장권 예매** 바르셀로나 사그리다 파밀리아+구엘 공원, 몬세라트 검은 성모상, 빌바오 구겐하임 미술관 등

Best Course No.06

6박 8일
바르셀로나 집중 코스

피게레스
지로나
몬세라트
바르셀로나
시체스

장거리 이동 없이 스페인의 대표 관광 도시 바르셀로나만 오롯이 만끽하는 코스다. 바르셀로나는 아무리 일정을 늘여도 부족하게 느껴지는 도시이기 때문이다. 구시가의 카페에 앉아 여유를 즐기고, 마음에 드는 박물관을 구경하고, FC 바르셀로나의 축구 경기를 관람할 수 있다. 바르셀로나를 베이스캠프 삼아 카탈루냐 사람들이 신성시하는 몬세라트, 아름다운 바다가 있는 시체스, 중세 골목이 그대로 남아 있는 지로나, 달리의 고향이자 박물관이 있는 피게레스 등 근교 도시로 떠나보자.

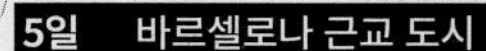

1일	인천 → 바르셀로나
오전 / 오후	바르셀로나 도착
바르셀로나 숙박	

2일	바르셀로나
오전 / 오후	가우디 건축물 구경
바르셀로나 숙박	

3일	바르셀로나 근교 도시
오전 / 오후	몬세라트 당일 여행
바르셀로나 숙박	

4일	바르셀로나 근교 도시
오전 / 오후	시체스 당일 여행
바르셀로나 숙박	

5일	바르셀로나 근교 도시
오전	피게레스 구경
오후	지로나 구경
바르셀로나 숙박	

6일	바르셀로나
오전	고딕 지구 구경 & 피카소 미술관 관람
오후	몬주익 지구 + 바르셀로네타 해변 구경
바르셀로나 숙박	

7일	바르셀로나 → 인천
오전	쇼핑 및 정리
오후	인천으로 출발

★

알찬 일정을 위한 참고 사항

❶ 바르셀로나 인-아웃 노선으로 예매한다.
❷ 근교 도시를 두 군데 이상 다녀오려면 대중교통이 편리한 곳에 숙소를 잡는다.
❸ 바르셀로나의 거의 모든 대중교통수단에서 사용할 수 있는 교통 다회권을 구매하면 편리하다(131p 참고).
❹ 피게레스와 지로나는 한 번에 다녀올 수 있다(270p 참고).
❺ 몬세라트에서는 트레킹 코스를 따라 걷는 것도 좋다. 특별한 장비 없이도 쉽게 걸을 수 있는 코스가 많다.
❻ 선탠을 즐긴다면 바르셀로네타 해변과 시체스 해변을 꼭 방문하자.
❼ **입장권 예매** 바르셀로나 사그리다 파밀리아+구엘 공원 등

Barcelona
Original Tea
TEA SHOP
SABON
DoGo

Best Course No.07

9박 11일
정통 스페인 일주 코스

최대한 알차게 스페인을 둘러보는 코스다. 스페인 관광의 핵심이라 할 수 있는 마드리드, 바르셀로나, 안달루시아 3개 지역 7개 도시를 모두 돌아볼 수 있기에, 단 한 번의 스페인 여행에서 아쉬움을 남기고 싶지 않은 이들에게 추천한다. 앞선 일정에서 아쉽게 제외됐던 코르도바를 둘러볼 수도 있고, 멋진 전망으로 유명한 론다 파라도르에서 하룻밤을 보낼 수도 있다.

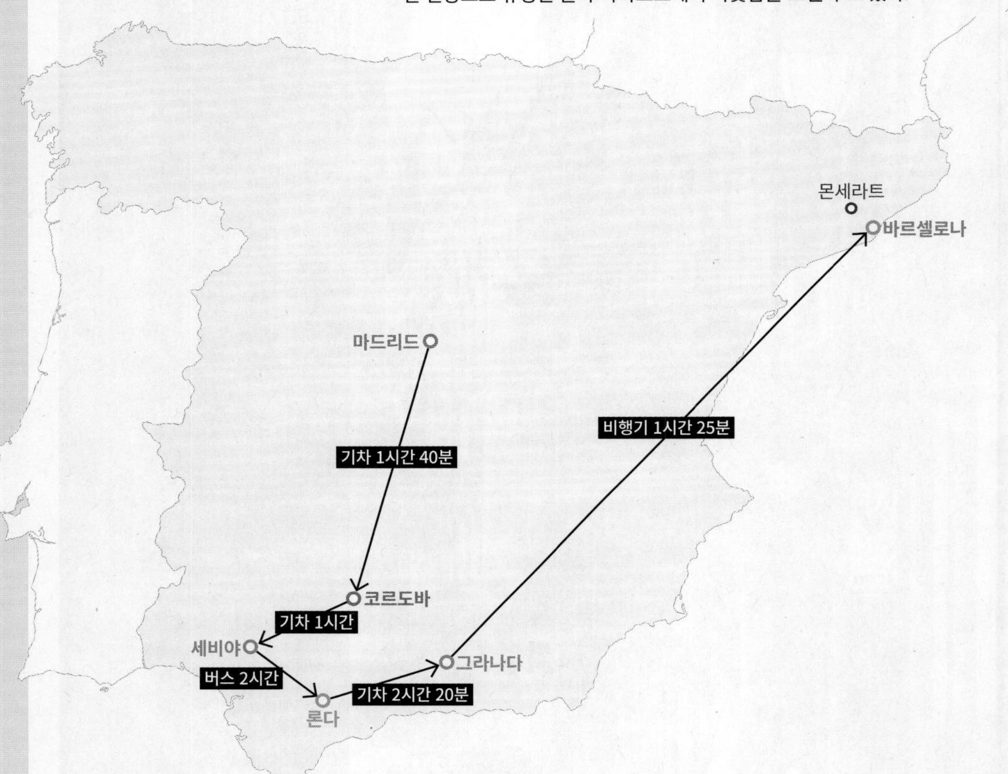

★

알찬 일정을 위한 참고 사항

❶ 마드리드 인-바르셀로나 아웃이나 바르셀로나 인-마드리드 아웃으로 예약한다.

❷ 절벽 전망이 멋진 론다에서 하룻밤 묵을 수 있다. 특히 론다의 파라도르는 스페인에서도 인기가 높은 숙소다. 절벽 전망의 객실을 예약하면 만족도가 더욱더 높아진다.

❸ **항공권 예매** 그라나다 → 바르셀로나

❹ **고속기차표 예매** 마드리드 → 코르도바 → 세비야

❺ **입장권 예매** 그라나다 알람브라, 바르셀로나 사그리다 파밀리아+구엘 공원, 몬세라트 검은 성모상, 마드리드 프라도 미술관, 세비야 알카사르+대성당 등

❻ 몬세라트에 다녀올 때는 오전 일찍 서둘러 국제선 출발에 늦지 않도록 주의한다.

1일	인천 → 마드리드
오전 / 오후	마드리드 도착
마드리드 숙박	

2일	마드리드
오전	마드리드 왕궁 구경
오후	미술관 관람 & 산 미겔 시장에서 식사
마드리드 숙박	

3일	마드리드 → 코르도바 → 세비야
오전	코르도바로 이동(기차 1시간 40분)
오후	코르도바 구경 후 세비야로 이동(기차 45분)
세비야 숙박	

4일	세비야
오전	대성당 + 히랄다 탑 구경
오후	에스파냐 광장 구경 & 메트로폴 파라솔 야경 감상
세비야 숙박	

5일	세비야 → 론다
오전	알카사르 + 구시가 구경
오후	론다로 이동(버스 1시간 50분)
론다 숙박	

6일	론다 → 그라나다
오전	론다 구시가 구경
오후	그라나다로 이동(기차 2시간 30분)
그라나다 숙박	

7일	그라나다
오전	알람브라 구경
오후	알바이신 전망대 구경 & 플라멩코 관람
그라나다 숙박	

8일	그라나다 → 바르셀로나
오전	바르셀로나로 이동(비행기 1시간)
오후	고딕 지구 산책 & 벙커 전망대 구경
바르셀로나 숙박	

9일	바르셀로나
오전 / 오후	가우디 건축물 구경
바르셀로나 숙박	

10일	바르셀로나 → 인천
오전	몬세라트 다녀오기
오후	인천으로 출발

Best Course No.08

19박 21일
꽉 채운 스페인 일주 코스

북부 바스크 지방을 제외하고 이 책에서 소개한 도시들을 모두 순회하는 코스다. 20일가량의 긴 일정이 필요하지만, 기왕 떠난 여행이라면 유명한 도시를 모두 둘러보고 가는 것도 후회없는 선택이다. 한 번에 스페인의 진수를 맛본다는 각오로 일정을 짠다.

★
알찬 일정을 위한 참고 사항

❶ 북부 지역까지 포함하고 싶다면 코스 5번을 참고해서 일정을 추가한다. 마드리드나 바르셀로나에서 항공을 이용하면 빌바오와 산 세바스티안까지 쉽게 이동할 수 있다.

❷ **항공권 예매** 그라나다 → 바르셀로나

❸ **고속기차표 예매** 마드리드 → 코르도바 → 세비야

❹ **입장권 예매** 그라나다 알람브라, 바르셀로나 사그리다 파밀리아+구엘 공원, 몬세라트 검은 성모상, 마드리드 프라도 미술관, 세비야 알카사르+대성당 등

1일 인천 → 마드리드

오전·오후 마드리드 도착

마드리드 숙박

2일 마드리드

오전 마드리드 왕궁 구경

오후 미술관 관람 & 산 미겔 시장에서 식사

마드리드 숙박

3~5일 마드리드 근교 도시

오전·오후
3일 : 톨레도 당일 여행
4일 : 세고비아 당일 여행
5일 : 쿠엥카 당일 여행

마드리드 숙박

6일 마드리드 → 코르도바

오전 코르도바로 이동(기차 1시간 40분)

오후 메스키타 대성당 + 알카사르 구경

코르도바 숙박

7일 코르도바 → 세비야

오전 세비야로 이동(기차 45분)

오후 에스파냐 광장 구경 & 메트로폴 파라솔 야경 감상

세비야 숙박

8일 세비야

오전 대성당 + 히랄다 탑 구경

오후 알카사르 + 구시가 구경

세비야 숙박

9일 세비야 → 론다

오전 론다로 이동(버스 1시간 50분)

오후 구시가 구경

론다 숙박

10일 론다 → 말라가

오전 말라가로 이동(버스 1시간 45분)

오후 피카소 미술관 관람 & 구시가 구경

말라가 숙박

11일 말라가

오전 히브랄파로성 + 알카사바 구경

오후 말라게타 해변 즐기기

말라가 숙박

12일 말라가 → 네르하

오전 네르하로 이동(버스 1시간~)

오후 네르하 동굴 + 네르하 시가지 구경

네르하 숙박

13일 네르하 → 그라나다

오전 프리힐리아나 당일 여행

오후 그라나다로 이동(버스 2시간~)

그라나다 숙박

14일 그라나다

오전 알람브라 구경

오후 알바이신 전망대 구경 & 플라멩코 관람

그라나다 숙박

15일 그라나다 → 바르셀로나

오전 바르셀로나로 이동(비행기 1시간 30분)

오후 고딕 지구 산책 & 벙커 전망대 구경

바르셀로나 숙박

16일 바르셀로나

오전·오후 가우디 건축물 구경

바르셀로나 숙박

17~19일 바르셀로나 근교 도시

오전·오후
17일 : 몬세라트 당일 여행
18일 : 시체스 당일 여행
19일 : 피게레스+지로나 당일 여행

바르셀로나 숙박

20일 바르셀로나 → 인천

오전 쇼핑 및 정리

오후 인천으로 출발

10
Vetas
JABUGO
JAMÓN
DE BELLOTA
100% IBÉRICO
JABUGO

스페인의 음식 & 쇼핑

SPAIN Gourmet & Shopping

스페인의 음식

찬란한 태양과 바다의 축복을 받은 스페인에서는 먹는 즐거움이 넘쳐난다. 싱싱한 과일과 채소, 지중해와 대서양에서 건져 올린 신선한 해산물, 오랜 시간 정성을 들여 만든 하몬과 치즈, 최고급 올리브유와 와인까지. 오직 스페인에서만 맛볼 수 있는 미식의 세계로 빠져보자.

메뉴 델 디아

가성비 최고의 점심 정찬

메뉴 델 디아 입문자를 위한 기초 정보

아침, 저녁 식사는 다 건너뛰더라도 평일 점심시간만은 잊지 말자. 여행자들에게는 축복과도 같은 '메뉴 델 디아'를 만나볼 시간이다. 다양한 요리를 최대한 저렴하게 맛보고 싶은 여행자들을 위해 가장 싸고, 가장 푸짐한 런치 세트가 기다리고 있다.

1 메뉴 델 디아란?

직역하면 '오늘의 메뉴'라는 뜻. 보통 평일 점심시간에 판매하는 세트 메뉴다. 전채와 메인 요리, 디저트로 이어지는 3코스 구성이 일반적이며, 코스마다 2~3가지 메뉴 중에서 선택할 수 있다. 1인 15~20€ 정도에 빵과 물이 기본으로 포함되며, 식당에 따라 와인이나 음료를 제공하기도 하므로 매우 경제적이다. 덕분에 평일 점심시간이면 스페인 전 국민이 식당에서 메뉴 델 디아를 먹고 있다고 해도 과언이 아니다.

2 메뉴 델 디아 식당 찾기

메뉴 델 디아는 메뉴가 매일매일 바뀌는 '오늘의 메뉴'이므로 영어 메뉴판이 없는 경우가 많다. 대부분 식당이 메뉴 델 디아에 포함하는 내역을 가게 앞 입간판에 표시한다. 가장 일반적인 구성은 '빵과 물 포함(Incluidos Pan y Agua)'이다. 와인 1잔(Copa de Vino) 또는 음료(Bebidas)가 포함되기도 한다.

3 요리별, 재료별로 선호하는 음식 고르기

주문 요령은 제1 요리로 파에야Paella, 샐러드Ensalada, 수프Sopa 중 마음에 드는 음식을 고르고, 제2 요리로 생선Pescado, 닭고기Pollo, 돼지고기Cerdo 등의 재료 중 원하는 요리를 고르는 것이다. 제1 요리로 선택하는 파스타나 파에야는 한 끼 식사가 될 정도로 양이 넉넉하다. 양껏 먹으면 제2 요리를 시작하기도 전에 배가 부를 수 있음을 기억하자. 평소 적게 먹는 사람이라면 샐러드나 수프 종류로 고르는 것도 좋다.

메뉴 델 디아 코스 순서

❶ **프리메로 플라토** Primero Plato
제1 요리. 파스타나 파에야, 튀김, 샐러드, 채소 요리, 수프가 주를 이룬다.

⇒

❷ **세군도 플라토** Segundo Plato
제2 요리. 고기나 생선으로 만든 메인 요리

⇒

❸ **포스트레** Postre
과일이나 아이스크림, 케이크 등의 디저트

빵(혹은 추로스)+오렌지 주스+커피 = 알무에르소 세트 메뉴

하루에 다섯 끼, 스페인의 식사법

스페인을 처음 여행하는 사람은 자신이 원하는 시간에 식사할 수 없다는 사실에 당황한다. 한국에서 먹던 습관대로 점심 12시, 저녁 6시쯤 식당을 찾아가면 문이 닫혀 있기 일쑤다. 스페인까지 와서 24시간 문 여는 패스트푸드점만 다니고 싶지 않다면 조금씩 자주 먹는 스페인 사람들의 식사 리듬에 익숙해질 필요가 있다.

1 데사유노 Desayuno

□ 출근 전에 먹는 아침 식사

오전 7~8시에 집에서 간단하게 먹는 식사다. 보통 커피나 우유 한 잔에 작은 빵 조각이나 쿠키, 비스킷(Galleta)을 곁들이는 정도로 가볍게 시작한다.

2 알무에르소 데 메디아 마냐나 Almuerzo de Media Mañana

□ 바르에서 즐기는 아침 간식

오전 10~11시는 아침 겸 간식을 먹는 시간이다. 대부분 바르와 카페테리아에서는 빵이나 타파스에 음료를 포함한 세트 메뉴를 판매한다. 주로 스페인식 샌드위치 보카디요(Bocadillo)나 스페인식 감자오믈렛 토르티야 데 파타타스(Tortilla de Patatas)를 먹는다.

3 코미다 Comida

□ 든든하게 챙겨 먹는 점심

점심은 보통 오후 1~2시로 우리나라보다 늦게 먹는 편이다. 스페인 사람들은 저녁보다 점심을 풍성하게 먹는 경향이 있어서 전채에서 시작해 메인 요리와 디저트까지 제대로 된 코스로 즐긴다. 식사 시간 또한 아주 여유롭게 즐기는 편. 와인을 함께 곁들이는 경우가 많다.

제1 요리에 나오는 푸짐한 해산물 파에야

4 메리엔다 Merienda

□ 출출할 땐 오후 간식

오후 4~5시가 되면 다시 바르나 카페테리아로 사람들이 모여든다. 초콜라테나 차 한 잔에 달콤한 빵을 먹기도 하고, 보카디요 같은 샌드위치로 요기를 하기도 한다. 일과를 끝낸 스페인 사람들은 단골 바르에 들러 타파스를 안주 삼아 칵테일이나 맥주를 마시며 친구들과 수다를 떤다.

5 세나 Cena

□ 가볍게 마무리하는 저녁 식사

저녁 영업을 하는 레스토랑은 보통 8시부터 문을 열지만, 식사를 하는 스페인 사람들은 9~10시가 돼야 등장한다. 덕분에 이른 저녁을 먹는 외국인 여행자들은 식당의 첫 손님이 되곤 한다. 외식을 하지 않을 때는 집에서 간단한 요리 하나에 디저트 정도로 저녁을 해결하며, 수프나 샐러드, 치즈와 과일 등으로 가볍게 먹는 사람도 많다.

MORE

스페인에선 잊지 말고 1인 1음료!

음료 주문이 필수가 아닌 우리와는 달리, 스페인에서는 1인 1음료가 기본이다. 음료를 주문하지 않는 건 김치찌개를 주문하면서 "공깃밥이 필요 없다"고 말하는 것과 비슷한 개념. 음식을 고르기 전에 음료부터 주문하는 것을 잊지 말자.

코스별 대표 요리

너무 맛있어서 돌아서면 또 생각나는 스페인 대표 요리!
우리나라 여행자들이 '엄지 척' 하는 인기 메뉴를 모아봤다.

프리메로 플라토
Primero Plato

제1 요리

아로스 네그로
Arroz Negro

오징어먹물밥. 아이올리 소스(마늘 마요네즈)를 곁들여 먹는다.

아로스 데 베르두라스 콘 테르네라
Arroz de Verduras con Ternera

소고기와 채소를 넣은 쌀 요리

피데우아 Fideuà

쌀 대신 면으로 만든 파에야

파에야 데 마리스코스
Paella de Mariscos

해산물 파에야

펜네 파스타
Penne Pasta

대롱 모양의 면으로 만든 파스타

피데오스 콘 베르두리타스
Fideos con Verduritas

채소를 넣은 면 요리

칼라마레스 프리토스
Calamares Fritos

오징어 튀김

치피로네스 프리토스
Chipirones Fritos

꼴뚜기 튀김

엔살라다 믹스타 Ensalada Mixta

혼합 샐러드

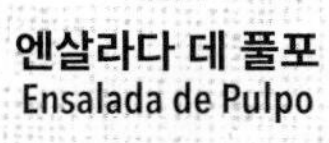

엔살라다 데 풀포
Ensalada de Pulpo

문어 샐러드

베르두라스 아사다스 콘 살사
Verduras Asadas con Salsa

채소 볶음

카르파치오 데 테르네라
Carpaccio de Ternera

생소고기를 얇게 썰어 소스를 뿌린 요리

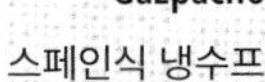

소파 데 렌테하스
Sopa de Lentejas

렌틸콩 수프

가스파초
Gazpacho

스페인식 냉수프

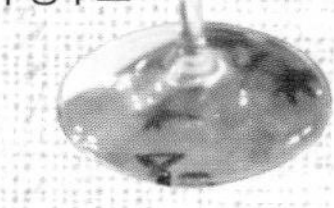

소파 데 베르두라스
Sopa de Verduras

채소 수프

MORE

국민 간식, 보카디요 Bocadillo

길쭉한 모양의 빵을 반으로 갈라 재료를 넣은 스페인식 샌드위치로, 보통 한 뼘 길이의 치아바타나 바게트를 사용한다. 바르에서는 하몬을 넣은 간단한 보카디요를 미리 만들어 놓기도 한다.

세군도 플라토
Segundo Plato

제2 요리

필레테 데 테르네라 알라 플란차
Filete de Ternera a la Plancha

그릴에 구운 송아지 스테이크

솔로미요 데 세르도
Solomillo de Cerdo

돼지 안심구이

비페 데 로모
Bife de Lomo

돼지 등심구이

솔로미요 데 세르도 엔 살사
Solomillo de Cerdo en Salsa

소스로 조린 돼지 안심 요리

추라스코 Churrasco

그릴에 구운 갈비 요리

에스토파도 데 테르네라
Estofado de Ternera

송아지 고기 스튜

필레테 데 페스카도
Filete de Pescado

생선 스테이크

포스트레
Postre

후식

타르타 데 케소
Tarta de Queso

치즈 케이크

타르타 데 초콜라테
Tarta de Chocolate

초콜릿 케이크

소르베테
Sorbete

셔벗

타르타 아소시아도
Tarta Asociado

모둠 케이크

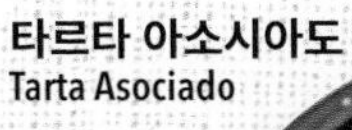

엘라도 Helado

아이스크림

플란 Flan

푸딩

프루타 델 티엠포
Fruta del Tiempo

제철 과일

타파스 & 핀초스

미슐랭 레스토랑도 부럽지 않다

작은 빵에 하몬이나 치즈 조각을 올린 소박한 것부터 푸아그라 같은 고급 재료를 사용한 것까지, 스페인의 바르(Bar)에서는 저마다의 레시피로 다양한 타파스를 선보인다. 예술의 경지에 이른 듯 각양각색의 개성을 뽐내는 타파스를 즐겨보자.

타파스와 핀초스, 무엇이 다를까?

1 타파스란?

타파스란 작은 접시 단위로 파는 음식을 통칭하는 말로, 주로 식사 전이나 술안주로 간단하게 먹는다. 아주 작은 접시에 두세 입이면 사라질 소량으로 제공되는 대신 가격이 저렴하다. 요리 한 접시 가격으로 2~3가지 요리를 다양하게 맛볼 수 있는 것이 장점. '타파Tapa'는 '뚜껑'이라는 뜻으로, 와인 잔에 벌레나 먼지가 들어가지 않도록 빵이나 햄으로 잔 위를 덮은 것에서 유래했다.

2 핀초스란?

스페인 북부 바스크 지방에서는 타파스의 일종인 '핀초스Pinchos 또는 Pintxos'를 즐겨 먹는다. 이쑤시개 같은 꼬치에 재료를 꿰어 만든 음식을 칭하는 말로, '핀초Pincho'는 '꼬챙이'라는 뜻이다. 알록달록 다양한 재료들을 쌓아 올린 예쁜 핀초스는 눈으로 한번, 맛으로 오감을 만족시킨다. 다 먹은 후에는 보통 꼬치의 개수를 세어 계산한다.

알아두면 편리한 타파스 & 핀초스 용어

1 타파스의 대표주자, 몬타디토 Montadito

작은 빵 위에 여러 재료를 올린 오픈 샌드위치로, '타파스' 하면 가장 먼저 떠올릴 기본 메뉴다. 새우, 연어, 스테이크, 하몬, 오믈렛 등 다양한 재료가 올라가며, 맥주나 와인 한 잔에 곁들일 가장 만만한 안주로 애용된다. 영어 메뉴판에서는 '스몰 샌드위치Small Sandwich'를 찾자.

2 핀초스의 정석, 힐다 Gilda

바스크 지방의 바르에서 볼 수 있는 가장 전통적인 형태의 핀초스다. 시큼하고 매콤한 고추 절임 힌디야Guindilla와 기름에 절인 앤초비, 올리브를 함께 꽂아 만든다. 바스크 특산 화이트 와인 차콜리Txakoli나 드라이한 스파클링 와인 카바Cava와 잘 어울린다.

MORE

타파스 주문 단위

바르에 따라 혹은 테이블 착석 여부에 따라 더 큰 단위의 접시로 주문할 수 있는 곳도 있다. 웨이터가 정식으로 서빙하는 테이블에 앉았다면 타파보다 양이 많은 라시온이나 메디아 라시온 주문이 필수다.

- **타파 Tapa** 타파스 전용 작은 접시
- **라시온 Ración / 포르시온 Porción** 일반 식사용 1인분
- **메디아 라시온 Media Ración / 메디아 포르시온 Media Porción** 1/2인분

채소로 만든 타파스

참피뇨네스
Champiñones
양송이버섯구이

파타타스 브라바스
Patatas Bravas
매콤한 소스를 얹은 감자튀김

베렌헤나스 콘 미엘
Berenjenas con Miel
꿀을 뿌린 가지튀김

토르티야 데 파타타
Tortilla de Patata
감자를 넣어 만든 오믈렛

피미엔토스 데 파드론
Pimientos de Padrón
스페인 북서부 파드론 지역 특산인 고추튀김

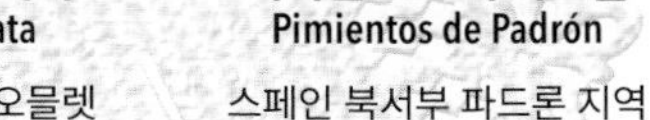

가스파초 Gazpacho
채소를 갈아 만든 스페인식 냉수프

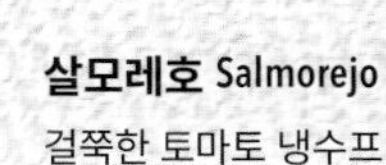

살모레호 Salmorejo
걸쭉한 토마토 냉수프

크로케타스
Croquetas
크로켓

엔살라다 루사
Ensalada Rusa
감자와 마요네즈 등으로 만든 샐러드

빤 콘 토마테
Pan con Tomate
토마토소스를 바른 빵

아세이투나
Aceituna(Oliva)
올리브 절임

해산물 타파스

감바스 알 아히요
Gambas al Ajillo

올리브유에 끓인
새우와 마늘 요리

감바스 알 라 플란차
Gambas a la Plancha

그릴에 구운 새우

감바스 프리타스
Gambas Fritas

새우튀김

치피로네스 알 라 플란차
Chipirones a la Plancha

그릴에 구운 꼴뚜기

치피로네스 프리토스
Chipirones Fritos

꼴뚜기튀김

칼라마레스 알 라 플란차
Calamares a la Plancha

그릴에 구운 오징어

칼라마레스 프리토스
Calamares Fritos

오징어튀김

풀포 알 라 가예가
Pulpo a la Gallega

갈리시아식 삶은 문어 요리

풀포 알 라 플란차
Pulpo a la Plancha

그릴에 구운 문어

우에바스 메를루사 알 라 플란차
Huevas Merluza a la Plancha

대구 알구이

우에바스 메를루사 프리타스
Huevas Merluza Fritas

대구 알튀김

타하다 데 바칼라오
Tajada de Bacalao

대구튀김

보케로네스 엔 비나그레
Boquerones en Vinagre

식초에 절인 멸치

보케로네스 프리토스
Boquerones Fritos

통으로 튀긴 멸치

육류 타파스

하몬 Jamon

돼지 뒷다리를 염장해서 만든 생햄

하몬 콘 멜론
Jamón con Melón

하몬을 얹은 멜론

초리소 Chorizo

스페인식 소시지

알본디가스 엔 살사
Albondigas en Salsa

소스를 얹은 미트볼

모르시야
Morcilla

스페인식 피순대

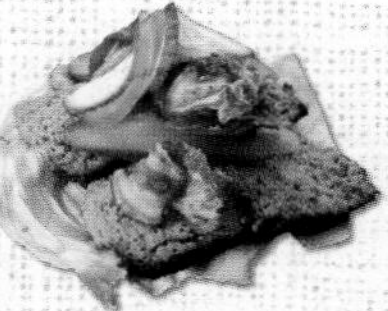

이가도스 데 포요
Higados de Pollo

닭 간 요리

비법 공개!

타파스 바르 이용법

현지인들이 바글거리는 타파스 바르Bar를 이용하는 건 외국인 여행자에게 만만치 않은 일이다. 보통 영어가 잘 통하지 않을뿐더러 한 명의 바텐더가 수십 명의 손님을 상대해야 하는 바르 문화에 적응이 필요하기 때문이다. 하지만 중요한 건 유창한 스페인어가 아니라 적절한 위치 선정과 적극적인 시선 공격! 주문을 위해서는 과감한 도전이 필요함을 기억하자.

➔ 바르 고르는 방법

스페인 사람들은 맛에 있어서 냉혹할 만큼 까다롭다. 식사 시간에 손님이 없는 가게라면 맛의 퀄리티를 의심해봐도 좋다. 인기 바르를 찾을 때는 갓 오픈한 오후 1시나 저녁 7시 30분경에 방문하는 것이 좀 더 여유롭게 즐길 수 있는 팁이다.

➔ 바 자리를 공략하자

가장 저렴하게 먹는 방법은 바(스페인어로는 바라Barra)에 서서 먹는 것이다. 현지인들은 보통 타파스 1~2개를 주문해 바에 기대선 채로 먹는다. 레스토랑으로 사용하는 안쪽의 정식 테이블에서는 타파 단위보다 큰 '라시온Racion' 단위로 주문 받으며, 테이블 메뉴와 바의 메뉴가 다른 경우도 있다.

★

재빠른 음료 주문을 위한 스페인어

타파스 바르에서 제일 저렴한 기본 음료는 가장 작은 단위의 생맥주 카냐(Caña)다. 200mL 정도의 부담 없는 양이라 현지인도 즐겨 찾는다. 주문할 때는 "우나 까냐 뽀르 파보르(Una caña, por favor, 생맥주 한잔이요)"라고 하면 된다. 레드 와인을 원한다면 "우나 꼬빠 데 비노 띤또 뽀르 파보르(Una copa de vino tinto, por favor)."라고 말한다.

★

바르의 기본 음료

카냐 Caña 생맥주 작은 잔
클라라 Clara 생맥주+레몬 소다
비노 틴토 Vino Tinto 레드 와인
비노 비앙코 Vino Bianco 화이트 와인
틴토 데 베라노 Tinto de Verano 레드 와인+레몬 소다
모스토 Mosto 포도 주스

➔ 적극적으로 눈을 마주치자

우리나라처럼 큰소리로 종업원을 부르는 것은 매너가 아니다. 바에 자리를 잡으면 가장 먼저 바텐더와 눈을 마주친 뒤 간단한 인사부터 건네고 바로 음료부터 주문해야 한다. 이 타이밍을 놓쳤다면 눈이 마주치는 순간 살짝 손을 올리거나 눈짓으로 주문 의사를 표시하자. 계산할 때는 손바닥에 글 쓰는 제스처를 하거나 "라 꾸엔따 뽀르 파보르La cuenta, por favor(계산서 주세요)"라고 말한다.

➔ 마실 음료는 미리 정해 놓자

바텐더와 눈이 마주치면 바로 음료를 주문해야 할 타이밍이므로 마실 음료를 미리 생각하고 들어가는 것이 좋다. 바 주변에 수많은 사람이 서 있기 때문에 주문을 오래 기다려주지 않는다. 꼭 술 종류를 시켜야 하는 것은 아니니 부담 가질 필요는 없다. 타파스 주문은 음료를 받은 뒤 천천히 해도 괜찮다.

➔ 타파스 고르는 노하우

바에 진열된 타파스 중에는 사람들이 많이 골라가서 얼마 남지 않은 것이 대체로 맛있다. 오래 진열된 타파스는 말라버린 경우가 많으니 주의하자.
여행자들은 바에 진열해 놓은 화려한 타파스에 시선을 뺏기지만, 현지인들은 주방에서 바로바로 만들어주는 것을 선호한다. 또한 그 집의 가장 인기 있는 타파는 바에 진열하지 않는 경우도 많다. 주방이 문을 열지 않는 시간에는 미리 만들어 놓은 타파스만 선택할 수 있다.

➔ 오늘의 추천 메뉴를 노려라!

단골들은 그날그날 좋은 재료를 골라 만든 일종의 한정 메뉴인 오늘의 추천 메뉴를 애용한다. 가게에 따라 조그만 종이에 별도로 인쇄해 놓기도 하고, 칠판에 분필로 적어놓았다가 재료가 다 떨어지면 지우기도 한다. 단, 대부분 스페인로만 적어놓기 때문에 간단한 재료 이름 정도는 알아두면 좋다.

★
타파스 인기 재료

감바스 Gambas 새우
살몬 Salmón 연어
풀포 Pulpo 문어
칼라마르 Calamar 오징어
솔로미요 Solomillo 안심
로모 Lomo 등심
피미엔토 Pimiento 고추

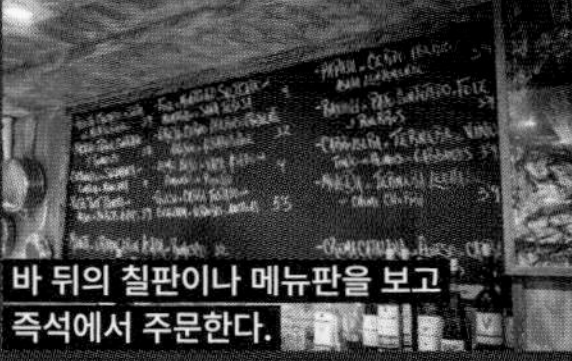
바 뒤의 칠판이나 메뉴판을 보고 즉석에서 주문한다.

MORE

이 타파스 제가 안 시켰는데요?

그라나다의 타파스 바르에서 술을 마실 때는 안주를 따로 주문할 필요가 없다. 맥주나 와인 등 술 한 잔을 주문할 때마다 무료 타파스가 딸려 나오는 아주 착한 전통 때문. 안달루시아 지방의 일부 바르에서도 무료 타파스를 만날 수 있다. 보통 무료 타파스 종류는 주는 사람 마음대로 그때그때 다르지만, 간혹 원하는 타파스를 고를 수 있는 곳도 있다. 공짜 타파스를 위해 술잔이 한 잔 두 잔 쌓여가는 경우가 많다.

GOURMET 3 PAELLA

파에야

스페인 음식의 대명사

쌀밥을 먹어야 힘이 난다는 한식 애호가들을 안심하게 하는 그 이름, 파에야. 가장 널리 알려진 스페인 대표 음식이기도 하다. 볶음밥인지, 눌은밥인지, 비빔밥인지 아리송한 식감을 자랑하는 파에야는 스페인을 추억하는 한 단어로 남을 것이다.

모두의 음식이 된 발렌시아 전통 요리

파에야는 프라이팬에 고기나 해산물, 채소를 넣고 볶다가 쌀과 사프란(노란색을 내는 향신료)을 넣어 익힌 요리다. 스페인 최대의 곡창 지대인 발렌시아에서 농부들이 새참처럼 먹던 음식으로, 커다란 프라이팬에 온갖 재료를 한데 넣어 천천히 익힌 뒤 숟가락으로 팬 바닥을 긁어가며 먹던 데서 유래했다. 여행자들에게는 바르셀로나 해변의 간이식당(치링기토)에서 카탈루냐식 양념인 소프리토를 넣은 해산물 파에야가 인기다. 단, 찰진 식감을 기대하진 말자.

진짜 맛있는 파에야 구분법은?

파에야를 제대로 만드는 집은 파에예라Paellera라는 납작한 전용 팬을 사용한다. 쌀을 아주 얇게 펴서 바닥은 눌어붙게 하고, 위는 질척하지 않게 조리하는 것이 핵심. 팬 가장자리에는 국물이 졸아붙은 자국이 남아 있고, 바닥에 약간 눌어붙은 누룽지 층(스페인어로 소카랏Socarrat)이 생겼다면 제대로 만든 파에야다. 참고로 스페인 사람들은 쌀이 살짝 덜 익은 듯 심이 조금 남아 있는 식감을 즐긴다.

가짜 파에야 걸러내는 방법

파에야가 여행자들에게 인기를 끌자 냉동식품으로 대충 모양새만 갖춘 파에야를 내놓는 식당이 많아졌다. 비싼 사프란 대신 인공색소를 넣어 너무 샛노란 색을 띠거나, 밥알이 납작하게 눌어붙지 않으면 의심해봐야 한다. 수십 인분을 한꺼번에 만들어놓고 한 접시씩 덜어 파는 곳도 본연의 맛이라고 보긴 힘들다. 파에야는 주문을 받고 최소 20분은 걸리는 요리라는 사실을 기억하자.

MORE

오징어먹물 파에야?

흔히 '먹물 파에야'라고 부르는 검은 색 쌀 요리는 엄밀하게 말하면 '파에야'가 아니다. 검은 쌀이라는 뜻의 '아로스 네그로(Arroz Negro)'가 정확한 이름. 흰 쌀에 오징어먹물을 넣은 일종의 해물밥으로, 파에야 전용 팬보다도 깊은 냄비를 이용해 만든다. 마늘을 넣어 만든 마요네즈인 아이올리소스를 곁들여 먹는 것도 특징.

놀이공원 필수 먹거리, 그 달달했던 추로스 맛을 추억하며 추로스의 본고장을 찾아보자. 진하디진한 초콜릿을 듬뿍 찍으면 입안에 달콤함이 넘실거린다.

추로스 이 맛이 참맛!

우리나라 추로스 vs 스페인 추로스

설탕과 계핏가루를 듬뿍 넣은 우리나라의 추로스와 다르게, 스페인의 추로스는 지역에 따라 짭조름한 맛이 강하게 느껴지기도 한다. 이는 단맛보다는 고소하고 쫄깃한 반죽 맛을 제대로 즐기기 위함이다. 심지어 소금을 뿌려 먹기도 한다.

달콤한 주문을 외워보자, 추로스 콘 초콜라테

추로스 가게에서는 추로스를 찍어 먹을 수 있는 따뜻한 초콜라테Chocolate를 함께 판매한다. 두 가지 모두 주문하고 싶다면 긴 말도 필요 없이 "추로스 꼰 초콜라떼, 뽀르 파보르Churros con chocolate, por favor."라고 하면 된다. 1인분을 주문하면 추로스는 접시 듬뿍, 초콜라테는 한 컵 가득 양이 많은 편이니 처음 맛본다면 두 사람이 1인분만 주문해 나눠 먹는 게 적당하다.
엄청난 단맛을 선사할 것 같은 비주얼과는 달리 묘하게 달지 않은 초콜라테 역시 우리의 핫초코와는 다른 맛이다. 초콜릿을 우유에 녹인 뒤 전분을 섞어 걸쭉하게 만들기 때문에 음료보다는 따끈한 수프나 소스에 가까운 질감이다. 추로스에 초콜라테를 곁들여 먹다 보면 은은한 단맛 사이로 살짝살짝 느껴지는 시나몬 향에 서서히 중독된다.

추로스 vs 포라스

추로스의 형제 격인 포라스Porras도 있다. 추로스와는 달리 반죽에 이스트나 베이킹파우더가 들어가는 게 특징. 스펀지처럼 부풀어 오른 반죽을 튀기면 구멍이 숭숭 뚫리면서 추로스보다 두껍고 부드러워진다. 국수 면을 뽑듯 길게 뽑으면서 동그랗게 말린 모양으로 튀긴 뒤 작게 조각내기도 한다.

MORE

알고 먹자, 추로스의 기원

중국식 꽈배기인 요티아오가 포르투갈인들을 통해 전해졌다는 설도 있고, 스페인 산악지대의 양치기들이 개발했다는 설도 있다. 아메리카 대륙 발견 후 설탕과 초콜릿이 들어오면서 담백했던 추로스에 단맛이 더해졌다.

GOURMET 5

GAMBAS AL AJILLO

감바스 알 아히요

이젠 본토에서 드세요

'감바스'라는 이름으로 이제는 우리나라에서 더 유명해진 요리. 힙한 브런치 메뉴이자 폼나는 술안주로 등극한 감바스 알 아히요는 본래 스페인 타파스의 대표 주자다. 스페인에 왔다면 그 원조의 맛을 한번 느껴 보자.

감칠맛이 보글보글, 감바스 알 아히요

우리나라 뚝배기와 닮은 납작한 그릇 카수엘라Cazuela에 올리브유를 가득 붓고 손질한 새우와 마늘을 넣어 튀기듯이 끓여 낸다. 스페인어로 감바스는 새우, 아히요는 마늘을 뜻하는 말로, 감칠맛 끝판왕인 새우와 한국인이 사랑하는 마늘이 만났으니 맛이 없을 수가 없다. 올리브유가 식지 않도록 냄비 겸 그릇에 조리해 그대로 테이블에 올려 먹는다.

어떤 술이든 어울리니 놀라울 따름!

알싸한 마늘향과 매콤한 말린 고추가 올리브유의 느끼함을 꽉 잡아주니, 와인도 맥주도 술술 들어가는 일품 안주다. 새우를 건져 먹고 난 후 남은 기름에 빵을 찍으면 다시 한번 입안에서 맛의 축제가 시작된다. 스페인에서도 워낙 인기가 높은 음식이라 술집뿐 아니라 레스토랑의 메인 요리로도 각광받는다.

한국에 돌아오면 절대로 구현할 수 없는 맛 1순위로 꼽히는 음식이다. 조리법은 간단하지만, 갓 짠 올리브유와 새빨간 토마토 등 싱싱한 스페인산 식재료가 맛을 좌우하기 때문이다.

PAN CON TOMATE

빤 콘 토마테 따라할 수 없는 맛

빵과 토마토로 충분해, 빤 콘 토마테

딱딱한 빵의 윗면에 생마늘과 토마토를 쓱쓱 문질러 바른 뒤 올리브유를 듬뿍, 소금을 살짝 뿌려 먹는다. 스페인 사람들이 아침에는 밥으로, 점심에는 간식으로, 저녁에는 안주로 즐겨 먹는 음식이다. 우리나라의 김치처럼 스페인 식탁에서 절대 빠질 수 없는 기본차림이라 할 수 있다.

1 비밀 하나, 신선한 올리브유

스페인은 최상급의 올리브유를 가장 신선한 상태로 맛볼 수 있는 올리브유의 성지다. 와인과 마찬가지로 올리브유도 어느 밭에서 어느 해에 땄는지, 또 얼마나 익은 열매에서 짰는지에 따라 맛이 달라진다. 그 미묘한 차이를 뚜렷하게 느낄 수 있는 음식이 바로 빤 콘 토마테다.

2 비밀 둘, 작고 새빨간 토마토

일반 토마토가 아니라 '토마테 데 콜가르Tomate de Colgar'라는 품종을 사용한다. '매단 토마토'라는 뜻의 이름 그대로, 약간 붉은색이 돌 때 수확한 토마토를 촘촘히 엮어 천장에 매달아 놓고 충분히 숙성시킨다. 새빨간 토마토 속이 아주 부드럽게 으스러져 빵에 몇 번 문지르면 금세 껍질만 남는다.

3 비밀 셋, 거칠고 투박한 빵

전통 레시피대로 하면 '빤 데 파헤스Pan de Pages(시골 빵)'라는 거칠고 딱딱한 빵을 사용한다. 1kg에 육박하는 커다란 반죽을 화덕에서 구워 구수한 맛과 스모키한 향을 풍기는 것이 특징. 수분이 살짝 날아가 뻣뻣하고 거친 빵일수록 토마토를 발랐을 때 최적의 질감을 만들어낸다.

CERVEZA

맥주

캬~ 역시 이 맛이지

식당에 들어선 스페인 사람들은 대부분 메뉴판도 보지 않고 즉흥적으로 음료를 선택한다. 종업원 역시 고급 와인 리스트가 있는 레스토랑이 아닌 이상 메뉴판을 전달함과 동시에 음료 주문부터 받곤 한다. 심지어 음료 메뉴판이 없는 곳도 있으니, 식당에 들어서기 전 어떤 음료를 마실 지 미리 생각해두자.

물처럼 마시는 스페인 맥주

스페인의 맥주는 매우 저렴하다. 때로는 탄산수Agua con Gas를 주문하는 것보다 작은 단위의 생맥주 카냐Caña 한 잔을 주문하는 것이 더 저렴할 때도 있다. 작은 유리잔에 200mL 정도 따라주는 카냐 한 잔에 1~2€ 정도 하므로, "카냐 한 잔이요Una Caña, por favor"라고 주문하면 그 가게에서 파는 최저가 음료를 시킨 셈. 스페인 사람들이 이른 아침부터 늦은 새벽까지 맥주잔을 붙잡고 있는 이유다.

지역별로 도장 깨기, 맥주 맛 탐방

스페인의 바르에서 맥주를 시키면 대부분 지역 브랜드 생맥주를 따라주므로, 원하는 특정 맥주가 있다면 병맥주로 주문해야 한다. 그러니 바르에 들어서면 재빠르게 사람들의 손부터 스캔할 것. 병맥주 대신 생맥주잔을 손에 쥔 사람이 많다면 이 집의 지역 생맥주 맛이 꽤 괜찮다는 신호다.

바스크 지방에서는 수리토 Zurito!

스페인 최고의 미식 도시 산 세바스티안을 포함한 바스크 지방에서는 카냐보다 더 작은 150mL 용량의 수리토 잔에 생맥주를 담아 판매한다. 수리토는 일반 맥주잔보다 넓적하고 낮아서 잔을 비울 때까지 부드러운 거품을 즐길 수 있다. 바스크 지방에서는 이 거품을 제대로 채우기 위해 한 잔 이상의 맥주를 버리기도 한다고.

MORE

알아두면 유용한 맥주 용량

- **킨토** Quinto / **보텔린** Botellin
  병맥주 200mL
- **메디아나** Mediana / **테르시오** Tercio
  병맥주 330mL
- **핀타** Pinta
  생맥주 500mL
- **리트로나** Litrona
  생맥주 1L

지역별 대표 맥주

바르셀로나

에스트레야 담
Estrella Damm

일명 '빨간 별 맥주'. FC 바르셀로나의 공식 스폰서다. 1876년 설립된 스페인 최초의 맥주 브랜드로, 깔끔한 라거 본연의 맛을 느낄 수 있다.

모리츠
Moritz

스페인에서 유일하게 카탈루냐어 라벨만 쓰는 맥주 브랜드. 필스너 라거를 생산한다.

마드리드

마오 신코 에스트레야스
Mahou Cinco Estrellas

별 5개가 그려진 맥주. 레알 마드리드의 공식 스폰서로, 에스트레야 담과 함께 스페인 맥주 시장을 주도한다.

사라고사

암바르 Ambar

2016년 세계 맥주 대회에서 4개 메달을 휩쓴 저력의 맥주. 이름처럼 밝은 호박색Amber을 띤다.

톨레도

도무스
Domus

톨레도에서 생산되는 크래프트 비어. 다른 지역에서는 만나보기 힘들다.

그라나다

알람브라
Alhambra

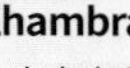

그라나다에서 1925년부터 생산된 페일 라거.

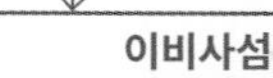

이비사섬

이슬레냐 Isleña

독특한 알루미늄 병으로 시선을 사로잡는 맥주. 여름이면 핫해지는 이비사 출신답게 여름용 맥주로 인기다. 냉동실에 살짝 보관했다가 마시면 더 꿀맛!

세비야

크루스캄포
Cruzcampo

1904년 세비야에 설립된 이래 안달루시아 지역을 점령한 맥주 브랜드.

말라가

빅토리아 말라가 1928
Victoria Malaga 1928

말라가 사람들의 사랑을 한 몸에 받는 페일 라거. 알코올 도수가 5.4%로 살짝 높은 편이다.

맥주와 레몬의 상큼한 만남, 클라라 Clala

맥주와 레몬 소다 또는 레모네이드를 1:1로 섞어 만드는 칵테일이다. 맥주의 씁쌀한 맛과 레몬 소다의 새콤달콤한 맛의 합이 좋아 맥주를 즐기지 않는 사람도 기분 좋게 마실 수 있다. 상쾌하고 시원한 맛 덕분에 특히 여름철에 판매량이 많아진다.

MORE

스페인 바의 만능 칵테일 재료, 레몬 맛 환타!

스페인에서는 맥주나 와인에 음료를 섞어 가볍게 칵테일로 마시는 경우가 많다. 이때 주로 사용하는 '레몬 맛 환타'는 레몬 주스가 6%나 들어 있어 레모네이드 못지않게 상큼한 신맛을 내는 것이 특징. 슈퍼마켓에서 흔히 구할 수 있으므로 영 맛이 없는 맥주나 와인을 샀다면 레몬 맛 환타를 섞어 심폐소생을 시도해 보자.

VINO

마실수록 빠져드는 와인

스페인의 바르에서는 대부분 저렴한 하우스 와인을 잔 단위로 판매해 부담 없이 마실 수 있다. 최고급 품질의 와인은 아니지만, 나름의 기준으로 타파스와 잘 어울리는 와인을 선별해 내놓는다. 스파클링 와인 카바(Cava)나 샴페인 참판(Champán)을 잔 단위로 판매하는 곳도 많다. 와인에 흥미가 있다면 대형 마트의 와인 코너에서 저렴하게 득템을 노려보자. 빈티지(포도의 수확 연도) 차트가 부착돼 있어 지역별·연도별 작황을 확인할 수 있다.

달큰함에 취해 YO! 상그리아 Sangria

포도주에 잘게 자른 과일과 설탕, 오렌지 주스, 브랜디 등을 넣어 하루 정도 차갑게 식힌 일종의 와인 펀치다. 달콤한 맛에 홀짝홀짝 마시다 보면 어느새 취기가 오른다. 상그리아는 원래 축제 기간에 최대한 많은 사람들이 와인을 즐길 수 있도록 값싼 와인에 소다수와 과일, 설탕을 넣어 만드는 음료였으나, 이제는 여행자들이 즐겨 찾는 값비싼 음료의 대명사가 됐다.

설레는 여름의 맛, 틴토 데 베라노 Tinto de Verano

'여름철 레드 와인'이라는 이름 그대로 스페인 사람들이 여름에 즐겨 마시는 와인 칵테일이다. 레드 와인에 레몬 소다를 1:1의 비율로 섞으면 완성. 상그리아처럼 차갑게 숙성할 필요도 없이 간편하게 만들 수 있어 가격도 저렴한 편이다. 와인 고유의 떫은맛은 줄고 탄산이 더해져 가볍게 즐길 수 있다.

MORE

알아두면 유용한 와인 종류

- **비노 틴토** Vino Tinto 레드 와인
- **비노 블랑코** Vino Blanco 화이트 와인
- **비노 로사도** Vino Rosado 로제 와인

빈티지 차트에 표기된 약자의 의미

E Excelente(매우 훌륭함)
MB Muy Buena(매우 좋음)
B Buena(좋음)
R Regular(보통)
D Deficiente(나쁨)

타파스와 찰떡궁합, 베르뭇 Vermut

약초와 향료 등으로 맛을 더한 베르뭇은 스페인 사람들이 식전주로 즐겨 마시는 가향 와인이다. 특히 진한 풍미의 타파스와도 잘 어울린다. 약초 냄새에 익숙하지 않은 사람은 얼음과 레몬을 넣어 먹으면 좋다. 주문할 때 "베르뭇 꼰 이엘로 이 리몬(Vermut con hielo y limón)"이라고 말하자. 바르셀로나에서는 탄산수를 섞어 먹기도 한다.

스페인 와인의 명산지, 리오하 Rioja

질 좋은 와인을 찾는다면 스페인에서 가장 유명한 와인 생산지인 리오하 와인을 주문하자. 숙성 정도에 따라 4가지 등급으로 나뉜다.

- **호벤** Joven 1년 병에 숙성
- **크리안사** Crianza 1년 오크통에 숙성, 1년 병에 숙성
- **레세르바** Reserva 1년 오크통에 숙성, 2년 병에 숙성
- **그란 레세르바** Gran Reserva 2년 오크통에 숙성, 3년 병에 숙성

다양한 알코올 음료들

1 진토닉 Gin-tonic

진과 토닉워터를 섞어 깔끔하게 마시는 알코올 음료. 해 질 무렵을 '진토닉 타임'이라 칭하는 말이 생겨날 정도로 대중적인 칵테일이다. 스페인 스타일의 진토닉은 훨씬 크고 둥근 와인 글라스 형태의 잔에 얼음을 가득 담아내고, 다양한 과일을 넣기도 한다.

2 모히토 Mojito

젊은 층에서 인기를 끄는 쿠바 출신 칵테일. 특히 여름철 해변에서 그 인기를 실감할 수 있다. 럼을 베이스로 라임과 애플민트가 어우러진 상쾌한 맛이 매력적이다.

3 시드라 Sidra

스페인 북부 바스크 지방에서 주로 마시는 사과로 만든 술. 탄산을 가미한 사과 주스처럼 보이지만, 달지 않고 신맛이 강하다. 알코올 도수는 5~8% 정도.

MORE

무알코올 음료로 기분내기

- **모스토** Mosto 무알코올 음료의 대표주자. 와인을 발효시키기 전 단계의 포도즙으로 만든다. 술을 마시지 못할 때는 탄산음료 대신 모스토를 주문하는 것이 일반적이다.
- **아구아 콘 가스** Agua con Gas / **아구아 신 가스** Agua sin Gas 탄산수 / 생수
- **카페 솔로** Café Solo 에스프레소 커피
- **카페 코르타도** Café Cortado 에스프레소에 우유를 조금 넣은 커피
- **카페 콘 레체** Café con Leche 카페라테
- **수모 데 나랑하** Zumo de Naranja 오렌지 주스

스페인의 쇼핑

우리나라에서 정식 유통되지 않거나 스페인에서 사면 더 저렴한 쇼핑 품목들을 알아보자.

SHOPPING SOUVENIR

독템 찬스! 스페인 추천 쇼핑 리스트

스페인 쇼핑 필수 품목

● 에스파듀(알파르가타) Alpargata

일명 짚신 신발. 대부분 100% 수제로 바닥은 삼베를 엮어 만들고, 발등 부분은 가벼운 소재의 천으로 덮었다. 저렴한 가격에 가볍게 신을 수 있는 여름 신발의 대명사. 처음 신을 때는 밑창이 까끌까끌한데, 이틀 정도 신으면 발바닥 모양에 맞춰 유연해지면서 편안해진다.

📍 **바르셀로나** 라 마누알 알파르가테라La Manual Alpargatera 248p / **마드리드** 카사 에르난스Casa Hernanz(Calle de Toledo, 18)

● 바이파세 화장품 Byphasse

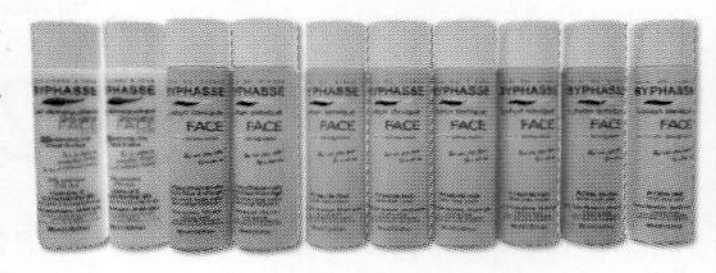

바디, 헤어를 비롯한 피부관리 제품을 합리적인 가격에 판매한다. 파라벤과 알코올 성분이 없어 순하며, 클렌징 워터 같은 대용량 제품이 특히 인기. 우리나라에도 정식으로 수입되고 있으나, 현지의 저렴한 가격 때문에 눈독을 들이게 된다. 3.50~4€ 정도.

📍 바르셀로나와 마드리드의 화장품 전문점 프리모르Primor 343p / 화장품을 취급하는 일부 약국

● 마티덤 앰플 Martiderm

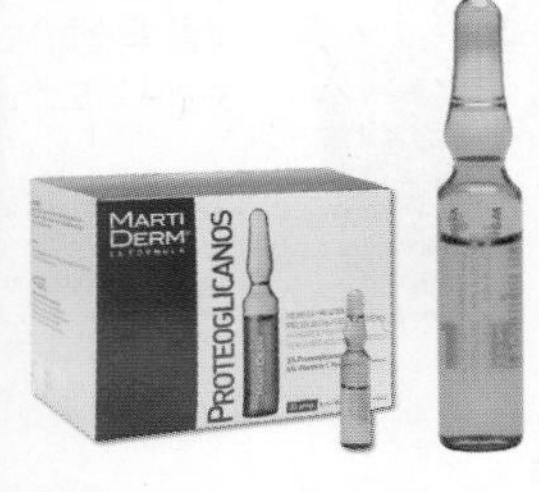

얼굴에 바르는 앰플로 유명한 스페인의 화장품 브랜드. 비타민과 노화 방지 성분이 들어 있어 주름과 피부색 개선 효과가 뛰어나다. 가격대비 품질이 우수해 사용해본 사람들의 칭찬이 자자하다. 포토에이지 제품이 가장 인기 있으며, 피부 유형과 용도에 따라 주황, 빨강, 초록, 파랑 등 패키지 색상이 다르다.

📍 마드리드와 세비야의 일부 약국

● 천연 수제 비누 Jabon

스페인 곳곳에서 천연 재료로 만든 수제 비누를 만날 수 있다. 올리브, 코코넛, 딸기, 장미, 초콜릿 등 다양한 재료를 사용하며, 우리나라 비누보다 향이 강한 편. 모양과 색상이 다채로워 쇼핑하는 재미가 있다.

📍 **바르셀로나** 사바테르 형제 수제비누 공장Sabater Hermanos 247p

스페인 맥주 Cerveza

스페인은 지역마다 고유의 맥주 브랜드가 있다. 그중에서도 챙겨올 만한 가치가 있는 맥주로는 에스트레야 담 이네딧Estrella Damm Inedit을 추천. 카탈루냐 맥주회사 담Damm이 만든 프리미엄 맥주로, 스페인 최고의 셰프 페란 아드리아와 콜라보한 상품이다. 가격도 우리나라보다 훨씬 저렴하다.

각 도시의 대형 마트와 슈퍼마켓, 편의점

MORE

하몬은 먹고 올 것!

스페인의 대표 먹거리인 하몬은 우리나라에 가지고 들어올 수 없다. 육포 등의 육류 가공품도 모두 마찬가지. 현지에서 마음껏 즐기고 오자.

카바 와인 Cava

카탈루냐 지방에서 생산하는 스파클링 와인으로, 한 병 사 오면 보람찬 품목이다. 1991년 EU에서 원산지 표기명을 부여받아 카탈루냐에서 만든 것만을 '카바'라 칭할 수 있다. 샴페인처럼 2차 발효를 거쳐 톡 쏘는 탄산과 산뜻한 거품을 내는 것이 특징. 섬세한 풍미로 식전주와 디저트용으로 애용된다.

대형 마트와 백화점의 와인 코너

올리브유 Aceite de Oliva

지중해성 기후에 속하는 스페인은 세계 제1의 올리브 생산국가로, 올리브유의 품질이 좋기로 유명하다. 이왕 스페인까지 왔다면 고급 브랜드 제품에 주목해보자. 요리의 차원이 달라짐을 느낄 수 있다.

대도시의 마트와 슈퍼마켓 / **바르셀로나** 오로리키도Oroliquido 247p / 라 치나타La Chinata(Passeig del Born, 11)

꿀 Miel

스페인의 꿀은 향이 깔끔해 뉴질랜드, 헝가리의 꿀과 함께 세계 10대 맛있는 꿀로 꼽힌다. 우리나라보다 훨씬 저렴한 가격에 질 좋은 꿀을 살 수 있으며, 패키지도 다양하다.

대도시의 마트와 슈퍼마켓

꿀 국화차 Manzanilla con Miel

은은하고 달콤한 꿀 향이 퍼지는 국화차다. 티백 형태로 저렴하면서도 가벼워 선물용으로 인기다. 진짜 꿀이 들어간 제품 외에 꿀 향Sabor Miel만 첨가된 것도 있으니 참고하자.

대도시의 마트, 백화점의 슈퍼마켓

● 투론 Turrón

스페인 전통 과자의 한 종류로, 꿀, 설탕, 달걀, 견과류를 섞어 만든다. 마치 우리나라의 엿과 비슷한데, 엿보다는 좀 더 딱딱하고 당도가 높은 것이 특징. 그냥 먹기보다는 커피와 곁들이면 환상적인 '단쓴' 조합을 즐길 수 있다.

📍 바르셀로나와 마드리드의 비센스Vicens(www.vicens.com) / **바르셀로나** 보케리아 시장Mercat La Boqueria 149p / 백화점의 슈퍼마켓과 선물코너

● 이비사 소금 Sal de Ibiza

이비사에 클럽만큼 유명한 것이 있으니, 그건 바로 태양이 그려진 하늘색 도기에 담은 이비사 소금이다. 해수로 만들며, 핫 칠리, 참깨, BBQ, 허브 등 다양한 맛이 있다. 작은 패키지 제품은 선물용으로 제격!

📍 대도시의 나투라Natura 매장 / 일부 대형마트와 백화점의 슈퍼마켓 / **바르셀로나** 오로리키도 247p

● 발사믹 식초 Vinagre Balsámico

스페인산 올리브유와 함께 사면 잘 어울리는 아이템. 포도를 숙성시켜 만드는데, 고급 제품은 최소 10년 이상의 숙성 기간을 거친다고 한다. 채소에 질 좋은 발사믹 식초와 올리브유만 뿌려도 레스토랑 못지않은 고급스러운 샐러드를 만들 수 있다.

📍 대형마트와 슈퍼마켓 / **바르셀로나** 오로리키도 247p

MORE

스페인의 슈퍼마켓 & 편의점을 털어보자

스페인의 식료품을 이것저것 담아 오기에는 슈퍼마켓만큼 편한 곳이 없다. 여행자의 눈에 자주 띄는 슈퍼마켓 체인을 소개한다.

■ 메르카도나 Mercadona

1977년 발렌시아 시장의 작은 슈퍼마켓에서 시작해 스페인 최대 유통기업으로 성장한 기업. 중대형 슈퍼마켓 형태로, 특히 식료품이 저렴하다. 바르셀로나, 마드리드, 세비야, 빌바오, 시체스, 네르하, 말라가 시내에서 만나볼 수 있다.

■ 까르푸 Carrefour & 까르푸 익스프레스 Carrefour Express

우리에게도 익숙한 프랑스의 마트 브랜드. 익스프레스는 소형 매장에 붙는 이름으로, 주로 바르셀로나, 마드리드, 세비야 시내의 목 좋은 곳에 있다.

■ 구르메 익스피리언스 Gourmet Experience

고급 식료품 전문 마켓. 올리브유, 투론, 와인 등을 다양하게 갖추고 있다. 마드리드, 세비야, 말라가의 엘 코르테 잉글레스(El Corte Ingles) 백화점에 입점해 있다.

#CHECK

스페인 쇼핑 알짜 팁

스페인 정기 세일 공략법

스페인의 정기 세일은 1년에 딱 두 번, 1월 7일과 7월 초에 시작해 다음과 같이 3단계로 진행된다. ❶ 할인율은 낮지만 재고가 다양한 '첫 번째 세일Primeras Rebajas', ❷ 할인율이 50~60% 정도로 높아지는 '두 번째 세일Segundas Rebajas', ❸ 70% 이상 할인하며 막판 떨이를 하는 '마지막 세일Ultimas Rebajas'. 할인율은 뒤로 갈수록 높아지지만, 인기 있는 사이즈는 초반에 다 빠지므로 마음에 드는 물건이 있다면 바로 구매하는 것이 요령이다. 사이즈와 관계없는 잡화류는 마지막 세일을 노리는 게 경제적이다.

엘 코르테 잉글레스, 리워드 카드로 알뜰하게 쇼핑하자!

엘 코르테 잉글레스는 다양한 브랜드를 한곳에서 만날 수 있는 스페인의 대표 백화점이다. 특히 마드리드의 솔 광장과 바르셀로나의 카탈루냐 광장 지점은 패션 의류와 잡화, 스포츠용품, 식품 매장 등을 두루 갖춰 여행자를 위한 쇼핑 명소로 이름이 높다.

백화점에 도착하면 본격적인 쇼핑에 나서기 전, 여권을 가지고 투어리스트 인포메이션 데스크를 방문하자. 이곳에서 리워드 카드For Shopping Lovers 10% Reward Card를 만들면 구매금액의 10%를 적립해서 바로 다음번 구매에 사용할 수 있다. 즉, 첫 번째 구매 적립금을 두 번째 구매에, 두 번째 구매 적립금을 세 번째 구매에 적용하는 방식이므로 비싼 상품을 먼저 구매할수록 이득이다. 카드는 첫 구매 후 5일간 유효하며, 1년에 5번까지 발급받을 수 있다. 단, 슈퍼마켓, 구르메 익스피리언스, 약국, 식당 등 일부 매장은 적립 및 사용 대상에서 제외된다.

쇼핑을 모두 마쳤다면 백화점 안의 택스 프리 창구로 가서 여권과 구매 영수증을 제시하고 세금 환급 서류를 발급받는다. 세금 환급에 관한 자세한 사항은 46p를 참고하자.

스페인 VS 우리나라 사이즈 조견표

여성 의류

한국	44 / 85	55 / 90	66 / 95	77 / 100	88 / 105
스페인	36	38~40	42~44	46~48	50~52

남성 티셔츠/점퍼/재킷류

한국		S	M	L	XL	XXL
스페인	일반	15	15.5	16	16.5	17
	셔츠	37~38	39~40	41~42	43~44	45~46
	스웨터	80	89	98	107	116

남성 정장과 슈트

한국	스페인
81~87	42
85~88	44
89~92	46
93~96	48
97~100	50
101~104	52
105~108	54

여성 신발

한국	220	230	240	250
스페인	35	36	37	38

남성 신발

한국	250	260	270	280	290	300
스페인	39	40	42	44	46	48

SHOPPING

FASHION

스페인의 패션 브랜드

보이는 대로, 줍줍

짐을 싸면서 빠트린 옷이 있더라도 스페인에서는 걱정할 필요가 없다. 다채롭고 감각적인 디자인의 옷들을 어디서나 저렴하게 득템할 수 있기 때문. 특히 세일 시즌에 방문했다면 그 놀라운 가격에 눈이 휘둥그레질 것이다. 본전을 뽑고도 남을 스페인의 방문 필수 브랜드를 찾아 스페인 여행의 또 다른 묘미, 쇼핑을 즐겨보자.

❶ 자라 Zara

패스트 패션의 절대강자. 우리에게는 '자라'로 익숙하지만, 실제 발음은 '사라'에 가깝다. 매장별로 디스플레이가 다르고 신상품을 빠르게 갖춰 지점마다 둘러보는 재미가 있다. 소재의 내구성은 떨어지는 편이니 한철 입을 옷이라 생각하고 구매하자.

❷ 마시모 두띠 Massimo Dutti

자라와 같은 인디텍스Inditex 그룹의 계열사로, 소재와 디자인 면에서 자라보다 고급스럽고 클래식한 분위기의 프리미엄 브랜드다. 스페인에서는 우리나라의 절반 정도 가격에 만나볼 수 있어 스페인 쇼핑 1순위 브랜드로 꼽힌다. 특히 코트, 가방 등 천연 가죽 제품에 대한 반응이 뜨겁다.

❸ 데시구알 Desigual

화려한 컬러와 그래픽, 독특한 패브릭이 특징인 패션 브랜드. 데시구알은 '같지 않다', 즉 '나는 다르다'는 뜻으로, 멀리서 봐도 한눈에 알아볼 수 있을 만큼 원색적이고 화려하다. 의류, 패션잡화, 향수 등 다양한 제품을 선보이며, 이색적인 패치워크와 강렬한 색채의 슈즈도 인기다.

❹ 망고 MANGO

국내에도 많은 팬을 확보한 SPA 브랜드. 1984년 바르셀로나에서 여성 의류 브랜드로 시작해 남성 의류H.E. by MANGO, 아동복MANGO Kids, 액세서리MANGO Touch, 스포츠 의류 및 속옷MANGO Sport & Intimates 등의 전문 브랜드를 거느린 거대 기업으로 성장했다. 다른 SPA 브랜드보다 좀 더 세련된 디자인의 셔츠와 재킷이 추천 아이템.

❺ 캠퍼 Camper

스페인 대표 캐주얼 슈즈 브랜드. 현지에서는 '깜뻬르'라고 발음한다. 트렌디하고 세련된 디자인에 착화감도 편해 트레이닝룩과 데일리룩 모두에 매치하기 좋다.

❻ 빔바 이 롤라 Bimba y Rola

2005년 빌바오에서 출발한 젊은 감각의 브랜드다. 특유의 독특한 프린트로 다른 브랜드와 차별화를 뒀다. 현재의 명성을 있게 해준 주력 상품은 가방과 지갑이지만, 스커트와 니트, 카디건 등 다채로운 디자인의 의류도 매력적이다.

❼ 로에베 Loewe

약 170년 역사를 지닌 스페인 최고의 명품 브랜드. 마드리드 시내에서 가죽 공방으로 시작해 20세기 초 스페인 왕실 납품업자로 선정됐으며, 지금도 모든 제품을 장인들이 직접 제작한다. 데일리 아이템으로 무난한 로에베 특유의 비대칭 디자인 백이 대표 상품.

❽ 나투라 Natura

이름 그대로 자연주의 콘셉트의 패션 브랜드. 갈색, 녹색, 하늘색 등 부드러운 색감이 주를 이뤄 편안한 느낌을 준다. 비슷한 콘셉트의 생활용품과 잡화도 만나볼 수 있다.

❾ 토스 TOUS

20세기 중반 시계 수리점으로 문을 열었다가, 스페인 대표 주얼리 브랜드로 탈바꿈했다. 1985년부터 테디 베어를 대표 캐릭터로 사용해 고급 제품임에도 친근한 이미지를 가지고 있다. 주얼리뿐 아니라 가방, 시계, 향수 등도 생산한다.

❿ 오이쇼 Oysho

자라와 같은 인디텍스 그룹의 브랜드. 여성 의류를 주로 취급한다. 스포츠 의류, 비치웨어, 액세서리 등 제품군이 다양하며, 특히 란제리가 유명하다. 스페인 브랜드답게 독특한 디자인의 제품이 많다.

아는 만큼 보인다!

스페인 기초 지식 05

ABOUT SPAIN 05

About Spain 01
스페인의 건축

과거 여러 왕국으로 분리돼 있었던 스페인은 지역마다 독특한 건축 양식이 발달했고, 북아프리카와 프랑스, 이탈리아에서 온 건축 양식들이 더해져 이색적인 건축 문화가 탄생했다. 유럽의 건축 전시장을 방불케하는 스페인에서 각양각색의 건축물을 만나보자.

섬세한 이슬람식 천국의 재현

#MOORISH

#무어 양식 #8~15세기

유럽 땅에 지극히 이국적인 색채를 더하는 무어 양식은 기하학적 문양과 캘리그라피, 식물을 모티프로 한 화려한 디자인이 특징이다. 바닥을 장식한 타일에서부터 정교한 조각이 돋보이는 치장 벽토, 별처럼 쏟아지는 벌집 모양의 천장 장식까지, 복잡하고 섬세한 무늬가 온 건물을 채우고 있다.

시리아 다마스쿠스와 이라크 바그다드에서 발달한 건축학과 이집트와 모로코에서 전파된 건축 기법이 한때 이슬람 왕국이었던 안달루시아 지방에서 꽃을 피웠다. 스페인 건축의 대표적인 특징인 높은 외벽과 작은 창문, 중앙의 안뜰(파티오)은 모두 무어 양식의 영향이다.

✚ 무어 양식의 변화

■ **칼리프 양식** Caliph 코르도바에 이슬람 왕국을 세운 무어인들이 전통 이슬람 양식과 다마스쿠스 양식에 말발굽 모양의 아치로 대변되는 서고트 양식을 더해 만들었다.

■ **모사라베 양식** Mozárabe 이슬람 문화를 수용하며 함께 살았던 가톨릭교도(모사라베)들이 칼리프 양식에 서고트족의 건축 기술을 더해 만든 양식이다. 칼리프 양식의 아치보다 더 좁은 말발굽 모양의 아치와 아치문이 특징.

■ **무데하르 양식** Mudéjar 가톨릭 왕국이 장악한 후 스페인에 남은 이슬람교도(무데하르) 건축가들이 칼리프 양식에 로마네스크나 고딕, 르네상스 양식을 더해 형성했다.

그라나다 알람브라의 대사의 방(408p). 이집트를 통해 들어 온 벌집 모양의 천장, 무카르나스(Muquarnas)가 특징이다.

코르도바의 메스키타 대성당(474p). 칼리프 양식의 대표적인 예다.

세비야 알카사르(447p). 무데하르 양식의 전형이다.

MORE

스페인 건축의 특징

'스페인' 하면 떠오르는 가옥의 구조는 뜨거운 햇빛을 막기 위해 두꺼운 벽을 세운 뒤 작은 창만 내고 건물 가운데에 아케이드로 둘러싸인 안뜰(중정, 파티오)을 조성한 형태다. '강렬한 햇빛과 짙은 그림자의 대비'라는 말로 요약할 수 있는 이러한 건축 양식은 한때 스페인이 점령했던 세계 곳곳의 식민지로 퍼져나갔다.

단아하고 소박한 매력

#ROMANESQUE

#로마네스크 양식 #10~13세기

둥근 지붕과 반원형 아치가 특징인 로마네스크 양식 성당들이 카탈루냐 지방과 산티아고 델 콤포스텔라로 향하는 순례길을 따라 지어졌다. 버팀 기둥과 아치를 사용한 두툼한 석조 건물이라 화재에 강하고, 공간도 넓게 사용할 수 있었다. 네모난 건물과 둥근 천장은 '하늘은 둥글고 땅은 네모나다'는 기독교의 우주관을 표현한 것. 성당 밖은 단순하고 소박한 부조로 장식했지만, 정문 위에는 천국과 지옥, 최후의 심판 장면 등을 새겨 넣어 문맹 시대에 교리 전파의 도구로 삼았다.

세고비아의 산 마르틴 성당(Iglesia de San Martín). 로마네스크 양식의 특징인 반원형 아치 창문이 돋보인다.

✚ 로마네스크 양식의 기원

10~13세기 유럽 전반에 유행한 로마네스크 양식은 '로마 양식과 엇비슷한 것'이라는 뜻이다. 로마 시대의 건축물에 반원형 아치가 자주 사용된 것에 빗대어 후세 학자들이 부정적인 의미로 붙인 이름이 정식 명칭이 된 것. 당시 유럽을 장악했던 비잔틴 제국의 영향도 많이 받았다.

하늘을 향해 더 높게

#GOTHIC

#고딕 양식 #12~16세기

12세기 후반. 프랑스에서 들어온 고딕 양식이 스페인의 둥근 스카이라인을 뾰족한 첨두아치로 바꾸기 시작했다. 종교적 경외심을 불러일으키기 위해 성당들은 하늘을 향해 더 높고 더 길게 뻗어나갔다. 정문 위에는 '장미 창'이라고도 불리는 화려한 스테인드글라스가, 건물 곳곳에는 화려하고 복잡한 조각 장식이 자리 잡았다. 그라나다의 마지막 이슬람 왕국을 함락시킨 이사벨 여왕은 종교적 승리를 뽐내기 위해 후기 고딕 양식의 성당과 건축물을 지었는데, 아이러니하게도 여기에 이슬람계 장인들이 동원되면서 무데하르 양식이 생겨났다.

✚ 신을 향한 열망, 고딕 성당의 특징

고딕 양식을 관통하는 키워드는 '신앙심'이다. 고딕 양식 성당에는 '신의 손가락'이라고도 불리는 뾰족한 첨탑을 세웠고, 천국을 향한 열정을 표현한 스테인드글라스로 벽면을 가득 채웠다. 비록 초기에는 "고트족의 볼품없는 건축물"이라며 비아냥거리는 뜻의 '고딕'으로 불렸지만, 이 양식은 파리의 노트르담 대성당이 완공됨과 동시에 전 유럽 건축에 영향을 주었다.

세비야 대성당(442p) 톨레도 대성당(356p)

그라나다의 카를로스 5세 궁전(413p). 르네상스 양식의 대표 주자다.

세비야 시청(459p). 플라테레스크 양식의 대표작이다(1525년).

마드리드 역사박물관(Museo de Historia de Madrid)의 정문. 바로크 양식의 전형이다.

유럽인들의 이상향

#RENAISSANCE

#르네상스 양식 #16세기

1500년대에는 새로운 유행이 열렸다. 이탈리아 건축가들과 이탈리아에서 공부한 스페인 예술가들이 고대 그리스·로마 양식을 재현해 유럽 전역을 르네상스의 물결로 휩쓸기 시작한 것. '새로운 부흥'이라는 뜻의 르네상스 운동과 함께 고대 그리스 시절 사용되었던 도리아 양식, 이오니아 양식, 코린트 양식의 기둥들이 다시 세워졌다. 이 시기 건축물은 대칭성을 중시하며, 둥근 아치를 즐겨 사용했다. 이후 점령한 신대륙에서 금과 은이 쏟아져 들어오면서 스페인의 건축은 극도의 기교적인 장식을 특징으로 한 플라테레스크Plateresque 양식으로 발전한다. 플라테레스크는 은세공사Platero에서 유래한 말로, 건물 정면(파사드)을 세밀하게 장식하고, 고전적인 기둥 모양을 새기기도 했다.

더 웅대하게, 더 화려하게

#BAROQUE

#바로크 양식 #17~18세기

18세기 전반까지 이탈리아 건축주들의 마음을 사로잡은 바로크 양식은 스페인에도 큰 영향을 미쳤다. 비례와 균형을 중시하는 르네상스 양식보다 규모가 커지고, 곡면 형태의 공간 구성으로 웅대하고 동적인 효과를 냈다. 건물 안은 온갖 회화와 조각, 광선을 이용해 과도할 만큼 호화롭게 장식했다.

자연에서 받은 영감

#MODERNISM

#모더니즘 #19세기 후반~20세기

1900년대에 뜨거운 붐을 일으킨 모데르니스모(영어로 모더니즘, 카탈루냐어로 모데르니스메) 운동은 19세기 말부터 유럽을 휩쓸던 아르누보 운동의 카탈루냐식 해석이었다. 자연에서 받은 영감을 돌과 쇠, 타일 등을 이용해 자유롭게 표현했고, 자신들의 뿌리와 신념에 대한 표현도 건축물에 반영했다. 그 중심지였던 바르셀로나에는 수많은 모더니즘 건축물이 위대한 유산으로 남아 있다.

바르셀로나의 카사 밀라(193p). 1910년 가우디가 지은 모더니즘 건축의 대표작이다.

오늘도 진화 중

#MODERN ARCHITECTURE

#현대 건축 #21세기~

스페인 건축 여행의 즐거움은 로마 시대의 수도교나 중세 시대의 궁전, 가우디의 작품 순례만으로 끝이 아니다. 오늘날 우리가 1900년대의 위대한 건축가로 가우디를 기억하듯, 100년 후의 여행자들이 기억하게 될 위대한 건축물들이 지금 이 시각 스페인 곳곳에서 지어지고 있기 때문. 스페인 건축의 미래를 이끌 랜드마크를 소개한다.

레이나 소피아 미술관 누벨 관 Museo Nacional Centro de Arte Reina Sofía, Extension 마드리드 334p

피카소의 <게르니카>가 전시된 장소로 유명한 이 미술관은 종합병원 건물을 개조한 것이다. 스페인을 대표하는 국립 현대 미술관인 만큼 현대적으로 설계됐고,이후에도 여러 단계의 변화를 거쳤다. 이중 새로운 랜드마크가 될 주인공은 본관(사바티니 관) 뒤에 'ㅅ'자로 덧붙인 누벨 관. 건물을 구성한 강철과 유리로 빛과 그림자를 만드는 초현대적인 건축물이다.

산타 카테리나 시장 Mercado de Santa Caterina 바르셀로나 176p

보른 지구 안쪽에 자리 잡은 시장. 보케리아에 비해 여행자에게 덜 알려졌지만, 현대 건축에 있어 매우 중요한 의미를 지니고 있는 곳이다. 카탈루냐 국기가 물결치는 듯한 구불구불한 지붕에 과일과 채소 문양 모자이크를 새겨 놓았는데, '과일과 채소가 바다를 이룰 만큼 싱싱하고 풍성한 식자재를 판다'는 의미라고. 위성 지도로 보면 제대로 감상할 수 있다.

글로리에스 타워(아그바 타워) Glòries Agbar 바르셀로나

사그라다 파밀리아 성당 동쪽 약 1.2km 지점에 위치한 기묘한 총알 모양 건물. 파격적인 디자인을 뽐내며 홀로 우뚝 선 모습이 단번에 시선을 사로잡는데, 바르셀로나 최고의 전망 포인트 중 하나인 벙커(237p)에서 잘 보인다. '건축계의 노벨상'인 프리츠커상을 받은 프랑스 건축가 장 누벨의 설계에 따라 2005년 완공한 것으로, 바르셀로나의 수도를 관리하던 당시의 건축주 '아그바 그룹'을 심해에서 뿜어져 나오는 간헐천 모양으로 표현했다. 밤이면 LED 조명으로 빛을 발하는 외벽의 유리 블라인드 덕분에 '카멜레온 빌딩'이라 불리기도 한다.

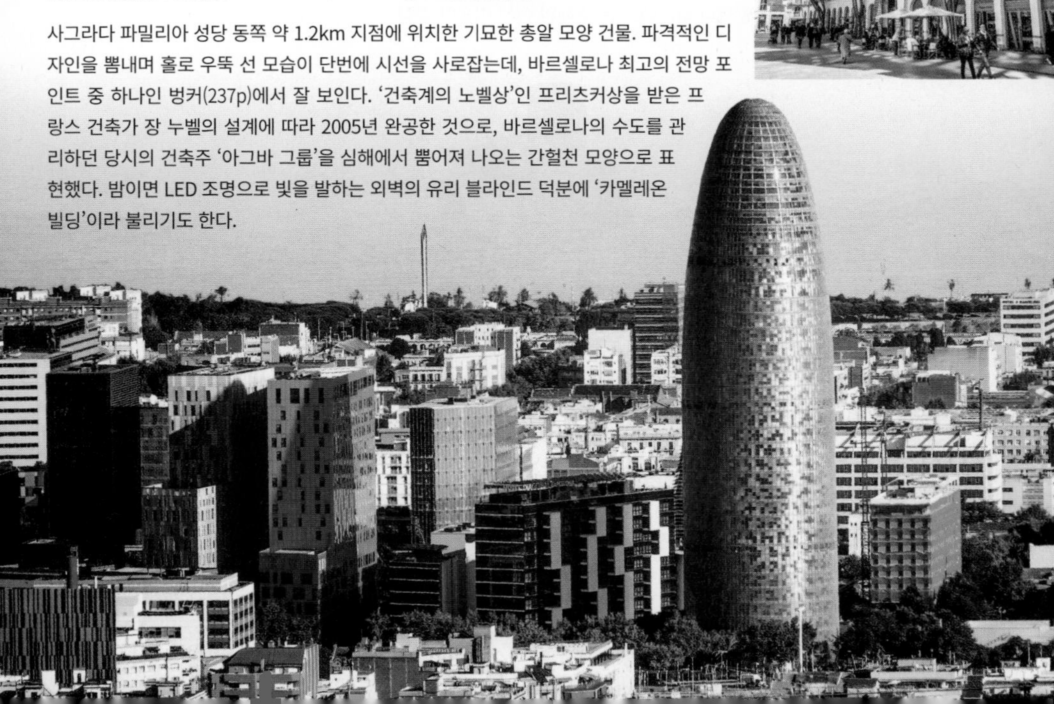

바라하스 국제공항 제4 터미널 Aeropuerto de Madrid Barajas, Terminal 4 마드리드 287p

마드리드의 관문인 바라하스 국제공항의 신청사다. 보통 사각형이나 돔형으로 설계하는 공항 건물과 달리 물결 모양으로 설계한 지붕이 인상적이다. 대나무를 이용해 부드러운 커브 형태로 디자인한 천장 곳곳에 둥근 채광창을 내어 터미널 안으로 자연광이 부드럽게 스며든다. 출발 층인 2층에 올라가면 더 가까이 볼 수 있다.

메트로폴 파라솔 Metropol Parasol 세비야 461p

외계인이 남기고 간 흔적이라고 해도 믿을 만큼 독특한 모양새를 지닌 건물. 공중에 뜬 커다란 와플 같기도 하고, 구멍이 숭숭 뚫린 그물 같기도 한데, 현지에서는 '버섯'이라는 뜻의 스페인어 '라스 세타스Las Setas'로 통용된다. 지붕 위에 마련된 산책로를 따라 걸으며 세비야 시내 전경을 볼 수 있는데, 조명에 불이 들어오는 일몰 시각에 맞춰 올라가면 더욱 아름다운 모습을 감상할 수 있다. 세계에서 가장 큰 목조 건축물이다.

구겐하임 미술관 Guggenheim Museum 빌바오 554p

스페인에서 가장 유명한 20세기 현대 건축물이다. 1997년 개관한 이래 폐허에 가까웠던 공업 도시 빌바오를 세계적인 관광 도시로 탈바꿈시켰다. 2010년 이후 연평균 방문객 수가 105만여 명에 달한다고 하니 과연 세계적인 명물로 불릴 만하다. 건축가 프랑크 게리Frank Ghery가 설계했으며, 무려 1억 달러의 예산이 투입됐다. 전시품은 앤디 워홀, 로이 리히텐슈타인, 제프 쿤스 등의 미국 팝 아트나 안토니 타피에스 등 스페인 현대 미술이 중심을 이룬다.

About Spain 02
스페인의 미술

스페인은 세계 미술사의 한 페이지를 뜨겁게 장식한 세기의 천재들이 태어난 땅이다. 왕실의 든든한 지원 속에 미술의 새 장르를 만들어간 벨라스케스와 고야부터 시대의 아픔과 방황을 함께한 피카소, 달리, 미로까지. 누구나 한 번쯤은 들어봤을 이름이 수두룩하다. 책에서만 보던 명화를 눈으로 직접 볼 때의 감동을 그 무엇과 견줄 수 있을까.

파블로 피카소, <게르니카> 마드리드 레이나 소피아 미술관 334p

사물의 입체적인 특징을 2차원 공간에 비틀어 표현한 입체파의 아버지 피카소는 스페인의 또 다른 이름이다. 스페인에서 나고 자랐지만, 그가 바라는 모습의 조국이 될 때까지 끝내 스페인으로 돌아오지 못한, 스페인 현대사의 아픔을 대표하는 인물이기도 하다. 피카소가 남긴 수많은 작품 중 단 하나만 봐야 한다면 단연코 <게르니카>다. 스페인 내전 당시 나치의 폭격으로 폐허가 된 게르니카 마을의 처참한 현실을 담은 이 작품은 가로 길이가 7m가 넘는 대작이라, 책이나 모니터에서 보는 것으로는 그 느낌을 상상할 수 없다.

✚ 레이나 소피아 미술관 무료입장 팁

화요일을 제외한 평일과 토요일 19:00~21:00, 일요일 12:30~14:30은 무료입장 시간대다. 이때를 잘 활용하면 마드리드에 머무는 동안 게르니카를 몇 번이고 볼 수 있다.

MORE

여기도 가보자

■ **피카소 미술관**
바르셀로나(177p)

젊은 피카소를 만날 수 있는 곳. 유년 시절에 그린 스케치와 습작, 청년 시절에 그린 초기 작품들을 다수 소장하고 있다.

■ **피카소 미술관** 말라가(511p)

피카소가 태어나고 유년기를 보낸 도시 말라가에서는 피카소의 가족사가 담겨 있는 그림을 볼 수 있다.

프란시스코 고야, <옷 벗은 마야> & <옷 입은 마야>

마드리드 프라도 미술관 328p

인생에 굴곡이 많았던 스페인 왕실의 궁정화가 고야는 어떤 작품으로 만나느냐에 따라 전혀 다른 화가로 기억되곤 한다. 말년의 걸작 <검은 그림들> 연작을 먼저 접한 사람은 대개 광기를 담은 어두운 톤으로 고야를 떠올린다. <1808년 5월 3일>, <아들을 먹어 치우는 사투르누스>에서 보이듯 고야는 전쟁이나 전염병을 겪는 인간이 느끼는 공포, 혐오, 폭력성을 탁월하게 묘사한 화가였다.

그러나 고야는 밝고 장난스러우면서 목가적인 작품을 그리기도 했다. 미궁에 싸인 모델이 누구인지부터 스캔들이었던 <옷 벗은 마야>, <옷 입은 마야> 연작을 본다면 그가 어둠과 광기의 화가라는 세상의 평가에 쉽게 동의하기 힘들 것이다. 이 모든 작품은 프라도 미술관에 걸려 있다.

✚ 프라도 미술관 무료입장 팁

평일과 토요일 18:00~20:00, 일요일과 공휴일 17:00~19:00. 무료입장을 기다리는 줄이 길고 미술관 규모가 큰 편이니 대표작에 집중해 관람하도록 한다.

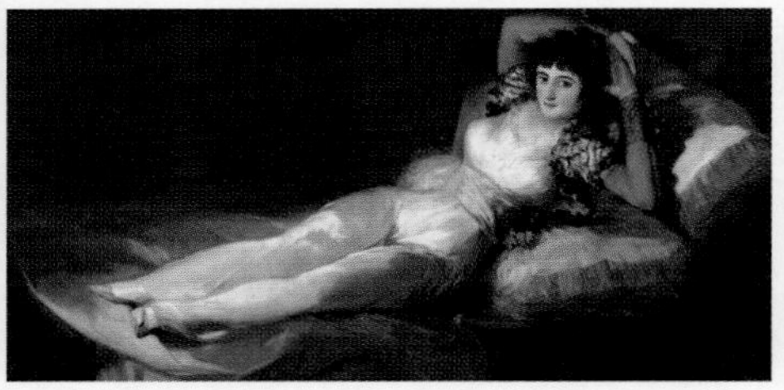

살바도르 달리, <위대한 수음자의 얼굴>

마드리드 레이나 소피아 국립 미술관 336p

달리(1904~1989년)는 지금의 시선으로 바라봐도 여전히 시대를 앞서간 전위 예술가다. 정신이 녹아내리는 듯한 몽환적인 회화와 그로테스크한 조각 작품으로도 유명하지만, 자신을 모델로 한 사진작품도 열심히 남기고, 영화에도 출연했으며, 츄파춥스 로고나 보석 디자인 같은 상업적인 활동에도 관여했다.

<위대한 수음자의 얼굴>은 세속화에 물들었다는 비판을 받으며 초현실주의 그룹에서 추방되기 전, 달리의 마음속 깊은 무의식을 꺼낸 작품이다. 달리를 초현실주의 예술가로만 알고 있었다면 살짝 당황스러울 만큼 사실적이고 낭만주의적인 <창가에 있는 모습> 역시 같은 미술관에 있다.

MORE

여기도 가보자

■ **달리 극장 박물관**
피게레스(271p)

괴팍한 화가의 머릿속으로 들어가 보고 싶다면 달리가 자신의 고향에 직접 지은 박물관을 찾아보자. 본인의 시신도 그곳에 안치돼 있다.

호안 미로, 람블라스 거리의 모자이크

바르셀로나 람블라스 거리 148p

미로는 피카소, 달리와 함께 스페인 현대 미술을 대표하는 3대 거장이다. 바르셀로나에서 태어나 파리와 바르셀로나를 오가며 활동한 90세까지 회화, 조각, 도예 등의 분야에서 수많은 작품을 남겼다.
캔버스를 벗어나 광장과 거리를 더 넓은 화폭으로 여긴 예술가였기에, 바르셀로나 곳곳에서 그가 만든 공공작품을 볼 수 있다. 이중 여행자들이 제일 쉽게 발견할 수 있는 곳은 람블라스 거리 한가운데 만들어진 커다란 모자이크 타일 장식. 메트로 리세우역에서 나가자마자 바로 보인다.

MORE

여기도 가보자

■ **호안 미로 미술관** 바르셀로나(222p)

바로 얼마 전에 그렸다고 해도 믿을 만큼 현대적이고 생동감 넘치는 작품들이 가득하다. 미로는 자연과 여성을 주제로 한 자유분방하고 경쾌한 화풍을 추구했지만, 그 안에는 스페인 내전과 제2차 세계대전의 비극적 경험들이 묻어 있다.

디에고 벨라스케스, <시녀들>

마드리드 프라도 미술관 327p

왕실의 든든한 지원을 받은 벨라스케스는 부유하고 화려했던 스페인의 한 시대를 대변하는 궁정화가다. 그의 대표작으로 꼽히는 <시녀들>은 프라도 미술관에서도 가장 많은 사람이 몰리는 하이라이트. 이 기발한 구도의 그림에는 초상화의 모델인 펠리페 4세 부부 대신, 초상화를 그리는 화가 자신과 부부에게 놀러 온 마르가리타 공주 일행이 주인공으로 등장한다.
모델을 응시하는 화가의 시선은 그림을 바라보는 관객을 향하고 있는데, 3m가 넘는 거대한 작품인지라 실제 마주하면 압도당하는 느낌이다. 바로 앞에서는 거칠어 보이는 붓 터치가 그림에서 조금씩 멀어질수록 세밀한 디테일로 살아난다.

MORE

스페인이 품은 화가, 엘 그레코

스페인에서 태어나지는 않았지만, 스페인에서 꽃을 피운 화가 엘 그레코도 빼놓을 수 없다. 그는 그리스의 크레타섬에서 태어나 이탈리아에서 유학한 뒤 스페인의 톨레도에 정착했다. 성당의 제단화나 건물에 고정된 그림 같이 해외 반출이 어려운 작품이 대부분이라 스페인을 여행할 때 꼭 챙겨봐야 할 화가다.
<삼위일체>, <가슴에 손을 얹은 기사> 등은 마드리드의 프라도 미술관에서 볼 수 있다. 화가 자신이 최고의 걸작으로 꼽은 <오르가스 백작의 매장>은 톨레도의 산토 토메 성당(360p)에서만 감상할 수 있으며, 그가 살던 집 근처에 세워진 엘 그레코 박물관(361p)도 필수 코스다.

About Spain 03
스페인의 축제

먹고 마시는 것을 즐기며 낙천적인 스페인 사람들에게는 매일이 축제다. 하루하루에 특별한 의미를 부여하며 순간을 살아가는 스페인 사람들이 제대로 노는 법, 스페인의 축제를 만나보자.

◆ 인간 탑과 거인 인형, 라 메르세 La Mercè 바르셀로나

매년 9월 열리는 바르셀로나의 대표 축제다. 산 자우메 광장을 중심으로 이색적인 전통 행사를 볼 수 있다. 라 메르세의 하이라이트는 산 자우메 광장의 시청 앞에서 펼쳐지는 인간 탑 쌓기Castells! 지역별로 팀을 짜 경쟁하는 인간 탑 쌓기는 전 세계적으로 유명하다. 또 하나의 주요 볼거리는 람블라스 거리에서 벌어지는 거인 인형 히간테의 행렬이다. 중세 복장을 한 거대한 인형이 음악에 맞춰 빙글빙글 도는 모습이 볼만하다. 불꽃을 든 사람들을 따라 달리는 불꽃 행렬Correfoc과 산 자우메 광장의 시청사를 무대로 한 레이저 쇼도 놓치지 말자.

◆ 붉게 터지는 토마토의 향연, 라 토마티나 La Tomatina 발렌시아 부뇰

발렌시아 지방의 작은 도시 부뇰Buñol에서 열리는 토마토 축제다. 매년 8월 마지막 주 수요일, 축제의 시작 신호가 떨어지면 기름을 바른 기둥에 매달린 햄을 누군가 따야 한다. 햄을 따는 데 성공하면 트럭 가득 실어 온 토마토가 현장에 쏟아지고, 이때부터 1시간 동안 사람들은 서로에게 토마토를 던지고 맞는다. 토마토를 던질 땐 으깨거나 잘게 잘라야 하며, 종료 신호를 울린 후에도 던지면 벌금을 내야 한다. 종료 후에는 모두가 청소를 시작하며, 청소가 끝남과 동시에 축제도 막을 내린다.

◆ 소와의 짜릿한 달리기 한판, 산 페르민 Sanfermines 팜플로나

북부 나바라주의 수호성인인 산 페르민San Fermín을 기리는 축제로, 나바라주의 수도인 팜플로나Pamplona에서 열린다. 축제 기간 내내 춤과 불꽃놀이와 행진이 이어지지만, 최대 볼거리는 소몰이 행사다. 전통 의상을 차려입은 참가자들이 투우에 참가할 소를 몰며 투우장까지 뛰어가는 이벤트로, 정확한 명칭은 엔시에로Encierro다. 축제 기간 동안 매일 아침 8시에 6마리의 소를 거리에 풀어 놓는데, 소가 달리기 시작한다는 신호가 울리면 광장에 모인 사람들이 일제히 소와 함께 달리기 시작한다. 소와 가까워질수록 재미도 커지지만, 그만큼 위험해서 다치거나 죽는 사람도 있다.

◆ 투우 경기의 시작, 산 이시드로 Feria de San Isidro 마드리드

수호성인 이시드로San Isidro Laborador(1070~1130년)를 기리는 축제다. 마드리드의 산 이시드로 성당 앞에는 전통 의상을 차려입은 사람들이 잔뜩 모여 예배를 올리며, 거대한 인형들의 퍼레이드도 볼 수 있다. 마드리드의 투우 경기도 이날부터 시작하며, 거리에선 대형 파에야, 대형 보카디요 등을 팔며 축제 분위기를 더한다.

■ 라 메르세
- 매년 9월 말(정확한 일정은 몇 주 전에 발표됨)
- 산 자우메 광장과 람블라스 거리 등 바르셀로나 시내 각지
- barcelona.cat/lamerce/en

■ 라 토마티나
- 매년 8월 마지막 수요일 11:00부터 정오 즈음까지 진행(2023년은 8월 30일)
- 공식 홈페이지에서 바르셀로나와 마드리드 등에서 출발하는 왕복 버스 티켓과 축제 참가권, 가이드와 티셔츠를 포함한 다양한 상품을 판매한다.
- 라 토마티나 축제 공식 홈페이지에서 부뇰행 버스 시간표 확인 및 티켓 구매 가능
- www.tomatina.es

■ 산 페르민
- 2024년 7월 6~14일
- 마드리드 아토차역에서 팜플로나행 고속기차(ALVIA)로 약 3시간 소요. 1일 4회 운행/바르셀로나-산츠역에서 고속기차(ALVIA)로 약 3시간 50분 소요. 1일 4회 운행
- www.pamplonafiesta.com

■ 산 이시드로
- 매년 5월 15일 전후
- 마요르 광장과 산 이시드로 성당 등 마드리드 시내 각지
- www.sanisidro.madrid.es

◆ 거리를 가득 메운 색색의 전등과 화환, 성체축일 Corpus Christi 톨레도

톨레도에서 열리는 축제 중 가장 성대하다. 부활절 이후 9번째 주 일요일에 열리며, 화려한 거리 행렬로 유명하다. 축제 시작 5일 전부터 거리에는 오래된 카펫이 깔리고, 건물마다 발코니와 창문에 각양각색 깃발을 걸어 화려하게 치장을 시작한다. 축제 당일에는 다양한 향과 색색의 전등, 화환으로 뒤덮인 거리에서 화려한 행렬이 시작된다.

■ **성체축일**
⏰ 2024년 5월 30일
🚊 톨레도 교통편 참고(349p)

◆ 그 밖의 스페인 2024년 축제 캘린더

1월 6일	**동방박사의 날** Dia de los Reyes Magos / 스페인 전역 동방박사가 예수의 탄생을 알고 찾아와 선물을 전해 준 날로, 가톨릭 국가인 스페인 최대의 명절이다. 거리를 지나는 대형 퍼레이드에서 온갖 종류의 사탕과 젤리를 뿌린다.
1월 19일	**탐보라다** Tamborrada / 산 세바스티안 거대한 드럼 퍼레이드로 유명한 산 베바스티안의 축제. 1월 19일(2024년 기준) 자정, 깃발이 올라가면 그때부터 24시간 동안 남녀노소가 참여해 드럼을 연주하는 퍼레이드가 쉬지 않고 이어진다.
2월 8~14일	**카르나발** Carnaval / 스페인 전역 사순절이 시작되기 전에 마음껏 먹고 놀고 마시며 열정을 발산하는 축제로, 우리 말로는 '사육제'라고 한다. 유럽과 남미 전역에서 열리는데, 그 중에서도 스페인의 시체스, 카디즈, 테네리페의 카르나발이 유명하다.
3월 15~19일	**라스 파야스** Las Fallas / 발렌시아 광장에 건물 3~4층 높이의 거대한 조형물들을 세웠다가 축제의 마지막 날인 성 요셉의 날 밤에 모두 불태워버리면서 새봄을 맞이하는 발렌시아의 대표 축제다.
3월 24~30일	**세마나 산타** Semana Santa / 스페인 전역 부활절 주간을 기리는 퍼레이드가 스페인 전역에서 펼쳐진다. 세비야와 말라가의 퍼레이드가 제일 유명하며, 바야돌리드나 레온 같은 카스티야 이 레온Castilla y León 지역의 도시들도 대대적으로 참여한다.
4월 23일	**산 조르디 축제** Fiesta de Sant Jordi / 카탈루냐 카탈루냐의 수호성인 산 조르디를 기리는 축제로, 남자가 여자에게 붉은 장미꽃을 선물하며 사랑을 고백한다. '세계 책의 날'이기도 해 여자는 남자에게 책을 선물하는 풍습이 더해졌다.
4월 14~20일	**4월 축제** Feria de Abril / 세비야 알록달록 플랑멩코 전통의상을 입은 사람들이 마차를 타고 다니고, 광장에 세워진 천막 카세타에서는 춤과 술이 가득한 파티가 일주일 내내 이어진다.
5월 6~19일	**파티오 축제** Fiesta de los Patios / 코르도바 하얀 벽에 가득 걸린 꽃 화분 장식으로 유명한 코르도바의 전통문화를 생생하게 만나볼 수 있는 축제다. 꽃으로 장식한 외벽뿐만 아니라 정성 들여 가꾼 파티오(안뜰)까지 둘러볼 수 있도록 개방한다.
8월 10~17일	**세마나 그란데** Semana Grande / 빌바오 & 산 세바스티안 빌바오를 중심으로 열리는 바스크 지역 최대의 축제. 거대한 인형 퍼레이드와 함께 통나무 자르기 대회 등 다양한 콘테스트 및 공연이 열린다.

뜨거운 논란의 중심,
스페인의 투우

투우Corrida de Toros는 왕실 오락으로 시작해 18세기 초부터 국민 스포츠로 자리매김했다.
잔인하다고 비난하는 목소리가 높은 만큼 지켜야 할 스페인의 전통문화라고 보는 이들의 저항도 만만치 않다.
스페인에서는 정치나 종교와 함께 섣부른 언급을 피해야 할 주제 중 하나다.

★
진실의 순간
El Momento de la Verdad

마타도르의 칼이 소의 심장까지 단숨에 꽂히는 순간을 '진실의 순간'이라고 한다. 이렇게 단번에 진실의 순간을 맞이한 마타도르는 황소의 귀 또는 꼬리를 받게 되지만, 여러 번 실패해 소에게 고통을 주면 관중들에게 심한 야유를 받는다.

➔ 투우를 보려면?

투우 시즌은 부활절 일요일에서 10월까지며, 마드리드에서는 산 이시드로 축제 전후인 5~6월, 론다에서는 9월경에 투우 축제가 열린다. 축제 기간 외에는 일요일과 국경일에 경기가 열린다. 2011년 카탈루냐 지방을 시작으로 투우 경기를 금하는 도시가 점차 늘어나는 추세라 현재 투우를 볼 수 있는 도시로는 마드리드나 세비야, 론다 정도가 남았다.

➔ 티켓 구매 방법

투우장의 매표소(보통 10:00~1400·17:00~20:00에 오픈)나 홈페이지에서 구매하며, 관람석 위치에 따라 가격이 천차만별이다. 가장 좋은 자리는 1층의 텐디도Tendido로 그중에서도 특별석인 바레라Barrera가 가장 비싸다. 그다음은 2층 그라다Grada, 3층 안다나다Andanada 순으로 가격이 내려가며, 그늘이 지는 자리 솜브라Sombra, 해가 비쳤다가 나중에 그늘이 지는 자리 솔 이 솜브라Sol y Sombra, 해가 비치는 자리 솔Sol 순으로 다시 나뉜다. 3층의 해가 비치는 가장 저렴한 자리는 3~8€ 정도.

➔ 투우 경기에 참가하는 사람들

투우는 여러 명이 한 팀이 돼 총 6마리의 황소에 맞선다. 소와 함께 춤추듯 묘기를 선보이는 주인공 마타도르Matador, 소의 등에 작살을 꽂는 두 명의 반데리예로Banderillero, 말을 타고 창으로 소를 찌르는 두 명의 피카도르Picador, 그리고 페네오Peneo로 불리는 조수로 구성된다. 소가 한 마리씩 등장해 비슷한 루틴으로 반복되기 때문에 조금 늦게 들어가는 게 덜 지루하다.

마드리드 벤타스 투우장

세비야 투우장

➔ 투어로 둘러보기 좋은 스페인 대표 투우장 Best 3

❶ 스페인 최대 규모, 마드리드 벤타스 투우장 Plaza de Toros de Las Ventas

1929년에 만들어진 스페인 최대 규모의 투우장이다. 이슬람의 색채가 진하게 묻어나는 무데하르 양식의 건물로, 2만여 명을 수용할 수 있다.

- Calle de Alcala, 237
- 투어 10:00~19:00(11~6월 ~18:00)/투우가 있는 날은 2시간 단축/1월 1일·7일·12월 25일·27일 휴무
- 투어 16€(오디오가이드 포함), 학생 13€, 5~12세 7€, 4세 이하 무료
- M 2·5 Venstas 하차
- www.lasventastour.com

❷ 헤밍웨이가 사랑한, 론다 투우장 Plaza de Toros de Ronda 493p

근대 투우의 발상지이며, 헤밍웨이의 소설에 많은 영감을 준 곳으로도 유명하다. 최대 6천 명을 수용할 수 있는 크기다.

❸ 스페인에서 가장 오래된, 세비야 투우장

Plaza de Toros de la Real Maestranza de Caballería de Sevilla 457p

스페인에서 가장 오랜 역사를 자랑하는 스페인 투우의 성지다. 특히 세비야의 대표 축제 '페리아 데 아브릴Feria de Abril' 기간만 되면 전국에서 투우 골수팬들이 몰려든다.

★ **투우사와 헤밍웨이의 인연**

헤밍웨이와 론다 출신의 투우사 안토니오 오르도녜스의 오랜 우정은 널리 알려진 일화다. 안토니오의 아버지인 카예타노 오르도녜스는 헤밍웨이의 소설 <태양은 다시 떠오른다>에 나오는 투우사 페드로 로메로의 실제 모델이기도 하다. 론다 투우장을 소유한 유서 깊은 투우사 가문인지라, 투우장 앞에 부자의 동상이 세워져 있다.

론다 투우장

About Spain 04

스페인의 역사

스페인만큼 시대에 따른 부침을 심하게 겪은 나라도 드물다. 로마의 변방에서 시작해 무적함대를 내세운 강대국으로 우뚝 섰다가, 나폴레옹 군대의 지배를 받는 식민지가 되기도, 국제적으로 고립된 독재국가로 추락하기도 했다. 파란만장한 스페인의 역사를 하나씩 알아가다 보면, 세계사의 큰 페이지가 저절로 이해된다.

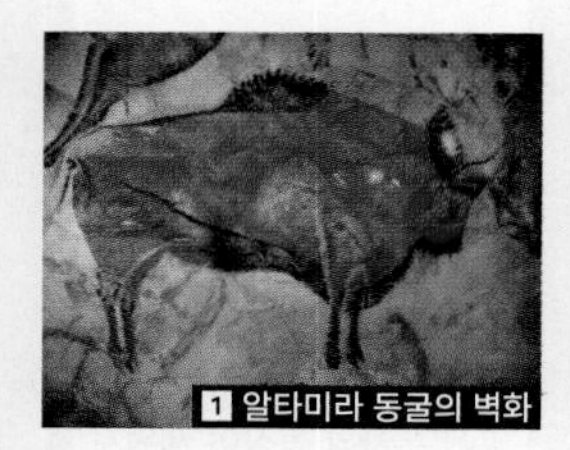

1 알타미라 동굴의 벽화

1 스페인 역사의 시작, 선사 시대 기원전 80만 년~

지중해를 넘나들던 페니키아인이 기원전 1100년경 정착하면서 이베리아반도는 역사의 기록에 처음 등장한다. 뒤이어 그리스인과 카르타고인이 이주해오고, 북쪽에 살던 금발의 켈트족이 들어오면서 이베리아 원주민과 피가 섞이기 시작했다. 훗날 이들의 혼인으로 탄생한 켈트-이베로족은 다음 시대를 지배한 로마인에게도 완강하게 저항할 만큼 호전적이었다.

2 세고비아의 로마 수도교. 1세기경에 세워진 로마 시대의 유산이다.

2 로마가 차지하고 저버린 땅, 로마 정복 시대 기원전 218~711년

로마가 처음 이 땅에 발을 들인 건 카르타고와의 싸움 때문이었다. 이 전쟁에서 승리한 로마인은 기원전 19년, 이베리아반도를 완전히 점령한다. 이베리아반도는 로마 제국의 행정 조직에 편입됐으며, 로마식으로 기반 시설을 확충한 도시들이 발전했다. 가톨릭과 라틴어, 로마법이 전해진 것도 바로 이때다. 5세기경 로마의 몰락과 함께 이베리아반도는 로마를 거쳐온 서고트족이 차지했는데, 7세기부터 내분으로 분열된 서고트 왕국은 결국 711년 북아프리카에서 건너온 무어인(아랍계 이슬람교도)에게 넘어간다.

3 코르도바의 수차. 아랍의 기술로 농업발전을 가져온 예다.

3 아랍인이 다시 세운 이슬람 왕국, 알 안달루스 711~1031년

다마스쿠스에서의 권력 다툼에서 밀려 이베리아반도로 쫓기듯 들어온 이슬람 세력은 그 땅에 살던 가톨릭 세력을 지금의 빌바오 근처 북쪽 산간지역까지 밀어내는 데 성공한다. 반도의 대부분을 차지한 무어인들은 코르도바를 이슬람 왕국 '알 안달루스Al Andalus'의 수도로 삼고, 학문, 과학, 예술, 건축, 문화의 중심지이자 당시 유럽에서 가장 문명화된 도시로 만든다.

4 알람브라 나스르 궁전. 이슬람의 마지막 왕국인 나스르 왕조의 궁전이다.

4 가톨릭 왕국의 반격, 레콘키스타의 시대 1037~1492년

스페인 북부로 축소됐던 가톨릭 왕국들(레온, 카스티야, 나바라, 아라곤)은 이슬람의 분열을 틈타 남쪽을 향해 차근차근 영토 확장을 시작한다. 이슬람 왕국이 차지한 땅을 하나하나 재정복하는 레콘키스타Reconquista, 즉 국토회복전쟁이 시작된 것이다. 1085년 톨레도를 차지하고 있던 이슬람 소왕국의 함락 이후 두 세력 간의 전쟁은 종교를 걸고 싸우는 성전이 돼간다. 1492년 아라곤-카스티야 연합군이 그라나다를 점령하면서 이슬람 왕국은 북아프리카로 밀려났다.

5 하나의 믿음만 있는 국가, 가톨릭 통일국가의 형성 1492~1516년

스페인이라는 국가의 기틀이 만들어진 것은 가톨릭 부부 왕의 탄생과 그 맥을 같이 한다. 6촌 남매간이었던 카스티야의 여왕 이사벨 1세와 아라곤의 왕 페르난도 2세의 결혼은 그들의 영토뿐만 아니라 군사, 외교의 결합으로 유럽정세를 뒤흔들 만한 사건이었다. 특히 부부 왕은 그라나다에서 저항 중이던 이슬람 최후의 왕국을 무너뜨리면서 가톨릭이라는 단일 종교를 기반으로 한 통일국가를 탄생시킨다. 정치적·종교적·문화적 통합을 이루고자 한 열망이 지나친 나머지, 무자비한 종교 재판을 통해 이교도를 화형(아우토다페auto-da-fé)시키고 유대인을 추방한 것은 그 이면에 남은 흑역사다.

5 그라나다의 왕실 예배당. 가톨릭 부부 왕의 무덤이 있다.

6 신대륙을 향해 뻗어가는, 탐험의 시대 1492~1590년

가톨릭 부부 왕의 후원을 받아 출항했던 콜럼버스가 1492년 바하마 제도에 도착하면서 스페인의 정복자들은 라틴 아메리카에 진출한다. 16세기 동안 멕시코, 페루, 칠레를 차례차례 정복하면서 신대륙의 광산에서 채굴한 막대한 금과 은이 대서양을 건너 스페인으로 흘러갔다. 합스부르크 왕가와의 정략결혼으로 물려받은 유럽과 아시아의 넓은 영토는 물론, 조상들이 점령한 신대륙까지 통치해야 했던 카를로스 1세(신성로마제국의 카를 5세)와 펠리페 2세는 유럽에서 개신교와 오스만 제국의 확산을 막는 전쟁도 벌여야 했다.

6 멕시코 아스텍 왕국의 파괴자 에르난 코르테스와 아스텍 대사의 접촉을 그린 그림. 세비야 인디아스 고문서관에 있다.

7 신대륙이 가져온 빛과 어둠, 스페인의 황금시대 1600~1700년

신대륙 탐험의 결과로 막대한 부와 영토를 획득한 스페인 왕실의 번영은 예술과 건축의 놀라운 진보로 이어진다. 펠리페 3세와 펠리페 4세의 치세하에 엘 그레코, 벨라스케스, 세르반테스 등 위대한 예술가들이 줄줄이 등장하며 예술적으로 크게 진보했지만, 신대륙에서 가져오는 재화가 긍정적인 영향을 끼친 것만은 아니었다. 금과 은이 쏟아져 들어오자 통화량이 증가한 효과를 가져와 물가가 폭등하면서 생필품 가격까지 치솟았던 것. 풍부한 자금력을 믿고 시작한 여러 전쟁의 비용도 상승해 자금 부족에 시달리다 파산 선언까지 한 왕실은 점차 유럽에서 영향력을 잃어갔고, 잦은 근친혼으로 인한 유전병까지 빈번히 발생해 합스부르크 왕조의 핏줄 또한 끊기게 된다. 문화적 풍요를 누린 황금시대인 동시에 무적함대의 패배와 국가 파산을 맞으면서 깊은 환멸과 냉소가 자리 잡기 시작한다.

7 마드리드 마요르 광장. 정치에는 무관심했으나 세르반테스와 수르바란 등을 배출해 스페인 문화의 황금시대를 꽃피운 펠리페 3세의 동상이 있다.

8 부르봉 왕조에서 최초의 공화국까지, 격동의 시대 1700~1873년

스페인의 왕좌를 둘러싼 왕위계승전쟁은 부르봉 왕조의 승리로 끝난다. 태양왕 루이 14세로 대표되는 부르봉 왕조의 일원답게 펠리페 5세 역시 절대왕정 체제를 굳히고자 노력했다. 하지만 18세기 말에 발생한 프랑스 혁명의 여파로 온 유럽이 들끓던 19세기는 왕실의 절대권력을 지켜내기에는 힘겨운 시기였다. 무능한 왕실에 질린 국민이 폭동을 일으켜 페르난도 7세를 왕위에 올리지만, 스페인을 침공한 나폴레옹은 그의 형 조제프 보나파르트를 스페인과 신대륙의 왕으로 임명한다. 이후 스페인 국민은 끈질긴 저항을 통해 나폴레옹의 군대를 몰아내고, 민주헌법도 만들었다. 왕과 의회의 권리를 강화하려는 온건파와 국민에게 주권이 있다는 급진파의 격한 대립과 오랜 혼란기를 거친 후에야 제1공화정이 선포된다.

8 고야의 <1808년 5월 2일>(마드리드, 프라도 미술관). 나폴레옹 군대가 데려온 이집트 용병들과 혈투를 벌이는 마드리드 시민의 모습이다.

9 섬유산업 등으로 크게 성공을 거둔 카탈루냐의 사업가들은 바르셀로나 곳곳에 모데르니스메 양식의 저택을 지어 부를 과시했다.

9 갈피를 잃은 정치와 경제, 공화주의자 vs 아나키스트

1873~1936년

1873년에 탄생한 스페인 최초의 공화국은 대통령을 4번이나 바꿔가며 겨우 1년간 유지됐다. 공화국의 종말은 곧 부르봉 왕가의 재건으로 이어져 알폰소 12세를 왕으로 하는 입헌군주국이 다시 세워진다. 왕정복고 이후에도 여러 계층의 정치 참여로 혼란은 반복됐으며, 정치적 부패에 대한 반감도 점점 커졌다. 1898년에는 스페인을 지탱하던 마지막 식민지 쿠바가 독립하며 치명상을 입게 된다. 1923년 바르셀로나 수비대의 반란을 시작으로 스페인 전역에 반란이 일어나자, 프리모 데 리베라 장군은 국내의 혼란을 수습하기 위해 쿠데타를 일으켜 집권한다. 이 역시 거센 반발을 불러일으켰고, 결국 1930년 리베라 장군이 사퇴하게 된다. 이듬해인 1931년 스페인의 두 번째 공화국이 탄생한다.

10 피카소의 <게르니카>는 스페인 내전의 참상을 고발한 작품이다. (마드리드, 레이나 소피아 미술관)

10 스페인 내전의 참담한 결과, 프랑코 독재 정권 1936~1975년

제2공화정에서도 공화파와 극우파의 대립은 갈수록 커졌다. 결국, 1936년 성당과 지주, 군부, 자본가 등이 형성한 파시즘 세력은 공화국 정부에 반기를 들고 스페인 내전을 시작한다. 그러나 안타깝게도 국제여단의 지원을 받는 공화국 정부군은 히틀러와 무솔리니의 지원을 받는 프랑코의 군대를 끝내 이기지 못했다. 2년 9개월 동안 60여만 명의 사상자를 낸 스페인 내전은 1939년 프랑코 군대의 마드리드 점령으로 종결됐다. 전후 약 10만 명이 처형되거나 감옥에서 죽었고, 수십만 명의 정치범이 투옥됐다. 프랑코의 독재 정권은 그가 사망하는 1975년까지 유지됐다.

11 분리 독립을 주장하는 카탈루냐 지역에서는 스페인 국기보다 카탈루냐 깃발을 더 자주 볼 수 있다.

11 스페인의 오늘

36년 동안이나 스페인 국민을 두려움에 떨게 했던 프랑코의 독재는 1975년 프랑코의 죽음으로 끝났고, 프랑코주의는 빠르게 민주주의로 대체되었다. 프랑코가 후계자로 지명한 후안 카를로스 1세가 스페인의 왕으로 즉위했으며, 민주적인 국회의원 선거와 평화적인 정권교체도 이루어졌다. 이후 나토와 유럽 공동체에 가입하면서 국제 사회에서도 정상 국가로 인정받게 됐다. 하지만, 2008년의 미국발 금융 위기 이후 좀처럼 경제는 회복되지 않고 있으며, 바스크 소수민족 문제가 해결되나 싶더니, 카탈루냐 분리 독립이 쟁점으로 떠올라 스페인의 명예 회복은 멀고도 험한 상황이다.

스페인은 프랑스에 이어 세계에서 두 번째로 방문객이 많은 나라로, 관광산업이 국내총생산(GDP)의 약 12%에 달한다.

About Spain 05
스페인 국가 정보

국가명	스페인 왕국(Reino de España)
수도	마드리드(Madrid)
정치 제도	입헌 군주제, 의원 내각제
위치	유럽 남서부
면적	50만5990km²(한반도의 2.27배)
시차	-8시간/ 서머타임(3월 마지막 일요일~10월 마지막 일요일) 동안에는 -7시간
언어	스페인어
기후	지중해성 기후(지중해 연안), 대륙성 기후(마드리드 주변 내륙), 서안 해양성 기후(빌바오를 비롯한 서부)
인구	약 4670만 명
종교	가톨릭 76%
통화/환율	유로(Euro, EUR,€) 1€ = 약 1475원(2024년 10월 매매기준율)
국가 번호	34
전압	220V, 50Hz(우리나라에서 사용하던 전자 제품을 그대로 사용 가능)
콘센트	2개 핀
국경일 & 공휴일	1월 1일 신년 1월 6일 동방박사의 날 3월 29일 성금요일 ★ (2024년 기준) 4월 1일 부활절 월요일 ★ (2024년 기준) 5월 1일 노동절 8월 15일 성모 승천일 10월 12일 신대륙발견 기념일 11월 1일 만성절 12월 6일 제헌절 (12월 7일 대체휴일) 12월 8일 성령수태일 12월 25일 성탄절 ★는 매년 날짜가 바뀜

+ 세계 15위의 경제 규모

(2023년 GDP 추정치)

1	미국
2	중국
3	독일
4	일본
5	인도
6	영국
7	프랑스
8	이탈리아
9	브라질
10	캐나다
11	러시아
12	멕시코
13	**대한민국**
14	호주
15	**스페인**
16	인도네시아

자료출처: 국제통화기금(IMF)

1

바르셀로나 &
근교 도시

Barcelona · Montserrat · Sitges · Figueres · Girona

바르셀로나

수도 마드리드를 넘어서 전 세계 여행자들의 전폭적인 지지를 받는 최고의 관광 도시다. 황량한 내륙 대신 푸른 지중해를 바라보며 자유를 갈망하던 역사가 이미 천 년. 독립해서 살아도 아쉬울 게 없을 만큼 풍요로운 땅과 매혹적인 기후를 가졌다. 가우디가 남긴 길모퉁이의 빌딩을 구경하며 걷다 보면 어느새 피카소가 열띤 토론을 하던 카페가 나타나고, 미로가 만든 길바닥의 모자이크를 발견하면 달리가 부인에게 줄 꽃을 사던 오래된 꽃집이 나온다. 당신이 스친 모든 순간이 예술이 되는 도시. 아름다운 그곳, 바르셀로나다.

#가우디투어 #구엘저택 #카사밀라 #카사바트요
#사그라다파밀리아성당 #구엘공원

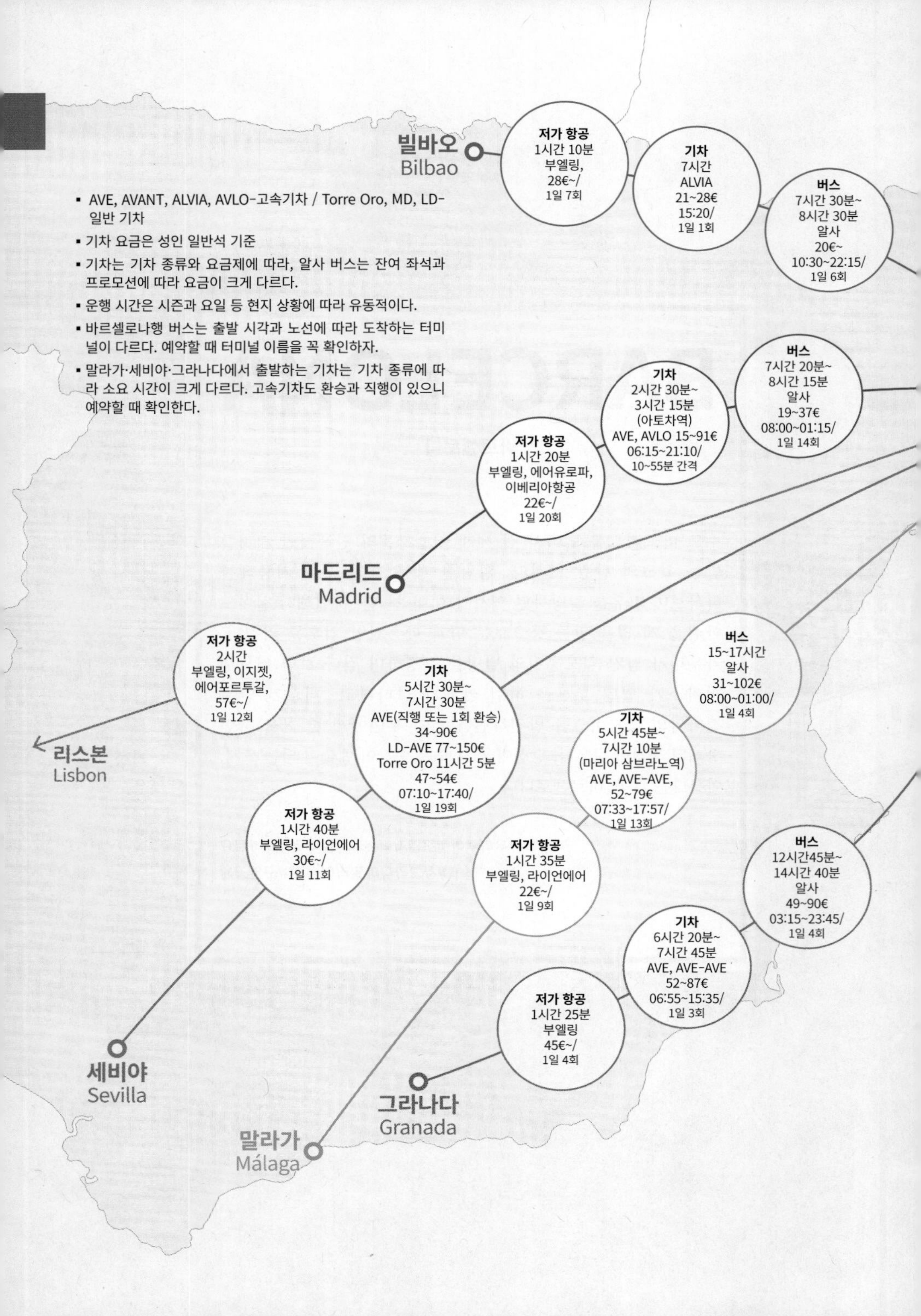
▪ AVE, AVANT, ALVIA, AVLO-고속기차 / Torre Oro, MD, LD-일반 기차
▪ 기차 요금은 성인 일반석 기준
▪ 기차는 기차 종류와 요금제에 따라, 알사 버스는 잔여 좌석과 프로모션에 따라 요금이 크게 다르다.
▪ 운행 시간은 시즌과 요일 등 현지 상황에 따라 유동적이다.
▪ 바르셀로나행 버스는 출발 시각과 노선에 따라 도착하는 터미널이 다르다. 예약할 때 터미널 이름을 꼭 확인하자.
▪ 말라가·세비야·그라나다에서 출발하는 기차는 기차 종류에 따라 소요 시간이 크게 다르다. 고속기차도 환승과 직행이 있으니 예약할 때 확인한다.
빌바오
Bilbao
저가 항공
1시간 10분
부엘링,
28€~/
1일 7회
기차
7시간
ALVIA
21~28€
15:20/
1일 1회
버스
7시간 30분~
8시간 30분
알사
20€~
10:30~22:15/
1일 6회
버스
7시간 20분~
8시간 15분
알사
19~37€
08:00~01:15/
1일 14회
기차
2시간 30분~
3시간 15분
(아토차역)
AVE, AVLO 15~91€
06:15~21:10/
10~55분 간격
저가 항공
1시간 20분
부엘링, 에어유로파,
이베리아항공
22€~/
1일 20회
마드리드
Madrid
저가 항공
2시간
부엘링, 이지젯,
에어포르투갈,
57€~/
1일 12회
리스본
Lisbon
기차
5시간 30분~
7시간 30분
AVE(직행 또는 1회 환승)
34~90€
LD-AVE 77~150€
Torre Oro 11시간 5분
47~54€
07:10~17:40/
1일 19회
버스
15~17시간
알사
31~102€
08:00~01:00/
1일 4회
기차
5시간 45분~
7시간 10분
(마리아 삼브라노역)
AVE, AVE-AVE,
52~79€
07:33~17:57/
1일 13회
저가 항공
1시간 40분
부엘링, 라이언에어
30€~/
1일 11회
저가 항공
1시간 35분
부엘링, 라이언에어
22€~/
1일 9회
버스
12시간45분~
14시간 40분
알사
49~90€
03:15~23:45/
1일 4회
기차
6시간 20분~
7시간 45분
AVE, AVE-AVE
52~87€
06:55~15:35/
1일 3회
저가 항공
1시간 25분
부엘링
45€~/
1일 4회
세비야
Sevilla
그라나다
Granada
말라가
Málaga

버스
사갈레스 16€
08:45~15:30/
1일 3회

기차
AVE, AVANT,
AVLO, EUROMED
40분 7~50€
05:46~19:50/
1일 21회

지로나
Girona

바르셀로나
Barcelona

Getting to BARCELONA : 우리나라에서

대한항공과 아시아나항공이 바르셀로나 직항편을 운항하며, 가격 경쟁력 있는 유럽·중동 항공사의 경유 항공편도 이용할 수 있다.

1. 인천국제공항에서 바르셀로나 가기

인천국제공항에서 바르셀로나까지 아시아나항공이 주 5회(화·목·금·토·일), 티웨이항공이 주 4회(월·수·금·토) 직항편을 운항하며, 14시간 30분~15시간 정도 소요된다. 이 밖에 루프트한자, 에어프랑스, ITA(구 알이탈리아) 등 유럽계 항공사가 프랑크푸르트나 뮌헨, 파리, 로마 등을 경유해 바르셀로나까지 간다. 카타르항공, 에티하드항공, 에미레이트항공 등 물량과 가격 경쟁력을 앞세운 중동 항공 3사의 경쟁으로 중동 지역을 경유하는 환승 이용객도 크게 늘었다. 바르셀로나는 유럽에서도 손꼽히는 인기 여행지인 데다 코로나19 이후 각 항공사의 운항 스케줄 변동이 잦고 항공권 요금도 오른 상황이라 성수기에는 최소 3~4개월 전에 예약해야 한다.

★
바르셀로나 국제공항
바르셀로나 공항
www.aena.es/es/josep-tarradellas-barcelona-el-prat.html

★
터미널별 주요 이용 항공사
제1 터미널(T1) 아시아나항공, KLM, 루프트한자, 부엘링, ITA(구 알이탈리아), 에미레이트항공, 에어에우로파, 에어프랑스, 에티하드항공, 이베리아항공, 카타르항공, 탑포르투갈, 터키항공, 영국항공, 핀에어 등
제2 터미널(T2) 티웨이항공, 이지젯, 라이언에어, 노르웨지안항공 등

◆ 바르셀로나 엘프라트 국제공항(바르셀로나 국제공항)
Aeropuerto de Josep Tarradellas Barcelona-El Prat(BCN)

시내에서 남서쪽으로 약 10km 떨어진 해안가에 있다. 터미널은 제1 터미널(T1)과 제2 터미널(T2) 2개가 있고, 제1 터미널은 대형 국적기와 스페인 국적의 저가 항공사가, 제2 터미널은 다른 유럽 국적의 저가 항공사가 주로 이용한다.

바르셀로나 국제공항

★
무료 셔틀버스로 터미널 간 이동하기

항공편을 갈아타기 위해 다른 터미널로 이동할 때, 또는 제1 터미널에서 시내행 렌페 로달리에스를 타기 위해 제2 터미널로 갈 때는 녹색 무료 셔틀버스를 이용한다. 각 터미널의 도착 층에서 셔틀버스 표지판을 따라가면 정류장이 나온다.

운행 시간 24시간/5~10분 간격
노선 제1 터미널(도착 층) → 제2 터미널 B구역 → 제2 터미널 C구역 → 제1 터미널(출발 층)

바르셀로나 국제공항 제1 터미널(T1)

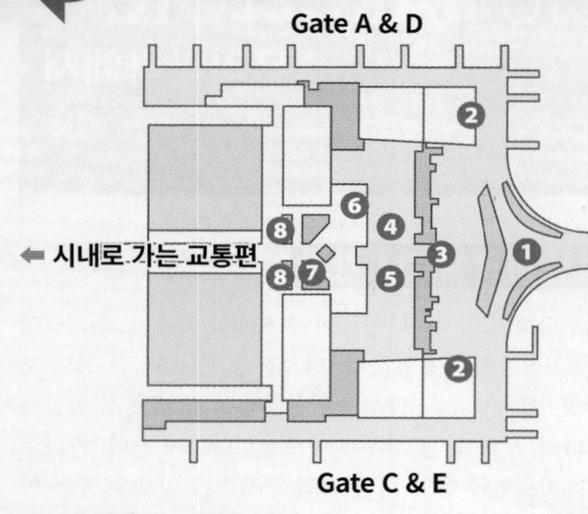

제1 터미널에는 A·B·C·D·E 5개의 게이트가 있다. 건물 중앙에 튀어나온 게이트 B를 중심으로 A와 D 게이트가 북쪽에, C와 E 게이트가 남쪽에 있다. 각각의 게이트는 중앙 구역에서 만나 입국장과 출국장으로 연결된다.

❶ 쇼핑 구역 Tiendas

게이트가 집결하는 중앙 구역에는 데시구알, 오이쇼 등 스페인 패션 브랜드 매장부터 바르셀로나 특산 기념품점까지 다양한 쇼핑시설이 들어서 있다. 공항 구조상 이 구역을 통과해야만 짐 찾는 곳으로 나갈 수 있다.

❷ 레스토랑 La Plaça

게이트 A와 B가 만나는 북쪽 코너와 게이트 C와 B가 만나는 남쪽 코너에 레스토랑과 패스트푸드점이 모여 있다.

❸ 입국 심사장 Passport Control

2024년 기준 직항 노선이나 솅겐 협약에 가입하지 않은 유럽 외 국가를 경유해 바르셀로나 국제공항으로 들어왔다면 바르셀로나에서 입국 심사를 받아야 한다. 별도의 출입국 신고서를 작성할 필요 없이 여권만 확인하고 입국 도장을 찍어 준다. 솅겐 협약에 가입한 유럽의 도시를 경유해 바르셀로나로 들어올 때는 경유하는 도시에서 입국 심사를 받으며, 바르셀로나 공항에서는 따로 여권 검사를 하지 않는다. 2025년부터는(정확한 시행 시기는 미정) 유럽 여행 승인 시스템인 ETIAS 를 사전에 받아야 유럽입국이 가능할 예정이다. 자세한 사항은 049p 참고.

★
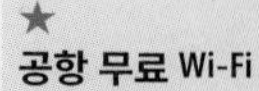

공항 무료 Wi-Fi

와이파이 설정 메뉴에서 'Airport Free Wifi AENA'를 검색하여 접속한 뒤 웹 브라우저 주소창에 freewifi.aena.es를 입력한다. 잠시 후 새로운 페이지가 열리면 이메일 주소, 페이스북, 링크드인 계정 등으로 로그인 하면 끝!

❹ 위탁수하물 찾는 곳 Baggage Claim

3개의 수하물 관리회사 카운터가 있다.

게이트의 연결통로가 집결하는 중앙 구역을 빠져나오면 짐 찾는 곳으로 나가는 문이 있다. 수하물 분실 시 문의할 수 있는 수하물 관리회사 카운터도 이곳에 있다. 항공사별로 담당하는 회사가 다르니 확인 후 이용한다.

4

❺ 환전소 Cambio & ATM

도착 로비에 마련된 ATM

환전소는 위탁수하물 찾는 곳 안에 있다. 국제 현금카드를 사용할 수 있는 ATM은 도착 로비로 나가는 문을 통과해서 오른쪽, 택시 정류장으로 내려가는 계단 옆에 있다.

5

❻ 여행안내소 Oficina de Turisme

도착 로비로 나가면 오른쪽에 여행안내소가 있다. 바르셀로나 시내 지도나 공항에서 시내로 가는 교통편 정보를 얻을 수 있다.

오픈 08:30~20:30

6

❼ 통신사 대리점

도착 로비로 나가면 스페인 현지 통신사의 심카드를 판매하는 매장들이 있다. 하지만 여행자에게 불필요한 옵션이 추가된 패키지를 권하거나 비싸게 파는 경우가 많으니 원하는 옵션을 정확하게 말하고, 비싸다고 생각되면 시내 대리점에서 구매한다.

❽ 렌터카 사무실 Car Rental

도착 로비로 나오기 전 면세 구역에 Avis와 Sixt, 도착 로비로 나와 왼쪽에 Europcar, 정면에 보이는 카페 뒤쪽에 Hertz, Enterprise, Thrifty 등의 렌터카 업체가 있다. 공항에서 바로 렌터카를 이용하고 싶다면 홈페이지를 통해 예약하고 가자.

7

8

2. 바르셀로나 국제공항에서 시내로 가기

바르셀로나 시내까지 공항버스는 30~35분, 렌페 로달리에스(바르셀로나의 광역 도시철도)는 30분 정도 소요된다. 공항 제1·2 터미널과 연결되는 메트로 9호선(L9 Sud)은 여러 번 환승해야 하고 시간이 오래 걸리는 편이다(45분~1시간 소요). 또한 메트로에서는 바르셀로나 교통 다회권 T-casual을 사용할 수 없어 1회권(Bitllet Aeroport, 5.50€)을 별도로 구매해야 한다.

★
공항버스 정보
www.aerobusbarcelona.es

◆ 공항버스 Aerobús

시내 중심인 에스파냐 광장과 카탈루냐 광장으로 공항버스가 24시간 운행한다. 제1 터미널의 도착 로비에서 표지판을 따라 내려가거나 제2 터미널의 도착 로비 밖으로 나가면 하늘색 공항버스, 아에로부스(Aerobús)의 정류장이 나온다. 제1 터미널은 A1번, 제2 터미널은 A2번이 운행하니 시내에서 탑승할 때 버스 번호를 보고 타자. 요금은 버스 기사에게 20€ 이하의 현금으로 내거나 공항버스 정류장 근처의 자동판매기에서 신용카드로 승차권을 구매한 후 탑승한다.

제1 터미널 도착 로비에서 공항버스 정류장으로 내려가는 입구

카탈루냐 광장의 공항버스 정류장

★
에스파냐가 아니라 카탈루냐!
바르셀로나는 스페인 내에서도 자치권을 내세우며 독립을 주장하는 자존심 센 카탈루냐 지역의 중심이다. 길을 가다 보면 스페인 국기보다는 카탈루냐 깃발을 더 자주 볼 수 있고, 표지판에도 스페인 공용어인 카스티야어(Castellano) 대신 카탈루냐어(Català)가 표기돼 있다.

✚ 공항버스 운행 정보

요금	7.25€, 왕복 12.50€(90일간 유효)
소요 시간	카탈루냐 광장까지 30분~
운행 시간	**제1 터미널** 05:35~01:05/5~10분 간격, 01:05~05:35/20분 간격(A1 노선), **제2 터미널** 05:35~23:00/10분 간격, 23:00~05:35/20분 간격(A2 노선)
노선 (A1 노선 기준)	**공항 → 시내** 바르셀로나 공항(Aeroport) → 에스파냐 광장(Plaça Espanya) → 메트로 우르겔역 근처(Gran Via-Borrell) → 우니베르시타트 광장(Pl. Universitat) → 카탈루냐 광장(Pl. Catalunya) **시내 → 공항** 카탈루냐 광장(Pl. Catalunya) → 메트로 우르겔역 근처(Sepúlveda-Urgell) → 에스파냐 광장(Plaça Espanya) → 바르셀로나 공항(Aeroport)

◆ 기차-렌페 로달리에스 Renfe Rodalies

바르셀로나와 근교를 연결하는 국영 철도 노선으로, 그중 R2 Nord 노선이 공항과 바르셀로나 시내를 연결한다. 시내에 있는 바르셀로나-산츠역을 지나 카탈루냐 광장과 가까운 파세이그 데 그라시아역까지 약 27분 소요된다. 승차권은 제2 터미널과 연결된 아에로포르트역(Aeroport)에서 편도 1회권이나 바르셀로나 교통 다회권 T-casual을 구매한 후 탑승한다. 제1 터미널에 내린 사람은 제2 터미널까지 터미널 간 무료 셔틀버스를 타고 이동해야 한다.

✚ 렌페 로달리에스 R2 Nord 노선 운행 정보

요금	1회권(4구역) 4.90€, T-casual(1구역) 구매 시 공항-시내 구간 탑승 가능
소요 시간	파세이그 데 그라시아역까지 27분
운행 시간	05:42~23:38(공항 출발 기준)/30분 간격
주요 정차역	바르셀로나 공항(Aeroport) ⇄…⇄ 바르셀로나-산츠역(Barcelona-Sants) ⇄ 파세이그 데 그라시아(Passeig de Gràcia) ⇄…⇄ Maçanet-Massanes(종점)

◆ 택시 Taxi

제1 터미널에서 도착 로비로 나가는 문을 통과한 후 'Taxi'라고 쓰여 있는 표지판을 따라 계단을 내려가면 바로 택시 승차장이 나온다. 제2 터미널은 터미널 건물 밖에 택시 승차장이 있다. 요금은 미터기로 계산하며, 월~금요일 08:00~20:00에는 T-1 일반요금이, 그 외 시간에는 할증요금이 적용된다. 단, 공항을 오갈 때는 공항 출입비 4.50€가 추가되며, 공항 출발 시 최소요금은 21€다. 그 외 5~8인승 택시 이용 시 4.50€의 추가 요금이 있다.

✚ 택시 운행 정보

요금	카탈루냐 광장까지 약 35€/T-1 요금 기준/공항 출입비 4.50€ 별도
소요 시간	카탈루냐 광장까지 약 25분

제1 터미널 도착 로비에서 택시 승차장으로 내려가는 입구

★ **렌페 로달리에스 정보**
rodalies.gencat.cat

공항의 렌페 로달리에스 역 티켓 자동판매기

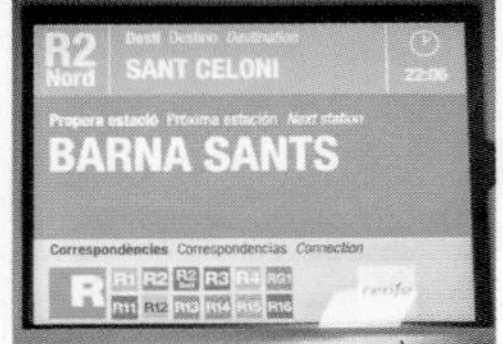

차 내 전광판에는 바르셀로나-산츠역이 'BARNA SANTS'라고 표기되니 헷갈리지 않도록 주의! 바르나(Barna)는 현지인들이 부르는 바르셀로나의 애칭이다.

★ **공항에서 렌페 로달리에스 탈 때는 다회권으로!**

공항에서 시내까지 렌페 로달리에스를 타고 간다면 바르셀로나 교통 다회권 T-casual을 구매하자. 로달리에스 공항-시내 구간의 1회권 요금이 4.90€이므로, 이후 시내 대중교통을 3번만 더 타도 이익이다. 다회권 이용 시 공항-시내 구간 로달리에스뿐 아니라 시내에서 메트로, 버스 등을 추가로 이용할 수 있다. 다회권에 관한 자세한 내용은 131p 참고.

Getting to BARCELONA : 유럽에서

스페인 최고의 관광 도시 바르셀로나는 교통의 편의성 면에서 수도인 마드리드를 능가한다. 스페인 교통의 허브답게 유럽 각국을 연결하는 항공 노선이 매우 다양하며, 스페인의 다른 도시에서도 항공편과 기차, 버스가 원활하게 다닌다.

스페인의 저가 항공, 부엘링

1. 항공

이지젯, 라이언에어 등 유럽의 저가 항공사들이 바르셀로나행 노선을 다양하게 운항하고 있다. 특히 스페인 국적의 저가 항공사인 부엘링(Vueling)은 바르셀로나와 유럽 내 직항 노선만 무려 70여 개, 스페인 국내 노선은 약 25개에 달한다. 스페인 내에서 이동할 때도 항공편이 제일 인기다. 스페인의 대부분 도시는 공항에서 시내까지 거리가 가까운 편이라서 공항~시내 간 이동 시간을 감안하더라도 스페인 내 웬만한 도시에서 바르셀로나 시내까지 3~4시간이면 충분하다. 저가 항공사를 이용할 때는 위탁수하물 무게에 따른 추가 비용을 꼼꼼하게 따져봐야 한다. 기내수하물의 무게와 크기 제한 역시 항공사별로 다르니 미리 체크하자. 공항에서 시내로 이동하는 방법은 124p 참고.

★
스페인 기차 정보
www.renfe.com

★
바르셀로나-산츠역
94HQ+HX 바르셀로나
04:30~24:30
M L3·L5 Sants Estació 하차
adif.es(역 상세 정보)

★
프란사역 Estació de França
포트 벨 근처의 기차역으로, 발렌시아나 사라고사 등으로 가는 일부 기차만 정차한다.
M L4 Barceloneta에서 도보 5분

2. 기차

항공편 다음으로 바르셀로나와 스페인 각 도시를 빠르고 쾌적하게 연결하는 교통수단이다. 바르셀로나의 대표 기차역인 바르셀로나-산츠역이 시내 중심에 있어 여행자들도 쉽게 이용할 수 있다. 특히 마드리드의 아토차역이나 지로나 등 고속기차가 운행하는 구간은 버스보다 시간을 크게 단축할 수 있다. 고속기차는 일반 기차보다 요금이 2~3배 비싸지만, 사전예약 프로모션을 활용하면 비슷한 가격으로 구매할 수 있다. 승차권은 노선에 따라 탑승일 1~4개월 전부터 예매할 수 있다.

◆ 바르셀로나-산츠역 Estació d'Autobusos Barcelona-Sants

바르셀로나를 대표하는 기차역이다. 바르셀로나를 오가는 국제선과 국내선 기차 대부분이 이곳을 지난다. 에스파냐 광장에서 북쪽으로 약 1km 떨어져 있으며, 메트로 3·5호선 산츠 에스타시오역(Sants Estació)과 바로 연결된다. 그중 녹색 3호선을 타면 카탈루냐 광장, 람블라스 거리, 그라시아 거리로 곧장 갈 수 있다.

Zoom in 바르셀로나-산츠역

지상 층에는 매표소와 여행안내소, 코인 로커 등의 편의시설이 모여 있고, 기차 플랫폼은 지하에 있다. 기차역에 내려 메트로로 갈아탈 때는 'M'이라고 쓰인 붉은 색 표지판을 따라 지하로 내려간다. 반대로 메트로에서 내려 기차역으로 갈 때는 'Sortida RENFE'를 따라간다.

바르셀로나-산츠역 지상 층에서 메트로 역과 연결되는 계단 입구

기차 티켓 자동판매기

❶ 매표소 Venda de Bitllets

매표소와 안내 창구가 따로 있다. 'i' 자 옆의 큰 창구가 기차 시간과 요금 등을 문의하는 안내 창구다. 기차 티켓은 매표소와 자동판매기에서 구매할 수 있다.

기차 티켓 매표소

기차 정보 안내 창구

❷ 화장실 Aseos

역 안에 유료 화장실이 여러 곳 있다. 입구의 기계에 0.50€짜리 동전을 넣어야 들어갈 수 있으니 잔돈을 준비할 것.

오픈 06:00~24:00
요금 0.50€

❸ 코인 로커 Consigna

'Consigna'라고 쓰인 표지판을 따라가면 지하 1층(Planta-1)에 있다. 설정 시간을 초과하면 24시간 단위로 추가 요금이 부과되며 최대 5일까지 보관 가능.

오픈 07:00~22:00
요금 2시간 6€, 24시간 10€

❹ 편의점 Divers

기차를 타고 가면서 먹을 간식이나 음료 등을 살 수 있다. 과일이나 샐러드 종류가 많고, 초밥 도시락도 판매한다. 역 안에 2군데 있다.

❺ 렌터카 사무실 Rent Car

바르셀로나 시내에서 렌터카를 대여할 때 이용하기 제일 편한 곳이다. 여러 렌터카 사무실이 한 곳에 모여 있다. 지상 층에 있는 사무실에서 서류 작업을 마친 후 지정 주차장에서 차량을 받는다.

★
자나 깨나 소매치기 조심!
북부 버스터미널과 그 주변, 바르셀로나 시내를 달리는 메트로 안에는 여행자를 노리는 소매치기가 극성이다. 터미널과 메트로 곳곳에 소매치기를 주의하라는 경고판이 붙어 있을 정도. 티켓을 살 때나 메트로에 탈 때는 정신이 없는 만큼 각별한 주의가 필요하다. 특히 주머니에는 지갑이나 휴대폰을 넣지 말아야 하며, 가방은 자물쇠로 잠그고 앞으로 메는 것이 좋다.

3. 버스

일정에 여유가 있고 예산이 빠듯한 사람에게는 고속버스가 제일 유용한 교통수단이다. 버스 회사의 홈페이지에서 간단하게 예매할 수 있으며, 파격적인 프로모션 티켓도 종종 득템할 수 있다. 단, 프로모션 티켓은 환불이나 교환이 어려우니 일정을 확정한 후 구매하자.

버스는 수도인 마드리드에서 오가는 노선이 제일 많다. 마드리드에서 약 8시간 소요되며, 야간 버스도 여러 대 운행한다. 마드리드 공항을 비롯해 아메리카 대로 버스터미널, 남부 버스터미널 등 여러 버스터미널에서 탑승할 수 있다. 반대로 스페인 남부에서 출발하는 버스는 중간에 정차하는 도시가 많고 소요 시간도 길어 이용하는 여행자가 많지 않다.

바르셀로나행 버스는 대부분 북부 버스터미널에 도착한다. 일부 바르셀로나-산츠 버스터미널이나 바르셀로나 국제공항으로 가는 버스도 있으니 예매할 때 도착 터미널 이름을 꼼꼼히 확인한다.

★
북부 버스터미널
95VM+V2 바르셀로나
07:00~21:00
M L1 Arc de Triomf에서 도보 3분(Sortida Nápols 출구 이용)
www.barcelonanord.cat

◆ 북부 버스터미널 Estació d'Autobusos Barcelona Nord

바르셀로나에서 가장 큰 버스터미널이다. 간단히 '바르셀로나 노르드(Barcelona Nord)'라고 부른다. 수도 마드리드는 물론 세비야·그라나다 등 남부 안달루시아 지역과 빌바오·산 세바스티안 등 북부 지역까지 다양한 버스 노선이 스페인 전역을 연결한다. 프랑스·이탈리아·포르투갈·독일 등에서 오는 국제선 버스도 정차한다.

버스 승강장이 있는 지상 층(G층)에 버스 운행 시각 및 버스 회사 정보를 얻을 수 있는 안내소와 식당, 매점 등이 있고, 위층에는 알사를 비롯한 버스 회사별 매표소가 모여 있다. 코인 로커는 지상 층 11번 플랫폼 근처에 있다.

북부 버스터미널

알사 버스 매표소

★
알사 버스
www.alsa.com

★
바르셀로나-산츠 버스터미널
94JR+32 바르셀로나
05:00~24:30
M L3·L5 Sants Estació에서 도보 2분

◆ 바르셀로나-산츠 버스터미널 Estación de Autobuses Barcelona Sants

바르셀로나-산츠역 옆에 있는 소규모 버스터미널로, 버스 회사 사무실과 버스 승강장만 있는 간단한 구조다. 국내 노선은 많지 않으며, 주로 유로라인(Eurolines)이 운행하는 일부 국제선 버스가 정차한다. 몬세라트행 줄리아(Julia) 버스도 이곳에서 출발한다.

Around BARCELONA : 시내 교통

바르셀로나는 공항을 포함한 모든 관광명소가 1구역 안에 있을 정도로 규모가 크지 않고, 대중교통 시스템이 잘 갖춰져 있어 웬만한 곳은 메트로나 시내버스, 기차 등으로 이동할 수 있다. 대중교통을 주로 이용한다면 다회권을 구매하는 것이 경제적이다.

★ **바르셀로나 시내 교통 정보**
www.tmb.cat

1. 메트로 Metro

시내를 이동할 때 가장 편리한 교통수단으로, 바르셀로나 시내 구석구석을 연결한다. 총 10개 노선 중 여행자들이 주로 이용하는 것은 카탈루냐 광장을 비롯해 시내 중심부를 관통하는 L1~L5의 5개 노선. 티켓은 자동판매기에서 구매한다. 티켓 없이 탑승했다가 적발되면 벌금(100€)을 물어야 하니 주의한다.

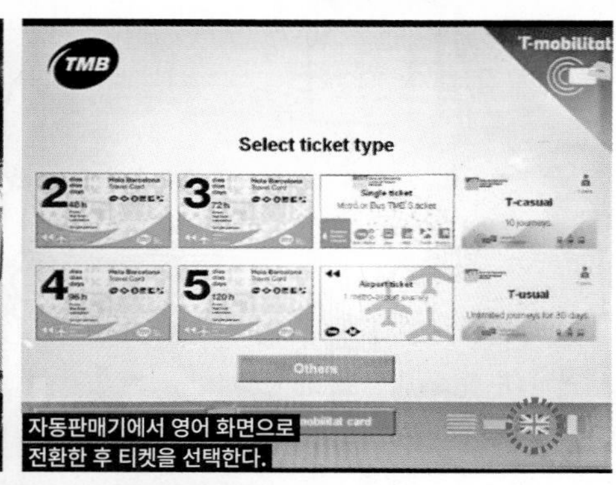

자동판매기에서 영어 화면으로 전환한 후 티켓을 선택한다.

티켓 자동판매기. 신용카드도 사용할 수 있다.

'출구'는 카탈루냐어로 '소르띠다(Sortida)'

★ **메트로 문 열기는 셀프!**
우리나라와는 달리 바르셀로나의 메트로 문은 자동으로 열리지 않는다. 구형 메트로는 손잡이 레버를 돌리고, 신형 메트로는 버튼을 눌러 타고 내리는 사람이 직접 열어야 한다.

✚ 메트로 요금 및 운행 정보

요금(1구역)	1회권(Bitllet Senzill) 2.55€, 8회권(T-familiar) 10.70€, 10회권(T-casual) 12.15€, 공항-시내 1회권(Bitllet Aeroport) 5.50€
운행 시간	05:00~자정(금·토요일 05:00~02:00 연장 운행)

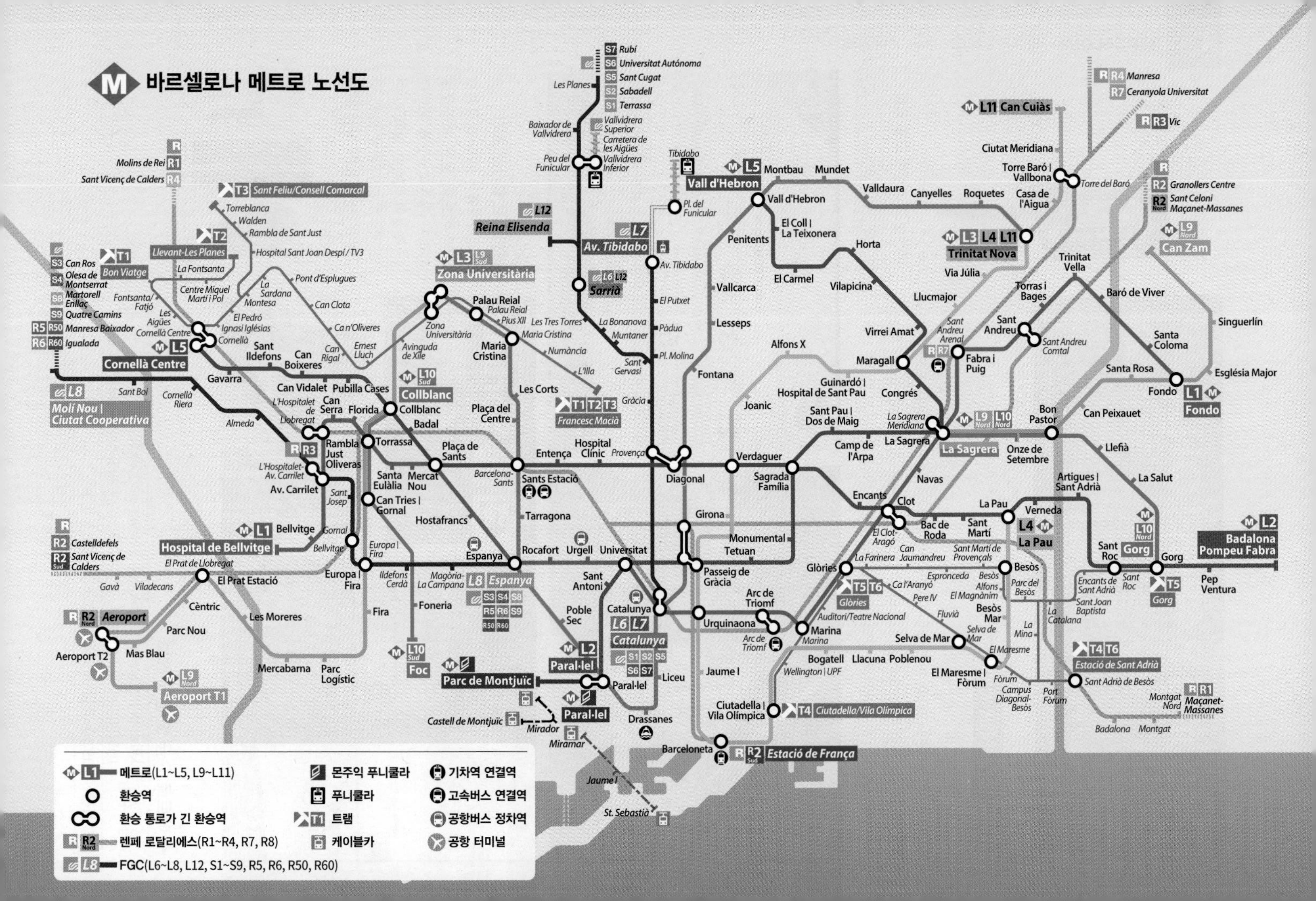

바르셀로나 메트로 노선도
메트로(L1~L5, L9~L11)
환승역
환승 통로가 긴 환승역
렌페 로달리에스(R1~R4, R7, R8)
FGC(L6~L8, L12, S1~S9, R5, R6, R50, R60)
몬주익 푸니쿨라
푸니쿨라
트램
케이블카
기차역 연결역
고속버스 연결역
공항버스 정차역
공항 터미널
S7 Rubí
S6 Universitat Autónoma
S5 Sant Cugat
S2 Sabadell
S1 Terrassa
Les Planes
Baixador de Vallvidrera
Vallvidrera Superior
Carretera de les Aigües
Vallvidrera Inferior
Peu del Funicular
Tibidabo
Pl. del Funicular
L5 Vall d'Hebron
Montbau
Mundet
Valldaura
Canyelles
Roquetes
Casa de l'Aigua
Torre Baró | Vallbona
Torre del Baró
Ciutat Meridiana
L11 Can Cuiàs
R4 Manresa
R7 Ceranyola Universitat
R3 Vic
R2 Granollers Centre
R2 Nord Sant Celoni
Maçanet-Massanes
L9 Nord Can Zam
L12 Reina Elisenda
L7 Av. Tibidabo
Av. Tibidabo
L6 L12 Sarrià
El Putxet
Pàdua
Pl. Molina
Sant Gervasi
Gràcia
La Bonanova
Muntaner
Les Tres Torres
Vall d'Hebron
El Coll | La Teixonera
Penitents
Horta
El Carmel
Vallcarca
Lesseps
Fontana
Vilapicina
L3 L4 L11 Trinitat Nova
Via Júlia
Llucmajor
Virrei Amat
Maragall
Trinitat Vella
Torras i Bages
Baró de Viver
Sant Andreu
Sant Andreu Comtal
Sant Andreu Arenal
Fabra i Puig
Santa Coloma
Singuerlín
Santa Rosa
Església Major
Fondo
L1 Fondo
Can Peixauet
Alfons X
Guinardó | Hospital de Sant Pau
Congrés
Joanic
Sant Pau | Dos de Maig
La Sagrera Meridiana
La Sagrera
L9 Nord L10 Nord La Sagrera
Bon Pastor
Onze de Setembre
Llefià
La Salut
Artigues | Sant Adrià
Navas
Camp de l'Arpa
Encants
Clot
El Clot-Aragó
Bac de Roda
Sant Martí
La Pau
Verneda
L4 La Pau
Sant Roc
L10 Nord Gorg
Gorg
T5 Gorg
L2 Badalona Pompeu Fabra
Pep Ventura
Encants de Sant Adrià
Sant Joan Baptista
La Catalana
T4 T6 Estació de Sant Adrià
Sant Adrià de Besòs
Badalona
Montgat
Montgat Nord
R1 Maçanet-Massanes
Besòs
Parc del Besòs
Besòs Mar
La Mina
El Maresme | Fòrum
El Maresme
Fòrum
Campus Diagonal-Besòs
Port Fòrum
Selva de Mar
Llacuna
Poblenou
Bogatell
Wellington | UPF
Can Jaumandreu
Sant Martí de Provençals
Espronceda
Alfons El Magnànim
Ca l'Aranyó
Pere IV
Fluvià
La Farinera
Glòries
T5 T6 Glòries
Auditori/Teatre Nacional
Marina
Arc de Triomf
Urquinaona
Ciutadella | Vila Olímpica
T4 Ciutadella/Vila Olímpica
Jaume I
Barceloneta
R2 Sud Estació de França
Monumental
Tetuan
Girona
Passeig de Gràcia
Sagrada Família
Verdaguer
Diagonal
Provença
Hospital Clínic
Entença
Sants Estació
Barcelona-Sants
Tarragona
Rocafort
Urgell
Universitat
Catalunya
L6 L7 Catalunya
S1 S2 S5 S6 S7
Liceu
Drassanes
Sant Antoni
Poble Sec
L2 Paral·lel
Paral·lel
Parc de Montjuïc
Castell de Montjuïc
Mirador
Miramar
Jaume I
St. Sebastià
Espanya
L8 Espanya
S3 S4 S8 R5 R6 S9 R50 R60
Hostafrancs
Plaça de Sants
Mercat Nou
Santa Eulàlia
Can Tries | Gornal
Magòria-La Campana
Ildefons Cerdà
Foneria
L10 Sud Foc
Europa | Fira
Fira
Torrassa
Collblanc
L10 Sud Collblanc
Badal
Plaça del Centre
Les Corts
Maria Cristina
Palau Reial
Zona Universitària
L3 L9 Sud Zona Universitària
Pius XII
Numància
L'Illa
T1 T2 T3 Francesc Macià
Avinguda de Xile
Ernest Lluch
Can Rigal
Ca n'Oliveres
Can Clota
Pont d'Esplugues
Florida
Can Serra
Pubilla Cases
Can Vidalet
Can Boixeres
Sant Ildefons
Gavarra
Rambla Just Oliveras
L'Hospitalet de Llobregat
L'Hospitalet-Av. Carrilet
Av. Carrilet
Sant Josep
Gornal
Bellvitge
L1 Bellvitge
Hospital de Bellvitge
El Prat de Llobregat
El Prat Estació
Cèntric
Parc Nou
Les Moreres
Mercabarna
Parc Logístic
Mas Blau
R2 Nord Aeroport
Aeroport T2
L9 Nord Aeroport T1
R2 Castelldefels
R2 Sud Sant Vicenç de Calders
Gavà
Viladecans
Cornellà Centre
L5 Cornellà Centre
Cornellà
Cornellà Riera
Almeda
Sant Boi
L8 Molí Nou | Ciutat Cooperativa
Les Aigües
Fontsanta/Fatjó
El Pedró
Ignasi Iglésias
Montesa
La Sardana
Centre Miquel Martí i Pol
La Fontsanta
T2 Llevant-Les Planes
T1 Bon Viatge
T3 Sant Feliu/Consell Comarcal
Torreblanca
Walden
Rambla de Sant Just
Hospital Sant Joan Despí/TV3
R1 Molins de Rei
R4 Sant Vicenç de Calders
S3 Can Ros
S4 Olesa de Montserrat
S8 Martorell Enllaç
S9 Quatre Camins
R5 R50 Manresa Baixador
R6 R60 Igualada

#CHECK

알고 쓰면 더 알뜰한, 바르셀로나 교통권

❶ 1회권을 쓸까? 다회권을 살까?

바르셀로나는 대중교통으로 여행하기 편리한 도시로 손꼽히는 만큼 교통권 종류도 다양하다. 메트로와 시내버스 등 대중교통을 5회 이상 이용한다면 매번 1회권을 사는 것보다 다회권을 구매하는 것이 훨씬 더 저렴하고 편하다. 다회권은 개찰 후 75분 이내(1구역 기준)에 3회까지 다른 교통수단으로 무료 환승할 수 있지만, 메트로를 다시 타거나 같은 노선의 버스·트램을 타면 요금이 새로 부과된다.

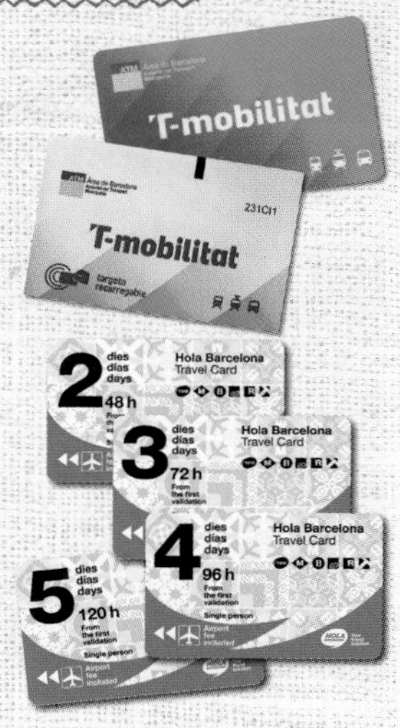

❷ 어떤 다회권을 사야 할까?

1인용 10회권(T-casual), 다인용 8회권(T-familiar), 1개월권(T-usual) 등이 있으며, 메트로 역에 설치된 자동판매기에서 구매할 수 있다. 일행과 나눠 쓰고 싶다면 여럿이 함께 사용할 수 있는 다인용 8회권이, 혼자 다니면서 대중교통을 많이 이용한다면 탑승 요금이 더 저렴한 1인용 10회권이 적합하다. 티켓의 유효 구역(Zona) 내 메트로와 시내버스, 렌페 로달리에스, FGC, 트램 등에서 모두 사용 가능.

❸ 다회권은 충전형 교통카드 T-mobilitat로!

T-casual, T-familiar, T-usual 등은 다회권 전용 교통카드(T-mobilitat)를 구매·충전해서 사용하며, 처음 구매 시 발급비 0.50€(유효기간 6개월)가 자동으로 추가된다. 사용 방법은 탑승 시 개찰기에 터치하면 되며, 남은 횟수는 개찰기 화면에 짧게 표시된다. 자동판매기에서 간단하게 구매할 수 있는 무기명식 종이카드 외에 기명식 플라스틱 카드나 모바일 앱 카드도 있지만, 회원등록이나 디바이스 제한 등의 불편함 때문에 단기 여행자가 굳이 쓸 일은 없다.

❹ 구역이 다른 곳으로 이동할 땐 어떤 티켓을 사야 할까?

바르셀로나 대중교통요금 체계는 시내 중심에서의 거리에 따라 6개의 구역(Zona)으로 나뉘며, 구역에 따라 요금이 달라진다. 시내 관광명소는 대부분 1구역(1 Zona)에 있으므로 1구역에서만 사용 가능한 다회권을 구매하고, 1구역을 벗어나는 여행지에 다녀올 때만 따로 1회권을 사는 것이 경제적이다.

✚ 다회권 종류 및 요금

*1구역(1 Zona) 기준

종류	요금	비고
1인용 10회권 T-casual	12.15€	10회 이용, 1인만 사용 가능/ 공항 출발·도착용 메트로 사용 불가
다인용 8회권 T-familiar	10.70€	30일 이내 8회 이용, 여러 명 사용 가능(탑승할 때마다 인원수만큼 개찰기에 승차권을 통과시킨다.)/ 공항 출발·도착용 메트로 사용 불가
1개월권 T-usual	21.35€	30일 동안 무제한 탑승 가능, 1인만 사용 가능(구매 시 여권번호 입력)/공항 출발·도착용 메트로 사용 가능

*1개월권은 대중교통 할인정책에 따라 2024년 말까지 50% 할인된 요금임

★

올라 바르셀로나 트래블 카드 & 1일권

짧은 시간 안에 많은 곳을 방문하고 공항까지 메트로(L9 sud)를 이용한다면 1일권(T-dia)이나 올라 바르셀로나 트래블 카드(Hola Barcelona Travel Card)도 고려해보자. 올라 바르셀로나 트래블 카드는 메트로(공항 구간 포함)와 시내버스, 몬주익 푸니쿨라, FGC(1구역), 트램, 렌페 로달리에스(1구역) 등에서 무제한 사용할 수 있다. 1일권은 개시 후 24시간 사용 가능하며, 공항 출발·도착용 메트로를 1회 왕복 이용할 수 있다. 단, 두 티켓 모두 여럿이 함께 사용할 수 없다.

올라 바르셀로나 트래블 카드

€ 2일권(48시간) 17.50€, 3일권(72시간) 25.50€, 4일권(96시간) 33.30€, 5일권(120시간) 40.80€
www.holabarcelona.com

1일권

€ 11.20€

#CHECK

바르셀로나 메트로 파헤치기

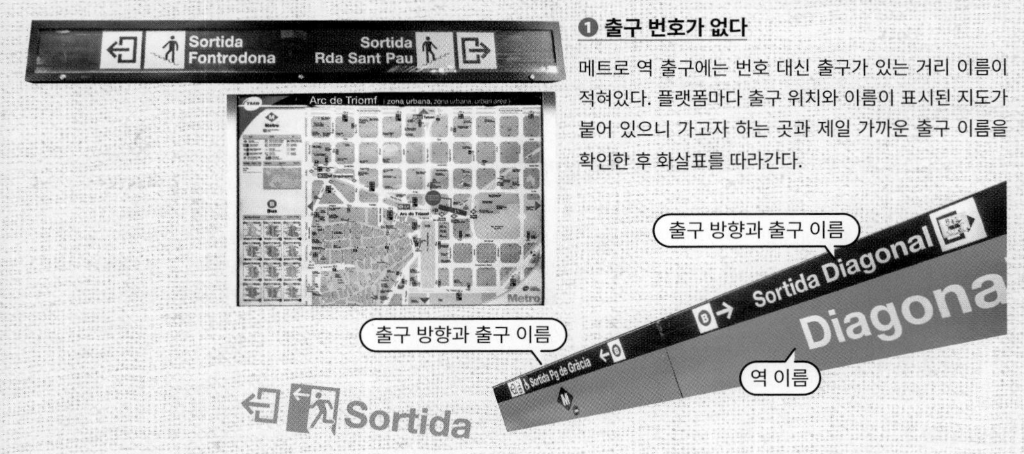

❶ 출구 번호가 없다

메트로 역 출구에는 번호 대신 출구가 있는 거리 이름이 적혀있다. 플랫폼마다 출구 위치와 이름이 표시된 지도가 붙어 있으니 가고자 하는 곳과 제일 가까운 출구 이름을 확인한 후 화살표를 따라간다.

❷ 내려가는 방향은 에스컬레이터가 거의 없다

에스컬레이터는 주로 지상 방향으로만 설치돼 있고, 내려가는 방향은 대부분 계단만 있다. 역 안에서 갈아탈 때에도 에스컬레이터는 찾기 힘들다. 엘리베이터는 극히 일부 역에만 있으니 짐이 많은 사람은 시간을 넉넉히 잡고 움직이는 것이 좋다.

❸ 화장실이 없다

메트로를 타러 가기 전에 관광명소나 숙소, 식당 등에서 미리 화장실을 이용하는 습관을 들이자.

❹ 열차 방향은 종점 이름으로 표시한다

환승할 때 유용하게 사용할 수 있으니 목적지 방향 노선의 종점 이름을 알아두자.

✚ 노선별 종점 이름

노선	서쪽 종점	동쪽 종점
1호선(L1)	Hospital de Bellvitge	Fondo
2호선(L2)	Paral-Lel	Badalona Pompeu Fabra
3호선(L3)	Zona Universitária	Trinitat Nova
4호선(L4)	La Pau	Trinitat Nova
5호선(L5)	Cornellá Centre	Vall d'Hebron
9N호선(L9 N)	La Sagrera	Can Zam
9S호선(L9 S)	Aeroport T1	Zona Universitària
10N호선(L10 N)	La Sagrera	Gorg
10S호선(L10 S)	Foc	Collblanc
11호선(L11)	Trinitat Nova	Can Cuiàs

★
메트로 앱
Barcelona Metro-TMB MAP

바르셀로나 메트로는 노선이 많고 복잡하므로 이동 경로와 환승 노선을 빠르게 찾아주는 앱을 스마트폰에 설치해 두면 편리하다. 메트로 노선도를 한눈에 볼 수 있고, 환승 경로를 쉽게 찾을 수 있다는 점이 장점. 앱 설치 후 오프라인에서도 이용할 수 있다.

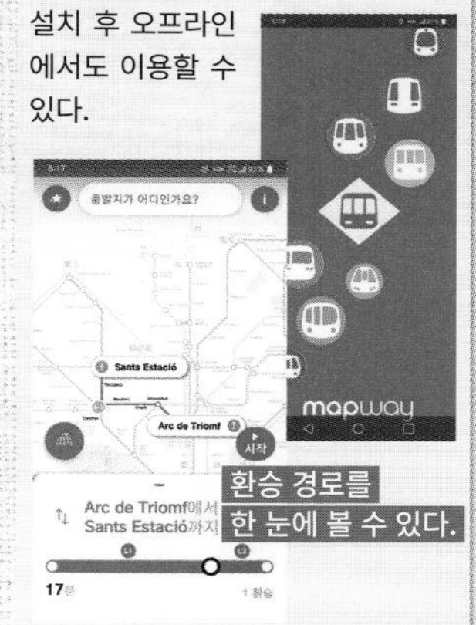

환승 경로를 한 눈에 볼 수 있다.

❺ 개찰기 형태에 따라 진입 방향이 다르다

지하철을 탈 때만 개찰기에 티켓을 터치하고 내릴 때는 그냥 통과한다. 다인용 8회권 T-familiar로 여럿이 탈 때는 인원수만큼 개찰기에 터치하면 된다. 개찰기는 구형과 신형에 따라 통과할 때 진입 방향이 서로 다르다. 개찰기에 표시된 화살표 방향을 따라가자.

수동으로 밀고 나가는 구형 개찰기: 개찰기 오른쪽으로 진입
자동 개폐식 신형 개찰기: 개찰기 왼쪽으로 진입

T-casual, T-familiar, T-usual 등 다회권 전용 교통카드(T-mobilitat)는 이 마크가 있는 단말기에 터치한다.

교통카드 개찰기

종이 티켓 개찰기

❻ 환승할 때 오래 걸리는 역이 있다

메트로 노선도에 환승 구간이 길게 표시된 역은 실제로 갈아탈 때 오래 걸어야 하는 곳이다. 무거운 짐이 있을 때는 이런 역은 피하는 것이 좋다. 특히 파세이그 데 그라시아역의 연결통로가 매우 길다.

✚ 환승 구간이 긴 역들

역 이름	환승 노선
디아고날역(Diagonal)	L3 ⇄ L5
카탈루냐역(Catalunya)	L1 ⇄ L3
파세이그 데 그라시아역(Passeig de Gràcia)	L2·L4 ⇄ L3

파세이그 데 그라시아역의 환승 통로. 약 2블록 거리를 걸어야 한다.

2. 렌페 로달리에스 Renfe Rodalies

★
렌페 로달리에스
rodalies.gencat.cat

바르셀로나 시내와 근교 외곽 지역을 연결하는 국영 기차다. 여행자는 주로 바르셀로나 국제공항을 연결하는 R2 Nord 노선이나 시체스로 가는 R2 Sud 노선을 이용한다. 티켓의 유효 구간 내에서 다회권을 사용할 수 있다. 렌페 로달리에스는 지연이 잦은 편이니 조금 여유 있게 일정을 잡자.

국영 철도 회사가 운영하는 만큼 메트로보다는 기차에 좀 더 가까운 형태다.

렌페 로달리에스 전용 티켓 자동판매기

렌페 로달리에스 표지판. 주황색 바탕에 커다란 'R' 표시가 있다.

✚ 렌페 로달리에스 운행 정보

요금	1회권(1구역) 2.55€, 공항-시내 1회권(4구역) 4.90€, 시내-시체스 1회권(4구역) 4.90€ /T-casual 등 다회권 사용 가능
운행 시간	05:40~23:40
유용한 노선	**R2 Nord** 파세이그 데 그라시아(Passeig de Gràcia), 바르셀로나-산츠(Barcelona-Sants), 바르셀로나 국제공항 제2 터미널 등 **R2 Sud** 파세이그 데 그라시아, 바르셀로나-산츠, 시체스(Sitges, 4구역) 등

★
FGC
www.fgc.cat

3. FGC(Ferrocarrils de la Generalitat de Catalunya)

카탈루냐 자치정부가 운영하는 노선으로, 바르셀로나 시내의 에스파냐 광장에서 출발해 시 외곽 지역을 연결한다. 렌페 로달리에스와 마찬가지로 티켓의 유효 구간 내에서 다회권을 사용할 수 있다. 여행자들에게는 몬세라트행 R5 노선과 티비다보 공원행 버스가 출발하는 케네디 광장(Plaça Kennedy)행 L7 노선이 유용하다.

FGC 전용 티켓 자동판매기

트램도 다니지만, 주로 외곽 지역을 운행하므로 여행자들이 이용할 일은 거의 없다. 1회권 2.55€

✚ FGC 운행 정보

요금(1구역)	1회권 2.55€, 몬세라트로 가는 환승역(Monistrol de Montserrat)까지 6.15€(4구역)
운행 시간	05:00~24:00(금 ~02:00, 토 24시간)/20분~1시간 간격

4. 시내버스 Bus

바르셀로나 시내버스는 시내 구석구석을 촘촘하게 연결한다. 그만큼 노선이 복잡한 편이지만, 구글맵 등을 통해 이용할 노선과 정류장을 미리 확인해 두면 크게 어렵지는 않다. 정류장에 따라 버스 도착 정보가 실시간으로 표시되며, 하차 정류장은 버스 내부의 안내 모니터를 참고한다. T-casual 등 다회권을 사용할 수 있으며, 컨택리스 신용·체크카드로도 탑승할 수 있다(1회권 요금 적용).

★
바르셀로나 시내버스
www.tmb.cat

컨택리스 신용·체크카드 전용 단말기

교통카드 단말기(위)와 종이 티켓 개찰기(아래)

정류장에 적혀 있는 버스 번호와 운행 방향을 확인한 후 탑승한다.

✚ 시내버스 운행 정보

요금	1구역 1회권 2.55€/ T-casual 등 다회권 사용 가능
운행 시간	05:25~22:55(토 06:40~, 일 07:40~)/노선에 따라 다름
유용한 노선	**24번** 카탈루냐 광장(Plaça de Catalunya) ⇄…⇄ 구엘 공원(Park Güell) **150번** 에스파냐 광장(Plaça d'Espanya) ⇄…⇄ 몬주익 언덕(Montjuïc)

5. 택시 Taxi

바르셀로나 택시는 검은색 차체에 노란색 문이 달려 있어 어디서나 눈에 띈다. 서울의 택시 요금보다 조금 비싼 편이지만, 유럽의 다른 나라보다는 저렴해 큰 짐이 있거나 짧은 거리를 이동할 때 큰 부담 없이 이용할 수 있다.
요금은 운행 시각에 따라 T-1, T-2로 다르게 적용되는데, 미터기 왼쪽 위에 탑승 시점의 요금 기준을 알려주는 숫자가 적혀있다. 공항, 기차역 등을 오갈 때는 추가 요금이 있다는 점도 알아두자. 바르셀로나 교통국과 협약된 앱(Baixtaxi, Click Moveapp, El Taxi app, Enjoy Teletaxi, Free Now, Join Up, KieroTaxi, Ntaxi, QAIROS, Taksee, Taxi Caralana, Zolty 등)을 이용할 때는 회사에 따라 별도 요금 T-3가 적용되며, 최소 서비스 요금은 8€다.

★
바르셀로나 택시
www.amb.cat/taxi

✚ 택시 요금 정보

구분	시간	요금
T-1	월~금 08:00~20:00	기본요금 2.60€, 이후 km당 1.27€
T-2	월~금 20:00~08:00, 토·일·공휴일	기본요금 2.60€, 이후 km당 1.56€
추가 요금	공항 출입비 4.50€, 항구에서 탑승 시 4.50€, 기차역·피라 바르셀로나에서 탑승 시 2.50€, 5~8인승 탑승 시 4.50€	

6. 자전거 Bicycle

바르셀로나는 자전거 도로가 매우 잘 정비된 도시다. 시내 중심가에도 자동차 도로와 자전거 도로가 완전히 분리된 곳이 많아 현지 도로 사정에 익숙하지 않은 여행자들도 자전거를 빌려 어렵지 않게 이용할 수 있다. 자전거 대여점에서 빌릴 경우 자물쇠와 헬멧 등이 기본으로 제공된다.

★
바이-사이클 바르셀로나
By-Cycle Barcelona

- by cycle barcelona 6
- 146p
- Carrer del Notariat, 6
- 933 15 30 63
- 10:00~20:00(토 ~17:00, 일 ~19:00)
- 4€/2시간, 7€/4시간, 10€/1일
- 카탈루냐 광장에서 도보 6분
- www.bycycle.es

자전거의 천국 바르셀로나에는 대여점이 곳곳에 있다.

7. 시티 투어 버스 City Tour Bus

바르셀로나의 대표 명소를 순환하는 이층버스다. 지붕과 유리창을 걷어내 뻥 뚫린 2층 데크에서 느긋하게 시내 풍경을 구경할 수 있다. 영어 오디오가이드와 버스 내 무료 Wi-Fi를 제공한다. 원하는 장소에 내려 둘러 본 후 다음 버스를 타고 이동하면 되기 때문에 명소를 찾아 헤맬 필요가 없다는 것이 가장 큰 장점. 운영 회사로는 홉온홉오프 바르셀로나, 바르셀로나 시티 투어 등이 있으며, 티켓은 카탈루냐 광장의 매표소에서 구매하는 것이 제일 편하다. 홈페이지에서 구매하면 할인된다.

카탈루냐 광장의 시티 투어 버스 매표소

홉온홉오프 바르셀로나

바르셀로나 시티 투어

✚ 시티 투어 버스 정보

구분	홉온홉오프 바르셀로나 Hop On Hop Off Barcelona	바르셀로나 시티 투어 Barcelona City Tour
요금	1일권 33€, 4~12세 18€	1일권 33€, 4~12세 18€
운행 시간	09:00~20:00(11~3월 ~19:00)	09:00~20:00(11~3월 ~19:00)
홈페이지	www.hoponhopoffbarcelona.org	barcelona.city-tour.com

Around BARCELONA : 실용 정보

바르셀로나 여행은 카탈루냐 광장에서 시작된다. 여행안내소를 비롯해 심 카드를 판매하는 통신사 대리점과 코인 로커, 한국 라면을 판매하는 슈퍼마켓까지. 여행자에게 필요한 편의시설이 모두 카탈루냐 광장 근처에 모여 있다.

❶ 여행안내소 Oficina de Turisme

바르셀로나 시내 주요 명소마다 공식 여행안내소가 있다. 시내 지도와 시외 교통 정보 등을 얻을 수 있고, 박물관과 미술관 등 주요 명소 입장권과 교통카드를 결합한 바르셀로나 카드(140p)도 구매할 수 있다.

● 카탈루냐 광장 여행안내소 Turisme de Plaça de Catalunya

여행자들이 가장 이용하기 편리한 여행안내소다. 바르셀로나 카드와 아트 티켓, 축구 경기 티켓, 기념품 등을 판매하며, 글로벌 블루(Global Blue) 사의 세금 환급 업무를 대행하는 부스도 있다. 무료 Wi-Fi도 쓸 수 있다.

Ⓖ 95PC+P8 바르셀로나 Ⓜ 146p

주소 Plaça de Catalunya, 17
오픈 08:30~20:30/12월 24·26·31일 단축 운영/12월 25일 휴무
교통 M L1·L3 Catalunya 하차. 카탈루냐 광장 동쪽, 공항버스 정류장 옆

카탈루냐 광장 여행안내소. 빨간 기둥 옆에 보이는 계단을 통해 지하로 내려간다.

● 바르셀로나 대성당 여행안내소 Turisme de Barcelona Catedral

고딕 지구의 중심인 바르셀로나 대성당 바로 옆이라 여행자들이 방문하기 편리하다.

Ⓖ 95MG+MM 바르셀로나 Ⓜ 146p

주소 Plaça Sant Iu, 5, Ciutat Vella
오픈 09:00~17:30(월 ~16:00, 금·토 ~15:30, 일 ~14:00)/1월 1일·12월 25일·12월 26일 휴무
교통 바르셀로나 대성당 앞 광장. 대성당 정문을 바라보고 왼쪽에 있다.

● 여행안내 부스 Cabinas de Información

관광객이 몰리는 요지 곳곳에 빨간색 여행안내 부스가 마련돼 있다. 작은 규모지만, 여행안내소와 동일한 서비스를 제공한다. 운영 시간은 시즌에 따라 유동적이며, 문을 열지 않는 때도 있다.

빨간색 여행 안내 부스

★ **바르셀로나 여행 정보**
www.barcelonaturisme.com

★ **은행 & ATM**

바르셀로나 시내 곳곳에 현금을 인출할 수 있는 ATM이 설치돼 있다. 다만, 대부분 기기가 거리에 노출돼 있어 소매치기에 주의해야 한다. 가급적 현지인 이용이 많은 ATM을 대낮에 이용하자. 단, 위치 좋은 곳마다 자리 잡고 있어 눈에 제일 잘 띄는 유로넷(Euronet)은 수수료가 높기로 악명 높으니 피할 것.

❷ 통신사 대리점

시내의 통신사 대리점에서 심 카드를 살 수 있다. 대표 통신사인 보다폰(Vodafone)과 오랑헤(Orange) 대리점에는 사용 기간과 데이터 사용량, 통화 가능 여부에 따라 다양한 상품이 준비돼 있다. 여권 지참 필수.

● 보다폰 Vodafone

카탈루냐 광장에서 남쪽으로 이어지는 앙헬 거리(Av. del Portal de l'Àngel)에 매장이 있다. 카탈루냐 광장이나 람블라스 거리에 가는 김에 들르기 좋은 위치다. 성수기에는 이용객이 많아서 기다리는 시간이 길어질 수 있다.

Ⓖ 95PC+HW 바르셀로나 Ⓜ 146p

주소 Av. del Portal de l'Àngel, 36
전화 722 18 59 26
오픈 10:00~20:00/일요일 휴무
교통 카탈루냐 광장에서 도보 1분
홈피 vodafone.es

★
가까운 약국 찾는 법

여행 중 갑자기 약을 사야 할 때 아래 홈페이지를 방문해 보자. 현재 위치에서 가장 가까운 약국을 찾아주며, 휴일에 문 여는 당번 약국도 알려 준다.

www.farmaguia.net

❸ 사설 코인 로커

무거운 짐을 맡기고 홀가분하게 시내 구경을 하고 싶은 사람에게 유용하다. 카탈루냐 광장 주변에 몇 개의 사설 업체가 있으며, 로커 크기에 따라 요금이 다르다.

● 로커 바르셀로나 Locker Barcelona

Ⓖ 95PC+WV 바르셀로나 Ⓜ 146p

주소 Carrer d'Estruc, 36
오픈 09:00~21:00
요금 로커 크기에 따라 4.50~14.50€/24시간
교통 카탈루냐 광장에서 도보 2분
홈피 www.lockerbarcelona.com

❹ 슈퍼마켓

24시간 운영하는 작은 슈퍼마켓들이 시내 곳곳에 있다.

● 수마 Suma

바르셀로나 곳곳에서 볼 수 있는 소규모 슈퍼마켓. 과일과 채소류는 물론 와인과 안주도 판매한다. 일부 매장은 24시간 운영하므로 편의점처럼 이용할 수 있다.

오픈 08:30~23:00(일부 매장 24시간)
홈피 www.sumasupermercados.es

❺ 아시아 슈퍼마켓

바르셀로나 시내에는 한국 라면을 살 수 있는 슈퍼마켓이 많다. 대부분 중국계 이민자들이 운영하는 곳으로, 여행자 동선에는 카탈루냐 광장 근처에 있는 동방 슈퍼마켓과 아시아 슈퍼마켓이 가장 편리하다. 컵라면과 봉지라면의 종류가 매우 다양하며, 김치나 소주도 살 수 있다.

● 동방 슈퍼마켓 Dong Fang Extremo Oriente

95P8+FR 바르셀로나 M 146p

주소 Carrer de Balmes, 6
오픈 10:00~21:00/일요일 휴무
교통 카탈루냐 광장에서 도보 3분
홈피 www.extremooriente.com

● 아시아 슈퍼마켓 Bafang Supermercado Asia

95P8+GQ 바르셀로나 M 146p

주소 Carrer de Balmes, 10
오픈 10:00~21:00(일·공휴일 15:00~20:00)
교통 동방 슈퍼마켓 왼쪽

동방 슈퍼마켓
아시아 슈퍼마켓

★
축구 티켓 판매소

누군가에겐 바르셀로나를 방문하게 된 가장 큰 이유! 바로 축구다. 바르셀로나 시내 곳곳에 있는 축구 경기 티켓 판매소에서 인터넷으로 예매한 티켓을 교환하거나 구매할 수 있다. 단, 인기 있는 경기의 저렴한 좌석은 일찌감치 매진되며, 넉넉한 예산은 필수다. 축구 경기 티켓 외에도 각종 공연 입장권과 미술관 할인 티켓도 판매한다.

람블라스 거리의 티켓 판매소
좌석에 따라 요금이 다르다.

TB 티켓 바이 트리아스 TB Tickets by Trias

95MC+7P 바르셀로나 M 146p
La Rambla, 118(Rambla Cafe) 옆
09:00~21:00
람블라스 거리의 까르푸를 등지고 오른쪽으로 도보 1분

풋볼 티켓 바르셀로나 Football Tickets Barcelona(온라인 전용)

footballticketsbarcelona.com

#CHECK

미술관 마니아들의 선택!
바르셀로나 카드 VS 아트 티켓

매력적인 미술관과 박물관이 가득한 도시 바르셀로나. 바르셀로나 카드나 아트 티켓을 활용하면 입장료를 대폭 할인받을 수 있다. 공식 홈페이지나 온라인 여행사에서 구매한 뒤 바우처를 출력해 지정 여행안내소에서 교환해 사용한다.

미술관을 사랑하는 사람에게 필수!

❶ 바르셀로나 카드 Barcelona Card(이하 BCN 카드)

주요 관광명소의 무료 또는 할인 입장권과 교통카드를 결합한 카드다. 카드 유효기간 동안 바르셀로나 1구역 내에서 대중교통을 무제한 이용할 수 있다. 크게 3·4·5일권(각각 72·96·120시간 유효)과 익스프레스 카드(48시간 유효)로 나뉘며, 익스프레스 카드는 무료입장 혜택 없이 할인만 된다. 카드를 교환할 때 바우처와 함께 여권을 제시해야 하므로 예약할 때 여권상의 영문 이름과 휴대전화 번호, 이메일 주소를 정확하게 기재하자. 분실 시 재발급 불가.

✚ 바르셀로나 카드 정보

요금	3일권 55€(어린이 32€), 4일권 65€(어린이 42€), 5일권 77€(어린이 47€), 익스프레스 카드(48시간권) 27€
혜택 정보	**무료입장·무료이용** : 3·4·5일권 - 피카소 미술관, 호안 미로 미술관, 국립 카탈루냐 박물관, 프레데릭 마레스 박물관, 카이샤 포룸 등 약 26개 박물관과 명소 - 바르셀로나 1구역 내 메트로(공항 구간 포함), 버스, FGC, 트램, 렌페 로달리에스/이용 불가 - 야간버스, 몬주익 케이블카, 블루 트램 **할인** : 3·4·5일권 & 익스프레스카드 - 카사 바트요 7€, 카사 아마트예르 20%, 카사 밀라 2€, 구엘 저택 25%, 카탈루냐 음악당 25% 등 약 40개 명소
홈페이지	www.barcelonacard.com

❷ 아트 티켓(뮤지엄 패스) Articket BCN

바르셀로나의 인기 미술관과 박물관 6곳을 무료입장할 수 있어 미술관 마니아라면 솔깃할 만한 티켓이다. 피카소 미술관, 호안 미로 미술관, 국립 카탈루냐 박물관만 가도 본전을 뽑게 된다. 상설전은 물론 특별전도 무료로 관람할 수 있다. 사용 기간이 12개월로 넉넉하며, 15세 이하 어린이·청소년을 무료로 동반할 수 있다.

ARTICKET BCN

✚ 아트 티켓 정보

요금	38€
무료입장	피카소 미술관, 호안 미로 미술관, 국립 카탈루냐 박물관, 바르셀로나 현대미술관, 바르셀로나 현대문화센터(CCCB), 안토니 타피에스 미술관(Fundación Antoni Tàpies)
홈페이지	www.articketbcn.org(VPN 우회 연결 필요)

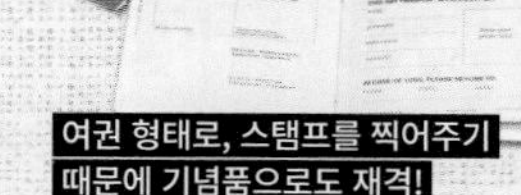
여권 형태로, 스탬프를 찍어주기 때문에 기념품으로도 재격!

❸ 선택하기 어렵다면?

바르셀로나 카드: 공항-시내 구간을 포함해 대중교통을 무료로 이용할 수 있다는 점이 가장 큰 매력! 유효 기간이 짧기 때문에 무료입장을 체크해가며 빡빡한 일정을 소화할 수 있는 사람에게 추천한다.

아트 티켓: 사용 기간이 넉넉하므로 볼거리가 많은 피카소 미술관이나 호안 미로 미술관, 국립 카탈루냐 박물관 등을 여유 있게 돌아보고 싶은 사람에게 추천한다. 특히 아이와 함께 '바르셀로나 한 달 살기'를 계획 중이라면 강추!

#CHECK

바르셀로나를 더 많이 즐기는 방법! 가우디 메스

구엘 공원 무료입장 방법으로 알려진 가우디 메스(Gaudir Més) 프로그램을 이용하면 바르셀로나의 다양한 명소를 무료 또는 할인 요금으로 방문할 수 있다. 16세 이상이면 누구나 가입할 수 있는 회원 제도로, 등록 비용도 무료다. 바르셀로나 현지의 안내센터(Oficina d'Atenció Ciutadana , OAC)에 여권을 지참하고 방문하거나(예약전화 010), 홈페이지를 통해 OAC 회원가입 후 승인 메일을 받거나 승인 확인서를 다운로드 하면(신청 방법에 따라 다름) 가우디 메스 프로그램에 등록할 수 있다.

가우디 메스는 '더 많이 즐겨라(Gaudir Més)'라는 카탈루냐어로, 이름처럼 바르셀로나 정착 만족도를 높이기 위한 프로그램이라 신청 과정이 복잡하고 온라인으로 가입할 경우 한국의 휴대폰 번호로는 인증 성공 확률이 많이 떨어진다. 스페인 도착 후 명소 방문 예정일까지 날짜 여유가 있다면 현지 유심을 교체해서 가입할 것을 추천한다.

명소에 따라 입장 방법이 다른데, 이용자가 가장 많은 구엘 공원의 경우 구엘 공원 홈페이지에서 가우디 메스 프로그램에 등록한 여권번호와 메일주소를 기재한 후 무료입장권(당일 한정)을 다운받아야 한다. 그밖의 명소의 입장 방법은 각 명소 홈페이지 안내를 확인하자.

✚ 회원 혜택

무료입장	구엘 공원, 바르셀로나 역사박물관(MUHBA), 몬주익성, 엘 보른 문화 센터, 프레데릭 마레스 박물관 등 12개 명소
할인	티비다보 공원, 콜세롤라 타워, 동물원 등
홈페이지	www.barcelona.cat/gaudirmes

구엘 공원 무료입장권 받기

DAY PLANS

시내의 주요 명소들만 둘러봐도 최소 3일, 근교 도시까지 간다면 일주일 이상 필요하다.
바르셀로나에 머무는 시간이 짧을 경우 내부 관람을 생략하고 빠르게 돌아보면 하루에 섹션 A~D를 돌아볼 수 있다.
아침 일찍 섹션 F의 구엘 공원을 다녀오고 밤에 섹션 E의 분수 쇼를 보면 힘들지만, 보람찬 하루짜리 핵심 코스가 된다.
섹션 E·F를 제외하면 이동 거리가 짧아서 걸어 다닐 수 있다.

알찬 일정을 위해 준비해두세요

섹션 C 피카소 미술관은 1일 입장 정원이 있으니 입장권을 미리 예약해두자. 카탈루냐 음악당의 가이드 투어 역시 예약이 필요하다.

섹션 D 사그라다 파밀리아 성당은 공식 앱이나 홈페이지에서 예약 후 방문한다. 오디오가이드 역시 공식 앱을 통해 설치할 수 있으니 방문 전 미리 다운로드받아두자.

Tip. 시즌에 따라 입장 시간이 바뀌는 곳도 있다. 꼭 방문하고 싶은 곳이 있다면 일정을 짤 때 미리 확인하자.

Section A 146p
람블라스 & 라발 지구

1 카탈루냐 광장
↓ 도보 1분
2 람블라스 거리
↓ 도보 5분
3 보케리아 시장
↓ 도보 5분
4 구엘 저택(구엘 궁전)
↓ 도보 15분
5 포트 벨

Section B 160p
고딕 지구

6 레이알 광장
↓ 도보 5분
7 산 자우메 광장
Option **8 아우구스투스 신전**
↓ 도보 3분
9 왕의 광장
Option **10 바르셀로나 역사박물관**
Option **11 프레데릭 마레스 박물관**
↓ 도보 2분
12 바르셀로나 대성당
↓ 도보 2분
13 산 펠립 네리 광장
↓ 도보 3분
14 피 광장

Section C 172p
라 리베라 지구

15 개선문
↓ 도보 8분
16 카탈루냐 음악당
Option **17 산타 카테리나 시장**
Option **18 엘 보른 유적**
↓ 도보 8분
19 피카소 미술관
Option **20 산타 마리아 델 마르 성당**
↓ 도보 20분 또는 M L4 Ciutadella | Vila Olímpica 하차 후 도보 7분
21 바르셀로네타

Section D 190p
에샴플레 & 그라시아 지구

22 그라시아 거리
↓ 도보 1분
23 카사 밀라
↓ 도보 5분
24 카사 바트요
Option **25 카사 아마트예르**
↓ M L5 Sagrada Família 하차
26 사그라다 파밀리아 성당 (성 가족 성당)
Option **27 산 파우 병원**

Section E 215p
몬주익 지구

28 에스파냐 광장
↓ 도보 8분
29 국립 카탈루냐 박물관
Option **30 카이샤 포룸**
Option **31 포블레 에스파뇰**
↓ 도보 8분
32 몬주익 올림픽 경기장
Option **33 그리스 원형극장**
↓ 도보 7분
34 호안 미로 미술관
↓ 도보 24분
35 몬주익성

Section F 232p
이색 지구

카탈루냐 광장에서 24번 버스 탑승,
↓ Ramiro de Maeztu-C N Catalunya 하차
36 구엘 공원
↓ 구엘 공원 또는 카탈루냐 광장에서 24번 버스 탑승, Doctor Bove-Gran Vista 하차 후 도보 10분
37 벙커

M L3 Palau Reial 하차 후 도보 8분
38 캄 노우
↓ 도보 12분/M L3 Palau Reial에서 도보 4분
39 구엘 별장(임시 휴무 중, 240p 참고)

카탈루냐 광장에서 T2A 버스 탑승,
↓ 종점 하차
40 티비다보 공원

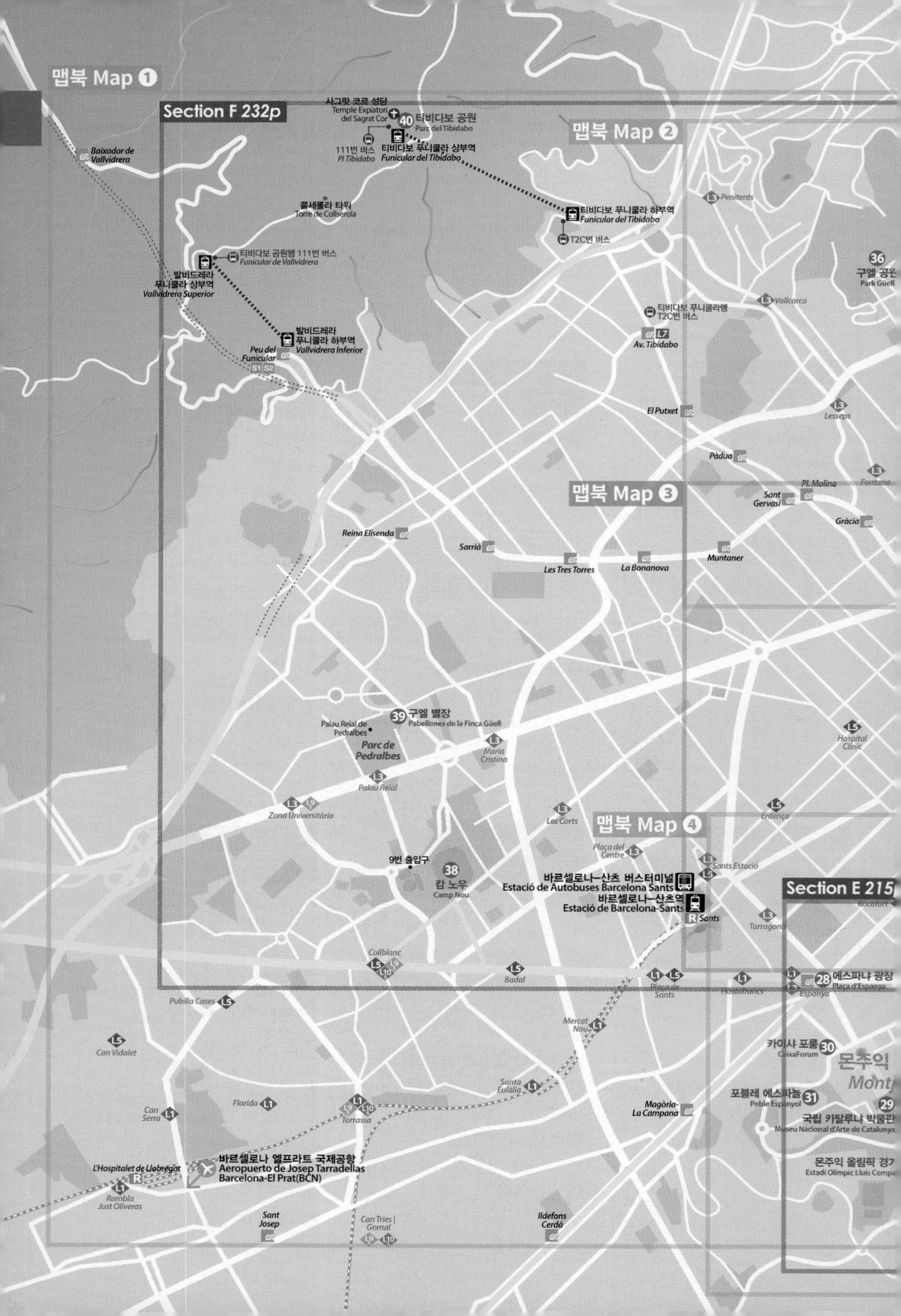

맵북 Map 1
Section F 232p
사그랏 코르 성당
Temple Expiatori del Sagrat Cor
40 티비다보 공원
Parc del Tibidabo
111번 버스
Pl Tibidabo
티비다보 푸니쿨라 상부역
Funicular del Tibidabo
맵북 Map 2
Baixador de Vallvidrera
콜세롤라 타워
Torre de Collserola
티비다보 푸니쿨라 하부역
Funicular del Tibidabo
T2C번 버스
Penitents
티비다보 공원행 111번 버스
Funicular de Vallvidrera
발비드레라 푸니쿨라 상부역
Vallvidrera Superior
36 구엘 공원
Park Güell
Vallcarca
티비다보 푸니쿨라행 T2C번 버스
Av. Tibidabo
발비드레라 푸니쿨라 하부역
Vallvidrera Inferior
Peu del Funicular
El Putxet
Lesseps
Pàdua
Pl. Molina
Fontana
맵북 Map 3
Sant Gervasi
Gràcia
Reina Elisenda
Sarrià
Les Tres Torres
La Bonanova
Muntaner
39 구엘 별장
Pabellones de la Finca Güell
Palau Reial de Pedralbes
Parc de Pedralbes
Maria Cristina
Hospital Clínic
Palau Reial
Zona Universitària
Les Corts
맵북 Map 4
Entença
Plaça del Centre
Sants Estació
9번 출입구
38 캄 노우
Camp Nou
바르셀로나-산츠 버스터미널
Estació de Autobuses Barcelona Sants
바르셀로나-산츠역
Estació de Barcelona-Sants
Sants
Section E 215
Rocafort
Tarragona
Collblanc
Badal
Plaça de Sants
Hostafrancs
28 에스파냐 광장
Plaça d'Espanya
Espanya
Pubilla Cases
Mercat Nou
Can Vidalet
카이샤 포룸 30
CaixaForum
몬주익
Santa Eulàlia
포블레 에스파뇰 31
Poble Espanyol
29
국립 카탈루냐 박물관
Museu Nacional d'Arte de Catalunya
Can Serra
Florida
Torrassa
Magòria-La Campana
바르셀로나 엘프라트 국제공항
Aeropuerto de Josep Tarradellas Barcelona-El Prat(BCN)
L'Hospitalet de Llobregat
몬주익 올림픽 경기
Rambla Just Oliveras
Sant Josep
Can Tries | Gornal
Ildefons Cerdà

Maragall
Congrés
La Sagrera-Meridiana
La Sagrera
La Pau
라 로카 빌리지
La Roca Village
37
벙커
Bunkers del Carmel
Besòs
Sant Martí
Guinardó
Hospital de Sant Pau
Navas
Section D 190p
Bac de Roda
Besòs Mar
27 산 파우 병원
Recinte Modernista de Sant Pau
Alfons X
El Maresme Fòrum
Sant Pau Dos de Maig
Clot
El Clot-Aragó
Selva de Mar
Encants
Joanic
Sagrada Família
26 사그라다 파밀리아 성당(성 가족 성당)
Temple Expiatori de la Sagrada Família
글로리에스 타워(아그바 타워)
Torre Glòries
Poblenou
Glòries
Monumental
Verdaguer
에샴플레 &
그라시아 지구
Eixample & Gràcia
Llacuna
23 카사 밀라
(라 페드레라)
Casa Milà(La Pedrera)
Marina
Bogatell
22 그라시아 거리
Passeig de Gràcia
Girona
Tetuan
북부 버스터미널
Estació d'Autobusos
Barcelona Nord
맵북 Map 5
Section C 172p
Arc de Triomf
25 카사 아마트예르
Casa Amatller
카사 바트요
Casa Batlló
24
Passeig de Gràcia
15 개선문
Arc de Triomf
Section A 146p
Section B 160p
16 카탈루냐 음악당
Palau de la Música Catalana
산타 카테리나 시장
Mercat de Santa Caterina
Urquinaona
Catalunya
La Ribera
Ciutadella Vila Olímpica
카탈루냐 광장
Plaça de Catalunya
1
17
19 피카소 미술관
Museu Picasso de Barcelona
프레데릭 마레스 박물관
Museu Frederic Marès
11
18 엘 보른 문화센터
El Born Centre de Cultura i Memòria
Universitat
람블라스 거리
Las Ramblas
2
9 왕의 광장
Plaça del Rei
20 산타 마리아 델 마르 성당
Basílica de Santa Maria del Mar
람블라스 &
라발 지구
Ramblas & Raval
바르셀로나 대성당
Catedral de Barcelona
12
Jaume I
프란사역
Estació de França
피 광장
Plaça del Pi
14
10 바르셀로나 역사박물관
Museu d'Història de Barcelona
Barceloneta
3
8 아우구스투스 신전
Temple d'August
보케리아 시장
Mercat de La Boqueria
Liceu
7 산 자우메 광장
Plaça de Sant Jaume
고딕 지구
Barri Gotic
산 펠립 네리 광장
Plaça de Sant Felip Neri
13
Sant Antoni
6 레이알 광장
Plaça Reial
21
바르셀로네타
La Barceloneta
구엘 저택
(구엘 궁전)
Palau Güell
4
Drassanes
Paral·lel
Poble Sec
몬주익 푸니쿨라 하부역
Funicular de Montjuïc
5
포트 벨
Port Vell
텔레페리코 델 푸에르토 하부역
Teleférico del Puerto-Sant Sebastià
Jaume I
텔레페리코 델
푸에르토 상부역
Teleférico del Puerto-Miramar
몬주익 케이블카 하부역
Parc de Montjuïc
몬주익
푸니쿨라
상부역
Funicular de Montjuïc-Parc de Montjuïc
Mirador
몬주익 지구
Montjuïc
몬주익 케이블카
상부역
35 Castell de Montjuïc
몬주익성
Castell de Montjuïc
0
500m

SECTION A

바르셀로나에서의 첫걸음 람블라스 & 라발 지구

바르셀로나 교통의 중심지 카탈루냐 광장에서부터 육지가 끝나는 포트 벨까지, 바르셀로나 관광의 척추라 할 수 있는 보행자 도로 람블라스 거리가 길게 이어진다. 역사와 전통을 자랑하는 시장과 거리의 활기를 더하는 각양각색의 숍, 그리고 밀집한 맛집들. 사시사철 관광객의 발길이 끊이지 않는 이유다. 람블라스 거리 서쪽에 자리 잡은 라발 지구는 한때 밤 문화의 중심지이자 우범지역으로 꼽혔으나, 이제는 바르셀로나 젊은이들이 모이는 문화 허브로 자리매김하고 있다.

01 바르셀로나와의 첫인사
카탈루냐 광장 Plaça de Catalunya

바르셀로나에 첫발을 디딘 여행자들이 하나둘 모여드는 광장이다. 공항버스의 도착지이자 투어버스의 출발점이며, 바르셀로나의 상징인 람블라스 거리가 바로 남쪽으로 이어져 오며 가며 열 번은 스쳐 가게 될 장소다. 광장에는 '스페인(에스파냐) 사람'이기보다는 '카탈루냐 사람'으로 살고자 하는 바르셀로나 시민의 염원이 깃들어 있다. 그 이름 그대로 광장의 입구에는 카탈루냐 분리 운동의 지도자 프란세스크 마시아 기념비 Monument a Francesc Macià가 세워져 있다. 오랜 세월 이 지역의 뜨거운 감자인 카탈루냐 자치 독립에 대한 생각을 표출한 장소로, 정치적으로 민감한 이슈가 있는 날에는 시위대가 모여들고, 레알 마드리드와의 축구 경기가 있는 날에는 더욱 후끈 달아오른다.

G 카탈루냐 광장 M 146p & MAP 5-A
M L1·L3 Catalunya 모든 출구와 연결

★
카탈루냐 자치 독립의 꿈

카탈루냐와 카스티야 사이의 반감은 역사적으로 그 뿌리가 깊다. 1701~ 1714년 왕위 계승 전쟁 끝에 프랑스 부르봉 왕가의 혈통으로는 처음 왕위에 오른 카스티야의 왕 펠리페 5세는 자신에게 반기를 든 아라곤 연합왕국(아라곤과 카탈루냐가 통합한 왕국)의 자치권을 박탈하고 카스티야에 종속시키는 강경책을 실시했다. 이후 1939년 스페인 내전에서 승리한 프랑코 독재 정부 역시 반골 정신이 강한 카탈루냐에 문화말살정책을 시행하며 노골적인 탄압과 차별 대우를 이어가곤 했다.

공항버스를 타기 전 마지막 쇼핑 찬스! 엘 코르테 잉글레스 백화점(243p)

프란세스크 마시아 기념비. 사그라다 파밀리아 성당 건축 일부를 담당한 수비아체의 작품이다.

바르셀로나를 상징하는 청동 조각상. 프란세스크 마시아 기념비 반대쪽에 있다.

중세 시대에는 고딕 지구를 둘러싼 성벽 밖으로 개천이 흐르던 자리였다.

호안 미로의 타일 작품

MORE

람블라스 거리에서 호안 미로 찾기

메트로 리세우역(Liceu)을 나서면 보도블록에 피카소, 달리와 함께 스페인을 대표하는 3대 거장 호안 미로의 모자이크 작품이 있다. 바르셀로나를 방문한 이들을 환영하는 의미로 기증한 작품 3개 중 하나로, 바다를 통해 들어 온 이들을 반기는 의미를 담고 있다. 스페인과 포르투갈 특유의 바닥 장식 기법대로 빨강·파랑·노랑·하양·검정의 돌을 사용해 모자이크로 만들었다.

02 바르셀로나와 사랑에 빠지는 길 람블라스 거리 Las Ramblas

카탈루냐 광장에서 지중해를 향해 가는 가로수길. 이 길을 걷지 않고선 바르셀로나에 왔다고 말할 수 없다. 거리 초입에서 만나는 카날레테스 샘Font de Canaletes의 물을 마시면 바르셀로나와 사랑에 빠져 반드시 되돌아오게 된다는데, 이 길을 걸으며 마주치는 수많은 이들의 표정은 이 전설을 사실이라고 증명해준다.

'Las Ramblas'라는 복수형으로 거리를 부르는 까닭은 람블라 거리La Rambla가 여러 개 모여 있기 때문이다. 꽃집이 늘어선 꽃들의 람블라 거리를 포함해 5개의 람블라 거리(La Rambla de Canaletes, Estudis, Flors, Caputxins, Santa Mònica)가 모여 총 1.2km의 길이를 이룬다.

플라타너스가 늘어선 길을 따라 걸으면 거리 예술가들의 재미난 퍼포먼스도 구경할 수 있다. 단, 이들과 기념사진을 찍을 때는 약간의 팁으로 성의를 표시하는 센스가 필요하다.

G 람블라스 거리 M 146p & MAP ❺-A·C

🚊 카탈루냐 광장에서 곧장 남쪽으로 이어지는 길/M L3 Liceu에서 바로

카날레테스 샘

하몬·초리소를 파는 상점

음식은 시장 옆 통로에서 먹을 수 있다.

꽃들의 람블라 거리(La Rambla de les Flors). 스페인의 천재 극작가 페데리코 가르시아가 "일 년 사계절이 동시에 존재하는 거리, 영원히 끝나지 않길 바라게 되는 유일한 거리"란 헌정사를 남겼다.

03 바르셀로나의 부엌
보케리아 시장
Mercat de La Boqueria

스페인의 뜨거운 태양을 받으며 달콤하게 익은 과일과 채소, 지중해에서 갓 잡아 올린 해산물, 최고의 품질을 자랑하는 육가공품까지. 바르셀로나 주민들의 식탁을 책임지는 재래시장이다. 스페인 식탁 사정이 궁금한 외국인 여행자들이 동네 주민들보다 더 즐겨 찾는다.

알록달록한 빛깔로 여행자를 유혹하는 과일주스는 이곳에서 제일 흔하게 볼 수 있는 아이템이다. 스페인의 대표 식재료인 하몬과 초리소 조각도 조그만 종이 고깔에 담아 판매하는데, 현지인에게는 간편한 맥주 안주로, 여행자에게는 가벼운 시식용으로 인기가 있다. 우리에게 낯선 하몬은 원재료와 숙성 기간, 만든 곳과 가격대에 따라 그 맛도 천차만별이다. 인생 최고의 하몬을 만나기 전까지 한두 번 실패해도 호기심을 버리지 말자.

G 보케리아 시장 M 146p & MAP 5-C
La Rambla, 89 08:00~20:30/일요일 휴무 카탈루냐 광장에서 람블라스 거리를 따라 도보 5분/M L3 Liceu에서 도보 1분 www.boqueria.barcelona

로컬 시장에서 맥주 한잔!
보케리아 바르 탐방

보케리아 시장은 맛있고 역사 깊은 바르들도 유명하다. 아침에 장을 보러 나왔다가 타파스에 맥주 한잔 걸치는 것이 스페인 사람들의 오랜 습관이다. 따라서 시장을 이용하는 현지인들의 모습이 궁금하다면 오전에 방문하자. 식사 시간에는 자리 쟁탈전이 치열하므로 조금 서둘러 찾아가는 것이 좋다.

*No.는 상점 번호를 의미함

★

과일과 채소 구경은 눈으로만!

예술 작품으로 보일 만큼 알록달록하게 진열된 과일들. 다만, 우리나라에서처럼 손으로 만져가며 고르는 것은 금물이다. 구매를 원한다면 눈으로만 구경한 뒤 원하는 품목과 수량을 상인에게 말하자.

★

과일 주스의 함정

시장에서는 부담 없는 가격으로 상큼한 과일 주스를 맛볼 수 있다. 다만, 광고판에 적힌 것처럼 '100% 천연 주스'인 것은 그 자리에서 착즙하는 오렌지 주스만 해당된다. 그 외 주스는 가게에서 직접 만든 것이 아니므로 착한 가격으로 기분전환하고 싶을 때 추천.

조각 과일, 마세도니아(Macedonia)도 좋은 선택!

❶ 엘 킴 El Quim

30년 넘게 자리를 지켜온 스페인 요리 전문점. 다른 바르에 비해 값도 비싸고 공간도 협소하나, 그 인기는 무시할 수 없다. 이 집의 간판 메뉴는 달걀을 사용한 요리들. 달걀에 푸아그라나 꼴뚜기, 새우 등의 재료를 더해 요리의 품격을 한 단계 높였다. 스파클링 와인 카바로 풍미를 더한 새우 & 달걀 요리는 과일 향 가득한 상그리아와도 잘 어울린다.

No. 582 09:00~16:00(금·토 08:00~16:30)/일·월요일·겨울철 비정기적 휴무) 달걀 요리 14.50~25€, 타파스 3.75~22€, 메인 요리 14~29€, 해산물 구이 9.50~22€

새우 & 달걀 요리(Huevos Frios con Gambas al Cava, 22€)

❷ 람블레로 Ramblero

현지인이 즐겨 찾는 바르는 문을 일찍 닫는 편이지만, 이곳은 늦은 오후에도 문을 열고 호객 행위도 꽤 적극적이라 여행자가 많이 몰린다. 직원들이 주로 권하는 새우 요리는 20€, 2인용 해산물 구이는 60€ 정도로 가격대가 높다. 분위기만 가볍게 즐기고 싶다면 타파스로 주문하자.

No. 550 08:00~20:30/일요일 휴무 타파스 7~19€, 새우구이 15~20€, 2인용 해산물 구이 60€~ www.ramblero.com

촘촘한 구멍을 낸 돔형 천장

채색 타일 조각으로 가우디 특유의 섬세함과 화려함을 드러내는 옥상

마구간으로 활용된 지하. 육중하고 정교한 기둥이 받치고 있다.

04 청년 가우디의 출세작
구엘 저택(구엘 궁전) Palau Güell

가우디의 작품을 따라다니다 보면 언제나 함께 등장하는 이름, 가우디의 인생 후원자 에우세비 구엘이 살던 저택이다. 자신의 가치를 알아봐 주는 사람을 만난다는 건 예술가에게는 커다란 행운. 게다가 그 지지자가 부유하기까지 했으니 어떤 면에서 가우디는 최고의 행운아다. 구엘 저택은 이런 둘 사이의 관계를 여실히 드러내는 작품인지라, 가우디 팬이라면 빠놓지 않고 들르는 곳이다.

1886년 이제 막 업계에 발을 디딘 햇병아리 건축가는 정치가이자 기업가인 구엘의 저택을 짓기 시작한다. 구엘은 집을 통해 재력을 과시하고 싶어 했고, 가우디는 이 마음을 읽어 저택에 성공과 번영에 대한 은유를 담았다. 단순하고 금욕적으로 설계한 지하에서 20개의 굴뚝으로 장식한 화려한 옥상까지, 층이 높아질수록 화려해지는 설계는 가난을 딛고 자수성가한 구엘의 삶을 표현한 것이다. 지인을 초대해 오페라나 콘서트 공연장으로 사용한 중앙 홀은 돔형 천장과 스테인드글라스가 은은한 빛을 흡수하고, 천장 한쪽의 대형 파이프 오르간은 우아함을 더한다.

구엘저택 M 146p & MAP 5-C

Carrer Nou de la Rambla, 3-5 10:00~20:00(11~3월 ~17:30)/폐장 1시간 전까지 입장/월요일(공휴일은 오픈), 1월 1·6일, 1월 넷째 주(보수공사 진행), 12월 25·26일 휴무 12€, 18세 이상 학생 9€, 10~17세 5€, 9세 이하 무료/오디오가이드 포함/무료입장 매월 첫째 일요일·2월 12일(산타 에울랄리아 축일)·산 조르디의 날(4월 23일)·Museum Night(5월 중순)·9월 11일(카탈루냐 국경일)·라 메르세 축제일(9월 말)·12월 15일(구엘 생일)/BCN 카드·BCN 익스프레스 소지자 할인 M L3 Liceu에서 도보 4분/보케리아 시장에서 도보 5분 www.palauguell.cat

★
대장간 집 아들, 가우디

가우디는 초기 작품에 철재 장식을 많이 사용했다. 대대로 철을 다루던 집안 내력이 드러나는 부분으로, 에우세비 구엘의 이니셜과 구엘 가문을 상징하는 불사조가 새겨진 구엘 저택의 대문 역시 마차가 통과할 수 있을 만큼 넓은 철재 아치로 만들었다.

05 쪽빛 지중해를 품은 항구 포트 벨 Port Vell

람블라스 거리를 걷다가 우뚝 솟은 콜럼버스의 탑을 발견한다면 마침내 지중해와 만난다는 뜻이다. 카탈루냐어로 '오래된 항구'를 뜻하는 포트 벨 주변에는 이름처럼 과거에 지어진 건물들이 부둣가의 운치를 더하고 있다.
하이라이트는 바다 위의 나무 산책로 람블라 데 마르Rambla de Mar. 배가 드나들 때마다 열리고 닫히는 이 길은 마레마그눔 쇼핑몰(244p)과 아쿠아리움으로 이어지는 다리이기도 하다. 포트 벨을 따라 이어지는 해안 산책로 역시 사람들로 늘 붐빈다. 느긋하게 간식거리를 먹으면서 걷거나 잠시 앉아 바다를 바라보며 햇볕을 쬐기에 좋은 장소다. 미국의 팝아티스트 로이 리히텐슈타인의 작품 <바르셀로나의 얼굴>이 서 있는 항구 북쪽 끝까지 도보 약 10분 거리다.

Ⓖ바르셀로나포트벨 Ⓜ 146p & MAP ❺-C
M L3 Drassanes에서 도보 5분/구엘 저택에서 도보 15분 www.portvellbcn.com

MORE

콜럼버스의 탑 Mirador de Colom

람블라스 거리의 끝. 60m 높이의 기둥 꼭대기에 바다를 향해 손가락을 뻗은 콜럼버스의 동상이 서 있다. 1888년 만국 박람회 때 세워진 기념탑으로, 승강기를 타고 올라갈 수 있도록 설계했다. 우리에게는 '콜럼버스(Columbus)'라는 영어식 이름으로 익숙하지만, 스페인어로는 '콜론(Colón)', 카탈루냐어로는 '콜롬(Colom)'이라고 부른다.

❶ 오래전 항구 창고였던 카탈루냐 역사 박물관(Museu d'Història de Catalunya)

❷ 14세기 아라곤 왕국 시절 지어진 조선소. 현재 해양 박물관(Museu Marítim)으로 쓰인다.

❸ 람블라 데 마르. '바다의 람블라'란 뜻으로, 현지인들은 이 다리를 람블라스 거리의 연장이라 여긴다.

<바르셀로나의 얼굴>

❶

❷

❸

도시를 바라보는 새로운 시선

바르셀로나의 현대 미술관

건물은 프리츠커상을 받은 세계적인 건축가 리처드 마이어의 작품이다.

● 산타 모니카 아트센터 Arts Santa Mònica - 미술관이 된 수도원

람블라스 거리를 끝까지 걸어온 사람들을 위한 작은 선물. 여행자의 틈을 피해 한적한 나만의 시간을 갖고 싶거나 요즘 스페인 미술계의 동향이 궁금하다면 찾아가보자. 겉에서 보면 현대적인 모양새지만, 사실 이곳은 18세기에 지어진 산타 모니카 수도원을 개조한 건물이다. 수도원을 허물지 않고 오래된 예배당 위에 현대적인 외관을 포장지처럼 덧씌운 아이디어가 재미있다. 카탈루냐 출신 작가들의 작품을 알리는 데 주력한 미술관으로, 작품마다 영문 설명이 달려 있어 외국인도 쉽게 다가갈 수 있다. 무엇보다 무료입장이라는 점이 반갑다.

95GG+V9 바르셀로나 M 146p & MAP ⑤-C

La Rambla, 7 11:00~20:30/월요일, 1월 1·6일, 부활절 전 금요일, 5월 1일, 12월 25·26일 휴무 무료 M L3 Drassanes에서 람블라스 거리로 들어서자마자 바로 www.artssantamonica.cat

● 바르셀로나 현대미술관 Museu d'Art Contemporani de Barcelona(MACBA) - 청춘들의 아지트

오랫동안 슬럼가였던 라발 지구에 예술이라는 한 줄기 빛을 가져온 미술관이다. 오래되고 낡은 건물들 사이에서 '진주'라는 별칭을 가진 새하얀 건물은 비루한 현실 속에서도 예술은 언제나 꽃필 수 있음을 역설하는 듯하다.

엘리베이터를 타지 않고 긴 통로를 따라 걸어 올라가며 모든 층을 관람할 수 있는 구조가 독창적이다. 스페인 작가를 중심으로 한 세계적인 수준의 현대 미술품을 관람할 수 있는데, 전위적이고 시사적인 설치 미술과 사진들이 주류를 이뤄 오디오가이드는 필수다.

현대 미술의 메카답게 새로움을 찾아 모여드는 바르셀로나의 청춘들을 만날 수 있다. '천사의 광장'이라 불리는 미술관 앞 광장은 스케이트보드 묘기를 연마하는 청년들의 아지트. 버스킹하는 인디 밴드의 모습도 자주 보인다.

바르셀로나 현대미술관 M 146p & MAP ⑤-C

Plaça dels Àngels, 1 11:00~19:30(토 10:00~20:00, 일·공휴일 10:00~15:00)/화요일 휴무 12€(온라인 구매 시 10.80€), 학생 9.60€, 17세 이하 무료/무료입장 토요일 16:00~20:00, 이외의 무료입장일은 홈페이지 참고/ BCN 카드 아트 티켓 카탈루냐 광장에서 도보 5분 www.macba.cat

바르셀로나 관광의 중심에서

맛있는 한 끼

람블라스 거리의 노천카페들은 낭만적인 분위기를 풍기며 여행자를 유혹하지만, 가격이 매우 비싸다. 합리적인 식사를 하고 싶다면 한 블록 들어간 뒷골목 식당들을 방문해보자. 특히 람블라스 거리 서쪽의 라발 지구에는 저렴하면서도 독특한 맛집들이 많다.

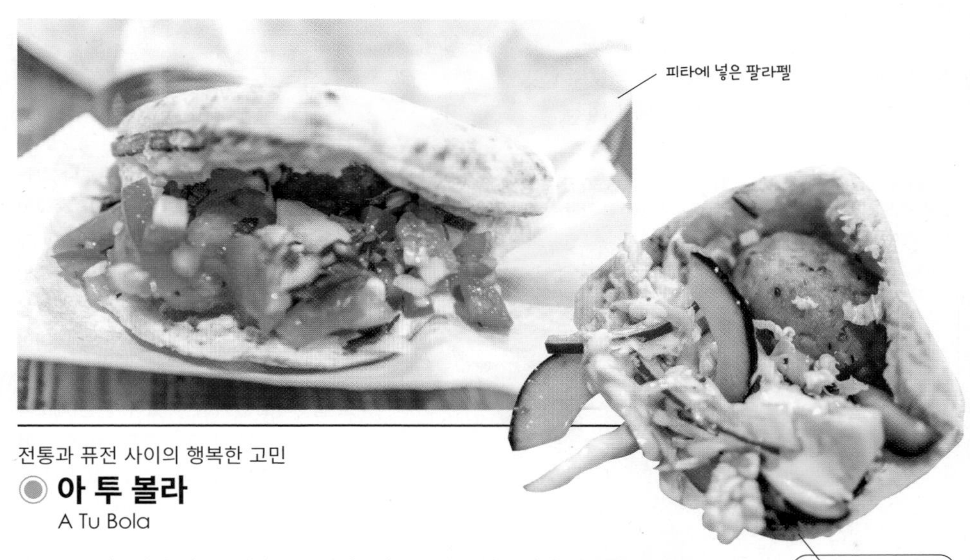

피타에 넣은 팔라펠

피타에 넣은 아시안 스타일의 치킨 볼

전통과 퓨전 사이의 행복한 고민

아 투 볼라
A Tu Bola

서울의 연남동이나 성수동처럼 작은 맛집들이 포진하고 있는 라발 지구. 그 중에서도 손꼽히는 인기 식당이다. 매장 크기는 아주 작지만, 라발 지구 타파스 대회에서 1등을 차지한 실력자. 세계 각국의 요리를 놀랍도록 참신하게 재해석하는데 가격마저 저렴하다. 메뉴는 병아리콩을 갈아서 튀긴 중동의 대표 간식 팔라펠부터 염소젖 치즈에 볶은 양파에 리고 디종 머스타드 소스를 곁들인 프랑스식 미트볼, 구운 가지를 갈아 만든 바바가누시와 컬리플라워 샐러드를 곁들인 레바논식 미트볼, 스위트 칠리 소스와 생강 마늘로 맛을 낸 아시안 스타일의 치킨볼, 디저트용 초콜릿 볼까지 다양하다. 주머니처럼 생긴 빵 피타에 넣어 샌드위치를 만들거나 제대로 접시에 담아 요리처럼 즐길 수 있다.

G 95J9+2H 바르셀로나
M 146p & MAP 5-C
Carrer de l'Hospital, 78 12:00~23:00/화요일 휴무 € 피타(볼 1개) 4€, 피타(볼 2개) 8€, 디쉬(볼 3~4개) 10~13€ M L3 Liceu에서 도보 5분 www.atubolarest.com

현지인을 사로잡은 호주식 BBQ 버거

바코아
Bacoa

본격적인 람블라스 지구 탐방에 나서기 전, 신선하고 튼실한 수제 버거로 에너지를 충전해보자. 스페인 여자와 결혼한 호주인 주인장이 고향의 맛을 살린 BBQ 버거를 선보인다. 갓 구워내 뜨끈뜨끈한 패티를 내세운 버거는 저렴하면서도 든든해 바르셀로나 젊은이들에게 인기 만점. 추가 요금을 내면 각종 치즈와 아보카도, 베이컨, 볶은 양파, 할라페뇨, 트러플 마요네즈 등을 입맛대로 더할 수 있다. 세트 메뉴는 없으며, 감자튀김이나 음료는 따로 주문해야 한다.

G 바코아 버거 M 146p & MAP 5-A
Ronda de la Universitat, 31 ⏰ 12:00~23:30(금·토 ~24:00) € 햄버거 6.90~9.50€, 감자튀김 2.90€~, 소스 추가 1€~ 🚇 카탈루냐 광장에서 도보 2분
www.bacoa burger.com

데리야키 글레이즈를 얹은 하포네사(Japonesa) & 감자튀김

입맛대로 주문하는 볶음국수

웍 투 웍
Wok to Walk

지글지글 연기를 뿜어내며 연신 국수를 볶아 내는 중국식 냄비는 바르셀로나 한복판에서 만나는 이국적인 풍경이다. 중국식 볶음국수를 패스트푸드처럼 제공해 현지 젊은이들에게 인기가 높다. 에그 누들, 쌀국수, 우동 등 면 종류를 고를 수 있고 볶음밥으로 주문할 수도 있다. 일본의 데리야키나 태국식 커리, 중국의 굴 소스 등 소스도 입맛대로 선택할 수 있다. 기본 채소와 달걀 외에 새우나 고기 같은 재료를 추가할수록 가격이 올라가, 무턱대고 섞다 보면 의외로 비싼 한 끼가 될 수 있다.

G 95JC+WQ 바르셀로나
M 146p & MAP 5-C
La Rambla, 95 ⏰ 12:00~24:00 € 기본 5.95€, 재료 추가 0.90~2.95€/ 1가지 🚇 보케리아 시장 입구를 바라보고 오른쪽 코너에 있다.
www.woktowalk.com

일회용 종이 용기에 담아준다.

추로스 & 초콜라테

원조! 초콜릿 우유

◉ 그랑하 비아데르
Granja M. Viader

1931년 바로 이 작은 가게에서 우유와 코코아 가루를 섞어 만든 초콜릿 우유가 처음 탄생했다. 그 이름은 바로 카카오랏. 바르셀로나 사람이라면 누구나 어린 시절 추억이 담긴 가게인지라 지금도 대를 이어가며 찾는 단골이 많다. 현지인처럼 즐기고 싶다면 차가운 ❶ 카카오랏에 크림을 듬뿍 얹어 달라고 주문해볼 것! 초승달처럼 길쭉하게 만든 크루아상이나 고소하게 튀긴 추로스를 곁들이면 더욱 좋다.

G 95MC+68 바르셀로나 M 146p & MAP 5-C
Carrer d'en Xuclà, 4 ⏰ 09:00~13:45, 17:00~21:45/일·월요일 휴무 € 크림 얹은 카카오랏 4.50€, 초콜라테 4.40€, 추로스 2.10€ 🚆 카탈루냐 광장에서 도보 5분 www.granjaviader.cat

카카오랏 병 포장. 슈퍼마켓에서도 판매한다.

❶ Cacaolat amb Nata(4.50€)

크루아상

❶ Mojito Mora(10€)

왼쪽부터 차례대로 ❶ ❸ ❷

맥주 상표를 사용한 굿즈 역시 이곳을 찾는 이유다.

시선 강탈, 블랙베리 모히토!

◉ 세라 23
Cera 23

라발 지구 뒷골목 바르에서 칵테일을 즐겨보자. 해가 뉘엿뉘엿 질 때쯤, 본격적인 저녁 식사에 앞서 칵테일 한잔을 즐기는 것이 스페인 사람들의 전통이다. 이 집을 유명하게 만든 시그니처 칵테일은 ❶ 블랙베리 모히토. 블랙베리 리큐어의 달큼한 맛과 검붉은 비주얼이 워낙 압도적이라 SNS에 자주 등장한다. 깔끔하고 강한 칵테일이 당긴다면 ❷ 진토닉을 추천한다. 재료를 아끼지 않아 진하고 독하게 마실 수 있고, 커다랗고 둥근 스페인 전통 술잔에 담아 나온다.

Ⓖ 95H8+HG 바르셀로나 Ⓜ 146p & MAP ❺-C
📍 Carrer de la Cera, 23 ⏰ 19:00~23:30/수·목요일 휴무
🚊 M L2 Sant Antoni에서 도보 6분/M L3 Liceu에서 도보 8분
www.cera23.com

바르셀로나를 대표하는 맥주

◉ 모리츠 맥주 공장
Fàbrica Moritz Barcelona

바르셀로나 특산 맥주인 모리츠 맥주 공장에서 방금 만든 생맥주를 맛볼 수 있다. 일반적으로 많이 마시는 ❶ 모리츠 오리지날은 담색 맥아와 광천수를 사용한 페일 필스너 타입. 색이 진한 ❷ 모리츠 에피도르Moritz Epidor는 7.2°의 스트롱 라거다. 이 둘을 반반씩 섞은 ❸ 모리츠 메스티사Moritz Mestissa도 주문할 수 있다.
안주 종류는 다양하나 가격 대비 만족도는 떨어지는 편이고, 크림·베이컨·치즈를 얹은 ❹ 감자오븐구이 정도가 적당하다.

Ⓖ 모리츠 맥주공장 Ⓜ 146p & MAP ❸-D/❹-B
📍 Ronda de Sant Antoni, 41 ⏰ 12:00~01:00 Ⓔ 모리츠 오리지날 5.20€/500mL, 모리츠 에피도르 6€/500mL, 샘플러 테이스팅 4잔(각 120mL) 8€ 🚊 M L1·L2 Universitat에서 도보 4분
fabricamoritzbarcelona.com

❷ 진+토닉워터=진토닉(6€)

❹ Patetes Pfaffenhoffe

비어홀에서 맥주를 주문할 수 있다. 종업원의 응대는 좋지 않은 편

한 입 베어 물면 사악한
가격도 바로 용서된다.

크림이 들지 않아 빵 본연의 맛을
느낄 수 있는 피스타치오

먹기 아까운 예쁜 도넛

촉
Chök

달콤한 디저트 마니아라면 꼭 들러야 할 도넛 가게다. '초콜릿 키친'이라는 부제에 어울리는 다양한 초콜릿 도넛이 가득하다. 도넛 요리책을 따로 냈을 만큼 도넛에 일가견이 있는 가게라서 도넛 치고는 가격이 살짝 높은 편. 대신 SNS에 올리기 딱 좋은 예쁜 비주얼이 시선을 사로잡는다. 잘 숙성시킨 도우에서 느껴지는 촉촉함도 일품인지라, 크림이나 토핑 없이 먹어도 만족도가 높다.

카탈루냐 전통 푸딩을 재현한
카탈란 크림 도넛

95MC+3H 바르셀로나 M 146p & MAP 5-C
Carrer del Carme, 3 09:00~21:00 도넛 3.20~5.15€ 카탈루냐 광장에서 도보 4분 www.chok.shop

당도가 높고 쫀득한
아이스크림.
토핑 없이 먹어도 맛있다.

미슐랭 셰프의 아이스크림

로캄볼레스크
Rocambolesc

지로나에서 미슐랭 스타 레스토랑을 운영하던 셰프 3형제 중 디저트를 담당하던 막내가 오픈한 아이스크림 가게다. 어린 시절의 추억을 살려 동화 같은 인테리어를 선보인다. 주문할 땐 시즌에 따라 바뀌는 베이스 아이스크림을 컵 또는 콘에 담을지 선택하고, 원하는 토핑을 고르면 된다. 솜사탕이나 보라색 마시멜로, 당근 케이크처럼 독특한 토핑도 얹을 수 있다. 직원 추천 조합은 코코넛 아이스크림+딸기+바이올렛 마시멜로+꿀 사탕 또는 구운 사과맛 아이스크림+사과조림+버터 쿠키! 처음이라면 베이스 아이스크림에 따라 달라지는 추천을 믿고 맡겨보자.

95JF+3G 바르셀로나 M 146p & MAP 5-C
La Rambla, 51-59 11:00~22:00/월~수요일 휴무 콘 3.80€, 콘+토핑 4.60€, 컵 3.50~4.70€, 컵+토핑 4.50~5.60€ M L3 Liceu에서 도보 1분 www.rocambolesc.com

❶ Horchata

더운 날 힘을 주는 전통 음료 한잔!

플라네예스 도낫
Planelles Donat

바르셀로나 사람들이 무더운 여름에 즐겨 마시는 ❶ 오르차타에 도전해 보자. 스페인 사람들이 '추파La Chufa'라고 부르는 영양 만점 타이거넛을 설탕과 함께 갈아 만든 음료다. 특유의 고소하고 쌉싸래한 추파 맛이 설탕의 단맛과 잘 어우러진다. 여름이면 사람들이 줄을 설 만큼 갈증 해소 음료로 탁월! 우리나라의 쌀 음료와 비슷한 맛이다. 가게의 아이스크림 역시 명물로 꼽힌다. 오르차타에 아이스크림을 띄워 먹으면 1석 2조의 맛을 즐길 수 있다.

95PC+FQ 바르셀로나 M 146p & MAP 5-A
Av. del Portal de l'Àngel, 27 10:00~20:30/일요일 휴무 오르차타 1.90~3.60€, 쿠바 3.20~5€ 카탈루냐 광장에서 도보 1분 www.planellesdonat.com

SECTION

B

바르셀로나의 가장 고전적인 모습

고딕 지구

카탈루냐 광장에서 람블라스 거리를 통해 콜럼버스의 탑까지 가는 동안 왼쪽에 펼쳐지는 지역이다. 로마 시대에 기원을 둔 바르셀로나에서 가장 오래된 지역으로, 역사 깊은 대성당, 왕의 궁전, 광장 등이 지중해를 장악하고 무역으로 부를 쌓은 아라곤 연합왕국의 전성기 시절(14~15세기) 그대로를 간직하고 있다. 이름에서 느껴지듯 당대 가장 뛰어난 기술과 자원의 결합체인 고딕 양식 건축물이 곳곳에 남아있다.

19세기 중반에 들어선 포르티코(열주랑)가 광장으로 드나드는 통로 역할을 한다.

가우디의 데뷔작, 레이알 광장의 가로등

광장 중앙에 삼미신 분수 (Las Tres Gracias)가 있다.

06 화사한 건물이 품은 아늑한 광장
레이알 광장 Plaça Reial

시끌벅적한 람블라스 거리에서 딱 한걸음이면 고요한 중세로 타임슬립한다. 일반적인 광장과는 달리 사방을 둘러싼 건물 사이 아치문으로만 드나들 수 있어 묘하게 아늑하다. 광장 가장자리에 쭉쭉 뻗은 야자수와 노천 카페도 이국적인 분위기를 물씬 풍긴다.

레이알 광장의 가로등Fanals de la Plaça Reial은 잠시 줄을 서서라도 사진을 꼭 찍을 것. 1879년 바르셀로나 시가 주최한 공모전에 당선된 가우디의 데뷔작이다. 레이알 광장에는 1889년부터 자리를 잡았으며, 가로등 꼭대기에 두 마리 뱀과 '전령의 신' 헤르메스의 모자가 표현돼 있다.

저녁이면 아케이드 안쪽에서 플라멩코 공연장, 클럽, 재즈 바가 문을 연다. 단, 구석 통로 쪽에는 소매치기가 상시 대기 중이니 주의하자.

Ⓖ 95JG+24 바르셀로나 Ⓜ 160p & MAP ⑤-C
🚉 M L3 Liceu에서 도보 4분

정면에 시계가 달린 건물이 바르셀로나 시청이다(사진 왼쪽).

07 바르셀로나를 움직이는 동력
산 자우메 광장
Plaça de Sant Jaume

서울에 시청 앞 광장이 있다면, 바르셀로나에는 산 자우메 광장이 있다. 바르셀로나 시청Ajuntament de Barcelona과 카탈루냐 자치정부청사Palau de la Generalitat가 마주 보는 이곳은 '바르셀로나'라는 명칭조차 없던 로마 시대부터 공공 광장인 포룸으로 쓰이며 정치의 중심지 역할을 해왔다. 광장이 지금의 모습으로 만들어진 건 1823년, 람블라스 거리와 이어지는 중심 상권 거리를 만들면서 성당과 공동묘지가 차지하던 자리를 널찍한 광장으로 정리하면서부터다. 이후 카탈루냐를 대표하는 축제 라 메르세La Mercè를 비롯해 거인 인형 퍼레이드, 인간 탑 쌓기 등 시의 모든 축제가 이곳에서 열린다고 해도 과언이 아니다. 광장에서 바르셀로나 대성당 옆으로 이어지는 비스베 거리Carrer del Bisbe에서는 1928년 베네치아 탄식의 다리를 본떠 만든 구름다리가 중세의 오래된 다리처럼 눈길을 끈다.

Ⓖ 산 하우메 광장 Ⓜ 160p & MAP ⑤-C
M L4 Jaume I에서 도보 4분/레이알 광장에서 도보 5분

카탈루냐 자치정부청사. 발코니에 카탈루냐의 수호성인 산 조르디의 조각상이 있다.

비스베 거리의 구름다리

Option
08 이천 년 전 로마 신전
아우구스투스 신전
Temple d'August

로마 시대에 건설한 산 자우메 광장의 대표적인 건축물. 위대한 황제를 신으로 모신 로마의 전통에 따라 로마의 초대 황제 신전이 도시의 중심에 지어졌고, 이는 곧 고딕 지구가 로마 시대에도 이 도시의 중심이었음을 말해주는 증거가 돼 준다.

기원전 1세기에 지어진 신전은 400년간 그 역할을 했다. 이후 중세 건축물 사이에서도 근근이 형태를 유지하며 '기적'이란 뜻의 '미라쿨룸Milaculum'이라고 불리기도 했는데, 15세기부터는 점점 파고드는 새로운 건축물에 밀려 몇 개의 기둥만 남고 말았다. 이제는 무심코 걷다 보면 그냥 지나쳐버릴 흔적이 됐으니 두 눈 크게 뜨고 찾아보자.

Ⓖ 95MG+9V 바르셀로나
Ⓜ 160p & MAP ⑤-C
Carrer del Paradís, 10 ⏰ 10:00~19:00 (월요일 ~14:00, 일요일 ~20:00)/1월 1일·5월 1일·6월 24일·12월 25일 휴무 Ⓔ 무료
산 자우메 광장에서 도보 1분

부채꼴 계단에서 바라본 왕의 광장

09 중세 시절의 흔적 왕의 광장 Plaça del Rei

바르셀로나가 누렸던 아라곤 연합왕국 시절의 화려함을 대변하는 광장이다. 막강한 해군력을 바탕으로 지중해를 장악하고 무역으로 부를 쌓았던 아라곤 연합왕국의 군주들이 머물던 장소. 현재 '왕의 광장'이라고 불리는 공간은 왕국이 융성했던 13세기에 고딕 양식으로 지은 왕궁 건물에 둘러싸인 정원 부분이다. 왕궁 건물 대부분은 바르셀로나 역사박물관으로 쓰이고 있어 박물관에 입장하지 않는다면 이곳만이 왕궁에 닿을 수 있는 유일한 공간이다.
광장 한구석에 남아 있는 부채꼴 계단은 왕실 예배당으로 오르던 통로였다. 지금은 조용하게 시간을 보내고 싶은 사람들이 잠시 쉬다 가는 장소다.

Ⓖ 95MG+MX 바르셀로나
Ⓜ 160p & MAP ⑤-A
🚊 M L4 Jaume I에서 도보 2분/산 자우메 광장에서 도보 3분

왕궁과 왕실 예배당 건물이 모두 박물관으로 사용되고 있어 박물관 구경이 곧 왕궁 구경이다.

Option 10 고대 지하도시 바르셀로나 역사박물관 Museu d'Historia de Barcelona

바르셀로나 중세 이전의 역사는 땅 아래에 묻혀 있다. 일반적인 역사박물관이라고 착각하면 큰 오산. 입구에서 엘리베이터를 타고 지하로 내려가면 바깥에선 결코 상상할 수 없는 거대한 유적 터가 나타난다. 이천 년이 넘는 세월 동안 지붕과 벽의 상단은 사라졌지만, 남아 있는 기단과 벽의 일부만 봐도 옛 도시의 거대한 규모를 충분히 상상할 수 있다. 공중목욕탕과 교회, 빨래터 같은 일상 공간은 물론 로마 시대 공동묘지인 네크로폴리스의 흔적까지 엿볼 수 있다.

Ⓖ 95MH+H3 바르셀로나
Ⓜ 160p & MAP ⑤-C
📍 Plaça del Rei ⏰ 10:00~19:00(일~20:00)/월요일·1월 1일·5월 1일·6월 24일·12월 25일 휴무 Ⓔ 7€, 15세 이하 무료/무료입장 매월 첫째 월요일, 일요일 15:00~ 🚊 왕의 광장으로 들어가는 Carrer del Veguer에 입구가 있다. 🛜 www.barcelona.cat/museuhistoria/es

박물관 앞 콤테스 골목(Carrer dels Comtes)은 길거리 연주자들의 명당이다.

Option 11 어느 수집광의 보물창고 프레데릭 마레스 박물관 Museu Frederic Marés

한 사람의 호기심과 집착이 바르셀로나에서 가장 아름다운 개인 박물관을 탄생시켰다. 조각가 지망생이었던 프레데릭 마레스는 18살인 1911년, 파리에서 골동품과 경매에 눈을 뜨고는 하나둘 수집품을 늘려가는 재미에 컬렉션의 양이 점차 방대해졌다. 가장 인상적인 전시실은 귀부인들이 사용하던 일상용품 컬렉션(2층)이다. 귀걸이, 머리핀, 브로치, 손거울 등 갖가지 장신구와 미용기구가 가득해 마치 백여 년 전의 백화점을 연상케 한다.

Ⓖ museu frederic mares
Ⓜ 160p & MAP ⑤-A
📍 Plaça Sant Iu, 5 ⏰ 10:00~19:00(일·공휴일 11:00~20:00)/월요일, 1월 1·5일, 6월 24일, 12월 25일 휴무 Ⓔ 4.20€, 16~29세 2.40€/무료입장 일요일 15:00~20:00(매월 첫째 일요일 11:00~) / BCN 카드 🚊 왕의 광장에서 도보 2분 🛜 www.barcelona.cat/museufredericmares/es

200개의 괴물 형상 가고일로 장식한 종탑. 가고일은 지붕에 떨어진 빗물을 흘려보내고 악령을 내쫓는 액막이 역할을 한다.

순교 장면이 묘사된 성녀 에울랄리아의 무덤

★

성녀 에울랄리아 Santa Eulàlia

바르셀로나의 수호성녀 에울랄리아는 기독교를 포기하라는 로마 제국의 협박에 굴복하지 않았다. 그녀는 13살의 어린 나이에 칼이 든 큰 통에 갇혀 언덕을 구르고, X자형 십자가에 매달리는 등 모진 고문 끝에 참수형을 당했다.

❶ 대성당 남서쪽 회랑. 에울랄리아의 나이를 상징하는 거위 13마리가 여행자를 맞이한다.

❷ 성가대석에는 지위가 높은 귀족만이 단원이 될 수 있는 황금양모기사단의 문장이 새겨져 있다.

❸ 성당 앞 노바 광장(Plaça Nova) 북쪽에 있는 건축가협회 건물에는 피카소의 드로잉이 외벽에 새겨져 있다.

12 바르셀로나의 수호 성당
바르셀로나 대성당
Catedral de Barcelona

하늘에 닿을 듯 높이 치솟은 첨탑과 장미 모양의 창문 장식, 뾰족하게 올린 첨두아치가 왜 이 지역을 '고딕'이라 부르는지 짐작게 하는 성당이다. 재미있는 건 12~15세기에 크게 유행한 고딕 양식을 20세기 초반에 재현했다는 사실이다. 현재 성당 건물의 대부분은 바르셀로나가 번성했던 13~15세기에 지어졌지만, 성당을 대표하는 정면 파사드와 가고일Gargoyle로 장식한 종탑은 19세기 후반에 공사를 시작해 1913년에야 완성했다. 1408년에 그려진 설계도가 500년이나 지나 빛을 발한 건, 19세기 말 카탈루냐 문예부흥운동의 일환으로 옛 설계를 되살리자며 자금을 지원한 마누엘 지로나 가문 덕분이었다.
바르셀로나의 수호성녀 에울랄리아의 유해를 모신 특별한 성당이기에 바르셀로나 사람들은 위기의 순간마다 이곳에 모여 의지를 다져왔다. 한편, 성당의 종은 스페인 왕위 계승 전쟁 당시 바르셀로나 사람들에게 반역의 기운을 불어넣었다며 강제로 녹여지는 불운을 겪기도 했다.

Ⓖ catedral de barcelona Ⓜ 160p & MAP ❺-C
📍 Pla de la Seu ⏰ 관광객 방문 09:30~18:30(토 ~17:15, 일 14:00~17:00) € 성당 14€(지붕+성가대석+박물관+예배당+오디오가이드 포함) 🚉 산 자우메 광장에서 도보 3분/M L4 Jaume I에서 도보 3분 ᯤ catedralbcn.org

❶

❷

❸

13 아픈 기억은 이곳에 남아
산 펠립 네리 광장
Plaça de Sant Felip Neri

작은 팔각형 분수를 품고 있는 이 아담한 광장은 일부러 찾아가는 이들에게만 그 모습을 드러내는 숨은 진주 같은 곳이다. 광장으로 이어지는 비좁은 골목길은 영화 <향수: 어느 살인자의 이야기> 속 어두컴컴하고 스산한 골목으로 등장하기도 했다.

1938년 내전 당시 산 펠립 네리 성당에 숨어 있다가 프랑코가 이끄는 정부군의 폭격에 희생된 40여 명의 아이를 기리기 위해 조성한 광장으로, 남아 있는 교회 외벽에는 폭탄의 파편 자국이 남아 가슴을 아프게 한다. 사그라다 파밀리아 성당을 짓던 가우디 역시 이곳 산 펠립 네리 성당으로 향하던 중 전차 사고로 목숨을 잃었다고 한다.

Ⓖ 산펠립네리 광장 Ⓜ 160p & MAP ⑤-C
🚇 바르셀로나 대성당에서 도보 2분

산 펠립 네리 성당의 외벽에
선명하게 남은 파편 자국

14 초콜릿과 꿀이 흐르는 곳
피 광장
Plaça del Pi

분위기가 다소 무거운 고딕 지구에서 가장 화사한 장소다. 광장에서 바로 이어지는 초콜릿 골목과 주말에 열리는 꿀 시장 덕분에 이곳을 걸을 때면 왠지 달콤한 향기가 느껴지는 것만 같다. 광장의 이름은 1568년 광장을 처음 만들 때 심은 소나무에서 비롯했다. 최초의 소나무는 프랑스와의 전쟁 때 죽었고, 현재의 소나무는 1985년에 심은 것이다. 카탈루냐어로 소나무는 '피Pi'라고 하지만, 스페인어로는 '피노Pino'다. 카탈루냐 지방 사람이 아닌 스페인 사람들이 이곳을 '피노 광장'이라고 부르는 이유다.

Ⓖ 95JF+XF 바르셀로나 Ⓜ 160p & MAP ⑤-C
🚇 M L3 Liceu에서 도보 2분/바르셀로나 대성당에서 도보 4분

MORE

초콜릿 골목과 꿀 시장

'초콜릿 골목'은 페트리촐 거리(Carrer Petritxol)의 별명이다. 현지인들이 저마다 초콜릿 가게를 숨겨놓고 있는 골목이라는 뜻에서 붙은 별칭이다. 피카소와 달리도 이 골목에서 따끈한 초콜라테에 추로스를 찍어 먹었다고 한다. 매월 첫째·셋째 주 금~일요일(11:00~14:30, 17:00~21:30)에는 꿀 시장이 열린다. 꿀뿐만 아니라 치즈, 초콜릿, 투론, 잼 등 지역 장인이 만든 식품도 판매한다. 장이 서는 시간은 날씨와 시즌에 따라 유동적이며, 크리스마스 같은 특별 시즌에도 부정기적으로 열린다.

오랜 역사가 담긴

바르셀로나 '전통 강호' 맛집

피카소가 밥을 먹고 술을 마시던 카페에서 달리가 초콜라테와 추로스로 해장하던 골목까지.
가게마다 품고 있는 이야깃거리로 넘쳐나는 지역이다.

피카소와 함께 점심을!

◉ 엘스 쿠아트레 가츠

Els 4 Gats

바르셀로나 특산품인 카바(스파클링 와인)를 넣은 딸기 셔벗

1800년대 말 바르셀로나의 예술가와 지식인들이 밤새 술을 마시며 토론하던 아지트. 가게 이름은 '네 마리 고양이'라는 뜻으로, 파리 몽마르트르에 있는 젊은 예술가들의 집합소인 '검은 고양이 카바레Cabaret du Chat Noir'를 본떠 만들었다. 피카소가 17살 때 첫 전시를 연 장소로도 잘 알려졌다. 입구 쪽은 타파스와 음료를 파는 바르 공간이고, 정식 메뉴를 파는 레스토랑 공간은 안쪽에 따로 있다. 관광지급의 역사적인 장소인 만큼 음식 가격이 비싼 편이다. 평일의 런치 세트 메뉴가 가성비 있는 선택. 바르에서 와인이나 커피를 마시며 가볍게 분위기를 즐기는 여행자가 많다.

G 95PF+8C 바르셀로나
M 160p & MAP ⑤-A
Carrer de Montsió, 3 ☎ 933 02 41 40 ⏰ 11:00~24:00(일 12:00~17:00)/월요일 휴무 € 전채 12~28€, 파에야 21~27€, 해산물 요리 26~32€, 상그리아 8€/1잔, 베르뭇 4.50€/1잔, 치즈 플레이트 15€ 🚇 카탈루냐 광장에서 도보 4분 www.4gats.com

1897년 화가 라몬 카사스가 인테리어 삼아 그린 <자전거를 탄 라몬 카사스와 페레 로메우>. 진품은 국립 카탈루냐 박물관(218p)에 있다.

문어와 새우를 넣은 스페인식 냉수프 가스파초

생선구이를 얹은 볶음밥. 화이트 와인과 잘 어울린다.

하몬과 치즈를 넣은 보카디요 기본형, 5.15€. 상위 재료인 하몬 이베리코를 넣으면 7.30€.

따끈함이 일품, 스페인 전통 샌드위치

코네사 앤트레판스
Conesa Entrepans

하몬, 소시지, 고기, 치즈 등 빵에 다양한 재료를 채워 파니니처럼 꾹 눌러 구워주는 저렴하고 간편한 스페인식 샌드위치 '보카디요' 전문점. 주문 즉시 바로 구워내는 덕에 조금만 기다리면 따끈한 보카디요를 받아들 수 있다. 60년 넘게 바르셀로나 서민들의 얄팍한 주머니 사정을 돌봐 준 가게라 투어 가이드들도 빼놓지 않고 추천하는 맛집이다.

메뉴판이 카탈루냐어로 적혀 있어 매장 바깥에서 사진과 영어 메뉴판을 보고 미리 결정하고 들어가는 게 좋다. 매장 안에 마늘 마요네즈인 알리올리Alioli, 살짝 매콤한 소스 살사 브라바Salsa Brava 등 4가지 소스가 준비돼 있으니 입맛대로 추가하자.

95MG+6R 바르셀로나 M 160p & MAP 5-C
Carrer de la Llibreteria, 1 08:30~22:15/일요일 휴무 조식 메뉴(커피+샌드위치) 4.40€~, 런치 메뉴(음료+샌드위치 2개) 8.15€~ 산 자우메 광장에서 도보 2분

돌돌 돌려가며 구운 고기를 얇게 저며내는 기로스. 돼지고기와 닭고기 중에 선택한다.
미소스(Mythos) 맥주와 함께 먹는 세트 메뉴. 직접 썰어 튀겨낸 감자튀김도 매력적이다.
Mythos

★
카탈루냐와 그리스의 얽히고 설킨 역사

카탈루냐는 과거 페니키아인과 그리스인이 식민 개척을 한 땅이다. 13세기에는 반대로 아라곤 연합왕국이 지중해로 활발하게 진출해 그리스의 아테네까지 점령한 역사가 있다. 해상무역을 통해 발전한 카탈루냐 사람들의 기질은 그리스와도 꽤 닮아 있다.

그리스를 닮은 신선함

피타 기로스
Pita Gyros Gòtic

선명한 바다와 쨍한 햇살이 있는 바르셀로나에 어울리는 그리스 식당. 얇게 저민 고기와 채소를 두툼한 피타 빵에 둘둘 말아 내오는 그리스식 샌드위치 '기로스 피타Gyros Pita' 전문점이다. 신선한 양파와 채소에 어우러진 소스가 우리 입맛에도 잘 맞고, 양도 넉넉해 든든하게 한 끼를 해결할 수 있다. 페타 치즈와 올리브가 어우러진 그리스식 샐러드, 요거트에 오이, 마늘 등을 넣어 만든 그리스 전통 소스 '차지키Tzatzitki'도 판매한다. 한때 그리스를 점령했던 아라곤 연합왕국의 중심지에서 잠시나마 그리스 뒷골목에 놀러 온 기분에 취해보자.

95JG+4W 바르셀로나 M 160p & MAP 5-C
Carrer dels Escudellers, 42 12:00~22:00 기로스 피타 5.80~7.50€, 기로스 피타+감자튀김+음료 세트 8.80~9.50€, 샐러드 5.50€ 레이알 광장에서 도보 4분

❶ Xocolata(3.30€)

빠져나올 수 없는 마성의 추로스

◉ 그랑하 라 파야레사
Granja la Pallaresa

1947년 문을 연 70년 전통의 카페이자 현지인들에게 제일 유명한 추로스 가게다. 따끈하게 끓인 초콜라테에 찍어 먹는 전통 추로스를 제대로 맛볼 수 있다. 초콜라테는 버터와 계피, 설탕, 연유의 양에 따라 맛이 미묘하게 달라지는데, 이 집의 기본인 ❶ 쇼콜라타는 단맛보다 계피 향이 강한 편이다. 초콜라테에 달지 않고 순수한 우유 맛의 휘핑 크림을 수북이 얹은 ❷ 쇼콜라타 수이사 역시 단골들이 즐겨 찾는다. 생각보다 달지 않고 걸쭉한 초콜릿이 처음엔 낯설겠지만, 금세 이 투박하면서도 부드러운 맛에 빠져들게 될 것이다.

Ⓖ 95MF+54 바르셀로나 Ⓜ 160p & MAP ❺-C
📍 Carrer de Petritxol, 11 ⏰ 09:00~13:00, 16:00~21:00(일 09:00~13:00, 17:00~21:00)/7월 휴무 Ⓔ 추로스 2.40€/1인분, 쇼콜라타 3.30€ 🚇 람블라스 거리의 호안 미로 타일이 있는 광장에서 도보 2분 🌐 onacg3.wixsite.com/lapallaresa

MORE

간편한 주문 방법, 추로스 콘 초콜라테

추로스를 만드는 가게에서는 보통 따뜻한 초콜릿(스페인어로 초콜라테, 카탈루냐어로 쇼콜라타)을 찍어 먹을 수 있도록 함께 판매한다. "추로스 꼰 초콜라떼, 뽀르 파보르(Churros con chocolate, por favor)"라고 주문하면 된다. 카탈루냐어로는 "슈로스 암 쇼콜라타, 씨 우스 쁠라우(Xurros amb xocolata, si us plau)"!

마요르카와 이비사에서 즐겨 먹는 빵 엔사이마다(Ensaïmada). 카페라테(Café con Leche)나 초콜릿에 찍어 먹는다.

❷ Xocolata Suïssa(3.70€)

① Xurros de Xocolata(100g 1.70€)
갓 튀긴 추로스. 저울에 무게를 재서 100g 단위로 판매한다.

주머니 가벼운 여행자의 추로스

슈레리아
Xurreria

1968년부터 고딕 지구에서 영업해 온 가게다. 아주 작아 지나치기 쉽지만, 저렴한 가격에 양껏 즐길 수 있는 추로스로 여행자들에게 인기 만점이다. 테이크 아웃 전문으로, 기본 추로스도 좋지만 초콜릿을 살짝 입힌 ① 슈로스 데 쇼콜라타(추로스 데 초콜라테)도 추천 메뉴다. 근처 카페나 상점에서도 이곳의 추로스를 받아서 판매하곤 한다.

G 95JG+V3 바르셀로나
M 160p & MAP ⑤-C
Carrer dels Banys Nous, 8 08:00~21:00 € 추로스 100g 1.50€, 초콜라테 추로스 1.70€ M L3 Liceu에서 도보 5분

① Pignotta

이탈리아 젤라토의 자부심!

젤라티 디 마르코
Gelaaati Di Marco

정신없이 흘러간 고딕 지구 구경은 달콤한 젤라토로 마무리해보자. 인공 색소나 트랜스 지방이 들어 있지 않고 좋은 재료만을 선별해 이탈리아 젤라토의 자존심을 지키고 있다. 지방 함량이 4~9% 정도로 낮아 10% 이상의 지방을 포함한 일반 아이스크림보다 산뜻한 맛을 즐길 수 있다. 주인장 추천 메뉴는 바닐라 캐러멜 젤라토에 이탈리아 스위트 푸딩인 판나코타와 잣을 더한 ① 피뇨타다.

G 95MG+7W 바르셀로나
M 160p & MAP ⑤-C
Carrer de la Llibreteria, 7 11:00~24:00 € 젤라토 3.80~7€ 산 자우메 광장에서 도보 2분 www.gelaaati.com

원하는 문양을 넣은 사탕도 주문 제작할 수 있다.
다양한 샘플을 맛볼 수 있다.

두 손에 가득~ 알록달록 수제 사탕

파파버블
Papabubble

다 큰 어른도 동심으로 돌아가게 하는 수제 사탕 가게 파파버블의 본점이다. 커다란 사탕 반죽을 조물조물 뭉쳤다가 이리저리 늘이고 나면 마법처럼 알록달록한 사탕이 쏟아진다.
옛날식 사탕 제조법을 고스란히 재현해 구시가지 골목 귀퉁이에 가게를 차린 것이 2004년. 이후 세계 곳곳에 매장을 내며 인기를 끌고 있다. 방금 만든 사탕을 눈앞에서 자르는 진풍경에 아이들을 데리고 방문하는 손님이 많다.

G 95JG+P6 바르셀로나
M 160p & MAP ⑤-C
Banys Nous, 3 11:00~14:30, 16:30~20:00/일요일 휴무 € 40g 4€~ 레이알 광장에서 도보 4분 papabubble.com

❶ Pho(12.50€)

아시아 음식 열풍의 최강자

◉ 분보 베트남
Bún Bò Viêtnam(Gótico)

요즘 스페인에서는 머나먼 아시아 음식이 유행 중이다. 현지인이 즐겨 찾는 분보는 캐주얼하고 경쾌한 분위기까지 더해 '쌀국수=분보'라는 공식을 성립시켰다. 간편하게 한 끼 해결할 수 있는 ❶ 베트남 쌀국수와 ❷ 스프링 롤이 이 집의 간판 메뉴다. 유난히 모히토를 사랑하는 바르셀로나 사람들답게 쌀국수 역시 모히토와 함께 즐긴다.

G 95PG+22 바르셀로나 M 160p & MAP ❺-A

📍 Carrer dels Sagristans, 3 ⏰ 13:00~23:00(금·토 ~24:00) € 전채 7~8€, 분짜 11.50€, 쌀국수 12.50€, 모히토 5.50€ 🚊 바르셀로나 대성당에서 도보 2분
bunbobarcelona.com

럼+애플민트+라임+황설탕=모히토

❷ Nems(7€). 돼지고기나 두부를 속 재료로 선택할 수 있다.

MUSEU
MARÈS
ESCULTURA I COL·LECCIONISME ESCULTURA Y COLECCIONISMO

SECTION

역사와 미학이 흐르는
라 리베라 지구

고딕 지구에서 라이에타나 거리Via Laietana를 건너가면 라 리베라 지구가 시작된다. 중세 시절부터 상업의 중심지였기에 복잡하고 좁은 골목을 따라 유서 깊은 가게들이 늘어서 있다. 라 리베라 지구에서 바다 쪽과 가까운 부분은 부유한 상인들과 고급 관료들이 살던 보른 지구. 13~15세기에 지어진 고풍스러운 저택에는 피카소 미술관을 비롯해 다양한 소규모 미술관과 갤러리가 포진해 있다. 현지인들의 단골 바르와 카페, 트렌디한 부티크숍 또한 많다.

15 바르셀로나 최고의 포토 스폿
개선문 Arc de Triomf

이국적인 분위기가 물씬 풍기는 곳이다. 붉은 벽돌을 쌓아 만든 문이 푸른 숲과 파란 하늘을 배경으로 그 어느 명소보다 근사한 사진 배경이 돼준다. 1888년 열린 만국박람회의 정문으로, 색깔과 모양이 다른 벽돌을 번갈아 쌓아가며 무늬를 만드는 아랍의 건축 양식을 사용했다. 이처럼 이슬람 건축을 재해석한 네오 무데하르Neo-Mudéjar 양식은 당시 스페인 건축계의 유행이었다.
개선문 뒤쪽으로는 넓디넓은 시우타데야 공원Parc de la Ciutadella이 펼쳐진다. 18세기 초에 벌어진 왕위 계승 전쟁 이후 펠리페 5세가 반란의 본거지였던 바르셀로나를 감시하고자 요새를 만든 자리다. 바르셀로나 입장에서 요새는 압제의 상징과도 같았기에 1869년, 이를 모두 허물고 시민을 위한 공원으로 만들었다. 개선문과 함께 주말이면 현지인들이 나와 여유로운 시간을 보내는 곳이다.

개선문 뒤로 이어지는 넓은 보행자 전용도로

시우타데야 공원. 분수와 인공연못, 동물원 등이 조성돼 있다.

Ⓖ 바르셀로나 개선문 Ⓜ 172p & MAP ⑤-A
📍 Passeig de Lluís Companys
🚆 M L1 Arc de Triomf 에서 도보 10분

★
발렌시아 박쥐군단의 시조새, 자우메 1세

자우메 1세(1208~1276년)는 이슬람 지배하에 있던 발렌시아를 해방한 카탈루냐의 영웅이다. 개선문을 장식하고 있는 박쥐 조각은 그를 기리기 위한 상징물. 전쟁 당시 자우메 1세의 깃발에 박쥐가 내려앉으며 전세가 승리로 역전되자, 박쥐는 자우메 1세와 행운의 상징이 됐다. '박쥐군단'이라 불리는 발렌시아 연고 축구팀들의 엠블렘에는 모두 박쥐가 그려져 있다.

개선문의 박쥐 조각. 동물을 이용해 메시지를 전달하는 방식은 모데르니스메 건축(191p)의 특징이다.

발렌시아 C.F.의 엠블렘

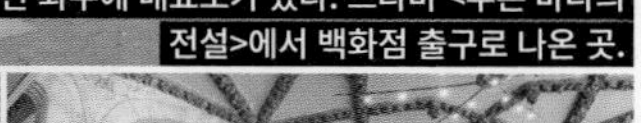

현관 좌우에 매표소가 있다. 드라마 <푸른 바다의 전설>에서 백화점 출구로 나온 곳.

카페 옆쪽의 바리케이드에서 가이드와 함께 투어가 시작된다.

음악당 1층의 메인 로비

16 바르셀로나의 문화적 자부심 카탈루냐 음악당 Palau de la Música Catalana

19세기 중반부터 철강산업과 무역업으로 부를 축적한 바르셀로나 시민은 경제력을 바탕으로 카탈루냐의 정치 독립과 문화 부흥을 이루고자 했다. 그러한 노력이 맺은 결실 중 하나가 바로 카탈루냐 음악당이다. 카탈루냐 문화 운동을 이끈 시민 합창단 오르페오를 위해 지어진 건물로, 바르셀로나의 기업가와 부르주아들의 자발적인 기부금으로 건축돼 의미가 더욱 남다르다.

가우디와 함께 스페인을 대표하는 건축가 루이스 도메네크 이 몬타네르가 공사를 맡은 것이 1903년. 3년만에 바르셀로나에서 가장 아름다운 공연장이 탄생했다. 꽃과 나뭇잎 문양이 새겨진 조각에 알록달록한 채색타일 모자이크와 화려한 스테인드글라스까지. 그가 일생을 다해 보여주고자 한 카탈루냐식 아르누보 건축의 진수라고 할 수 있다.

Ⓖ 카탈라냐 음악당 Ⓜ 172p & MAP ⑤-A

📍 Carrer del Palau de la Música, 4-6 C ☎ 932 95 72 00 ⏰ 09:00~15:30(가이드 투어 시간은 시즌에 따라 유동적/빠른 예약 권장), 50분 소요 € 가이드 투어 22€, 오디오가이드 투어(스마트폰+이어폰 필요, 한국어 지원) 22€, 셀프 가이드 투어(브로셔 이용) 18€, 예약비 1€ 별도, 9세 이하 무료/BCN 카드 소지자 20% 할인 🚇 M L1·L4 Urquinaona에서 도보 2분 🌐 www.palaumusica.cat

★

음악당 들여다보기

입장료를 내지 않고 건물 일부라도 구경하고 싶다면 음악당의 카페를 이용해보자. 카페에서 화장실 쪽으로 가면 음악당 1층 현관과 계단 일부를 구경할 수 있다. 카페 입구에는 기념품숍도 있다.

외벽의 조각 <카탈루냐의 노래>. 카탈루냐 사람 모두가 음악당의 주인이라는 의미를 담고 있다.

가이드 투어? 공연 관람?
카탈루냐 음악당 제대로 즐기기!

가우디도 인정한 천재 건축가 도메네크가 남긴 건축물을 제대로 감상하고 싶다면 낮에 진행하는 가이드 투어를 추천한다. 햇빛을 천연 조명으로 사용하는 공연장의 설계 의도를 제대로 느낄 수 있다. 스테인드글라스와 창문을 통해 들어오는 자연광을 조명으로 삼은 음악당은 유럽에서도 이곳뿐이다. 이런 기발한 발상 덕에 1997년 유네스코 세계문화유산으로도 지정됐다. 물론 실제 공연과 함께 음악당을 즐기는 것 또한 매력 있다.

● 가이드 투어로 보는 음악당

투어는 작은 콘서트홀에서 관련 영상물을 10여 분간 관람하며 시작된다. 계단을 따라 올라가면 오르페오 합창단의 공동 설립자인 지휘자 밀렛에게 헌정한 홀 살라 루이스 밀렛Sala Lluis Millet이 나온다. 천장에 새겨진 카탈루냐기와 철제 샹들리에, 채색타일 모자이크로 장식된 발코니 기둥들이 시선을 사로잡는다.
메인 콘서트홀에서는 햇빛을 받아 빛나는 천장의 스테인드글라스가 압권이다. 태양을 상징하는 스테인드글라스 주위에는 여성 합창단의 얼굴이 새겨져 있다. 무대 중앙의 대형 오르간과 벽면에 새겨진 음악의 여신들도 눈여겨볼 것.

살라 루이스 밀렛 홀. 깨진 타일 조각으로 모자이크를 만드는 트랜카디스 기법은 바르셀로나 모데르니스메 건축의 주요 특징이다.

● 공연과 함께 즐기는 음악당

공연을 관람하고 싶다면 가능한 일정의 티켓부터 예매해 두자. 공연 시작 30분 전에 미리 입장해 음악당 내부를 찬찬히 둘러보는 것도 좋은 방법이다. 공식 홈페이지에서 예매할 수 없을 때는 공연 시작 전 현장 구매도 가능하지만, 인기 공연이라면 예매는 필수다.

동서양의 악기를들고 있는 무대 벽면의 조각들

2층 객석 위쪽에는 음악가들에게 행운을 빌어주는 페가수스 조각이 있다.

지붕의 굴곡이 아름다운 시장 내부

Option

17 보케리아보다 더 서민적인 장터 산타 카테리나 시장 Mercat de Santa Caterina

여행자들이 장악한 보케리아 시장과 달리 현지인들이 찾는 바르셀로나 최초의 실내시장. 산업혁명 이후 도시에 정착한 노동자들을 위해 풍성한 식료품을 제공해온 곳이다. 150년의 세월 동안 낡아 버린 시장은 1997년부터 진행한 8년간의 개조 작업 끝에 지금의 알록달록한 지붕을 갖게 됐다. 위성 사진에서도 눈에 띌 만큼 화려한 물결무늬 지붕은 모자이크 타일로 그린 과일과 채소로 덮여있다.

가장 붐비는 시간은 주말이 다가오는 목요일, 특히 오전 시간이다. 시장 안 바르는 아침 겸 점심 식사를 해결하기 좋으며, 한쪽에는 슈퍼마켓도 있다.

95PH+G7 바르셀로나 M 172p & MAP 5-A

개조 공사 때 발굴한 수도원의 잔해. 무료입장이니 둘러보자.

Av. de Francesc Cambó, 16
07:30~15:30(화·목·금 ~20:30)/일요일 휴무
M L4 Jaume I에서 도보 5분
mercatsantacaterina. com

시장 건물 가운데 보존된 1700년대 시가지

Option

18 겉은 시장, 안은 유적지 엘 보른 문화센터 El Born Centre de Cultura i Memòria

보른 지구의 중심인 파세이그 델 보른Passeig del Born 거리의 한쪽 끝에는 커다란 철제 건물이 서 있다. 1876년에 지은 이 건물은 19세기 후반부터 100여 년간 동네 사람들이 장을 보던 시장으로, 보존 상태가 좋아 지금도 시장으로 운영하는 줄 착각하는 여행자가 있을 정도다.

건물 안에는 1700년대의 시가지를 복원한 고고학 유적지가 자리하고 있다. 스페인 왕위 계승 전쟁 당시 펠리페 5세의 군대에 1년 넘게 포위당하고 마침내 패배한 1714년을 잊지 말자는 뜻에서 만든 것이다. 로비에서 이를 내려다보는 것은 무료이며, 고고학 유적지 가이드 투어나 전시실 관람은 별도의 입장료를 내야 한다.

95PM+5H 바르셀로나 M 172p & MAP 5-B

Plaça Comercial, 12 10:00~20:00(11~2월 ~19:00)/월요일·1월 1일·5월 1일·6월 24일·12월 25일 휴무 € 전시실 4€, 16~29세·65세 이상 2.80€, 7세 이하 무료/전시실 무료입장 일요일 15:00~, 매월 첫째 일요일, 2월 10일, 5월 18일, 9월 11·24일, 11월 30일/ BCN 카드 피카소 미술관에서 도보 4분/M L4 Jaume I에서 도보 8분 elbornculturaimemoria.barcelona.cat

미술관 입구의 파티오. 가는 기둥에 첨두아치를 올린 고딕 양식의 저택이다.

19 피카소의 모든 것
피카소 미술관
Museu Picasso de Barcelona

스무 살 이후 생의 대부분을 프랑스와 미국 등 해외에서 보낸 피카소지만, 그가 질풍노도의 사춘기를 거치며 천재성을 갈고 닦은 곳은 바르셀로나다. 청년 피카소가 설레는 마음으로 들르던 꽃집과 밤새 설전을 벌이던 선술집, 숙취 해소하러 찾던 초콜라테 가게까지, 그의 흔적이 곳곳에 남아있는 바르셀로나에 위치해 더욱 특별한 미술관이다.

피카소의 오랜 친구이자 비서였던 사바르테스가 소장한 피카소의 작품들을 기반으로 1960년 문을 열었다. 그때는 '피카소 미술관' 대신 '사바르테스 컬렉션'이라는 이름을 써야 했는데, 당시 피카소는 프랑스 공산당원으로 활동하며 프랑코 독재정권을 공개적으로 반대해 눈엣가시와도 같은 존재였기 때문이다.

주택 하나로 시작한 미술관은 점차 주변 5개 건물로까지 확장됐다. 사바르테스가 사망한 1968년에 피카소가 이례적으로 다수의 작품을 기증했고, 이후에도 한때 피카소를 우상으로 삼았던 달리가 소장품을 기증하는 등 곳곳에서 기증이 이어진 덕분이다.

G 바르셀로나 피카소미술관 M 172p & MAP 5-A
- Carrer Montcada, 15-23 ☎ 932 56 30 00
- 5~10월 09:00~20:00(목~토 ~21:00), 11~4월 10:00~19:00(1월 5일 ~17:00, 12월 24·31일~14:00)/폐장 30분 전까지 입장/매주 월요일·1월1일·5월 1일·6월 24일·12월 25일 휴무
- 15€(온라인 예매 시 1€ 할인), 18~25세·65세 이상 7.50€, 17세 이하 무료/무료입장(온라인 예약 필수) 11~4월 목요일 16:00~19:00, 5~10월 목~토요일 19:00~21:00, 매월 첫째 일요일, 2월 11일, 5월 18일, 9월 24일/ 아트 티켓 BCN 카드: 예약 필수
- M L4 Jaume I에서 도보 4분
- www.museupicasso.bcn.cat

기념품숍에는 피카소의 작품을 활용한 굿즈들이 다양하다.

★
예약하고 가자!
피카소 미술관은 시간대별로 관람객 수를 제한하며, 하루 관람 인원을 초과하면 티켓 판매를 마감한다. 무료입장 기간에도 입장 인원을 제한하므로 무료입장 예약을 오픈(보통 월요일 10:00~)하면 홈페이지에서 시간을 지정해 예약한다. 한국어 오디오 가이드(5€)를 대여하면 즐거움이 두 배!

Zoom In & Out

피카소 미술관

"그림은 일기를 쓰는 또 다른 방법일 뿐이다." 그가 남긴 말처럼, 흔들리는 영혼이었던 피카소의 유년 시절 스케치와 습작을 비롯해 청년 시절에 그린 초기 작품이 주를 이룬다. 전시관의 방 번호를 따라 차례대로 관람하며 시기에 따른 작품 변화를 눈여겨보자.

전시 섹션은 크게 ▪ 어린 시절(1890~1897) ▪ 훈련기(1897~1901) ▪ 청색 시대(1901~1904) ▪ 바르셀로나에서의 작업(1917) ▪ 시녀들 시리즈(1957)로 나뉜다.

❶ **<자화상>**(1896년) ❷ **<어머니의 초상화>**(1896년)
❸ **<아버지의 초상화>**(1896년) 전시실 1

피카소가 15살에 그린 자화상과 부모의 초상화가 모여 있다. 1881년 스페인 남부 말라가에서 태어난 피카소는 미술학교 교사였던 아버지에게 일찍부터 그림 수업을 받았다. 유년기에는 아버지를 열렬하게 사랑하고 의지했지만, 어느새 성장한 피카소는 아버지가 예술적 모험을 피하는 나약한 인물이라며 경멸했다. 그래서인지 피카소가 남긴 아버지의 초상화는 유독 못난 모습이고, 서명에도 아버지의 성이 빠져있다.

❹ **<과학과 자비** Ciencia y Caridad**>**(1897년) 전시실 3

피카소가 15살에 그린 미술대회 입상품이다. 대회 출품을 위해 삼촌이 수녀복을 빌려오고 아버지가 의사 역할의 모델을 서는 등 온 집안이 총출동했다고. 피카소의 아버지는 아들이 아카데미에서 엘리트 코스를 밟기를 원했지만, 이미 천재성을 드러낸 피카소에게 아카데미는 진부하고 지루할 뿐이었다. 결국 아카데미를 그만두고 전위적인 작가들과 교류하며 새로운 스타일을 완성해간다. 이 그림은 피카소가 기성 화단을 따라 고전적인 방식으로 그린 마지막 작품이다.

❺ **<마고** Margot**>**(1901년) 전시실 7

파리로 옮겨 간 스무 살 청년 피카소는 세상에서 가장 자유로운 도시에서 호기심과 상상력이 폭발한다. 파리의 밤거리에서 일어나는 모든 일이 그림의 소재가 됐다. 도발적이면서도 연약한 느낌의 이 여인의 그림은 <한 손에 어깨를 올린 창녀>, <모르핀에 중독된 여인>이라고도 불린다. 붉은빛을 거침없이 사용한 이 그림은 당시 파리에서 유명한 갤러리에 전시되면서 피카소가 후원자와 수집가를 만나는 기회를 얻게 했다.

벨라스케스의
<시녀들>,
마드리드 프라도
미술관(322p) 소장

❻ <모성 Desamparados>(1903년) 전시실 8

1901~1904년을 피카소의 '청색 시대'라고 부른다. 이름처럼 우울하고 고독한 청색 계열이 주조를 이루었고, 그림에 등장하는 인물들도 매춘부나 알코올 중독자, 부랑자 같은 비참하고 절망적인 빈민들이었다. 이런 화풍은 친구 카사헤마스가 짝사랑하던 여자를 죽이려다 실패하고 권총 자살을 한 후에 나타났다고 한다. 파리 몽마르트르에서 함께 살며 모든 것을 공유했던 친구 카사헤마스의 모습은 이후 작품에서 관자놀이에 총알 자국이 박힌 모습으로 자주 등장한다.

❼ <광대 Arlequin>(1917년) 전시실 9

피카소의 그림에는 어릿광대나 곡예사 같은 서커스 단원들이 자주 등장한다. 이는 러시아 발레단에서 무대 장식을 담당하던 경험이 반영된 것으로 보인다. 이 작품은 피카소가 무대미술을 맡았던 발레 <파라드>의 리세우 극장 공연과 함께 발표할 생각으로 바르셀로나에서 체류한 1917년에 완성한 그림이다. 러시아 발레리노를 모델 삼아 일종의 어릿광대인 '할리퀸'을 그렸다.

❽ <시녀들 Las Meninas>(1957년) 전시실 12

벨라스케스의 <시녀들>을 재구성해 그린 수십 장의 패러디 중 첫 번째로, 절친이었던 사바르테스를 기리기 위해 그린 기증한 작품이다. 세로로 길쭉했던 원화를 옆으로 길게 바꾸면서 화가를 크게 강조했다. 활짝 열린 창문을 통해 빛이 유입되며 흑백의 대비가 강조된 것도 원화와 다른 점. 개를 싫어하는 사람에게도 개를 선물할 만큼 유명한 애견인답게 그가 기르던 개 '룸프'도 그림에 등장한다.

MORE

아비뇨 거리 Carrer d'Avinyó

피카소의 대표작 <아비뇽의 아가씨들>은 여인들의 얼굴과 신체를 일그러뜨리고 다면적으로 표현한 최초의 입체주의 작품이다. 이 작품의 모티브인 아비뇨 거리가 미술관 가까이에 있다. 흔히 프랑스에 있는 아비뇽이 배경이라고 생각하지만, 그림 속 여인들은 고딕 지구에 있는 아비뇨 거리의 매춘부들이었다. 지금 이곳은 홍등가의 흔적을 지우고 아기자기한 디자인 소품 가게와 식당들이 모여 있다.

Ⓖ 95JG+8X 바르셀로나
🚊 피카소 미술관에서 도보 10분

<아비뇽의 아가씨들>,
뉴욕 현대 미술관 소장

커다란 장미 모양의 창문이 있는 파사드.
거친 돌의 질감이 그대로 느껴진다.

높이 솟은 기둥들이 우아하면서도 압도적이다.

Option **20** 간절한 마음을 담아 지은 성당

산타 마리아 델 마르 성당

Basílica de Santa Maria del Mar

보른 지구까지 발걸음을 했다면 산타 마리아 델 마르 성당에 한 번쯤 들려보기를 추천한다. 험난한 바다에서 인간을 보살피는 바다의 성모 마리아를 모신 성당으로, 지중해 곳곳으로 떠나야 하는 선원, 해군, 어부와 그 가족들이 기도를 올리며 배의 무사 귀환을 빌던 곳이다. 권위적인 상징물로 사람들을 압도하는 왕실의 성당과는 다른 매력을 느낄 수 있다. 성당은 지역 주민들이 직접 나른 몬주익 채석장의 돌로 지어졌다. 그들의 염원이 담긴 노고에 힘입어 14세기 당시로는 유례가 없을 만큼 빠른 속도로 55년 만에 완성했다고 한다. 단순하지만 그래서 더 인상적인 인테리어 덕분에 결혼식 장소로도 최고의 인기를 누리고 있다.

G 95MJ+HR 바르셀로나 M 172p & MAP 5-D
Plaça de Santa Maria, 1 ⏰ 10:00~20:30(토·일 ~18:00) € 성당+박물관+묘실 5€, 성당+박물관+묘실+첨탑+지붕 10€, 10세 미만 무료 M L4 Jaume I에서 도보 4분

세비야 알카사르(448p)에 있는 <항해사들의 성모>

★
뱃사람들을 지키는 성모 마리아

유럽의 뱃사람들에게 성모 마리아는 일종의 수호신과도 같은 존재다. 세계 곳곳에서 바다에서 유럽인들에게 기적을 행한 성모 마리아의 일화를 만날 수 있다.

21 바르셀로나를 뜨겁게 달구는 해변
바르셀로네타
La Barceloneta

바다를 향해 열려 있는 도시 바르셀로나에서 해변은 또 하나의 일상이다. 차가운 겨울의 기운만 가시고 나면 바르셀로나 사람들은 주말마다 해변을 가득 채우고 한가로운 시간을 보낸다. 도시와 휴양지의 경계가 따로 없는 일상의 풍경은 바르셀로나가 유난히 여유 있고 낭만적으로 느껴지는 이유이기도 하다. 특히 포트 벨과 올림픽 항구 사이, 보른 지구에서 남쪽으로 내려가면 바로 이어지는 바르셀로네타 해변은 여행자들도 쉽게 들를 수 있는 위치라 인기가 높다. 바닷가를 따라 이어지는 해변 산책로Passeig Marítim도 잘 정비돼 있어 바닷바람을 쐬며 거닐기에 좋다. 어부들의 마을이라는 옛 명성이 오늘날까지 이어지면서 바르셀로나에서 가장 유명한 파에야 전문점, 해산물 식당도 모두 이 근처에 모여 있다.

Ⓖ 바르셀로네타 해변 Ⓜ 172p & MAP ⑤-D
🚇 M L4 Barceloneta에서 도보 12분/M L4 Ciutadella | Vila Olímpica에서 도보 15분/피카소 미술관에서 도보 20분

해변 산책로

MORE

황금 물고기 조형물 Peix Daurat

해변에서 마리팀 산책로를 따라 올림픽 항구(Port Olimpic) 방향으로 걷다 보면 햇빛을 받아 반짝이는 커다란 황금 물고기 조형물이 눈에 들어온다. 높이 35m, 길이 56m의 거대한 몸집을 자랑하는 청동색의 강철 물고기는 구겐하임 미술관을 설계해 스페인 북부의 산업도시 빌바오를 일약 인기 관광지 반열에 오르게 한 미국 건축가 프랭크 게리의 작품이다.

MORE

바르셀로네타에서 뭐 먹지?

◆ **라 봄바** La Bomba

라 봄바는 주먹만 한 폭탄 모양의 크로켓이다. 1950년대 바르셀로네타의 한 바르에서 처음 만들어 지금은 바르셀로나 곳곳의 바르에서 지역 명물로 자리 잡았다. 곱게 다진 고기를 채워 넣은 감자 크로켓은 마요네즈에 마늘을 섞어 만든 아이올리소스나 토마토소스와 찰떡궁합이다.

◆ **치링기토** Chiringuito

바르셀로나의 젊은이들이 바르셀로네타를 찾는 이유! 대략 5~10월에만 문을 여는 해변의 비치 바르, 치링기토 때문이다. 바르셀로네타를 제대로 즐기고 싶다면 모래밭에 누워 쓱쓱 말아 준 모히토 한 잔을 들이켜보자.

천기누설!

#라리베라 #현지인맛집

좁은 골목 구석구석 현지인들이 단골로 들르는 보석 같은 가게들이 숨어 있다.
바르셀로나 현지인들의 맛 취향이 궁금하다면 꼭 들러봐야 할 곳.
수준 높은 크로아상과 케이크를 구워내는 베이커리도 포진해 있다.

❶ Copa de Xampanyet.
납작한 전용 잔에 따라 준다.

카탈루냐 지역 특선 스파클링 와인
카바(Cava, 3.90€/1잔)

❷ Pebrots amb Formatge(1.20€/1개)

빵에 다양한 재료를 올린 몬타디토 종류

멸치류의 작은 생선을 절여서 발효시킨 서양식 젓갈 앤초비(Anxoves en Salaó, 7.60€/4조각). 호불호가 많이 갈린다.

부담 없이 마시는 특제 샴페인

◉ 엘 샴판옛
El Xampanyet

100여 년 전 바르셀로나 바르 풍경이 궁금하다면 피카소 미술관 바로 건너편에 있는 이곳을 찾아보자. 1929년에 문을 연 모습을 삼대째 고이 간직하고 있는 작은 바르다. 가게 이름인 ❶ 샴페인(카탈루냐어로 '샴판옛Xampanyet')은 한 잔에 2.80€. 적당한 탄산에 너무 달지도 드라이하지도 않고, 무엇보다 병째 주문하지 않아도 되므로 부담이 없다. 바르에 서서 마시며 가볍게 곁들일 안주로는 치즈를 채워 넣은 작고 달큰한 ❷ 고추 절임을 추천한다. 바게트에 감자 오믈렛, 하몬 등을 올린 몬타디토 역시 저렴하면서 맛이 좋다.

Ⓖ 95MJ+RM 바르셀로나 Ⓜ 172p & MAP ❺-B
📍 Carrer de Montcada, 22 ⏰ 12:00~15:30, 19:00~23:00 (월 19:00~23:00, 토 12:00~ 15:30)/일요일 휴무 Ⓔ 샴판옛 2.80€/1잔, 카바 3.90€/1잔, 하우스와인 3.50~4.50€/1잔 🚇 피카소 미술관에서 도보 1분

❶ Carne Picante

오늘의 발견! 아르헨티나식 만두파이

◉ 라 파브리카
La Fàbrica

현지인 느낌을 내고 싶을 때는 도넛 대신 엠파나다를 들고 길을 걸어 보자. 밀가루 반죽에 속을 채워 굽거나 튀긴 전통 간식으로, 나이프나 포크 없이도 간편하게 먹을 수 있다. 스페인의 식민지였던 아르헨티나에서도 집마다 비법 레시피가 전수될 정도로 사랑받는 간식이다.
이 집은 소의 지방을 섞어 만두소를 만드는 아르헨티나 스타일의 엠파나다 가게로, 입맛대로 다양한 재료를 채울 수 있다. 우리 입맛에는 고춧가루로 양념한 소고기에 양파와 달걀, 올리브 등을 넣은 ❶ 카르네 피칸테가 잘 맞는다. 시내 곳곳에 지점이 있다.

Ⓖ 95PH+2Q 바르셀로나 Ⓜ 172p & MAP ❺-A
📍 Plaça de la Llana, 15 ⏰ 11:00~23:00 € 엠파나다 2.70€, 엠파나다 3개+음료 세트 8.50€ 🚇 M L4 Jaume I에서 도보 2분 🌐 www.lafabrica-bcn.com

바르셀로나 속의 중국

◉ 첸지
Chen Ji(齐心面馆)

가게 문을 연 순간 중국을 통째로 옮겨놓은 듯한 광경이 펼쳐진다. 인테리어는 황량하고 종업원은 무뚝뚝하지만, 뚝심 있게 지켜낸 중국 본토의 맛 하나는 제대로다. 저렴한 가격과 맛깔스러운 음식으로 지역 주민들의 입맛을 사로잡은 곳. ❶ 중국식 국수와 반질반질하게 구운 베이징 덕도 괜찮지만, 향신료가 부담스러운 사람에게는 덤플링을 추천한다. 두툼하게 빚어 튀겨낸 ❷ 프라이드 덤플링 한 접시면 칭타오 맥주 한 병쯤은 거뜬하다.

Ⓖ 95VJ+F7 바르셀로나
Ⓜ 172p & MAP ❺-A
📍 Carrer d'Alí Bei, 65 ⏰ 12:00~16:30, 19:30~23:30/화요일 휴무 € 덤플링 5.50€~, 볶음밥 6€~ 🚇 M L1 Arc de Triomf에서 도보 4분

아랫부분을 철판에 바싹 구운 샤오롱바오(Xiao Long Pao, 5.50€/10개

❶ 고기 고명의 냄새를 없애려면 고추기름을 넣어 먹자.

❷ Guo Tie(5.80€/10개)

이것이 월드 바리스타 챔피언의 맛

엘 마그니피코
Cafés El Magnifico

맛있는 커피 한잔에 세상 행복해지는 사람이라면 꼭 한번 들려봐야 할 곳이다. 월드 바리스타 챔피언 출신인 주인이 원두를 직접 선별하고 블렌딩한다. 편안한 테이블도, 친절한 웨이터도 없이 문 앞의 간이 의자에 옹기종기 앉아서 커피를 마셔야 하지만, 바르셀로나를 기억할 최고의 커피를 만나게 될 것이다. 원두 맛을 제대로 느끼려면 에스프레소에 우유를 1:1로 넣고 거품을 살짝 얹은 코르타도Cortado(1.90€)를 추천한다.

95MJ+9C 바르셀로나 M 172p & MAP 5-C

Carrer de l'Argenteria, 64 09:00~20:00/일요일 휴무 에스프레소 1.70€, 카푸치노 2.70€ 산타 마리아 델 마르 성당에서 도보 1분/M L4 Jaume에서 도보 3분 www.cafe selmagnifico.com

간이 의자가 전부다.

콜드브루 방식으로 추출한 아이스 커피

살살 녹는다는 말은 이럴 때

라 캄파냐
Torrons i dolços La Campana

바르셀로나에서 아이스크림 가게를 딱 한 곳만 꼽는다면 단연 이곳! 1890년 문을 열어 130년 넘게 일대를 휘어잡은 곳으로, 오랜 역사에 좋은 재료가 더해져 최고의 아이스크림 맛을 자랑한다. 꿀, 설탕, 달걀, 견과류를 섞어서 굳혀 만든 발렌시아 지방의 전통 디저트 투론Turrón(스페인식 누가)으로 유명세를 떨친 곳인 만큼 아이스크림도 투론 맛 추천. 묵직한 단맛의 투론이 입속에서 사르르 녹아내리는 느낌이다. 긴 세월 동네 사람들과 함께해온 다정한 가게라 두루 평이 좋다.

구글맵 95PJ+9G 바르셀로나 M 172p & MAP 5-A

Carrer de la Princesa, 36 11:00~20:00 아이스크림 1스쿱 2.95€, 2스쿱 4.50€ 피카소 미술관에서 도보 1분 www.lacampanadesde1890.com

투론 맛 아이스크림

❶ Croissant de Mascarpone(4€)

좁은 골목에 있고, 간판도 눈에 잘 띄지 않는다.

크루아상 쿡천재

◉ 호프만 파스티세리아
Hofmann Pastisseria

언제나 향긋한 버터와 구운 빵 냄새로 손님을 반기는 페이스트리 가게다. 미슐랭 레스토랑을 운영하는 호텔 학교 '호프만'에서 야심 차게 낸 빵집으로, 여행자들 사이에서는 크루아상으로 소문난 맛집이다. 크루아상 중에서는 부드러운 ❶ 마스카르포네 치즈 크림을 채운 크루아상을 추천한다. 달콤하게 설탕으로 코팅한 겉 부분이 치즈와 완벽한 조화를 이룬다. 눈을 떼기 힘들 만큼 예쁜 조각 케이크와 초콜릿, 마카롱과 쿠키도 조그만 가게를 가득 채우고 있다. 마감 시간이 다가올수록 인기 제품들은 사라져버리니 조금 서두르는 것이 좋다.

Ⓖ 호프만 베이커리 Ⓜ 172p & MAP ❺-B
Carrer dels Flassaders, 44 ⏰ 09:00~19:00(일 ~14:00) Ⓔ 마스카르포네 크루아상 4€, 케이크 8€~ 🚉 산타 마리아 델 마르 성당에서 도보 3분/M L4 Jaume I에서 도보 7분 www.hofmann-bcn.com

❶ Xavina

보석 같은 케이크 한 조각

◉ 부보
Bubó

보석을 고르듯 신중하게 진열대를 살피게 되는 아름다운 디저트 숍. 결정 장애를 유발할 정도로 예쁜 케이크가 가득하다. 초코볼과 초콜릿으로 워낙 유명한 집이라 초콜릿 케이크류는 무엇을 골라도 성공이지만, 그중에서도 초콜릿 마카롱을 얹은 ❶ 샤비나는 단연 최고다. 패션푸르트 무스나 오렌지 무스, 레몬 크림, 만다린 크림으로 상큼한 과일 맛을 더한 케이크도 좋은 선택이다. 쌉쌀한 커피와 함께 달콤한 케이크를 한 입 맛보면 '힘든 하루 끝에 나에게 주는 작은 선물'이라는 부보의 모토를 수긍하게 된다.

Ⓖ 95MJ+7P 바르셀로나 Ⓜ 172p & MAP ❺-D
Carrer de les Caputxes, 10 ⏰ 10:00~21:00 Ⓔ 조각 케이크 5.80€~, 초코볼 10€~/100g 🚉 산타 마리아 델 마르 성당에서 도보 1분/M L4 Jaume I에서 도보 4분 www.bubo.es

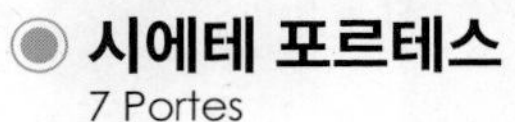

Paella Parellada Tradicional con Langosta(28€/1인)

기본으로 세팅되는 빵과 올리브(2.80€/1인)

시에테 포르테스
7 Portes

1836년 문을 연 바르셀로나에서 제일 오래된 파에야 전문 식당이다. 피카소와 미로, 달리가 단골로 찾던 전통 있는 가게답게 가격이 만만치는 않다. 대신 양은 넉넉한 편이니 진정한 파에야의 정석을 맛보고 싶을 때 들러보자. 특히 해산물과 육류의 감칠맛 나는 조화로 적당히 기름지고 짭조름한 ❶ 파에야 파레야다를 추천한다. 새우, 가재, 소시지, 돼지고기, 닭고기가 모두 들어간 시에테 포르테스의 대표 메뉴로, 살짝 눌어붙은 양념에서 나는 불향이 예술이다.

95JM+V8 바르셀로나 M 172p & MAP ❺-D
Passeig d'Isabel II, 14 13:00~24:00 파에야 1인분 20.50~36.50€, 생선요리 29.20~39.50€ M L4 Barceloneta에서 도보 4분
www.7portes.com

10.50€
7.00€

SECTION

D

가우디의 심장, 사그라다 파밀리아 성당을 품은

에샴플레 & 그라시아 지구

에샴플레Eixample는 바르셀로나의 중심 중의 중심, 카탈루냐 광장에서 디아고날역까지를 아우르는 구역이다. 가우디의 역작 사그라다 파밀리아 성당과 바르셀로나의 샹젤리제라 불리는 그라시아 거리가 있어 꼭 한번은 들러야 할 곳! 여행자를 유혹하는 화려한 명품숍과 고급 호텔, 가우디가 남긴 명작 카사 바트요와 카사 밀라까지 두루 살펴보자.

도메네크가 지은 카사 예오 모레라(Casa Lleó Morera).
카사 아마트예르, 카사 바트요와 같은 블록 안에 있다.

22 홀린듯이 걷게 되는 야외 건축 박물관
그라시아 거리 Passeig de Gràcia

세계 유수의 건축 작품이 무심한 듯 거리마다 줄 서 있는 거리. 19세기 산업 혁명을 통해 막대한 부를 축적한 부르주아들이 유능한 건축가를 고용해 경쟁적으로 건물을 지어 올리던 지역이다. '옆 건물보다 더 인상적인 건물'을 짓기 위한 건축가들의 고뇌의 결실이기도 한 셈으로, 덕분에 명품숍과 특급 호텔이 모여들어 바르셀로나 최고의 고급 상권이 형성됐다. 카사 밀라와 카사 바트요를 비롯해 카탈루냐 특유의 모데르니스메 건축물을 구경하다 보면 어느새 시간이 훌쩍 흘러가 버린다. 카탈루냐 광장에서부터 가로수가 늘어선 쾌적한 거리가 약 1.5km 이어지며, 카탈루냐역과 파세이그 데 그라시아역, 디아고날역까지 총 3개의 메트로 역과 연결돼 뛰어난 접근성을 자랑한다.

Ⓖ 그라시아거리 Ⓜ 190p & MAP ❸-B/❺-A
M L2·L3·L4 Passeig de Gràcia, L3·L5 Diagonal, L1·L3 Catalunya에서 바로

★
모데르니스메 Modernisme
카탈루냐 고유의 문화와 언어, 전통 유산을 지키려는 예술부흥운동의 하나로, 에샴플레 지역이 조성된 19세기 부르주아의 지지를 받으며 건축을 중심으로 활발히 일어났다. 카사 밀라, 카사 바트요, 카사 아마트예르, 카사 예오 모레라, 카사 칼베트 등이 대표적이고, 좀 더 외곽에는 사그라다 파밀리아 성당, 산 파우 병원, 구엘 공원, 카사 비센스(Casa Vicens) 등이 있다.

가우디가 만든 가로등과 벤치

❶ 1900년 가우디가 지은 카사 칼베트(Casa Calvet). 내부는 공개하지 않는다.
❷ 그라시아 거리와 평행을 이루며 서쪽으로 뻗은 보행자 거리, 람블라 데 카탈루냐(Rambla de Catalunya)

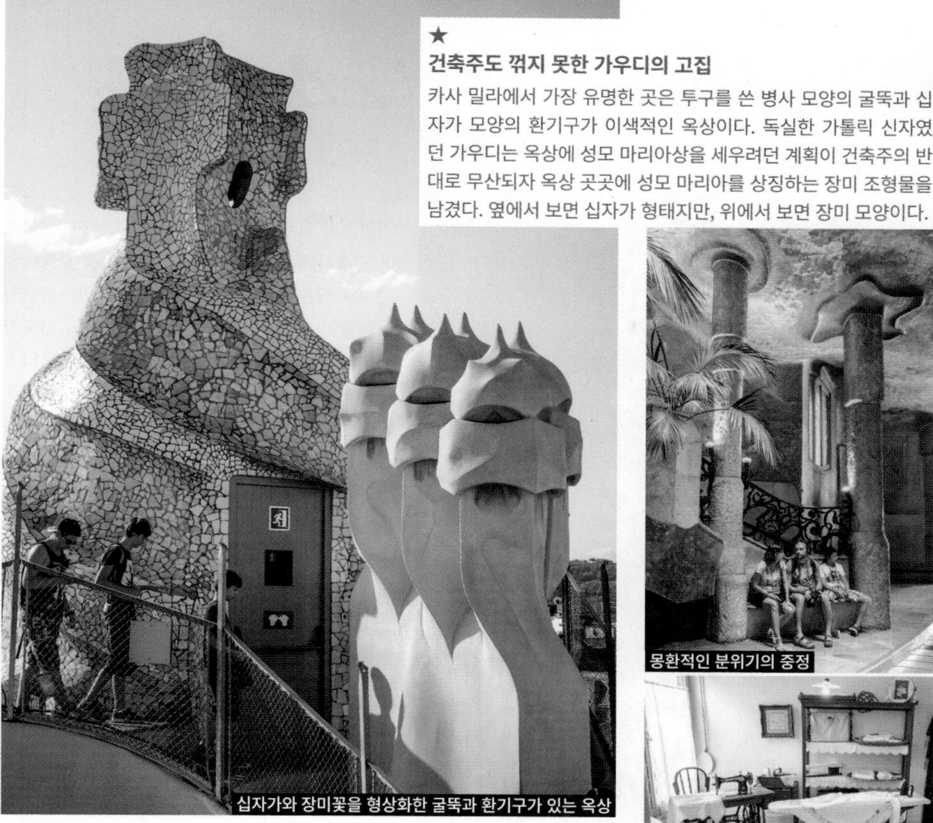
십자가와 장미꽃을 형상화한 굴뚝과 환기구가 있는 옥상

★
건축주도 꺾지 못한 가우디의 고집
카사 밀라에서 가장 유명한 곳은 투구를 쓴 병사 모양의 굴뚝과 십자가 모양의 환기구가 이색적인 옥상이다. 독실한 가톨릭 신자였던 가우디는 옥상에 성모 마리아상을 세우려던 계획이 건축주의 반대로 무산되자 옥상 곳곳에 성모 마리아를 상징하는 장미 조형물을 남겼다. 옆에서 보면 십자가 형태지만, 위에서 보면 장미 모양이다.

몽환적인 분위기의 중정

아파트먼트 내부. 20세기 초 부르주아의 주거 공간을 그대로 재현했다.

에스파이 가우디. 카사 밀라 평면도와 모형 등이 전시돼 있다.

23 모난 곳이 한 군데도 없네!
카사 밀라(라 페드레라)
Casa Milà(La Pedrera)

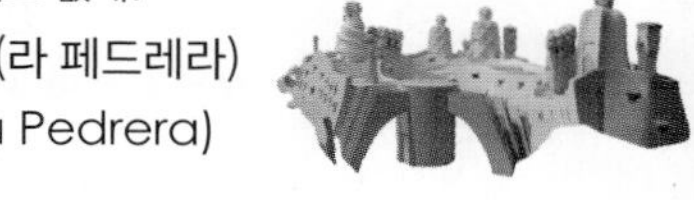

그라시아 거리를 '근대 건축물의 열린 박물관'으로 만든 일등 공신. 가우디는 딱딱한 돌과 날카로운 쇠를 가지고 모서리 하나 없이 울룩불룩 물결치듯 흐르는 외관의 집을 만들어 냈다. 1910년 완공 당시에는 채석장이란 뜻의 '라 페드레라'라고 불리며 파다 만 돌무더기 같다는 혹평에 시달렸지만, 지금은 유네스코 세계문화유산에 등재돼 여행자들의 카메라 세례를 받고 있다.
물결치듯 흐르는 건물 외관도 멋지지만, 내부 설비도 볼만하다. 입주자들이 집안에서도 빛과 바람을 느낄 수 있도록 건물 한가운데 2개의 중정Els Patios을 만들고, 당시로써는 최첨단 장비인 엘리베이터도 설치했다. 건물 안에는 8채의 독립된 집이 있으며, 현재 옥상을 포함해 3개 층을 일반에게 개방한다. 입구에 들어서면 제일 먼저 옥상으로 올라가 가우디의 트레이드마크인 굴뚝을 구경하자. 옥상 바로 아래에는 가우디의 건축 모형을 전시한 작은 박물관 에스파이 가우디Espai Gaudi가 있다. 한층 더 내려가면 마침내 주거 공간인 아파트먼트다. 침실, 식당, 욕실, 재봉실 등을 예전 모습 그대로 꾸며놓아 20세기 초 부르주아의 고급 아파트를 구경하는 재미까지 챙길 수 있다.

카사 밀라 M 190p & MAP 5-B
Passeig de Gràcia, 92
09:00~20:00/시즌에 따라 유동적/폐장 1시간 전까지 입장/ 12월 25일 휴무
28€, 학생·65세 이상 19€, 12~17세 12.50€, 12세 미만 무료/야간 개장 39€, 12~17세 19€, 12세 미만 무료/오디오가이드 포함/매표소에서 구매 시 2€ 추가/BCN 카드 소지자 20% 할인
M L3·L5 Diagonal에서 도보 1분
www.lapedrera.com

24 심장 부여잡고 입장하세요
카사 바트요
Casa Batlló

그라시아 거리에서 가장 빛나는 집을 갖고 싶던 기업가와 가우디가 만나 바르셀로나 모데르니스메 건축사에 한 획을 그었다. 타일 공장 사장이었던 바트요는 바로 옆 건물인 카사 아마트예르가 사람들의 눈길을 사로잡자, 당대 최고의 건축가 가우디에게 건물 리모델링을 맡긴다. 가우디가 작은 타일과 유리 조각으로 꾸민 파사드는 어찌나 강렬하고 독특한지, 100년이 넘은 지금도 사람들을 끌어모으고 있다.

일명 '용의 집'이라 불리는 카사 바트요는 용에게 붙잡힌 공주를 구해낸 카탈루냐의 수호성인 산 조르디의 전설을 모티브로 만들어졌다. 가우디는 반짝이는 타일로 비늘을 표현했고, 용의 척추뼈를 닮은 계단, 머리뼈를 닮은 발코니를 만들었다. 주변에 높은 건물이 없던 건축 당시에는 용의 눈을 표현한 옥상의 작은 창을 통해 사그라다 파밀리아 성당을 바라볼 수 있었다고 한다. 스페인의 초현실주의 화가 달리는 건물 곳곳이 물결로 출렁이는 모양을 보고 '폭풍 부는 날 바다의 파도와 같은 집'이라 표현하기도 했다. 카사 밀라에 성모를 상징하는 장미가 있다면, 카사 바트요에는 예수와 성모 마리아, 요셉의 모노그램이 남아 있다.

G 카사 바트요 M 190p & MAP 5-B

Passeig de Gràcia, 4 ⏰ 09:00~20:00(성수기 ~22:00, 폐장 45분 전까지 입장) € 29~41€(잔여분에 따라 가격 변동), 13~17세·학생 6€ 할인, 65세 이상 3€ 할인, 12세 이하 무료/BCN 카드 소지자 7€ 할인 🚇 M L2·L3·L4 Passeig de Gràcia에서 도보 1분/카사 밀라에서 도보 5분 www.casabatllo.es

★
증강현실로 체험하는 카사 바트요
카사 바트요의 비싼 입장료에는 가상 이미지를 보여주는 증강현실 스마트 가이드가 포함돼 있다. 입구에서 태블릿형 오디오가이드를 받아 공간 쪽을 비추면 건축 당시 유행하던 가구와 인테리어가 이미지로 구현된다.

❶ 카사 바트요의 밤 풍경. 산 조르디의 날(4월 23일)이면 파사드가 붉은 장미꽃으로 장식된다.
❷ 용의 머리뼈를 연상케 하는 발코니

Zoom In & Out

카사 바트요

❶ 2층으로 올라가는 계단. 용의 척추를 연상시킨다.
❶ 사무실에 놓인 벽난로
❶ 나선과 곡선의 미학이 살아있는 거실 천장. 태양 모양의 램프 주위로 소용돌이가 이는 모양이다.

❷ 유리 칸막이를 통해 바라본 파티오. 마치 물속에 있는 기분이다.
❷ 파티오를 향해 난 물고기 아가미 모양의 환기창

❸ 용의 등뼈 모양의 지붕. 십자가 모양의 굴뚝은 산 조르디의 칼을 상징한다.

❸ 옥상의 굴뚝. 깨진 타일을 이용해 장식했다.

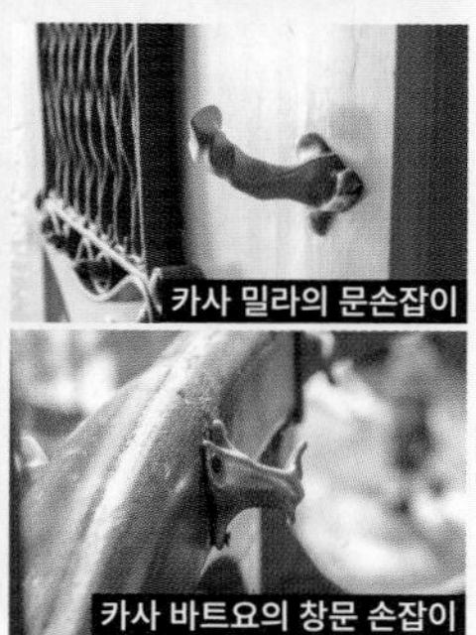
카사 밀라의 문손잡이
카사 바트요의 창문 손잡이

❶ 플란타 노블레(메인 홀) Planta Noble 카사 바트요의 중심이 되는 공간. 우리 식으로는 2층에 해당한다. 방문객을 맞이하던 응접실과 다이닝 룸, 바트요 가족이 사용하던 방, 욕실, 식당 등을 관람할 수 있다.

❷ 빛의 파티오 Patio de Luces 플란타 노블레에서 계단을 올라가면 푸른색 타일로 장식한 파티오(중정)가 나온다. 환기와 채광을 담당하는 공간으로 층마다 채광량의 균형을 맞추기 위해 아래층으로 내려갈수록 타일 색이 밝아지고 창문이 커지게 설계했다.

❸ 용의 옥상 Azotea del Dragón 카탈루냐 민족주의자였던 가우디는 카탈루냐의 수호성인 산 조르디의 칼에 맞아 쓰러진 용의 모습을 카사 바트요의 옥상에 담았다. 구불구불한 형태로 용의 등을 만들고, 색색의 타일을 붙여 용의 비늘을 표현한 것. 가우디는 건물에 자신의 신념이나 성향을 드러내는 조형물들을 은근히 숨겨놓곤 했는데, 이때 주로 옥상이 애용됐다.

★
문손잡이를 주목하자
가우디는 카사 밀라와 카사 바트요를 만들 때 손잡이 하나까지도 직접 디자인했다. 마치 흙 반죽을 움켜잡은 것처럼 곡선미 가득한 손잡이는 모양이 같은 것이 거의 없다. 사소한 것까지 남다른 가우디의 감각을 만나보자.

25 동화 속에서나 봤을까? 카사 아마트예르 Casa Amatller

건축가 푸이그 카다팔크의 역작. 카사 바트요, 카사 예오 모레라와 함께 모데르니스메 건축의 삼총사로 꼽힌다. 곡선으로 이루어진 카사 바트요 바로 옆에서 직선적인 고딕 양식으로 강렬한 대조를 이룬다. 작은 초콜릿 가게의 아들로 태어나 초콜릿 공장주로 성공한 건축주의 과시욕을 반영한듯 중세 궁전 같은 분위기가 가득하다. 내부에는 집주인 아마트예르가 세계를 여행하며 모은 800여 점의 수집품과 보석이 전시돼 있으며, 오디오가이드 앱이나 가이드 투어로 돌아볼 수 있다. 1회 입장 인원이 제한돼 있으므로 홈페이지 예약이 필요하며(예약 수수료 1인당 0.90€), 바닥 보호를 위해 하이힐은 신을 수 없다. 1층 카페의 핫초콜릿(초콜라테)도 이곳의 명물!

Ⓖ 카사 아마트예르 Ⓜ 190p & **MAP** ❺-B

Paseo de Gràcia, 41 ⏰ 10:00~19:00/**오디오가이드 투어**(영어, 45분) 10:00~19:00 20분 간격/**가이드투어**(영어, 60분) 매일 10:00(초콜릿 기념품 포함)/1월 6일·12월 25일·12월 26일 휴무 € **오디오가이드 투어** 19€(할인 12~16€), 6세 이하 무료/**가이드 투어** 21€(할인 14~18€), 6세 이하 무료/시즌에 따라 할인됨/BCN카드 소지자 20% 할인 🚊 카사 바트요 왼쪽 건물 amatller.org

❶ 카사 바트요 바로 왼쪽에 있다. 왼쪽으로 두 집 더 건너면 카사 예오 모레라(Casa Lleó Morera, 도메네크 작).

❷ 거실 ❸ 계단 모양의 박공 장식이 멀리서도 눈에 띈다.

❹ 밖에서도 보이도록 방의 테라스에 과시용 기둥을 세웠다.

❺ 터키, 모로코, 이집트를 여행하면서 모은 수집품

❻ 아마트예르가 만들던 초콜릿의 포장을 그대로 재현한 초콜릿을 판매한다.

입구는 탄생 파사드 쪽 마니라 거리(Carrer de Manira)에 있다.

무려 3세기에 걸친 공사가 지금도 현재 진행형이다.

26 가우디의 상상은 현실이 된다
사그라다 파밀리아 성당(성 가족 성당)
Temple Expiatori de la Sagrada Família

G 성가족성당 M 190p & MAP ❷-D
- Carrer de Mallorca, 401
- 09:00~20:00(일 10:30~, 11~2월 ~18:00, 3·10월 ~19:00, 12월 25·26일 & 1월 1·6일 ~14:00)
- 성당(오디오가이드 포함) 26€, 성당+가이드 투어(영어) 30€, 성당+첨탑 1곳+가이드 투어(영어) 40€, 성당+첨탑 1곳 36€/학생·29세 이하 2€ 할인, 65세 이상 5~7€ 할인, 10세 이하 무료
- M L2·L5 Sagrada Família에서 바로
- www.sagradafamilia.org

19세기 후반 공사를 시작해 20세기 내내 짓고도 여전히 미완성이라 더 유명세를 치르는 성당이다. 첨탑 일부만 세워도 이처럼 압도적인데, 가우디가 계획한 18개의 첨탑이 모두 완공되면 얼마나 더 위엄을 뽐낼지 상상조차 되지 않는다. 북동, 남서, 남동 각 정문에 4개씩 세워진 12사도 탑과 그 안쪽에 세워진 4대 복음서 저자를 상징하는 탑들이 예수와 성모를 상징하는 중앙 첨탑을 호위하듯 둘러싼 모습은 천국을 재현해 놓은 듯하다.

성당 공사를 맡게 된 30대 초반의 가우디는 당시 크게 유행한 신 고딕 양식의 설계도를 뒤엎고 세상 어디서도 보지 못한 성당을 짓기 위해 모든 기량을 발휘한다. 특히 생의 마지막 10년은 오로지 성당 건축에만 매진했는데, 그만 74세의 나이에 불의의 사고로 세상을 떠나고 만다. 성당은 가우디 사후 100주년이 되는 해인 2026년 완공을 목표로 짓고 있다. 2022~23년에 걸쳐 성 마테오, 성 루카, 성 마르코, 성 요한의 탑이 완성돼 예수의 탑만 미완성 상태다. 가우디가 바라던 '가난한 이들을 위한 교회'가 될 수 있도록 건설 자금은 예나 지금이나 기부로만 충당한다고. 신이 만든 자연을 원한 가우디의 꿈이 어떤 모습으로 실현될지, 100년 전 가우디가 남긴 질문에 후배 건축가들이 대답할 차례다.

Zoom In & Out

사그라다 파밀리아 성당

'성 가족'이라는 이름처럼 예수, 마리아(예수의 어머니), 요셉(예수의 아버지) 세 사람의 성스러운 가족이 이 성당 전체의 주제다. 성모 마리아에게 바쳐진 성당은 많아도 요셉을 포함한 성 가족에게 바쳐진 성당은 거의 없다. 성당 건축은 근대화로 타락한 세상을 정화하기 위해 온 가족이 모여 기도하는 장소를 짓자는 한 출판업자의 모금운동으로 시작됐다.

I 파사드 Façana

파사드는 출입구가 있는 건물 외벽을 의미한다. 성당의 파사드는 사람들에게 전하고 싶은 메시지를 모아 놓은 게시판 같은 역할을 한다. 현재 사그라다 파밀리아 성당의 파사드는 북동쪽의 탄생 파사드와 남서쪽의 수난 파사드만 완성됐고, 정문이 될 남동쪽의 영광 파사드는 아직 공사 중이다.

★

입장권, 예매하고 가자!

성 가족 성당 입장권은 온라인 예약이 필수다. 성당의 공식 앱 'Sagrada Familia Official'을 통해 예매하는 것이 제일 편리하다. 오디오가이드(한국어 제공, 표준 45분/고속 25분 소요) 역시 다운로드 가능하니, 플레이스토어 또는 앱스토어에서 미리 앱을 다운받아 이용하자. 홈페이지를 통해 예매했다면 이메일로 전송받은 바우처를 출력 또는 저장해서 입장한다. 예약 번호를 공식 앱에 등록해서 들어갈 수도 있다.

◆ 탄생 파사드 Façana del Naixement

가우디 생전에 완성한 파사드로, 예수의 탄생과 성장 과정을 다루고 있어 '탄생 파사드'라고 불린다. 사그라다 파밀리아 성당을 상징하는 옥수수 모양의 첨탑 역시 탄생 파사드에 속한다. 세 개의 문은 왼쪽부터 희망, 사랑, 믿음을 상징한다.

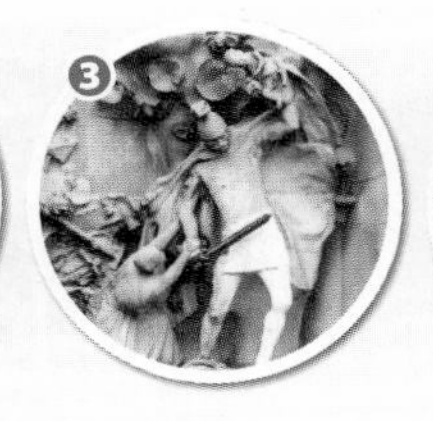

▶ 왼쪽 : 희망의 문 위쪽

❶ **마리아와 요셉의 약혼** 예수의 법적인 아버지인 요셉과 성모 마리아의 약혼

❷ **요셉과 예수** 어린 예수를 양육하는 요셉

❸ **로마 병사의 영아살해** 예수 탄생 당시 로마 제국에서 유대의 총독으로 파견한 헤롯이 베들레헴에서 태어난 두 살 미만의 유아를 모두 살해함

❹ **이집트로의 피신** 요셉의 꿈에 나타난 천사의 경고에 따라 헤롯의 영아살해를 피해 이집트로 피신하는 성 가족

★

건축물에 자연을 담다

'자연은 신이 만든 건축'이라며 건축물을 자연에 가깝게 사실적으로 표현하고자 했던 가우디는 사그라다 파밀리아 성당에 집착에 가까운 애정을 쏟았다. 그는 실제 사람을 본 떠 석고 모형을 만들었을 뿐만 아니라, 시체보관소에 안치된 시신까지 활용했다. 식물과 동물 조각 역시 카탈루냐 지방에 서식하는 수십 종의 동식물을 그대로 표현했다.

▶ 중앙 : 사랑의 문 위쪽

❺ **수태고지** 대천사 가브리엘이 마리아를 찾아와 성령으로 잉태했음을 알림

❻ **마리아와 엘리사벳** 수태고지를 받은 마리아가 사촌 언니인 엘리사벳을 만남

❼ **예수의 탄생** 베들레헴의 외양간에서 태어난 예수

❽ **천사들의 찬양** 예수의 탄생을 축하하는 천사들

❾ **동방 박사들의 경배** 별의 안내를 받아 찾아온 동방 박사들이 황금과 유향, 몰약을 바침

❿ **목동들의 경배** 천사들에게 예수 탄생 소식을 들은 목동들이 예수를 찾아와 경배함

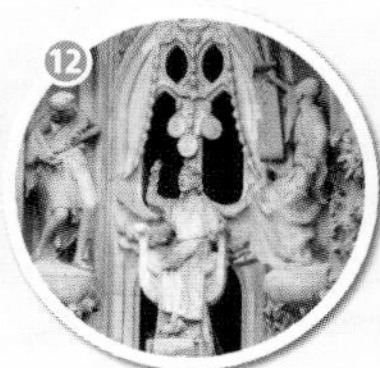

▶ 오른쪽 : 믿음의 문 위쪽

⓫ **아기 예수의 봉헌** 요셉과 마리아가 예수 탄생 40일 후 아기 예수를 예루살렘의 성전으로 데려가 봉헌함

⓬ **제사장과 토론하는 예수** 12세의 예수가 예루살렘의 성전 안에서 제사장들과 토론함

⓭ **요셉과 마리아** 유월절 기간에 예수를 잃어버린 요셉과 마리아가 애타게 찾아다님

⓮ **목수 일을 하는 예수** 요셉과 마리아 뒤편에서 청년 예수가 아버지를 도와 목수 일을 함

⓯ **성모의 대관식** 성 가족 중에서 가장 늦게 세상을 떠난 마리아가 하늘나라로 올라가 천주의 성모로 임명됨

유다가 입맞춤하는 예수 뒤에 숫자가 새겨진 판이 있다. 가로, 세로, 대각선의 숫자 합이 각각 33이 되는 마방진이다. 33은 예수가 십자가에 못 박힌 나이다. 은화 30냥에 스승을 넘긴 유다의 뒤에는 뱀을 새겨 그의 사악함을 표현했다.

십자가를 멘 예수의 조각에서 베로니카(예수의 얼굴이 찍힌 수건을 든 여인), 왼쪽에 서 있는 남자가 바로 가우디다. 존경하는 건축가 가우디에 대한 오마주로 수리바치가 새겨 넣었다.

★

가우디 vs 수비라치

가우디의 뒤를 이어 작업한다는 것은 어느 건축가에게도 부담스러운 일일 것이다. 가우디 생전에 완성한 탄생 파사드가 자연과 곡선의 완벽한 조화라는 찬사를 받으며 사람들의 기대를 한껏 높여버린 탓에, 이후 투입된 건축가들은 모두 혹독한 비판에 시달렸다. 가우디가 세상을 떠나고 30여 년이 지나 수난 파사드를 맡게 된 조각가 수비라치(Josep Maria Subirachs)는 가우디의 모방작이 되지 않기 위해 직선적인 형태와 추상적 부조라는 지극히 대조적인 방식을 택했다.

◆ 수난 파사드 Façana de la Passió

가우디의 그림을 바탕으로 스페인의 조각가 수비라치가 2006년에 완성한 파사드다. 추상적이고 간결한 직선으로 이야기를 표현한 파격적인 스타일 때문에 상당한 논란이 일었다. 최후의 만찬부터 십자가에 못 박혀 죽기까지 예수가 겪은 수난이 파사드의 주제다. 왼쪽 아래의 최후의 만찬에서 시작해 오른쪽 위의 예수 시신의 수습까지 S자를 그리며 이야기가 전개된다.

❶ **최후의 만찬** 예수가 체포되기 전에 제자들과 마지막 식사를 하는 모습. 다빈치의 <최후의 만찬>과 달리 예수가 제자들을 바라보며 뒤돌아 서 있다.

❷ **배신자 유다** 유다가 로마 병사에게 보내는 신호로 예수의 뺨에 입을 맞춤

❸ **기둥에 묶인 예수** 광장 기둥에 묶인 채 괴롭힘과 조롱당하는 예수

❹ **베드로의 고뇌** 예수가 체포될 때 모른척한 베드로가 "새벽닭이 울기 전에 너는 나를 세 번 부인하리라"라는 예수의 말을 기억해내고 괴로워함

❺ **빌라도의 고민** 유대 군중들이 몰려와 예수를 죽이라고 요구하자 어떻게 처리할지 고민하는 유대 총독 빌라도

❻ **빌라도의 회피** 흉악범 바라바는 풀어주고 예수에게는 십자가형을 선고한 빌라도가 자신의 책임을 부인하며 손을 씻음

❼ **십자가를 멘 예수** 골고다 언덕으로 십자가를 메고 올라가는 예수

❽ **예수의 십자가를 멘 시몬** 쓰러진 예수 대신 십자가를 멘 달걀 장수 시몬

❾ **십자가에 못 박힌 예수** 십자가에 못 박힌 예수와 발밑에 해골이 나뒹구는 골고다 언덕. 예수의 음부가 너무 적나라하게 드러나 큰 논란을 일으켰다.

❿ **내기하는 로마 병사들** 예수를 십자가에 못 박은 후 그의 옷을 서로 갖기 위해 주사위를 던지는 로마 병사들

⓫ **롱기누스의 창** 말을 탄 로마 병사 롱기누스가 예수의 죽음을 확인하기 위해 창으로 예수의 옆구리를 찌르러 감

⓬ **예수 시신의 수습** 십자가에서 내린 예수의 시신을 아리마테아의 성 요셉이 수습함

Ⅱ 성당 내부 L'interior de la Basílica

원하는 일정의 입장권을 예매하지 못해 외관만 보고 발길을 돌리는 여행자가 많다. 그러나 다른 어느 성당에서도 볼 수 없는 사그라다 파밀리아 성당 내부의 독특한 모습은 감동 그 자체다. 신이 창조한 자연을 소재로 신을 찬양하는 성전을 지어 낸 가우디의 생각 속으로 들어가보자.

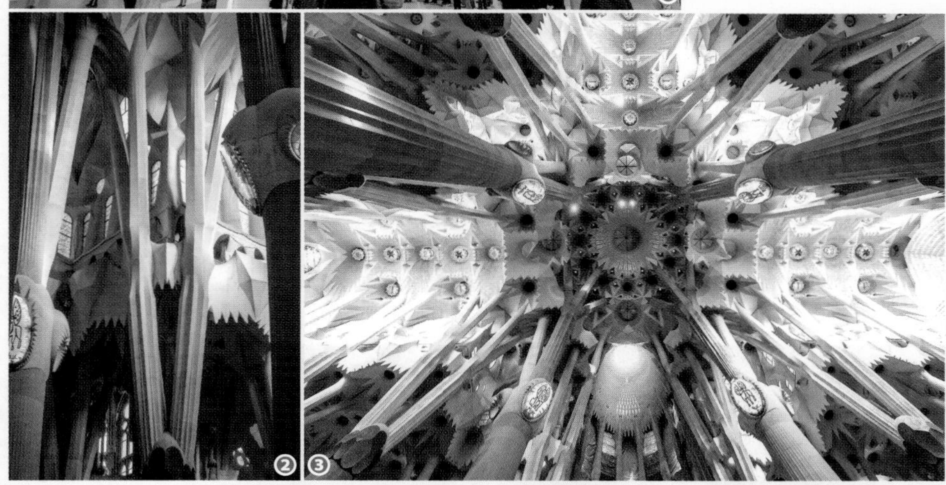

❶ 중앙 통로 Nave

현관 복도에서 제단까지 이르는 중앙의 긴 공간. 어두컴컴하고 엄숙한 분위기인 여타의 성당과는 달리 자연 채광을 극대화했다.

❷ 내부 기둥 Columna

흰색의 매끈한 대리석 기둥이 가장 먼저 시선을 사로잡는다. 나무줄기와 옹이를 표현한 기둥 끝에 색색의 꽃들이 피었고, 갈라진 나뭇가지들이 천장을 견고하게 받친다.

❸ 천장

천장의 창문에서 햇빛이 쏟아져 내려 마치 햇살 가득한 숲속에 들어와 있는 듯하다. 나뭇가지와 잎사귀, 꽃송이 등을 형상화했으며, 곳곳에 가톨릭을 상징하는 조형물이 있다.

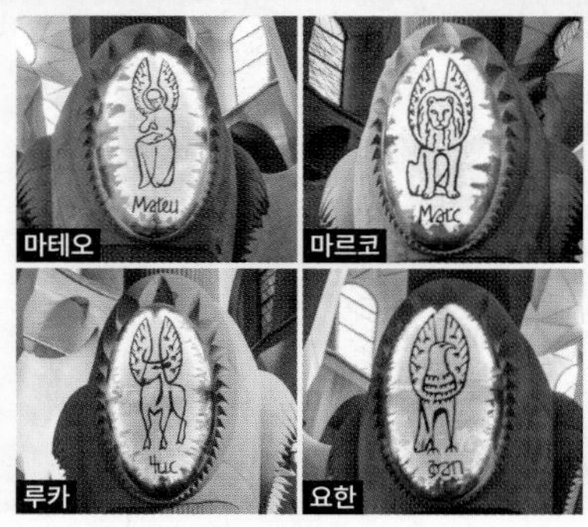

마테오 / 마르코 / 루카 / 요한

❹ 4복음서 저자의 상징

수많은 기둥 중에서 연보라색을 띠는 4개의 기둥 위에 4복음서 저자들의 상징물이 있다.

❺ 스테인드글라스

본당 안은 벽면의 스테인드글라스에서 나오는 형형색색의 빛줄기로 가득 차 있다. 아침 햇살과 석양이 비칠 때 그 아름다움이 정점을 이룬다.

❻ 중앙 제단 Absis

성당의 앱스(반원형 지성소) 쪽에 신부가 미사를 집전하는 제단이 있다. 화려한 장식 없이 간결하고 수수한 모습이다. 십자가에 매달린 예수 위에 드리운 발다키노(제단 위에 세워진 장식 덮개) 역시 양산 같은 독특한 디자인이다.

❼ 첨탑 Torres

첨탑이 포함된 입장권을 구매하면 탄생 파사드와 수난 파사드 중 한 곳을 선택해 엘리베이터를 타고 올라갈 수 있다. 첨탑 안은 매우 좁지만, 눈앞에 펼쳐진 환상적인 풍경에 절로 감탄이 나온다.

날씨에 따라 개방하지 않는 날도 있으며, 홈페이지에서 예매한 경우 탑 요금은 환불된다. 나선형 계단으로 내려가면서 좀 더 생생하게 주변 풍경과 높이를 체험하는 코스라 거동이 불편하거나 고소공포증이 있는 사람은 힘들 수 있다.

첨탑에서 바라본 바르셀로나 시내
엘리베이터를 타기 전에 가방을 맡겨야 한다. 1€ 동전 필요.
올라갈 때는 엘리베이터, 내려올 때는 계단을 이용한다.

다림줄로 만든 모형

연구실. 작업 상황을 유리문 너머로 볼 수 있다.

❽ 박물관

지하에는 가우디가 작업했던 책상과 설계도, 성당의 모형과 사진 등 당시 자료를 보관한 작은 전시관과 연구실 등이 있다. 가우디가 사용한 추를 연결한 다림줄 모형은 가우디 건축물의 구조를 이해하는 데 도움이 된다.

박물관 창문으로 들여다본 가우디 납골당 내부
가우디의 생전 모습

❾ 가우디 납골당

성당 지하에는 가우디의 유해가 안장돼 있다. 원래 성당 안에는 성인이나 고위성직자, 왕족들의 유해가 안치되지만, 가우디는 그가 이룬 위대한 업적 덕분에 이곳에 몸을 뉠 수 있었다. 박물관의 창문을 통해 가우디의 무덤을 볼 수 있다.

MORE

사그라다 파밀리아 성당을 한눈에 담으려면?

탄생 파사드와 수난 파사드의 각각 길 건너에 있는 작은 공원으로 가면 성당의 모습을 한눈에 조망할 수 있다. 나무 그늘이 드리운 벤치에 앉아 성당을 바라보며 잠시 여유를 부리는 것도 좋다. 성당 북쪽의 KFC 매장 2층에도 성당이 바라보이는 창가 자리가 있어 자리다툼이 치열하다.

수난 파사드 쪽 공원(Plaça de la Sagrada Família)에서 바라본 성당

KFC 2층에서 바라본 성당

도메네크의 또 다른 걸작인 카탈루냐 음악당(174p)과 함께 1997년 유네스코 세계문화유산으로 지정됐다.

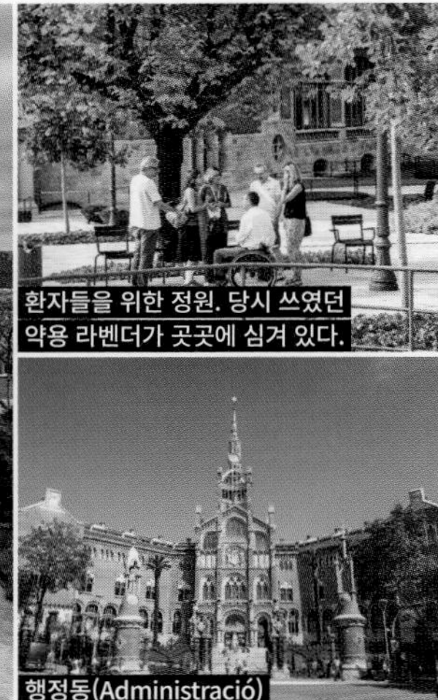

환자들을 위한 정원. 당시 쓰였던 약용 라벤더가 곳곳에 심겨 있다.

행정동(Administració)

27 세상에서 가장 아름다운 병원
산 파우 병원
Recinte Modernista de Sant Pau

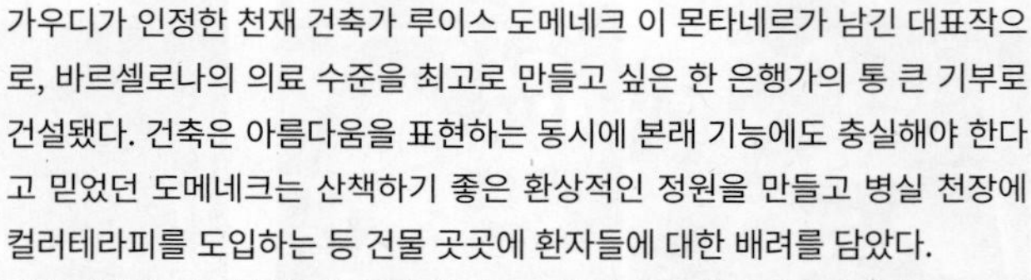

가우디가 인정한 천재 건축가 루이스 도메네크 이 몬타네르가 남긴 대표작으로, 바르셀로나의 의료 수준을 최고로 만들고 싶은 한 은행가의 통 큰 기부로 건설됐다. 건축은 아름다움을 표현하는 동시에 본래 기능에도 충실해야 한다고 믿었던 도메네크는 산책하기 좋은 환상적인 정원을 만들고 병실 천장에 컬러테라피를 도입하는 등 건물 곳곳에 환자들에 대한 배려를 담았다.

애초 계획은 각 의학 분야를 상징하는 48개 병동을 짓는 것이었지만, 1923년 12개 병동만 완공한 채 도메네크가 사망하고 그의 아들이 공사를 이어받으면서 많이 바뀌었다. 결국 아르누보 양식으로 가득한 세상에서 가장 아름다운 병원을 짓고자 한 도메네크의 계획은 27개 병동을 보유한 채 세상에 공개됐다.

❶ ❷ 병실로 사용되던 산 라파엘 파빌리온(Pavelló de Sant Rafael). 아름다운 장식들이 눈에 띄는데, 도메네크는 아름다움을 보는 것 자체가 치유라 믿었다. 현재는 전시실로 사용된다.

❸ 환자들의 휴식을 방해하지 않도록 병동 간 의료진의 전용 통로로 지하 터널을 만들었다.

G 산파우병원 M 190p & MAP ❷-B

📍 Carrer de Sant Antoni Maria Claret, 167 ⏰ 09:30~18:30(11~3월 ~17:00)/폐장 30분 전까지 입장/12월 25일 휴무 € 17€, 12~24세·65세 이상 11.90€, 11세 이하 무료, 오디오가이드 4€/무료입장 4월 23일·9월 24일/BCN 카드 소지자 할인 🚇 M L5 Sant Pau | Dos de Maig에서 도보 2분/사그라다 파밀리아 성당에서 도보 10분 www.santpaubarcelona.org

❶

❷

❸

산 파우 병원 방향

MORE

가우디 거리 Av. de Gaudi

사그라다 파밀리아 성당과 산 파우 병원을 잇는 보행자 전용도로. 가로수와 노천카페가 늘어선 거리를 걸으며 모데르니스메 건축의 두 대표작을 감상할 수 있다. 거리를 처음부터 끝까지 다 걷는 데 10분 정도 소요된다.

사그리다 파밀리아 성당 방향

나야나!

바르셀로나 최고의 바르

에샴플레 & 그라시아 지구는 바르셀로나 최고의 바르들이 격전을 벌이는 곳이다.
직장인들의 단골 점심 메뉴인 메누 델 디아부터 퇴근 후 와인 한 잔과 즐기는 타파스까지.
합리적인 가격으로 온갖 종류의 미식을 즐겨보자.

타파스 고급자를 위한 식당

◉ 라 페피타
La Pepita

미식가라 자부한다면 들려볼 만한 타파스 바르. 메인 요리로도 손색없는 근사한 타파스를 맛볼 수 있다. 야들야들한 안심 스테이크에 으깬 감자, 구운 푸아그라, 달걀 프라이, 만테고 치즈까지 추가해서 올리면(La Nostra Classica Pepita, 21€) 든든하게 한 끼 해결. 가벼운 와인 안주로는 단골들에게 사랑받는 ❶ 화이트 초콜릿을 얹은 푸아그라를 추천한다. 살짝 익힌 푸아그라와 달콤한 초콜릿, 고소한 헤이즐넛, 쌉쌀한 커피 가루가 오묘한 조화를 이룬다. 빤 콘 토마테 같은 간단한 곁들임 외에는 대부분의 타파스가 10€대, 인기 있는 즉석요리 타파스는 20€짜리도 있어서 가격대는 일반 타파스 가게에 비해 높은 편이다.

95X6+5C 바르셀로나 Ⓜ 190p & MAP ❷-D/❸-B
Carrer de Còrsega, 343 13:00~01:30/겨울철 부정기적으로 단축 운영 € 차가운 타파스 4~14€, 맥주 2.70€~, 칵테일 4.50~11€ M 3·5 Diagonal에서 도보 4분/카사 밀라에서 도보 7분 www.lapepitabcn.com

❶ Foie Mi-cuit con Chocolate Blanco/Café(12€)

칵테일을 잘 만드는 집으로도 유명하다.

푸아그라와 달걀프라이를 곁들인 스테이크

MORE

엔릭 그라나도스 거리
Carrer d'Enric Granados

그라시아 거리에서 서쪽으로 3블록 떨어진 거리. 인근 직장인들이 즐겨 찾는 점심 장소다. 공원처럼 꾸며진 사거리(Plaça del Dr. Letamendi)를 중심으로 주변 식당들이 모두 메누 델 디아(Menú del Dia) 또는 메누 메디오디아(Menú Mediodía)를 판매한다. 전채·메인 요리·후식 3코스에 음료까지 포함한 가격이 12€ 정도. 점심을 늦게 먹는 현지인들은 보통 오후 2시부터 몰리기 시작한다.

❶ Sangria de Vino. 알코올 도수가 꽤 높은 편이다.

재료를 보고 직접 고르는 것도 가능!

❷ Tapas Gambas Al Ajillo(9.60€)

❸ Montadito Brocheta de Langostinos(5.20€)

❹ 소고기 안심을 구워서 올린 몬타디토 (Montadito Solomillo de Ternera, 6.95€)

❺ Tapas Patatas Brabas(4.95€)

와인과 타파스는 언제나 옳다!

◉ 비니투스
Vinitus

TV 프로그램 <원나잇 푸드트립>에 등장한 이후 우리나라 여행자들이 부쩍 많이 찾는 곳이다. TV에 등장한 메뉴(Bacallà a l'allioli de Mel, 13.45€)는 '꿀대구'라는 한국말로 주문받을 정도. 라틴어로 '포도밭 지기'라는 뜻의 가게 이름에 걸맞게 벽면 한 쪽을 각양각색의 와인 병으로 채워 모던하고 세련된 분위기를 연출한다.

현지인에게는 다양한 와인으로 정평이 난 곳인 만큼 병 와인이나 ❶ 상그리아를 주문하는 것이 좋다. 식사나 안주로는 새우와 마늘로 요리한 ❷ 감바스 알 아히요, ❸ 새우·오징어 꼬치구이, ❹ 소고기 안심, 매콤한 토마토소스를 곁들인 감자튀김 ❺ 파타타스 브라바스 등 추천 메뉴가 끝이 없다.

Ⓖ 비니투스
Ⓜ 190p & MAP ❸-B
📍 Carrer del Consell de Cent, 333 ⏰ 11:00~01:00 Ⓔ 몬타디토 2.65~5.95€, 타파스 3.20~12.95€, 디저트 3.15€~ 🚇 M L2·L3·L4 Passeig de Grácia에서 도보 3분/카사 바트요에서 도보 3분

MORE

피미엔토스 델 피키요
Pimientos del Piquillo

스페인 북부 나바라 지방의 특산품인 피키요 고추를 불에 구워 껍질은 벗기고 과육 부분만 즙에 재워 만든 별미다. 달짝지근하면서도 부드러운 매운맛에 훈연향까지 더해져 최고의 타파스 재료로 꼽힌다.

빨간 피키요 고추와 참치를 올린 몬타디토 (Montadito Piquillo con Ventresca de Atún)

❶ Montadito Solomillo de Ternera

타파스 초심자에게 권합니다

세르베세리아 카탈라나
Cervecería Catalana

적당한 가격대에 다양한 타파스를 맛볼 수 있어 처음 타파스를 먹어 보는 여행자에게 제일 추천하는 가게다. 영어를 잘하는 직원들이 있고, 브레이크 타임 없이 운영하는 것 또한 일정이 빽빽한 여행자들에게는 큰 장점이다. 테이블이 많아 바 문화에 익숙하지 않은 사람도 편안하게 즐길 수 있다.
추천 메뉴는 ❶ 두툼한 소 안심구이와 고추를 올린 몬타디토다. 큼직한 소금알갱이에서 느껴지는 청량한 짠맛이 포인트! 그날그날 바뀌는 오늘의 메뉴를 문어나 새우가 주재료인 몬타디토 중에서 골라보는 것도 좋다.

Ⓖ 95R6+W8 바르셀로나 Ⓜ 190p & MAP ❸-B
📍 Carrer de Mallorca, 236 ⏰ 08:30~01:00(금~01:30, 토 09:00~01:30, 일 09:00~)/12월 25일 휴무 Ⓔ 오늘의 몬타디토 2.80~10.10€, 오늘의 타파스 2.60~13.45€ 🚊 M L2· L3·L4 Passeig de Gràcia에서 도보 6분/카사 밀라에서 도보 5분

MORE

몬타디토 Montadito

스페인 타파스의 대표 선수 몬타디토는 작은 바게트 위에 다양한 재료로 만든 토핑을 올린 소형 샌드위치다. 안주 겸 간단하게 요기할 수 있어서 바르에서 인기다. 영어 메뉴판에서는 '스몰 샌드위치'를 찾으면 된다.

구운 버섯과 새우·오징어 몬타디토 (Montadito Lasaña de Seta, Gamba y Calamar)

로메스코 소스를 얹은 새우 몬타디토 (Montadito Gambas Trigeros con Romesco)

콜드 타파스 종류는 길다란 바 위에 올려 둔다.

바르셀로나 타파스의 정석

◉ 시우다드 콘달
Ciudad Condal

세련되고 고풍스러운 그라시아 거리와 잘 어울리는 타파스 바르다. 안쪽에 테이블과 제법 널찍한 레스토랑 공간이 있지만, 바 주변에 자리 잡고 타파스에 맥주 한잔 마시고 가기에도 좋은 곳이다.

이 집에 가야 하는 이유는 바로 특제 타파스 ❶ 후에보스 카브레아오스 때문. 가늘게 채 썰어 튀긴 감자에 반숙 달걀과 살사 소스를 비벼 먹는 맛이 별미다. 요기거리로는 구운 돼지 등심과 치즈를 넣은 바게트 샌드위치 ❷ 플라우타스 로모 이 케소Flautas Lomo y Queso가 좋다. 바르셀로나에 온 기분을 한껏 만끽하려면 카탈루냐를 대표하는 디저트 ❸ 크레마 카탈라나로 마무리해보자.

Ⓖ 시우다드 콘달 Ⓜ 190p & MAP ❸-B

📍 Rambla de Catalunya, 18 ⏰ 08:30~ 01:00(금 ~01:30, 토 09:00~01:30, 일 09:00~) ⓔ 타파스 5.40~11.75€, 플라우타 4.85~10.40€, 크레마 카탈라나 3.25€ 🚇 M L2·L3·L4 Passeig de Gràcia에서 도보 1분/카사 바트요에서 도보 5분

하몬과 빵이라는 꿀조합

◉ 라 플라우타
La Flauta

인근 직장인들의 압도적인 사랑을 받는 세련된 레스토랑이다. 덕분에 테이블은 언제나 만석. 예약하지 않았다면 입구의 바 석을 이용하자.

바에 벽돌처럼 층층이 쌓여 있는 샌드위치는 이 가게의 이름이자 시그니처 메뉴인 ❶ 플라우타다. 길쭉한 바게트 모양이 플루트와 비슷하다고 해서 붙여진 이름으로, 아낌없이 넣은 진한 하몬 맛을 느낄 수 있다. 큼직한 ❷ 카망베르 치즈에 견과류를 묻혀서 튀긴 몬타디토 역시 강력 추천한다. 짭조름한 치즈와 달콤한 잼이 만나는 극강의 '단짠' 조합이다. ❸ 새우와 오징어 꼬치구이를 올린 몬타디토도 인기다.

Ⓖ 95P6+QF 바르셀로나 Ⓜ 190p & MAP ❸-D

📍 Carrer d'Aribau, 23 ☎ 933 23 70 38 ⏰ 08:00~01:00(토 09:00~)/일요일 휴무 ⓔ 플라우타 1/2개 4.35~10.40€, 1개 5.65~8.95€ 🚇 M L1·L2 Universitat에서 도보 4분/카사 바트요에서 도보 9분

카탈루냐 광장에서 도보 3분 거리다.

가볍게 즐길 수 있는 핀초와 맥주

19세기 건물을 개조한 푸드코트

◉ 엘 나시오날
El Nacional

시내 한복판에 버려졌던 130년 전 낡은 건물이 고급스러운 푸드코트로 변신했다. 공장과 주차장으로 사용되던 널찍한 공간에 8개의 바와 레스토랑이 들어선 것. 철재 구조물을 고스란히 살린 건물 내부 인테리어가 훌륭해 핸드폰을 손에 든 손님이 많다.
근사한 분위기를 부담 없이 즐기려면 중앙에 있는 바 쪽에 자리를 잡자. 유리로 둘러싸인 공간에 반사되는 노란 조명이 음식을 더욱 돋보이게 한다. 그밖에 해산물이나 지중해 음식, 그릴 음식 등을 요리하는 다양한 식당이 있다.

Ⓖ 95R9+69 바르셀로나 Ⓜ 190p & MAP ❸-B
📍 Passeig de Gràcia, 24 Bis ⏰ 12:00~01:00 Ⓔ 핀초스 3.50€~, 타파스 4€~, 맥주 3.50~7.50€ 🚇 M L2·L3·L4 Passeig de Grácia에서 도보 2분/카사 바트요에서 도보 4분 www.elnacionalbcn.com

❶ 메인 요리로 나오는 그릴에 구운 갈비 스테이크 추라스코(Churrasco)

❷ Arroz Negro

현지인의 한결같은 단골 바르

◉ 바르 모리솜
Bar Morryssom

아침에는 커피 한잔에 잠을 깨고, 저녁에는 맥주 한잔으로 수다를 떠는 동네 단골들이 40여 년간 찾은 사랑방이다. 인근에 호텔과 호스텔이 들어서면서 여행자들도 심심치 않게 방문한다.
❶ 점심 세트(메뉴 델 디아)가 푸짐하고 저렴하며, 요일에 따라 스페인식 스튜 코시도Cocido, ❷ 오징어먹물밥, 파에야, 피데우아Fideuá 같은 특별 요리를 제공한다. 첫 번째 코스로 오징어먹물밥이나 파에야를 먹고 나면 메인 요리가 나오기도 전에 배가 부를 만큼 양이 넉넉하다.

Ⓖ 95X8+R3 바르셀로나 Ⓜ 190p & MAP ❷-D/❸-B
📍 Carrer Girona, 162 ⏰ 07:30~24:00(토 ~01:00)/일요일 휴무 Ⓔ 메뉴 델 디아 13€~, 타파스 3.50~16.20€, 테라스 자릿세 0.2€/1접시 🚇 M L4·L5 Verdaguer에서 도보 5분/카사 밀라에서 도보 8분

소스 맛보는 재미에 홍합 순삭!

라 무스클레리아
La Muscleria

겨울에 스페인을 방문했다면 차가운 바닷물에 맛이 깊어진 홍합을 맛보자. 우리나라 사람들이 날씨가 추워지면 홍합탕을 찾듯, 스페인 사람들도 겨울이 되면 홍합찜 메히요네스 알 바포르Mejillones Al Vapor를 즐겨 먹는다.

스페인식 홍합찜은 보통 화이트 와인과 레몬, 후추 등으로 깔끔한 맛을 내는데, 이 집에서는 화이트 와인을 넣고 찐 담백한 타입부터 크림소스나 치즈소스, 카레소스, ❶ 토마토소스를 넣은 홍합찜까지 취향껏 고를 수 있다. 안주로 즐기려면 로메스코소스나 알리올리소스를 얹은 ❷ 차가운 홍합 타파스가 괜찮다.

95W8+HF 바르셀로나 M 190p & MAP ❷-D/❸-B
Carrer de Mallorca, 290 13:00~16:00, 20:00~23:30 € 홍합 타파스 3.90€~/4개, 홍합찜 13.60~16.05€ M L4·L5 Verdaguer에서 도보 7분/카사 밀라에서 도보 6분 www.muscleria.com

❶ 감자튀김을 곁들인 홍합찜 알 라 마리네라(A La Marinera)
❷

우루과이 스테이크가 뭔지 보여줄게

엘 볼리체 델 고르도 카브레라
El Boliche del Gordo Cabrera

스페인 고기 마니아들이 사랑하는 우루과이 요리 전문점. 아르헨티나와 우루과이의 목동들이 즐겨 먹던 소고기 구이를 맛볼 수 있다. 우리나라 여행자에게는 쫄깃하게 씹히는 맛이 일품인 ❶ 안창살과 지방이 고루 섞인 꽃등심살Entrecot이 인기. 평일 점심 세트 메뉴에서도 스테이크를 주문할 수 있다. 드넓은 초원에서 뛰어다니며 풀을 먹고 건강하게 자라 기름지지 않고 탄력 있는 소고기를 가장 맛있게 먹는 방법은 남미 사람들처럼 치미추리소스에 곁들이는 것. 오레가노와 칠리에 올리브유와 식초를 섞어 만든 소스다.

95V9+58 바르셀로나 M 190p & MAP ❸-B
Carrer del Consell de Cent, 338 13:00~16:00, 20:00~23:00/월·화요일 디너·일요일 휴무 € 스테이크 14.90~29.90€, 평일 점심 세트 메뉴 18.50€ M L2·L3·L4 Passeig de Grácia에서 도보 4분/카사 바트요에서 도보 5분 www.elbolichedelgordo.com

❶ Entraña de Ternera
원하는 부위를 숯불에 구워준다.

지글지글 군침 도는 돌솥비빔밥

서울정

Seoul Restaurant Corea

바르셀로나 사람들이 먼저 인정한 한식당이다. 스페인 사람들의 SNS에 제일 자주 등장하는 메뉴는 재료를 듬뿍 올린 ❶ 돌솥비빔밥. 푸짐한 채소에 다진 소고기볶음, 날달걀까지 제대로 올라간다. 단, 현지인의 입맛에 맞춰 비빔장의 양이 살짝 적은 편이니 고추장을 추가로 더 부탁하는 것이 좋다.

지글지글 플레이트에 올려 나오는 ❷ 제육볶음도 가격 대비 만족도가 높다. 상추 대신 신선한 양상추를 함께 내준다. 산 파우 병원과 사그라다 파밀리아 성당을 잇는 가우디 거리Av. de Gaudi에 있다.

C56F+5Q 바르셀로나 M 190p & MAP ❷-B

Av. de Gaudi 70 ☎ 934 50 26 17 ⏰ 13:00~15:45, 20:00~23:30(화 20:00~, 일 ~22:45)/월요일 및 화요일 점심 휴무 € 김치찌개 18.50€, 삼겹살·불고기 17€, 오징어볶음 15.50€, 떡볶이 14.50€ M L5 Sant Pau | Dos de Maig에서 도보 3분/산 파우 병원에서 도보 2분

❶ 돌솥비빔밥(13.50€)

❷ 제육볶음(15€). 밥은 별도다.

❷ Rosa de Sant Jordi(6.50€). 초콜릿 케이크+초콜릿 무스+바닐라 크림의 조합

❶ 체리 무스 안에 체리 콤포트와 요거트 크림이 든 La Cirera(6.50€)

❸ Mojito. 아몬드 비스코초에 라임민트 무스와 라임 크림을 얹었다.

산뜻한 색감에 호감도 상승!

라 파스티세리아

La Pastisseria

세계 페이스트리 대회 우승자가 케이크까지 섭렵했다. 눈길을 사로잡는 맑고 선명한 형광색 케이크는 보는 것만으로도 피로가 풀린다. 가벼운 질감의 무스나 크림을 이용해 독특하고 색다른 케이크를 만드는 것이 이 집의 특기. 가장 유명한 제품은 ❶ 빨간 사과 모양 케이크와 ❷ 붉은 장미 모양 케이크다. 라임민트 무스가 셔벗처럼 상큼한 ❸ 모히토 케이크도 추천. 아침에는 크루아상으로 가볍게 식사하기에도 좋다. 유사한 이름의 가게가 많으니 카사 바트요 근처인지 꼭 확인할 것.

95Q6+PJ 바르셀로나

M 190p & MAP ❸-B

Carrer d'Aragó, 228 ⏰ 09:00~14:00, 17:00~20:30(일 09:00~14:30)/월요일 휴무 € 케이크 6.50€~ M L2·L3·L4 Passeig de Gràcia에서 도보 5분/카사 바트요에서 도보 5분

lapastisseriabarcelona.com

pans
2x4€
GEOX
FARMÀCIA

TURNER
TURNER

SECTION

E

만국박람회가 낳은 스타!
몬주익 지구

바르셀로나 해안가 서쪽에 불쑥 튀어나온 언덕 일대다. '몬Mont'은 '산', '주익Juïc'은 '유대인'이라는 뜻. 중세 시대 가톨릭으로 개종하지 않은 유대인들이 공동 묘지로 사용하던 곳이라 붙은 이름이다. 1929년 바르셀로나 만국박람회를 위한 전시장 개발을 시작으로 올림픽 경기장과 미술관, 분수와 공원 등이 들어서며 바르셀로나 최고의 관광명소가 됐다.

28 몬주익 탐방의 출발점
에스파냐 광장 Plaça d'Espanya

바르셀로나 문화와 축제의 중심지다. 한때는 공개 처형이 집행되는 공포의 장소였으나, 1929년 만국박람회를 준비하며 박람회장 입구에 상징적인 대형 광장을 만들었다. 사방이 트인 광장 한가운데 놓인 분수는 가우디의 동료였던 호셉 마리아 후홀이 설계한 것으로, 이베리아 반도를 둘러싼 3면의 바다와 스페인의 3대 강(에브로, 과달키비르, 타호)을 상징한다.

분수 너머에 우뚝 선 47m 높이의 베네치아 탑Torres Venecianes은 이름 그대로 베네치아에 있는 산마르코 대성당 앞의 종탑을 본떠 만든 것이다. 2개의 붉은 벽돌 탑 사이로 걸어 들어가는 순간, 국립 카탈루냐 박물관을 시작으로 한 본격적인 몬주익 언덕 탐방이 시작된다.

G 스페인광장 바르셀로나 M 215p & MAP ④-A
M L1·L3·L8 Espanya에서 바로

분수 꼭대기에는 불꽃이 타오를 수 있도록 설계한 가마솥이 얹혀 있다.

베네치아 탑

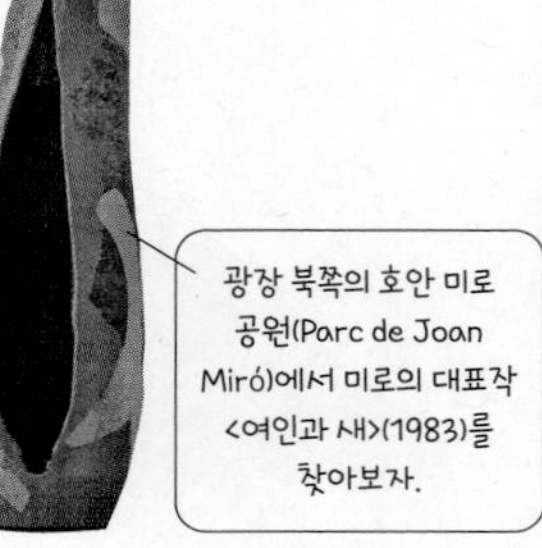
광장 북쪽의 호안 미로 공원(Parc de Joan Miró)에서 미로의 대표작 <여인과 새>(1983)를 찾아보자.

에스파냐 광장이 지금같이 유명해진 데는 1929년 만국박람회 때 만들어진 '마법의 분수 쇼Font Màgica' 덕이 크다. 음악에 맞춰 춤추는 분수를 보기 위해 해마다 250만여 명이 다녀갈 정도라니, 바르셀로나의 대표 명소로 꼽힐 만하다. 2600L의 물을 사용해 최고 52m까지 솟구쳐 오르는 장관이 잘 보이는 명당을 사수하기 위한 경쟁도 치열하다.

🕒 4~5·10월 목~토 21:00~22:00, 6~9월 수~일 21:30~22:30, 11~3월 목~토 20:00~21:00/1~2월 중 약 8주간 휴무

*2024년 10월 현재, 가뭄으로 인한 물 부족으로 **운영 임시 중단**

● 분수 쇼 전망 포인트

❶ 분수대 앞 계단

야경 사진을 찍으려면 메인 분수대 앞 계단이 최적의 장소다. 분수 쇼가 열리기 전부터 수많은 인파가 계단을 가득 메우니 최대한 일찍 도착해 자리부터 잡을 것! 소매치기도 극성을 부리니 짐은 최소한으로 줄이고, 가방은 아예 가져가지 않는 것이 좋다.

❷ 아레나스 쇼핑몰 전망대 Arenas de Barcelona

광장과 분수가 어우러진 전경을 카메라에 담고 싶다면 에스파냐 광장 맞은편에 있는 아레나스 쇼핑몰(244p) 옥상 전망대로 올라가자. 거리가 멀어 음악 소리는 들리지 않지만, 훨씬 편안하게 감상할 수 있다. 1900년에 투우장으로 지은 건물을 그대로 활용한 쇼핑몰 외관도 독특한 볼거리다.

전망대로 바로 올라가는 엘리베이터(유료). 쇼핑몰 안의 에스컬레이터나 엘리베이터(무료)를 타고 올라가는 것도 가능하다.

전망대에서 보는 분수 쇼. 음악은 들리지 않지만, 전망은 환상적이다.

만국박람회장 건물을 개조해 1934년 문을 열었다.

카탈루냐 미술관

215p & MAP ❹-C

Palau Nacional Parc de Montjuïc

10:00~20:00(10~4월 ~18:00)/일·공휴일 ~15:00)/월요일(공휴일은 제외)·1월 1일·5월 1일·12월 25일 휴무

12€(한 달 이내 2일간 사용 가능, 옥상 테라스 입장 포함), 학생 30% 할인, 15세 이하 무료/옥상 테라스 2€/무료 입장 토요일 15:00~, 매월 첫째 일요일, 5월 18일, 9월 11일/ 아트 티켓 BCN 카드

에스파냐 광장에서 도보 8분

www.museunacional.cat

29 카탈루냐 예술의 기원
국립 카탈루냐 박물관
Museu Nacional d'Arte de Catalunya

여행자에게는 분수 쇼 관람 명당으로 인기가 높지만, 이곳은 사실 국립 박물관이다. 가우디와 피카소를 비롯해 수많은 예술가를 키워낸 바르셀로나의 저력을 확인할 수 있는 곳으로, 로마네스크 미술, 그중에서도 특히 교회 벽에 그려진 프레스코화 콜렉션은 세계 제일을 자랑한다.

모데르니스메 운동이 한창이던 1900년대, 피레네산맥 근처의 작은 성당에서 800년간 묻혀 있던 프레스코화가 발견되면서 시골 성당의 벽화를 보존하자는 운동이 일어났다. 박물관에 전시된 프레스코화는 벽화의 안료를 천에다 얇게 떠서 고스란히 옮겨온 것. 원래 모습을 최대한 살리기 위해 벽화가 발견된 성당의 제단이나 기둥 등을 그대로 재현해 관람객들의 눈길을 사로잡는다.

로마네스크 전시관. 성당 벽화를 그대로 재현했다.

옥상 테라스(입장권에 포함, 별도 구매 시 2€). 시내가 한눈에 들어와 전망대 역할을 한다.

❶ **<전능한 그리스도>** : 타울 마을의 산 클리멘트 성당에서 옮겨 온 12세기 벽화다. 예수의 동그랗게 뜬 눈은 '모든 것을 보고 어떤 것도 두려워하지 않는다'는 뜻을 담고 있다. 양 볼의 빨간 연지는 로마네스크 양식의 특징. 왼손에 든 책에는 '나는 세상의 빛이다'라고 쓰여 있다.

❷ **<십자가를 든 예수>**(1590~1595년), 엘 그레코 : 인체의 의도적인 왜곡을 통해 영적인 세계를 표현하고자 했던 엘 그레코의 독창적인 화법을 볼 수 있는 작품이다. 예수가 든 십자가는 순교의 도구가 아니라 죽음을 넘어선 승리의 상징이다. 때문에 예수의 얼굴 역시 고통이 아니라 영생에 대한 믿음을 표현하고 있다.

❸ **<사랑의 우화, 큐피드와 프시케>**(1798~1805년), 고야 : 사랑에 빠진 큐피드가 정체를 숨긴 채 밤마다 프시케를 찾아가는 이야기를 에로틱하게 표현했다. 프시케의 모습은 고야의 대표작인 <옷을 입은 마야>와 유사하다.

❹ **<자전거를 탄 라몬 카사스와 페레 로메우>**(1897년), 라몬 카사스 : 19세기 후반 바르셀로나 예술가들의 아지트였던 엘스 쿠아트레 가츠(166p)를 운영하던 화가 라몬 카사스가 그린 작품. 개업 후 3년 동안 카페 벽에 걸려 있었다.

Option
30 낡은 공장을 미술관으로!
카이샤 포룸
CaixaForum

한때 방직 공장이었던 빛바랜 붉은 벽돌 건물이 미술관으로 탈바꿈했다. 그라시아 거리의 카사 아마트예르(196p)를 지은 건축가 주젭 푸이치 이 카다팔치Josep Puig i Cadafalch가 지은 건물을 그대로 살려 현대적인 감각으로 재탄생시킨 것. 감각적이고 혁신적인 디자인을 앞세운 전시 큐레이션으로 바르셀로나 예술계의 트렌드를 이끌고 있다. 색다른 전시와 공연을 관람할 수 있는 기회이니 홈페이지에서 일정을 확인해보자.

G 94CX+GR 바르셀로나 M 215p & 대형 ④-A
Av. Francesc Ferrer i Guàrdia, 6-8 10:00~20:00/1월 1·6일, 12월 25일 휴무 € 6€~(전시 관람 포함)/ BCN 카드 에스파냐 광장에서 도보 7분 caixaforum.es/barcelona/home

★
바르셀로나 3대 건축가

바르셀로나에는 가우디 말고도 20세기 건축에 큰 획은 그은 건축가가 많다. 산 파우 병원과 카탈루냐 음악당을 지은 루이스 도메네크 이 몬타네르와 카이샤 포룸을 지은 카다팔치가 대표적. 이들은 가우디와 함께 모데르니스메 건축을 이끈 3인방으로 불린다.

Option
31 좋은 건 다 모인 스페인판 민속촌
포블레 에스파뇰
Poble Espanyol

'스페인 마을'이라는 뜻의 이름 그대로 스페인 곳곳의 대표 건축물과 특산품을 한자리에 모아 놓은, 우리나라의 민속촌 같은 곳이다. 수십 개의 공방에서 전통공예 시연도 볼 수 있다.

카다팔치의 아이디어로 시작된 만국박람회 기념 프로젝트 중 하나로, 전문가 4명이 전국 방방곡곡을 다니며 15개 지방의 특색을 대표하는 117개 건축물을 완성했다. 뜨거운 태양을 피하고자 중정을 갖춘 안달루시아 지방의 건축이나 황야에 성채가 솟아 있는 카스티야 지방의 건축 등 포블레 에스파뇰을 한 바퀴 돌면 스페인의 명소를 대략 훑어보는 셈이다.

G 스페인촌 M 215p & MAP ④-C
Av. Francesc Ferrer i Guàrdia, 13 10:00~24:00(월 ~20:00)
€ 15€/온라인 예매 시 할인/BCN 카드 소지자 할인 카이샤 포룸에서 도보 5분/에스파냐 광장에서 150번 버스를 타고 Poble Espanyol 하차 www.poble-espanyol.com

❶ 아라곤 지방의 무데하르 양식 건축물
❷ 카스티야 지방의 골목길
❸ 프란 다우렐 미술관(Fran Daurel Museum). 포블레 에스파뇰 부지 안에 마련된 작은 미술관으로, 피카소가 만든 도자기를 비롯해 미로, 달리의 그림 등을 알차게 갖추고 있다.

경기장 내부
경기장 북문과 성화대

32 영광의 금빛 마라톤을 추억하며
몬주익 올림픽 경기장
Estadi Olímpic Lluís Companys

몬주익 언덕이 세상의 중심이 됐던 순간을 꼽자면 하나는 1929년 만국박람회이고, 다른 하나는 1992년 바르셀로나 올림픽이다. 황영조 선수가 마라톤 금메달을 딴 곳이라서 우리에게도 친숙한 이름이다. 만국박람회용으로 지은 건물을 리모델링해 경기장으로 만들었기 때문에 건물 자체는 그리 특이하지 않지만, 활을 쏴서 성화를 점화했던 세레모니는 두고두고 화제가 됐다. 성화대는 경기장 북문 옆에 있다. 2001년 '유이스 콤파니스 올림픽 경기장Estadi Olímpic Lluís Companys'으로 이름이 바뀌었다. 프랑코 독재정권의 횡포를 잊지 않고자, 바로 옆 몬주익성에서 처형당한 카탈루냐 자치정부 수반의 이름을 붙인 것이다.

G 에스타디 올림픽 M 215p & MAP ④-C
Passeig Olímpic, 15-17 ⏰ 여름철 06:00~22:00, 겨울철 ~20:00 🚊 국립 카탈루냐 박물관에서 도보 8분/에스파냐 광장·몬주익성에서 150번 버스를 타고 Av. de l'Estadi-Estadi Olímpic 하차 📶 estadiolimpic.barcelona/es

★
황영조 선수 기념비
성화대 건너편의 회색 돌 위에 황영조 선수가 달리는 모습을 새긴 기념비가 있다. 2001년 경기도와 카탈루냐주가 자매결연을 체결하면서 우정의 표시로 세운 조형물이다.

Option 33 오롯이 쉬어가고 싶을 때
그리스 원형극장
Teatre Grec

미술관과 박물관이 연달아 이어지는 몬주익 언덕에서 잠시 쉬어갈 수 있는 조용한 아지트 같은 공간이다. 호안 미로 미술관과 국립 카탈루냐 박물관이 근처에 있지만, 눈에 잘 띄지 않아 호젓하게 시간을 보내기 좋다. 1929년 만국박람회를 위해 지은 그리스식 야외극장으로, 뜨거운 햇살이 사라지고 뭉근한 바람이 불어오는 여름밤, 국제 연극·무용·음악·서커스 페스티벌Festival Grec de Barcelona(7월부터 약 한 달간 개최)을 감상하며 낯선 고대 그리스의 정취를 느낄 수 있다.

G 9595+RW 바르셀로나 M 215p & MAP ④-C
Passeig de Santa Madrona ⏰ 10:00~일몰 🚊 호안 미로 미술관에서 도보 5분 📶 lameva.barcelona.cat/grec/en

정원과 호안 미로 미술관을 잇는 계단을 따라 작은 분수가 이어진다.

미로와 그의 부인, 친구, 후원자들이 기부한 작품 총 1만4000여 점을 소장하고 있다.

미로의 작품처럼 꾸며 놓은 기념품숍

카페테리아

34 아이처럼 순수한, 꿈처럼 즐거운! 호안 미로 미술관 Fundació Joan Miró

가장 단순하고 선명한 형태로 세상을 표현한 화가 호안 미로Joan Miró i Ferrà가 직접 개관한 미술관. 꿈에서 방울방울 건져 올린 듯한 원과 곡선, 강렬한 원색으로 채운 미로의 천진난만하고 자유분방한 작품들을 감상하다 보면 어느새 슬며시 웃음 짓게 된다. 드넓은 언덕에 자리 잡은 새하얀 건물과 잔디밭의 조각들도 즐겁고 편안한 분위기를 선사한다.

1975년 미로가 고르고 고른 자신의 회화와 조각은 물론 자신의 회화를 모티브로 제작한 태피스트리, 도자기 등 다양한 작품을 소장하고 있다. 차세대 작가 육성에 큰 힘을 썼던 미로의 뜻을 이어받아 신진 작가들의 실험적인 작품들을 선보이는 특별전시관도 마련돼 있다.

바르셀로나 시내가 한눈에 보이는 옥상은 국립 카탈루냐 박물관의 테라스와 함께 손꼽히는 전망 명소다. 야외 테라스에 있는 카페테리아에서 커피를 즐기면서 잠시 여유를 가져보는 것도 좋다. 건물 앞 정원에도 재미난 조각과 오브제 작품이 많으니 천천히 둘러보자.

작품 속에 등장하는 상형문자와 같은 형상들은 별, 달, 새, 여인을 상징한다.

Ⓖ 미로 미술관 Ⓜ 215p & MAP ④-C

📍 Parc de Montjuïc ⏰ 10:00~20:00(일 ~19:00)/폐장 30분 전까지 입장/월요일(공휴일은 제외), 1월 1일, 4월 1·15일, 5월 20일, 12월 25·26일 휴무 € 15€, 학생·65세 이상 9€, 14세 이하 무료/ 아트 티켓 BCN 카드 🚊 에스파냐 광장에서 150번 버스를 타고 Av Miramar-Fundació Joan Miró 하차/몬주익 올림픽 경기장에서 도보 7분 www.fmirobcn.org

Zoom In & Out
호안 미로 미술관

1893년 바르셀로나에서 태어난 미로는 피카소, 달리와 함께 스페인을 대표하는 미술계 3대 거장으로 평가받는다. 1983년 90세를 일기로 세상을 떠날 때까지 열정적이고 부지런하게 활동하며 회화, 조각, 도예 등 무수한 작품을 남겼다. 자연과 여성을 주제로 한 자유분방하고 경쾌한 화풍이 특징이지만, 그 안에는 스페인 내전과 제2차 세계대전의 비극적 경험들이 담겨 있다.

❶ <자화상>(1937~1960년)

1937년 연필로 스케치를 시작해 1960년에야 대담하고 굵은 선으로 완성했다. 얼굴 주변에 복잡한 밑그림이 그대로 남아 있다.

❷ <저주받은 인간의 희망 1, 2, 3>(1974년)

왼쪽부터 순서대로 빨강, 파랑, 노랑을 사용해 저주받은 인간의 희망을 표현한 3연작이다.

❸ <미로 재단의 태피스트리>(1979년)

그림과 콜라주, 태피스트리의 경계를 넘나드는 미로 특유의 자유로움이 묻어나는 작품이다. 뉴욕과 워싱턴에서 태피스트리를 의뢰받았을 때 동시에 제작한 것이다.

❹ <수은 분수>(1937년), 알렉산더 칼더

일명 '움직이는 미술'이라 불리는 키네틱 아트의 선구자 알렉산더 칼더의 작품이다. 원작은 1937년 파리 만국박람회 때 선보였으며, 미술관의 분수는 1976년 베니스 비엔날레 때 만든 것이다.

❺ 옥상 조형물

2층 야외 옥상에도 미로의 조형물이 여럿 있다. 청동상에 빨강, 노랑, 파랑, 녹색의 원색을 칠해 만든 작품들이 흰색의 옥상 벽을 캔버스 삼아 더욱 선명하게 드러난다.

<도망치는 소녀>
(1967년)

<새의 애무>
(1967년)

바다가 내려다보이는 옛 포대

35 바르셀로나 해안선을 한눈에! 몬주익성
Castell de Montjuïc

포트 벨이 내려다보이는 언덕 꼭대기에는 몬주익성이 중세 시절부터 한결같이 자리를 지키고 있다. 발아래 푸른 바다를 두고 언덕 높은 곳에 서 있는 성채는 그 자체가 근사한 전망대다. 대롱대롱 매달린 케이블카와 경사가 가파른 궤도를 다니는 푸니쿨라를 타고 오르면 지중해 뷰가 360° 파노라마로 펼쳐진다.

너무도 평화로운 모습이지만, 바르셀로나 사람들에게는 지난 역사의 아픔이 새겨진 장소다. 스페인 내전 때는 양 진영이 서로의 포로를 고문하고 감금하는 장소로, 이후 프랑코 독재시절에는 반독재 인사를 가두고 처형하는 장소로 쓰였던 것. 외부의 적을 감시하고자 만든 요새가 자신들을 옥죄는 감시탑이 돼버린 셈이다. 몬주익 올림픽 경기장의 새 이름이 된 유이스 콤파니스도 바로 이곳에서 총살당했다. 지금은 역사 기념관으로 사용되고 있으며, 해자와 성 꼭대기의 포대만이 오래전 이곳이 요새였음을 알리고 있다.

G montjuic castle
M 215p & MAP ④-D
Carretera de Montjuïc, 66
10:00~20:00(11~2월 ~18:00)/1월 1일·12월 25일 휴무
€ 12€, 할인 8€, 7세 이하 무료/무료입장 일요일 15:00~, 매월 첫째 일요일
에스파냐 광장에서 150번 버스를 타고 Castell 하차/M L2·L3 Paral·lel에서 몬주익 푸니쿨라 탑승 후 몬주익 케이블카로 환승
ajuntament.barcelona.cat/castelldemontjuic/ca

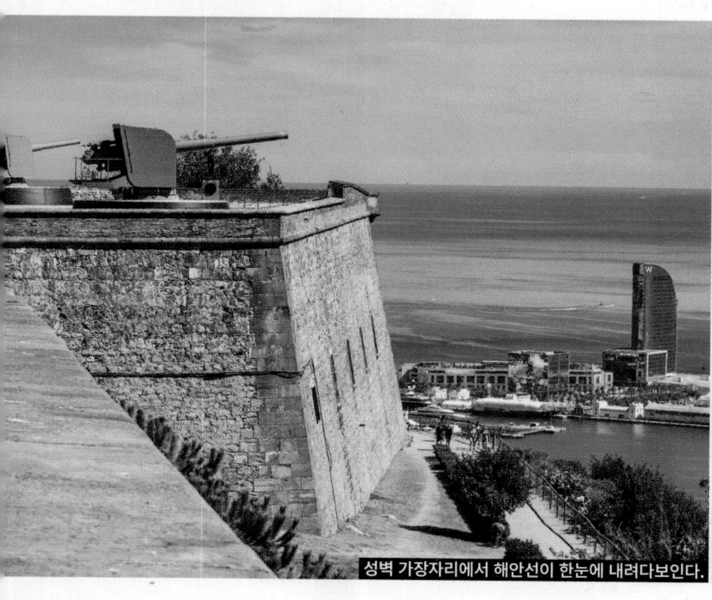
성벽 가장자리에서 해안선이 한눈에 내려다보인다.

중앙 건물과 감시탑

#CHECK

푸니쿨라+케이블카 타고 몬주익 언덕 오르기

❶ M L2·L3 Paral-lel에서 내려 지하의 푸니쿨라Funicular de Montjuïc 연결통로로 들어간다.

❷ 푸니쿨라를 타고 다음 정류장에서 내린다.

❸ 푸니쿨라역 밖으로 나간다.

❹ 출구를 등지고 오른쪽에 있는 몬주익 케이블카역Telefèric de Montjuïc으로 들어간다.

❺ 케이블카에 탑승한다.

❻ 카스텔 데 몬주익Castell de Montjuïc에서 내려 몬주익성으로 간다.

✚ 몬주익 푸니쿨라 & 몬주익 케이블카 운행 정보

구분	몬주익 푸니쿨라	몬주익 케이블카
요금	1회권(1구역) 2.55€ T-casual, T-familiar 등 다회권 및 올라 바르셀로나 트래블카드 사용 가능	편도 10.50€, 왕복 16€/온라인 예매 시 10% 할인(온라인은 왕복권만 구매 가능) 올라 바르셀로나 트래블카드 사용 불가
운행 시간	07:30~22:00(11~3월 ~20:00, 토·일·공휴일 09:00~)	11:00~18:30(6~9월 ~19:00, 11~2월 ~18:00)
소요 시간 & 노선	2분 Paral-lel ⇌ Parc de Montjuïc	Parc de Montjuïc → 약 7분 → Castell de Montjuïc → 약 4분 → Mirador → 약 4분 → Parc de Montjuïc
홈페이지	www.tmb.cat	www.telefericdemontjuic.cat

몬주익 언덕의

전망 포인트

시내 곳곳에 많은 전망 명소가 있지만, 바르셀로나 항구를 바라보기에는 몬주익 언덕만큼 좋은 곳도 없다.
낮에는 파란 하늘과 지중해가 맞닿아 끝없이 이어지는 절경을 볼 수 있고,
해가 진 후에는 밤하늘의 별처럼 아름답게 빛나는 도시의 야경을 내려다볼 수 있다.
케이블카나 푸니쿨라 같은 독특한 교통수단을 타고 올라가는 재미도 인기의 한몫을 한다.

● 알칼데 전망대 Mirador del'Alcalde

몬주익성으로 올라가는 언덕 중턱에 위치한 전망대다. 전망대 가장자리는 포트 벨과 마레마그눔 쇼핑몰이 한눈에 담기는 명당! 음료수를 파는 작은 매점은 있으나, 화장실은 없다.

9589+MQ 바르셀로나
215p & **MAP** ❹-D
Ctra. de Montjuïc, 43
몬주익 케이블카를 타고 Mirdor 하차

● 몬주익 미라마르 Miramar

몬주익 언덕의 동쪽 가장자리에 위치해 포트 벨을 내려다 볼 수 있는 곳이다. 호텔 미라마르 건물 뒤로 돌아가면 나오는 작은 공원의 동쪽 난간 옆으로 바다 전망이 펼쳐진다.

Ⓖ 미라마르 전망대 Ⓜ 215p & MAP ❹-B
📍 Ctra. de Miramar, 40
🚊 몬주익 푸니쿨라 또는 몬주익 케이블카를 타고 Parc de Montjuïc 하차 후 도보 12분/알칼데 전망대에서 도보 15분/포트 벨의 플라사 델 마르(Plaça del Mar) 근처 케이블카 탑에서 텔레페리코 델 푸에르토를 타고 약 10분 후 하차

❶ 호텔 미라마르 뒤로 돌아가면 공원 전망대가 나온다.
❷ 미라마르 전망대가 있는 공원 풍경
❸ 몬주익 언덕까지 한 번에 닿는 텔레페리코 델 푸에르토

MORE

짜릿한 케이블카! 텔레페리코 델 푸에르토

포트 벨에서 바다 쪽을 바라보면 푸른 바다 위를 가로지르는 빨간 케이블카가 눈에 들어온다. 바로 60m 높이에서 몬주익과 항구 풍경을 조망할 수 있는 최고의 방법, 텔레페리코 델 푸에르토(Teleférico del Puerto)다. 몬주익성으로 올라가는 케이블카보다 더 높이 올라 바다를 가로지르기 때문에 고소공포증을 유발할 만큼 짜릿하다.

요금	편도 12.50€, 왕복 20€
운행 시간	10:30~19:00(6월~9월 11일 ~20:00, 10월 말~2월 11:00~17:30)/12월 25일 휴무
노선	Miramar ⇌ Torre Jaime I ⇌ Torre San Sebastián (약 1300m)
홈피	www.telefericodebarcelona.com

케이블카에서 바라본 몬주익 언덕

몬주익에서의

계획적인 한 끼

몬주익 지구는 워낙 넓고 볼거리도 여기저기 흩어져 있어 식당을 정할 때도 동선을 고려해야 한다. 특정 식당을 찾아가기가 마땅치 않다면 에스파냐 광장의 아레나스 쇼핑몰 푸드코트나 박물관·미술관 카페를 이용하자.

❶ Salmon, Yoghurt & Truffled Honey(4€)

구운 피키요 고추와 새우를 얹은 몬타디토 (Prawns & Red Pepper, 3.50€)

조용한 주택가에 있다.

감칠맛 폭발! 해산물 통조림 타파스

◉ 키멧 이 키멧
Quimet & Quimet

바르셀로나 최고의 바르로 꼽히는 곳! 조그만 바 앞에 설 자리만 찾아도 행운일 만큼 늘 손님들로 인산인해를 이룬다. 그러니 어떻게든 바텐더와 눈을 마주쳐야 주문할 기회를 얻을 수 있다.
이 집 맛의 비결은 바로 통조림에 있다. 숱한 전쟁을 겪으며 통조림 요리가 발달한 스페인에서는 고급 해산물도 캔에 담아 보관해왔는데, 1914년 문을 연 이곳에서도 새우, 캐비어, 조개, 정어리, 앤초비 같은 해산물 통조림을 타파스 재료로 사용한다. 바에서 즉석으로 만든 차가운 타파스를 맛볼 수 있다는 것도 특징. ❶ 요거트소스 위에 연어를 얹고 트러플 허니를 뿌린 몬타디토가 이 집의 시그니처 메뉴로, "살몬Salmón!"이라고만 외쳐도 알아듣는다. 구운 피키요 고추와 새우를 올리거나 꼴뚜기와 양파를 올린 것, 다진 토마토에 홍합과 캐비어를 올린 것도 인기다.

Ⓖ 퀴멧 Ⓜ 215p & MAP ❹-B

⊙ Carrer del Poeta Cabanyes, 25 ⏰ 12:00~16:00, 18:00~22:30/토·일요일 휴무 Ⓔ 몬타디토 3~5€, 타파스 3~26€, 맥주 2.50€~/1잔, 와인 3€~/1잔 🚇 M L3 Paral Lel에서 도보 3분

핀초의 베이스가 다양한 것이 특징이다.

어디에도 없을 이색 핀초스

블라이 노우
Blai 9

바르셀로나 현지인들이 여행자가 장악한 중심지를 피해 모이는 블라이 거리 Carrer de Blai. 아는 사람만 찾는다는 이 보물 같은 거리에는 저렴하면서도 맛있는 타파스로 인기몰이 중인 바르가 가득하다. 그중에서도 색다르고 실험적인 바르 하나가 눈에 띄니, 주소와 가게 이름이 같은 블라이 노우다.
바게트를 바닥에 까는 일반적인 핀초스나 몬타디토와 달리 이 집에서는 도톰한 프랑스식 팬케이크나 얇게 구운 크레이프, 속을 채운 롤, 미니 부리토, 나초 등을 베이스로 사용한 다양한 핀초스를 선보인다. 게다가 1.90~2.50€ 라는 저렴한 가격! 바르마다 비슷비슷한 타파스가 지겨워질 때쯤 블라이 거리 9번지를 찾아보자. 테라스에 앉으면 음식값의 10%가 추가된다.

G blai9 M 215p & MAP ④-B
Carrer de Blai, 9 ⏰ 12:00~24:00(금·토 ~01:00) € 핀초스 1.90~2.50€ 🚇 M L3 Poble Sec에서 도보 7분/M L3 Paral Lel에서 도보 4분 www.blai9.com

MORE

베르뭇 맛있게 마시는 법

스페인 사람들이 즐겨 마시는 베르뭇은 집마다 고유의 레시피가 있다. 스트레이트로 마셔도 되지만, 약초 냄새에 익숙하지 않은 사람은 얼음과 레몬을 넣어 마실 것. 주문할 때 "베르뭇 꼰 이엘로 이 리몬(Vermut con hielo y limón)" 이라고 말하자.

★

현지인과 함께 즐기는 '타페오 Tapeo'

블라이 거리에서는 이곳저곳 옮겨 다니며 다양한 타파스와 핀초스를 맛보는 '타페오' 문화를 즐기자. 바르들을 순례하는 현지인들로 주말 밤이면 언제나 축제 분위기가 펼쳐진다.

❶ Pulpo a Feira

❷ Ensalada de Pulpo

❸ Bife de Lomo

갈리시아에서 갓 잡은 문어 요리

◉ 브리사스 도 실

Brisas do Sil

일주일에 한 번씩 공수해 온 갈리시아산 재료로 만든 갈리시아 지방 요리 전문점이다. 대단한 맛집은 아니지만, 30년 가까이 자리를 지켜온 터줏대감이라 동네 단골이 많다. 몬주익 지구 인근에서 현지인들의 식사 장소를 찾을 때 자주 언급되는 식당이다.

부드럽고 보들보들한 ❶ 갈리시아식 문어 요리가 대표 메뉴로 삶은 문어에 올리브유, 소금, 고춧가루로 간을 해서 내온다. 우리 입맛에 익숙한 오징어구이도 인기. 점심에는 동네 주민들이 메뉴 델 디아(13€~)를 먹으러 들른다. 전채로는 야들야들한 ❷ 문어 샐러드, 메인 요리로는 대서양의 특산물인 정어리구이Sardinas나 짭짤한 ❸ 돼지 등심구이를 추천.

Ⓖ 95F5+PQ 바르셀로나 Ⓜ 215p & MAP ❹-A
📍 Carrer de Jaume Fabra, 16 ⏰ 10:00~24:00(화 19:00~)/월요일 휴무 Ⓢ 갈리시아식 문어요리 소 19.20€~, 타파스 3.10€~ 🚇 M L3 Poble Sec에서 도보 2분

❶ 차갑게 냉장 보관한 오르차타를 따라준다.

100년을 이어 온 전통의 맛

◉ 오르차테리아 시르벤트

Horchatería Sirvent

바르셀로나에서 제일 유명한 ❶ 오르차타 가게로, 100년이 다 되도록 맛의 전통을 이어가고 있다. 너무 달지 않으면서도 고소하고 깔끔한 맛은 손님들이 대를 이으며 이 집을 찾게 만든 인기 비결. 보통 오르차타를 파는 가게에서는 아이스크림과 스페인식 누가인 투론Turrón을 함께 만드는데, ❷ 아이스크림은 바르셀로나 10대 아이스크림으로 뽑힐 만큼 유명하다.

❷ 아이스크림은 컵 크기에 따라 2.65€~

Ⓖ 95G7+WH 바르셀로나
Ⓜ 215p & MAP ❹-B
📍 Carrer del Parlament, 56(Ronda de Sant Pau) ⏰ 09:00~21:20/겨울철 정기 휴무 Ⓢ 오르차타 1L 6.40€, 1.5L 9.30€, 2L 12.30€ 🚇 M L3 Poble Sec에서 도보 5분
www.turronessirvent.com

SECTION

F

조금 멀어도 괜찮아! 놓치기 아쉬운 **이색 지구**

가우디의 팬이라면 그의 꿈을 집대성한 구엘 공원을 놓칠 수 없다. 축구 마니아라면 FC 바르셀로나 팬들의 성지, 캄 노우 방문이 필수! 마지막에는 바르셀로나가 훤히 내려다보이는 벙커에 올라 여행의 대미를 장식하자. 모두 시내 외곽에 있지만, 시내버스나 메트로, 트램 등 대중교통으로 쉽게 찾아갈 수 있다.

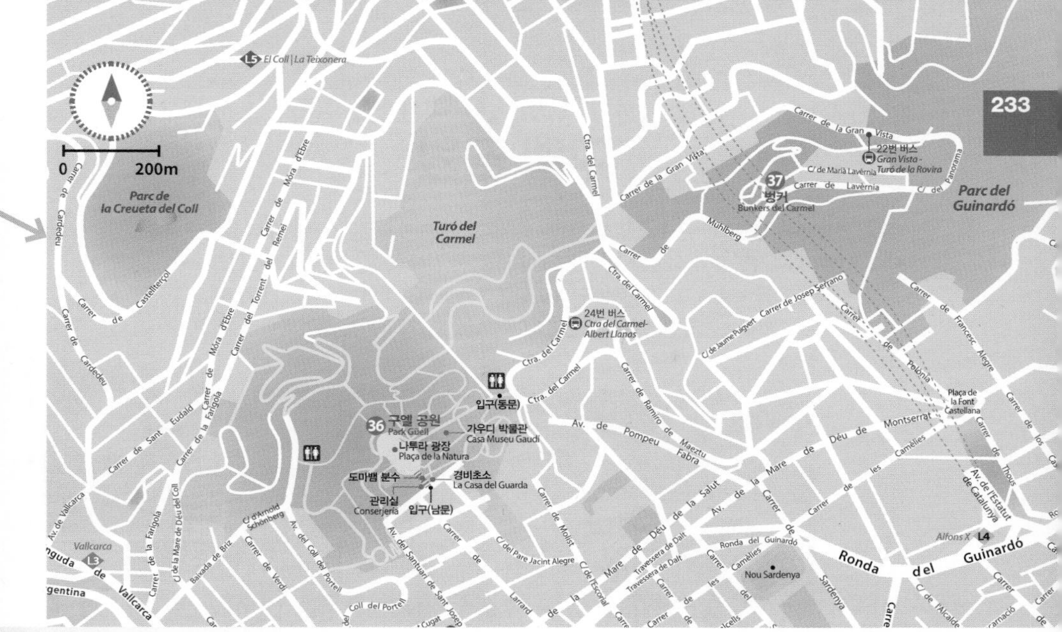

36 가우디와 구엘이 꿈꾼 마지막 낙원
구엘 공원 Park Güell

시대를 뛰어넘는 꿈을 함께 꿔온 가우디와 후원자 구엘이 그린 미완의 유토피아다. 1900년, 영국의 전원도시에서 영감을 받은 구엘은 번잡한 도심에서 벗어난 바르셀로나 북쪽 산기슭에 60가구 규모의 고급 주택 단지를 조성하고자 가우디를 찾았다. 애초 계획은 주택마다 각각의 정원을 배치하고, 편리한 공동시설을 함께 들이는 것이었다. 하지만 애석하게도 제1차 세계대전의 발발로 공사가 중단됐고, 1918년 구엘이 사망하자 그의 가족들이 이 땅을 시에 기증하면서 미완으로 남게 됐다. 구엘의 이상을 현실로 만들기 위해 가우디는 365일의 일상을 연구해 빗물조차 헛되이 쓰이지 않는 광장을 설계해냈다. 빗물이 광장을 둘러싼 벤치를 씻은 뒤 기둥 속으로 흘러 들어가 분수로 뿜어져 나오는 기발한 배수 설비도 갖췄다. 비록 주택은 단 한 채도 짓지 못하고 끝나버렸지만, 공동시설과 경비초소, 관리실 건물 등에서 가우디가 상상했던 낙원의 흔적을 살펴볼 수 있다. 보수 공사로 입장할 수 없는 구역이 수시로 발생하니 홈페이지에서 확인 후 방문하자. 가우디 메스Gaudir Més 회원은 무료입장할 수 있다. 자세한 내용은 141p 참고.

Ⓖ 구엘공원 Ⓜ 233p & MAP ❷-A
- Carrer d'Olot
- 09:30~19:30(11~2월 ~17:30, 3월 ~18:00, 7~8월 09:00~19:30)/시즌에 따라 다르니 홈페이지 참조
- 10€, 7~12세·65세 이상 7€, 6세 이하 무료
- 카탈루냐 광장 북쪽의 Rambla Catalunya 정류장에서 24번 버스를 타고 Ctra del Carmel - Albert Llanas에서 내려 도보 3분/**M** L3 Lesseps에서 도보 20분
- parkguell.barcelona

Zoom In & Out

구엘 공원

산책로가 있는 주변 공원 지역은 무료 입장이지만, 가우디가 설계한 공동시설은 중앙의 유료 구역에 있다. 세계 어디에서도 볼 수 없는 독창적인 공원이므로, 온 김에 꼭 유료 구역까지 들어가 보자. 건축물을 보호하기 위해 30분 단위로 방문객 수를 제한하여 입장권을 판매하니, 원하는 시간에 입장하려면 홈페이지에서 예약하고 가는 것이 좋다.

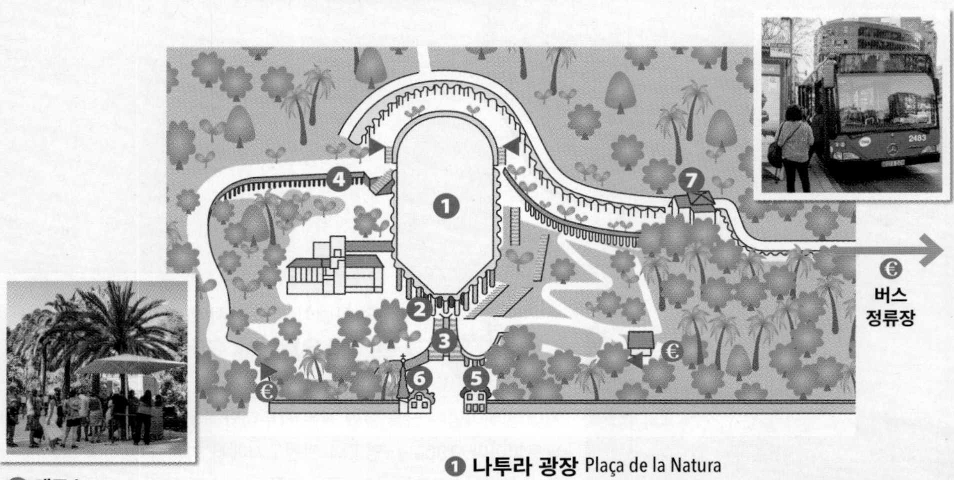

€ 매표소

▶ 입구

❶ 나투라 광장 Plaça de la Natura

구엘 공원의 핵심. 뱀처럼 구불구불하게 이어진 독특한 벤치가 광장 주위를 둘러싸고 있다. 바르셀로나 시내와 바다가 한눈에 보이는 최고의 뷰 포인트로, 특히 해 질 무렵 붉게 물들어가는 시내 풍경이 아름답다. 24번 버스 정류장에 내려 가까운 동문으로 들어가 공원을 가로질러 계단 앞에서 티켓 검사를 받으면 광장 안쪽으로 들어갈 수 있다.

❶ 세상에서 제일 길고 아름답기로 유명한 나투라 광장의 타일 벤치. 가우디의 오른팔 호세 마리아 후홀이 디자인했다.

❶ 벤치에 배수 구멍을 설치해 비가 내리면 벤치를 씻은 뒤 광장 아래 기둥으로 흘러 들어가도록 설계했다.

❷ 이포스틸라 홀 Sala Hipóstila, L'éxterior

나투라 광장 아래, 웅장한 기둥 숲으로 둘러싸인 또 하나의 반 오픈형 광장으로, 비 오는 날 시장으로 사용하기 위해 만들었다. 기둥 안이 비어 있어 위쪽 광장에 고인 빗물을 배출하는 역할도 한다. 아폴로가 거대한 뱀 피톤을 죽여 묻은 그리스 델포이의 신전을 재현했다.

❸ 조각상의 계단 Escala Monumental

이포스틸라 홀을 지나 계단을 내려오면 구엘 공원에서 가장 유명한 조형물인 일명 '도마뱀 분수'가 있다. 신화 속 불의 정령인 살라만더Salamander를 표현한 것으로, 불꽃 속에서 살지만 몸은 얼음처럼 차가워 어떤 고열에도 버틸 수 있다는 환상의 동물이다. 화재를 방지하지 위해 만든 일종의 부적용 조형물인 셈이다. 아폴로가 죽인 뱀 피톤의 머리 장식이 있는 계단 아래 분수는 이포스틸라 홀의 기둥을 통해 내려온 빗물이 모여 흘러나오는 배수구다.

★
트랜카디스 Trencadis

깨진 타일과 유리 조각을 붙여 기하학적인 문양을 만드는 이슬람의 타일 기법을 현대적으로 재해석한 것이다. 이 기법을 사랑한 가우디는 그의 작품 곳곳에 이를 적용해 건축물을 생동감 있게 표현했다. 구엘 공원에서는 대형 육각 벽돌과 공원 중앙의 나투라 벤치, 공원 외벽에 쓴 공원 이름 등에서 찾아볼 수 있다.

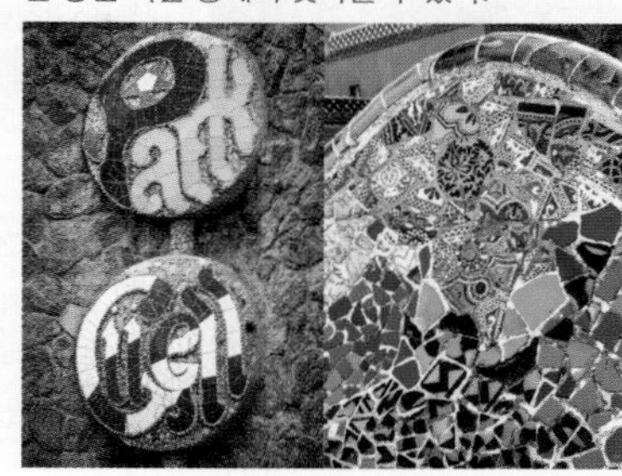

❷ 이포스틸라 홀

❸ 도마뱀 분수

❸ 피톤의 머리 장식이 있는 계단 밑의 분수

❸ 계단 아래에서 바라본 나투라 광장과 이포스틸라 홀은 고대 그리스 신전을 연상케 한다.

❸ 계단 아래, 밖에서 들어온 마차와 자동차가 되돌아나가는 공간

❹ 빨래하는 여인의 포르티코

❹ 빨래하는 여인의 포르티코 Pórtico de la Bugadera

가우디는 택지를 조성할 때 땅에서 나온 돌을 쌓아 공원 곳곳에 기둥을 세웠다. 불규칙한 모양의 구조물이지만, 지난 100여 년간 전혀 뒤틀림이 없을 정도로 견고하다. 그중에서도 나투라 광장과 가까운 곳에 있는 빨래하는 여인의 돌기둥이 가장 유명한데, 그리스 신전에서 기둥 역할을 하는 여신상 카리아티드Caryatid를 오마주한 것이라고 한다.

❺ 경비초소 La Casa del Guarda

나투라 광장에서 내려다봤을 때 왼쪽에 보이는 건물. 카사 바트요를 연상케 하는 구불구불한 실내 천장이 특히 인상적이다. 가우디의 건축 방법과 공원의 역사를 설명하는 전시관으로 사용되고 있다.

❻ 관리실 Conserjería

경비초소 맞은편, 공원 남문 옆에 세워진 가우디의 또 다른 작품이다. 높은 굴뚝 위에 가우디 특유의 십자가를 세운 것이 특징. 현재 기념품숍으로 사용되며, 경비초소와 나란히 구엘 공원의 풍경을 동화처럼 만들어준다.

❼ 가우디 박물관 Casa Museu Gaudí

가우디가 말년에 20년간 머물던 집으로, 그가 만든 가구와 유품을 소장하고 있다. 박물관 옆으로 이어지는 황톳빛 길에는 커다란 둥근 돌이 점점이 박혀 있는데, 이는 가톨릭의 묵주 로사리오Rosario를 표현한 것이다. 박물관 입장료는 구엘 공원 입장료와 별도다.

❺ 경비초소 내부

❻ 경비초소와 관리실을 본떠 만든 기념품이 인기!

❺ 경비초소

❻ 관리실

❼ 가우디 박물관

37 도시 여행자를 위한 풍경 하나
벙커 Bunkers del Carmel

바르셀로나를 한눈에 담을 수 있는 전망대로 유명한 티비다보 공원(240p)에 대적할 만한 전망 명소다. 언덕의 높이가 낮고 시내와 가까워 바르셀로나의 아기자기한 도시 풍경이 한결 가깝게 보이는 것이 장점. 시내 너머로 펼쳐지는 짙푸른 바다도 손에 닿을 듯 가깝게 느껴진다. 사그라다 파밀리아 성당이나 글로리에스 타워 등 눈에 띄는 건물을 발견하는 재미도 쏠쏠하다.
스페인 내전 시절(1936~1939년) 사용하던 벙커가 이제는 연인들의 아늑한 데이트 장소로 활용되고 있다. 특히 해 질 무렵이면 야경을 보러 온 사람들이 모여들던 일몰 명소였지만, 밤늦게까지 이어지는 소음과 불법 파티 등의 문제로 높은 울타리가 설치되고 엄격한 입장 제한 시간도 생겼다. 운영시간 외 방문은 금지!

총알 모양으로 유명한 글로리에스 타워 (Torre Glòries, 아그바 타워)

G C596+PP 바르셀로나 M 233p & MAP ❷-B
Carrer de Marià Lavèrnia ⏰ 5~9월 09:00~19:30, 10~4월 ~17:30 € 무료 🚇 카탈루냐 광장에서 그라시아 거리로 이어지는 길목에 있는 Pg. de Gràcia-Casp 정류장에서 22번 버스를 타고 Gran Vista-Turó de la Rovira 하차 후 도보 5분/카탈루냐 광장 또는 구엘 공원에서 24번 버스를 타고 Doctor Bove-Gran Vista 하차 후 도보 10분/구엘 공원에서 도보 25분

★
공공장소에서는 금주!

벙커의 야간 입장 금지 조치는 야경을 보며 술을 마시고 파티를 하는 관광객들과 지역 주민 사이에 일어난 마찰의 결과다. 스페인에서는 공공장소에서 술을 마시는 것이 원칙적으로 불법이며, 벙커에서 술을 마시는 행위 역시 벌금이 부과될 수 있다.

38 FC 바르셀로나의 뜨거운 함성
캄 노우
Spotify Camp Nou

FC 바르셀로나에서 땀 흘린 선수들의 체취가 스며든 홈구장이다. 1956년 개장 이후 여러 차례 규모를 확장했지만, 몰려드는 팬들을 감당하기에는 역부족. 가우디의 건축 스타일을 모티브로 한 개축 공사도 자금 문제로 진행이 지지부진했다. 결국 2022년 7월부터 연간 7000만 유로를 후원받으며 유니폼뿐만 아니라 구장 명명권까지 스포티파이에 제공하는 파트너십을 체결, 구단 역사상 처음으로 경기장 이름 앞에 후원사 이름을 붙이고 새출발했다.

2026년 9월 완공을 목표로 돔구장으로 변신하는 전면 리모델링 공사를 진행 중이며, 창단 125주년 기념일인 2024년 11월 29일에 일부 재개장할 예정이다. 경기장으로 사용할 수 없는 기간에는 몬주익 올림픽 경기장(221p)을 홈구장으로 대신 사용하며, 캄 노우 경기장에서는 FC 바르셀로나 박물관과 바르샤 메가 스토어만 운영 중이다. 공사 상황에 따라 관련 일정이 유동적이니, 경기 관람이나 투어 예약 시 안내 공지를 꼼꼼하게 확인하자. 참고로 '캄 노우(Camp Nou)'는 '새로운 경기장'이라는 뜻의 카탈루냐어로, 흔히 부르는 '캄프 누'는 영어식 발음과 섞인 오류다.

Ⓖ 캄 노우 Ⓜ 232p & MAP ①
- Carrer Aristides Maillol, 12
- 09:30~19:00(10월 16일~3월 10:00~18:00(일~15:00)/경기 당일(일부 경기 전날)·특별 행사일·1월 1일·12월 25일 휴무
- 베이직 투어 28€, 4~10세·70세 이상 21€, 3세 이하 무료/매표소 구매 시 3.50€ 추가
- **M** L3 Palau Reial에서 도보 8분/**M** L3 Les Corts에서 도보 10분
- www.fcbarcelona.cat

메시가 신었던 축구화

FC 바르셀로나 박물관

카탈루냐의 자존심

FC 바르셀로나

1899년 창단 이래 수백만 시민의 후원으로 운영되는 프로축구단, FC 바르셀로나. 마드리드를 연고지로 하는 레알 마드리드 CF와 라리가의 양대 산맥을 이루는 스페인 최고의 명문 구단으로, 전 세계 축구 팬의 사랑을 듬뿍 받고 있다. 영원한 라이벌 레알 마드리드 CF와 대결하는 '엘 클라시코'가 열리는 날에는 노란색과 빨간색 줄무늬의 카탈루냐 깃발을 흔드는 열혈 팬들이 거리에 물결친다.

◆ 캄 노우에서 라리가 경기 즐기기

스페인의 축구 경기는 매년 8월 말부터 이듬해 6월까지 열린다. 빅매치의 직관을 원한다면 사전 티켓 구매는 필수다. 특히 엘 클라시코 같은 더비의 티켓은 경쟁이 아주 치열하니 단단히 준비하자. 일정 조회와 티켓 예매는 캄 노우 공식 홈페이지에서 할 수 있다. 예약한 후에도 경기 일정이 바뀔 수 있으니 관람일 전후로 하루 정도씩 여유 있게 바르셀로나 체류 계획을 잡고, 경기 일정이 확정될 때까지 수시로 확인해야 한다.

아나운서 중계석. 골이 들어가는 순간의 중계방송이 흘러나온다.

◆ 팬들에게는 성지순례, 경기장 투어

베이직 투어는 수많은 우승 트로피와 간판스타들의 물건을 전시한 박물관을 둘러본다. 여기에 투어 종류에 따라 실제 선수들이 사용하는 라커 룸과 사우나, 중계석에 앉아보거나 플레이그라운드를 걸어보는 등의 특권이 주어진다(홈구장 공사 상황에 따라 유동적으로 진행).

◆ FC 바르셀로나 팬들의 보물창고, 바르샤 스토어 Barça Store Camp Nou

해외 축구 팬이라면 FC 바르셀로나의 공식 기념품숍인 바르샤 메가 스토어를 놓칠 수 없다. 시내 지점보다 다양한 물건과 풍부한 재고를 갖춘 것이 장점이며, 티셔츠에 원하는 등 번호와 이름도 새길 수 있다. 가격은 배지 추가 10€, 선수나 구매자의 이름 추가 20€. 메시의 등 번호 10번을 새긴 티셔츠는 기념품 가게에서도 최고 인기 품목.

MORE

'축알못'을 위한 용어 정리

- **라리가 LaLiga** 스페인 프로축구 1부 리그. 정식 명칭은 '최상위 리그'라는 뜻의 '프리메라 디비시온(Primera División de España)'이다.
- **엘 클라시코 El Clásico** FC 바르셀로나와 레알 마드리드 CF의 더비. 카탈루냐어로는 '엘 클라식(El Clàssic)'이라 한다.
- **바르샤 Barça** FC 바르셀로나의 애칭
- **쿨레스 Culés** FC 바르셀로나 팬들을 부르는 말

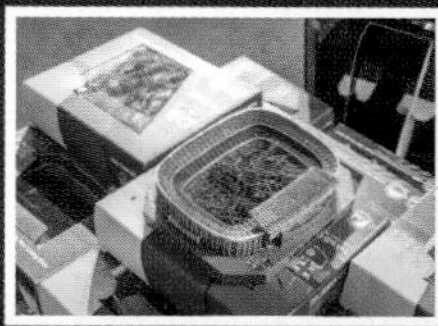

캄 노우 잔디도 기념품 중 하나!

39 구엘 별장

가우디와 구엘이 맺은 우정의 출발점

Pabellones de la Finca Güell

관광지에서 멀찍이 떨어져 있는 구엘 별장을 찾는 사람이라면 가우디의 작품에 상당한 애정을 가진 마니아일 터. 볼 거라고는 건물 두 채와 정문이 전부지만, 가우디가 인생 최대의 후원자 구엘과 인연을 맺은 초창기 작품이라는 데 의의가 있다.
제일 먼저 눈에 띄는 건 철제 정문의 용이다. 날카로운 이빨을 드러낸 채 벽돌 기둥 위의 황금 사과를 지키는 용은 <헤라클레스의 12과업>을 모티브로 한 작품이다. 대대로 대장간을 운영해온 집안의 후예답게 철물을 자유자재로 다루는 솜씨가 여실히 드러난다. 지붕 위 색색의 모자이크 타일은 이후 가우디의 작품에서 반복적으로 나타나는, 타일을 붙인 굴뚝의 초기 형태라고 볼 수 있다. 정문 왼쪽의 경비실은 입구에서만 들여다볼 수 있고, 정문 오른쪽의 마구간은 안에 들어가서 구경할 수 있다.

Ⓖ 구엘별장 Ⓜ 232p & MAP ❶
📍 Av. de Pedralbes, 7 ⏰ 10:00~16:00/1월 1·6일, 12월 25·26일 휴무/*Casa del Porter는 공사중이라 비공개 Ⓔ 6€, 7~18세 3€, 6세 이하 무료 🚊 M L3 Palau Reial에서 도보 8분/캄 노우에서 도보 12분

정문의 용 장식. 가시 돋은 꼬리와 날개, 비늘 덮인 발까지 디테일이 살아있다.

마구간 건물 내부

정문 기둥의 꼭대기를 장식하고 있는 황금 사과나무

40 티비다보 공원

120년 전 만든 언덕 위 놀이공원

Parc del Tibidabo

유럽에서 3번째로 문을 연 놀이공원으로, 120년 가까이 운영한 앤티크 놀이 동산이다. 바르셀로나에서 가장 높은 해발 550m 높이에서 바라보는 바르셀로나의 전망이 매력 포인트. 산꼭대기에 위치한 놀이기구에서 바라보면 짜릿하기까지 하다. 놀이공원은 대개 주말과 공휴일에만 문을 여는데, 시즌에 따라 자주 바뀌니 홈페이지에서 개장 여부를 확인한 후 출발한다. 카탈루냐 광장에서 출발하는 T2A 버스도 놀이공원이 문을 열 때만 운행한다.
여행자들에게는 놀이공원 바로 옆에 있는 사그랏 코르 성당의 전망대가 더 인기다. 놀이공원 개장 여부와 상관없이 성당과 성당의 전망대는 언제든 둘러볼 수 있다.

 티비다보공원 Ⓜ 232p & MAP ❶

📍 Plaça del Tibidabo, 3-4 ⏰ **놀이공원** 토·일·공휴일 11:00~18:00(7·8월 수~일요일 오픈, 시즌마다 다름)/1월 초~3월 초 휴무, **사그랏 코르 성당** 09:00~20:00(4·5·9월 ~21:00, 6~8월 ~21:30), **사그랏 코르 성당 전망대** 10:30~18:00(4·5·9월 ~20:00, 6~8월 21:00) € **사그랏 코르 성당** 무료(**전망대** 5€), **놀이공원** 자유이용권 35€ 🚊 카탈루냐 광장에서 FGC 기차 L7을 타고 종점(Av. Tibidabo) 하차, T2C 버스 탑승 후 종점(푸니쿨라 언덕 아래 역) 하차(버스는 티비다보 입장권 소지자 무료, 놀이공원 개장일에만 운행) 🛜 놀이공원 www.tibidabo.cat, 사그랏 코르 성당 tibidabo.salesianos.edu

★

바르셀로나 교통 다회권으로 티비다보 공원 가기

놀이공원 휴무와 상관없이 운행하는 대중교통편을 이용하는 방법은 다음과 같다.

FGC 기차 S1/S2 Peu del Funicular 역 → 발비드레라 푸니쿨라로 환승(Vallvidrera Inferior 역) → Vallvidrera Superior 역 하차 → 역 앞에서 **111번 버스** 탑승 → 티비다보 공원에서 하차(Pl. Tibidabo)

❶ 높이 288m의 전파탑, 콜세롤라 타워(Torre de Collserola)도 가까이 보인다.

❷ 전망 명소로 더 유명한 사그랏 코르 성당(Temple Expiatori del Sagrat Cor). 전망대는 성당 입구로 들어가 자동판매기에서 티켓(5€)을 구매한 후 엘리베이터를 타고 올라간다.

❸ 언덕 아래에서 바라본 티비다보 공원과 사그랏 코르 성당

❹ 티비다보를 오가는 푸니쿨라의 언덕 아래 역(Plaça Doctor Andreu): 15분 간격 운행(놀이공원 개장일 10:25부터 폐장 15분 후까지), 12€

쇼핑과 관광 사이

바르셀로나의 쇼핑

바르셀로나의 쇼핑몰들은 멋진 전망과 분위기를 갖춘 관광 스폿 역할을 톡톡히 한다. 스페인의 최신 유행을 선도하는 바르셀로나답게 젊은 감각이 돋보이는 가게들도 시내 곳곳에서 볼 수 있다. 쇼핑과 관광 두 마리 토끼를 잡으러 떠나 보자.

명품 브랜드는 물론 다양한 패션 브랜드 상점이 늘어선 그라시아 거리 풍경

푸드코트에서 내려다본 카탈루냐 광장

통유리창 너머 시내 풍경이 한눈에 들어오는 푸드코트

출국 전 마지막 쇼핑 찬스!

◈ 엘 코르테 잉글레스(카탈루냐 광장점)
El Corte Ingles

스페인 여행 중 단 한 번의 쇼핑 찬스를 쓸 수 있다면 이곳이다. 카탈루냐 광장 바로 곁에서, 공항버스 정류장을 코앞에 두고 출국 전 마지막 쇼핑을 즐길 수 있다. 백화점 건물에서 시작되는 앙헬 거리Av. Portal de l'Àngel에는 다양한 의류 브랜드점을 포함한 여러 상점이 밀집해 있어 두루두루 쇼핑하기에 좋다.

백화점 지하 1층의 대형 슈퍼마켓은 여행 중 입맛에 맞은 식자재를 득템할 수 있는 절호의 기회다. 와인이나 올리브, 오일, 소스, 사프란 등 이것저것 비교해보고 선택할 만한 상품이 많다. 근사한 전망을 품은 9층 푸드코트는 의외의 보너스! 맑은 날에는 몬주익 언덕까지 선명하게 보인다. 메뉴는 타파스, 피자, 파스타, 아시아 음식, 젤라토 등 다양하다. 입구에서 식판을 받아 부스에서 원하는 음식을 주문한 후 테이블에 앉기 전에 한꺼번에 계산하는 시스템. 식사하지 않고 셀프 서비스로 음료만 마시고 가도 된다.

Ⓖ el corte ingles pl. catalunya
Ⓜ 146p & MAP ❺-A
Plaça de Catalunya, 14 ⏰ 09:00~21:00(일·공휴일 12:00~18:00) M L1·L3·L6·L7 Catalunya에서 바로 www.elcorteingles.es

지하의 대형 슈퍼마켓

MORE

바르셀로나 시내 택스 리펀

카탈루냐 광장 지하에 있는 글로벌 블루(Global Blue)나 엘 코르테 잉글레스 백화점 내의 플래닛(Planet) 등 세금환급 대행사마다 시내 환급처를 운영한다. 스페인에서 발급한 세금 환급 서류만 접수하며, 환급금 보증을 위한 신용카드와 여권을 지참해야 한다. 출국하는 공항에서 전자 세관확인(또는 세관 도장)을 받아서 제출해야 하니 서류 처리에 드는 시일을 고려해 출국 전 7~14일 이내(공항과 환급처에 따라 다름)일 때만 시내 환급이 가능하다는 점도 기억해두자.

스페인에서는 구매액에 상관없이 세금을 환급받을 수 있지만, 시내에서 현금으로 환급받을 때는 세금 환급 대행사와 환급처에 따라 일정 금액 이상의 영수증만 가능하다. 기준 금액 이하일 경우 신용카드 환급 신청만 가능하다. 기준 금액과 영수증 당 부과하는 수수료 역시 환급처에 따라 다르니 확인 후 이용한다. 세금 환급에 관한 자세한 사항은 46p를 참고하자.

투우장이라 쓰고 쇼핑몰이라 읽는다

◈ 아레나스
Arenas de Barcelona

쉬어갈 장소가 마땅치 않은 에스파냐 광장 바로 옆에 있어 더욱 반가운 쇼핑몰. 100여 년 전 벽돌로 지은 투우장을 내부만 리모델링해 고풍스러운 외관과 현대식 내부가 서로 반전 매력을 뽐낸다. 지하 1층부터 지상 5층에 이르는 대형 쇼핑몰로, 경기장이던 중앙부를 뻥 뚫어 놓아 5층의 매장들까지 한눈에 들어온다. 루프톱 테라스는 마법의 분수 쇼를 볼 수 있는 포토 스폿으로 유명하다. 전망이 좋은 만큼 음식 가격이 비싼 편이니, 간단하게 한 끼 해결하고 싶다면 지하 1층의 식당가를 찾아보자.

Ⓖ 아레나스 몰 바르셀로나 Ⓜ 215p & MAP ❹-A
📍 Gran Via de les Corts Catalanes, 373-385 ⏰ 09:00~21:00(일요일 12:00~20:00) 🚇 M L1·L3·L8 Pl. Espanya에서 도보 3분 🌐 www.arenasdebarcelona.com

현대적인 쇼핑몰 내부

지하 1층의 슈퍼마켓 메르카도나(Mercadona)

마법의 분수 쇼를 감상할 수 있는 전망대

일요일, 여행자의 쇼핑 시간

◈ 마레마그눔
Maremagnum

한가로운 일요일, 쇼핑과 브런치를 즐기고 싶다면 포트벨의 마레마그눔을 찾아보자. 스페인의 상점들은 보통 일요일이면 문을 닫기 때문에 하루하루가 아쉬운 여행자에게는 요긴한 곳이다. 규모는 작은 편이지만, FC 바르셀로나의 공식 기념품숍인 바르샤 스토어Barça Store를 비롯해 버시카, 데시구알, 망고, 오이쇼 등 패션·뷰티·스포츠 매장 약 50곳이 입점해 있어 섭섭지 않게 쇼핑할 수 있다.

'쇼핑과 다이닝'을 콘셉트로 내세운 쇼핑몰이라서 분위기 좋은 레스토랑이 많은 것도 장점 중 하나. 푸른 지중해를 바라보며 여유로운 시간을 보내기 위해 이곳을 찾는 현지인도 많다. 항구 바로 앞의 입구와 전망 좋은 P2층(우리나라식 3층)에 테라스 레스토랑이 모여있으며, 맥도날드, 스타벅스 같은 글로벌 체인점도 있다.

Ⓖ 마레마그눔 Ⓜ 146p & MAP ❺-D
📍 Edifici Maremàgnum, Moll d'Espanya, 5 ⏰ 10:00~21:00 🚇 M L3 Drassanes에서 도보 10분 🌐 maremagnum.klepierre.es

작지만 쾌적한 쇼핑 공간

항구 전망이 멋진 P2층의 레스토랑

득템 확률 99.9%!

◈ 라 로카 빌리지
La Roca Village

잘만 고르면 스페인행 비행깃값을 뽑고도 남을 만한 아웃렛이다. 정가의 50% 할인은 기본, 운이 좋으면 80~90%의 파격적인 할인 상품도 구매할 수 있으므로 시내에서 30~40분 가야 하는 불편함은 감수할 만하다. 특히 스페인 브랜드의 가성비가 좋다. 캐주얼 디자인 슈즈 브랜드 캠퍼(캄페르) Camper, 스페인 왕실에 가죽제품을 공급해 온 로에베Loewe, 여성 주얼리 브랜드 토스TOUS, 현지 젊은이들에게 사랑받는 빔바 이 롤라Bimba & Lola 등 우리나라와 가격 차이가 큰 브랜드를 노려보자. 약 650m에 걸쳐 길쭉하게 조성된 쇼핑 타운이므로, 한시가 아까운 여행자라면 홈페이지에서 매장 위치를 미리 확인하고 가는 것이 좋다. 아웃렛 중간에 여행안내소도 있다.

라 로카 빌리지

La Roca Village, Santa Agnès de Malanyanes 10:00~21:00/1월 1·6일, 5월 1일, 9월 11일, 12월 25·26일 휴무 북부버스터미널(Estació del Nord)에서 직행버스인 쇼핑익스프레스를 타고 40분 뒤 하차, 북부버스터미널 출발 09:00~20:00/1시간 간격, 라 로카 빌리지 출발 10:00~20:00/1시간 간격, 막차 21:15, 왕복요금 24€(온라인 예매 시 할인)

*사갈레스 쇼핑 버스(Sagales Shopping Bus, 405번): 북부버스터미널 29번 승강장 출발, 월~목 09:00~21:45/45분~2시간 간격, 금~일 09:00~21:45/45분~1시간 간격/요금: 왕복 18€

www.larocavillage.com, 사갈레스 쇼핑 버스 www.turisbus.es/ca/activitat/10/la-roca-del-valles-shopping-bus

★

알뜰살뜰 소소한 팁

여행안내소 : 상점과 셔틀버스 정보는 물론 인근 여행지 정보까지 알려준다. 회원가입 후 지정 매장에서 추가 할인도 받을 수 있다.

할인 쿠폰 : 공항버스나 셔틀버스 등에서 배포하는 각종 할인권을 챙기자.

택스 리펀 : 아웃렛 내의 세금 환급 대행사에서 영수증당 소정의 수수료를 제하고 현금으로 환급받을 수 있다. 유로가 아닌 다른 통화로 환급받으면 추가로 환차손이 발생하니 주의한다.

아웃렛 중간에 위치한 여행안내소

공원 분위기의 오픈형 아웃렛

미식을 처방해드립니다

◈ 콜마도 킬레스
Colmado Quilez

고풍스러운 석조 건물 모퉁이, 조그만 문을 열면 20세기 초에 그대로 머문 듯한 식료품 가게 풍경이 펼쳐진다. 나무 진열장에 빼곡하게 진열된 갖가지 식료품들이 마치 박물관에 온 듯한 기분을 느끼게 하고, 나이 지긋한 은발의 종업원들이 하얀 가운을 입고 손님을 맞는 것도 100년 전 모습 그대로다.
카사 바트요에서 한 블록 뒤쪽에 자리한 콜마도 킬레스는 사프란이나 푸아그라 같은 고급 식자재를 찾는 미식가들의 성지다. 100여 곳의 와이너리에서 가져온 와인들을 취향에 맞게 골라주고, 그에 어울리는 하몬이나 치즈도 추천해준다. 이 집 고유의 라벨을 붙인 캐비어부터 앤초비와 각종 해산물 통조림, 300여 가지의 맥주와 세계 각국의 생수도 마련돼 있다.

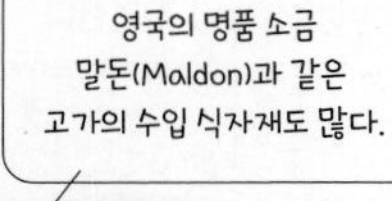

영국의 명품 소금
말돈(Maldon)과 같은
고가의 수입 식자재도 많다.

G 95R7+F6 바르셀로나 M 190p & MAP ③-B
Rambla de Catalunya, 65 ⏰ 09:00~14:00, 16:30~20:30/일요일 휴무 🚊 M L2·L3·L4 Passeig de Grácia에서 도보 3분 lafuente.es

고객의 입맛에 맞춰 와인을 추천해준다.

하몬이나 생햄을 고르면 얇게 썰어 포장해준다.

올리브유로 만든 립밤과 로션, 보디오일 등 관련 제품도 판매한다.

맛의 차원이 달라지는 황금빛 한 방울

◈ 오로리키도
Orolíquido

스페인 셰프들의 비밀병기인 최고급 올리브유 전문점. '액체로 된 황금'이라는 뜻의 가게 이름처럼 귀한 대접을 받는 올리브유를 만날 수 있다. 원산지마다, 기름을 짜내는 방식마다 미묘하게 달라지는 맛을 직접 느낄 수 있도록 테이스팅 서비스도 제공한다. 살짝 구운 해산물에 올리브유를 뿌리기만 해도 풍미가 몇 단계는 업그레이드 되니, 고급 올리브유를 찾는 사람이라면 꼭 들러보자.

★

올리브유 구매 시 체크 리스트

❶ 가능한 빛에 덜 노출된 선반 안쪽의 것을 고른다.
❷ 자외선을 차단할 수 있는 짙은 유리병에 담긴 것을 고른다.
❸ 밀폐가 잘돼 있는지 확인한다. 밀폐에 문제가 있으면 쉽게 상한다.
❹ 라벨에 생산자나 농장 이름이 표기된 것을 고른다.

Ⓖ 95MF+5Q 바르셀로나 Ⓜ 160p & MAP ❺-C
⚲ Carrer de la Palla, 8 ⏲ 11:00~19:00/일요일 휴무 ⓔ 올리브유 250mL 13.60€~, 올리브 화장품 10€~ 🚉 M L3 Liceu에서 도보 3분 ᯤ oroliquido.com

전 세계 3곳뿐인 부티크 비누숍

◈ 사바테르 형제의 수제비누 공장
Sabater Hermanos

고즈넉한 산 펠립 네리 광장 모퉁이에 은은한 향기를 풍기는 조그만 비누 가게다. 아몬드 오일로 유명한 마요르카섬에서 군 복무 중 향수 제조에 심취하게 된 사바테르가 고국인 아르헨티나로 돌아가 시작한 향수 사업이 수제 비누로 이어졌다. 처음 문을 연 부에노스아이레스점을 포함해 매장이 전 세계에 단 3곳뿐이라서 일부러 찾아오는 사람이 많다. 재스민이나 장미처럼 클래식한 향부터 초콜릿, 멜론, 바이올렛 등 현대적인 감각의 향까지, 30가지가 넘는 향기를 맡아보고 고를 수 있다. 비누로 만든 가우디 타일, 레고 블록, 장미 꽃잎 등 비누 장인들의 사랑스러운 상상력도 엿볼 수 있다.

★

내 피부에 맞는 비누 고르기

향이 잔잔하게 오래 지속되는 편이므로 얼굴과 손에 남아있을 은은한 향기를 상상하며 맘에 드는 비누를 고르는 것이 요령이다. 피부 상태에 따라 점원에게 추천받을 수도 있다.

❶ **민감성 피부:** 금잔화 성분이 든 카엔둘라(Callendula)
❷ **여드름·지성 피부:** 티트리 오일이 든 아르볼 델 테(Arbol del Te)
❸ **건성 피부:** 시어버터가 든 카리테(Karite)

낱개로 구매하면 봉투에 하나씩 담아준다.

Ⓖ 95MG+73 바르셀로나
Ⓜ 160p & MAP ❺-C
⚲ Plaça de Sant Felip Neri, 1 ⏲ 10:30~20:30 ⓔ 40g 3€~/박스 포장비 별도 🚉 M L3 Liceu에서 도보 5분 ᯤ www.sabaterhnos.com

브레이크 타임이 긴 편이니 오픈 시간을 꼭 확인하고 방문하자.

자연주의 컨셉의 쇼핑 놀이터

◈ 나투라
Natura

아기자기한 소품에 관심 있는 사람은 참새방앗간처럼 들르게 될 스페인 태생의 편집숍. '지구 환경보호'를 표방하며 자연주의 컨셉의 제품들을 한데 모아 소개하는 공간으로, 환경운동에 관심이 많은 젊은 층의 핫플레이스로 자리 잡았다. 재활용 소재를 활용한 아이디어 상품과 유기농 제품은 물론이고 요가 매트 같은 운동용품이나 책, 인테리어 소품과 문구류 등 라이프스타일 전반을 다뤄 매장을 구경하는 재미가 쏠쏠한 곳. 옷이나 모자를 걸쳐보며 놀이 삼아 방문하는 사람도 많아 눈치 보지 않고 편하게 둘러보기 좋으며, 아침저녁으로 쌀쌀한 날씨에 딱 좋은 근사한 스카프도 득템할 수 있다. 카탈루냐 광장 근처에도 지점이 있으니 부담 없이 들러보자.

95P8+5X 바르셀로나 M 146p & MAP ⑤-A

C. de Pelai, 38 10:00~21:00/일요일 휴무 카탈루냐 광장에서 도보 3분 www.naturaselection.com

보는 순간 신고 싶은 수제 에스파듀

◈ 라 마누알 알파르가테라
La Manual Alpargatera

바르셀로나에 여행 온 사람이라면 모두 한 켤레씩 사는 신발이다. 직원들이 간단한 한국말을 할 정도로 우리나라 여행자들에게도 인기가 높다. 삼베를 꼬아 바닥을 만든 에스파듀Espadrille(스페인어로는 알파르가타Alpargata)는 자연스러우면서도 세련된 멋을 느낄 수 있어 남녀노소 누구에게나 사랑받는 바르셀로나 최고의 여행 선물이다. 큰 부담이 없는 착한 가격 또한 인기의 비결! 굽이 있거나 디테일이 추가되면 가격이 올라간다. 가게 안에 들어가면 일단 번호표부터 받아둬야 한다. 대기하는 동안 마음에 드는 디자인과 사이즈를 골라놓은 다음, 순서가 되면 원하는 모델을 말하고 신발을 신어보자.

95JG+JF 바르셀로나 M 160p & MAP ⑤-C

Carrer d'Avinyó, 7 10:00~14:00, 16:00~20:00(수 17:00~20:00)/일요일 휴무 M L3 Liceu에서 도보 3분 lamanual.com

★
에스파듀 관리법

천연섬유로 만든 에스파듀는 절대 물에 젖지 않도록 관리하는 것이 철칙이다. 더러워진 부분은 중성세제를 묻혀 살짝 닦아낸 후 그늘에서 말린다.

★

바르셀로나는 도시세가 별도!

바르셀로나는 숙소 등급에 따라 1인 1박 기준 1~3.50€의 도시세를 부과한다. 호텔 예약 대행 사이트에서 결제를 마쳤더라도 체크인할 때 별도로 내야 한다. 도시세를 받지 않는 곳은 무허가 숙소일 확률이 높다.

더 호텔 592 트윈룸

복도에 공용 냉장고와 정수기가 있다.

편리한 위치의 부티크 호텔

더 호텔 592

The hotel 592

메트로 역에서 도보 1분 거리. 관광명소가 몰려 있는 카탈루냐 광장과 그라시아 거리와도 가깝다. 객실 수는 적지만, 감각적인 인테리어 덕분에 커플 여행자들이 선호한다. 객실 공간이 넉넉한 대형 더블룸도 있다.

G hotel 592 M 146p & MAP ③-D

#람블라스 & 라발 지구

Gran Via de les Corts Catalanes, 592 ☎ 933 15 80 52 € 더블룸 200€~/조식 포함 M L1·L2 Universitat에서 도보 1분 www.thehotel592.com

서재처럼 만든 공용 공간

그라시아 거리에서 딱 한 블록

오스탈 바르셀로나 센트로

Hostal Barcelona Centro

명품가 그라시아 거리와 시내 관광의 중심인 카탈루냐 광장과 가까워 투숙객들의 만족도가 높다. 딱 필요한 가구만 들여놓은 현대적인 인테리어도 훌륭하다. 복도와 공용 공간에 냉장고와 커피포트가 준비돼 있다.

G 95R9+FP 바르셀로나 M 190p & MAP ③-B

#에샴플레 & 그라시아 지구

Calle Pau Claris, 104 ☎ 931 77 12 07 € 더블룸 150€~ M L2·L3·L4 Passeig de Gràcia에서 도보 3분 www.hotelesfinder.com/hostal-barcelona-centro

그라시아 거리에 위치한 중저가 호텔

오스탈린 바르셀로나 파세이그 데 그라시아

Hostalin Barcelona Passeig de Gràcia

그라시아 거리 한복판에 위치한 중급 호텔. 숙박비를 아껴 쇼핑에 투자하고 싶은 여행자에게 추천할 만한 곳이다. 객실이 좁고 방음이 잘되지 않는다는 것은 단점. 저렴한 대신 창문을 열 수 없는 방도 있다.

95V7+H8 바르셀로나 M 190p & MAP ❸-B

#에샴플레 & 그라시아 지구

Passeig de Gràcia, 78 932 52 61 20 더블룸 117€~ M L3·L5 Diagonal에서 도보 3분 호텔 예약 대행 인터넷 사이트 이용

바르셀로나 항구와 가까운 실속형 숙소

오스탈 아폴로

Hostal Apolo

람블라스 거리나 바르셀로나 항구와 비교적 가까운 중저가 숙소다. 1950년대부터 가족이 운영해온 곳으로, 깨끗한 객실에서 편안하게 쉴 수 있다. 저렴한 객실은 공용 욕실을 사용해야 하지만, 방 안에 세면대가 갖춰져 있다.

95F9+GQ 바르셀로나 M 215p & MAP ❹-B

#람블라스 & 라발 지구 #몬주익 지구

Lafont, 1 Principal 933 29 89 91 더블룸(공용 욕실) 75€~, 더블룸(개인 욕실) 95€~ M L2·L3 Paral·lel에서 도보 2분 호텔 예약 대행 인터넷 사이트 이용

들어봤나? '5성급 호스텔'

예 바르셀로나 호스텔

Yeah Barcelona Hostel

'5성급 호스텔'이라는 평을 들을 만큼 젊은 여행자들에게 인기 있는 호스텔이다. 건물 전체를 사용하며, 메트로 역과 가깝고 동네가 안전한 것도 장점. 모든 도미토리에 전용 욕실이 딸려 있고, 라운지와 공용 주방을 이용할 수 있다.

95X7+XQ 바르셀로나 M 190p & MAP ❷-D

#에샴플레 & 그라시아 지구

Carrer de Girona, 176 935 31 01 35 4인실 도미토리 42€~ M L4·L5 Verdague에서 도보 6분 www.yeahhostels.com

인기 만점 '갓성비' 호스텔

더 센트럴 하우스

The Central House

바르셀로나 호스텔과 함께 우리나라 여행자들에게 인기 1~2위를 다투는 호스텔이다. 침대마다 개별 커튼이 달린 점이 인기의 비결. 공용 라운지와 야외 테라스를 무료 개방하며, 공용 주방은 조식 외 시간에만 사용할 수 있다.

95W5+69 바르셀로나 M 190p & MAP ❸-A

#에샴플레 & 그라시아 지구

Carrer de Còrsega, 302 932 17 19 44 4인실 도미토리(공용 욕실) 35€~ M L3·L5 Diagonal에서 도보 2분 thecentralhousehostels.com

우리 집보다 깨끗하구먼

보른 바르셀로나 호스텔

Born Barcelona Hostel

바르셀로나에 오래 머물 예정인 여성 여행자에게 추천하는 호스텔이다. 보른 지구의 주택가에 자리 잡고 있다. 친절한 주인 모녀가 깐깐하게 관리하며, 공용 주방과 공용 거실을 사용할 수 있다. 야간에는 리셉션을 운영하지 않는다.

Ⓖ 보른 바르셀로나 호스텔 Ⓜ 190p & MAP ⑤-A

#라 리베라 지구

📍 Ronda de Sant Pere, 68 ☎ 935 32 36 63 Ⓔ 6인실 도미토리 30€~ 🚇 M L1 Arc de Triomf에서 도보 4분 📶 www.bornbarcelonahostel.com

조용하고 멋진 디자인 호스텔

프리 호스텔스

Free Hostels

관광명소나 메트로 역과는 조금 떨어져 있지만, 조용한 동네에서 머물고픈 이들에게 추천한다. 커피와 차가 항상 준비된 공용 거실과 공용 주방이 있고, 도미토리는 프라이버시 보장에 크게 신경을 썼다. 조식 포함. 2박 이상 숙박해야 한다.

Ⓖ 프리 호스텔 바르셀로나 Ⓜ MAP ③-C

📍 Carrer de Londres, 20 ☎ 933 15 47 09 Ⓔ 더블룸 107€~/1박 🚇 M L5 Entença에서 도보 8분 📶 www.freehostelsbarcelona.com

01

CATALUNYA

몬세라트

MONTSERRAT

카탈루냐 사람이라면 일생에 한 번은 반드시 오는 곳. 울퉁불퉁 기암괴석 봉우리가 6만 개나 연이어지는 산간 지역이다. '천사들이 조각한 땅'이라는 이야기가 있을 정도로 어디서도 볼 수 없는 독특한 풍경이 가우디에겐 사그라다 파밀리아 성당과 카사밀라를, 장누벨에겐 글로리에스 타워를 짓게 하는 영감을 줬다. 여행자들도 한나절만 할애하면 바르셀로나에서 카탈루냐의 영혼이 깃든 성산에 다녀올 수 있다.

#가우디의영감 #스페인3대성지
#산악열차 #케이블카 #트레킹

몬세라트 가는 법

바르셀로나 근교 여행지 몬세라트까지는 근교 기차 FGC로 약 1시간, 55km가량 떨어져 있다. FGC는 아에리 데 몬세라트역이나 모니스트롤 데 몬세라트역까지만 연결하며, 수도원이 있는 산 중턱까지는 케이블카나 산악열차로 갈아타고 올라가야 한다.

◆ 바르셀로나~몬세라트 이동 경로

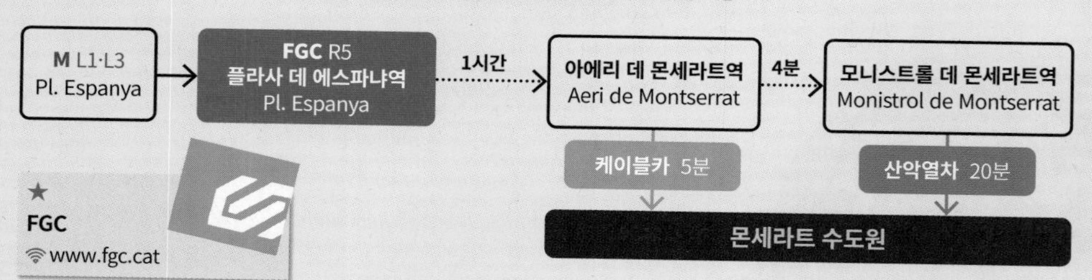

★
FGC
www.fgc.cat

메트로에서 내려 FGC 플라사 데 에스파냐역으로 가는 길

FGC 열차 내부

★
버스 타고 몬세라트 가기
하루 한 번만 운행하지만, 바르셀로나-산츠 버스터미널에서 줄리아(Julia) 버스를 타면 몬세라트 수도원까지 한 번에 갈 수 있다. 몬세라트에서 하차 후 5분 정도 걸어가면 수도원이 나온다.

- 편도 6.15€(현금만 가능), 1시간 25분 소요
- 바르셀로나 출발 09:15/몬세라트 출발 17:00(6~9월 18:00)/1월 1일·12월 25일 휴무
- autocaresjulia.com

1. FGC

바르셀로나 에스파냐 광장 근처의 플라사 데 에스파냐역(Pl. Espanya)에서 만레사행(Manresa) R5 노선을 이용한다. 메트로 L1·L3 노선의 플라사 데 에스파냐역에서 주황색 FGC 표시를 따라가면 주변에 몬세라트 사진이 붙어 있어 승강장을 쉽게 찾을 수 있다.
티켓은 노란색 자동판매기에서 산악열차나 케이블카가 포함된 몬세라트행 FGC 승차권을 구매한다. 산악열차와 케이블카 중 어떤 수단을 이용하느냐에 따라 하차할 역이 달라지므로 미리 결정하고 움직이는 것이 좋다. 왕복 통합 승차권이 가장 경제적이지만, 갈 때 올 때 모두 한 가지 교통수단만 이용해야 한다. 갈 때는 케이블카, 올 때는 산악열차처럼 다양한 교통수단을 이용하고 싶다면 조금 비싸더라도 각각 편도로 구매한다. 단, 보수공사 등으로 운행을 중단하기도 하니 미리 확인할 것.

FGC 플랫폼

✚ FGC R5 노선 운행 정보

요금	FGC 1회권(플라사 데 에스파냐역-몬세라트, 4구역) 편도 6.15€/ 통합 승차권은 오른쪽 페이지의 '통합 승차권의 주요 결합 상품' 참고
운행 시간	플라사 데 에스파냐 출발 05:16~22:30, 모니스트롤 데 몬세라트 출발 06:21~22:41/20분~1시간 간격

#CHECK

몬세라트행 FGC 통합 승차권 구매하기

몬세라트행 통합 승차권(Montserrat Combined Ticket)을 구매하면 선택 상품에 따라 FGC, 산악열차, 케이블카, 몬세라트 내 푸니쿨라(트레킹 시 이용), 바르셀로나 메트로 등을 한 장의 티켓으로 연계해서 이용할 수 있다. 역마다 내려 일일이 승차권을 사지 않아도 될뿐더러 약간의 할인 혜택도 받을 수 있다. 몬세라트행 승차권은 시간이나 좌석이 지정되지 않아서 자유롭게 일정을 조정할 수 있다.

몬세라트에서 푸니쿨라를 탈 계획이 없고 바르셀로나 메트로 이용권이 따로 있다면 'FGC+산악열차' 또는 'FGC+케이블카'처럼 왕복 교통편만 포함된 승차권을 구매하는 것이 제일 경제적이다. 참고로 산악열차가 이동 면에서는 조금 더 편리하다는 평. FGC 각 역의 매표소나 자동판매기에서 구매할 수 있다.

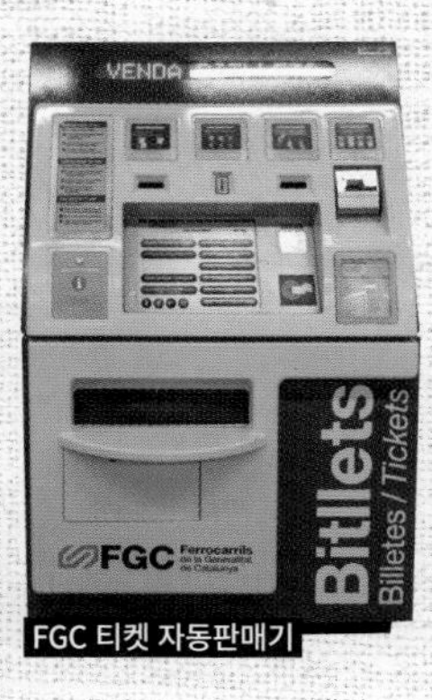

FGC 티켓 자동판매기

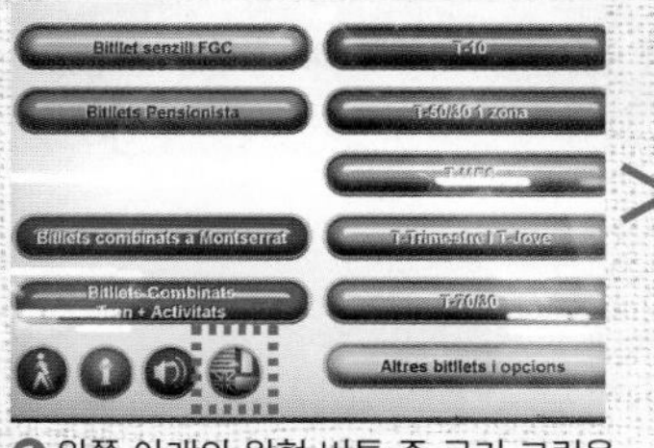

❶ 왼쪽 아래의 원형 버튼 중 국기 그림을 눌러 언어(영어)를 선택한다.

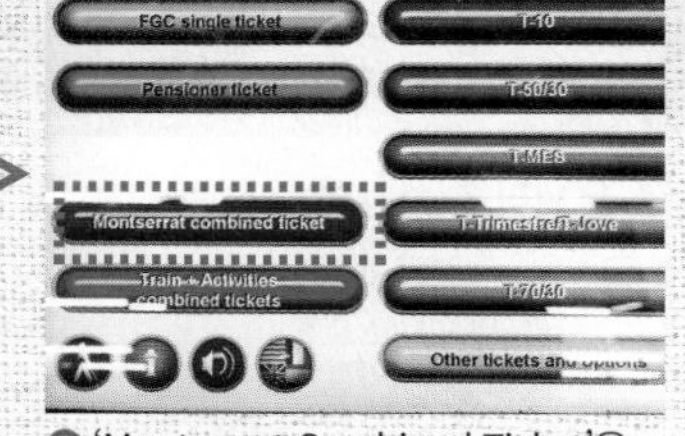

❷ 'Montserrat Combined Ticket'을 누른다.

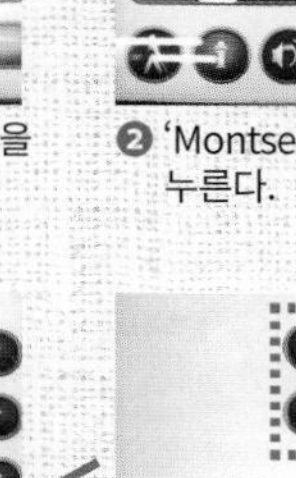

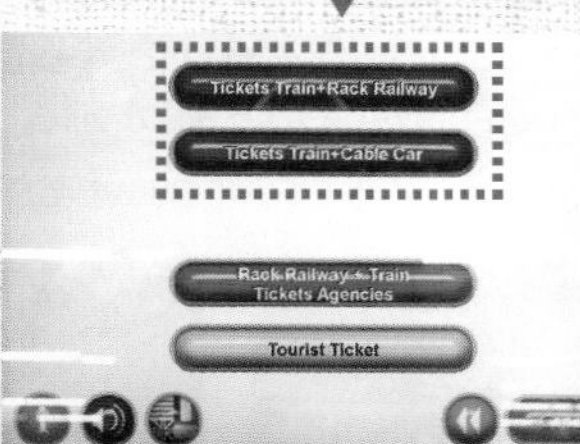

❸ 산악열차를 탄다면 'Tickets Train+Rack Railway'를, 케이블카를 탄다면 'Tickets Train+Cable Car'를 누른다.

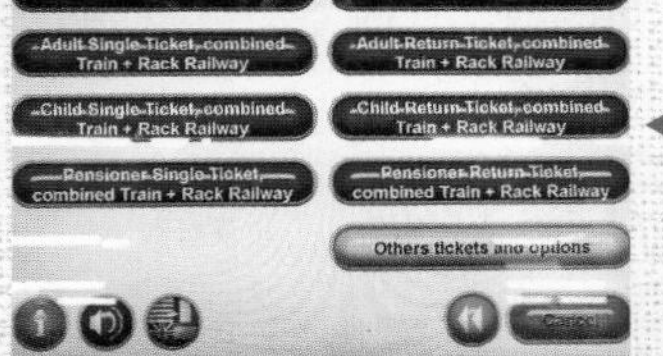

❹ 원하는 결합 상품을 누르고 구매한다. 어린이(Child) 할인 티켓도 있다.

★

여행안내소 Oficina de Turisme de Montserrat

몬세라트 지역의 상세한 지도를 나눠준다. 산악열차역 앞에도 간이 부스가 있다.

HRRP+VG 몬세라트 수도원

09:00~17:45(토·일·공휴일 ~18:45)

www.montserratvisita.com

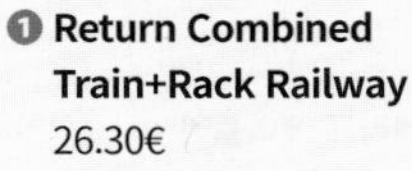

★

통합 승차권의 주요 결합 상품

❶ **Return Combined Train+Rack Railway** 26.30€
FGC 왕복+산악열차 왕복

❷ **Return Combined Train+Cable Car** 25.80€
FGC 왕복+케이블카 왕복

❸ **Trans Montserrat Rack Railway** 44.70€
FGC 왕복+산악열차 왕복+산 조안 푸니쿨라 왕복+바르셀로나 메트로 왕복+성당과 성모상 입장

❹ **Tot Montserrat Rack Railway** 68.25€
❸의 혜택+몬세라트 박물관 입장권+몬세라트 레스토랑 식사권

*몬세라트 푸니쿨라가 운행하지 않을 때(대개 1~3월)에는 푸니쿨라 이용이 포함된 통합 티켓을 판매하지 않는다.

2. 몬세라트 산악열차 Cremallera de Montserrat

★
몬세라트 산악열차
vol.cremallerademontserrat.cat

바르셀로나에서 FGC를 타고 모니스트롤 데 몬세라트역에서 하차한 뒤 같은 역에서 산악열차로 갈아탄다. 이후 종점에서 내려 길만 건너면 바로 몬세라트 수도원이다. 산악열차는 계절과 특정 시기에 따라 운행 편차가 크니 반드시 역 앞에 붙어있는 시간표를 참고한다.

모니스트롤 데 몬세라트역에 정차한 산악열차

몬세라트 수도원역

✚ 몬세라트 산악열차 운행 정보

요금	편도 8.40€, 왕복 14€
운행 시간	모니스트롤 데 몬세라트역 출발 08:48~17:48(성수기 ~19:48), 몬세라트 수도원역 출발 08:15~18:15(성수기 ~20:15)/1시간 간격

3. 몬세라트 케이블카 Teleferic de Montserrat Aeri

★
몬세라트 케이블카
aeridemontserrat.com

FGC 아에리 데 몬세라트역에서 내려 철로 옆 계단을 따라 내려가면 케이블카역이 있다. 케이블카는 직선으로 이동해 5분만에 산 중턱에 닿는다. 하차 후 철로를 따라 5분 정도 걸어 오르면 수도원이 보인다.

몬세라트 수도원역

✚ 케이블카 운행 정보

요금	편도 8.95€, 왕복 13.50€/65세 이상 편도 7.80€, 왕복 11.20€
운행 시간	6~10월 09:30~19:00, 11~5월 09:30~17:15(토·일·공휴일 ~18:15, 12월 25일 ~14:00)/15분 간격(승객 수에 따라 다름)/ 1~2월 중 약 2~3주간 휴무

✚ 산악열차 vs 케이블카

	산악열차	케이블카
장점	- 넉넉한 탑승 인원과 일정한 스케줄 - 수도원과 가까움 - FGC를 타고 돌아올 때 앉을 확률 높음	- 절벽 절경 감상 - 산악열차보다 훨씬 짧은 탑승시간
단점	- 케이블카에 비해 평범한 승차 경험 - 케이블카보다 긴 탑승시간	- 탑승 가능 인원이 적어 오래 기다림 - 공사나 날씨에 따라 운행이 중단될 수 있음

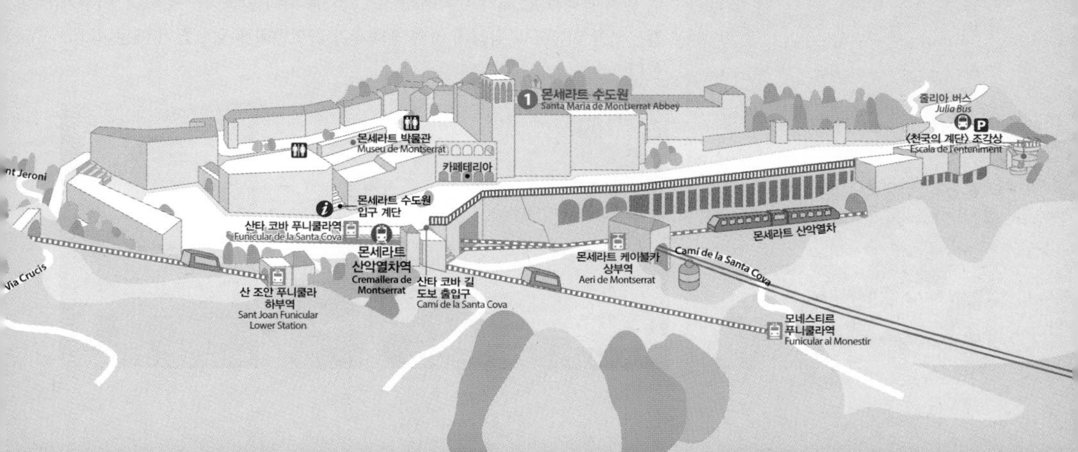

카탈루냐의 성지 **몬세라트를 오르다**

카탈루냐 사람들은 간절히 이루고 싶은 일이 생길 때 이곳으로 향한다. 이 세상 것이라고는 믿기지 않는 풍경 위에 펼쳐진 몬세라트 수도원. 예나 지금이나 영적 체험을 하고 인생이 바뀐 이들의 이야기가 끝없이 이어지는 곳이다.

수도원 예배당

01 검은 성모상이시여 몬세라트 수도원

Santa Maria de Montserrat Abbey

수도원이 세워지기 전, 이 땅은 로마 시대 때 비너스를 숭배하는 신전이 있었을 만큼 영험한 기운을 품고 있었다. 이후 880년경 어린 목동들이 성모 발현의 기적을 발견했고, 가톨릭 신자들에 의해 스페인의 3대 성지 중 하나로 떠오르게 됐다. 이는 교황 레오 13세에 의해 1881년 인정받았다.
바실리카 안쪽의 예배당Cambril de la mare de deu에 가면 기적의 주인공을 검은 성모상으로 만날 수 있다. 성모상이 들고 있는 공에 손을 대고 소원을 빌면 이루어진다고. 신자들의 간절함을 품은 성모상은 초기 기독교 시절 성 베드로가 예루살렘에서 옮겨온 것이라든가, 온 인류의 통합을 상징하기 위해 피부를 검게 표현했다는 등 여러가지 설이 있으나, 실은 성모 발현의 기적이 일어난 이후 12세기 로마네스크 스타일을 따라 만들어진 것이다. 피부가 검은색인 이유도 목각상에 바른 광택제가 화학변화를 일으켰기 때문이라고 한다.

몬세라트 수도원

수도원 예배당 입구

★

세계 최초 소년 합창단, 에스콜라니아 Escolania

13세기에 창설한 세계 최초의 소년 합창단 에스콜라니아는 빈 소년 합창단, 파리 나무 십자가 합창단과 함께 유럽 3대 소년 합창단으로 꼽힌다. 평일 오후 1시 공연이나 일요일 오전 11시 미사에서 합창단의 성가를 들어볼 수 있다. 단, 여름방학(보통 7월 말~8월 말)이나 외부 스케줄이 있을 때는 공연이 없다.

검은 성모상을 감싼 유리 벽은 공 부분에만 구멍이 뚫려 있다.

Ⓖ 몬세라트 수도원 Ⓜ 257p

📍 08199 Montserrat ⏰ 07:30~20:00/예배당 08:00~10:30, 12:00~18:15 € 온라인 예매 기준 성당 7€, 성당+성모상 10€, 성당+합창단 10€, 성당+성모상+합창단 14€, 현장 구매 시 1~2€ 추가 🚉 산악열차에서 내려 도보 2분/케이블카에서 내려 도보 5분 📶 입장권 예약 www.tickets.montserratvisita.com

❶ 몬세라트 입구를 장식한 천국의 계단. 사그라다 파밀리아 성당의 수난 파사드를 설계한 수비라치의 작품이다.

❷ 몬세라트 박물관(Museu de Montserrat). 고대부터 피카소, 미로 등 현대 예술 작품까지 소장하고 있다. 10:00~17:45, 입장료 8€

❸ 노점상에선 몬세라트 특산품인 꿀과 치즈를 판다.

❹❺ 카페테리아(08:30~18:00, 토·일 08:45~18:45)와 뷔페 식당(12:15~16:00) 등이 있다.

성모상 예배당 입구

검은 성모상을 보기 위해 길게 늘어선 줄

★

소년 합창단을 보려면 빠른 예약 필수!

몬세라트 수도원의 환경 보존을 위해 비거주자인 관광객은 입장권을 구매해야 한다. 특히 몬세라트의 핵심인 성모상과 합창단은 시간 지정 입장권을 한정 수량 오픈하니 예약을 서두르자. 특히 평일에 단 1번 열리는 합창단 공연은 매우 빠르게 매진된다. 성모상+합창단 입장권 구매 시 성모상 방문은 오후 3시 이후에 가능하며, 공연 시작 최소 15분 전까지 성당에 도착하자.

SPECIAL PAGE

유일무이한 풍경

몬세라트 트레킹 코스

바르셀로나에서 멀리 이곳까지 와 수도원만 보고 가는 것은 조금 아쉽다. 특히 몬세라트는 공기가 맑고 산세가 좋아 트레킹에 제격. 바다의 융기와 풍화를 거쳐 기묘한 돌산이 된 몬세라트를 오롯이 느껴볼 수 있다. 왕복해도 소요 시간이 길지 않고, 가벼운 복장으로 훌쩍 떠날 수 있을 만큼 길이 잘 정비된 것도 매력적이다.

산타 코바 길에 세워진 예수의 십자가

❶ 산타 코바 길 Camí de la Santa Cova

성모 발현의 기적이 일어난 성스러운 동굴까지 걷는 길이다. 동굴은 현재 입구에 건물을 지어 산타 코바 예배당으로 대신하고 있다. 예배당으로 가는 길을 따라 예수의 탄생부터 승천까지 성서의 내용을 그대로 재현한 15개의 조각상이 있고, 이는 모두 유명 조각가들의 헌정품이다.
몬세라트 수도원 건너편에 있는 산타 코바 푸니쿨라역에서 푸니쿨라를 타고(5분 소요) 모네스티르역에 도착하면 오른쪽에 길이 시작된다. 푸니쿨라 대신 몬세라트 산악열차역을 등지고 오른쪽 계단으로 내려가 15분 정도 걸어도 모네스티르역에 도착한다. 길이 잘 닦여있고 완만해서 가볍게 왕복할 수 있다. 왕복 1시간 소요, 난이도 하.

산타 코바 푸니쿨라역

산타 코바 길이 시작되는 모네스티르 푸니쿨라역

✚ 산타 코바 푸니쿨라 운행 정보

산타 코바 푸니쿨라는 계절과 특정 시기에 따라 운행 편차가 크므로 반드시 역 앞에 붙어있는 시간표를 참고한다.

요금	편도 4.10€, 왕복 6.30€
운행 시간	**산타 코바 푸니쿨라 하부역** (Funicular de Santa Cova Inferior) 토·일요일 & 성수기 10:10~17:30/20분 간격 **산타 코바 푸니쿨라 상부역** (Funicular de Santa Cova Superior) 토·일요일 & 성수기 10:00~17:00/20분 간격

가우디가 헌정한 <예수의 부활>

산타 코바 예배당(Capella de la Santa Cova). 안에 있는 성모상은 복제품이고, 원본은 수도원 예배당에 있다.

❷ 산 조안 길 Camí de la Sant Joan

푸니쿨라를 타고 이번엔 수도원 위쪽 산 조안으로 올라가 시작하는 본격적인 트레킹 코스다. 길을 따라 걸으며 수도원을 비롯한 몬세라트의 풍광을 감상하기 좋다. 대부분 내리막길로 이루어져 힘들이지 않고 멋진 전망을 구경할 수 있다. 가장 쉬운 코스를 고르라면 가벼운 산책 정도의 코스 ⓒ를 추천한다. 몬세라트 여행안내소를 등지고 오른쪽 위의 산 조안 푸니쿨라 하부역에서 승차해 산 조안 푸니쿨라 상부역에서 내린다.

✚ 산 조안 푸니쿨라 운행 정보

요금	편도 10.70€, 왕복 16.50€
운행 시간	**산 조안 푸니쿨라 하부역**(Funicular de San Joan Inferior) 10:00~17:30(성수기 연장 운행)/15분 간격 **산 조안 푸니쿨라 상부역**(Funicular de San Joan Superior) 10:15~18:00(성수기 연장 운행)/15분 간격

산 조안 푸니쿨라 하부역

푸니쿨라

산 조안 푸니쿨라 상부역. 트레킹 코스의 출발점이다.

*시즌과 요일에 따라 최대 2시간까지 단축 운행하니 막차 시간을 반드시 확인하자.
*유지보수를 위해 1월 중 약 3주간 휴무

코스 ⓒ의 산 미켈 십자가 전망대에서 바라본 몬세라트 수도원

산 조안 길 코스 ⓐ 산 조안 푸니쿨라 상부역 → 산 제로니

몬세라트의 최고봉 산 제로니Sant Jeroni까지 도달하는 코스다. 산 위로 비죽이 튀어나온 바위들이 코끼리를 닮은 듯 기묘한 분위기를 자아낸다. 맑은 날에는 프랑스와 국경을 이루는 피레네산맥의 흰 눈까지 보이는 곳. 누군가는 이 꼭대기에서 '천국을 보았다'는 말까지 남겼다. 푸니쿨라역에서 왕복으로 걷는 시간은 꽤 넉넉하게 잡아야 한다. 왕복 2시간 10분 소요, 난이도 중.

산 조안 길 코스 ⓑ 산 제로니 → 몬세라트 수도원

산 제로니에서 몬세라트 수도원까지 연결된 길을 따라 내려오는 코스다. 반대로 수도원에서 산 제로니까지 곧장 걸어 올라갈 수도 있지만, 일단 푸니쿨라를 타고 산 조안 상부역으로 가서 코스 ⓐ를 따라 산 제로니까지 간 뒤, 코스 ⓑ를 따라 내려오는 방법이 걷기에 더 편하다. 편도 1시간 10분(하산 기준) 소요, 난이도 하.

산 조안 길 코스 ⓒ 산 조안 푸니쿨라 상부역 → 몬세라트 수도원

산 조안 푸니쿨라 상부역과 몬세라트 수도원이 연결되는 내리막길이다. 길 중간쯤 'Sant Miquel' 표지판을 따라가면 산 미켈 십자가Creu de Sant Miquel로 갈 수 있는데, 이곳이 수도원과 몬세라트의 산세를 함께 감상하는 최고의 전망 포인트다. 편도 40분(하산 기준) 소요, 난이도 하.

*산책로는 현지 사정에 따라 부분 폐쇄되기도 한다. 현장의 안내문을 참고하자.

*길을 잘못 들면 코스가 험해진다. 예상보다 오래 걸릴 수 있으니 이동 시간을 여유 있게 잡고 움직이는 게 좋다.

02

CATALUNYA

시체스

SITGES

호기심에 찾았다가 사랑에 빠져 돌아온다는 아름다운 휴양 도시. 과거 아메리카 대륙에서 크게 성공한 사업가들이 앞다퉈 별장을 짓던 지역으로, 오늘날엔 동성 커플도 자유롭게 해변을 누빌 수 있는 여름 휴양지로도 잘 알려졌다. 푸른 바다 앞 폭신한 모래밭과 파도가 넘실거리는 언덕 위 교회, 시간이 멈춘 듯한 구시가의 좁다란 골목 풍경이 도시 탈출의 욕구를 불러일으킨다.

#발레아레스해 #여름휴양지 #무지개깃발 #백만장자의별장 #예술의도시

바르셀로나
기차 45분,
렌페 로달리에스 R2 Sud
4.90€(Zone 4),
05:38~23:58/10~20분 간격
또는
버스 50분~, 가라프버스 e16번
4.80€,
06:30~23:20/20분~1시간 간격

↓

시체스
Sitges

*시체스 → 바르셀로나
기차 04:51~21:59
버스 05:40~22:00

*시즌과 요일에 따라 운행 시간이 자주 바뀌니 이용 전 다시 확인한다.

시체스 가는 법

바르셀로나에서 남서쪽으로 약 40km 떨어진 시체스. 기차나 버스로 1시간 안에 닿을 수 있어 한나절 근교 여행지로 제격이다. 바르셀로나의 해변에 만족하지 못했다면 주저하지 말고 시체스로 떠나자.

1. 기차

바르셀로나와 근교 지역을 연결하는 국영 기차 렌페 로달리에스 R2 Sud 노선을 타면 시체스 기차역까지 약 45분 소요된다. 바르셀로나-산츠역이나 파세이그 데 그라시아역 중 가까운 곳에서 탑승하며, 티켓은 역 내 자동판매기에서 로달리에스 전용 승차권을 구매한다. 이때 시체스는 4구역(4 Zonas)에 포함됨을 알아두자.

시내 한가운데 위치한 시체스역은 해변과도 가깝다. 기차역 정문에서 길 건너 직진 방향의 골목을 따라 10분 정도 내려가면 해변이 보인다.

★
렌페 로달리에스 R2S
rodalies.gencat.cat

파세이그 데 그라시아역의 렌페 로달리에스 플랫폼

깔끔한 렌페 로달리에스 내부

시체스역 플랫폼

시체스역

★
여행안내소
Oficina de Turisme de Sitges

기차역 광장의 여행안내소에서 매우 자세한 시내 지도를 나눠준다. 여름에 잠시 더위를 식히거나 무료 Wi-Fi를 이용하기 위해 방문하는 것도 좋다.

6RQ6+H2 시제스
10:00~14:00, 15:30~18:00 (토 ~18:30, 일 ~14:00)
sitgesanytime.com

★
해변으로 가기 전 간식을 준비하자!
시체스역 건물을 등지고 오른쪽에 보이는 복합상가건물 지하에 메르카도나 슈퍼마켓(Mercadona)이 있다. 이곳에서 음료와 간식거리를 챙겨 해변으로 가자. 2층부터는 주차장이다.

09:00~21:00/일요일 휴무

2. 버스

바르셀로나 메트로 우니베르시타트역 근처나 에스파냐 광장 등에서 시체스행 가라프(Garaaf)버스 e16번이 출발한다. 15~30분 간격으로 운행하며, 칸 로베르트 공원(Parc de Can Robert) 정류장까지 약 50분 소요된다. 버스에서 내려 철도길 굴다리 아래를 지나 왼쪽으로 선로를 따라 5분 정도 걸어가면 기차역이 나온다. 해변으로 곧장 가려면 철도길 굴다리 아래를 지나 직진한 뒤 로터리 정면으로 이어지는 골목을 따라 7분 정도 더 내려간다.

★
가라프버스 e16번 노선

메트로 우니베르시타트역
(Gran Via 588 A,
Ⓖ 95P7+44G 바르셀로나)
… ↓↑ …
바르셀로나 에스파냐 광장
(Plaça Espanya,
Ⓖ 94FX+R72 바르셀로나)
… ↓↑ …
칸 로베르트 공원
(Parc de Can Robert)

www.busgarraf.cat/en/

시체스 칸 로베르트 공원 버스 정류장

★
시체스 국제 판타스틱 영화제 Festival Internacional de Cinema Fantàstic

1968년 개막한 시체스 국제 판타스틱 영화제는 포르투갈 판타스포르토 국제 영화제, 벨기에 브뤼셀 국제 판타스틱 영화제와 함께 세계 3대 판타스틱 영화제로 꼽힌다. 매년 10월에 열리며, SF, 공포, 스릴러 등 장르 영화를 주로 소개한다. 우리나라의 <부산행>, <곡성>, <아가씨> 등이 시체스에서 주목받았다.
시체스는 20세기 초반 카탈루냐 예술가들이 모여들던 곳으로, 1960년대 대항 문화의 산실이었다. 이 때문에 시체스 곳곳에서는 예술가들의 조형물을 만나볼 수 있다.

www.sitgesfilmfestival.com

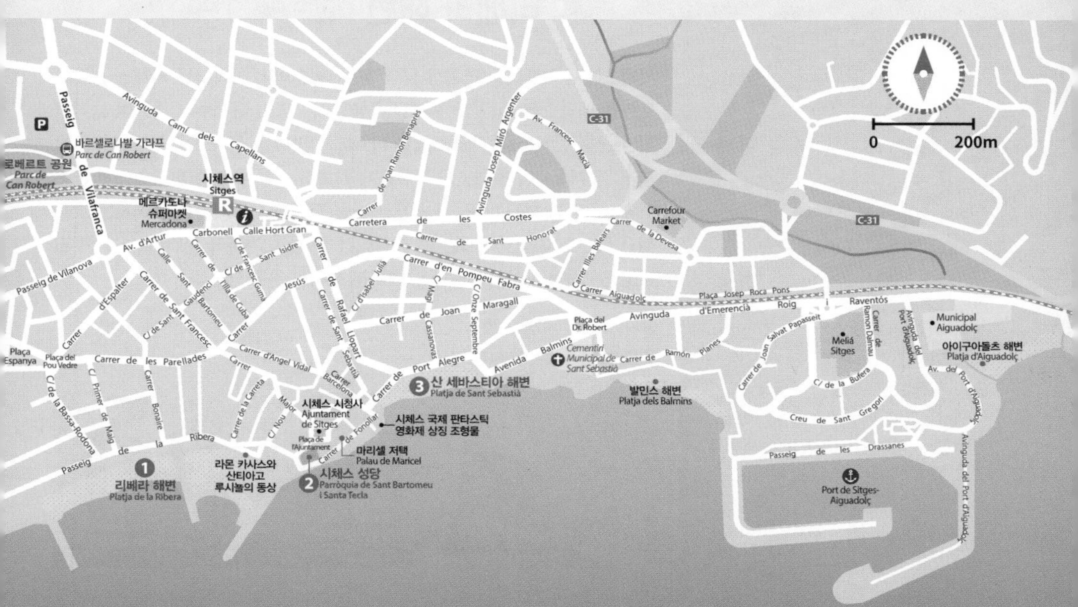

시체스를
찾는
단 하나의 이유
바다, 바다, 바다!

뜨거운 태양이 내리쬐는 계절이 오면 스페인 사람들은 하나둘 시체스에 모인다. 지중해 해역의 하나인 발레아레스해와 맞닿아 있어 폭신한 모래가 깔린 해변만 17개. 그중 11개는 마을과 이어져 파도가 부서지는 자리마다 일광욕을 즐기는 사람들로 넘쳐난다.

식당에서 운영하는 비치 베드와 파라솔의 대여료는 6~7€

01 올여름 힐링 예약!
리베라 해변 Platja de la Ribera

시체스에서 여행자들이 가장 많이 찾는 해변이다. 아름다운 시체스 성당과 요트를 배경으로 그림 같은 사진을 남길 수 있고, 야자수가 줄줄이 늘어선 해변 산책로 뒤 비치 레스토랑과 바르에서 맛있는 식사도 즐길 수 있다. 무지개 깃발이 세워진 해변을 자유롭게 활보하는 동성 커플의 모습에서 한층 여유로움이 느껴지는 곳. 해변에서 마을 중심부와 구시가로 이어지는 효율적인 동선도 여행자에게는 큰 장점이다. 여름과 겨울의 분위기 차가 큰 편으로, 5~10월이 지난 겨울에는 대부분 상점이 문을 닫는다.

Ⓖ 6RM5+R9 시체스 M 265p
Passeig de la Ribera, 14
시체스역에서 도보 10분

방파제 위에 간이 샤워 시설이 있다.

★
누드 비치 가이드
마을 중심부에서 동쪽으로 떨어진 발민스 해변(Platja dels Balmins)과 아이구아돌츠 해변(Platja d'Aiguadolç)은 누드 비치다. 1930년 생긴 세계 최초의 게이 비치 무에르토 해변(Playa del Muerto)은 중심부에서 서쪽으로 떨어져 있어 여행자가 찾아가기에는 조금 어렵다.

02 모든 순간이 아름다웠다
시체스 성당
Parròquia de Sant Bartomeu i Santa Tecla

파도가 넘실대는 절벽 끄트머리에 세워진 17세기 바로크풍 성당. 높은 파도가 밀려와 성당 앞 계단을 덮칠 때면, 갑작스런 물벼락에 질러대는 즐거운 비명이 흥겨운 해변 분위기를 고조시킨다. 성당은 시체스를 소개할 때마다 빠지지 않는 사진 명소이자 결혼식 명당으로, 드라마 <푸른 바다의 전설>에 등장하기도 했다. 정식 명칭은 '산 바르토메우 이 산타 테클라 성당'이지만, '끝'이라는 뜻의 애칭인 '라 푼타La Punta'로 더 많이 불린다.

성당 뒤쪽으로는 구시가가 펼쳐진다. 아메리카 대륙에서 성공한 기업가들의 별장이 있던 곳으로, 시체스 성당 오른쪽으로 돌면 구시가에서 가장 아름다운 골목길이 나타난다. 미국의 백만장자 찰스 디어링이 예술 수집품을 보관하기 위해 1910년 지은 마리셀 저택Palau de Maricel 등 우아하고 기품 있는 고택들이 좁은 골목을 따라 죽 이어진다.

6RM6+VJ 시체스 M 265p
Plaça de l'Ajuntament, 20
리베라 해변 동쪽 끝에 성당이 보인다./ 시체스 기차역에서 도보 10분

마리셀 저택이 있는 성당 뒤편 골목 풍경

03 시체스 영화제의 본거지
산 세바스티아 해변
Platja de Sant Sebastià

시체스 성당이 있는 구시가를 빠져나오면 다시 작은 광장과 함께 나타나는 드넓은 해변. 성당 앞쪽 해변들에 비해 성수기에도 한적하며, 작은 놀이터가 있어서 가족 여행자들이 즐겨 찾는다. 해변 바로 뒤쪽으로 보행자 전용 산책로가 있는 것도 장점. 매년 10월, 10만여 명의 영화인이 찾는 시체스 국제 판타스틱 영화제가 열리는 곳으로, 해변이 내려다보이는 작은 광장에는 영화제를 상징하는 조형물이 세워져 있다.

6RP7+9R 시체스 M 265p
Carrer de Port Alegre, 45
시체스 성당에서 도보 3분

20세기 초에 활동한 화가 라몬 카사스와 산티아고 루시뇰의 동상. 시체스 성당 밑 공터에 있다.

시체스 국제 판타스틱 영화제 상징 조형물

리베라 거리(Passeig de la Ribera)에 있는 화가 엘 그레코 조각상

03

CATALUNYA

피게레스

FIGUERES

20세기 최고의 거장, 살바도르 달리의 고장이다. 한번 보면 절대 잊을 수 없는 독창적인 그림을 그려낸 그의 발칙한 상상력의 원천이 된 도시. 온통 꿈과 환상으로 가득 차 놀라움의 연속인 그의 생애가 피게레스 곳곳에 흩어져 있다.

#살바도르달리 #살바도르달리 #살바도르달리

피게레스 가는 법

바르셀로나에서 북동쪽으로 약 140km 떨어져 있는 피게레스는 바르셀로나에서 기차나 버스로 1~2시간 거리의 당일치기 코스다. 기차와 버스가 자주 운행해 도시 간 이동이 자유로운 편이며, 가는 길에 근교 도시 지로나도 함께 묶어 다녀올 수 있다.

1. 기차

바르셀로나-산츠역에서 고속기차(AVE, AVANT)를 이용하는 것이 가장 빠르다. 바르셀로나-산츠역이나 파세이그 데 그라시아역(Passeig de Grácia)에서 렌페 로달리에스를 타고 갈수도 있으나, 소요 시간이 2배가량 늘어나고, 고속기차 도착역과 다른 역에서 정차한다는 데 유의하자.

◆ 피게레스-빌라판트역 Estació de Figueres-Vilafant

고속기차가 정차하는 피게레스-빌라판트역은 피게레스 구시가에서 서쪽으로 1.5km 정도 떨어져 있다. 기차역에서 달리 극장 박물관까지는 걸어서 20분 정도 걸린다. 또는 역 앞 버스 정류장(Estació AVE)에서 구시가행 시내버스를 타면 피게레스 구시가 중심인 솔 광장(Plaça del Sol)까지 6분 정도 소요된다. 하지만 버스 배차 간격과 버스 정류장에 내려서 걸어가는 시간을 고려하면 처음부터 걸어가는 게 더 빠를 수 있다.

피게레스-빌라판트역

피게레스 구시가행 시내버스

✚ 구시가행 시내버스 운행 정보

주요 노선	빌라판트-AVE 기차역 ⇄…⇄ 솔 광장 ⇄…⇄ 피게레스 버스터미널
홈페이지	www.teisa-bus.com

◆ 피게레스역 Estació de Figueres

바르셀로나-산츠역이나 파세이그 데 그라시아역에서 렌페 로달리에스 R11 노선을 타면 지로나를 거쳐 약 2시간 뒤 도착한다. 주말에는 운행 횟수가 줄어드니 참고하자. 피게레스역은 피게레스-빌라판트역과는 달리 구시가의 동쪽에 있다. 역에서 달리 극장 박물관까지는 걸어서 15분 거리다.

바르셀로나-산츠역
고속기차 55분~,
AVE, AVANT 15~65€,
06:55~21:40/30분~2시간 간격

↓

피게레스-빌라판트역
Estació de Figueres-Vilafant

*피게레스 → 바르셀로나
06:30~20:45

바르셀로나-산츠역 또는
파세이그 데 그라시아역
근교 기차
1시간 45분~2시간 15분,
렌페 로달리에스 R11
12~16€,
05:56~21:46/20분~1시간 간격

↓

피게레스역
Estació de Figueres

*피게레스 → 바르셀로나
05:36~20:42

바르셀로나 북부 버스터미널
버스 2시간 25분~2시간 45분,
사갈레스 버스 22€,
10:45, 14:30, 17:30/1일 3회

↓

피게레스 버스터미널
Estació d'Autobusos de Figueres

*피게레스 → 바르셀로나
07:45, 11:35, 14:35/1일 3회

★
렌페 고속기차
www.renfe.com

렌페 로달리에스 R11
rodalies.gencat.cat

★
사갈레스 버스
www.sagales.com

피게레스 버스터미널.
피게레스역과 매우 가깝다.

2. 버스

바르셀로나 북부 버스터미널에서 사갈레스(Sagalés) 버스가 운행한다. 피게레스 버스터미널에서 달리 극장 박물관까지는 걸어서 12분 정도 걸린다.

★
하루 동안 피게레스 & 지로나 여행하기

바르셀로나-피게레스를 오가는 기차와 버스는 대부분 지로나를 거쳐 간다. 덕분에 당일치기로 달리의 독특한 작품과 지로나의 예쁜 구시가 풍경을 모두 둘러볼 수 있다. 지로나는 야경이 아름다운 도시이니 오전에 피게레스부터 둘러본 뒤 오후에 지로나를 방문하는 코스를 추천한다.

✚ 피게레스-지로나 교통 정보

구분	편도 요금	소요 시간	운행 시간
고속기차(AVE·AVANT)	7.40~34.80€	15분	05:30~19:35/20분~1시간 30분 간격
렌페 로달리에스 R11·RG1	4.10~5.45€	30~40분	05:52~20:46/10분~1시간 간격

★
피게레스의 광장들

달리의 고향답게 피게레스에는 독특한 조형물이 가득하다. 박물관을 둘러싼 광장은 물론 구시가의 중심인 람블라 광장(La Rambla)에도 달리와 관련한 설치작품이 세워져 있다. 그중에서도 람블라 광장 바닥에 그려진 일그러진 선들이 금속 기둥에 반사돼 달리 얼굴로 드러나는 작품이 유명하다.

람블라 광장

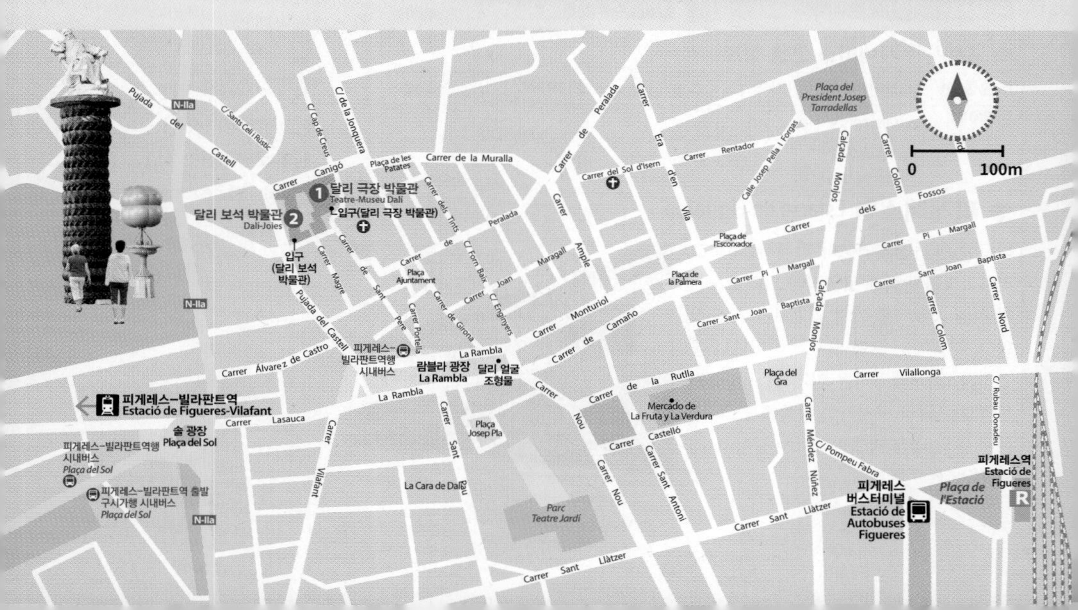

달리의, 달리에 의한, 달리를 위한 **피게레스 예술 기행**

태아 때부터 천재였다고 스스로 자부하는 괴팍한 화가 달리. 그 괴이한 머릿속을 들여다보는 최고의 방법은 피게레스를 여행하는 것이다. '도대체 왜?'라는 물음표가 폭격하듯 쏟아지는 두 박물관을 걷다 보면 그 심오한 세계관에 조금이라도 가까워질지도!

01 볼수록 아리송한 달리의 예술 세계 **달리 극장 박물관** Teatre-Museu Dalí

달리가 생전에 직접 지은 자신만의 왕궁이다. 1989년 84세의 나이로 세상을 떠난 후에는 그의 시신까지 안치됐으니, 그의 생애 전체가 이곳의 전시물인 셈. 달리는 1961년 스페인 내전으로 폐허가 된 시립극장을 사들여 14년 간의 보수공사를 거친 뒤 이 건물을 완성했다. 살아서 최고의 그림 값을 받으며 부와 명예를 모두 누렸던 화가답게, 돈이나 남의 시선 따위에 상관없이 자신이 하고 싶은 것들 맘대로 펼쳐 놓은 공간. 끝없는 상상력과 놀라운 독창성, 기가 막힌 장난기까지, 프로이트도 인정할 만큼 광적인 집요함을 가진 그의 손길이 작품은 물론 미술관 구석구석에 닿아 있다.
이곳은 입구에 들어서면서부터 '도대체 왜?'라는 물음표가 관람객의 머릿속을 맴돌게 만든다. 갑옷을 입은 기사는 황금 바게트를 머리에 이고 있고, 황금빛 여인들이 옥상에서 만세를 부르는 건물의 전면 장식도 범상치 않다. 달리는 정상적으로 사는 세상 사람들을 평생 이해할 수 없었다고 고백했지만, 오랜 세월이 흐른 지금도 전 세계의 정상인들은 그의 세계를 조금이라도 이해하고 싶은 맘에 매일같이 이곳에 몰려온다.

G 달리 극장 M 270p

Plaça Gala i Salvador Dalí, 5 ⏰ 09:00~19:15(9월~6월 10:30~17:10)/폐장 45분 전까지 입장/9~6월 월요일, 1월 1일 휴무(4월 3·10일, 5월 1·8·29일 및 9월 11일 제외) € 17~21€, 학생 14~16€, 8세 이하 무료/현장 구매 시 2€ 추가/ 시즌에 따라 요금 변동 🚉 피게레스-빌라판트역에서 도보 20분/피게레스 버스터미널에서에서 도보 12분 www.salvador-dali.org

Zoom In & Out

달리 극장 박물관

극장 겸 미술관이라는 새로운 개념을 도입한 달리 극장 박물관은 미술 작품을 전시하는 '달리 극장 박물관'과 보석 종류를 전시하는 '달리 보석 박물관'으로 나뉘어 있다. 같은 건물이지만 들어가는 입구는 달라서, 한 곳을 다 관람한 후 다시 밖으로 나가서 입장해야 한다.

◆ 파티오

입구로 들어가면 가장 먼저 나타나는 공간. 캐딜락 자동차 보닛 위에 에른스트 푸크스의 청동 조각상 ❶ <에스더 여왕>을 올린 달리의 설치작품 <비 오는 택시>가 중심에 있다. 파티오 창문에는 극장을 내려다보듯 황금색 조각상이 놓여 있다.

◆ 중앙 로비

한쪽 벽면을 가득 채운 거대한 걸개그림 ❷ <미궁>이 눈길을 사로잡는다. 그 왼쪽에 링컨 대통령의 얼굴을 재해석한 ❸ <갈라의 누드 & 링컨 대통령>이 있다. 멀리서 보면 링컨의 얼굴이지만, 가까이에서 보면 달리의 연인이었던 갈라의 누드를 그린 그림이다.

★

달리 인생 단 한 명의 여인, 갈라

달리의 삶과 작품을 이야기하다 보면 빼놓을 수 없는 인물, 갈라. 달리가 평생 맹목적으로 사랑하고 숭배한 10년 연상의 여인으로, 광기와 환상 속에 살던 천재 화가를 현실과 소통하게 만든 장본인이기도 하다. 동거를 시작할 당시 이미 유부녀였던 갈라는 한참 후에야 달리의 법적 배우자가 될 수 있었는데, 둘의 괴팍한 사랑을 바라보는 세간의 눈길은 그리 곱지 않았다. 하지만 "내 그림은 갈라 당신의 피로 그렸다"는 달리의 말처럼, 갈라가 달리의 예술세계에 미친 영향력만큼은 부인할 수가 없다.

<갈라를 그리는 달리>. 14번 전시실에 있다.

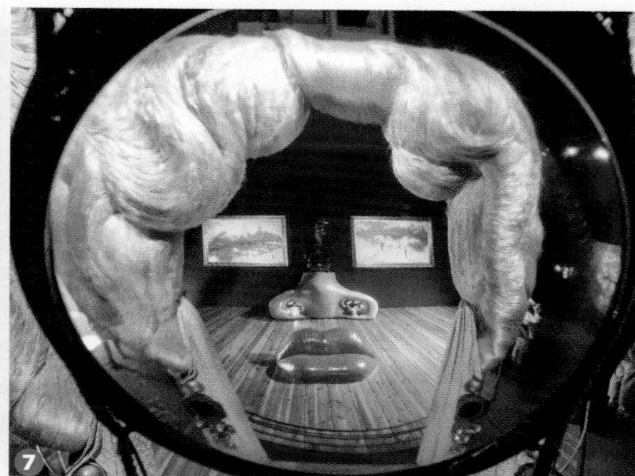

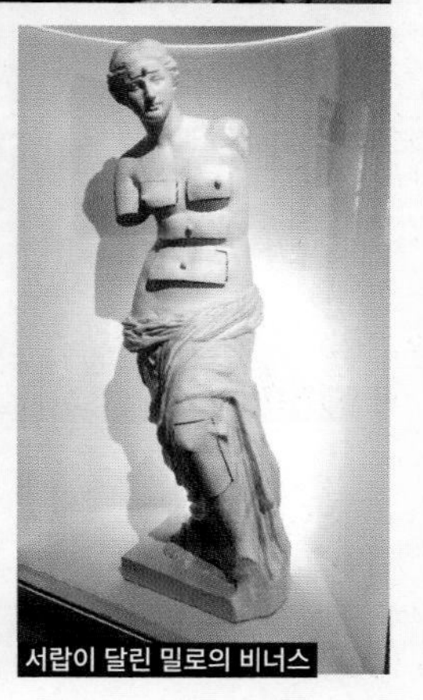
서랍이 달린 밀로의 비너스

◆ 지하 전시실 5~9번 전시실

달리가 자신과 함께 천재라고 칭한 피카소의 초상화 ❹ <파블로 피카소의 초상화>에는 카네이션, 염소 뿔, 만돌린 등을 그려 그의 작업에 대한 존경을 표현했다. ❺ <구운 베이컨 조각이 있는 자화상>에 표현된 베이컨 조각은 뉴욕 세인트 레지스 호텔에서 먹던 아침식사로, 겉으로 드러나는 일상을 상징한다. 이 밖에 ❻ 입체 그림을 보면 그의 작품이 그저 무의식에 의한 광기의 표현이 아니라 의도적으로 계산된 것임을 알 수 있다.

◆ 메인 전시실 10~22번 전시실

11번 전시실에 유명한 ❼ <여인의 얼굴>이 있다. 이는 달리의 시그니처인 입술 모양 소파와 벽면 그림을 절묘하게 배치해 마치 얼굴처럼 보이게 한 작품이다. 얼굴 모양을 오롯이 감상하려면 돋보기가 달려 있는 계단 위에 올라서야 한다. 21번 전시실에서는 자신의 수염과 얼굴마저도 하나의 작품으로 만든 ❽ 달리의 사진들을 볼 수 있다.

◆ 뮤지엄숍

붉은 입술, 수염, 늘어진 시계 등 달리 작품의 콘셉트를 살린 다양한 기념품이 있다.

달리의 트레이드마크인 수염이 포인트!

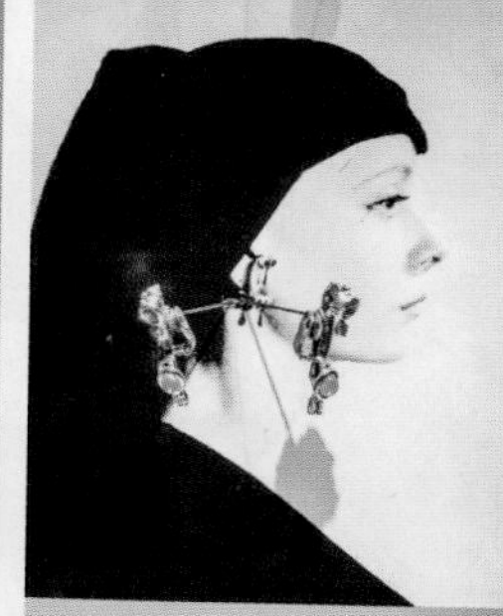

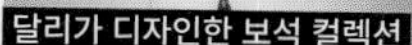

달리가 디자인한 보석 컬렉션

<시간의 눈>

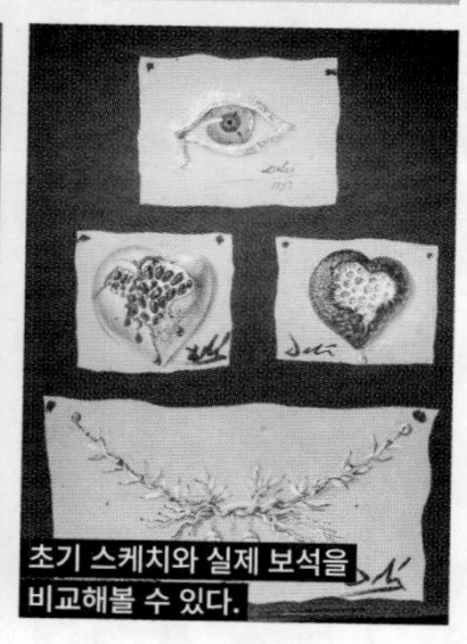

초기 스케치와 실제 보석을 비교해볼 수 있다.

02 달리의 반짝이고 기묘한 이야기
달리 보석 박물관
Dalí-Joies

달리 극장 박물관을 돌아보며 조금은 달리를 이해했다고 느낄 때쯤, 다시 한번 '왜?'라는 질문이 쏟아지는 박물관이다. 아무리 봐도 익숙해지지 않을 것 같은 붉은 색 외관부터가 심상치 않은 곳. 담벼락에는 커다란 달걀이 줄지어 올라서 있고, 좀 더 가까이 가보면 크루아상이 벽에 잔뜩 붙어 있어 또다시 깜짝 놀라게 된다.

다행히 달리가 직접 디자인했다는 39개의 화려한 보석들은 무난하게 이해할 수 있는 작품들이다. 반짝이는 보석을 극적으로 표현하기 위해 복도는 어두컴컴하게 조도를 낮췄고, 또렷이 빛나는 보석 곁에는 세공사가 받은 달리의 디자인 스케치 원본이 함께 놓여있다. 달리의 그림을 먼저 보고 나서 실물을 감상하면 그의 기발한 상상력이 어떻게 3차원으로 재현됐는지 비교해볼 수 있고, 이를 실물화한 보석 장인들의 솜씨에 감탄하게 된다.

7X95+5M 피게레스 M 270p

Plaça Gala i Salvador Dalí, 5 달리 극장 박물관과 동일 달리 극장 박물관 입장권에 포함 달리 극장 박물관에서 도보 1분 www.salvador-dali.org

04

CATALUNYA

지로나

GIRONA

바르셀로나에서 기차를 타고 불과 1시간, 현대적인 대도시와는 완연히 다른 중세 도시가 모습을 드러낸다. 카메라를 둘러맨 여행자들만 없다면 몇백 년 전으로 시간 여행을 떠난 것만 기분. 세월이 흘러도 변치 않는 고풍스러운 멋 덕분에 할리우드 영화 <향수>와 미국 드라마 <왕좌의 게임>, 우리나라 드라마 <푸른 바다의 전설>과 <알함브라 궁전의 추억>까지, 수많은 작품 속 촬영지로 사랑받아왔다.

#중세시간여행 #성벽산책 #강변의야경
#스페인의피렌체 #영화촬영지

지로나 가는 법

바르셀로나 북동쪽 약 110km 지점에 위치한 지로나는 바르셀로나에서 당일치기 코스로 인기다. 기차와 버스로 편안하게 다녀올 수 있는 가까운 거리에 도시 규모도 작아 한나절 정도면 충분히 돌아볼 수 있기 때문. 특히 해 질 녘 풍경이 아름다워 저녁 시간까지 머무는 여행자가 많다.

1. 기차

바르셀로나-산츠역에서 고속기차(AVE, AVANT)와 렌페 로달리에스 R11 노선이 지로나까지 수시로 운행한다. 렌페 로달리에스는 고속기차보다 소요 시간이 긴 대신 요금이 저렴하고 운행 편수가 많으며(주말에는 드물게 운행), 파세이그 데 그라시아역(Passeig de Gràcia)에서도 출발한다는 장점이 있다.

지로나역. 짐 보관소도 갖추고 있다.

고속기차는 11~14번 플랫폼을 사용한다.

2. 버스

바르셀로나 북부 버스터미널(Barcelona Nord)에서 지로나행 사갈레스(Sagalés) 버스가 출발한다. 지로나 버스터미널은 건물 없이 지로나 기차역 앞에 승강장만 마련돼 있다.

▶ 기차역과 버스터미널에서 구시가까지

카탈루냐 광장. 강 동쪽 구시가와 서쪽 신시가지를 잇는 다리 역할을 겸한다.

기차역과 버스터미널에서 지로나 여행의 출발점이라 할 수 있는 구시가 강변의 카탈루냐 광장(Plaça de Catalunya)까지는 약 1km, 도보로 10분 정도 떨어져 있다. 큰 짐만 없다면 충분히 걸어갈 만한 거리다.

바르셀로나-산츠역
기차 40분,
AVE, AVANT, AVLO, EUROMED
7~50€,
06:55~22:56/1일 21회

↓

지로나역
Estació de Girona

*지로나 → 바르셀로나
05:45~19:52

바르셀로나-산츠역 또는
파세이그 데 그라시아역
근교 기차 1시간 10분 ~2시간,
렌페 로달리에스 R11
8.40~11.25€, 06:00~21:50/
30분~1시간 간격

↓

지로나역
Estació de Girona

*지로나 → 바르셀로나
06:14~21:19

바르셀로나 북부 버스터미널
버스 1시간 50분~,
사갈레스 16€,
10:45, 14:30, 17:30/1일 3회

↓

지로나 버스터미널
Estació d'Autobusos de Girona

*지로나 → 바르셀로나
08:45, 12:30, 15:30/1일 3회

★
렌페
www.renfe.com
렌페 로달리에스 R11
rodalies.gencat.cat

★
사갈레스 버스
www.sagales.com

3. 항공

지로나-코스타 브라바 공항(Girona-Costa Brava)은 유럽의 주요 도시와 바르셀로나를 오가는 저가 항공사 라이언에어가 주로 운항한다. 지로나 공항으로 도착했다면, 공항 밖 버스 정류장에서 바르셀로나 북부 버스터미널이나 지로나 버스터미널로 가는 버스를 이용한다.

✚ 지로나 공항버스 운행 정보

	바르셀로나 북부 버스터미널행	지로나 버스터미널행
요금	19.50€	2.80€
소요 시간	1시간 15분~	20~30분
운행 시간	1~3회/1일(요일에 따라 다름)	05:30~22:00/1일 10회

★
지로나 공항
www.aena.es

★
여행안내소
Oficina de Turisme de Girona

XRMF+7G 헤로나
Rambla de la Llibertat, 1
09:00~19:00(토 09:00~14:00·15:00~19:00, 일 ~14:00)/12월 25·26일·1월 1·6일 휴무
카탈루냐 광장에서 도보 2분
www.girona.cat/turisme

강변 따라, 성곽 따라, **중세를 거닐다**

지로나는 로마에서 이어지는 무역로를 따라 세워진 도시 중 하나이자, 부유한 유대인 상인들의 도시였다. 반들반들한 돌길을 따라 아름다운 집들이 늘어서고, 마을을 감싼 성벽이 길게 이어지는 이곳. 그저 걷기만 해도 중세 시대로 타임슬립하는 듯하다.

강변의 다리 위는 어디든지 포토 포인트다.

01 최고의 포토 스폿을 찾고 있다면 **오냐르 강변** Riu Onyar

지로나에 '스페인의 피렌체'라는 낭만적인 별명을 가져다준 장본인이다. 강변을 따라 다닥다닥 붙어 있는 집들이 피렌체 아르노강의 베키오 다리에서 바라보는 풍경과 무척 닮아 있다. 이곳 역시 지로나를 찾아온 여행자의 사진 속에 가장 많이 등장하는 장소 중 하나. 강 남쪽 끝에 있는 카탈루냐 광장 Plaça de Catalunya에 서면 강을 가로지르는 여러 개의 다리가 보이는데, 그중 제일 먼저 보이는 석재 다리 페드라교Pont de Pedra와 그 너머에 있는 빨간 철제 다리 에펠교Pont de l'Eiffel(정식 명칭은 어시장 다리Pont de les Peixateries Velles)에 주목하자.

페드라교는 강변 위쪽을 바라보며 사진 찍기에 최적의 장소다. 가장 많은 사람이 건너기도 하고, 밤이면 다리 위에 켜지는 가로등 불빛이 아름답다. 에펠교는 파리 에펠탑을 지은 구스타프 에펠의 작품. 1877년에 완성해 에펠탑보다는 12년 선배지만, 에펠탑이 유명세를 얻은 이후 덩달아 이름값이 높아졌다. 느긋하게 다리를 건너며 집마다 창문에 내어놓은 꽃이나 베란다에 걸린 빨랫감을 구경하는 등 현지인의 소소한 일상 속으로 들어가보는 것도 재미있다.

XRJF+V7 지로나(카탈루냐 광장) M 277p
Plaça de Catalunya, Girona 지로나역에서 도보 10분

에펠교.
드라마 <알함브라 궁전의 추억>에서 여주인공이 자주 지나던 바로 그 다리다.

02 촬영지만 돌아도 시간이 부족해!
구시가 La Ciutat

지로나는 한때 바르셀로나 다음으로 많은 유대인이 모여 살며 막대한 부를 끌어들인 도시로, 당시 최신 유행이던 로마네스크나 고딕 양식으로 지은 옛 건물이 그대로 남아있다. 이 때문에 중세를 배경으로 한 영상물의 로케이션 장소로 인기가 높다. 가장 유명세를 탄 곳은 산 도메넥 계단Pujada de Sant Domènec. 영화 <향수>의 주인공이 최고의 향기를 찾아 헤매는 어둡고 몽환적인 골목으로, 지로나 대학의 서쪽에 있는 작은 골목 틈새에 있다. 우리나라 드라마 <푸른 바다의 전설> 속 격투신 배경지이기도 하다. 신시가에서 페드로교를 건너면 같은 드라마 여주인공이 자전거로 악당을 쫓던 람블라 데 라 리베르탓 거리Rambla de la Llibertat와 바로 이어지고, 에펠교를 건너와 연결통로까지 지나면 가로수 아래 노천 카페가 가득한 보행자 전용 거리가 나타난다. 5번째 다리인 산 펠리우교Pont de Sant Feliu를 통과하면 산 펠리우 성당Basílica de San Feliu으로 이어진다. 아이스크림을 손에 든 사람들로 늘 붐비는 장소다.

Ⓖ XRQF+5W 헤로나(산 펠리우 성당) Ⓜ 277p
🚊 카날루냐 광장 북동쪽 코너에서 도보 10분

산 도메넥 계단
산 펠리우 성당

★ **사자의 엉덩이에 키스를!**

산 펠리우 성당 앞 광장에는 사자가 매달린 돌기둥이 있다. 사람들이 계단을 올라 사자의 엉덩이에 키스를 하는 이유는 다시 지로나로 돌아오게 된다는 속설 때문. 중세에는 지로나의 시민권을 받기 위해 존경과 복종의 의미로 이곳에 키스를 해야만 했다. 원본은 지로나 박물관에 있다.

03 요리조리 어딜 봐도 최고의 풍경
지로나 대성당 Catedral de Girona

미국 드라마 <왕좌의 게임> 팬이라면 왠지 낯이 익을 계단이다. 7신교의 본거지로 우르르 몰려가던 군대가 올려다본 계단, 그 계단 끝에 우뚝 선 7신교의 중심 건물이 바로 지로나 대성당이다. 잠깐 스쳐 가는 드라마 속 장면보다 기억에 남을 만큼 대성당의 정면 파사드는 인상적이다. 애초에 소박한 로마네스크 양식으로 설계한 흔적은 뭉툭한 종탑과 회랑으로만 남아 있고, 14세기에 고딕 양식이, 17세기에 웅장한 바로크 양식이 더해져 오늘의 모습이 됐다.
86개 계단 꼭대기 자리는 지로나 최고의 명당이다. 구시가 가장 높은 곳에 자리해 풍경을 감상하기에 제격이다. 여행자 전용 입구에서 입장권을 구매하고 성당 안으로 들어가면 바티칸의 성 베드로 대성당 다음으로 넓은 아치(22m)를 감상할 수 있다.

G 지로나 대성당 M 277p
Plaça de la Catedral ⏰ 10:00~18:00(일요일 13:00~), 종교행사에 따라 유동적/12월 25일·1월 1일·성금요일 휴무 € 대성당+산 펠리우 성당 7.50€, 대성당+산 펠리우 성당+박물관 12€ 🚊 산 펠리우 성당에서 도보 2분 www.catedraldegirona.cat

★
천지창조 태피스트리
Tapís de la Creació

대성당 박물관에 있는 12세기 태피스트리는 다른 대성당에서는 볼 수 없는 독특한 유물이다. 가운데 예수를 중심으로 첫 번째 동심원 아래쪽 좌우에는 아담과 이브를, 그 외 공간에는 하늘과 땅, 바다에서 창조되는 동물을 그려 놓았다.

04 시간과 공간의 경계에 서서 지로나 성벽 Muralles de Girona

중세 시대 성벽을 따라 걷는 것만큼 멋진 시간 여행도 없다. 성벽이 지켜낸 오래된 도시와 바깥으로 펼쳐진 대자연의 경계. 사람들은 요새를 둘러보는 군주가 됐다가, 멋진 풍경에 탄성을 지르며 카메라를 드는 현대 여행자로 돌아온다.

구시가 동쪽을 둘러싸고 있는 성벽은 기원전 1세기에 처음 세워졌다. 한때 로마에서 카디스까지 이어지는 길에서도 가장 중요한 도시였다는 역사적 사실을 증명하는 셈이다. 많은 부를 축적해 지킬 게 많았던 중세 시대에는 성벽을 계속 확장했으나, 16세기 이후 군사적 가치를 잃고 사라졌다가 이후 다시 복원됐다. 완벽하게 복원된 성벽 위를 따라 걸으며 구시가의 풍경을 조망해 보자.

XRPH+J9 헤로나(대성당 뒤쪽 입구) M 277p

Carrer dels Alemanys, 20 대성당 뒤쪽 정원(북쪽 입구)/카탈루냐 광장 남동쪽 코너 길 건너편(남쪽 입구)

성벽 중간중간 세워진 탑에 올라가면 더욱 멋진 전망이 기다리고 있다.

성벽에서 바라본 산 펠리우 성당(좌)과 지로나 대성당(우)

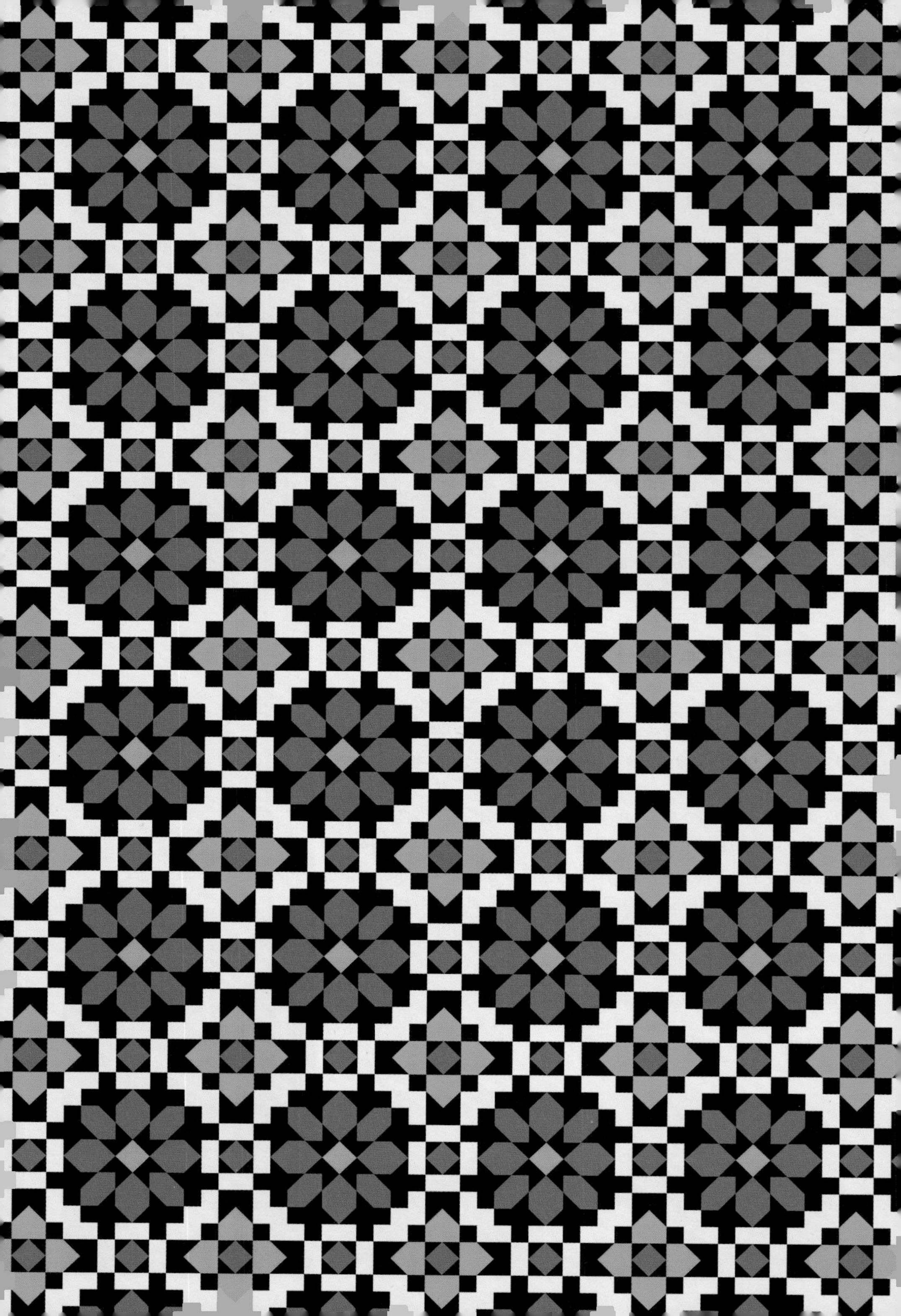

2

마드리드 &
근교 도시

Madrid · Toledo · Segovia · Cuenca

METROPOLIS

MADRID

마드리드

스페인의 어제가 아닌, 오늘을 생생하게 경험할 수 있는 도시. 유럽의 수도 중 가장 높은 곳에 있으며, 1561년부터 스페인의 수도로서 정치·경제·문화·종교·교육의 중심 역할을 담당해왔다. 유럽에서 6번째로 인구수(약 331만 명)가 많은 대도시이자, 전 세계에서 바르가 가장 많은 도시. 이 때문에 마드리드의 골목 곳곳에선 오래된 바르들을 찾은 단골들의 흥겨운 일상이 매일같이 펼쳐진다. 스페인 최고의 전성기 '팍스 에스파냐Pax España' 시절의 수도였던 덕에 스페인 왕실의 진귀한 보물창고 역할도 톡톡히 하고 있다.

#영광의수도 #팍스에스파냐 #왕실보물창고 #바르천국
#미술사가한눈에 #프라도미술관

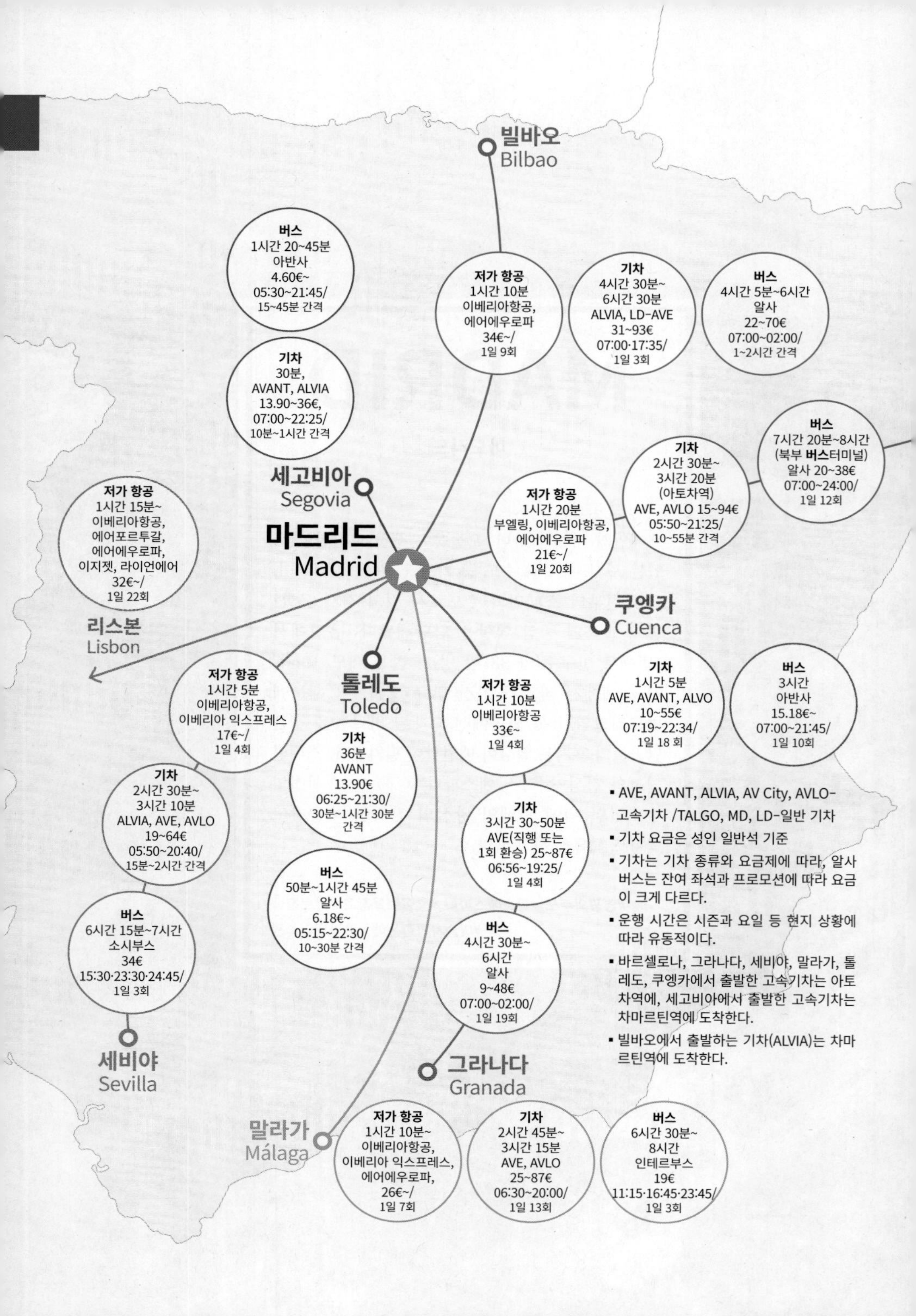
빌바오
Bilbao
버스
1시간 20~45분
아반사
4.60€~
05:30~21:45/
15~45분 간격
기차
30분,
AVANT, ALVIA
13.90~36€,
07:00~22:25/
10분~1시간 간격
저가 항공
1시간 10분
이베리아항공,
에어에우로파
34€~/
1일 9회
기차
4시간 30분~
6시간 30분
ALVIA, LD-AVE
31~93€
07:00·17:35/
1일 3회
버스
4시간 5분~6시간
알사
22~70€
07:00~02:00/
1~2시간 간격
버스
7시간 20분~8시간
(북부 버스터미널)
알사 20~38€
07:00~24:00/
1일 12회
기차
2시간 30분~
3시간 20분
(아토차역)
AVE, AVLO 15~94€
05:50~21:25/
10~55분 간격
저가 항공
1시간 20분
부엘링, 이베리아항공,
에어에우로파
21€~/
1일 20회
세고비아
Segovia
마드리드
Madrid
저가 항공
1시간 15분~
이베리아항공,
에어포르투갈,
에어에우로파,
이지젯, 라이언에어
32€~/
1일 22회
리스본
Lisbon
쿠엥카
Cuenca
톨레도
Toledo
저가 항공
1시간 5분
이베리아항공,
이베리아 익스프레스
17€~/
1일 4회
기차
36분
AVANT
13.90€
06:25~21:30/
30분~1시간 30분
간격
저가 항공
1시간 10분
이베리아항공
33€~
1일 4회
기차
1시간 5분
AVE, AVANT, ALVO
10~55€
07:19~22:34/
1일 18 회
버스
3시간
아반사
15.18€~
07:00~21:45/
1일 10회
기차
2시간 30분~
3시간 10분
ALVIA, AVE, AVLO
19~64€
05:50~20:40/
15분~2시간 간격
버스
50분~1시간 45분
알사
6.18€~
05:15~22:30/
10~30분 간격
기차
3시간 30~50분
AVE(직행 또는
1회 환승) 25~87€
06:56~19:25/
1일 4회
버스
6시간 15분~7시간
소시부스
34€
15:30·23:30·24:45/
1일 3회
버스
4시간 30분~
6시간
알사
9~48€
07:00~02:00/
1일 19회
세비야
Sevilla
그라나다
Granada
말라가
Málaga
저가 항공
1시간 10분~
이베리아항공,
이베리아 익스프레스,
에어에우로파,
26€~/
1일 7회
기차
2시간 45분~
3시간 15분
AVE, AVLO
25~87€
06:30~20:00/
1일 13회
버스
6시간 30분~
8시간
인테르부스
19€
11:15·16:45·23:45/
1일 3회
▪ AVE, AVANT, ALVIA, AV City, AVLO-고속기차 /TALGO, MD, LD-일반 기차
▪ 기차 요금은 성인 일반석 기준
▪ 기차는 기차 종류와 요금제에 따라, 알사 버스는 잔여 좌석과 프로모션에 따라 요금이 크게 다르다.
▪ 운행 시간은 시즌과 요일 등 현지 상황에 따라 유동적이다.
▪ 바르셀로나, 그라나다, 세비야, 말라가, 톨레도, 쿠엥카에서 출발한 고속기차는 아토차역에, 세고비아에서 출발한 고속기차는 차마르틴역에 도착한다.
▪ 빌바오에서 출발하는 기차(ALVIA)는 차마르틴역에 도착한다.

Getting to MADRID
: 우리나라에서

마드리드와 바르셀로나를 각각 인-아웃 도시로 설정하면 동선이 효율적이다. 이용하는 항공편의 스케줄에 따라 인-아웃의 순서를 변경해도 좋다.

★
마드리드 바라하스 공항
마드리드공항
www.aena.es

바르셀로나
Barcelona

★
터미널별 주요 이용 항공사

제1 터미널(T1) 대한항공, 라이언에어, 이지젯, 페가수스항공, 터키항공 등

제2 터미널(T2) 에어프랑스, ITA(구 알이탈리아), KLM, 루프트한자, LOT 폴란드항공, 스위스항공, TAP 포르투갈항공 등

제4 터미널(T4) 아메리칸항공, 영국항공, 케세이퍼시픽, 에미레이트항공, 에티하드항공, 핀에어, 이베리아항공, 카타르항공, 부엘링 등

★
터미널 간 무료 셔틀버스
Bus Transito

06:00~22:00 5분 간격, 22:00~06:00 20분 간격

제1 터미널(출발 층) → 제2 터미널(출발 층) → 제4 터미널(출발 층) → 제4 터미널(도착 층) → 제3 터미널(도착 층)→ 제2 터미널(도착 층) → 제1 터미널(출발 층)

1. 인천국제공항에서 마드리드 가기

대한항공이 인천국제공항에서 마드리드까지 직항 노선을 운항한다. 대한항공 정규편은 화·목·토·일 주 4회 운항하며, 마드리드에서 돌아오는 정규편 역시 같은 요일에 여객기를 띄운다. 우리나라에서 출발하는 경유 노선으로는 에어프랑스, KLM, 루프트한자, 카타르항공, 에미레이트항공, 터키항공 등이 있다.

◆ 마드리드 바라하스 공항(마드리드 공항)
Aeropuerto Adolfo Suárez Madrid-Barajas(MAD)

마드리드의 국제공항으로, 총 5개의 터미널이 있다. 제1·2·3 터미널은 서로서로 걸어서 이동할 수 있고, 제4·4S 터미널은 따로 떨어져 있어 셔틀버스를 타고 약 10분 이동해야 한다. 마드리드 시내까지는 제1·2·4 터미널에서 공항버스나 메트로(지하철)로 30~40분, 제4 터미널에서 마드리드 근교 기차 렌페 세르카니아스로 약 30분 소요된다. 빌바오, 산 세바스티안 등으로 간다면 제4 터미널에서 고속버스를 탄다.

터미널 간 무료 셔틀버스

건축계의 아카데미상이라 불리는 스털링상을 받은 제4 터미널

Zoom in

마드리드 바라하스 공항

aena
Aeropuerto
Adolfo Suárez
Madrid-Barajas

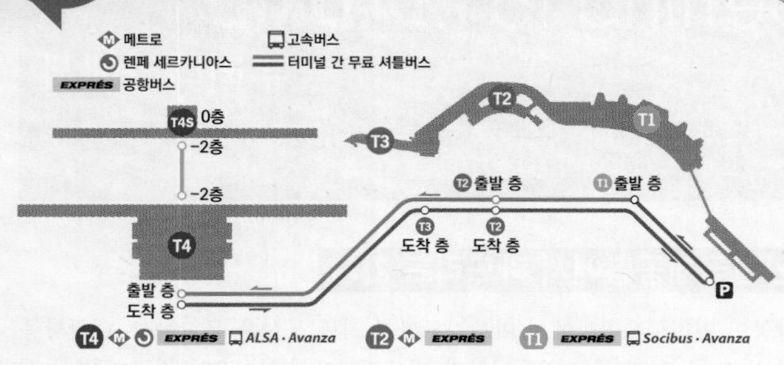

마드리드 도착 후 곧바로 다른 비행기로 갈아탈 예정이라면 각 항공사가 이용하는 터미널을 알아두는 것이 좋다. 세금 환급에 관한 자세한 사항은 46p를 참고하자.

● 제1 터미널(T1)

체크인 카운터는 우리나라의 2층에 해당하는 1층에 있으며, 푸드코트와 세금 환급 사무실 역시 같은 층에 있다. 도착 층인 0층에는 여행안내소, ATM, 환전소, 렌터카 사무실, 약국, 카페 등 다양한 편의시설이 있으며, 건물 밖으로 나가면 공항버스, 셔틀버스, 호텔 픽업버스 등 각종 버스 정류장과 택시 승차장이 나온다.

❶ 제1 터미널의 체크인 카운터
❷ 제1 터미널의 푸드코트. 체크인 카운터 300번대 옆에 있다.
❸ 여행안내소 10:00~18:00
❹ 렌터카 사무실. 렌터카 수요가 높은 곳이니 최대한 서둘러 예약한다.

● 제2 터미널(T2)

제2 터미널은 유럽 국가를 오가는 노선의 항공사가 주로 사용한다. 탑승은 1층(우리나라식 2층)을 이용한다. 도착 로비가 있는 0층에는 여행안내소 정도만 있으므로 다양한 편의시설을 이용하려면 연결통로를 따라 제1 터미널로 이동해야 한다. 체크인 카운터가 있는 출발 층에서 메트로 역으로 연결된다.

❺ 제2 터미널의 출발 층과 체크인 카운터

● 제4 터미널(T4)

스페인 국적기인 이베리아항공과 부엘링의 대부분 노선이 사용하는 제4 터미널은 각종 편의시설을 갖춘 최신식 건물에 따로 들어와 있다. 지하 1층은 메트로와 근교 기차 렌페 세르카니아스역으로 직접 연결되며, 0층(우리나라식 1층)의 출구 앞에 공항버스, 셔틀버스, 고속버스, 호텔 픽업버스 정류장과 택시 승차장이 있다. 빌바오, 산 세바스티안 등으로는 고속버스를 이용해 마드리드 시내를 거치지 않고 바로 이동할 수 있다. 체크인 카운터가 있는 2층 보안 검색대 왼쪽에 세관 사무실이 있다.

❻ 제4 터미널의 0층, 공항버스와 셔틀버스 정류장이 연결된다.
❼ 제4 터미널의 2층, 체크인 카운터가 있다.

2. 마드리드 바라하스 공항에서 시내로 가기

마드리드 공항은 마드리드 시내 중심에서 북동쪽으로 13km 정도 떨어져 있다. 시내와 비교적 가까운 편으로, 메트로, 버스, 기차로 저렴하게 이동할 수 있다.

터미널 내 'Bus'표지판을 따라 건물 밖으로 나가면 공항버스 정류장이 있다.

◆ 공항버스 Express Bus

제1·2·4 터미널에서 시내까지 공항버스가 운행한다. 제4 터미널에서 출발해 제2 터미널과 제1 터미널을 거친 후 시벨레스 광장을 지나 아토차역으로 간다(23:30~ 06:00에는 시벨레스 광장까지만 운행). 요금은 컨택리스 신용·체크카드로 바로 결제(다회 결제 가능)하거나 버스 기사에게 현금을 직접 낸다(20€ 이하 지폐만 잔돈을 거슬러준다).

제1 터미널의 공항버스 정류장

아토차역의 공항버스 정류장

컨택리스 신용·체크카드 단말기

✚ 공항버스 운행 정보

요금	편도 5€	
소요 시간	아토차역까지 30~45분	
운행 시간	**공항 → 시벨레스 광장 → 아토차역**	06:00~23:30/1시간에 2~4회/23:50~05:40에는 시벨레스 광장까지만 운행
	아토차역 → 시벨레스 광장 → 공항	06:00~23:30/1시간에 2~4회/23:55~05:35에는 시벨레스 광장에서만 출발
홈페이지	emtmadrid.es/Home	

◆ 메트로 Metro

제1·2·3 터미널은 메트로 8호선 Aeropuerto T1·T2·T3역, 제4 터미널은 Aeropuerto T4역과 연결된다. Aeropuerto T1·T2·T3역은 제2 터미널 1층(우리나라식 2층), Aeropuerto T4역은 제4 터미널 지하 1층에 있다. 시내 중심인 솔 광장까지는 2회 이상 갈아타야 하므로 큰 짐을 가지고 이용하기에는 불편하다. 요금은 5€로, 편도 1회만 이용하더라도 교통카드(멀티 카드) 구매가 필수다. 멀티 카드에 관한 자세한 사항은 298p를 참고하자.

Aeropuerto T1·T2·T3역은 제2 터미널의 출발 층에서 연결통로를 따라가면 나온다. 역 입구까지 도보 4분 소요

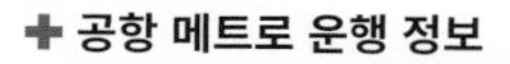

✚ 공항 메트로 운행 정보

요금	- 1회권 5€(공항 추가 요금 3€ 포함) - 10회권(6.10€, 2024년 말까지 50% 특별 할인 요금/변동 가능) 이용 시 공항 추가 요금 1인당 3€ - 멀티 카드 발급비 2.50€ 별도
소요 시간	솔 광장까지 40분~
운행 시간	06:05~01:33(공항 출발 기준)
홈페이지	www.metromadrid.es/en

제4 터미널 지하 1층과
세르카니아스역을 잇는 연결통로

◆ 통근열차-렌페 세르카니아스 Renfe Cercanías

제4 터미널 지하 1층의 Aeropuerto T4역에서 마드리드 근교 통근열차인 렌페 세르카니아스 C1 또는 C10 노선을 이용할 수 있다. 메트로보다 저렴하고 차마르틴역이나 아토차역까지 한 번에 갈 수 있으나, 제1·2·3 터미널에서는 정차하지 않기 때문에 터미널 간 무료 셔틀버스를 타고 이동해야 하며, 메트로보다 운행 간격이 길다는 것은 단점이다. 승차권은 역으로 이어지는 연결통로 옆 자동판매기에서 구매하며, 충전형 렌페 통근열차카드(Renfe & Tú Card) 발급비가 별도 추가된다.

✚ 렌페 세르카니아스 운행 정보

요금	아토차역까지 편도 2.60€+렌페 통근열차카드(Renfe & Tú Card) 발급비 0.50€(299p 참고)
소요 시간	아토차역까지 30분~
운행 시간	**공항 → 아토차역** 05:46(토·일 06:02)~24:01, **아토차역 → 공항** 05:15~23:19/15~30분 간격
홈페이지	renfe.com/es/es/cercanias/cercanias-madrid

마드리드 시내행 티켓은
빨간색 자동판매기에서 구매한다.

영어 화면으로 전환한 후
'ADULTO IDA'를 선택한다.

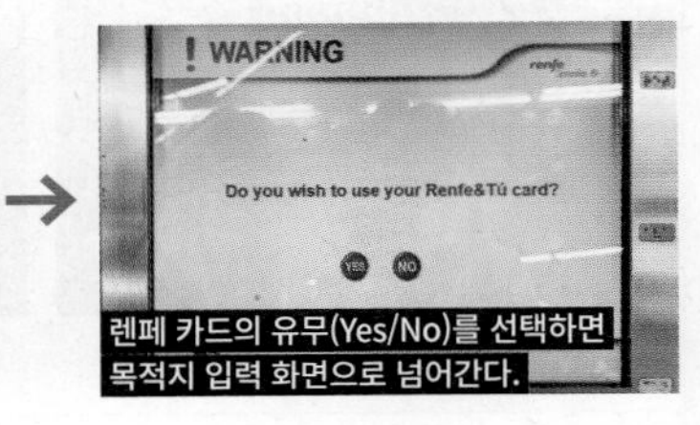

렌페 카드의 유무(Yes/No)를 선택하면
목적지 입력 화면으로 넘어간다.

◆ 택시 Taxi

공항에서 출발하는 마드리드 택시는 각 터미널 앞에서 상시 대기하고 있다. 마드리드 시내까지 어디든 요금이 33€로 고정돼 있고, 짐 요금이나 공항 출입비 등을 따로 받지 않아 마음 편하게 이용할 수 있다. 시내에서 공항으로 갈 때도 30€의 고정요금으로 운행한다. 시내까지 30~40분 소요되지만, 교통이 혼잡한 출·퇴근 시간대는 피하는 것이 좋다.

★
마드리드 공항에서 다른 도시로 이동하기

제4 터미널에서 고속버스 알사(Alsa)를 타면 마드리드 시내를 거치지 않고 빌바오, 산 세바스티안 등으로 바로 이동할 수 있다. 국내선 항공편을 이용하지 않고도 스페인 북부 지역으로 이동할 수 있는 방법이다. 단, 운행 횟수가 적은 편이니 홈페이지에서 미리 스케줄을 확인한 후 예약하는 것이 좋다. 티켓은 공항 도착 층 중앙출구 근처의 알사 버스 전용 창구나 10번 플랫폼 쪽의 자동판매기에서 살 수 있다.

✚ 빌바오행 알사 버스 정보

요금	편도 36€~
소요 시간	빌바오 버스터미널까지 4시간~4시간 45분
운행 시간	공항 → 빌바오 09:15~02:15/1일 4~6회 빌바오 → 공항 07:00~02:00/1일 4~6회
홈페이지	www.alsa.es

제4 터미널 도착 층의
알사 버스 전용 창구

제4 터미널 밖의 장거리 버스
플랫폼에서 탑승한다.

Getting to MADRID
: 유럽에서

유럽의 여러 도시에서 다양한 저가 항공 노선이 마드리드에 취항한다. 마드리드 시내에는 4개의 버스터미널과 2개의 기차역이 있어 스페인 각 도시와 쉽게 연결된다. 목적지에 따라 이용하는 기차역과 버스터미널이 다르니 승차권을 구매할 때 확인하자.

1. 항공

저가 항공을 이용하면 스페인 대부분의 도시에서 1시간 정도면 닿는다. 부엘링, 이베리아항공, 에어에우로파 등 스페인 국적의 항공사들이 합리적인 요금으로 국내 노선을 운항하고 있다. 버스나 기차로 이동 시간이 3시간 이상 걸린다면 공항과 시내를 오가는 시간을 감안하더라도 저가 항공이 유리하다.

2. 기차

마드리드에는 아토차와 차마르틴 2개의 기차역이 있다. 두 역 모두 국제선과 국내선 기차가 정차하며, 메트로와 바로 연결돼 편리하다.

◆ 아토차역 Madrid Puerta de Atocha

우리나라의 서울역과 같은 마드리드의 대표 기차역이다. 바르셀로나·세비야·말라가·발렌시아·사라고사행 고속기차(AVE), 톨레도행 고속기차(AVANT), 쿠엥카행 고속기차가 주로 이용한다. 프랑스 마르세유로 가는 국제선 기차도 이곳에서 출발한다. 기차 플랫폼은 모두 남쪽 건물에 있고, 마드리드-그라나다와 마드리드-알헤시라스 구간 기차는 위층, 그 외 구간은 지상층을 이용한다. 택시 승차장은 플랫폼에서 나와 곧장 건물 밖으로 나가면 있다(기차역에서 택시 탑승 시 7.50€ 요금 추가).

근교 기차 렌페 세르카니아스역과 메트로 역은 기차역에서 연결통로를 따라 5~6분 정도 걸어가면 차례대로 나온다. 솔 광장까지는 메트로 1호선으로 3정거장, 5분 정도 소요된다. 둥근 형태의 세르카니아스 역사 주변에 공항버스 및 다수의 시내버스가 정차한다.

★
아토차역
G 아토차역
M 304p & MAP 7-D
⏰ 05:00~01:00
🚆 M 1 Atocha-Renfe 하차/
C 1~5·7·10 Atocha Cercanias 하차
www.renfe.com (기차 정보)

아토차 세르카니아스역. 공항버스와 시내버스 정류장이 건물을 빙 둘러싸고 있다. ©Emilio

역사를 식물원처럼 꾸며 놓았다.

Zoom in 아토차역

❶ 출발 로비. 지상층(현지식 0층)과 위층(현지식 1층)으로 나뉘어 있다.

❷ 마드리드 시내와 공항을 연결하는 근교 기차 렌페 세르카니아스 개찰구

❸ 도착 로비

❹ 기차역에서 택시를 타면 7.50€가 추가된다.

❺ 메트로나 렌페 세르카니아스를 타려면 13·14·15번 플랫폼 근처의 연결통로로 들어간다.

❻ 렌페 세르카니아스용 빨간색 티켓 자동판매기

❼ 장거리 기차용 보라색 티켓 자동판매기

★

아토차역에서 공항 가기

아토차역에서 마드리드 공항까지는 렌페 세르카니아스나 공항버스를 이용한다. 렌페 세르카니아스는 C1 노선이 공항 제4 터미널까지 30분 만에 도착한다. 요금은 2.60€.

공항버스는 제1·2·4 터미널에 모두 정차하며, 30~45분 소요된다. 요금(5€)은 버스 기사에게 직접 내거나 컨택리스 신용·체크카드로 바로 결제한다. 기차역에서 바닥에 'Aeropuerto'라고 쓰인 빨간색 화살표를 따라 세르카니아스역 쪽으로 가다 'Salida-Gta Carlos V'라고 적힌 출구 표지판 쪽으로 나가면 렌페 세르카니아스역 건물 앞에 버스 정류장이 있다.

◆ 차마르틴역 Estacíon de Chamartín

시내 중심에서 북쪽으로 조금 떨어진 곳에 위치한 차마르틴역은 빌바오, 산 세바스티안 등 스페인 북부를 연결하는 국내선 기차와 세고비아행 고속기차가 발착한다. 포르투갈 리스본행 국제선 기차 역시 이곳에서 출발한다. 매표소, 대기소, 플랫폼 입구, 카페 등 모든 시설은 지상층(0층)에 모여 있다.

시내까지는 메트로 1·10호선 또는 렌페 세르카니아스를 타고 간다. 메트로 1호선은 솔 광장까지, 렌페 세르카니아스 C3·4 노선은 솔 광장과 아토차역까지 한 번에 연결한다. 세르카니아스 기차는 일반 기차 플랫폼을 이용하며, 승차권은 역 안의 자동판매기에서 구매한다. 아토차 역과 마찬가지로 역에서 택시 이용 시 7.50€가 추가된다.

차마르틴역

플랫폼 번호를 잘 확인하고 이동하자.

메트로 역 방향 표지판

★
차마르틴역
F8C8+QX 마드리드
304p & MAP 6
04:30~24:30
M 1·10 & C 1~4·7·8·10 Chamartin 하차
www.renfe.com (기차 정보)

3. 버스

장거리 버스 노선이 발달한 마드리드에는 시외 버스터미널이 여러 개 있다. 목적지와 노선에 따라 주로 사용하는 터미널이 다르므로 이름과 위치를 미리 파악해두자.

✚ 행선지별 주요 버스터미널 & 장거리 버스 회사

목적지	마드리드 버스터미널	홈페이지
바르셀로나(Nord)	아메리카 대로 버스터미널	알사 www.alsa.com
톨레도	플라사 엘립티카	
그라나다	남부 버스터미널	
코르도바	남부 버스터미널	
빌바오·산 세바스티안	아메리카 대로 버스터미널	
세고비아	몽클로아 버스터미널	아반사 www.avanzabus.com
쿠엥카	남부 버스터미널	
세비야	남부 버스터미널	소시부스 socibusventas.es
말라가	남부 버스터미널	다이부스 www.movelia.es

★
남부 버스터미널
98WC+3Q 마드리드
304p & MAP 6
24시간
M 6 & C 1·5·7·10 Méndez Álvaro 하차

◆ 남부 버스터미널 Estación Sur de Autobuses

마드리드에서 규모가 제일 큰 버스터미널로, 멘데스 알바로 터미널(Estación de Méndez Álvaro)이라고도 한다. 세비야, 코르도바, 그라나다, 말라가, 쿠엥카 등을 오가는 버스와 포르투갈 등을 오가는 일부 국제선 버스가 이용한다. 지상층에 버스 회사별 매표소와 안내소, 식당, 코인 로커가 있고, 지하 1층에는 승강장과 화장실이 있다. 시내까지는 메트로 또는 근교 기차 렌페 세르카니아스를 이용한다. 터미널 지하 2층에서 메트로 6호선 멘데스 알바로역(Méndez Álvaro)과 연결되며, 'Cercanías' 표지판을 따라 건물 밖으로 나가면 렌페 세르카니아스 C 1·5·7·10 노선을 탈 수 있다.

지하 1층의 버스 승강장
알사 버스 매표소
메트로와 세르카니아스 연결 표지판
코인 로커는 'CONSIGNA' 표지판을 따라가면 있다.
24인치 여행용 가방이 넉넉하게 들어가는 코인 로커

★
플라사 엘립티카 버스터미널
97MJ+QM 마드리드
304p & MAP 6
M 6·11 Plaza Elíptica 하차

★
알아두세요, 인테르캄비아도르 Intercambiador

마드리드의 소규모 버스터미널들은 '인테르캄비아도르'라고 불린다. '다른 교통수단으로 갈아타는 곳'이라는 뜻. 보통 시내 중심에서 떨어진 외곽도로의 인터체인지에 있으며, 도심으로 가려면 메트로를 이용해야 한다.

◆ 플라사 엘립티카 버스터미널 Intercambiador de Plaza Elíptica

주로 톨레도행 버스를 타기 위해 찾는 작은 터미널이다. 메트로 6·11호선과 곧바로 연결된다. 승강장을 비롯한 모든 편의시설은 지하에 모여 있으며, 티켓은 지하 3층의 알사 버스 사무실에서 구매한다. 톨레도행 버스는 지하 1층의 5·7번 승강장과 6번 직행 버스 전용 승강장에서 출발한다.

버스 승강장은 지하 1·2층에 있다.

지하 3층의 알사 버스 사무실과 티켓 자동판매기

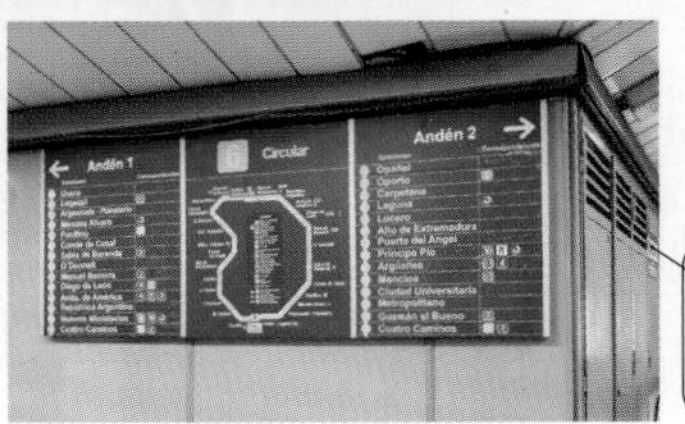

메트로 6호선을 타고 솔 광장으로 가려면 1번 플랫폼(Andén 1)으로 간다.

◆ 몽클로아 버스터미널 Intercambiador de Moncloa

세고비아행 아반사(Avanza) 버스가 발착하는 터미널로, 레온, 바야돌리드, 팔렌시아 등 마드리드 북서쪽 지역으로 가는 버스들이 주로 이용한다. 메트로 3·6호선과 연결되며, 그중 3호선 비야베르데 알토(Villaverde Alto) 방향을 타면 솔 광장까지 한 번에 갈 수 있다. 매표소는 지하 2층, 승강장은 지하 1층에 있다.

★
몽클로아 버스터미널
Ⓖ 마드리드 몽클로아터미널
Ⓜ 304p & MAP ❻
🚊 **M** 3·6 Moncloa 하차

지하 1층 버스 승강장

승강장에서 'Metro' 표지판을 따라가면 메트로 역에 닿는다.

세고비아를 오가는 아반사 버스

◆ 아메리카 대로 버스터미널 Intercambiador de Avenida de América

빌바오, 산 세바스티안 등 북부 도시로 가는 버스와 바르셀로나 북부·산츠 버스터미널로 가는 버스가 이용한다. 메트로 4·6·7·9호선과 연결되며, 솔 광장까지 거리가 멀지 않아 택시로 이동해도 크게 부담되지 않는다. 단, 버스터미널에서 탑승하면 7.50€의 추가 요금이 붙는다.

★
아메리카 대로 버스터미널
Ⓖ C8QF+8C 마드리드
Ⓜ 304p & MAP ❻
🚊 **M** 4·6·7·9 Avenida de América 하차

★

마드리드 메트로 정보

www.metromadrid.es/en

★

마드리드 메트로 앱

Metro de Madrid Oficial

메트로 노선과 이동 경로를 검색할 수 있는 마드리드 메트로 공식 앱. 안드로이드와 iOS 기기 모두 지원한다.

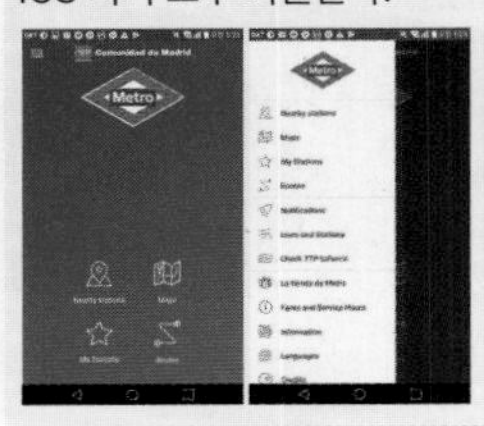

Around MADRID : 시내 교통

마드리드 시내는 메트로와 버스, 트램, 근교 기차로 오갈 수 있으며, 이 중 가장 편리한 교통수단은 메트로다. 여행자가 주로 이용하는 역은 솔 광장에 있는 솔역(Sol)으로, 메트로 3개 노선과 렌페 세르카니아스 2개 노선이 교차한다. 트램은 외곽 지역만 운행해 여행자가 이용할 일이 거의 없다.

1. 메트로 Metro

1~12·R의 13개 메트로 노선이 버스터미널과 기차역, 공항을 비롯해 마드리드 시내 전체를 구석구석 연결한다. 메트로를 이용하려면 멀티 카드(Tarjeta Multi/Multi Card)가 필수. 역 내에 설치된 자동판매기에서 원하는 횟수만큼의 승차권에 멀티 카드 최초 발급비를 포함해서 구매한다. 이후에는 추가 충전도 가능. 10회권은 버스에서도 사용할 수 있지만, 메트로 ⇄버스 간 무료 환승 혜택은 없다. 그밖의 멀티 카드에 관한 자세한 사항은 298p 참고. 우리나라처럼 개찰기에 카드를 터치한 후 통과하며, 출퇴근 시간이나 점심시간에는 매우 혼잡하므로 소매치기에 특히 주의하자.

멀티 카드 자동판매기(왼쪽)와 충전 전용기(오른쪽)

멀티 카드 단말기

문이 자동으로 열리지 않으면 노란색 버튼을 누른다. 구형 객차는 손잡이를 올린다.

✚ 메트로 운행 정보

요금(A구역)	1회권(1 Viaje) 이동하는 역의 개수에 따라 1.50~2€, 10회권(10 Viajes) 6.10€, 공항(Aeropuerto) 1회권 5€(10회권 사용 시 공항 추가 요금 1인당 3€)/멀티 카드 최초 발급비 2.50€ 별도(환불 불가)
운행 시간	06:00~01:30/노선에 따라 다름

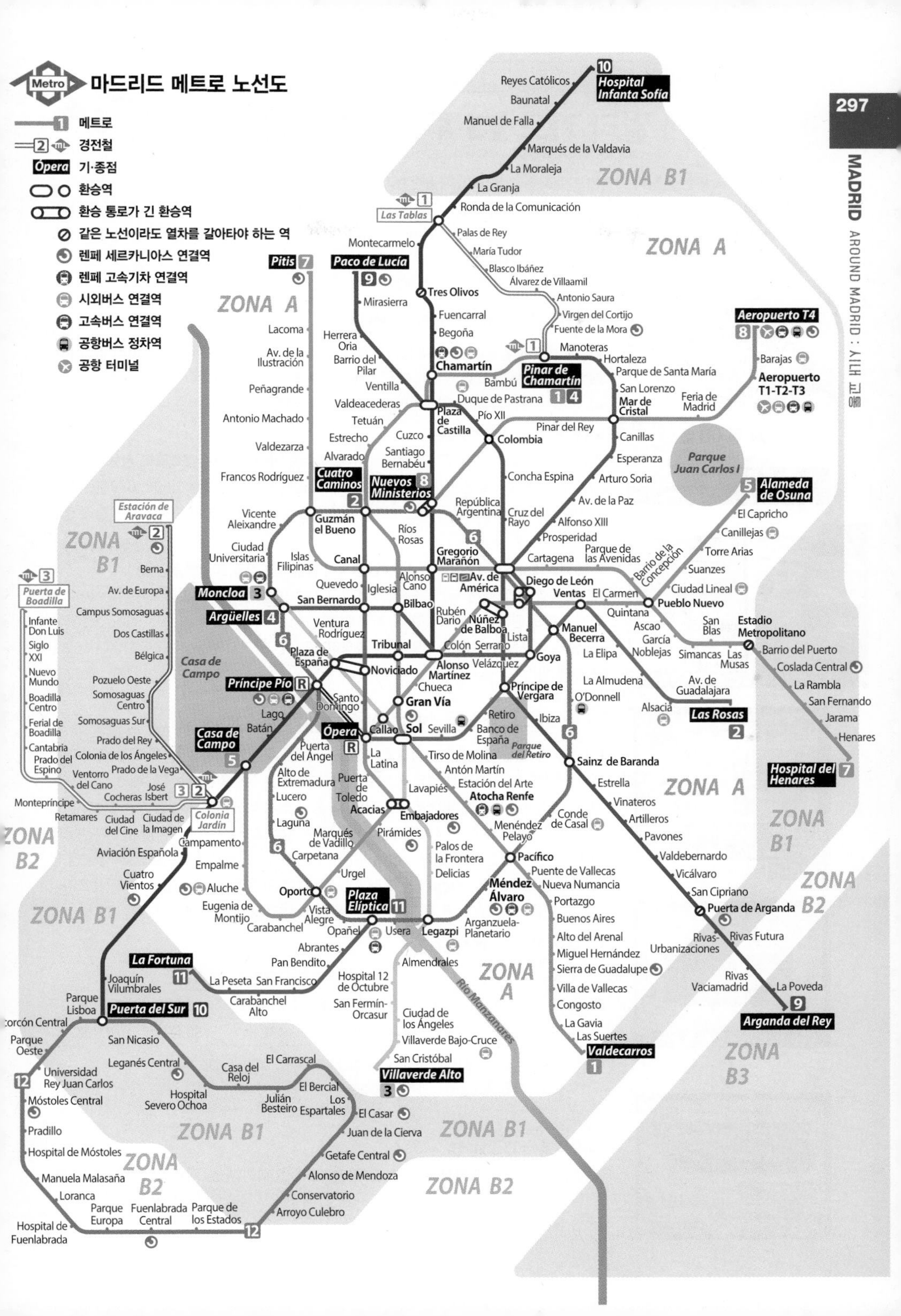
Metro 마드리드 메트로 노선도
1 메트로
2 ML 경전철
Ópera 기·종점
환승역
환승 통로가 긴 환승역
같은 노선이라도 열차를 갈아타야 하는 역
렌페 세르카니아스 연결역
렌페 고속기차 연결역
시외버스 연결역
고속버스 연결역
공항버스 정차역
공항 터미널
ZONA A
ZONA B1
ZONA B2
ZONA B3
10 Hospital Infanta Sofía
Reyes Católicos
Baunatal
Manuel de Falla
Marqués de la Valdavia
La Moraleja
La Granja
Ronda de la Comunicación
ML 1 Las Tablas
Palas de Rey
María Tudor
Blasco Ibáñez
Álvarez de Villaamil
Antonio Saura
Virgen del Cortijo
Fuente de la Mora
ML 1
Manoteras
Hortaleza
Parque de Santa María
San Lorenzo
Mar de Cristal
Feria de Madrid
Aeropuerto T4 8
Barajas
Aeropuerto T1-T2-T3
Montecarmelo
Tres Olivos
Fuencarral
Begoña
Chamartín
Pinar de Chamartín 1 4
Bambú
Duque de Pastrana
Pío XII
Pinar del Rey
Colombia
Canillas
Esperanza
Arturo Soria
Parque Juan Carlos I
5 Alameda de Osuna
El Capricho
Canillejas
Torre Arias
Suanzes
Ciudad Lineal
Pueblo Nuevo
Estadio Metropolitano
Barrio del Puerto
Coslada Central
La Rambla
San Fernando
Jarama
Henares
Hospital del Henares 7
Pitis 7
Paco de Lucía 9
Mirasierra
Herrera Oria
Barrio del Pilar
Ventilla
Plaza de Castilla
Valdeacederas
Tetuán
Estrecho
Alvarado
Cuzco
Santiago Bernabéu
Cuatro Caminos 2
Nuevos Ministerios 8
Concha Espina
Cruz del Rayo
Av. de la Paz
Alfonso XIII
Prosperidad
República Argentina
Lacoma
Av. de la Ilustración
Peñagrande
Antonio Machado
Valdezarza
Francos Rodríguez
Vicente Aleixandre
Guzmán el Bueno
Ciudad Universitaria
Islas Filipinas
Canal
Ríos Rosas
Gregorio Marañón
6
Cartagena
Parque de las Avenidas
Barrio de la Concepción
Diego de León
Ventas
El Carmen
Quintana
Ascao
García Noblejas
San Blas
Simancas
Las Musas
Estación de Aravaca
ML 2
Berna
Av. de Europa
Campus Somosaguas
Dos Castillas
Bélgica
Pozuelo Oeste
Somosaguas Centro
Somosaguas Sur
Prado del Rey
Colonia de los Ángeles
Prado de la Vega
ML 3 Puerta de Boadilla
Infante Don Luis
Siglo XXI
Nuevo Mundo
Boadilla Centro
Ferial de Boadilla
Cantabria
Prado del Espino
Ventorro del Cano
José Isbert
Cocheras
Montepríncipe
Retamares
Ciudad del Cine
Ciudad de la Imagen
Colonia Jardín
3 2
Moncloa 3
Argüelles 4
Quevedo
Iglesia
Alonso Cano
Av. de América
San Bernardo
Bilbao
Rubén Darío
Núñez de Balboa
Lista
Manuel Becerra
La Elipa
Av. de Guadalajara
Las Rosas 2
Alsacia
La Almudena
O'Donnell
Ventura Rodríguez
Plaza de España
Tribunal
Colón
Serrano
Goya
Casa de Campo
Príncipe Pío R
Noviciado
Alonso Martínez
Velázquez
Chueca
Príncipe de Vergara
Santo Domingo
Gran Vía
Retiro
Ibiza
Lago
Batán
Casa de Campo 5
Ópera R
Callao
Sol
Sevilla
Banco de España
Parque del Retiro
Puerta del Ángel
La Latina
Tirso de Molina
Antón Martín
Sainz de Baranda
Estrella
Vinateros
Artilleros
Pavones
Valdebernardo
Vicálvaro
San Cipriano
Puerta de Arganda
Rivas-Urbanizaciones
Rivas Futura
Rivas Vaciamadrid
La Poveda
9 Arganda del Rey
Alto de Extremadura
Lucero
Laguna
Puerta de Toledo
Acacias
Embajadores
Lavapiés
Estación del Arte
Atocha Renfe
Conde de Casal
Menéndez Pelayo
Pacífico
Marqués de Vadillo
Pirámides
Palos de la Frontera
Delicias
Carpetana
Campamento
Aviación Española
Empalme
Aluche
Cuatro Vientos
Eugenia de Montijo
Carabanchel
Oporto
Urgel
Vista Alegre
Opañel
Plaza Elíptica 11
Usera
Legazpi
Arganzuela-Planetario
Méndez Álvaro
Puente de Vallecas
Nueva Numancia
Portazgo
Buenos Aires
Alto del Arenal
Miguel Hernández
Sierra de Guadalupe
Villa de Vallecas
Congosto
La Gavia
Las Suertes
Valdecarros 1
Abrantes
Pan Bendito
San Francisco
La Peseta
La Fortuna 11
Joaquín Vilumbrales
Almendrales
Hospital 12 de Octubre
San Fermín-Orcasur
Ciudad de los Ángeles
Villaverde Bajo-Cruce
San Cristóbal
Villaverde Alto 3
Río Manzanares
Carabanchel Alto
Parque Lisboa
Puerta del Sur 10
Alcorcón Central
Parque Oeste
San Nicasio
Leganés Central
Casa del Reloj
Hospital Severo Ochoa
El Carrascal
Julián Besteiro
El Bercial
Los Espartales
El Casar
Juan de la Cierva
Getafe Central
Alonso de Mendoza
Conservatorio
Arroyo Culebro
12
Universidad Rey Juan Carlos
Móstoles Central
Pradillo
Hospital de Móstoles
Manuela Malasaña
Loranca
Hospital de Fuenlabrada
Parque Europa
Fuenlabrada Central
Parque de los Estados

#CHECK

멀티 카드 VS 투어리스트 패스

마드리드의 대중교통은 충전식 교통카드 사용이 기본이다. 자동판매기에서 승차권을 처음 구매할 때 교통카드 발급비가 별도로 추가되며, 이후에는 교통카드에 원하는 횟수만큼의 승차권을 충전해서 사용한다. 여행자들이 가장 많이 이용하는 메트로는 한 번만 타더라도 멀티 카드 발급이 필수! 교통편을 여러 번 이용하거나 여럿이 함께 이동한다면 멀티 카드에 10회권을 충전하거나 투어리스트 패스를 구매해 비용을 절약해보자.

투어리스트 패스는
멀티 카드와 같은 카드를 사용한다.

멀티 카드 충전 겸용 자동판매기

영어 화면으로 전환한 후
'Purchase transport card'를
선택한다.

↓

1회권, 10회권, 공항권 중 선택

↓

10회권 선택 시
카드 발급비 2.50€ +
10회권 요금 6.10€ = 총 8.60€

❶ 멀티 카드 Multi Card/Tarjeta Multi

메트로를 이용할 때 필수인 교통카드로, 발급비 2.50€(환불 불가)가 있다. 여러 명이 동시에 사용할 때는 카드를 단말기에 터치해 개찰기를 통과한 후 다음 사람에게 카드를 건넨다. 버스는 탑승 후 카드 단말기에 인원수대로 터치한다.

▪ 1회권(Zona A, 1.50~2€)

같은 구역(Zona)이더라도 이동하는 역의 개수에 따라 요금이 다르므로 자동판매기에서 일일이 목적지를 검색해 구매해야 한다. 요금은 5개 역까지는 1.50€, 6~9개는 역당 0.10€씩 추가, 10개 이상부터는 2€다. 여럿이 함께 사용한다면 인원수를 미리 정해 충전해야 한다.

▪ 10회권(Zona A, 12.20€ ⇒ 2024년 말까지 할인 적용 시 6.10€/변동 가능)

A구역(공항 제외) 내는 동일 요금을 적용하고, 약간의 할인 혜택도 있다. 인원수는 따로 정하지 않아도 된다. 시내버스에서도 사용 가능.

*고유가 대응을 위한 대중교통 할인 정책이 2024년 말까지(변동 가능) 유지된다(10회권 50% 할인)

❷ 투어리스트 패스 Tourist Pass/Abono Turístico de Transporte

메트로, 버스, 렌페 세르카니아스를 유효 기간 동안 무제한 이용할 수 있으며, 유효 기간이 지난 후에는 충전해서 멀티 카드로 사용할 수 있는 여행자용 패스다. 패스 요금 외에 별도의 발급비가 없고, 형태도 멀티 카드와 동일하다. 마드리드 시내인 A구역까지만 이용 가능한 'Zona A'와 구역 제한 없이 사용할 수 있는 'Zona T'로 나뉘며, 이용 기간에 따라 1·2·3·4·5·7일권 등이 있다. Zona A·T 모두 공항-시내 구간의 메트로를 추가 요금 없이 이용할 수 있으며, Zona T는 톨레도행 시외버스와 공항-시내 구간의 렌페 세르카니아스도 이용할 수 있다. 단, 공항버스는 제외되며, 여러 명이 동시에 사용할 수 없다.

✚ 투어리스트 패스 요금

	1일권	2일권	3일권	4일권	5일권	7일권
Zona A	8.40€	14.20€	18.40€	22.60€	26.80€	35.40€
Zona T	17€	28.40€	35.40€	43€	50.80€	70.80€

*최초 사용일부터 연속해서 계산하며, 유효 기간 다음 날 05:00까지 사용 가능
*10세 이하는 반액, 3세 이하는 메트로·버스 무료

★

메트로를 타고 공항에?

공항을 오갈 때 메트로를 탄다면 1회권은 5€다. 10회권(Zona A)을 구매해서 사용 중이라면 공항 추가 요금(Aeropuerto) 3€를 더 충전해서 탑승한다. 단, 공항 추가 요금은 충전 당일에만 유효하다는 것을 명심하자.

2. 렌페 세르카니아스 Renfe Cercanías

스페인 국영 철도 회사 렌페가 운영하는 마드리드 근교 통근열차. 아란후에즈, 엘 에스코리알 등 시내 외곽을 연결하며, 공항과 기차역, 버스터미널 등 시내 주요 역에 정차해 여행자에게도 유용하다. 메트로 역과 바로 붙어있어 환승하기에 편리하나, 멀티 카드는 사용할 수 없고, 별도의 렌페 통근열차카드(Renfe & Tú Card)에 승차권을 충전해서 사용한다. 투어리스트 패스는 사용 가능. 역내 매표소나 세르카니아스 전용 자동판매기에서 렌페 통근열차카드 최초 발급비 0.50€를 포함해 승차권을 구매한다(이후 충전식으로 사용). 요금은 출발역에서 도착역까지 지나가는 구역의 개수로 계산한다.

★ **렌페 세르카니아스**
renfe.com/es/es/cercanias/cercanias-madrid

아토차역의 매표소

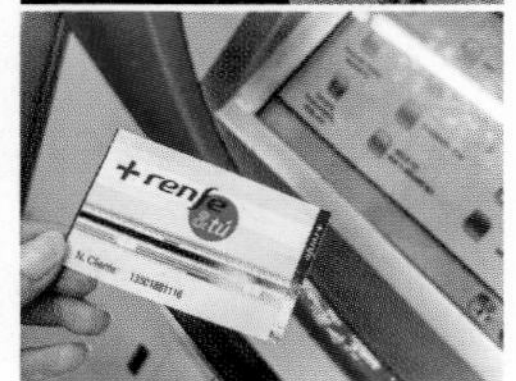

렌페 세르카니아스 전용 빨간색 티켓 자동판매기와 렌페 통근열차카드 (Renfe & Tú Card)

✚ 렌페 세르카니아스 운행 정보

요금	1·2구역 1.70€, 3구역 1.85€, 4구역 2.60€, 5구역 3.40€, 6구역 4.05€, 7구역 5.50€ (마드리드 시내-공항 구간은 4구역에 해당)
운행 시간	06:00~24:40

마드리드 렌페 세르카니아스 노선도

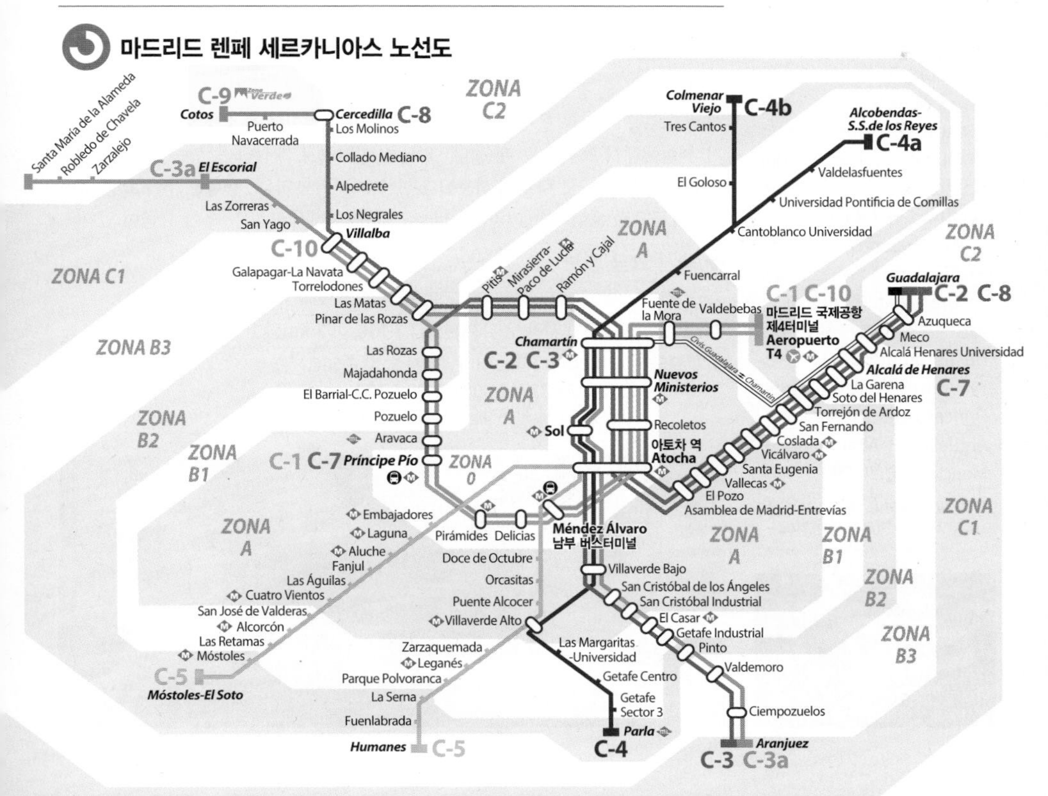

★
마드리드 시내버스 정보
www.emtmadrid.es

001번 시내버스

★
001번, 002번 시내버스는 무료!

노선은 제한적이지만, 아토차역-프라도 미술관-시벨레스 광장-그란 비아 대로-에스파냐 광장-몽클로아역 구간을 운행하는 001번이 여행자에게 유용하다. 기사에게 인원수를 말하고 무료 티켓을 받아서 탑승한다.

001번 운행 정보
운행 시간 07:00~23:00/8~25분 간격(종점 기준)

001번 노선(몽클로아역행 기준)
Estación de Atocha(아토차역) → Ministerio de Agricultura → Prado-Atocha → Museo del Prado-Jardín Botánico(프라도 미술관) → Neptuno → Cibeles(시벨레스 광장) → Banco de España → Círculo de Bellas Artes → Gran Vía(그란 비아 대로, 5개 정류장 정차) → Plaza de España(에스파냐 광장) → Ventura Rodríguez → Princesa-Rey Francisco → Argüelles → Altamirano → Moncloa(몽클로아역)

*양방향 운행하며, 반대 방향으로 이동 시 일부 정류장은 변경됨

하얀색 마드리드 택시. 빈 차는 표시등에 'LIBRE'라고 쓰여있다.

3. 시내버스

시내 구석구석을 운행하는 마드리드의 시내버스는 노선이 많고 복잡해 초행길 여행자가 이용하기에는 조금 어렵다. 다행히 주요 관광지는 메트로로 모두 연결되므로 버스를 이용할 일은 거의 없다. 요금은 멀티 카드 10회권으로 결제하거나 기사에게 직접 1회권을 구매한다. 단, 지폐는 5€짜리까지만 잔돈을 거슬러 준다. 신용카드 겸용 단말기가 설치된 버스에서는 컨택리스 신용·체크카드를 교통카드처럼 사용할 수 있다(1회권 요금 적용, 다회 결제 가능).

23:30 이후에는 'Búhos(올빼미)'라고 불리는 야간 버스가 운행한다. N1~N27 총 27개 노선이 있으며, 모두 시벨레스 광장(Plaza de Cibeles)을 기·종점으로 운행한다.

멀티 카드 전용 단말기
컨택리스 신용·체크카드 겸용 단말기

✚ 시내버스 운행 정보

요금(A구역)	1회권 1.50€(버스 전용, 기사에게 구매), 멀티 카드 10회권 6.10€(메트로 A구역 공용/카드 발급비 2.50€ 별도), 1시간 내 1회 버스끼리 환승 가능 10회권 18.30€(버스 전용)
운행 시간	24시간/노선에 따라 다름

*고유가 대응을 위한 대중교통 할인 정책이 2024년에도 유지된다(10회권 12.20€ ⇒ 6.10€)

4. 택시

시내 중심인 솔 광장과 기차역, 버스터미널 앞에서 쉽게 발견할 수 있다. 택시 기사는 대부분 영어를 못하니 가고자 하는 곳의 지명이나 주소를 핸드폰에 입력하거나 검색해서 보여주는 게 좋다. 요금은 미터기로 계산하며, 탑승 시각에 따라 Tarifa 1, Tarifa 2로 다르게 적용된다(미터기에서 확인 가능). 공항은 추가 요금 없이 고정요금으로 운행하며, 기차역이나 버스 터미널에서 탈 때는 추가 요금이 있다.

✚ 택시 요금 정보

Tarifa 1	월~금 07:00~21:00, 기본요금 2.50€, 이후 km당 1.30€(시내)
Tarifa 2	나머지 시간 모두, 기본요금 3.15€, 이후 km당 1.50€(시내)
추가 요금	기차역이나 버스터미널에서 탈 때 7.50€, 12월 24·31일 21:00~07:00 6.70€ 공항 ⇄ 시내 구간은 고정요금 33€

택시 미터기

Around MADRID : 실용 정보

여행자에게 있어서 마드리드의 중심은 솔 광장과 마요르 광장이다. 이 2개의 광장을 중심으로 여행자를 위한 편의시설이 모여 있다.

❶ 여행안내소 Oficina de Turismo de Madrid

프라도 미술관 앞, 시벨레스 광장 앞의 시청 안, 아토차역 앞 등 여행자들이 많이 찾는 곳마다 여행안내소를 쉽게 발견할 수 있다. 가장 찾아가기 쉬운 곳은 마요르 광장에 있다. 관광지 운영 정보, 축제 정보, 근교 도시 교통 정보 등을 제공한다.

G C78V+82 마드리드 M MAP ❼-C

주소 Pl. Mayor, 27, Centro
전화 915 78 78 10
오픈 09:00~20:00
교통 마요르 광장 안으로 들어가 카사 데 파나데리아가 있는 북쪽 건물 1층
홈피 www.esmadrid.com

마요르 광장 여행안내소
(Tienda del Centro de Turismo de la Plaza Mayor)

프라도 미술관 앞 여행안내소

❷ 심 카드 판매처

마드리드 공항뿐 아니라 시내의 통신사 대리점에서도 손쉽게 심 카드를 구매할 수 있다. 특히 여행자들이 즐겨 찾는 솔 광장에는 스페인 대표 통신사 보다폰(Vodafone)과 오랑헤(Orange)의 대리점이 함께 모여 있다. 사용 기간과 데이터 사용량, 통화 가능 여부 등에 따라 다양한 상품을 판매한다.

G C78W+VV 마드리드 M MAP ❼-A

주소 Puerta del Sol, 13(보다폰 대리점)
전화 607 10 02 17
오픈 10:00~21:00(일 11:00~20:00)
교통 솔 광장의 북쪽 거리 Calle de la Montera로 이어지는 코너에 있다.
홈피 vodafone.es

솔 광장의 보다폰 대리점

★
파세오 델 아르테 카드 Paseo del Arte Card

프라도, 티센 보르네미사, 레이나 소피아 미술관 등을 포함한 통합 입장권. 마드리드 3대 미술관의 개별 입장료를 합한 금액보다 20% 정도 저렴하며, 각 미술관 매표소마다 줄서지 않고 바로 입장할 수 있다는 것이 가장 큰 매력이다. 각 미술관의 매표소나 홈페이지에서 예매하며, 구매일로부터 1년간 각 미술관을 1회씩 입장할 수 있다. 가격은 32€.
카드를 현장에서 구매한다면 줄이 가장 짧은 티센 보르네미사 미술관 매표소(화~일 10:00~18:30)를 이용하는 것이 제일 효율적이다. 미술관 홈페이지에서 구매했다면 구매한 미술관의 매표소를 먼저 들러 실물 티켓으로 교환해야 다른 미술관에 입장할 수 있다.

★
은행 & ATM

마드리드 시내 곳곳에서 각 은행별 지점과 ATM을 발견할 수 있다. 우리나라와는 달리 ATM 기기가 거리에 노출돼 있으므로 현금을 인출할 때는 꼭 주변을 잘 살펴 소매치기를 예방하자.

DAY PLANS

마드리드 여행 일정은 미술관 관람에 시간을 얼마나 투자할지에 따라 달라진다.
미술에 특별한 관심이 없다면 광장과 왕궁을 둘러보는 섹션 A 위주로 일정을 짜면 되지만,
마드리드 3대 미술관을 제대로 둘러보고 싶다면 섹션 B 위주로 며칠 정도 필요하다.
단, 대표작 위주로 빠르게 둘러본다면 섹션 B를 하루 만에 끝낼 수도 있다.
미술관 관람 사이사이에는 레티로 공원이나 헌책방 거리 산책에 나서보자.

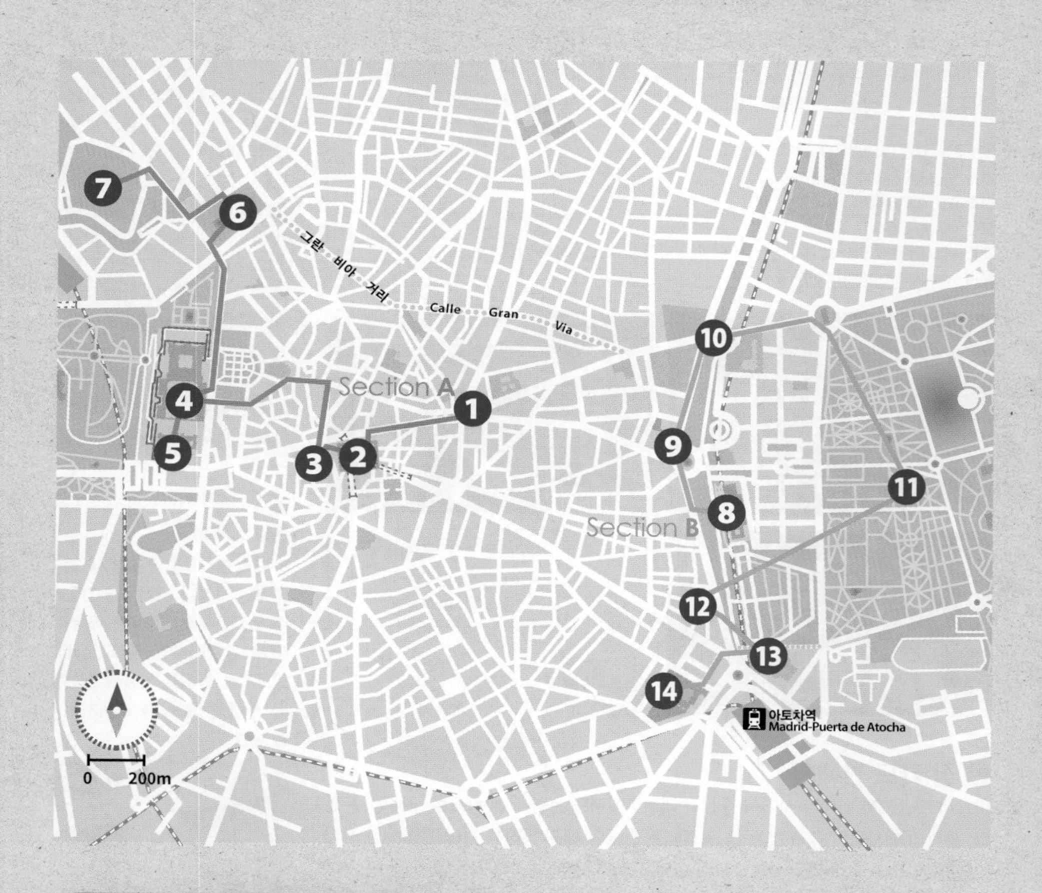

Section A 솔 광장 주변 306p

❶ **솔 광장** → 도보 5분 → ❷ **마요르 광장** → 도보 1분 → ❸ **산 미겔 시장** → 도보 6분 → ❹ **마드리드 왕궁** Option ❺ **알무데나 대성당** → 도보 8분 → ❻ **에스파냐 광장** Option ❼ **데보드 신전**

Section B 프라도 미술관 주변 322p

❽ **프라도 미술관** → 도보 5분 → ❾ **티센 보르네미사 미술관** Option ❿ **시벨레스 광장** ⓫ **레티로 공원** ⓬ **카이샤 포룸** ⓭ **헌책방 거리** → 도보 15분 → ⓮ **레이나 소피아 미술관**

알찬 일정을 위해 준비해두세요

섹션 B 프라도 미술관 입장권을 예매한다. 풍부한 설명과 함께 미술관을 관람하고 싶다면 미술관 투어를 사전 신청한다.

Tip. 마드리드 3대 미술관(프라도, 티센 보르네미사, 레이나 소피아)을 모두 둘러볼 예정이라면 '파세오 델 아르테 카드'를 구매하자.

0
1km
Mirasierra
Ramon Y Cajal
Lacoma
Herrera Oria
Fuente de la Mo
Begoña
Av. de la Ilustración
Pinar de Chamartín
Peñagrande
Barrio del Pilar
Bambú
Manoteras
Chamartín
차마르틴역
Estación de Chamartín
Antonio Machado
Ventilla
Plaza de Castilla
Duque de Pastrana
주스페인 대한민국 대사관
Embajada de la República de Corea
Valdezarza
Valdeacederas
Pío XII
Tetuán
Cuzco
Colombia
Francos Rodríguez
Estrecho
산티아고 베르나베우 경기장
(레알 마드리드 홈 구장)
Estadio Santiago Bernabéu
Santiago Bernabéu
Av. de la Paz
Alvarado
Concha Espina
Alfonso XIII
Vicente Aleixandre
Guzmán el Bueno
Cuatro Caminos
Nuevos Ministerios
Cruz del Rayo
Ciudad Universitaria
República Argentina
Prosperidad
Ríos Rosas
Cartagena
Avenida
아메리카 대로 버스터미널
Intercambiador de Avenida de América
아메리카 대로
Islas Filipinas
Canal
Alonso Cano
Gregorio Marañón
Avenida de América
몽클로아 버스터미널
Intercambiador de Moncloa
Moncloa
Quevedo
Iglesia
Rubén Darío
Núñez de Balboa
Diego de León
벤타스 투우장
Plaza de Toros de Las Ventas
Ventas
Argüelles
San Bernardo
Bilbao
Ventura Rodríguez
Alonso Martínez
Manuel Becerra
산 안토니오 라 플로리다 성당(고야의 판테온)
Ermita de San Antonio de la Florida
에스파냐 광장
Plaza de España
Tribunal
Colón
Serrano
맵북 Map 7
데보드 신전
Temple of Debod
Noviciado
Goya
Casa de Campo
Príncipe Pío
Plaza de España
Chueca
시벨레스 광장
Plaza de Cibeles
알칼라 문
Puerta de Alcalá
O'Donnell
Santo Domingo
그란 비아 거리
Callao
Gran Vía
Section B 322p
Banco de España
Retiro
마드리드 왕궁
Palacio Real de Madrid
솔 광장
Puerta del Sol
Sol
Sevilla
Ibiza
Ópera
Calle Mayor
Lago
티센 보르네미사 미술관
Museo Thyssen-Bornemisza
알무데나 대성당
Catedral de la Almudena
마요르 거리
마요르 광장
Plaza Mayor
프라도 미술관
Museo Nacional del Prado
레티로 공원
Parque del Retiro
Sainz de Baranda
Parque de Atracciones de Madrid
산 미겔 시장
Mercado de San Miguel
Puerta del Ángel
Tirso de Molina
Antón Martín
Nickelodeon Land
La Latina
카이사 포룸
Caixa Forum
헌책방 거리
Cuesta de Moyano
Section A 306p
Alto de Extremadura
레이나 소피아 미술관
Museo Nacional Centro de Arte Reina Sofía
Estación del Arte
Estrella
Batan
Lavapiés
공항버스 기·종점
Autobús Express Aeropuerto
Atocha Renfe
Puerta de Toledo
아토차 세르카니아스역
Atocha Cercanias
Conde de Casal
Lucero
Embajadores
아토차역
Madrid-Puerta de Atocha
Menéndez Pelayo
Acacias
Palos de la Frontera
Pirámides
Pacífico
Laguna
Delicias
Puente de Vallecas
Marqués de Vadillo
Méndez Álvaro
Nueva Nu
Carpetana
Arganzuela-Planetario
남부 버스터미널
Estacion Sur de Autobuses
Portazgo
Urgel
Legazpi
Vista Alegre
Oporto
Carabanchel
Opañel
Plaza Elíptica
Usera
Eugenia de Montijo
플라사 엘립티카 버스터미널
Intercambiador de Plaza Elíptica
Almendrales
Asamblea de Madrid-Entrevias

Parque Forestal de Valdebebas
Aeropuerto T4 역 •제4 터미널
Aeropuerto T4 8
Valdebebas
Barajas 8
마드리드 바라하스 국제공항(마드리드 공항)
Aeropuerto Adolfo Suárez Madrid-Barajas(MAD)
클레멘트 바라하스 호텔
Clement Barajas Hotel
제3 터미널
Aeropuerto T1-T2-T3 8
제2 터미널
제1 터미널
4 Parque de Santa María
4 San Lorenzo
4 8 Mar de Cristal
8 Pinar del Rey
4 Canillas
8 Feria de Madrid
Parque Juan Carlos I Area Canina
4 Esperanza
5 Alameda de Osuna
El Capricho 5
호텔 마이드릿
Hotel Maydrit
아메리카 대로 Avenida de América
5 Canillejas
Avenida de América
5 Torre Arias
5 Suanzes
Barrio de la Concepción
5 Ciudad Lineal
5 7 Pueblo Nuevo
5 Quintana
7 Estadio Metropolitano
7 Las Musas
7 Ascao
7 García Noblejas
7 Simancas
7 San Blas
Coslada 7 Coslada Central
7 Barrio del Puerto
Cementerio de Nuestra Señora de la Almudena
9 Artilleros
9 Vicálvaro
9 San Cipriano
9 Puerta de Arganda
9 Pavones
9 Valdebernardo
1 Alto del Arenal
1 Miguel Hernández
Santa Eugenia
Sierra de Guadalupe 1
Vallecas

SECTION

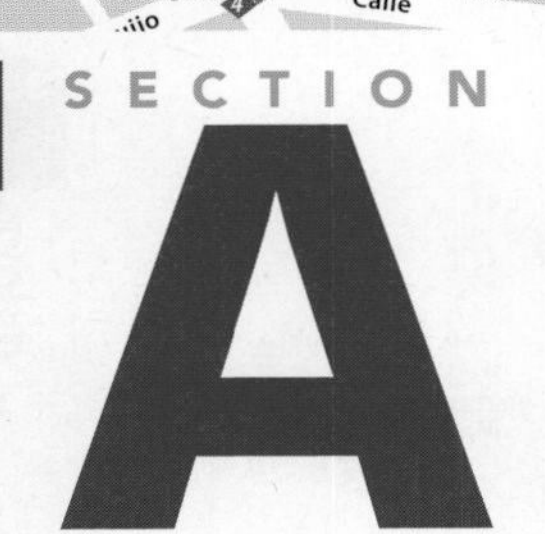

마드리드 여행의 첫걸음
솔 광장 주변

솔 광장과 마요르 광장 주변은 마드리드 시민들의 삶과 스페인 역사의 중심이다. 시장이 열리고 흥겨운 축제가 펼쳐지는 광장에서 스페인의 일상을 만끽하자. 마요르 광장에서 서쪽으로 500m 떨어진 곳에는 스페인 왕실의 위용을 뽐내는 마드리드 왕궁이 있으며, 왕궁 앞 대로를 따라 북쪽으로 조금만 올라가면 스페인의 국민 작가 세르반테스를 기념하는 에스파냐 광장에 다다를 수 있다. 해 질 무렵엔 광장 근처의 데보드 신전에 올라, 석양으로 붉게 물든 마드리드를 감상해보자.

푸에르타 델 솔은 '태양의 문'이라는 뜻이다.

01 두둥~처음 만나는 마드리드
솔 광장 Puerta del Sol

여행 첫날, 스페인이 한없이 낯선 당신이 가장 먼저 만나게 될 곳은 아마도 이 광장일 것이다. 도시 구석구석 거미줄처럼 퍼져 있는 도로들이 한데 모이는 곳으로, 수도 마드리드에서 스페인 각 지역 간 거리를 계산하는 기준점 'Km. 0(킬로메트로 세로)' 석판도 바로 이곳 시 의회Real Casa de Correos 건물 앞 인도에 있다. 이 석판 위에 발을 올리고 기도하면 마드리드에 다시 오게 된다는 설이 있으니, 믿거나 말거나 도전해보자. 광장 동쪽에서는 솔 광장의 마스코트, 나무딸기의 열매를 따 먹는 곰 동상이 여행자들의 카메라 셔터 세례를 받는다. 곰의 발뒤꿈치를 만지면 소원이 이루어진다는 이야기 덕분에 사람들이 한 번씩 만져 노랗게 닳았다.

스페인의 계몽 군주 카를로스 3세 (재위 1759~1788년)의 기마상

C78W+QH 마드리드 M 306p & MAP 7-A
M 1·2·3 Sol 하차

스페인의 모든 길이 시작되는 곳, Km. 0(Kilómetro Cero)

★
스페인 역사의 중심

솔 광장은 우리나라의 광화문 광장과 같은 스페인의 상징적인 집회 장소다. 1808년 나폴레옹의 군대에 맞서 싸우던 마드리드 시민의 봉기도, 2011년 스페인을 강타한 금융위기에 분노한 시민의 대규모 집회도 모두 이곳에서 시작했다.

02 광기의 현장에서 여행자의 놀이터로
마요르 광장 Plaza Mayor

탁 트인 푸른 하늘을 가운데 두고 사방이 중세 건물로 둘러싸인, 네모반듯한 광장이다. 건물 중간중간에 뚫려 있는 9개의 아치문을 통해서만 드나들 수 있는 구조로, 중앙에는 광장을 조성한 펠리페 3세의 청동 기마상이 광장을 굽어보고 있다. 마드리드 전성기에 상업의 중심지로서 발전을 거듭했고, 19세기 후반까지 왕실 결혼식과 투우 등의 행사가 열리는 축제의 장으로 쓰였다. 오늘날에는 매년 3월 예수의 수난과 죽음을 기념하는 세마나 산타 축제가 열린다.
르네상스를 대표하는 16세기 건축가 에레라가 설계한 좌우대칭 건물에 슬레이트 지붕을 얹고, 뾰족한 첨탑을 세워 균형 있는 절제미를 강조했다. 그중 가장 눈에 띄는 건물은 화려한 프레스코화로 벽면을 가득 채운 광장 북쪽의 '카사 데 라 파나데리아Casa de la Panadería'. 제빵사 길드가 있던 건물이라 '제빵의 집'이라는 이름이 붙었다.

Ⓖ 마드리드 마요르광장 Ⓜ 306p & MAP ❼-C
🚊 솔 광장에서 마요르 거리(Calle Mayor)를 따라 도보 5분

펠리페 3세(재위 1598~1621년, 스페인을 몰락으로 인도한 왕)의 기마상

❶ 카사 데 라 파나데리아. 건물 벽을 장식하고 있는 그림은 1988년 마드리드시가 공모한 것으로, 그리스·로마 신화의 키벨레, 페르세포네, 바쿠스, 큐피드 등이 그려져 있다.

❷ 광장 남서쪽의 아치문. 축제가 열릴 때마다 밤새도록 마시고 즐기던 옛 바르 골목이 이어진다.

❸ 광장 둘레를 따라 노천카페와 유명 레스토랑들이 나란히 늘어서 있다.

★

잔인한 광기의 현장

지금은 평화로운 분위기지만, 마요르 광장은 한때 잔인한 종교재판이 벌어진 비극적인 장소였다. 1480년부터 마요르 광장에서 열린 종교재판은, 특히 이단자를 공개적으로 화형에 처하는 '아우토다페(Auto-da-fé)'의 잔인함으로 널리 이름을 날렸다. 기록에 따르면 스페인 전역에서 약 34만 명이 종교재판에 넘겨졌고, 그중 3만2천여 명이 사형을 당했다고 한다.

<마요르 광장의 종교재판>(1683년), 프란시스코 리치, 프라도 미술관

03 와글와글! 스페인 3대 전통시장
산 미겔 시장 Mercado de San Miguel

바르셀로나 보케리아 시장, 발렌시아 중앙시장과 더불어 스페인 3대 전통시장으로 꼽힌다.

바르셀로나에 보케리아 시장이 있다면 마드리드에는 산 미겔 시장이 있다. 1916년 마요르 광장 동쪽에 문을 연 이래 마드리드 시민이 애용해온 이곳은 19세기에 지은 철골 구조물을 그대로 유지한 실내 시장이다. 각종 식료품점과 작은 음식점이 오밀조밀 모여 있어 식사와 술, 디저트까지 함께 즐길 수 있다. 백화점 푸드코트처럼 타파스나 디저트, 와인 등 원하는 음식을 계산한 후 가게 주변 테이블에 서서 먹는 방식. 다양한 눈요깃거리와 훈훈한 분위기는 덤이다. 시장 가장자리 통로와 가운데에 앉아서 먹을 수 있는 테이블이 몇 개 있으나, 의자가 많지 않아 대부분 테이블 옆에 서서 먹는다. 점심시간 전후와 오후 5시 이후에 특히 많은 사람이 몰려든다.

G 산미겔 시장 M 306p & MAP 7-C
Plaza de San Miguel
10:00~24:00(금·토 ~01:00)
마요르 광장에서 도보 1분/M 1·2·3 Sol에서 도보 5분
www.mercadodesanmiguel.es

산 미겔 시장
여기가 꿀맛!

라 카사 데 바칼라오
La Casa de Bacalao 타파스

타파스 1.50€~/1개

라 오라 델 베르뭇
La Hora del Vermut 베르뭇 & 와인

베르뭇 2.50€~/1잔, 상그리아 3.50€~/1잔

엘 세뇨르 마르틴
El Señor Martin 생선요리

오징어튀김 16€~, 새우튀김 16€~

모리스 Morris 문어 & 새우요리

감바스 알 아히요 16€~/1접시

로캄볼레스크
Rocambolesc 젤라토

컵+토핑 4.50€~

핑클턴 & 와인 Pinkleton & Wine 잔 와인

와인 4€/1잔

다니엘 소를루트 Daniel Sorlut 생굴 & 샴페인

굴 3.30€~/1개

04 엄청난 규모에 그저 놀라울 따름!
마드리드 왕궁 Palacio Real de Madrid

유럽에서 가장 큰 왕궁(건물 총면적 기준)이다. 18세기 초 펠리페 5세가 건설을 명했으며, 대부분의 스페인 왕실 궁전과 달리 밝고 화사한 흰색 화강암으로 지어져 '백색의 제왕'이란 별명을 얻었다. 펠리페 5세는 베르사유 궁전에서 태양왕 루이 14세의 손자로 태어났는데, 자신에게 익숙한 프랑스 문화를 스페인에 주입하고자 알카사르(이슬람 궁전)가 불타버린 자리에 파리의 루브르 궁전을 모티브로 왕궁을 짓기로 결심했다. 이탈리아의 저명한 건축가들이 총동원되었고, 예산은 문제 되지 않았다. 이렇게 해서 축구장 20개 넓이인 13만 5천㎡에 무려 3,418개의 방이 딸린 거대한 왕궁이 탄생했다. 안에는 예술 작품들과 2,500여 개의 태피스트리, 13세기부터 모아 온 보물 등 왕가의 화려한 유산이 가득하다. 단, 방문자가 많고 왕실 행사로 인한 휴무가 잦으니 홈페이지에서 확인 후 사전 예약하고 가자. 내부 촬영을 엄격하게 금지하니 주의!

Ⓖ 마드리드 왕궁 Ⓜ 306p & MAP ❼-A

Calle de Bailén ⏰ 10:00~19:00(일 ~16:00, 10~3월 월~토 ~18:00)/1월 1·6일, 5월 1일, 10월 12일, 12월 24·25·26·31일, 왕실 행사 진행 시 휴무 또는 단축 운영/폐장 1시간 전까지 입장 Ⓔ 14€, 25세 이하 학생·5~16세 7€, 4세 이하 무료/무료입장 월~목 17:00~19:00(10~3월 16:00~18:00), 5월 18일 🚊 M 2·5·R Ópera에서 도보 6분
www.patrimonionacional.es

왕궁 앞 아르메리아 광장 (Plaza de la Armería)의 펠리페 4세 기마상

★
놓치지 말아야 할 궁전 관람 포인트!

- 붉은 융단과 거울로 둘러싸인 왕좌의 방(Salón del Trono)
- 120명이 한꺼번에 앉을 수 있는 만찬회장(Comedor de Gala)
- 금실과 은실 자수가 놓인 비단으로 꾸민 가스파리니의 방(Salón de Gasparini)
- 왕궁 앞 아르메리아 광장 건너편에 있는 왕립 무기고(Real Armeria)
- 왕궁 뒤쪽의 사바티니 정원 (Jardines de Sabatini)

성벽 안에서 발견된 성모상이 있는 제단

Option 05

무려 400년간 지은 성당

알무데나 대성당
Catedral de la Almudena

1561년, 마드리드로 수도를 옮긴 펠리페 2세는 새로운 수도에 걸맞은 성당을 짓기로 했다. 성당 건축에 대한 논의는 바로 시작되었으나, 마드리드 근교에 왕실수도원, 성당, 궁전 등의 역할을 복합적으로 수행하는 엘 에스코리알El Escorial이 있어 서두를 필요가 없었고, 16세기 내내 종교전쟁을 치르느라 재정 상태도 좋지 않았다. 때문에 본격적인 공사는 19세기 후반에야 시작돼 1993년에 비로소 완공됐다. 지금도 이곳에서는 왕궁 공식 행사가 종종 열리며, 2004년에는 현재 국왕인 펠리페 6세의 결혼식이 치러졌다. '알무데나'는 아랍어로 '성벽'이라는 뜻으로, 알무데나 성당이 모시는 성모상이 성벽 안에서 발견됐기 때문에 붙여진 이름이다.

Ⓖ 알무데나 대성당 Ⓜ 306p & MAP ⑦-C
Calle de Bailén, 10 ⏰ 성당 10:00~20:30(7~8월 ~21:00, 종교행사 시 입장 제한), 박물관 10:00~14:30/박물관 일요일 휴무 Ⓔ 성당 기부금 입장(1€), 박물관 7€ 🚊 마드리드 왕궁 매표소 건너편에 있다. www.catedraldelaalmudena.es

오랫동안 방치됐던 설계도의 영향으로 네오 고딕 양식과 후대에 수정한 바로크 양식이 혼재돼 있다.

❶ 중앙계단의 천장을 장식한 코라도 히아킨토(Corrado Giaquinto)의 프레스코화

❷ 대형 샹들리에가 화려함을 더하는 만찬회장

❸ 독재자 프랑코 사망 후 왕위에 오른 후안 카를로스 1세가 시민의 휴식처로 개방한 사바티니 정원

❹ 왕립 무기고. 13세기부터 모은 갑옷 컬렉션이 유명하다.

06 전설의 돈키호테를 찾아서
에스파냐 광장
Plaza de España

마드리드의 중심이자 높은 빌딩들이 줄지어 선 그란 비아 대로Calle Gran Vía가 시작되는 광장에는 <돈키호테>의 작가 세르반테스를 기리는 웅장한 기념탑이 있다. 기념탑 주변은 세르반테스와 소설 속 등장인물들의 조각상으로 가득 채웠고, 탑 주위에 심어 놓은 올리브 나무 역시 소설의 배경인 라만차에서 가져온 것들이다. 이 모든 것이 스페인의 국민 작가 세르반테스에게 경의를 표하기 위함이라고 하니, 스페인 사람들의 뜨거운 세르반테스 사랑을 이곳에서 확인할 수 있다.

근엄하게 의자에 앉아있는 세르반테스 조각 앞에는 소설의 주인공이자 작가의 분신인 돈키호테와 그의 시종 산초의 청동상이 있다. 물론 돈키호테의 발이 돼준 늙은 애마 로시난테도 함께다. 돈키호테의 환상 속에 존재하는 이상형 둘시네아 공주와 둘시네아의 실제 모습인 평범한 이웃집 아낙 알돈사도 만나볼 수 있다. 기념탑 꼭대기, 지구본 아래에서 책을 읽는 사람들 조각은 전 세계인이 <돈키호테>를 읽고 있다는 의미라고.

마드리드 스페인광장 M 306p & MAP 7-A
24시간 마드리드 왕궁에서 바일렌 거리(Calle de Bailén)를 따라 북쪽으로 도보 10분/M 3·10 Plaza de España에서 도보 1분

기념탑은 마드리드 타워(Torre de Madrid)와 오른쪽의 에스파냐 빌딩(Edificio España)으로 둘러싸여 있다.

★
스페인의 국민작가 세르반테스

1605년 발표한 <돈키호테>가 대성공을 거두며 세르반테스(Miguel de Cervantes, 1547~1616년)는 일약 스타덤에 오른다. 하지만 생활고로 출판업자에게 판권을 넘겨버린 탓에 명성만큼 큰 돈을 벌진 못했다고 한다. 세르반테스는 <돈키호테> 1부를 출간한 지 10년 만에 2부를 출간했지만, 그 이듬해 마드리드에서 숨을 거두고 만다. 공교롭게도 영국의 셰익스피어도 같은 날 사망한 것을 기념해, 유네스코는 4월 23일을 책의 날로 정했다.

신전 안에 남아 있는
고대 이집트의 부조

Option

07 석양 빛에 붉게 물든 이집트 신전 데보드 신전 Templo de Debod

마드리드 한복판에서 이집트 신전을 만나게 될 줄은 누구도 예상치 못했을 것이다. 게다가 기원전 2세기에 나일강 변에 있던 것을 복제품도 아닌 실물로 만날 수 있다니 더욱더 놀랍다.

1960년 아스완 댐의 건설로 이집트 문명의 역작이라 할 수 있는 아부 심벨 신전이 수몰 위기에 처하자, 유네스코는 신전을 통째로 강 위쪽으로 옮긴다는 야심 찬 계획을 세우고 기금을 모았다. 여기에 스페인이 큰돈을 지원한 것에 대한 감사의 표시로 이집트 정부는 아부 심벨과 함께 물에 잠길 운명이었던 데보드 신전을 선물했다. 물론 신전의 돌들은 조각조각 해체돼 마드리드로 옮겨진 뒤 재조립한 것이다.

Ⓖ 데보드신전 Ⓜ 306p & MAP ⑦-A

📍 Calle Ferraz, 1 ⏰ 10:00~20:00/월요일, 1월 1·6일, 5월 1일, 12월 24·25·31일 휴무/폐관 30분 전까지 입장 € 무료/1회 입장 인원 제한으로 대기 있음 🚇 에스파냐 광장 남서쪽과 연결된 큰 도로 페라스 거리(Calle Ferraz)를 따라 도보 8분

MORE

마드리드 최고의 전망 포인트는 여기!

태양신을 숭배하는 이집트 전통에 따라 데보드 신전 입구는 동쪽을 바라본다. 반대편인 신전 뒤쪽은 대성당과 왕궁의 모습을 함께 볼 수 있는 전망 포인트다. 마드리드에서 가장 근사한 낙조를 볼 수 있는 곳으로 유명하니 일몰 시간에 맞춰 가자.

돈키호테의 판타지, 둘시네아

현실의 둘시네아, 알돈사

즐길 준비 됐나요?

바르의 도시 마드리드

세계에서 가장 바르가 많은 도시라는 명성에 걸맞게 마드리드의 골목골목에는
다양한 타파스를 즐길 수 있는 바르들이 당신을 기다린다.
오징어 튀김 샌드위치나 염장 대구 크로켓 같은 서민적인 음식에서 오랜 역사를 자랑하는 추로스 전문점까지.
매력이 뿜뿜하는 마드리드의 식당들을 만나보자.

오징어 튀김 샌드위치+올리브+맥주의 조합!

오징어 튀김 샌드위치라는 신세계

라 캄파냐
La Campaña

바게트 사이에 오징어 튀김을 끼워 먹는 보카디요 데 칼라마레스Bocadillo de Calamares 전문점이다. 한입 베어 물면 튀김 속 오징어의 말캉하고 부드러운 식감과 거친 빵의 상반된 식감에 놀라게 될 것! 소스 없이 나오지만, 점원에게 요청하면 레몬과 마요네즈를 무료로 곁들일 수 있다. 한국 스타일과는 달리 바삭하지 않고 부드러우면서도 짭조름한 오징어튀김은 맥주를 절로 부르는 최고의 안주. 이 집의 특제 올리브 절임도 보카디요의 풍미를 한층 더 살리는 역할을 톡톡히 한다.

C77V+W7 마드리드
306p & MAP 7-C
Calle Botoneras, 6 10:00~23:00(금·토 ~24:00) 보카디요 데 칼라마레스 4€/1개, 맥주·클라라 2€~/1잔 마요르 광장에서 도보 4분

❶ Tajada de Bacalao (1.90€/1개)
❷ Croqueta de Bacalao (1.30€/1개)
❸ Vermút de Grifo(2.60€)

입안에서 사르르 녹아요~

카사 라브라
Casa Labra

1860년에 문을 연 160년 전통의 선술집. 단골은 물론 소문을 듣고 찾아온 여행자들로 항상 붐빈다. 메인 안주는 스페인에서 사랑받는 식자재인 염장 대구를 이용한 ❶ 대구살 튀김과 입에 들어가는 순간 부드럽게 녹는 ❷ 대구살 크로켓이다. 안주에 단맛이 없어서 틴토 데 베라노Tinto de Verano나 클라라Clara, 베르뭇같은 달콤한 술이 어울리는데, 그중에서도 가향 와인의 일종인 ❸ 베르뭇을 추천! 생선 튀김과 함께 먹으면 우리의 생선전과 복분자주 조합과 비슷하다. 타파스는 입구의 계산대에서 주문하고, 술은 바에서 따로 주문한다.

G C78W+V5 마드리드
M 306p & MAP ❼-A
Calle Tetuán, 12 ⏰ 11:30~15:30, 18:30~22:30 € 대구살 크로켓 1.30€/1개, 대구살 튀김 1.90€/1개, 맥주 1.75€~/1잔 🚇 솔 광장에서 도보 2분 📶 www.casalabra.es

스페인식 소고기 만두 엠파나디야 (1.90€/1개)

❶ Champinones

한국인이 오면 오르간 연주자가 아리랑을 연주해준다.

따끈따끈 촉촉한 버섯구이의 맛!

메손 델 참피뇬
Mesón del Champiñón

천정은 마치 돌을 깎아 만든 동굴처럼 꾸몄고, 벽은 버섯 모형으로 앙증맞게 장식해 SNS용 사진을 찍기에 딱 좋은 공간이다. '메손'은 주점 겸 식당, '참피뇬'은 버섯이란 뜻으로, 이름처럼 ❶ 버섯구이가 이 집의 대표 메뉴다. 양송이버섯에 채소와 햄을 올리고 올리브유를 듬뿍 뿌려 구워내는데, 향긋하면서도 짭조름한 맛이 맥주를 부른다. 달콤한 상그리아가 땡긴다면 크리미한 속살의 ❷ 크로케타와 바삭한 오징어 튀김Calamares Fritos을 곁들이자.

Ⓖ 메손 델 참피뇬 Ⓜ 306p & MAP ❼-C
📍 Cava de San Miguel, 17 ⏰ 11:00~01:00(금·토 ~02:00, 일 12:00~) € 버섯 요리 7.90€~, 오징어 튀김 12.90€, Tax 10% 추가 🚉 M 1·2·3 Sol에서 도보 6분 www.mesondelchampinon.com

❷ Croqueta Caseras(7.90€)

❶ Cochinillo Asado. 제철 특선 수프, 후식, 빵, 주류, 물 등을 추가한 세트 메뉴도 있다.

300년째 사용 중인 오븐

300년 전 그 느낌 그대로

보틴
Botin

세계에서 제일 오래된 레스토랑으로 기네스북에 이름을 올린 마드리드 최고의 명소다. 헤밍웨이가 소설에서 언급했던 ❶ 코치니요 아사도가 이 집의 대표 메뉴. 새끼돼지를 통째로 구워 바삭한 껍질과 부드러운 속살을 함께 즐기는 전통 요리다. 전 세계 유명인사들도 한 번쯤은 들르는 곳이라 항상 손님들로 빼곡하고 성수기에는 예약 필수다. 촌스러울 만큼 옛날 요리방식을 고수하기 때문에 우리나라 여행자들에게는 가성비가 떨어진다는 평가를 받지만, 이 집에서 진짜 맛봐야 할 것은 음식보다는 식당 구석구석 농축된 역사 그 자체다.

Ⓖ 마드리드 보틴 Ⓜ 306p & MAP ❼-C
📍 Calle de Los Cuchilleros, 17 ⏰ 13:00~16:00, 20:00~23:30 € 코치니요 아사도 27.15€, 세트 메뉴 52.60€, 상그리아 1/2 피처 9€ 🚉 마요르 광장에서 도보 3분 www.botin.es

지하는 스페인 내전 당시 피신처였던 동굴을 개조했다.

맥주와 레몬 소다를 1:1로 섞어 만든 칵테일, 클라라(Clala)와 기본 타파스

구운 피망과 돼지고기 타파스(Lomo con Pimientos Caramelizado, 9€)

무료 타파스라니 안 갈 수 없네

◉ 알람브라
Alhambra

솔 광장 뒷골목, 누구에게나 환영받는 타베르나가 있다. 시원하게 목을 축일 술 한 잔과 적당한 가격의 안주가 있는 이곳에서는 그라나다의 전통 그대로 맥주나 와인, 클라라 같은 술을 한잔 시키면 간단한 기본 타파스를 제공한다. 일단 술을 먼저 주문해 무료 타파스를 즐기다가 천천히 다른 메뉴를 주문해보자. 타파스는 물론 메뉴 델 디아 역시 가성비가 좋다. 가볍게 한잔하려면 잔 맥주가 저렴한 바르를 이용할 것.

G C78X+99 마드리드 M 306p & MAP ⑦-D
Calle de la Victoria, 9 11:00~01:30
€ 타파스 3~9€, 메뉴 델 디아 20€~, 맥주·클라라 1.90€~/1잔(바르 주문 가격), 맥주/400mL 3.20€~ M 1·2·3 Sol에서 도보 4분

하몬에 맥주는 못 참지!

◉ 무세오 델 하몬
Museo del Jamón

가게 이름에 '박물관'을 넣은 자신감 넘치는 가게다. 마드리드에 있는 여러 분점 중 솔 광장과 가까운 이 지점을 여행자가 제일 많이 찾는다. 1층은 하몬 전문 바르, 2층은 레스토랑이며 두 곳의 메뉴와 가격이 조금 다르다. 바르는 하몬을 안주 삼아 맥주 한 잔 마시기 좋은 캐주얼한 분위기로, 달콤한 멜론과 짭짤한 하몬을 함께 즐기는 ❶ 하몬 콘 멜론이 인기다. 다만, 현지인 중심이라 관광객은 주문하기가 좀 어렵다. 레스토랑에서는 메뉴 델 디아를 저렴하게 맛볼 수 있는데, 그날그날 메뉴에 따라 전채에서 하몬 콘 멜론을 선택할 수도 있다.

G C78X+J9 마드리드 M 306p & MAP ⑦-B
Carrera de San Jerónimo, 6 09:00~24:00 € 하몬 콘 멜론 8€~, 맥주1.90€~/300mL~, 상그리아 3.20€~/1잔, 메뉴 델 디아 12.80€~ M 1·2·3 Sol에서 도보 2분 www.museodeljamon.com

도토리를 먹인 돼지로 만든 고급 이베리코 하몬(14.90€)

일반 하몬(8€)

❶ Jamón con Melón

추로스+초콜라테(5.90€)

비교 체험, 포라스 vs 추로스

홀쭉이 추로스와 뚱뚱이 포라스

◉ 초콜라테리아 산 히네스
Chocolatería San Ginés

마드리드에 오면 꼭 가봐야 할 인기 추로스 집이다. 1894년 문을 연 이래 100년이 넘도록 한결같은 맛을 내고 있어 발걸음이 끊이지 않는다. 우리가 익히 알고 있는 추로스 외에 '포라스 Porras'도 만나볼 수 있어 더욱 특별한데, '몽둥이'라는 뜻의 포라스는 반죽에 이스트를 넣어 추로스보다 크기가 크고 스펀지처럼 푹신한 것이 특징. 초콜라테 한 잔이면 추로스와 포라스를 1인분씩 충분히 먹을 수 있다. 바르셀로나를 비롯한 스페인 북부 지역에서는 추로스를, 마드리드 이남 지역에서는 포라스를 더 많이 먹으며, 포라스를 추로스라고 부르기도 한다.

Ⓖ 산 히네스 Ⓜ 306p & MAP ⑦-A
📍 Pasadizo de San Ginés, 5 ⏰ 08:00~24:00(목~토 24시간 € 초콜라테+추로스6개(혹은 포라스 2개) 5.90€, 추로스(6개)·포라스(2개) 2.40€/1인분 🚇 M 1·2·3 Sol에서 도보 4분 🌐 www.chocolateriasangines.com

❶ Cuatro Sentidos de Chocolate (8.50€). 추로스는 별도 주문

초콜릿은 항상 옳다

◉ 초콜라테리아 발로르
Chocolatería Valor

산 히네스와 양대산맥을 이루는 마드리드의 명물 추로스 가게. 1881년에 문을 연 스페인 대표 초콜릿 브랜드 발로르가 운영하는 카페다. 달달한 화이트 초콜릿부터 카카오 52% 함량 초콜릿까지 발로르의 대표 초콜릿 4가지를 한 번에 맛볼 수 있는 ❶ 샘플링 세트에 추로스를 곁들여보자. 차가운 5°C부터 뜨끈하게 끓인 75°C까지 각 초콜릿에 맞는 최적의 온도에 맞춰 나온다. 전통적인 방식의 ❷ 초콜라테 콘 추로스는 산 히네스와 비교해 평가가 나뉜다. 따끈한 초콜라테에 추로스를 푹 담가 먹으며 직접 비교해보고 싶다면 초콜라테 한잔에 추로스 4개(1인분) 또는 2개(0.5인분)를 주문해보자.

Ⓖ C79V+MG 마드리드 Ⓜ 306p & MAP ⑦-A
📍 Calle del Postigo de San Martín, 7 ⏰ 08:00~22:30(토 09:00~01:00, 일 09:00~22:30) € 초콜라테 3.50€, 추로스 2.40€/4개 🚇 M 3·5 Callao에서 도보 2분/솔 광장에서 도보 5분
🌐 www.valor.es

❷ Chocolate a la Taza con Churros(5.90€~). 야외테이블은 소매치기 주의!

치즈와 하몬이 든 나폴리타나 하몬 이 케소(Napolitana Jamon y Queso)

카페라테는 스페인어로 카페 콘 레체(Café con Leche)

마드리드의 아침을 여는 빵집

라 마요르키나
La Mallorquina

1984년에 문을 연 솔 광장의 오래된 베이커리다. 소박한 모양의 페이스트리가 선반을 가득 채운 채 이른 아침부터 단골들을 맞는다. 현지인들은 대부분 매장 안의 조그만 바에 서서 초콜릿이나 크림이 든 빵으로 간단하게 아침 식사를 한다. 2층에 있는 테이블 좌석은 웨이터에게 주문하며, 빵에 따라 0.40~1.30€ 더 비싸다.

라 마요르끼나
306p & MAP 7-A
Puerta del Sol, 8 08:30~21:00 빵 1.90~2.90€, 에스프레소 1.80€, 카푸치노 3.50€ M 1·2·3 Sol에서 도보 1분 www.pastelerialamallorquina.es

아이스커피 맛집이 여기 있었군

토마 카페
Toma Café

커피 한 잔이 도시의 인상을 좌우한다고 여기는 이들을 위한 카페다. 대형 체인점의 커피 맛에 실망했거나, 시원한 아이스커피 한잔이 절실하다면 이곳이 답이다. 싱글 오리진의 고급 원두를 사용하고, 플랫 화이트를 제공하는 등 마드리드 커피 수준을 한 단계 끌어올렸다는 평가를 받는 곳. 카페에서 직접 만든 케이크를 곁들이면 행복은 두 배가 된다. 솔 광장에서는 조금 멀지만, 마드리드 여행을 맛있는 커피와 함께하고 싶다면 찾아갈 가치가 있는 곳이다.

C7GV+HJ 마드리드 306p & MAP 7-A
Calle de la Palma, 49 08:00~20:00 커피 2.50~4.80€ M 2 Noviciado에서 도보 3분 tomacafe.es

SECTION

B

예술 애호가들의 인생 여행지
프라도 미술관 주변

프라도 미술관을 중심으로 티센 보르네미사 미술관과 레이나 소피아 미술관이 이루는 삼각지대는 스페인 미술의 과거와 현재를 아우르는 예술의 중심지다. 예술에 관심이 있는 사람이라면 마드리드를 반드시 방문해야 할 이유로 꼽히는 3대 미술관. 마드리드에는 특별한 볼거리가 없다는 말이 쑥 들어갈 보물창고들이다. 관람 후에는 레티로 공원을 거닐며 여유를 즐기자.

관람 동선이 편안하게 이어지고, 자유롭게 사진을 남길 수 있는 여유로운 분위기다.

08 스페인 왕실이 픽한 역대급 미술관
프라도 미술관
Museo Nacional del Prado

유럽에 왔다면 꼭 한번 들러야 할 미술관이다. 미술 교과서에 수록된 작품들을 통째로 옮겨 놓은 듯한 곳이다. 방대한 컬렉션의 양이나 미술관의 규모도 어마어마하지만, 이 모든 작품이 왕실이 수집한 소장품이라는 것이 더욱 더 놀랍다. 더구나 재능 있는 예술가들을 적극적으로 발굴하고 키워낸 스페인 왕실의 안목과 투자 덕분에, 프라도 미술관은 영국 박물관이나 루브르 박물관 등과는 달리 식민지 약탈 논란이나 문화재 밀수 분쟁에 휘말리지도 않았다.

오래된 수도원이나 성채에 나누어 보관해오던 왕실의 보물들을 한자리에 모아 대중에게 공개했다는 점에서도 의의가 크다. 궁정 소속 화가였던 벨라스케스나 고야 같은 위대한 화가들의 작품도 상당수 만나볼 수 있는데, 이들 거장들의 작품은 이후 피카소를 비롯한 스페인 화가들에게 영감의 원천이 되었다. 피카소는 내전 중이던 1936년, 미술관 관장을 지내기도 했다.

프라도미술관 M 322p & MAP ⑦-D

Calle Ruiz de Alarcón, 23 10:00~20:00(일·공휴일 ~19:00, 1월 6일·12월 24일·12월 31일 ~14:00)/1월 1일·5월 1일·12월 25일 휴무 15€, 65세 이상 7.50€, 18~25세 학생·17세 이하 무료/무료입장 18:00~20:00(일·공휴일 17:00~19:00)/ 파세오 델 아르테 패스 M 2 Banco de Españad에서 도보 7분/솔 광장에서 도보 13분
www.museodelprado.es

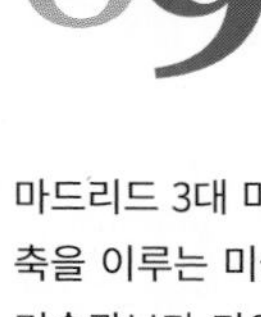

09 개인 소장품이 이렇게 훌륭할 일?
티센 보르네미사 미술관
Museo Thyssen-Bornemisza

마드리드 3대 미술관으로 꼽히며 순수 미술 삼각지의 한 축을 이루는 미술관이다. 이곳의 가장 큰 장점은 프라도 미술관보다 다양한 시대와 지역의 미술품을 만날 수 있다는 것으로, 정치적 갈등으로 왕실 수집 대상에서 제외됐던 네덜란드의 미술품을 비롯해 인상주의·현대미술에 이르기까지 수준 높은 작품을 다수 소장하고 있다.

또 한 가지 놀라운 사실은 이 미술관의 소장품이 모두 한 사람의 수집품이었다는 점! 독일 귀족인 티센 남작은 자신이 모은 1조 7천억 원 가치의 예술품을 스페인 정부에 대여했는데, 1992년 미술관이 문을 연 후 전시 환경이 마음에 들어 원래 가치의 20% 가격만 받고 소장품 전체를 스페인 정부에 넘겼다. 그의 양도 조건은 단 두 가지, '작품을 되팔거나 뿔뿔이 흩어두지 말 것, 늘 대중이 다가오기 쉽게 할 것'이었다고.

티센미술관 M 322p & MAP ⑦-D

Paseo del Prado, 8 10:00~19:00(월 12:00~16:00, 12월 24·31일 ~15:00)/1월 1일·5월 1일·12월 25일 휴무 13€, 학생·65세 이상 9€, 17세 이하 무료/특별전 진행 시 입장료 추가/무료입장 월요일 12:00~16:00(홈페이지에서 예약 가능)/ 파세오 델 아르테 패스 프라도 미술관에서 도보 4분/솔 광장에서 도보 5분 www.museothyssen.org

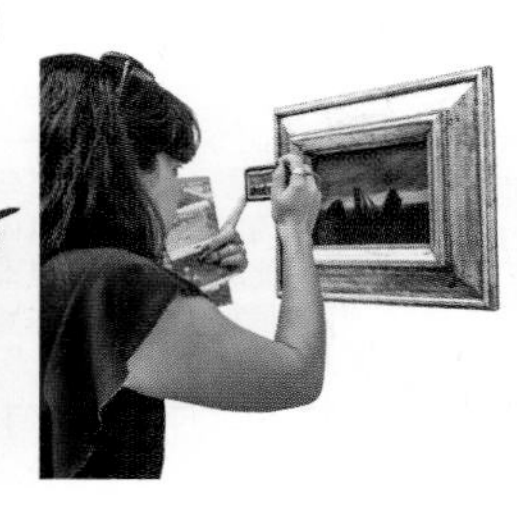

Zoom In & Out

프라도 미술관

지하 1층에서 지상 3층까지의 거대한 규모로, 소장품 3만여 점 가운데 3천 점 정도를 상설 전시한다. 특히 15~18세기에 스페인에서 태어났거나 활동한 화가들의 회화를 대거 보유하고 있다. 플랑드르 미술을 후원한 15세기 카스티야 왕가와 베네치아 화가들의 작품을 좋아한 펠리페 2세, 왕실 재정을 탕진할 정도로 열정적인 수집가로서 벨라스케스를 후원한 펠리페 4세와 5세, 고야를 발굴한 카를로스 4세 등 스페인 왕실의 취향을 추적하는 재미도 쏠쏠하다. 단, 내부 촬영은 할 수 없다.

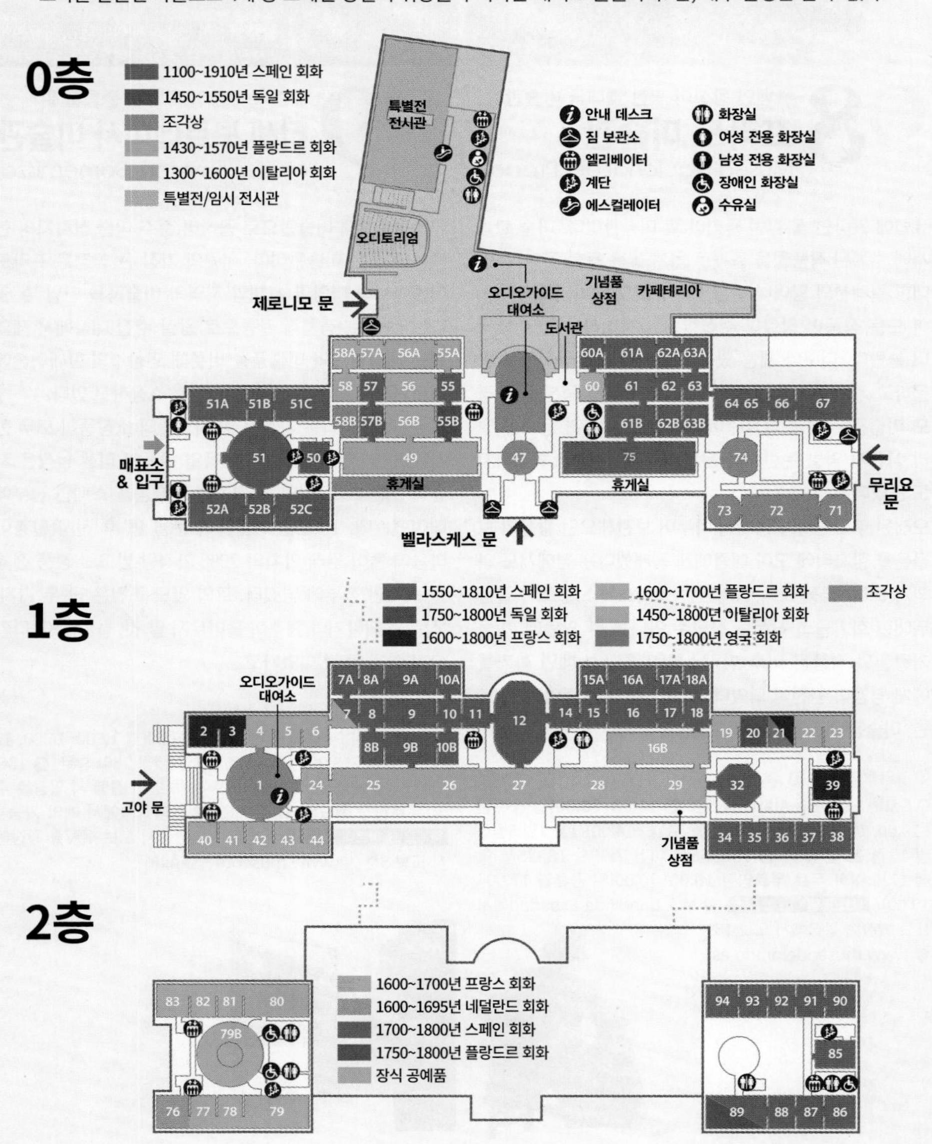

¤ 프라도 미술관의 성공적인 관람을 위한 준비 사항

■ 관람 순서

애초에 미술관 용도로 지은 건물이 아니라서 관람 동선은 좋지 않은 편이다. 작품을 다른 곳에 대여하거나 소장품을 바꾸는 경우가 잦으며, 보수공사로 일부 전시실이 문을 닫기도 하니 관람 전에 안내 데스크에서 한국어 안내도를 받아 동선을 짜는 것이 좋다. 한국어 오디오가이드(5€)도 빌릴 수 있다.

■ 입장권 구매

- 성수기에는 매표소 앞으로 100m 이상 줄이 이어진다. 프라도 미술관 홈페이지에서 입장권을 예매하고 가는 게 효율적이다.
- 마드리드 대표 미술관 3곳을 모두 방문할 예정이라면 파세오 델 아르테 카드를 구매하자. 자세한 사항은 301p 참고.
- 대표작 위주로 감상한다면 무료입장(18:00~20:00, 일·공휴일 17:00~19:00)을 노려보는 것도 좋다. 대신 기다리는 줄이 길고 관람 시간이 충분치 않아 아쉬울 수 있다.

성수기에는 입장권 구매를 기다리는 줄이 길게 이어진다. 예매 필수!

미술관 내 식당. 점심시간에는 앉을 자리가 없을 정도로 붐빈다.

<쾌락의 정원 Tuin der lusten**>(1505년),**
보쉬 Hieronymus Bosch 0층 56A실

1500년대 초반에 그렸다고는 짐작하기 힘들 정도의 상상력을 보여주어 20세기 초현실주의의 효시로 불리는 작품이다. 생애에 대해 거의 알려진 바 없는 네덜란드 화가 보쉬의 명작으로, 스스로 천재라 자부하던 달리조차 이 그림을 보고 질투심에 눈을 가렸다고 전해진다. 3장의 패널은 '이브의 탄생과 생명의 샘', '쾌락에 빠진 여러 군상의 모습', '끔찍한 지옥 세계'로 이루어져 있다. 온갖 피조물의 향연이 펼쳐지는 중앙 패널은 지옥으로 향하는 길인지, 유토피아를 표현한 것인지에 대한 해석이 분분하다.

<아담 Adam**>(1507년) & <이브** Eva**>(1507년),**
뒤러 Albrecht Dürer 0층 55B실

스웨덴의 크리스티나 여왕이 펠리페 4세에게 선물로 준 그림이다. 독일 화가 뒤러가 이탈리아 르네상스의 영향을 받아 그린 작품으로, 이탈리아에서 습득한 정확한 인체 묘사와 표현이 돋보인다. 완벽한 비율의 금발 미남인 <아담>에 비해 <이브>는 긴 목과 처진 어깨에 넓은 이마를 가지고 있다. 이는 당시 북유럽인들이 생각하는 미인형이었다고 한다. 이브 옆의 나뭇가지에 '알브레히트 뒤러가 1507년에 완성했다'고 서명한 명판이 달려 있다.

<1808년 5월 2일 El Dos de Mayo de 1808 en Madrid>(1814년), **고야** 0층 64실

1808년 마드리드를 점령한 나폴레옹이 자신의 동생을 스페인 왕좌에 앉히면서 일어났던 민중항쟁을 그렸다. 이집트에서 데려온 아랍 용병과 프랑스식 군복을 입은 사람들이 나폴레옹의 군대고, 짧은 칼이나 밧줄 나무 몽둥이를 들고 싸우는 이들이 마드리드 시민이다. 프랑스 루이 16세의 조카 페르난도 7세가 고야에게 주문한 역사화로, 스페인 독립전쟁 이후 왕정복고를 이룬 페르난도 7세의 복귀를 기리고 있다. <1808년 5월 2일>, <1808년 5월 3일> 두 점의 그림으로 제작됐다.

<1808년 5월 3일 El Tres de Mayo de 1808 en Madrid>(1814년), **고야** 0층 64실

1808년 5월 3일 마드리드 시민이 프랑스 군대에 처형당하는 장면. 공포와 절망에 빠진 마드리드 시민의 다양한 모습과 달리 비슷한 옷을 입고 총을 든 프랑스 군인들은 얼굴조차 보이지 않는다. 이는 죽음의 순간에 드러난 프랑스 군대의 비인간성을 표현한 것이다. 처형하는 자들과 처형당할 자들을 반대편에 일렬로 배치한 고야의 구도는 피카소나 마네 같은 후대 화가들에게까지 영향을 끼쳤다. 피카소의 <한국에서의 학살>이 대표적인 예다.

<다윗과 골리앗 Davide e Golia>(1600년), **카라바조** Caravaggio 1층 7A실

이탈리아의 천재 화가 카라바조의 작품. 특유의 명암기법인 극명한 어둠과 빛의 대비를 통해 구약성서에 나오는 다윗과 골리앗의 싸움을 극적으로 담아냈다. 그의 여러 작품에서 다윗과 골리앗이 등장하는데, 골리앗은 살인 혐의를 받아 도망 다니던 카라바조의 자화상이란 해석이 많다.

<삼위일체 La Trinidad>(1579년), **엘 그레코** El Greco 1층 8B실

톨레도의 산토 토메 성당에 걸려 있던 제단화다. 중앙에 쓰러진 예수와 그를 붙잡고 있는 하느님, 머리 위로 날아가는 비둘기를 통해 성부·성자·성령이 하나 된 '삼위일체'를 표현했다. 창백하지만 건장하고 아름다운 예수의 모습이 특징. 당시 성부가 그리스 정교회식 사제관을 쓰고 있어 논란이 됐는데, 로마 가톨릭식으로 수정해달라는 추기경의 요구를 엘 그레코가 거절했다고 한다.

<브레다의 항복 La Rendición de Breda>(1635년), **벨라스케스** Diego Velázquez 1층 9A실

1625년 스페인 군대가 네덜란드의 브레다 요새를 10개월간 포위해 결국 항복을 받아내는 장면이다. 승리를 기념하는 펠리페 4세의 전쟁화 연작 중 하나로, 부엔 레티로 왕궁의 알현실을 장식하기 위해 주문 제작됐다. 그림 중앙에 열쇠를 건네는 사람은 브레다의 영주 낫소이며, 그 어깨를 토닥이는 사람은 스페인 장군 스피놀라다. 승자가 탄 말 아래에서 패자가 무릎을 꿇는 일반적인 승전화와 달리 승자의 관용을 강조하고 있다.

<시녀들 Las Meninas>(1656년), **벨라스케스** 1층 12실

가장 많은 사람이 몰려드는 프라도 미술관의 인기 스타. 그림에는 펠리페 4세 부부의 초상화를 그리고 있는 화가 본인과 중앙에 흰 드레스를 입은 펠리페 4세의 딸 마르가리타 공주, 그리고 시녀들이 등장한다. 초상화의 주인공인 펠리페 4세 부부는 뒤쪽 거울에 비친 모습으로 작게 그려졌다. 요즘으로 치면 모델의 반대편, 무대 뒤 사람들의 모습을 묘사한 셈이다. 모델을 지긋이 응시하는 벨라스케스의 시선은 그림을 바라보는 오늘날의 관객을 향하고 있다. 그림을 보고 있자면 그림 속 벨라스케스가 바깥세상을 구경하고 있는 듯한 묘한 느낌이 들기도 한다.

벨라스케스 가슴의 십자가는 귀족만 가입할 수 있는 산티아고 기사단의 표시다. 벨라스케스가 60세가 된 1659년에야 겨우 입단되자, 기쁜 마음에 덧그린 것이다. 벨라스케스는 이듬해인 1660년에 사망했다.

<삼미신 Die Drei Grazien**>**(1635년),
루벤스 Peter Paul Rubens 1층 29실

풍만한 여인의 몸을 주로 그린 17세기 플랑드르(현 벨기에 지역) 바로크 미술의 거장 루벤스의 작품이다. 펠리페 4세가 루벤스 애호가였던 탓에 이곳에는 90점에 달하는 루벤스의 작품이 전시돼 있다. 중세 화가의 단골 소재였던 '삼미신'은 미의 여신 비너스를 보필하는 제우스의 딸들이다. 제일 왼쪽의 여신은 루벤스가 53살에 얻은 37세 연하의 어린 아내 헬레나 프르망을 모델로 그렸다. 죽기 전까지 10년 동안 5명의 아이를 낳을 만큼 사랑으로 충만한 결혼생활을 누린 덕에, 그의 말년의 그림들은 관능적인 축제 분위기가 가득하다.

<옷 벗은 마야 La Maja Desnuda**>**(1800년) **&**
<옷 입은 마야 La Maja Vestida**>**(1808년),
고야 Francisco de Goya 1층 38실

동일한 여인의 옷 입은 모습과 옷 벗은 모습을 나란히 그린 작품이다. 모델이 누구인지 정확히 밝혀지지는 않았지만, 당시 이 그림을 주문한 마누엘 고도이는 집에 찾아오는 손님에 따라 <옷 벗은 마야>와 <옷 입은 마야>를 바꿔가며 걸었다고 한다. 신화 속 여인이나 성서의 내용이 아닌, 누군지 알 수 없는 일반인의 누드화를 그렸다는 사실은 당시에는 큰 파격이었다. 이로 인해 고야는 종교재판까지 받게 됐으나, 주문한 자가 카를로스 4세의 측근이라 무사히 풀려났다고 한다.

<황금비를 맞는 다나에 Dánae Recibiendo la Lluvia de Oro**>**(1560년대),
티치아노 Tiziano 1층 44실

스페인, 신성로마제국, 오스트리아의 넓은 영토를 한 몸에 물려받았던 카를로스 1세가 유난히 사랑한 화가, 티치아노의 작품. 황금비로 변신한 제우스가 탑에 갇힌 아크리시우스 왕의 딸 다나에를 만나는 장면이다. 아크리시우스는 외손자가 자신을 죽일 거라는 신탁 때문에 딸을 탑에 가뒀으나, 결국 다나에와 제우스 사이에서 태어난 페르세우스가 던진 원반에 맞아 죽게 된다. 노파를 옆에 그려 다나에의 젊음과 아름다움을 더욱 돋보이게 했다.

스페인 왕실 컬렉션의 천재 화가 3대장

엘 그레코, 벨라스케스, 고야

엘 그레코 El Greco(1541~1614년)

베네치아와 로마에서 그림을 배우고 스페인에서 활동하며 명성을 얻은 화가다. 그리스의 크레타섬에서 태어나 '그리스 사람'이란 뜻의 별명인 '엘 그레코'로 불렸다. 이탈리아 유학파로서 인정받으며 많은 돈을 벌 수 있는 톨레도에 정착해 사치스러운 생활을 유지하기 위해 비싼 값에 그림을 팔고자 했으나, 주문자의 요구를 들어주지 않는 까다로운 성격 탓에 법적 분쟁이 끊이지 않았다고 한다. 궁정화가로 매이지 않았던 덕분에 독보적인 상상력을 마음껏 발휘하며 천재성을 드러낼 수 있었다고 전해지지만, 독특한 색감과 특이한 구도로 인해 정신병이나 시각 질환을 앓고 있었다는 설 또한 꾸준히 제기되고 있다.

벨라스케스 Diego Velázquez(1599~1660년)

세비야 출신의 화가. 뛰어난 관찰력과 엘 그레코 못지않은 과감한 표현력으로 대중의 인기를 얻었다. 20대 초반, 정치에는 별 관심이 없었지만 예술적 안목만큼은 높았던 펠리페 4세를 그린 단 한 장의 초상화로 궁정의 부름을 받았고, 이후 생을 마감할 때까지 왕의 총애를 한 몸에 받는 궁정 최고의 화가로 활동했다. 이 때문에 그의 작품 대부분은 프라도 미술관에 소장돼 있다. 벨라스케스는 궁정화가의 의무인 왕실 초상화 이외의 주제에 대해서 누구보다 과감하고 창의적이었다. 특히 왕실을 방문한 루벤스의 조언으로 2년간 이탈리아 유학을 다녀온 후 더욱 선명하고 풍부한 색채와 자유로운 붓놀림을 사용했다.

고야 Francisco Goya(1746~1828년)

18~19세기 스페인 예술계를 대표한 고야는 무능한 왕이었던 카를로스 4세 때 활동했다. 하류 중산층 가정에서 태어나 굴곡진 삶을 살다가 1789년에 궁정화가가 됐으나, 프랑스 혁명 사상에 영향을 받아 스페인 왕실과의 사이가 원만하지 못했다. 고야의 작품 속 인물들을 자세히 보면 그가 왕실에 품은 냉소적인 시선을 느낄 수 있다. 마리아 루이사 왕비의 애인이었던 마누엘 고도이의 부인을 향한 애처로움을 담은 <친촌 백작 부인>이나, 왕비의 허영심과 남성 편력을 드러내는 <카를로스 4세의 가족 초상화> 등 왕실 가족을 비아냥거리는 그림이 다수다. 한편, 낭만주의에 큰 영향을 끼친 고야의 작품을 보기 위해 마네, 세잔, 반 고흐 등 수많은 파리의 화가들이 마드리드를 찾기도 했다.

Zoom In & Out

티센 보르네미사 미술관

프라도 미술관 바로 근처라 함께 둘러보면 좋을 것 같지만, 프라도 미술관의 방대한 전시물을 보고 난 뒤 바로 티센 보르네미사 미술관의 작품들까지 감당하기는 쉽지 않다. 연달아 방문하기보다는 또 다른 하루를 오롯이 투자한다면 더 큰 만족감을 느낄 수 있을 것이다.

■ 관람 순서

미술관이 권하는 동선대로 제일 위층인 3층에서 시작해 차례로 내려오면서 감상하는 방법이 가장 좋다. 13~14세기 작품부터 20세기 후반 미술품까지 시대별로 살펴볼 수 있기 때문. 특히 스페인의 어떤 미술관보다도 반 고흐, 드가, 모네, 르누아르 등 인상주의 화가들의 작품을 많이 볼 수 있는 곳이니, 인상주의 팬이라면 관람 시간을 넉넉히 잡자.

오디오가이드(5€)

<수태고지 Díptico de la Anunciación**>**(1435년),
얀 반 에이크 Jan van Eyck 2층 3실

천사 가브리엘(왼쪽)이 마리아(오른쪽)에게 성령으로 잉태할 것이라는 계시를 전달하는 장면을 그린 작품. 평면의 그림을 입체적으로 그려내 착시를 일으킨 점이 눈길을 끈다. 플랑드르 화파의 창시자이자 유화 기법을 완성한 거장 얀 반 에이크답게, 대리석의 질감까지도 세밀하고 정교하게 묘사했다. 실제 나무로 만든 액자를 제외하고 조각상 주위의 대리석 테두리와 받침대까지 모두 그림이다.

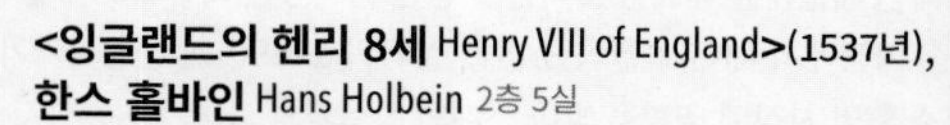

<잉글랜드의 헨리 8세 Henry VIII of England**>**(1537년),
한스 홀바인 Hans Holbein 2층 5실

잉글랜드의 궁정화가인 한스 홀바인이 그린 헨리 8세의 초상화다. 헨리 8세는 정부였던 앤 불린과 결혼하기 위해 로마 가톨릭과 결별하고 성공회를 설립한 인물로 잘 알려져 있다. 화려하게 차려입은 그의 의복에서 절대왕권을 강화하려는 굳센 의지가 드러난다. 배경의 파란색 물감은 당시 금보다 더 비쌌던 라피스라줄리(청금석)에서 추출한 것이다.

<수태고지 La Anunciación**>**(1596~1600년),
엘 그레코 El Greco 2층 11실

엘 그레코의 눈으로 바라본 수태고지 장면이다. 천상과 지상을 위아래로 이분하는 구도나 포도처럼 주렁주렁 달린 천사들의 머리, 원색 옷을 입은 사람들 모두 당시 엘 그레코가 즐겨 쓰던 기법이다. 이 그림을 그릴 당시 엘 그레코는 종교화 주문이 쇄도할 정도로 인기가 높았다. 고객 중에는 성당도 많았는데, 수태고지는 성당에서 제일 인기 있는 주제였기에 여러 가지 버전이 남아 있다.

<몸을 기울인 발레리나 Danseur en Vert**>**(1877년),
에드가 드가 Edgar Degas 1층 33실

우리나라에서 유독 사랑받는 인상파 화가 드가의 작품이다. 특히 드가는 '발레리나 전문 화가'라고 불릴 만큼 다양한 모습의 발레리나 그림을 남겼다. 파스텔을 사용한 풍부한 색감, 발레리나의 움직임을 빠르게 포착한 역동적인 장면이 인상적이다.

<검소한 식사 La Comida Frugal**>**(1904년),
피카소 Pablo Picasso 임시 대여 중

절친이었던 카를로스 카사게마스가 자살한 이후 어두운 소재만 다루던 피카소의 '청색 시대'를 대표하는 작품 중 하나다. 당시 피카소는 매춘부나 부랑자, 알코올 중독자 같은 비참하고 절망적인 인물들을 주로 그렸는데, 이 작품 역시 맹인과 그의 파트너가 야윈 얼굴로 등장한다. 서로 친한 사이 같지만 제각기 다른 곳을 바라보고 있는 그들의 외로운 시선은 파리 몽마르트르에 갓 자리 잡은 23세 청년, 피카소의 초조함을 대변했다.

마드리드 시청사로 사용되는 중앙 우체국 건물

광장 이름은 대지와 자연, 풍요의 여신 시벨레스에서 따왔다.

호수를 바라보고 있는 알폰소 12세의 기마상과 아름다운 회랑

크리스털 궁전

Option

10 레알 마드리드의 승리가 깃든 곳 시벨레스 광장 Plaza de Cibeles

프로 축구팀 레알 마드리드의 팬이라면 눈에 익을 광장이다. 레알 마드리드가 우승한 날이면 이곳 분수대에서 선수들의 우승 세리머니가 펼쳐지고, 축구의 도시 마드리드 전체가 기쁨으로 들썩인다. 단, 평소에는 분수에 들어가는 것을 엄격히 금지한다.

광장 주변은 18세기 후반~20세기 초반에 지은 아름다운 건축물들로 둘러싸여 있다. 가장 눈길을 끄는 것은 '20세기의 가장 아름다운 우체국'으로 꼽힌 중앙 우체국 건물. 2007년부터 마드리드 시청사로 사용되면서 시벨레스 궁전Palacio de Cibeles으로 이름이 바뀌었다. 건물 옥상에는 광장을 내려다볼 수 있는 유료 전망대가 있는데, 해 질 녘 전망대에 오르면 마드리드의 멋진 일몰을 감상할 수 있다.

G 시벨레스 광장 M 322p & MAP 7-B

Calle de Alcalá, 3 ⏰ 시청사 전망대 10:30~14:00, 16:00~19:30/월요일, 1월 1·5·6일, 5월 1일, 12월 24·25·31일 휴무 € 시청사 전망대 3€, 2~14세·65세 이상 1.50€, 1세 이하 1€ 🚋 티센 보르네미사 미술관에서 도보 5분/**M** 2 Banco de España 하차

Option

11 모두가 사랑하는 왕실 정원 레티로 공원 Parque del Retiro

미술관 투어 중 잠시 바람을 쐬고 싶다면, 마드리드의 도심 속 허파라 불리는 레티로 공원에서 쉬어가자. 이곳은 16세기 펠리페 2세가 공무를 떠나 휴식하기 위해 왕궁 동쪽에 세운 별궁으로, 17세기까지 왕실과 귀족을 위한 공간으로 사용됐다. 지금은 소풍 나온 가족들이 마차를 빌려 타고 연인들이 연못에서 노를 저으며 데이트를 즐기는 장소지만, 19세기 후반 대중에 처음 공개할 때는 공식적인 차림을 갖춰야만 방문할 수 있었다. 궁전은 나폴레옹 군과의 전쟁 과정에서 대부분 소실됐고, 지금은 일부만 남아 전시관이나 카페테리아로 사용되고 있다.

G 레티로 공원 M 322p & MAP 7-B·D

Plaza de la Independencia, 7 ⏰ 06:00~24:00(10~3월 ~22:00) 🚋 시벨레스 광장에서 도보 5분/프라도 미술관에서 펠리페 4세 거리(Calle de Felipe IV)를 따라 도보 5분/**M** 2 Retiro 하차

로마의 개선문을 본 떠 18세기에 시벨레스 광장 쪽 레티로 공원 입구에 세운 알칼라 문(Puerta de Alcalá)

MORE

시선 강탈!
공원 속 숨은 궁전

레티로 공원 한가운데에는 유리로 만든 크리스털 궁전(Palacio de Cristal, 수정궁)과 그 북쪽의 두 가지 색 벽돌을 쌓아 올린 벨라스케스 궁전(Palacio de Velázquez)이 있다. 벨라스케스 궁전은 혁명군에게 쫓겨났다가 쿠데타로 돌아온 알폰소 12세(재위 1874~1885년)가 1881년과 1883년에 개최한 국가 광업 박람회를 위해 지은 네오 르네상스 양식의 건물로, 이국적인 분위기를 물씬 풍긴다. 크리스털 궁전은 1887년 당시 식민지였던 필리핀과의 교역을 증진하기 위해 열린 필리핀 만국박람회 때 필리핀의 열대 식물을 전시하기 위해 지은 온실이다. 2곳 모두 레이나 소피아 미술관 별관으로 사용되고 있으며, 무료이니 부담 없이 들어가 보자.

크리스털 궁전

크리스털 궁전 내부

벨라스케스 궁전

건축계의 노벨상, 프리츠커상 수상자인 스위스의 자크 헤르초크 & 피에르 드 뫼롱이 설계한 내부공간

Option 12

힙하다 힙해! 미술관이 된 발전소

카이샤 포룸
Caixa Forum

마드리드 예술계에서 가장 뜨겁게 주목받는 인기 스타다. 19세기 말에 지은 화력발전소를 문화예술공간으로 탈바꿈시켜 화제를 모든 곳으로, 스페인의 대형 금융 기업인 라카이샤 그룹이 사회적 기업으로 운영하고 있다. 이곳의 매력 포인트는 프랑스의 식물학자 패트릭 블랑이 건물 외벽에 꾸민 '벽에 매달린 정원'. 24m 높이의 벽에서 싱그럽게 자라고 있는 250여 종의 식물과 녹슨 철제 벽이 절묘하게 어우러진 모습은 카이샤 포룸을 단숨에 명소로 만들었다. 로비의 카페테리아나 서점 등 편의시설은 누구나 이용할 수 있다.

G 카이샤포룸 M 322p & MAP 7-D

Paseo del Prado, 36 10:00~20:00(1월 5일, 12월 24·31일 ~18:00)/1월 1·6일, 12월 25일 휴무 6€(전시와 이벤트에 따라 다름) 프라도 미술관에서 도보 5분/M 1 Estación del Arte에서 도보 3분 caixaforum.org/es/madrid

30여 개의 부스와 가판대가 늘어서 있다.

무료입장을 기다리는 사람들

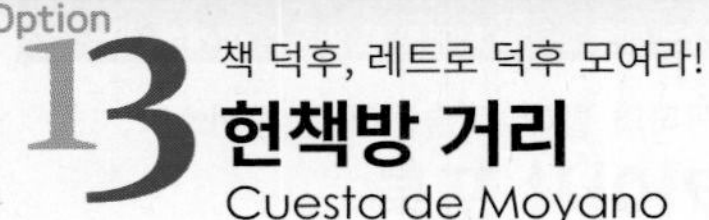

Option 13

책 덕후, 레트로 덕후 모여라!

헌책방 거리

Cuesta de Moyano

1925년부터 같은 자리를 지켜온 마드리드의 헌책방 거리다. 레이나 소피아 미술관과 가깝고, 프라도 미술관과는 왕립식물원을 사이에 두고 있어 산책하듯 들르기 좋다. 보행자 전용도로를 따라 일렬로 늘어선 앤티크한 책방 부스들이 멋진 사진 배경이 되는 곳. 현지인들이 조용히 책을 고르는 차분한 분위기 속에서 혼자 사색하고 싶은 여행자라면 잊지 말고 들러보자.

G C855+RF 마드리드 M 322p & MAP 7-D

Calle Claudio Moyano ⏰ 09:30~13:30, 16:30~19:00 🚇 카이사 포룸에서 나와 대로를 건너면 공원 남쪽의 보행자 전용 도로 입구부터 헌책방 거리가 시작된다./**M** 1 Estación del Arte에서 도보 2분

14

예술작품에 스민 시대의 아픔

레이나 소피아 미술관

Museo Nacional Centro de Arte Reina Sofía

프라도 미술관에서 스페인이 누린 과거의 영광을 둘러봤다면, 이제 레이나 소피아 미술관에서 스페인의 현대와 미래를 살필 차례다. 유럽 전역에서 최고의 작품들을 사 모은 왕실 취향의 프라도 미술관과는 달리, 레이나 소피아 미술관은 20세기 현대 미술품을 주요 소장품으로 내세운다. 1930년대 발발한 내전에 이어 군부 독재라는 뼈아픈 시간까지 겪어내며 시대와 호흡한 현대 예술가들의 따뜻한 시선을 느낄 수 있다.

대표 작품은 스페인 최고의 미술품이라 평가받는 피카소의 <게르니카>다. 프랑코 군부 독재 시절에는 자신도, <게르니카>도 스페인에 발을 들이지 않겠다는 화가의 뜻에 따라 외국의 전시관을 전전했지만, 이제는 레이나 소피아 미술관의 간판 작품으로 당당하게 전시돼 있다. 오랜 독재 탓에 침체한 스페인 예술을 부흥시킨다는 미술관의 설립 목적과도 일맥상통하는 작품. 피카소와 함께 스페인 대표 3대 거장으로 꼽히는 초현실주의 화가 살바도르 달리, 호안 미로의 작품도 다수 전시돼 있다.

G 소피아 왕비 미술센터 M 322p & MAP 7-D

Calle de Santa Isabel, 52 ⏰ 10:00~21:00(일 ~14:30)/화요일, 1월 1·6일, 5월 1·16일, 11월 9일, 12월 24·25·31일 휴무 € 12€, 25세 이하 학생·17세 이하·65세 이상 무료/무료입장 19:00~21:00(일 12:30~14:30), 4월 18일, 5월 18일, 10월 12일/ 파세오 델 아르테 패스 🚇 **M** 1 Estación del Arte에서 도보 3분 www.museoreinasofia.es

Photo by 이재환

MORE

현대적인 감각의 사바티니 관 & 누벨 관

레이나 소피아 미술관의 메인 전시장 '사바티니 관'은 19세기에 사바티니가 설계한 종합병원 건물을 1980년대에 개조한 것으로, 2005년에 신관을 'ㅅ'자 모양으로 덧붙여 추가했다. 신관은 건물을 설계한 프랑스 건축가 장 누벨의 이름을 따 '누벨 관'이라 부르며, 카페와 레스토랑, 도서관, 음악당 등 복합문화공간으로 사용되고 있다. 방탄유리로 만든 3개의 엘리베이터 탑이 사바티니 관의 특징이라면, 누벨 관은 강철과 유리가 만들어내는 빛과 그림자의 향연이 감상 포인트다.

누벨 관이 둘러싸고 있는 삼각형 모양의 안뜰.
팝 아트의 대표주자 리히텐슈타인의 <붓 자국> 조각이 있다.

누벨 관에 있는 레스토랑 겸 카페 누벨(Nubel).
미술관 관람 도중 잠시 휴식하기에 좋다.

Zoom In & Out

레이나 소피아 미술관

과거 병동이었던 레이나 소피아 미술관은 높은 천장과 어둑한 복도 탓에 독특하고 차분한 분위기를 물씬 풍긴다. 시대별로 분류된 전시실은 하나하나가 개별 미술관 같은 개성을 갖고 있어 관람객의 몰입도를 높인다. 전시실을 모두 둘러보려면 꽤 오래 걸리므로, 시간을 충분히 들여서 관람하자.

<부채를 든 여인 Mujer con Abanico>(1915년),
마리아 블랑샤르 María Blanchard 205.11실

장애인을 멸시하는 사회에서 느낀 고통과 상처를 예술로 치유하고자 했던 마리아 블랑샤르(본명: 마리아 쿠티에레스 쿠에도 María Gutiérrez-Cueto)의 작품. 임신 중이던 어머니의 낙상사고로 척추가 굽은 채 태어나 학창 시절 내내 '마녀'라 불리며 괴롭힘을 당한 블랑샤르는 멕시코의 거장 디에고 리베라가 '순수한 감정의 표현'이라고 평했을 정도로 짙은 호소력으로 강렬한 인상을 준다.

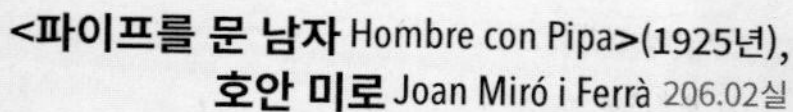

<파이프를 문 남자 Hombre con Pipa>(1925년),
호안 미로 Joan Miró i Ferrà 206.02실

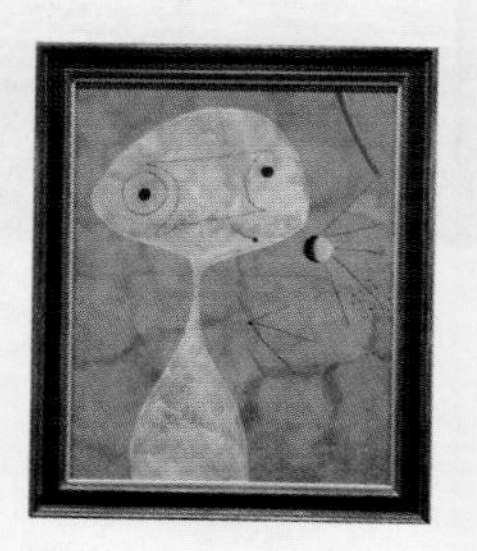

소재를 단순히 나열하기보다는 공간 자체를 재구성하는 데 평생을 몰두했던 미로의 작품. 세부 요소는 모두 생략한 채 간결한 선으로만 표현한 남자의 모습에서 미로만의 스타일을 엿볼 수 있다. 다소 괴팍해 보이기까지 하는 다른 초현실주의 작품과는 다르게, 즐겁고 환상적인 꿈의 세계를 보는 듯하다.

<세계 Un Mundo>(1929년), **앙헬레스 산토스** Ángeles Santos 205.06실

1929년 마드리드의 가을 전람회에 혜성처럼 나타나 돌풍을 일으킨 18세의 소녀 화가 앙헬레스 산토스가 당시 출품한 데뷔작이자 대표작이다. 3m짜리 대형 캔버스 가득 초현실적인 행성을 표현해 당대의 지식인들을 매료시켰다. 화단의 유행과는 무관하게 자신만의 세계를 만들어간 그녀의 자화상은 203실에서 만날 수 있다.

<위대한 수음자의 얼굴 Rostro del Gran Masturbador>(1929년),
달리 Salvador Dalí 205실

달리가 무의식의 세계를 드러내는 초현실주의자인지, 그저 냉정하게 계산된 몽환적인 이미지를 연출하는 화가인지는 오랜 논란거리다. 어쨌든 이 작품은 세속화에 물들었다는 비판을 받으며 초현실주의 그룹에서 추방되기 전, 달리의 깊은 무의식을 끄집어낸 작품 중 하나다. 달리의 얼굴을 닮은 남자의 머리에서 금발 여인이 솟아나고, 금발 여인의 얼굴은 남자의 사타구니에 머물러 있다. 비평가들은 달리의 성적인 집착이 묻어난 것이며, 발기불능에 대한 두려움이 깔려 있다고 해석한다.

게르니카가 전시된 205호실은 촬영 금지!

<게르니카 Guernica**>**(1937년), **피카소** 205.10실

스페인 내전이 한창이던 1937년 4월 26일, 프랑코 군부를 지지한 독일 공군은 스페인 북부 도시 게르니카를 무자비하게 폭격한다. 군사 시설이 아닌, 민간인 거주지를 대상으로 독일군이 연습 삼아 폭격한 것이다. 때마침 장날이었던 광장에는 마을 사람 대부분이 모여 있었고, 여자와 어린이를 포함한 수천 명이 잿더미가 된 건물에 깔려 죽었다. 폭격 소식을 들은 피카소는 분노에 차서 그림을 그리기 시작했다. 그는 게르니카에서 벌어진 정치적 횡포와 전쟁의 참상을 알리기 위해 불과 한 달 반 만에 가로 7.8m, 세로 3.5m의 거대한 그림을 완성해 파리 박람회의 스페인관에 출품했다.

게르니카의 긴 여정

<게르니카>는 파리 박람회 이후 여러 전시관을 거쳐 1939년부터 뉴욕의 현대미술관(MoMA)에 장기 신탁됐다. 프랑코 정부는 <게르니카>가 스페인 정부의 소유라고 주장했지만, 피카소는 스페인이 진정한 자유국가가 되기 전에는 자신도, <게르니카>도 스페인에 발을 들이지 않겠다고 선언했다. <게르니카>는 프랑코가 죽은 지 한참 뒤인 1981년에야 스페인으로 돌아왔고, 스페인 곳곳을 떠돌며 전시되다가 1992년 레이나 소피아 미술관에 최종 정착했다.

<게르니카>가 목적이라면 무료입장을 노리자!

피카소의 <게르니카>만 보고 싶다면 평일 저녁과 일요일의 무료입장 시간을 공략하자. 단, 대기줄이 길고 관람 시간이 짧은 만큼 모든 전시실을 둘러보기는 어려우니, <게르니카> 위주로 동선을 짤 것!

<창가에 있는 모습 Figura en Una Finestra**>**(1925년), **달리** 205.06실

달리가 21살에 그린 여동생의 뒷모습. 그가 여동생을 모델로 그린 작품 중 가장 뛰어나다는 평가를 받는다. 달리를 괴이한 그림만 그리는 초현실주의 화가로만 기억한다면 상당히 낯설게 느껴질 만큼 낭만주의적 성향이 강한 사실주의 작품이다. 19세기 독일의 낭만주의 대표화가 카스파르 프리드리히의 그림을 모티브로 했다.

전통 vs 현대

오늘 내 입맛은?

유럽에서 다섯 번째로 인구가 많은 대도시답게 오래된 시가지 구석구석까지 활기가 가득한 마드리드. 역사와 전통을 자랑하는 노포부터 젊은 요리사들의 신흥 맛집, 세련된 감각으로 재탄생한 재래시장까지, 입맛대로 요리조리 즐겨보자.

❶ Paella Mixta
La Barraca(20€/1인)

파에야는 역시!

라 바라카

La Barraca

마드리드 사람들이 손에 꼽는 파에야 전문 레스토랑이다. 1935년부터 지금까지 한결같은 맛을 유지하는 내공 있는 가게. 가격이 저렴하지는 않지만, 미리 만들어둔 파에야를 내놓는 시중의 저가 식당과 비교 불가한 퀄리티를 자랑한다. 파에야의 원조인 발렌시아식 파에야부터 오징어먹물밥까지, 메뉴도 다양하다.

추천 메뉴는 오징어, 새우, 홍합 등의 해산물과 닭고기, 돼지고기가 감칠맛 나게 어우러진 ❶ 파에야 믹스타 라 바라카. 2인분 이상 주문해야 하며, 주문 뒤 20분 이상 기다려야 한다. 저녁에는 예약하고 가는 게 안전하다.

MORE

파에야 사진을 남기고 싶다면!

스페인의 대부분 식당에서는 파에야를 테이블에 가져온 즉시 종업원이 접시에 나눠준다. 파에야 사진을 온전히 찍고 싶다면 직접 나눠 먹겠다고 미리 말하자.

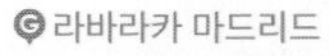

G 라바라카 마드리드

M 322p & MAP ❼-B

📍 Calle Reina, 29 ☎ 915 32 71 54
⏰ 13:30~16:15, 19:30~23:30 € 파에야 19.50~24.50€, 빵 & 아페리티보 1.90€/1인 🚇 M 1·5 Gran Vía에서 도보 5분/시벨레스 광장에서 도보 7분 📶
www.labarraca.es

상그리아 1병(14.50€)

와인과도 잘 어울리는 기본 아페리티보(Aperitivo)

양념한 참치 뱃살(Marinated Tuna Belly). 아몬드 소스와의 조합이 독특하다.

새우, 시소 잎과 망고(Prawn, Shiso and Mango) 1/3인분

우리 입맛에 착 붙는 타파스

◉ 트리시클로
Triciclo

아시아 음식에서 영감을 얻은 타파스 레스토랑. 미슐랭 가이드 빕 구르망에 이름을 올린 가게답게 모양도, 맛도 매우 훌륭한 고급스러운 타파스를 선보인다. 일부 요리는 1/2인분(La Mitad), 1/3인분(Un Tercio)씩 주문할 수 있어 조금씩 다양하게 맛볼 수 있다.

참치, 새우, 소고기 육회 등 우리에게 익숙한 재료들을 사용해 요리를 만든다. 계절에 따라 메뉴가 바뀌므로 직원에게 추천을 받는 것이 실패할 확률이 낮다. 점심과 저녁 둘 다 예약은 필수이며, 전화는 물론 홈페이지에서도 예약할 수 있다. 음식에 맞게 추천해주는 잔 와인을 곁들이면 더욱 좋다.

G C873+54 마드리드 M 322p & MAP 7-D
Calle Santa María, 28 ☎ 910 24 47 98
13:00~16:00, 20:00~23:00/일요일 휴무 € 타파스 11~54€/1인분, 빵 & 아페리티보 3.50€/1인 M 1 Antón Martín에서 도보 3분/프라도 미술관에서 도보 5분 eltriciclo.es

양념한 육회에 캐비어와 쪽파를 얹은 스테이크 타르타르(Steak Tartar)

토핑을 선택하면
그 자리에서
아이스크림과 섞어 준다.

골라 먹는 토핑 아이스크림

미스투라
Mistura

마드리드 젊은이들이 모여 활기를 띠는 쇼핑 거리인 카예 데 푸엥카랄Calle de Fuencarral 뒷골목에 있는 아이스크림 가게다. 자연스러운 단맛이 일품이며, 아이스크림에 내 맘대로 토핑을 더할 수 있어 인기다. 견과류나 쿠키, 과일 등의 다양한 토핑 중에서 고소한 맛을 좋아하면 피스타치오, 단맛을 좋아하면 우유를 캐러멜 상태로 만든 둘체 데 레체Dulce de Leche를 추천한다. 인공첨가물을 넣지 않은 수제 아이스크림의 인기에 힘입어 마요르 광장 등 시내에 4개 지점을 더 열었으니 편한 곳으로 가자.

G C7FX+5W 마드리드 M 322p & MAP 7-B
Calle de Augusto Figueroa, 5 15:00~23:00 (금·토 11:00~24:00, 일 11:00~) € 페케뇨(1스쿱+토핑1개) 3.95€, 메디아노(2스쿱+토핑 2개) 4.85€, 그란데(3스쿱+토핑 3개) 5.50€ M 1·5 Gran Vía에서 도보 7분 misturaice cream.com

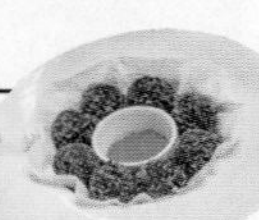

재래시장의 재발견

산 안톤 시장
Mercado San Anton

19세기에 문을 연 낡은 시장이 마드리드의 핫플레이스로 거듭났다. 우리돈 약 260억 원을 들여 대대적인 개조를 거친 산 안톤 시장은 이제 젊은이들이 즐겨 찾는 추에카Chueca 지역에서도 단연 손꼽히는 아지트가 됐다. 대형 쇼핑몰에 밀려 입지가 위태로운 재래시장의 성공적인 발전 모델로 꼽히는 곳. 사람들을 가장 많이 끌어모으는 곳은 2층과 3층의 푸드코트와 테라스 레스토랑! 1층은 육가공품과 유제품, 채소, 과일 등 식자재를 판매하며 시장 본연의 기능을 겸한다.

G C8C2+QX 마드리드 M 322p & MAP 7-B

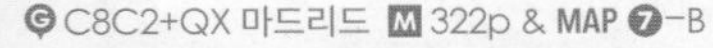

Calle de Augusto Figueroa, 24B 1층 09:30~21:30/일요일 휴무, 2층 12:00~24:00, 3층 13:00~01:00 M 5 Chueca에서 도보 1분

텅장을 부르는
마드리드의 쇼핑

솔 광장 주변으로는 마드리드의 활기를 느낄 수 있는 상업 지역이 자리한다.
북쪽의 시벨레스 광장에서 에스파냐 광장까지 뻗은 그란 비아 대로Calle Gran Vía를 따라 대형 상가들이 즐비하고,
메트로 그란 비아역 북쪽으로는 마드리드 대학생들이 즐겨 찾는 쇼핑 거리가 형성돼 있다.
모두 솔 광장에서 걸어서 쉽게 갈 수 있다.

출국 전 마지막 쇼핑 찬스!

◈ 구르메 익스피리언스 그란 비아
Gourmet Experience Gran Via

엘 코르테 잉글레스 백화점 카야오 지점Edificio 2 9층에 있는 고급 식품점 겸 푸드코트다. 솔 광장 북쪽, 그란 비아 대로의 중간쯤인 카야오 광장에 위치해 접근성이 좋다. 가벼운 선물용으로 좋은 초콜릿과 와인 종류가 다양하며, 올리브유와 토마토 잼 등 다양한 식자재가 있다. 마드리드 공항에서 귀국할 예정이라면 마지막 쇼핑 찬스를 만끽해 보자. 특히 푸드코트의 창가 테이블은 그란 비아가 내려다보이는 화려한 전망 덕에 인기 최고!
조금 더 저렴하게 쇼핑하려면 지하의 슈퍼마켓Supermercado을 추천한다. 구르메 익스피리언스보다 다양한 가격대의 브랜드 제품이 모여 있어 실속 있는 쇼핑을 즐길 수 있다. 단, 구르메 익스피리언스나 슈퍼마켓은 엘 코르테 잉글레스의 적립카드 대상에서 제외된다. 엘 코르테 잉글레스의 적립 카드와 세금환급금에 관한 자세한 사항은 각각 95p, 46p를 참고하자.

Ⓖ C79V+RV 마드리드 Ⓜ 306p & MAP ❼-A
Plaza del Callao, 2 ⏰ 10:00~23:00(금·토 10:00~24:00, 일·공휴일 11:00~23:00)/12월 25일 휴무 🚉 솔 광장에서 도보 4분 www.elcorteingles.es

푸드코트는 매장 별로 주문을 받는다.

창가 테이블의 환상적인 전망

기념품 고민 끝!

구르메 익스피리언스 추천 아이템

❶ 아몬드 퓌레를 굳혀 만든 투론 데 히호나(Turron de Jijona)

❷ 투론 크림이 든 리큐어, 크레마 투론(Crema Turron)

❸ 세비야 특산 토마토·레몬 마멀레이드(Mermelada de Tomate·Limon)

❹ 다양한 천연 재료로 만든 식초, 비나그레(Vinagre)

❺ 스페인 청정지역 이비사섬에서 자연건조한 명품 소금, 살 데 이비사(Sal de Ibiza)

❻ 이서진도 인정한 미식 맥주, 에스트레야 담 이네딧(Estrella Damm Inedit)

❼ 바르셀로나의 명물 수제 캔디, 파파버블(Papabubble)

가방에 쏙~
슈퍼마켓 추천 아이템

백화점 지하 슈퍼마켓

포르투갈 포르투 특산 포트 와인, 칼렘(Calem)

100% 스페인산 오렌지꽃 꿀, 미엘 데 아사아르(Miel de Azahar)

하몬 맛 프링글스, 프링글스 사보르 하몬(Pringles Sabor Jamon)

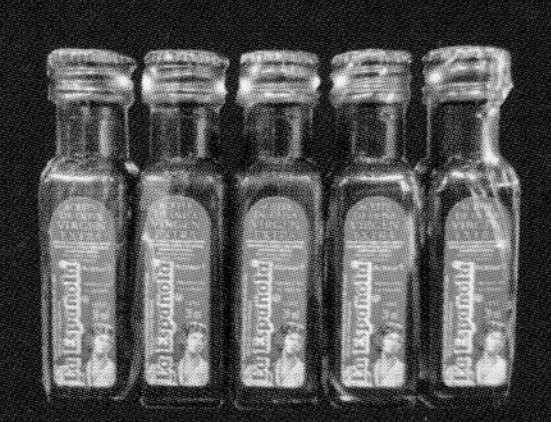

작은 병에 담은 엑스트라 버진 올리브유 세트, “라 에스파뇰라” 아세이테 데 올리바 비르헨 엑스트라(“La Española” Aceite de Oliva Virgen Extra)

일명 ‘꿀 국화차’라 불리는 캐머마일 티백, 만사니야 콘 미엘(Manzanilla con Miel)

스페인식 초콜라테 파우더, 발로르 카오(Valor Cao)

천연재료로 만든 토마토 잼, 에로 콘피투라 엑스트라 데 토마테(Hero Confitura Extra de Tomate)

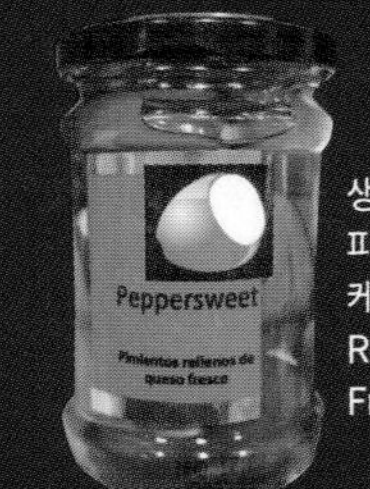

생 치즈를 채운 피망 절임, 피미엔토스 레예노스 데 케소 프레스코(Pimientos Rellenos de Queso Fresco)

선물용으로 좋은 미니 상그리아(Sangria)

Ⓖ C7GX+MC 마드리드 Ⓜ 306p & MAP ⑦-B

Calle de Fuencarral 솔 광장에서 도보 6분/M 1·5 Gran Via에서 도보 1분

생기 가득! 젊음의 거리

◈ 푸엥카랄 거리
Calle de Fuencarral

걷기 좋은 보행자도로 양옆으로 트렌디한 브랜드 매장들이 늘어선 쇼핑 거리다. 마드리드 구시가의 대표 거리인 그란 비아 북쪽으로 바로 연결되고, 솔 광장과도 멀지 않아 여행자들도 많이 찾는다. 푸엥카랄 거리 서쪽으로는 클럽과 바가 넘쳐나는 말라사냐Malasaña 지역, 동쪽으로는 성소수자LGBT 인권 운동의 발상지이자 히피들이 모여드는 추에카Chueca 지역으로도 이어지는데, 이 때문에 푸엥카랄 거리는 언제 가더라도 젊은이들로 활기가 넘친다.

Ⓖ C7FX+8Q 마드리드 Ⓜ 306p & MAP ⑦-B

Calle de Fuencarral, 46 09:30~21:30/일요일 휴무 M 1·5 Gran Via에서 도보 5분 www.primor.eu

코스메틱 러버를 위한 전문 드럭 스토어

◈ 프리모르
Primor

스페인의 대표적인 드럭 스토어. 일반 화장품과 약국 화장품, 향수 등을 취급한다. 마드리드에 있는 여러 개의 지점 중 푸엥카랄 거리 한복판에 있는 이 매장의 접근성이 가장 좋다. 샤넬, 랑콤 등 명품 브랜드도 다양하게 취급하며, 저렴한 가격으로 사랑받는 스페인 화장품 브랜드 바이파세와 우리나라 화장품 브랜드도 만나볼 수 있다. 라로슈포제, 유리아주, 코달리, 눅스 등 유럽의 약국 화장품도 저렴한 편이다.

Ⓖ C78X+HP 마드리드 Ⓜ 306p & MAP ⑦-B

Plaza de Canalejas, 6 10:00~20:00/일요일 휴무 € 종이박스 100g 2€~, 틴케이스 20g 3€~/포장 용기에 따라 가격이 다름 솔 광장에서 도보 3분

온통 보라보라해~

◈ 라 비올레타
La Violeta

스페인 왕실이 사랑한 제비꽃 사탕을 만날 수 있는 곳. 규모는 작지만, 오랜 전통 덕에 스페인 사람들 사이에서 매우 유명한 가게다. 제비꽃 추출물을 넣어 보랏빛을 띠는 꽃 모양 사탕은 리본으로 장식한 고급스러운 포장 덕에 선물용으로 제격이다. 은은하고 고급스러운 향이라는 호평과 화장품 맛이라는 혹평을 동시에 받는데, 시식용 사탕을 제공하지 않으니 제일 작고 저렴한 제품을 먼저 구매해 보는 게 안전하다. 포장 용기에 따라 가격대가 다양하다.

CAPITOL
vodafone
Schweppes
UNITED COLORS OF BENETTON
EL
HOMBRE MÁS

공항에서 곧바로, 편안한 하룻밤

호텔 마이드릿

Hotel Maydrit

마드리드 공항에서 24시간 무료 픽업·드롭 서비스를 제공하는 4성급 호텔. 바라하스 공항에서 차로 5분 거리이며, 메트로 5호선 역과도 가깝다. 장거리 비행 후 마드리드 시내로 들어가지 않고 바로 쉬고 싶은 여행자에게 추천. 길 건너에 중국 식당이 있다.

FC24+JQ 마드리드 MAP 6 *#마드리드 공항*

Calle Piragua, 1 ☎ 911 96 92 00 € 더블룸 125€~ M 5 El Capricho에서 도보 5분 www.hotelmadridmaydrit.com/en

공항을 이용한다면 이곳에서

클레멘트 바라하스 호텔

Clement Barajas Hotel

공항에서 무료 픽업·드롭 서비스를 제공하는 호텔. 마드리드 도착 후 시내로 가지 않고 곧바로 다른 비행기로 갈아타는 사람에게 추천한다. 조식은 7€이며, 1층에 간식거리를 판매하는 자동판매기가, 도보 5분 거리에 맥도날드가 있다.

FCCC+C2 마드리드 MAP 6 *#마드리드 공항*

Avenida General, 43 ☎ 917 46 03 30 € 더블룸 100€~ M 8 Barajas에서 도보 10분 www.clement hoteles.com/en

MORE

마드리드 공항, 호텔 픽업 차량 이용하기

공항이 시내에서 비교적 가까워 공항으로 픽업·드롭 서비스를 제공하는 호텔이 많다. 심야에 도착하거나 새벽 비행기를 이용할 때 특히 편리하다. 공항에 도착해서 호텔로 전화하면 픽업 차량이 오며, 제1 터미널과 제2 터미널 사이에 있는 호텔 픽업 정류장에서 탑승한다. 여러 호텔 차량이 모여 있으니 호텔 이름을 반드시 확인하자.

호텔 픽업 정류장.
'HOTEL' 표지판을 따라가자.

클레멘트 바라하스 호텔의
픽업 차량

6인 도미토리 깔끔하게 꾸민 공용 라운지

TOC 지점 중 최고!

TOC 호스텔 마드리드
TOC Hostel Madrid

바르셀로나와 세비야에도 있는 체인 호스텔. 솔 광장과 매우 가까워 편리하다. 개인용 등과 콘센트가 달린 박스형 2층 침대가 놓인 도미토리룸이 훌륭하며, 여행용 가방이 들어가는 개인 로커와 전자레인지를 갖춘 부엌도 있다. 호텔 수준의 더블룸도 있다.

G C78V+VM 마드리드 M MAP 7-A *#솔 광장*
Plaza Celenque, 3 ☎ 915 32 13 04 € 6~8인 도미토리 17€~, 더블룸 70€~ M 1·2·3 Sol에서 도보 5분 www.tochostels.com/madrid

8인 도미토리

모던한 시설을 갖춘 호스텔

호스텔 더 햇
Hostel the HAT

현대적인 감각의 인테리어로 인기가 많은 호스텔. 마요르 광장과 매우 가깝고, 넓은 로비와 루프톱 바가 장점으로 꼽힌다. 전자레인지 외에 조리 도구는 갖추고 있지 않지만, 호스텔 바로 앞에 슈퍼마켓이 있어 요긴하게 이용할 수 있다. 프런트 데스크 24시간 운영.

G C77V+P5 마드리드 M MAP 7-C *#마요르 광장*
Calle Imperial, 9 ☎ 917 72 85 72 € 도미토리 35€~ M 1·2·3 Sol에서 도보 5분 www.thehatmadrid.com

크기는 작지만, 조리 도구를 충실히 갖춘 부엌

호텔 같지만 호스텔입니다

몰라 호스텔
Mola Hostel

마드리드 중심가에 있는 호스텔로, 솔 광장과 마요르 광장에서 도보 3분 거리다. 침대 수는 270개. 리셉션도 24시간 운영해 마치 호텔 같은 느낌이다. 모든 침대에 개인용 등과 콘센트가 달려있고, 코인 로커도 갖추고 있다.

G C77W+MF 마드리드 M MAP 7-C *#솔 광장*
Calle de Atocha, 16 ☎ 915 90 05 09 € 도미토리 35€~ M 1·2·3 Sol에서 도보 5분 www.molahostel.com

톨레도

TOLEDO

현대의 수도 마드리드보다 더 많은 역사적 자취가 남아 있는 스페인의 옛 수도다. 강물이 뱀처럼 굽이쳐 흘러 언덕을 감싸고, 그 위에 우뚝 선 황톳빛 성채와 구불구불 얽혀 있는 작은 골목들이 여러 문화가 공존하며 살던 수백 년 전 전성기 모습 그대로다. 성채 도시 특유의 절경에 1986년 마을 전체가 유네스코 세계문화유산으로 지정되는 프리미엄까지 더해져 마드리드 최고의 근교 여행지로 손꼽힌다.

#성채도시 #세계문화유산
#스페인옛수도(~1561) #중세여행
#엘그레코

톨레도 가는 법

톨레도는 마드리드에서 남쪽으로 약 70km 떨어져 있다. 기차와 버스로 이동할 수 있으며, 교통이 편리해 당일치기 여행도 가능하다.

마드리드 아토차역
고속기차 36분,
AVANT 13.90€,
06:45~21:45/1시간 간격

톨레도역
Estación de Toledo

마드리드 플라사 엘립티카 버스터미널
버스 직행 50분~1시간,
완행 1시간 30분~1시간 45분,
알사 6.18€,
06:00~24:00/15~30분 간격

톨레도 버스터미널 Estación de Autobuses de Toledo

1. 기차

마드리드 아토차역에서 톨레도행 고속기차(AVANT)가 출발한다. 중간에 정차하지 않고 톨레도역까지 빠르게 닿는다는 점이 가장 큰 장점이다. 투어리스트 패스 Zona T를 사용할 수 없으니 주의하자.

◆ 톨레도역 Estación de Toledo

컬러풀한 타일과 목재로 장식한 기차역 건물 자체가 너무나 아름다워 기차 대기 시간에 역 안의 바르에 앉아만 있어도 눈이 즐겁다. 시내 중심인 소코도베르 광장까지는 도보 20분 거리로, 오르막길이라 걸어가기에는 힘들다. 역 건물을 등지고 오른쪽에 있는 정류장에서 시내버스 61·62번 등을 타면 구시가까지 8분이면 닿는다. 요금(1.40€)은 버스 기사에게 직접 낸다.

★
톨레도역
VX6Q+WG 톨레도
고속기차 운행 정보
www.renfe.com

★
톨레도 시내버스 정보
unauto.es

톨레도역

고속기차 AVANT

구시가까지 가는 시내버스 62번 버스

고풍스러운 톨레도역 내부

✚ 시내버스 61·62번 운행 정보

요금	편도 1.40€
소요 시간	소코도베르 광장까지 8분
운행 시간	07:00~23:20/15~30분 간격
노선	톨레도역(Paseo de la Rosa-Renfe) ⇄···⇄ 소코도베르 광장(Zocodover)

★
톨레도 버스터미널
VX8H+8R 톨레도

알사 버스
www.alsa.com

마드리드 플라사 엘립티카 버스터미널

현대적인 시설을 갖춘 톨레도 버스터미널

★
여행안내소
Oficina Turística de Toledo

유명 관광지인만큼 톨레도에는 여행안내소가 여러 곳 있다. 구시가로 들어가는 성문인 비사그라 문(Puerta Nueva de Bisagra) 앞이나 톨레도 대성당 근처에 있는 시청 지점이 이용하기 가장 편리하다.

톨레도 시청 지점
VX4G+J2F 톨레도
Paseo Merchán, S/N, 45003 Toledo
10:00~18:00(일 ~14:00)/ 1월1·6일, 12월 24·25·31일 휴무
대성당 서쪽, 톨레도 시청 앞 광장에 있다.
turismo.toledo.es

2. 버스

마드리드 시내의 메트로 6·11호선 플라사 엘립티카역(Plaza Elíptica)과 곧장 연결되는 플라사 엘립티카 버스터미널에서 출발한다. 메트로 역 개찰구(버스터미널Terminal de Autobuses 방향)가 있는 지하 3층의 알사(Alsa) 부스 또는 자동판매기에서 티켓을 구매한 뒤 지하 1층 7번 승강장에서 톨레도행 버스에 탑승한다. 돌아오는 버스 티켓도 미리 확보해 놓을 것! 직행이 완행보다 40분 정도 더 빠르니, 티켓을 사거나 버스를 탈 때 '디렉토(Directo, 직행)'인지 확인하자. 버스는 지정석이 아닌 선착순 탑승이므로 승강장 앞에 미리 줄을 선다. 마드리드에서 투어리스트 패스 Zona T(298p)를 구매하면 마드리드-톨레도 구간의 버스를 무료로 이용할 수 있다.

◆ 톨레도 버스터미널 Estación de Autobuses de Toledo

마드리드에서 출발한 버스는 톨레도 버스터미널 지하 1층 승강장에 도착한다. 터미널은 소코도베르 광장과 약 1km 떨어져 있어 거리상으로는 가깝지만, 언덕길을 올라야 한다. 구시가까지 편하게 가려면 마드리드에서 온 버스가 정차한 터미널과 같은 층에 있는 정류장(Est. de Autobuses Dirección Casco Histórico)에서 시내버스 5번을 타고 간다. 요금(1.40€)은 버스 기사에게 직접 낸다. 걸어간다면 언덕을 올라가는 무료 에스컬레이터(탑승 위치는 지도 참고)를 이용하자.

톨레도 버스터미널에 도착한
마드리드-톨레도 직행 알사 버스

소코도베르 광장으로 향하는 시내버스 5번

✚ 시내버스 5번 운행 정보

요금	편도 1.40€
소요 시간	소코도베르 광장까지 15분
운행 시간	07:00~22:00/15~30분 간격
노선	톨레도 버스터미널(역사지구 방향 정류장 Est. de Autobuses Dirección Casco Histórico) ⇄…⇄ 소코도베르 광장(Zocodover(Cuesta Carlos V))

★
코인 로커

톨레도 버스터미널 입구에 코인 로커가 있다. 이용하려면 터미널 내의 안내소에서 로커용 코인을 구매한다. 코인 1개(소 1.80€, 대 3€)로 당일 자정까지 이용 가능하며, 이후에는 안내소에 문의해야 한다 .

: WRITER'S PICK :

시티 투어 버스 or 꼬마 기차

(모두 한국어 오디오가이드 제공)

볼거리가 모여 있는 구시가에는 언덕이 많고, 중세시대에 만든 돌길도 그대로 남아 있어 한참 걷기에는 피곤하다. 산 마르틴교나 강 건너 전망대 등 시 외곽을 둘러볼 때는 시티 투어 버스를 이용하자. 원하는 정류장에서 마음껏 타고 내릴 수 있어 편리하다. 단, 옵션 추가 없이 티켓을 구매하려면 소코도베르 광장의 간이매표소에서 '버스만 이용(Only bus)'한다고 정확하게 말하자. 톨레도역이나 버스터미널, 홈페이지 등의 판매처에서는 비싼 옵션이 추가된 티켓만 판매하려 하니 주의해야 한다.

꼬마 기차 소코트렌(Zocotren) 역시 비슷한 코스로 운행한다. 알카사르 옆 정류장에서 출발해 전망대에서 딱 한 번 5~10분 정차하지만, 깜찍한 외관 덕에 여행자들에게 인기 만점이다. 시계 방향으로 순환하므로 풍경을 제대로 감상하려면 오른쪽에 앉는 것이 좋다. 대기자가 많을 때는 출발 시각이 한참 뒤로 밀리므로 톨레도에 도착하자마자 예약부터 해놓을 것!

구분	시티 투어 버스	소코트렌
요금	24시간권 20€~	9€
소요 시간	1회 순환 50분	1회 순환 45분
운행 시간	10:00~21:00/35~60분 간격	10:00~22:00/시즌에 따라 다름
홈페이지	city-sightseeing-spain.com	toledotrainvision.com

톨레도와 사랑에 빠진 **엘 그레코의 발자국을 따라서**

중세 최고의 천재 화가 엘 그레코가 자신의 고향인 그리스보다 애착을 가지고 여생을 보낸 마을이다. 덕분에 구시가 곳곳에 그가 남긴 희대의 역작들이 여행자에게 말을 건넨다. 엘 그레코가 안내하는 톨레도의 중세 시대로 아득한 시간 여행을 떠나자.

구시가의 첫 번째 관문, 비사그라 문

태양의 문(왼쪽)과 발마르돈 문(오른쪽)

★

구시가로 들어가는 성문들

높은 지대에 형성된 구시가는 성벽이 둘러싸고 있어 성문을 통해서만 안으로 들어갈 수 있다. 도시의 남·동·서쪽은 타호(Tajo) 강이 감싸 흘러 주요 성문은 북쪽에 있다.

버스터미널에서 출발했다면 제일 가까운 문은 도보 10분 거리에 있는 비사그라 문(Puerta Nueva de Bisagra)이다. 톨레도를 둘러싼 9개의 성문 가운데 가장 웅장하며, 이 성문의 건축을 지휘한 카를로스 1세(카를로스 5세/신성로마제국의 카를 5세)의 상징인 쌍두 독수리 문장이 새겨져 있다.

비사그라 문을 통과해 올라가면 구시가로 향하는 길이 세 갈래로 나뉜다. 제일 왼쪽 길에는 문이 없고, 가운데 길에는 태양의 문(Puerta del Sol)이, 오른쪽 길에는 발마르돈 문(Puerta de Valmardón)이 세워져 있다. 이 세 가지 길 중 어느 길로 가도 소코도베르 광장과 이어진다.

01 중세로 떠나는 시간여행 출발지 소코도베르 광장 Plaza de Zocodover

구시가 심장부에 자리해 톨레도 도보 여행의 시작점으로 삼기 좋은 곳이다. 드물게도 구시가에서는 가장 넓게 트인 공간인지라, 산책하러 나온 마을 사람도, 톨레도를 처음 찾은 여행자도 모두 이곳으로 모여든다. 특히 레스토랑이 야외 테이블을 펼치는 여름철이면 늦은 밤까지 광장에 활기가 샘솟는다.

세모난 광장에서는 어느 쪽으로 가든 명소와 바로 연결된다. 우선 광장 동쪽에는 이슬람 시대의 성벽을 따라 세운 길고 우아한 건물 사이로 피의 아치Arco de la Sangre라 부르는 성문이 복원돼 있다. 이는 산타 크루스 미술관으로 이어지는 통로다. 남쪽으로는 우뚝 솟은 알카사르 성채가 바로 붙어 있다. 남서쪽으로 난 코메르시오 거리Calle Comercio를 따라 걸으면 톨레도 대성당으로 이어진다.

Ⓖ 소코도베르 광장 Ⓜ 351p
🚇 톨레도 버스터미널에서 5번 버스를 타고 Zocodover Cuesta Carlos V) 하차/톨레도역에서 61·62·94번 버스를 타고 Zocodover(Cuesta Carlos V) 하차

구시가에서 제일 번화한 코메르시오 거리. 길 끝에 대성당의 첨탑이 보인다.

★
소코도베르 광장과 톨레도의 역사

광장의 이름 중 '소코(Zoco)'는 '시장'이라는 뜻의 옛 아랍어다. 8세기 초 이베리아 반도를 장악한 아랍인들이 이곳에 가축시장을 열며 유래한 이름이다. 1085년 이후 가톨릭 세력이 재탈환해 국토회복운동의 본거지로 삼은 이후에는 종교재판에 따른 화형식이나 투우 경기 장소로 사용되었다.

피의 아치. 오른쪽에는 스페인 전통 과자 마사판 가게(366p)가 있다.

회랑으로 둘러싸인 아름다운 파티오

02 건물이 예술, 전시품은 더 예술!
산타 크루스 미술관
Museo de Santa Cruz

소코도베르 광장에서 출발하는 구시가 탐험의 첫 번째 목적지로 추천하는 미술관. 명화는 멋진 건물에 전시될 때 더욱 빛난다는 만고불변의 진리를 다시 한번 확인할 수 있는 곳이다. 본래 고아를 수용하는 자선병원으로 지어진 이 건물은 정면 입구의 화려한 조각 장식부터가 인상적이다. 16세기 스페인에서 유행한 플라테레스크 양식의 표본으로, 장식이 정교하면서도 전반적으로 웅장한 느낌이다. 십자가 모양으로 이어지는 건물 구조 또한 독특하다.
전시실에는 엘 그레코, 고야, 리베라 같은 스페인 출신 유명 화가들의 작품이 걸려 있다. 대부분 15~17세기에 그려진 회화 작품으로, 대표 소장품은 역시 화가 엘 그레코의 작품들이다. 미술관 한쪽 끝에 별도의 코너를 만들어 <성모 승천>, <히포의 성 아구스틴> 등을 전시하고 있다.

VX5H+VR 톨레도 M 351p
Miguel de Cervantes, 3 10:00~18:00(일 09:00~15:00)/1월 1·6·23일, 5월 1일, 12월 24·25·31일 휴무 4€, 15세 이하·65세 이상 무료/무료입장 수요일 16:00~, 일요일, 5월 18·31일 소코도베르 광장에서 도보 1분 www.cultura.castillalamancha.es/museos/nuestros-museos/museo-de-santa-cruz

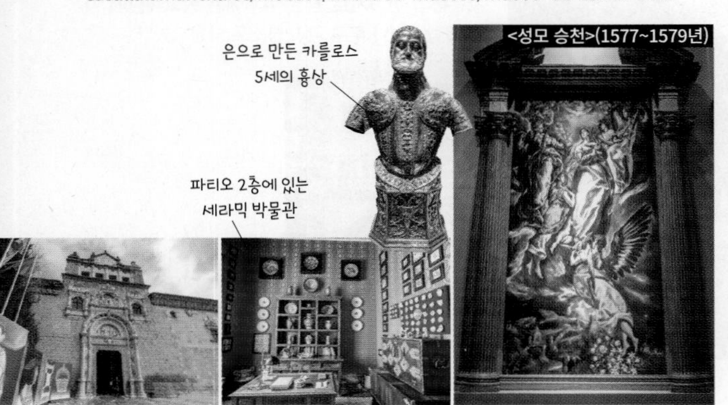
은으로 만든 카를로스 5세의 흉상
파티오 2층에 있는 세라믹 박물관
<성모 승천>(1577~1579년)

03 전망이 빼어난 군사 요새
알카사르 (군사 박물관)
Alcázar de Toledo (Museo del Ejército)

구시가 가장 높은 지대에 우뚝 선 알카사르. 알카사르는 보통 군주들이 머무는 궁전을 의미하지만, 이곳은 강 동쪽의 고지대라는 전략적 위치가 더 작용했기에 군사 요새의 역할을 했다. 기원전 2세기 로마 시대부터 단단한 성채가 구축돼 왔다가, 16세기 스페인의 전성기를 이끈 카를로스 1세 시절 지금처럼 사방에 탑이 있는 네모 반듯한 건물 모양을 갖췄다.
건물 안은 현재 군사 박물관의 역할을 하고 있다. 중세부터 현대에 이르는 각종 무기와 군수용품이 전시돼 있으며, 특히 중세 시대의 갑옷과 투구는 당장이라도 사용할 수 있을 만큼 보존 상태가 훌륭하다. 기념품숍의 병정 인형과 군수용품 미니어처 역시 다른 곳에서는 흔히 볼 수 없는 퀄리티다. 톨레도의 가장 높은 곳에 자리한 만큼 테라스에서 내려다보는 시가지 전망 또한 빼놓을 수 없다.

톨레도 알카사르 M 351p
Calle de la Unión
군사박물관 10:00~17:00/월요일, 1월 1·6일, 5월 1일, 12월 24·25·31일, 특별행사일 휴관
군사박물관 5€, 17세 이하 무료/무료입장 일요일·3월 29일·4월 18일·5월 18일·10월 12일·12월 6일(화재로 인한 보수 공사 중이라 당분간 무료입장)
소코도베르 광장에서 도보 1분
www.ejercito.defensa.gob.es/museo

❶ 원래 있던 성벽의 유적. 현재의 건물을 그 위에 세웠다.

❷ 건물 중앙의 카를로스 5세 파티오

❸ 요새 안 예배당에는 인도와 포르투갈 양식이 결합한 카를로스 5세의 천막이 전시돼있다.

❹ 군사 박물관의 전시물. 컬렉션이 방대하다.

★
참혹한 내전의 현장

알카사르는 스페인 내전으로 심각하게 망가지기도 했다. 우파 민족주의자들에게는 영웅심의 상징, 좌파 공화군에게는 뼈아픈 패배의 장소다. 1936년 프랑코의 쿠데타에 반대하는 공화군 8000여 명과 프랑코를 지지하는 민족주의 성향의 군부 세력 1000여 명이 66일간 전투를 벌여 프랑코 측이 승리한 것. 알카사르 한쪽엔 우파 민족주의자들의 영웅 모스카르도 장군의 집무실도 재현돼 있다.

내전 당시의 총탄 자국이 그대로 남은 모스카르도 장군의 집무실

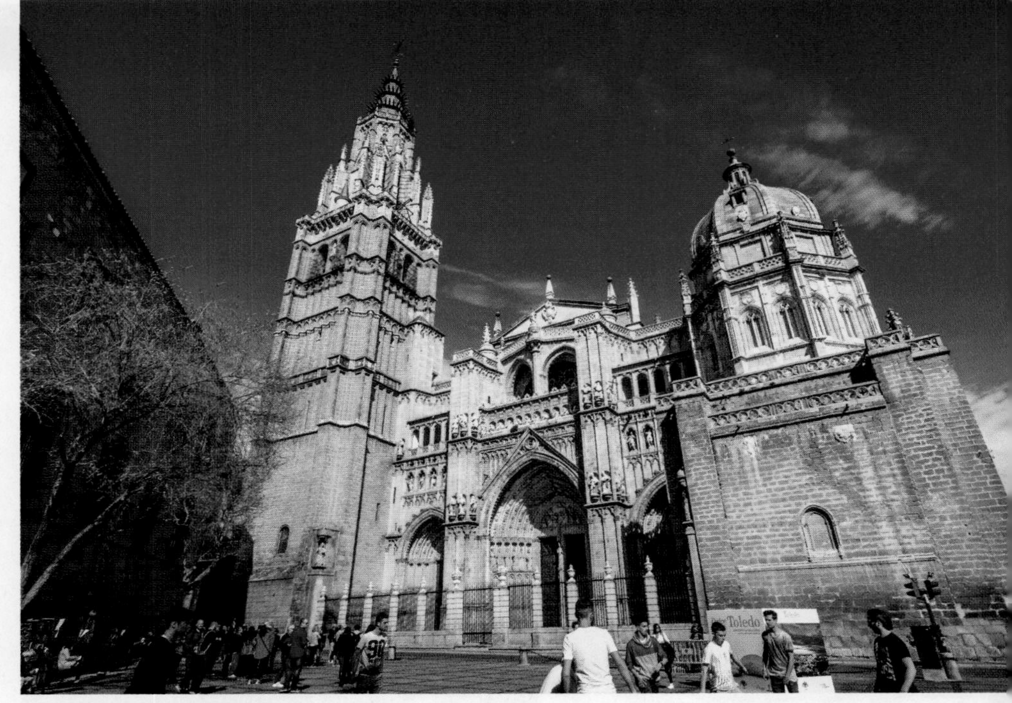

조각과 그림으로 아름답게 꾸민 트란스파렌테

04 보물 천지! 스페인 가톨릭 총본부
톨레도 대성당
Catedral de Santa María de Toledo

스페인 그 어느 도시보다 뜨거운 신앙심을 확인할 수 있는 공간. 스페인 가톨릭 총본부가 자리한 대성당이다. 덕분에 이 작은 도시의 시민들은 톨레도가 스페인 종교의 수도라는 자부심을 가지고 살아간다. 1226년 이슬람 모스크를 허문 자리에 가톨릭에 대한 경외심을 불러올 만한 대성당을 짓다 보니, 건설에만 300년 가까이 소요됐다.

신의 손가락이라 불리는 뾰족한 첨탑과 천국을 향한 열망을 담은 화려한 스테인드글라스가 돋보이는 대성당은 규모만도 길이 113m, 너비 57m, 중앙 높이 45m라 한 바퀴 돌아보는 데 최소 1시간이 걸린다. 유럽에서 가장 뛰어난 고딕 양식 성당 중 하나로 손꼽히지만, 오늘날의 명성은 성당 안을 채운 두 가지 보물에서 비롯된다. 하나는 바로 엘 그레코의 걸작 <그리스도의 옷을 벗김>. 당시에는 성당이 지급하려는 금액이 엘 그레코가 받고자 했던 그림 값의 1/4에도 못 미쳤지만, 사후에 천재성을 인정받은 그의 작품은 현재 값을 매길 수 없을 만큼 귀한 대접을 받고 있다. 또 다른 보물은 투명한 채광용 창인 트란스파렌테Transparente다. 원래 있던 천장 일부를 뜯어내고 대성당에 자연광을 불어 넣은 파격적인 공사로, 18세기 당시 20만 금화라는 천문학적인 거금이 들었다.

- 톨레도 대성당 M 351p
- Calle Cardenal Cisneros, 1
- 10:00~18:30(일 14:00~)/1월 1일·12월 25일·행사 시 휴무 또는 단축 운영
- 12€
- 소코도베르 광장에서 도보 6분
- www.catedralprimada.es

Zoom In & Out

톨레도 대성당

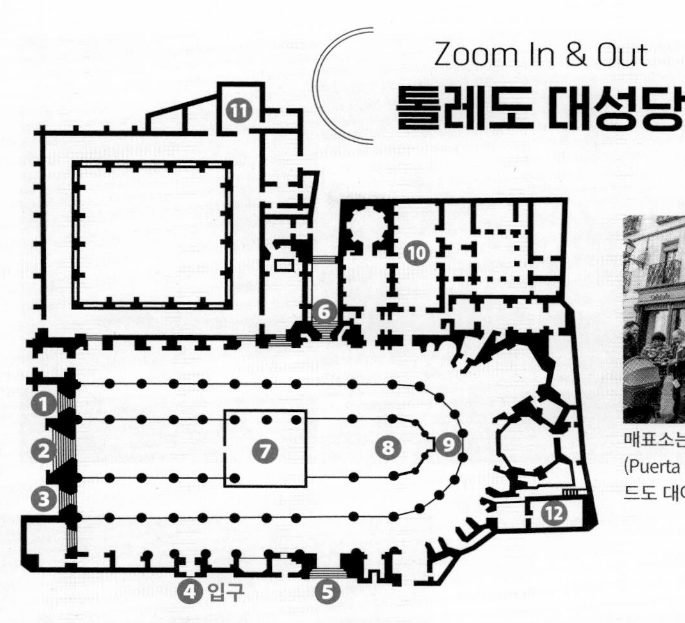

매표소는 대성당 남쪽 골목 안쪽의 평지 문(Puerta Llana) 맞은편에 있다. 오디오가이드도 대여할 수 있다.

❶ 지옥의 문 Puerta del Infierno

❷ 용서의 문 Puerta del Perdón

❸ 심판의 문 Puerta del Juicio Final

고딕 양식으로 화려하게 장식한 대성당의 첫인상이다. 대성당으로 들어가는 총 6개의 문 중 3개가 정면(서쪽) 파사드에 있다. 평소에 이 문들은 닫아 놓는다.

❹ 평지 문 Puerta Llana

❺ 사자의 문 Puerta de las Leones

관람객이 대성당으로 들어가는 입구인 평지 문은 대성당 남쪽 골목에 있다. 이 문 오른쪽에 귀여운 사자 동상들이 줄지어 선 사자의 문도 꼭 구경해보자.

❻ 시계의 문 Puerta de Reloj

대성당 북쪽, 현지인이 기도를 드리는 조그만 예배당으로 통하는 문이다. 실제 예배용이라 입장료를 받지 않지만, 이 문을 통해 본당으로 들어갈 수는 없다.

❼ 성가대석 Coro

대성당 한가운데 으리으리하게 자리한 고딕 양식의 성가대석. 호두나무로 만든 육중한 의자 등받이에는 가톨릭 세력이 그라나다를 정복하는 모습을 부조로 새겼다. 성가대석 양쪽에 황금 파이프 오르간이 설치돼 있고, 앞쪽에는 다른 성당에선 보기 드문 장난스러운 미소를 띤 하얀 옷을 입은 성모와 아기 예수상이 있다.

❽ 주 예배당 Capilla Mayor

성가대석 맞은편 주 예배당에는 나무 조각을 황금색으로 채색한 플랑드르 고딕 양식의 제단화가 있다. 5명의 예술가가 꼬박 6년간 매달려 예수와 성모의 일생을 생생하게 묘사했다. 규모는 물론 수준 높은 정밀한 조각이 압도적이다. 좌우에는 톨레도를 탈환한 알폰소 6세의 아들 알폰소 7세(재위 1126~1157년)와 그의 아들 산초의 무덤이 있다.

❾ 트란스파렌테 Transparente

천장에 둥글게 뚫은 채광창. 이를 통해 들어오는 빛이 후광처럼 성모와 예수의 조각상을 비춘다. 영적인 빛을 받아 떠 있는 모습으로 보이도록 연출한 것. 조각상 주변 또한 황금빛 설화석고와 대리석 부조로 화려하게 장식했다. 스페인 바로크 양식의 진수로 꼽히는 공간이다.

<그리스도의 옷을 벗김>(1579년)

⑩ 성구 보관실 Sacritia

절대 놓쳐서는 안 될 대성당의 하이라이트. 천상의 세계를 표현한 천장의 프레스코화 아래 벽면에 그림들이 빼곡하게 걸려 있다. 주로 엘 그레코가 그린 성화가 많은데, 그중 한가운데에 걸린 <그리스도의 옷을 벗김>이 명화로 꼽힌다. 엘 그레코가 성당에서 주문받은 톨레도에서의 첫 작품으로, 눈물 어린 눈으로 하늘을 올려다보는 그리스도의 표정은 이후 그의 작품에서 자주 등장한다. 당시 그림이 마음에 들지 않은 성당과 엘 그레코 사이에 그림 값 분쟁이 시작된 작품이기도 하다.

⑪ 산 블라스 예배당 Capilla de San Blas

대성당 북서쪽에 붙은 네모난 회랑 구석에 있는 조그만 예배당이다. 산 마르틴교의 건설을 지시한 대주교 돈 페드로가 자신의 무덤으로 만든 곳으로, 고딕 양식의 아치문 너머 둥근 천장 아래에 그의 무덤이 있다. 예배당으로 들어가는 회랑의 벽화도 눈여겨 보자.

참사회의장의 첫 번째 방

두 번째 방

⑫ 참사회의장 Sala Capitular

주교들이 모여 회의하던 장소로, 성당 안의 다른 예배당과는 분위기가 확연히 다르다. 2개의 방 중 대기실로 사용한 첫 번째 방은 무데하르 양식으로 꾸민 목조 천장과 벽면 조각이 식물 문양의 벽화와 조화를 이룬다. 회의실인 두 번째 방은 고딕 양식으로 꾸몄고, 황금색 천장 아래에 역대 톨레도 대주교들의 초상화가 가득 걸려 있다.

성당 입구

<오르가스 백작의 매장>

성당 본당

05 이 그림을 보려고 톨레도에 왔지! 산토 토메 성당 Iglesia de Santo Tomé

물리적 세계와 영적인 세계가 공존하는 엘 그레코 특유의 표현 방식이 가장 잘 드러난 작품 <오르가스 백작의 매장>(1586~1588년)이 있는 곳. 톨레도에 여행온 사람들이 오직 이 그림 하나를 보기 위해 산토 토메 성당을 찾는다고 해도 과언이 아닐 정도다.

그림의 진수를 제대로 느끼는 방법은 바글바글한 사람들 틈으로 들어가 그림 바로 앞에 위치한 무덤과 함께 감상하는 것. 무덤의 주인은 그림 속 주인공이자 이 성당의 후원금을 전담하던 오르가스 백작이다. 그는 죽기 전 재산을 모두 성당에 기부한다는 유언을 남겼는데, 이를 거부한 후손들과의 법정 공방 끝에 승소한 성당이 백작을 기리기 위해 의뢰한 작품이 바로 이 그림이다. 엘 그레코는 무덤 바로 뒤에 그림을 놓아 현실의 무덤과 그림 속 공간을 연결했다. 실물보다 살짝 크게 두 성인을 그려서, 그들이 들고 있는 백작의 유해가 현실의 관 속으로 내려지는 듯한 착각을 불러 일으킨다.

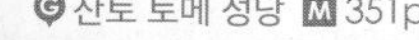

G 산토 토메 성당 M 351p

Plaza del Condes, 4 10:00~18:45(10월 중순~2월 ~17:45, 12월 24·31일 ~13:00)/1월 1일·12월 25일 휴무 € 4€, 10세 이하 무료 톨레도 대성당에서 도보 6분 www.toledomonumental.com

★
그리스인 엘 그레코

1541년 그리스의 크레타섬에서 태어난 엘 그레코는 베네치아와 로마를 거쳐 1576년, 스페인에 도착한다. 그는 당시 화가들의 돈줄이던 성당이나 궁정의 전속 화가가 되려던 시도가 모두 실패하자 이탈리아 유학파로서 대우받을 수 있던 톨레도에 정착했다. 역설적이게도 궁정 화가가 되지 못한 덕분에 그만의 독자적인 화풍을 완성할 수 있었다.

★
<오르가스 백작의 매장> 자세히 보기

그림은 천상의 모습(위)과 지상의 장례식 장면(아래)으로 나뉜다. 천사의 손을 잡고 하늘로 올라간 오르가스 백작의 영혼 좌우에는 예수에게 탄원하는 마리아와 세례 요한이 있고, 지상에서는 주교관을 쓴 성 아우구스티노(오른쪽)와 성 스테파노(왼쪽)가 백작의 유해를 관으로 옮기고 있다. 오른쪽 사제의 얼굴은 백작의 후손에게 유산을 받아낸 실제 인물이고, 성 스테파노 위쪽에서 정면을 바라보는 이의 얼굴은 화가의 자화상이다. 그림 왼쪽에 검은 옷을 입은 아이는 엘 그레코의 아들로, 옷자락에 아들이 태어난 연도인 '1578'을 그려 넣었다.

본당 내부. 벽면의 부조 아래에 시나고가 건설을 허가한 페드로 왕의 말을 새겨놓았다.

06 딱 2개 남은 유대교 회당
트란시토 시나고가 (세파르디 박물관) Sinagoga del Tránsito (Museo Sefardi)

구시가 언덕의 남서쪽은 15세기 말까지만 해도 유대인이 모여 살던 '라 후데리아La Juderia' 지역이었다. 한때는 유대교 회당(시나고가)이 11개나 들어 설 정도로 많은 유대인이 살았지만, 1492년 가톨릭 부부 왕이 종교 통일을 이룬다며 개종을 거부한 유대인을 스페인 땅에서 쫓아냈다. 주인이 떠난 땅이어서일까. 좌우로 구불구불하게 이어지는 골목에 들어서면 어수선한 분위기는 금세 잦아들고, 잠시 시간이라도 멈춘 듯 고즈넉하다.

트란시토 시나고가는 톨레도의 유대인 지구를 대표할 뿐만 아니라, 유대교 회당 건설 자체를 금지했던 14세기에 스페인에 지어진 유일한 시나고가다. 왕위를 놓고 벌인 내전에서 페드로 왕(재위 1350~1366년)의 편을 들어 준 이곳 유대인들에게 고마움의 표시로 특별 허가를 내준 것이다. 내부에는 낙엽송을 채색해서 만든 무데하르 양식의 천장을 올리고, 전면 벽에는 꽃 장식과 히브리어를 조합해 유대 율법의 수호를 의미하는 섬세한 부조를 새겼다. 여성 전용 공간이었던 2층은 현재 유대 문화 박물관으로 사용되고 있다.

Ⓖ 톨레도 시나고가 Ⓜ 351p

📍 Calle Samuel Leví ⏰ 09:30~20:00(11~2월 ~18:00, 일 10:00~15:00)/월요일, 1월 1·6일, 5월 1일, 12월 24·25·31일, 특별 행사 진행 시 휴무 € 3€/무료입장 토요일 14:00~, 일요일, 4월 18일, 5월 18일, 10월 12일, 12월 6일 🚊 산토 토메 성당에서 도보 3분 www.culturaydeporte.gob.es/msefardi

각 사도의 개성과 고뇌를 절묘하게 표현한 <12사도 시리즈>(1600~1605년)

07 엘 그레코가 더 궁금해질 때
엘 그레코 미술관 Museo de El Greco

엘 그레코가 고향 그리스보다 애착을 가졌다는 톨레도에서 38년 동안 산 집은 어디일까? 박물관은 이러한 물음에서 시작됐다. 한 귀족이 엘 그레코의 집으로 추정되는 저택을 사들여 복원 작업을 한 것이 20세기 초반의 일. 안타깝게도 실제 작업실은 광장 건너편의 집인 것으로 밝혀졌지만, 한때 두 저택이 서로 연결돼 있었다고 하니 넓은 범위에서는 '엘 그레코의 집Casa de El Greco'인 셈이다.

파티오 1층에서는 영상물을 상영해 본격적인 작품 감상에 앞서 광기의 화가라 불릴 정도로 독보적인 상상력을 발휘한 엘 그레코의 작품 세계에 관한 이해를 돕는다. 하이라이트는 엘 그레코의 <12사도 시리즈>를 모아 놓은 갤러리. 다른 작품에서 흔히 접하던 사도들의 모습이 엘 그레코의 시선에서는 어떻게 달라지는지 발견하는 것이 관람 포인트다.

Ⓖ VX4C+7G 톨레도 Ⓜ 351p

📍 Paseo del Tránsito ⏰ 09:30~19:30(일·공휴일 10:00~15:00, 11~2월 ~18:00)/월요일, 1월 1·6일, 5월 1일, 12월 24·25·31일 휴관 € 3€/무료입장 토요일 14:00~, 일요일, 4월 18일, 5월 18일, 10월 12일, 12월 6일 🚊 트란시토 시나고가 앞 광장 왼쪽에 미술관 입구가 있다./산토 토메 성당에서 도보 1분 culturaydeporte.gob.es/mgreco

현대적인 디자인의 외관

다리 옆 성벽 아래로 난 길을 따라 산책할 수 있다.

다리 건너편에서 바라본 톨레도 구시가

08 톨레도에서 가장 아름다운 옛 다리
산 마르틴교 Puente de San Martín

고풍스러운 구시가 산책은 아름다운 강변을 바라보며 마무리하자. 잔잔한 타호 강 위에 놓인 5개의 다리 중 옛 도시가 형성될 때 만들어진 다리는 2개. 그 중 구시가 남서쪽의 산 마르틴교는 가장 아름다운 자태를 뽐낸다.

다리는 원래 있던 나무 부교를 대체하며 1380년 처음 놓였다. 상판을 지지하는 아치는 총 5개인데, 제일 긴 가운데의 아치는 지름이 40m로 당시의 기술로는 세계에 몇 안 되는 커다란 아치 구조물이었다. 다리 양쪽에 세운 높은 감시탑 중 구시가 쪽은 남은 성벽 일부와 연결된다. 다리 한가운데 있는 원형 테라스는 흘러가는 강물을 멍하니 바라보며 시간을 보내기에 제격이다. 보행자 전용 다리라 한적한 것도 장점. 다시 견고한 탑을 지나 다리를 건너 구시가로 돌아가면 중세의 시간이 또 한 번 열린다.

Ⓖ 산마르틴 다리 Ⓜ 351p

🚊 구시가 서쪽을 감싸는 레카레도 도로(Paseo Recaredo)를 따라 남쪽으로 가다 캄브론 문(Puerta del Cambrón)을 통과해 내리막길을 따라가면 다리가 나온다.

MORE

집라인 Fly Toledo

타호 강을 건너는 또 다른 방법. 강변 양쪽을 가로지르는 약 20m의 집라인을 타는 것이다. 비용은 제법 들지만, 강물 바로 위에서 바라보는 강변 풍경이 아름답다. 내려갔다가 돌아오는 길은 다리를 걸어서 건너와야 한다.

⏰ 11:00~20:00(겨울철 ~18:30)
€ 1회 10.99€ flytoledo.com

집라인 타고 타호 강 위로!

집라인 탑승장
(주소: Bajada San Martín, 6)

09 엽서를 찢고 나온 풍경
전망대 Mirador del Valle

아름다운 중세 도시 톨레도를 만끽하는 방법은 2가지다. 하나는 이리저리 엉킨 좁은 뒷골목을 헤집고 다니는 것, 다른 하나는 조금 멀리 떨어져 도시의 윤곽을 바라보는 것. 마치 중세 배경의 영화에서 주인공이 말을 타고 입성하기 직전, 저 멀리 언덕에서 도시를 바라보는 것처럼 말이다.
톨레도에서는 타호 강 건너 남쪽 언덕 위의 도로변이 바로 그 지점이다. 도시 둘레를 감싸며 굽이쳐 흐르는 강물 위에는 오래된 성벽이 띠처럼 이어진다. 성벽 안에 다닥다닥 붙은 집들 중에서는 대성당의 종탑과 알카사르가 단연코 존재감을 뽐낸다. 푸른 강물에 떠 있는 근사한 섬처럼 보이기도 하고, 장난감으로 만든 마을처럼 아기자기한 매력도 있는 풍경. 톨레도를 소개하는 TV 프로그램이나 엽서마다 등장하는 장면을 '인생샷' 배경으로 간직할 기회다.
도시마다 제일 멋진 전망 포인트에 자리 잡은 파라도르 역시 전망대 뒤쪽으로 도보 10분 거리에 있다. 숙박객이 아니어도 이용할 수 있는 전망 좋은 테라스 카페는 전망대만 보고 돌아가기 아쉬운 여행자들의 단골 코스다.

VX2H+46 톨레도 M 351p

알카사르 동쪽의 Corralillo S. Miguel (Alcázar) 정류장 또는 알카사르 북쪽의 Calle de la Paz(Cuesta Carlos V) 정류장에서 71번 버스를 타고 Ctra. Circunvalación(Mirador Ermita) 하차(요금 1.40€, 20분 소요)/소코트렌을 타면 5~10분간 정차/시티 투어 버스를 타고 Mirador del Valle 하차

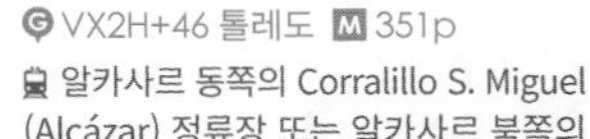

★
전망대까지 가기
전망대는 소코도베르 광장이나 산 마르틴교에서 각각 2.5km 정도 떨어져 있다(도보 40분 소요). 오르막이 있는 커브 길이라 올라갈 때는 소코트렌이나 시티 투어 버스, 시내버스 등을 이용하는 게 좋다. 내려갈 때는 풍광을 감상하며 산책하듯 걸어가는 사람도 많다.
전망대 앞에는 특별한 시설은 없고, 도로 옆 인도와 벤치에서 사진을 찍을 수 있는 정도다. 소코트렌이 올라온 길로 150m 정도 내려가면 간이식 카페 겸 술집(Kiosko Base)이 있다. 시설이나 음식 수준에 비해 가격이 비싼 편이지만, 음료를 마시며 편하게 앉아서 경치를 구경할 수 있다.

처음 경험하는 너란 맛

톨레도 향토 요리

이천 년 역사를 가진 고도답게 지역 특유의 향토 음식이 발달했다.
사슴이나 비둘기처럼 우리에겐 낯선 식재료를 사용하는 것도 특징. 일단은 톨레도의 지역 특선 맥주와 타파스로 가볍게 시작하고, 디저트는 톨레도의 명물 과자 마사판Mazapán을 맛보자.

소스로 인정받은 미슐랭 레스토랑

라 오르사
La Orza

오래된 도시의 뒷골목에서 만나는 뜻밖의 미슐랭 1스타 레스토랑이다. 스페인의 전통 소시지(선지 순대)인 모르시야로 만든 라비올리, 견과류와 푸아그라를 채운 양고기, 소꼬리로 만든 브라우니같이 흔치 않은 속 재료로 개발한 요리를 시즌마다 새롭게 선보인다. 요리 재료와 소스의 완벽한 밸런스가 특징으로, 향토 음식인 사슴고기도 트러플 꿀 소스와 아몬드 크림을 곁들인 타타키로 만들고, 투박한 새끼돼지 요리에도 와인에 절인 배와 캐러멜라이징한 고추로 만든 크림을 곁들이는 등 오랜 시간 천천히 정성 들여 만들어 낸 소스가 미슐랭 별점의 비결로 꼽힌다.

Ⓖ VX4C+7V 톨레도 Ⓜ 351p

📍 Calle de Descalzos, 5 ⏰ 13:30~15:30, 20:00~22:30(일~16:00)/일요일 저녁·수요일 휴무 Ⓔ 테이스팅 메뉴 50€, 전채 14.30~ 20.90€, 생선 요리 20.90~22€, 고기 요리 19.80~22€, 디저트 5.50~7.70€, 빵 2€/1인 🚉 산토 토메 성당에서 도보 1분 www.restaurantelaorza.com

❶ Todo Tapas(18€)

Ⓖ VX5G+XR 톨레도 Ⓜ 351p

📍 Calle Núñez de Arce, 3 ⏰ 09:00~17:00, 19:00~24:00(금 09:00~01:00, 토 11:00~01:00, 일 11:00~24:00) Ⓔ 메뉴 델 디아 24€, 타파스 4€~, 맥주 2.50€~ 🚉 소코도베르 광장에서 도보 2분 www.abadiatoledo.com

낮부터 늦은 밤까지 언제 가도 든든!

라 아바디아
La Abadía Cervecería Artesana

현지인들이 시끌벅적 모여 수제 맥주를 마시는 곳. 1층 바에서는 타파스에 가볍게 맥주 한잔하는 이들이 많고, 식사를 하려는 사람은 벽돌 창고 같은 분위기의 지하로 내려가야 한다.

안주 중 가장 인기 있는 메뉴는 6가지 타파를 한 쟁반에 담아내는 ❶ 모둠 타파스. 치즈를 채운 버섯과 달걀을 올린 라따뚜이 등 대체로 무난한 구성이다. 단, 수제 맥주의 맛이 그리 뛰어나진 않다.

특선 맥주는
전용 잔에
따라준다.
DOMUS
TOLEDO
SAGRA

❶ Pica-Pica(20.90€)

❷ Domus Toledo

❸ Sagra

타파스로 즐기는 톨레도 향토 음식

알필레리토스 24

Alfileritos 24

사슴고기나 비둘기 요리 같은 톨레도 향토 음식 전문 레스토랑. 특히 함께 운영하는 타베르나(술집)에서는 간단하고 좀 더 술안주에 가까운 타파스를 저렴하게 제공한다. 원하는 타파스를 하나씩 주문해도 되지만, 4가지 타파스를 모은 ❶ 피카피카가 인기다. 사슴 고기 절임, 과카몰리를 곁들인 참치 타르타르, 이베리코 햄과 치즈 크로켓, 달콤 매콤한 칠리 소스를 곁들인 오리 롤을 내온다. 톨레도 지역 특선 맥주 ❷ 도무스 톨레도나 100% 프리미엄 몰트로 만든 ❸ 사그라와 함께라면 더욱 풍성하다.

VX5G+WJ 톨레도 M 351p
Calle Alfileritos, 24 10:30~23:30(금·토 ~24:30) 타파스 5.90€~, 테이스팅 메뉴 47€ 소코도베르 광장에서 도보 2분 www.alfileritos24.com

❶ Mazapán

톨레도 전통 과자 마사판의 세계

산토 토메 과자점

Santo Tomé Confitería

톨레도 옛 거리에 어울리는 160년 역사의 과자점이다. 아몬드가루와 설탕을 반죽해 만든 톨레도 전통 과자 마사판으로 특히 유명한 곳. 기본 모양인 ❶ 반달 마사판 외에도 과일이나 동물 모양 마사판 등 다양하다. 한입 깨물면 살짝 덜 구워진 듯한 거친 질감에 설탕의 단맛과 아몬드의 고소함이 동시에 느껴진다. 달지 않은 커피나 차와 적절한 궁합. 유효기간이 한 달 정도이니 낱개로 사서 여행 도중 간식으로 먹어도 좋다. 소코도베르 광장에도 분점이 있다.

VX4F+P2 톨레도 M 351p
Calle de Santo Tomé, 3 09:00~21:00 마사판 7.15€~/200g, 선물포장 29.70€~ 톨레도 대성당에서 도보 4분 mazapan.com

소코도베르 광장 바로 앞!

호텔 도무스 플라사 소코도베르
Hotel Domus Plaza Zocodover

구시가 중심 소코도베르 광장을 마주 보고 있는 중급 호텔이다. 버스터미널과 기차역에서 시내버스를 타고 광장으로 진입하는 길에 있어 찾기 쉽다. 1층 로비의 바닥과 벽 한쪽에는 17세기 건축물의 흔적이 남아 있고, 건물 가운데에 현대적인 엘리베이터를 설치했다. 객실에 냉장고와 TV, 헤어드라이어가 있고, 대체로 깔끔하고 모던한 편이다.

VX6H+3G 톨레도 M 351p *#소코도베르 광장*

Calle Armas, 7 ☎ 925 25 85 81 더블룸 55€~ 소코도베르 광장에서 아르마스 거리(Calle Armas)로 진입하자마자 왼쪽 www.eurostarshotels.com/domus-plaza-zocodover.html

구시가 속 현대적인 호스텔

오아시스 백패커스 호스텔
Oasis Backpackers Hostel

스페인 여러 도시에서 볼 수 있는 호스텔 체인이다. 소코도베르 광장과 매우 가깝고, 구시가 골목 안쪽에 있지만 내부는 현대적으로 깔끔하게 꾸몄다. 동급의 다른 호텔보다 요금이 더 저렴한 개인 욕실이 딸린 더블룸이 인기다. 옥상에는 조그만 부엌과 전망 좋은 테라스가 있고, 엘리베이터도 갖췄다. 공용 욕실을 쓰는 도미토리룸도 이용 가능.

VX5G+RR 톨레도 M 351p *#소코도베르 광장*

Calle Cadenas, 5 ☎ 925 22 76 50 더블룸 50€~ 소코도베르 광장에서 도보 2분 oasistoledo.com

CASTILLA Y LEÓN

세고비아

SEGOVIA

중세 이후 성장을 멈춘 작은 마을이지만, 한때는 스페인의 뿌리라고도 할 수 있는 카스티야 왕국의 거점이었다. 수도인 마드리드와 세고비아, 톨레도 등의 스페인 중앙부를 일컫는 카스티야 지역은 왕이 거주한 성이 많던 까닭에 '성지(城地)'라는 뜻의 이름이 붙었다. 이천 년 전 모습 그대로인 로마 시대 수도교와 중세의 모습을 고스란히 간직한 구시가는 1985년 세고비아가 유네스코 세계문화유산으로 지정된 이유. 디즈니 애니메이션 <백설공주>에 영감을 준 도시로도 유명하다.

#백설공주성 #세계문화유산
#완벽로마수도교 #마지막고딕성당
#새끼돼지요리

세고비아 가는 법

마드리드에서 북쪽으로 90km, 당일치기 근교 여행지로 사랑받는 곳이다. 공항은 따로 없는 대신 마드리드를 오가는 버스와 기차편이 자주 있다. 소요 시간과 요금 면에서 버스가 가장 유리하다.

마드리드 몽클로아 버스터미널
버스 직행 1시간 20분, 완행 1시간 45분, 아반사 4.60€~, 06:30~23:00/15분~45분 간격
↓
세고비아 버스터미널 Estación de Autobuses de Segovia

마드리드 차마르틴역
고속기차 27분~, AVANT, ALVIA 13.90~36€, 06:40~21:30/10분~1시간 간격
↓
세고비아 기오마르역
↓
시내버스 20분~, 11번 2€, 06:50~22:30(토·일 08:35~)/20~30분 간격(토·일 단축 운행)
↓
세고비아 수도교 Acueducto

1. 버스

마드리드 몽클로아 버스터미널(Estación de Moncloa)에서 아반사(Avanza) 버스를 탄다. 터미널은 메트로 3·6호선 몽클로아역과 지하로 곧장 연결된다. 메트로 개찰구에서 나와 버스 모양 표지판(Isla 1)을 따라가면 버스 승차권 매표소와 자동판매기가 보인다. 여기서 에스컬레이터를 타고 올라가면 지하 1층에 승강장이 있다. 게이트 번호를 잘 확인한 뒤 탑승하자.

지하 1층의 버스 승강장

아반사 버스

◆ 세고비아 버스터미널 Estación de Autobuses de Segovia

세고비아 버스터미널은 도심에 위치한 건물 1층을 사용하고 있다. 코인 로커, 매표소, 작은 매점을 갖춘 작은 규모로, 수도교까지는 걸어서 5분이면 닿는다. 출구로 나와 횡단보도를 건너면 곧바로 넓은 보행자도로가 이어지고, 이를 따라 직진하다가 수도교가 보이면 그곳이 바로 마을 중심인 아소게호 광장(Plaza Azoguejo)이다.

★
세고비아 버스터미널
WVVH+X6 세고비아
아반사 버스
www.avanzabus.com

★
왕복 티켓을 미리 구매하자

마드리드-세고비아 여행은 당일치기로 계획하는 사람이 많아 주말이면 승차권이 매진되기 일쑤다. 따라서 마드리드에서 티켓을 살 때 몽클로아 버스터미널로 돌아오는 버스 시간을 지정해 왕복권으로 사 두는 것이 좋다. 아반사 홈페이지에서 예약하는 것도 좋은 방법이다. 원하는 날짜와 시간을 선택하고 개인정보를 입력한 후 신용카드나 페이팔로 결제한다. 단, 수수료(1.50€)가 추가되며, 여행자보험(Seguro de viaje) 옵션이 자동 선택되니 원치 않으면 클릭해서 옵션을 꼭 해제한다.

세고비아 버스터미널. 건물 뒤쪽 1층에 대합실과 매표소가 있다.

코인 로커(5€, 다음 날 07:00까지 찾지 않으면 5€ 추가)

★
세고비아 기오마르역
WW64+65 Hontoria
06:00~22:30
고속기차 운행 정보
www.renfe.com

2. 기차

세고비아에는 고속기차(AVANT·ALVIA·AV City)가 다니는 세고비아 기오마르역과 일반 기차가 다니는 세고비아역(Estación de Segovia)이 따로 있다. 마드리드에서는 차마르틴역에서 출발하는 고속기차를 타고 세고비아 기오마르역에 내린다.

◆ 세고비아 기오마르역 Estación de Segovia Guiomar

고속기차 전용 역. 마드리드 차마르틴역에서 30분이면 닿으나, 기차역이 도심에서 다소 떨어져 있어 버스와 비교해 시간상 이점은 그리 크지 않다. 구시가까지는 역 앞에서 시내버스 11번을 타고 세고비아 수도교 앞의 아르티예리아 광장(Plaza Artilleria, 정류장명: Acueducto 3)에서 내린다. 요금(2€)은 버스 기사에게 직접 낸다. 역으로 돌아갈 때도 내린 곳에서 11번 버스를 탄다.

고속기차가 정차하는 세고비아 기오마르역

시내버스 11번

일반 기차가 정차하는 세고비아역
(Estacion de Trenes de Segovia)

★
아소게호 광장 여행안내소
Centro de Recepción de Visitantes

버스에서 내려 수도교를 지나면 바로 나오는 아소게호 광장에 있는 여행안내소. 세고비아 여행안내소 중 가장 크고 자료가 많다. 항상 붐비므로 줄을 설 각오를 하고 가자.

WVXJ+6M 세고비아
Plaza Azoguejo, 1
10:00~14:00, 16:00~18:00(일 10:00~15:00)
아소게호 광장의 북쪽 계단 쪽에 있다.
www.turismodesegovia.com

: WRITER'S PICK :

산책하듯 사뿐사뿐 걷기 좋은 세고비아

인구가 5만 정도밖에 되지 않는 작은 도시 세고비아에서는 기차역으로 갈 때를 제외하고 시내버스를 이용할 일이 거의 없다. 수도교가 있는 아소게호 광장에서 마을의 서쪽 끝에 있는 알카사르까지도 걸어서 약 20분이면 도착할 수 있다.

로마 수도교가 있는 아소게호 광장 (Plaza Azoguejo)

레스토랑과 상점이 밀집한 마요르 광장 (Plaza Mayor)

코무네로스 반란(374p)의 리더, 후안 브라보(Juan Bravo)의 동상이 있는 산 마르틴 광장 (Plaza San Martín)

아담한 마을이 쥔 **세고비아 비장의 카드 3!**

가장 완벽한 형태로 보존된 로마 시대 수도교부터 계곡 위 아찔한 백설공주의 성 그리고 골목 깊숙한 곳의 대성당까지. 아기자기함과 웅장함이 공존하는 중세 마을 세고비아를 여유롭게 즐겨보자.

늑대의 젖을 먹고 자란 로마 건국의 영웅, 로물루스와 레무스 동상

★

수도교의 원리

푸엔프리아 계곡은 수도교에서 15km나 떨어져 있다. 펌프 없이도 물이 이곳까지 이동할 수 있었던 건, 수원의 위치를 높게 해 운동에너지를 위치에너지로 바꾸는 역 사이폰(Inverted Syphon) 원리를 이용했기 때문. 오늘날 수세식 변기에서도 유용하게 쓰이는 원리다.

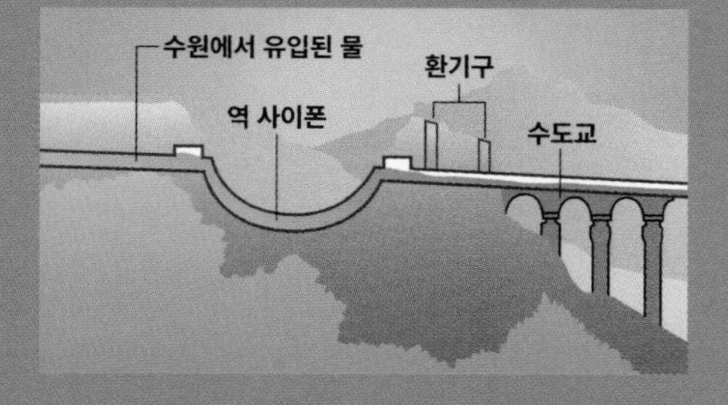

수도교 옆 북쪽 계단을 따라 올라가면
세고비아의 잊지 못할 전경을 감상할 수 있다.

마을의 건물보다 높이 지나가는 수도교

01 그때 그 시절 로마와 가장 가까운 모습
세고비아 수도교 Acueducto de Segovia

지금 우리가 세운 다리를 2000년 후의 사람들이 본다면 과연 어떤 기분일까. 이탈리아에서 한참이나 떨어진 이 뜻밖의 로마 유적 앞에 사람들은 순간 할 말을 잃는다. 수도교가 온전한 모습을 유지하고 있다는 데서 놀라움 하나, 고구려와 신라가 막 태동하던 때 상수도 시스템을 갖췄다는 데서 경외감 둘, 마지막으로 총 길이 958m, 높이 최고 28.5m의 건축물이 별도의 접착제 없이 오직 아치 구조의 힘만으로 버틴다는 데서 무릎을 치게 된다.
1세기경 2만여 개의 화강암 덩어리로 만든 수도교가 지금과 다른 부분이 있다면, 톨레도를 지배한 11세기 아랍 왕 알 마문이 파괴한 36개의 아치뿐이다. 이는 15세기 중반에 다시 복구돼 푸엔프리아 계곡Valle de la Fuenfría에서 출발한 물을 1884년까지 열심히 공급했다.
로마인이 지은 수도교를 설명할 때면 항상 대표적인 예로 소개되는 세고비아 수도교. 현존하는 수도교 가운데 가장 완벽한 형태를 유지하며, 1985년 구시가와 함께 유네스코 세계문화유산으로도 지정되었다. 조명에 불이 켜지는 밤 역시 낮의 풍경만큼이나 아름답다.

Ⓖ 세고비아 수로 Ⓜ 371p
Plaza del Azoguejo, 1 세고비아 버스터미널에서 도보 5분

아름다운 조각과 회화로 꾸민 18개의 예배당이 있다.

성당 안 정원을 둘러싼 복도를 따라가면 부속 박물관으로 이어진다.

'우아한 귀부인'을 연상시키는 종탑

02 고딕 성당계의 우아한 귀부인
세고비아 성모 대성당
Catedral de Santa María de Segovia

스페인에만 해도 성당이 셀 수 없이 많지만, 그중에서도 '귀부인 대성당'이라 불릴 만큼 우아하고 섬세한 자태를 자랑하는 고딕 양식 성당이다. 수십 개의 뾰족한 첨탑은 마치 여인의 장신구 같고, 밝은 석재가 환하게 빛나는 낮도, 은은한 조명에 황금빛이 번지는 해 질 녘 풍경도 장관이다.
현재 우리가 보는 대성당은 1520년 코무네로스 반란(이사벨 여왕이 죽은 후 스페인 왕위 계승 문제가 불거져 카스티야 시민 연합이 일으킨 반란) 때 파괴된 옛 성당을 마을 사람들이 십시일반 힘을 모아 240여 년간 재건한 것이다. 그러는 동안 애초에 설계했던 고딕 양식은 어느새 유행이 다 지났고, 이로써 유럽에서 거의 마지막으로 지어진 고딕 성당이 되었다. 이 중 웅장한 성가대석은 옛 성당에서 고스란히 옮겨졌고, 로마네스크 양식의 현관 역시 보존돼 있다.
1615년 세워진 높이 90m의 종탑은 시내 어디에서나 눈에 띄는 랜드마크다. 하루에 5~8번 개방하는 계단을 통해 종탑에 오르면 세고비아 최고의 전망을 선물 받게 된다. 주말에는 야간 입장(21:30)도 진행 중. 종탑 방문은 1시간 정도 소요되며, 한국어 오디오가이드를 선택할 수 있다.

Ⓖ 세고비아 대성당 Ⓜ 371p

📍 Plaza Mayor ⏰ 09:00~18:30(일 12:45~), 종탑 가이드 투어 매일 10:30·12:00·13:30·15:00·16:30/1월 1·5·6일, 성금요일, 12월 25·31일, 미사·종교 행사 시 휴무 또는 단축 운영 Ⓔ 성당 4€, 7세 이하 무료/종탑 가이드 투어 7€, 24세 이하 학생 6€, 7세 이하 무료/무료입장 일요일 09:00~10:00(11~3월 09:30~10:30, 전시실 제외) 🚉 수도교가 있는 아소게호 광장(Plaza Azoguejo)에서 도보 10분 📶 catedralsegovia.es

계곡 아래에서 올려다 본 알카사르

알카사르 매표소. 화장실은 매표소 옆 카페테리아 손님만 이용할 수 있다.

대성당에 안치된 엔리케 2세(재위 1369~1379년)의 아들 페드로 왕자의 묘비. 페드로는 알카사르에서 유모의 실수로 떨어져 죽었고, 자책한 유모마저 자살한 안타까운 일화가 전해진다.

03 거울아~거울아~어떤 성이 제일 예쁘니?
세고비아 알카사르
Alcázar de Segovia

좁은 중세 골목을 지나 절벽 끝에 다다르면 어릴 적 그림책 속에서나 보던 궁전이 나타난다. 뾰족한 고깔 모양 지붕을 올린 높은 탑에다가 금방이라도 공주가 나와 손을 흔들 것 같은 둥근 테라스까지. 덕분에 디즈니 애니메이션 <백설 공주> 속 여왕의 성의 모델이 되었다.

이곳은 스페인 역사에서도 중요한 배경이었다. 남동생의 죽음으로 왕위 계승 서열 1위가 된 이사벨이 1474년 이복 오빠인 엔리케 4세의 부고를 전해 듣고 다음 날 바로 왕관을 쓴 곳이며, 무적함대 스페인을 이끈 펠리페 2세가 신성로마제국 황제의 딸 안나와 4번째 정략결혼을 올린 장소였다. 지금은 왕가의 화려한 생활을 보여주는 박물관으로 사용되고 있다. 성 안의 방들을 구경한 후에는 후안 2세의 탑 (Torre de Juan II)으로 올라가보자. 탑 꼭대기에 오르면 눈앞에 세고비아의 풍광이 시원하게 펼쳐진다.

G 세고비아 알카사르 M 371p
Plaza Reina Victoria Eugenia
10:00~20:00(11~3월 ~18:00, 1월 5일·12월 24일·12월 31일 ~14:30)/1월 1·6일, 6월 14일, 10월 5일, 12월 12·13·25일 휴무/그외 왕실 행사에 따라 단축 운영 € 궁전 7€, 5세 이하 무료/궁전+탑 10€, 6~16세·학생·65세 이상 8€, 5세 이하 무료/오디오가이드(한국어 지원) 3.50€ 세고비아 성모 대성당에서 도보 9분 www.alcazarde segovia.com

순환도로를 따라 절벽 아래로 가는 길

★
알카사르 & 세고비아 전경 포토 포인트

시내에서 성 외곽으로 이어지는 순환도로(Calle Cuesta de los Hoyos)를 따라 계곡으로 내려가면 절벽 위에 세워진 알카사르의 모습이 한눈에 들어온다. 정문 위에 솟은 사각형 탑 쪽보다는 아래쪽 계곡에서 올려다보는 모습이 훨씬 예쁘다. 한편, 성에서 나와 정원의 정문을 등지고 오른쪽 길로 가면 대성당, 세고비아 남쪽 성채, 설산 풍경이 펼쳐지는 클라모레스 계곡 전망대(Mirador de Valle del Clamores)가 있다.

클라모레스 계곡 전망대에 서면 대성당과 어우러지는 세고비아 풍경이 펼쳐진다.

Zoom In & Out

세고비아 알카사르

알카사르는 왕가가 머무는 성채이자, 연결 다리만 끊으면 외부와 격리시킬 수 있는 천혜의 요새였기에 곳곳에 적의 침입을 막기 위한 다양한 장치가 있었다. 벽면에 구멍을 뚫어 다양한 각도에서 활을 쏠 수 있게 했고, 성 꼭대기에 방패 모양의 작은 탑을 세워 적군의 움직임을 살피는 망루로 사용했다. 벽에 툭 튀어나온 부분은 성벽을 타고 올라오는 적군에게 끓는 기름을 붓기 위한 용도였다. 유사시 왕족들이 대피하기 위한 비밀 출입구도 많았다.

❶ 연병장 Patio de Armas

입구를 지나면 제일 먼저 나오는 야외 공간. 요새를 지키는 군대를 사열하던 장소다. 뒤로는 후안 2세의 탑이 보인다.

❷ 옛 궁전의 방
Sala del Palacio Viejo

알카사르가 처음 생겼을 당시에 건물 외벽에 있던 창문이 그대로 남아 있는 방. 기마병의 모형이 볼만하다.

❸ 왕좌의 방
Sala del Trono o del Solio

이사벨과 페르난도 부부 왕의 왕좌가 남아 있다. 의자 맞은편에는 여왕과 왕의 초상화가 마주보고 있다. 아름다운 천장 장식도 눈여겨보자.

❹ 갤러리의 방
Sala de la Galera

옛날 배를 뒤집어 놓은 듯한 천장이 독특한 방이다. 한쪽 벽에 이사벨 여왕이 대성당 앞 마요르 광장(Plaza Mayor)에서 카스티야 군주를 천명하는 모습이 그려져 있다.

❺ **파인애플 방** Sala de las Piñas

392개 파인애플 모양의 종유석으로 천장을 화려하게 꾸몄다.

❻ **왕들의 방** Sala de los Reyes

이슬람 양식으로 조각한 천장 아래에 카스티야-레온 왕국의 역대 왕과 여왕을 새겨 놓았다.

❼ **여왕의 드레싱 룸** Tocador de la Reina

1862년 대형 화재 때 처음으로 불이 난 곳이다. 스테인드글라스 중앙에 세고비아의 수도교를 그린 문장이 보이고, 왼쪽에 알폰소 6세가 있다.

❾ **시계의 파티오** El Patio del Reloj

벽에 해시계가 있어서 붙은 이름이다. 해시계 아래쪽에 쌍두 독수리와 헤라클레스의 기둥이 새겨진 카를로스 1세의 문장이 걸려 있다.

❽ **예배당** La Capilla

알카사르에 머물던 왕가가 기도하던 장소다. 1600년경 바르톨로메 카르두초가 그린 <동방박사의 경배>가 걸려 있다

❿ **무기의 방** Sala de Armas

중세 시대의 무기와 갑옷 등이 있다.

세고비아에서는 누구나

새끼돼지 통구이를 먹는다네

세고비아에 왔다면 누구나 한 번쯤은 먹는 명물 요리 코치니요 아사도! 매일매일 몰려드는 여행자의 선호 메뉴 No.1이다. 명물 요리를 맛본 후에는 현지인이 즐겨 가는 바르를 방문해보자. 술 한잔 곁들인 가벼운 식사 장소로 제격이다.

코치니요 아사도 원조!

메손 데 칸디도

Mesón de Cándido

❶ 코치니요 아사도를 전 세계에 알린 셰프 칸디도 로페스의 후손들이 대를 이어 운영하는 레스토랑이다. 1931년 이곳을 인수한 그는 부드러운 육질을 강조하기 위한 퍼포먼스로 새끼돼지 요리를 손님 테이블에서 칼 대신 접시로 잘라주는 서비스를 제공해 주목받았다. 마을 입구에는 그의 동상이 세워져 있을 정도. 스페인 국왕을 비롯한 세계 유명 인사들이 이 집을 다녀갔다.

❶ Cochinillo Asado(1인분 30€)

원조의 이름값은 만만치 않다. 한 마리를 6등분으로 나눠 짭짤한 육수와 함께 요리를 내어주나, 어떤 부위를 받게 될지는 복불복이다. 돼지고기 특유의 잡내를 제거하지 않아 살짝 누린내가 날 수 있고, 다른 집보다 껍질을 바삭하게 구워내니 식기 전에 빨리 먹을 수록 맛있다. 맥주보다는 하우스 와인과의 궁합이 더 좋은 편.

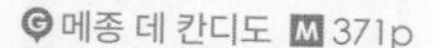

Ⓖ 메종 데 칸디도 Ⓜ 371p

📍 Plaza del Azoguejo, 5 ☎ 921 42 59 11 ⏰ 13:00~16:30, 20:00~23:00 Ⓔ 전채 10.50~28€, 생선 요리 26~30€, 고기 요리 16~29€, 디저트 7€~ 🚆 세고비아 수도교가 있는 아소게호 광장에서 도보 1분 🛜 www.mesondecandido.es

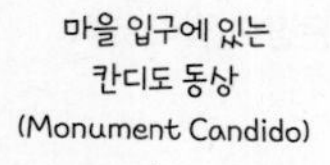

마을 입구에 있는
칸디도 동상
(Monument Candido)

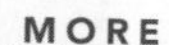

MORE

코치니요 아사도 Cochinillo Asado

카스티야 지방의 대표 향토 요리, 새끼돼지 통구이다. 스페인어로 '코치니요'는 '돼지', '아사도'는 '구이'라는 뜻. 어미 젖만 먹고 자란 생후 21일 이전의 새끼돼지를 특별한 양념 없이 오븐에서 통째로 구워낸다. 육즙을 껍질에 발라가며 오랜 시간 천천히 구운 덕에 겉은 바삭, 속은 촉촉하다. 냄새를 잡는 강한 양념을 사용하지 않기 때문에 호불호가 갈린다.

큼직한 식사 빵. 밀가루와
소금 맛만 느껴지는
참 크래커 맛이다.

❷ Sopa Castellana.
마늘과 달걀이 들어간 전통 수프다.

❶ 세트 메뉴의 코치니요 아사도

최저가 3코스로 즐기는 코치니요 아사도

엘 레데발
El Redebal

일반적인 코치니요 아사도 전문점의 1인분 가격에 코치니요 아사도를 포함한 3코스를 즐길 수 있는 가성비 레스토랑. ❶ 코치니요 아사도는 두 번째 코스에 나오며, 와인과 빵, 커피까지 모두 맛볼 수 있다. 첫 번째 코스로는 카스티야 지방의 향토 요리인 ❷ 소파 카스테야나를 추천하지만, 눅진한 돼지 구이의 기름과 비계 맛을 상쇄하고 싶다면 샐러드도 훌륭한 선택이다. 후식으로는 세고비아 전통 디저트 폰체를 맛보자.

EL REDEBAL

후식으로 나오는 커피가 맛있다.
카푸치노나 코르타도 추천!

G WVXH+86 세고비아 M 371p
Calle la Alhóndiga, 6 ☎ 921 46 17 23 ⏰ 수·목·일 13:00~16:00, 금·토 13:00~16:30, 20:00~23:00/월·화요일 휴무 € 세트 메뉴(Redebal Típico) 32€ 🚉 세고비아 수도교가 있는 아소게호 광장에서 도보 5분 restaurantteensegovia.es

오늘도 바르 삼매경!

메손 데 호세 마리아
Mesón de José María

대성당이 있는 마요르 광장 근처에서 가장 북적이는 식당이다. 외지인에게는 코치니요 아사도 맛집으로 유명한 곳이지만, 세고비아 사람들에게는 간단한 안주와 함께 이 집의 특산 와인을 즐길 수 있는 바르로 사랑받는다. 단, 술 위주로 가벼운 식사를 원한다면 테이블이 아니라 사람들이 빽빽하게 서 있는 바 쪽에 자리를 잡아야 한다. 바에서는 미리 만들어둔 간단한 안주를 작은 접시에 덜어주기도 하고, 테이블보다 더 작은 단위(1/2 접시)로 전채 요리를 주문해 타파스로 즐길 수도 있다. 스페인식 크로켓(Croquetas)이나 스페인식 소시지 ❶ 초리소가 술안주로 무난하다.

현지인 인기 안주인
돼지 껍데기 튀김. 다소 딱딱해
먹기는 힘든 편이다.

코치니요 아사도(1인분, 30€)

❶ Chorizo(8.50€/반접시)

G XV2G+5W 세고비아 M 371p
Calle Cronista Lecea, 11 ⏰ 10:00~24:00 € 전채 1/2접시 8€, 맥주 2€~/1잔, 와인 4€~/1잔 🚉 세고비아 성모 대성당에서 도보 3분 www.restaurantejosemaria.com

❶ Ponche Segoviano Individual(1인분, 3.50€)

달디단 전통 과자 폰체의 맛

◉ 리몬 이 멘타

Limón y Menta

세고비아 전통 디저트로 극강의 달콤함을 자랑하는 조각 케이크 ❶ 폰체. 아몬드가루와 설탕으로 맛을 낸 마사판Mazapán 만으로도 충분히 달콤한데, 그 안에 폭신한 케이크 시트와 달디단 크림까지 넣어 커피가 절로 생각나는 맛이다. 폰체 위에 하얀 슈가파우더를 잔뜩 뿌린 뒤 뜨겁게 달군 꼬챙이로 꾹꾹 눌러 격자무늬를 내는 것이 맛의 비법! 뜨거운 열기에 녹아내린 설탕에서는 달고나 뽑기 냄새가 향긋하게 올라온다. 두 사람이 작은 폰체 1조각을 나눠 먹으면 맛보기용으로 적당하다.

Ⓖ 세고비아 리몬 이 멘타 Ⓜ 371p
📍 C. Isabel la Catolica, 2 ⏰ 09:00~20:30(토 09:30~, 일 ~21:00) Ⓔ 폰체 대형(500g) 14.50€, 1인분 3.50€ 🚆 세고비아 성모 대성당에서 도보 2분 📶 www.pastelerialimonymenta.com

마카롱을 비롯한 다양한 빵과 과자도 판매한다.

#SLEEPING & RESTING

수도교에서 가까운 깔끔한 호텔

합 어반 호스텔
HÄB Urban Hostel

호스텔이라는 이름과 달리 더블룸을 B&B 스타일로 운영하는 호텔이다. 수도교가 있는 광장과 아주 가까운 것이 매력. 조식을 제공하지 않고 도미토리도 없지만, 화이트톤의 화사한 인테리어 덕분에 다녀간 사람들의 만족도가 높다. 특히 위층의 방들은 천장의 나무 프레임이 분위기를 더하며, 객실마다 발코니 또는 테라스가 딸려 있어 골목의 정취를 마음껏 누릴 수 있다. 복도에 따뜻한 물과 차 종류가 준비된 대신, 객실 안에는 전기 포트와 냉장고가 없다. 건물에 엘리베이터가 없으니 참고할 것. 호텔 예약 대행 사이트를 통해 예약한다.

WVXJ+45 세고비아 M 371p *#세고비아 수도교*
Calle Cervantes, 16 ☎ 921 46 10 26 더블룸 70€~, 트리플룸 90€~ 세고비아 수도교가 있는 아소게호 광장에서 도보 2분 www.habhostel.com

넓고 깨끗한 아파트먼트

오텔 아파르타멘토스 아랄소
Hotel Apartamentos Aralso

중급 호텔 가격의 원룸형 아파트먼트다. 버스터미널과 가까워 짐을 들고 구시가 계단을 오르내릴 필요가 없다는 점이 최고의 장점. 동급 호텔보다 넓은 객실에 작은 거실까지 딸려 있어 가정집처럼 아늑하다. 가족 여행자라면 더블 침대를 2개 갖춘 패밀리 스튜디오를 추천한다. 부엌 시설과 함께 식기, 토스터, 전열기, 냉장고 등을 완벽하게 갖춰 요리하는 데 불편함은 없지만, 방마다 전기로 가열하는 개별 온수통을 사용해 여러 명이 샤워할 때 온수가 부족할 수는 있다.

WVWG+HR 세고비아 M 371p *#세고비아 버스터미널*
Calle Teniente Ochoa, 8 ☎ 625 36 89 06 62€~ 세고비아 버스터미널에서 도보 4분 www.apartamentosaralso.com

MORE

세고비아 1박의 장점

마드리드에서 당일치기 여행지로 잘 알려졌지만, 하룻밤 머문다면 시간대별로 달라지는 아름다움을 마음껏 담을 수 있다. 특히 수도교 뒤로 떠오르는 일출의 감동과 해 진 뒤 중세 골목을 걷는 낭만은 이곳에 묵은 사람만이 만끽할 수 있는 특권이다.

03

CASTILLA-LA MANCHA

쿠엥카

CUENCA

험준한 산맥 사이로 이어지는 푸르른 계곡, 그 거대한 협곡의 절벽 끝에 걸려 있는 중세 마을이다. 기암괴석의 산으로 한 번, 탄탄한 성벽으로 또 한 번 갑옷을 걸친 탓에 마을은 마법에라도 걸린 것처럼 15세기 어느 순간에 정지돼 있다. 1996년 유네스코 세계문화유산으로 지정된 구시가는 아직 톨레도나 세고비아에 비해 우리에게 덜 알려져, 더욱 꽁꽁 숨겨둔 보석 같은 곳이다.

#아찔한협곡 #절벽위테라스 #심장쫄깃철제다리 #성벽전망대 #세계문화유산

쿠엥카 가는 법

마드리드에서 동쪽으로 140km 떨어진 작은 도시 쿠엥카는 버스나 기차 등의 교통편으로 당일치기로 다녀올 수 있다. 고속기차가 버스보다 2배 정도 빠르나, 버스터미널에 비해 고속기차역이 훨씬 더 멀리 떨어져 있다.

1. 기차

마드리드 차마르틴역(Estación de Madrid-Chamartín-Clara Campoamor)에서 고속기차(AVLO, AVE, AVANT)를 타면 쿠엥카까지 1시간 정도 걸린다. 운행 횟수는 훨씬 적지만 아토차역(Estación de Madrid Pta. Atocha-Almudena Grandes)에서도 하루 5번 고속열차가 운행된다. 고속기차는 시내에서 6km 떨어진 쿠엥카 페르난도 소벨역(Estación de Cuenca Fernando Zobel)에 정차한다. 쿠엥카 버스터미널 근처에 있는 쿠엥카역(Estación de Cuenca, 현재 폐쇄됨)과는 다른 곳이니 주의하자.

쿠엥카 페르난도 소벨역에서 구시가까지는 버스나 택시를 타야 한다. 역 앞 버스 정류장에서 시내버스 1번을 타면 쿠엥카 버스터미널을 거쳐 쿠엥카 대성당이 있는 마요르 광장(Plaza de Mayor)까지 약 25분, 택시를 타면 약 10분 소요된다. 버스 요금(2.15€)은 기사에게 직접 내며, 택시 요금은 12~15€다.

쿠엥카 페르난도 소벨역

구시가로 가는 1번 버스

2. 버스

마드리드 남부 버스터미널(Madrid Estación Sur)에서 쿠엥카로 가는 아반사(Avanza) 버스를 탄다. 요금이 같더라도 노선에 따라 소요 시간이 30분가량 차이 나니 출발 시각과 도착 시각을 꼭 확인한다.

쿠엥카 버스터미널(Estación de Autobuses Cuenca)과 구시가는 도보 25분 거리로, 오르막길이라 걸어가기에는 힘들다. 버스터미널 길 건너에 있는 정류장에서 시내버스 1번을 타면 구시가까지 10분만에 도착할 수 있다. 요금은 1.20€.

쿠엥카행 아반사 버스

규모가 매우 작은 쿠엥카 버스터미널

마드리드 차마르틴역
기차 1시간 5분,
AVE, AVANT, AVLO
10~55€,
07:30~21:00/1일 16회
↓
쿠엥카 페르난도 소벨역
↓
시내버스 25분~, 1번 2.15€,
07:30~22:15(토·일 08:30~22:30)
/30분(토·일 1시간) 간격
↓
마요르 광장
Plaza de Mayor

*쿠엥카 → 마드리드
07:19~22:34/15~45분 간격

마드리드 남부 버스터미널
버스 2시간 5분~2시간 30분,
아반사 15.18€,
07:30~22:00/1일 8회
↓
쿠엥카 버스터미널
↓
시내버스 10분, 1번 1.20€,
07:30~22:30(토·일 08:30~)/
30분(토·일 1시간) 간격
↓
마요르 광장
Plaza de Mayor

*쿠엥카 → 마드리드
07:00~21:45/1일 8회

★
쿠엥카 페르난도 소벨역
2VP4+36 쿠엥카
고속기차 운행 정보
www.renfe.com

★
시내버스 운행 정보
transviago.com/lineas-urbanas-cuenca/

★
쿠엥카 버스터미널
3V88+P2 쿠엥카
06:00~22:30
아반사 버스
www.avanzabus.com

하늘 위에
떠 있는 마을
아슬아슬 협곡 산책

벼랑 끝에 위태롭게 매달린 나무 테라스에서, 아슬아슬 절벽을 가로지르는 다리 위에서, 평생 잊지 못할 협곡협곡을 경험해보자.

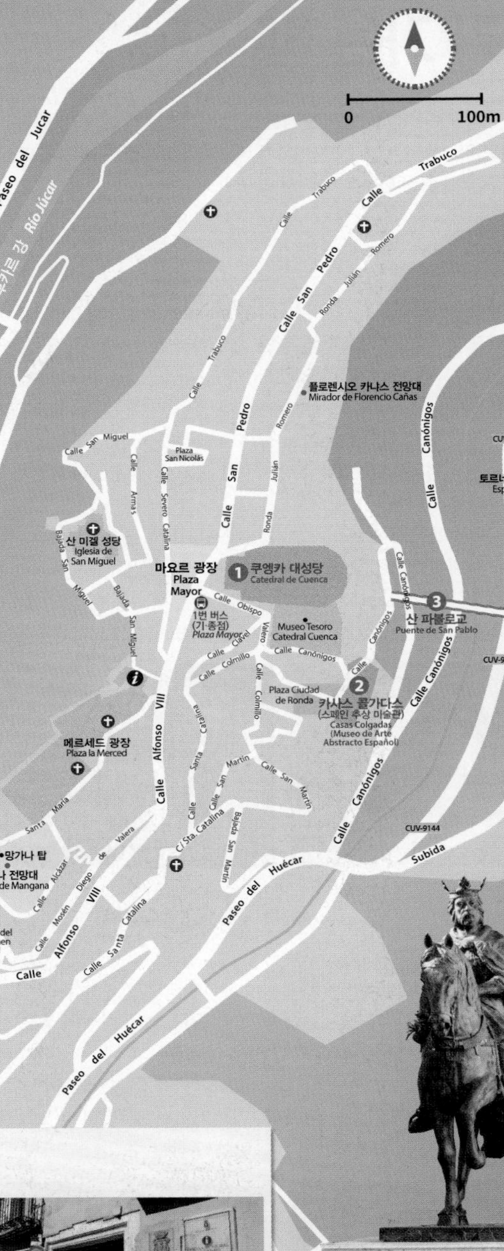

★
여행안내소 Oficina de Turismo de Cuenca

3VH9+4R 쿠엥카

Calle Alfonso VIII, 2

10:00~14:00, 17:00~20:00(일~19:00)

마요르 광장 남쪽 문을 통과해서 오른쪽

visitacuenca.es

01 여행자를 반기는 쿠엥카의 얼굴
쿠엥카 대성당 Catedral de Cuenca

구불구불한 도로를 따라 열심히 언덕을 오르던 버스가 아치문으로 쑥 들어가는 순간, 탁 트인 구시가 광장과 대성당이 눈앞에 펼쳐져 어리둥절해지는 곳이다. 대성당은 한때 쿠엥카를 장악한 이슬람 세력을 몰아낸 알폰소 8세가 모스크를 허문 자리에 세운 건축물로, 성당 정면 모습이 얼핏 파리의 노트르담 성당과 비슷하게 보인다. 이는 파리의 노트르담 건설이 시작된 지 불과 30여 년 뒤인 1196년에 동일한 고딕 양식으로 짓기 시작한 성당이기 때문. 뾰족한 첨두아치와 스테인드글라스 역시 고딕 양식의 대표 특징으로, 로마네스크 양식이 대세였던 카스티야 지역에 최초로 지어진 고딕 성당이다. 또 2층을 자세히 보면 좌우의 뒤쪽이 비어있는 것을 알 수 있는데, 이는 1902년 낙뢰 사고로 무너져 내린 탑을 원래보다 낮게 복구하면서 생긴 공간이다. 다행히 대성당 안은 겉에서 보는 것보다 더 화려하고 아름답다.

G 쿠엔카 성당 M 384p
Plaza Mayor, Cuenca 10:00~18:30(토요일 ~19:30, 7~10월 ~19:30, 11~3월 ~17:30)/11~6월 일요일 휴무, 종교 행사 시 입장 제한 € 대성당 5.50€, 박물관 4€
쿠엥카 페르난도 소벨역 또는 쿠엥카 버스터미널에서 시내버스 1번을 타고 Plaza de Mayor 하차 www.catedralcuenca.es

1902년 낙뢰 사고가 있기 전의 모습

대성당 앞 마요르 광장

02 카사스 콜가다스

가파른 절벽 위에 매달린 집

(스페인 추상 미술관)
Casas Colgadas(Museo de arte Abstracto Español)

오늘날 쿠엥카의 명성을 있게 한 건물이다. '매달린 집'이란 이름처럼 가파른 절벽에 앞서거니 뒤서거니 한 나무 발코니가 마치 허공 위에 떠 있는 듯한 모습. 아래쪽에서 올려다보면 그 아슬아슬함은 극대화된다. 15세기에는 이런 집들이 쭉 늘어서 있었다지만 지금은 3채만 남았고, 복원이 가장 잘 된 이 건물이 쿠엥카의 대표 이미지가 됐다. 이 독특하고 매력적인 건물을 미술관으로 이용하고 있는 것도 반갑다. 호안 미로와 피카소의 뒤를 잇는 '추상 세대' 예술가들의 작품 127점이 전시돼 있다. 세월이 켜켜이 쌓인 중세 고택에 전시된 현대 미술의 첨병 추상화. 이 둘의 오묘한 조화가 색다르게 다가온다.

Ⓖ 3VHC+3J 쿠엥카 Ⓜ 384p
📍 Casas Colgadas ⏰ 11:00~14:00, 16:00~18:00(일~14:30)/월요일, 12월 24·25·31일, 1월 1·6일, 부활절 Ⓔ 무료 🚆 쿠엥카 대성당에서 도보 3분 📶 www.march.es/arte/cuenca

일부 전시실에는 오리지널 나무 천장이 남아 있다.

03 산 파블로교

심장이 쫄깃해지는 철제 다리

Puente de San Pablo

가파른 협곡을 사이에 두고 만들어진 마을을 제대로 감상하려면 우선 그 협곡을 건너야 한다. 카사스 콜가다스를 나오자마자 눈앞에 펼쳐지는 붉은 철제 다리는 주위의 나무색과 대비돼 쿠엥카를 더 매력적으로 만드는 일등공신 중 하나. 절벽에 매달린 집들을 파노라마처럼 감상하는 전망 포인트다.

담이 작은 사람은 다리 앞에 서면 심장부터 오그라든다. 협곡 아래로 떨어지는 앙상한 지지대와 60m나 되는 다리 길이, 그마저도 단단한 석재가 아닌 나무판자를 엾어 만든 좁은 통행로에 올라서면 흔들 다리를 건너듯 아찔한 기분이 든다. 본래 16세기에 만든 석재 다리가 있었지만, 윗부분이 허물어져 버려 1902년에 남은 받침대 위에 철제 구조물을 이었다. 다리를 건너면 과거 산 파블로 수도원이었던 스페인 국영 호텔 쿠엥카 파라도르가 있다.

Ⓖ 3VHC+8X 쿠엥카 Ⓜ 384p
🚆 카사스 콜카다스에서 도보 1분

04 구시가의 끝, 또 다른 전망의 시작
베수도 성문 Arco de Bezudo

구시가 제일 높은 곳에는 오래된 성벽의 흔적이 남아 있다. 절벽 위에 지은 마을을 빙 둘러싸고 탄탄한 요새처럼 방어해주던 곳. 때문에 마을로 들어가기 위해선 중간중간 작은 문을 통과해야만 했다. 베수도 성문은 이중 가장 오래된 구시가 북쪽 성문으로, 최고의 하이라이트는 성벽 위쪽에 숨겨져 있다. 계단을 통해 성문과 이어진 성벽 위로 올라가면 후카르 강이 만들어낸 멋진 협곡 풍경이 펼쳐지고, 그 협곡 사이를 걸어볼 수 있는 트레킹 코스가 성벽 왼쪽 아래로 이어진다. 성문을 나가 오른쪽 길로 가면 쿠엥카에서 제일 멋진 전망대가 나타난다. 차도를 따라가면 점심 식사하기 좋은 레스토랑이 모여 있다.

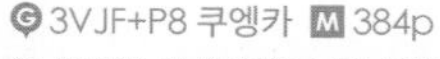
3VJF+P8 쿠엥카 M 384p
쿠엥카 대성당에서 도보 7분

성벽 앞에는 16세기 스페인 르네상스 문학의 거장 프라이 루이스 데 레온의 동상이 있다.

성벽 반대편 후카르 강(Río Júcar) 절벽에 그린 눈 그림을 놓치지 말자.

파라도르 호텔 왼쪽에는 쿠엥카 출신 추상 미술가 구스타보 토르네르의 작품을 전시한 미술관(Espacio Torner)이 있다.

구시가 북쪽을 감싼 후카르 강 협곡

SPECIAL PAGE

아찔하고 황홀한

쿠엥카 전망 포인트

쿠엥카 구시가 곳곳에는 황홀한 전망 포인트가 숨어 있다.
카메라 셔터를 쉴 새 없이 누르게 될 전망 포인트를 소개한다.

❶ 플로렌시오 카냐스 전망대 Mirador de Florencio Cañas

쿠엥카 대성당 옆으로 이어진 작은 골목을 따라 북쪽으로 걷는다. 150m 정도 걷다 보면 나오는 골목길 중간의 가로등과 벤치가 있는 작은 공터가 바로 플로렌시오 카냐스 전망대다. 계곡 너머로 스페인 국영 호텔 파라도르가 한눈에 들어오는 전망 포인트. 멀리 협곡이 겹쳐 보이는 풍광이 아름답다.

Ⓖ 3VHC+W9 쿠엥카 Ⓜ 384p

❷ 산 미겔 성당 Iglesia de San Miguel

쿠엥카 대성당 입구에서는 건물에 가려 전망을 즐길 수 없다. 마요르 광장을 가로질러 건물 아래쪽에 난 작은 아치문 통로를 지나자. 거기서 계단을 통해 내려가 산 미겔 성당 옆으로 이어지는 길이 후카르 강과 계곡의 아름다운 경치를 담을 수 있는 또 다른 전망 포인트다.

Ⓖ 3VH9+GM 쿠엥카 Ⓜ 384p

❸ 망가나 전망대 Mirador de Mangana

마요르 광장의 여행안내소를 마주 보고 왼쪽 계단을 따라 내려간다. 교회가 모인 조그만 메르세드 광장Plaza la Merced을 지나 계속 직진하면 골목 사이에 솟아 있는 망가나 탑Torre de Mangana이 보인다. 16세기 완공한 이 탑이 있는 자리가 바로 망가나 전망대다. 마요르 광장 쪽에서는 보이지 않는 후카르 강변의 아름다운 풍경을 볼 수 있다.

Ⓖ 3VG9+M5 쿠엥카 Ⓜ 384p

망가나 탑

3

남부 지역

Granada · Sevilla · Córdoba · Ronda

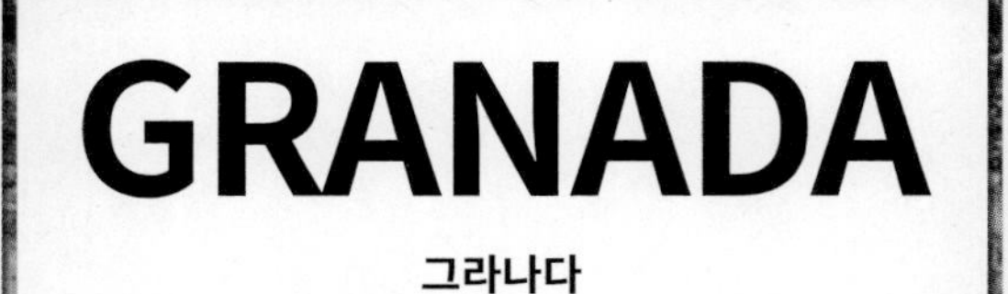

GRANADA

그라나다

한여름에도 눈이 녹지 않는 네바다 산맥 아래, 스페인에서 가장 아름다운 옛 이슬람 도시가 있다. 800여 년간 이베리아 반도를 지배한 이슬람 왕국이 마지막까지 버티고 버티며 지키고자 했던 최후의 보루. 감탄사 외에는 그 어떤 설명으로도 아름다움을 표현하기 힘든 알람브라 궁전. 연못으로 떨어지는 분수 소리를 묘사한 기타 곡 <알람브라 궁전의 추억>을 떠올리며 술탄과 왕비가 거닐던 정원을 걷는다. 오랜 전쟁이 끝나고 승리의 종소리를 울리던 이사벨 여왕의 웃음, 스페인 왕실의 무관심 속에 버려졌던 궁전, 집시들이 궁전을 차지했던 시절…. 스쳐 간 무수한 순간이 하나로 압축되면서 그라나다는 감동이 됐다.

#알람브라궁전 #이슬람최후의보루 #승기잡은가톨릭
#동굴플라멩코 #인심넉넉타파스

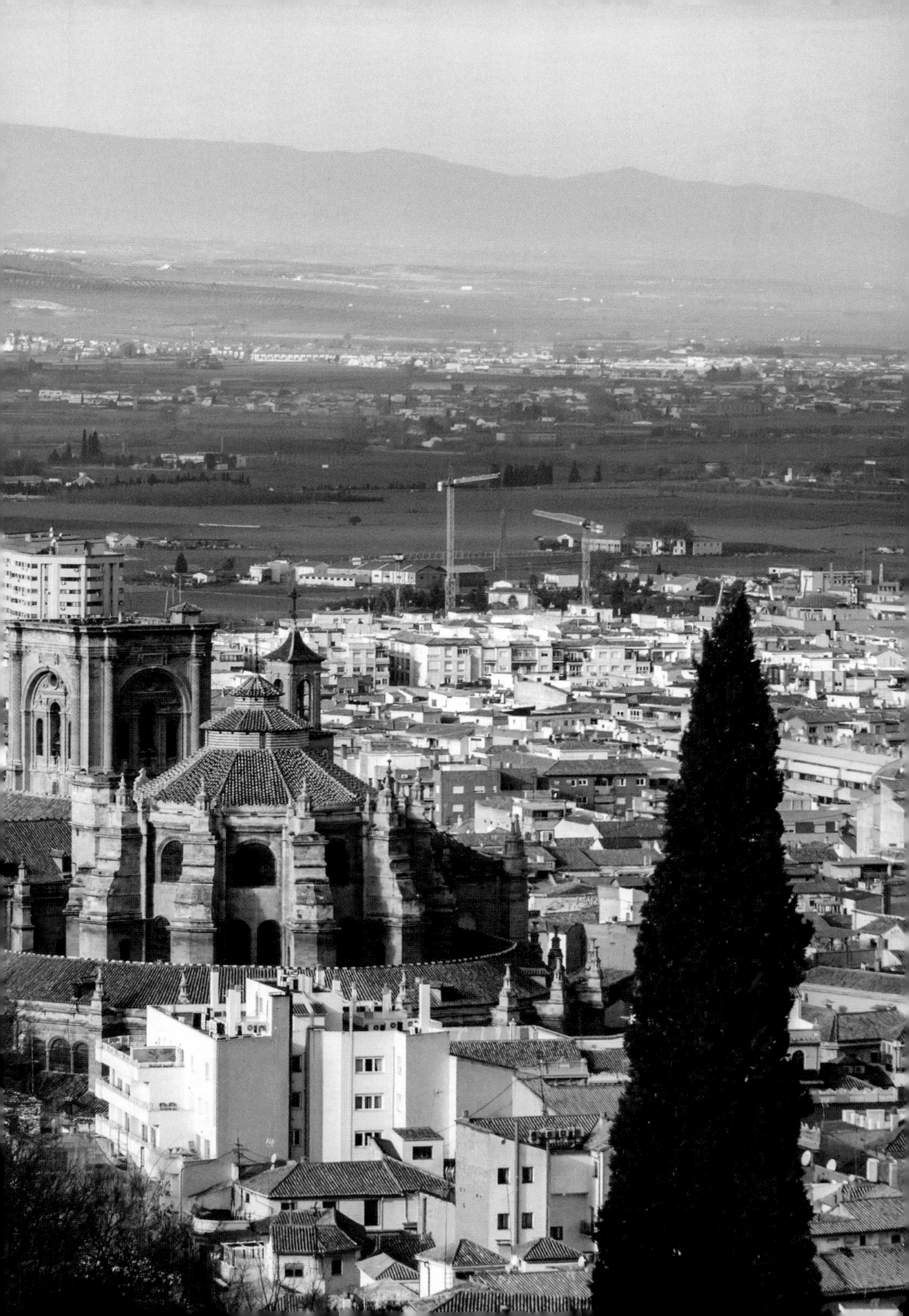

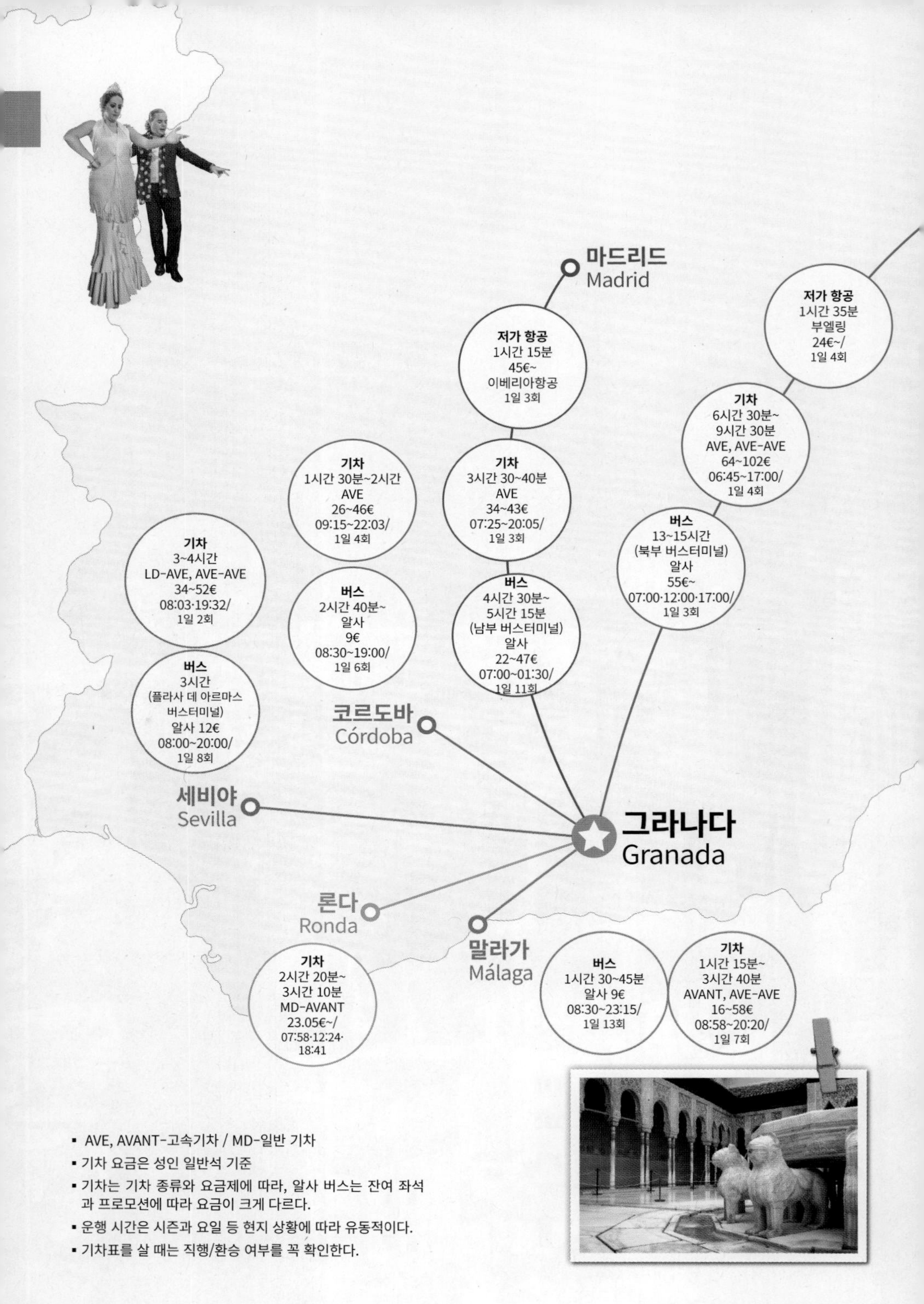

- AVE, AVANT-고속기차 / MD-일반 기차
- 기차 요금은 성인 일반석 기준
- 기차는 기차 종류와 요금제에 따라, 알사 버스는 잔여 좌석과 프로모션에 따라 요금이 크게 다르다.
- 운행 시간은 시즌과 요일 등 현지 상황에 따라 유동적이다.
- 기차표를 살 때는 직행/환승 여부를 꼭 확인한다.

바르셀로나
Barcelona

Getting to **GRANADA**

저가 항공을 이용하면 마드리드와 바르셀로나에서 1시간대에 이동할 수 있다. 주변 도시 코르도바와 말라가, 세비야에서는 버스로 1시간 30분~3시간 정도 걸린다.

1. 항공

마드리드와 바르셀로나에서 그라나다행 직항편을 운항한다. 공항이 매우 작아서 도착 로비 밖으로 나가면 바로 버스 정류장과 택시 승차장이 보인다.

◆ 페데리코 가르시아 로르카 공항(그라나다 공항)
Aeropuerto Federico García Lorca(GRX)

공항의 공식 명칭은 이 지역 출신의 천재 시인에게 이름을 따왔지만, 현지인 사이에서는 '그라나다 공항(Aeropuerto de Granada)'으로 더 잘 통한다. 공항버스를 예매할 때는 옛 이름인 '그라나다 하엔 공항(Aeropuerto Granada-Jaén)'으로 검색해야 한다는 점도 기억해두자.

알사에서 운영하는 공항버스는 그라나다 버스터미널을 거쳐 대성당이 있는 구시가 센트로(Centro)의 그란 비아 데 콜론 대로에 정차하며, 40분 정도 소요된다. 요금은 3€, 버스 탑승 시 현금 또는 컨택리스 신용·체크카드로 결제한다. 택시는 시간대에 따라 센트로까지 29~39€의 고정요금으로 운행한다.

★
그라나다 공항
56MF+X5 그라나다
www.aena.es

★
알사 버스
www.alsa.com/en/web/bus/airports

★
시내에서 공항버스 타기
시내에서 출발할 때는 그란 비아 데 콜론 대로의 그라나다 대성당 건너편 'Gv Colon. Sta Lucia' 정류장이나 엘 코르테 잉글레스 백화점 옆 'Granada.Acera del Darro' 정류장에서 탑승한다. 운행 시간은 계절과 요일에 따라 자주 바뀌니 버스 홈페이지에서 미리 확인하자.

공항 도착 로비 밖으로 나가면 공항버스 정류장이 바로 보인다.

그란 비아 데 콜론 대로에 정차한 공항버스

시내의 버스 표지판이 작아 잘 보이지 않는다. 자세한 정류장 위치는 Map 402p 참고

✚ 공항버스(알사) 운행 정보

요금	편도 3€
소요 시간	구시가의 그란 비아 데 콜론 대로까지 약 40분
운행 시간	09:20~22:20/항공편 도착 후 약 30분 뒤 출발
노선	그라나다 공항(Aeropuerto Granada-Jaén) ⇄…⇄ 그라나다 버스터미널(Granada Estación de Autobús) ⇄…⇄ 그란 비아 데 콜론 대로 대성당 앞(Gv Colon.Catedral) ⇄ 엘 코르테 잉글레스 백화점 건너편(Puerta Real/Pte Castañ) ⇄ 그라나다 컨벤션 센터(Palacio de Congresos)

★
그라나다 버스터미널
59XP+VG 그라나다
24시간/매표소 06:30~01:30

★
알사 버스
www.alsa.com

★
시내버스 33번 운행 정보
1회권 1.40€/1시간 이내 무료 환승
06:45~23:30/7~17분 간격

2. 버스

마드리드, 세비야, 코르도바, 말라가에서는 알사 버스로 쉽게 이동할 수 있다. 론다에서는 직행버스가 없어 마르베야(Marbella)에서 갈아타야 하는 데다, 기차보다 시간이 오래 걸리므로 추천하지 않는다.

◆ 그라나다 버스터미널 Estación de Autobus de Granada

버스가 도착하는 지하 승강장 쪽에는 카페테리아, 코인 로커 등이 있으며, 지상 층(현지식 0층)에는 매표소와 티켓 자동판매기, ATM 등이 있다. 매표소가 문을 닫는 시간에는 자동판매기를 이용한다.

버스터미널은 구시가 중심인 센트로에서 북서쪽으로 약 4km 떨어져 있어 시내버스를 타고 이동해야 한다. 버스터미널 정문 바로 앞에 시내버스 정류장이 있고, 여기서 33번 버스를 타면 그라나다 대성당이 있는 그란 비아 데 콜론 대로, 엘 코르테 잉글레스 백화점이 있는 아세라 델 다로 거리를 지난다. 대성당까지 소요 시간은 약 15분. 버스 기사에게 1회권 또는 교통카드를 살 수 있다. 택시를 탄다면 8~9€ 정도 예상하자.

버스터미널 앞 시내버스 정류장

그라나다 버스터미널

코인 로커(06:30~24:00 이내 3.50€, 28인치 이상 대형 캐리어 이용 불가)

지하 1층 버스 승강장

★
그라나다역
59MR+J8 그라나다
06:00~23:15
www.adif.es(역 정보)
www.renfe.com(기차 정보)

★
환승역 확인 필수!
그라나다에서 세비야·론다 등을 오가는 구간은 환승해야 하는 경우가 많다. 운행 시간과 노선에 따라 다르지만, 대부분 안테케라-산타 아나(Antequera-Santa Ana)역에서 갈아탄다. 운행 시간에 따라 환승 대기 시간이 긴 경우도 있으니 기차표를 살 때 꼭 확인하자.

3. 기차

마드리드, 바르셀로나, 코르도바, 세비아, 말라가 등에서 기차를 탈 수 있다. 단, 마드리드와 코르도바 외에는 주로 환승 노선이 운행하니, 기차표를 살 때 환승 여부와 환승역을 꼭 체크한다. 론다에서는 일반기차(MD)와 고속열차(AVANT)의 환승 노선만 운행한다.

◆ 그라나다역 Estación de Granada

그라나다역은 매표소와 자동판매기, 화장실만 갖춘 작은 역이다. 구시가 중심의 센트로까지 약 2km 떨어져 있고, 버스를 타면 10분 내외로 도착한다. 버스는 기차역 정면 앞으로 직진해 첫 번째 사거리에서 우회전하면 나오는 'Avda. de la Constitución, 27' 정류장에서 시내버스 4번(1.40€)을 탄다. 버스 정류장의 자동판매기에서 1회권 또는 교통카드를 구매하고 개찰한 후 탑승한다. 택시 요금은 6~7€ 정도다.

규모가 작은 그라나다역

Around GRANADA
: 시내 교통

그라나다 대부분의 볼거리가 모여 있는 구시가의 중심 센트로는 걸어서 충분히 다닐 수 있는 작은 동네다. 버스터미널이나 기차역을 오갈 때를 제외하면 시내버스 탈 일은 거의 없으며, 알람브라나 알바이신 같은 언덕 지대를 오를 때는 빨간색 미니버스인 알람브라 버스가 유용하다. 충전식 교통카드(크레디부스)를 이용하면 할인돼 더욱 경제적이다.

★ **그라나다 시내 교통 정보**

www.transportesrober.com

1. 시내버스 Bus

그라나다의 시내버스 요금은 노선에 상관없이 동일하며, 1시간 이내에 무료로 환승할 수 있다. 승차권은 버스 기사에게 1회권이나 그라나다 교통카드를 구매한다. 단, 버스에 따라 교통카드가 매진될 수 있으며, 현금은 소액권으로 준비하자. 주요 노선은 컨택리스 신용·체크카드(1회권 요금 적용, 다회 결제 가능)도 사용할 수 있다. 버스 기사에게 1회권을 구매하거나 컨택리스 신용·체크카드로 결제하면 영수증 형태의 종이 티켓을 출력해 준다. 환승과 검표를 위해서 잘 보관하자.

자동판매기가 있는 정류장(주로 승객이 많은 그란 비아 데 콜론 대로)에서는 버스 탑승 전 자동판매기에서 1회권이나 교통카드를 구매하고, 원활한 승차를 위해 가급적 정류장의 단말기에서 티켓을 미리 개찰한다. 교통카드가 있거나 종이 티켓을 가지고 환승할 때도 마찬가지다. 구시가의 중심 도로인 그란 비아 데 콜론 대로(Calle Gran Via de Colón)의 버스 정류장은 줄여서 '그란 비아(Gran Via)'라고 표기한다.

★ **정류장 단말기 이용 방법**

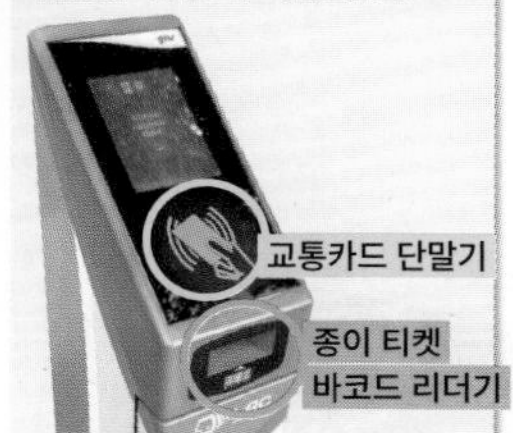

티켓 자동판매기가 있는 정류장에는 단말기가 설치돼 있다. 탑승 전 교통카드는 단말기에 터치하고, 종이 티켓은 아래쪽 리더기에 바코드를 인식시킨다. 이전 버스에서 구매한 종이 티켓을 가지고 환승할 때도 마찬가지다.

그라나다 시내버스

주요 정류장에 있는 티켓 자동판매기. 교통카드도 구매할 수 있다.

운전석 옆의 컨택리스 신용·체크카드 전용 단말기. 카드 터치 후 종이 티켓을 받아 간다.

버스 앞문 옆에 설치된 교통카드 단말기. 환승할 때는 교통카드를 터치하거나 종이 티켓의 바코드를 단말기 아래쪽에 인식시킨다.

✚ 시내버스 운행 정보

요금	1회권 1.40€/야간버스(Bus Búho) 1회권 1.50€, 교통카드(크레디부스) 이용 시 1회당 0.42~0.44€(2024년 말까지 50% 할인 적용)
운행 시간	06:30~23:30/3~17분 간격, 노선에 따라 다름

★ **알람브라 버스** Red Centro(Barrios Históricos)

알람브라(헤네랄리페), 알바이신, 사크로몬테 지역은 언덕을 오르내리는 좁은 길이 많아 미니버스가 운행한다. 승차권 구매 및 이용 방법, 요금은 일반 시내버스와 같다.

▶ 여행자에게 유용한 노선의 주요 정류장

C30 이사벨 라 카톨리카 광장 ⇌ 알람브라/07:12~23:00

C31 누에바 광장 → 알바이신(Plaza San Nicolás) → 대성당(Gran Via 5) → 누에바 광장/06:55~23:00(금·토·일 ~01:00)

C32 이사벨 라 카톨리카 광장 → 알람브라 → 누에바 광장 → 알바이신(Plaza San Nicolás) → 대성당(Gran Via 5) → 이사벨 라 카톨리카 광장/07:00~23:00

C34 누에바 광장 ⇌ 사크로몬테/07:30~22:00(금·토·일 ~23:00)

우리나라 마을버스보다 더 작은 알람브라 버스

#CHECK

그라나다 교통카드, 크레디부스 Credibús

버스에 탈 때마다 일일이 티켓을 구매하는 것도 일. 그라나다에는 시내버스 종류에 상관없이 사용할 수 있는 충전식 교통카드 크레디부스가 있다. 한 장의 카드를 여럿이 함께 사용할 수 있어 경제성과 편리함을 동시에 챙길 수 있다. 여러 명이 탑승할 경우 단말기에 인원수만큼 연속해서 터치하면 된다. 2024년 말까지 고유가 대응을 위한 대중교통 할인 정책에 따라 크레디부스 1회당 요금이 50% 할인 중이다(적용 시기는 변동 가능).

'보노부스(Bonobús)'라고도 불리며, 디자인은 다양하다.

❶ 구매 & 충전

교통카드(크레디부스) 구매와 충전은 버스 기사를 통하거나, 4번 버스가 서는 주요 정류장에 설치된 자동판매기를 이용한다. 카드 발급 비용은 2€, 충전은 5·10·20€ 단위로 할 수 있다. 남은 충전 금액은 돌려주지 않는다.

▶ **크레디부스 관련 용어**

카드 구매 Buy Contactless Card(Comprar nuevo Bonobús)
카드 충전 Recharge My Card(Recargar Bonobús)
카드 개찰 Bus Pass Validation(Validación tarjeta Bonobús)

❷ 이용 방법

버스 정류장의 단말기나 버스 기사 옆의 단말기에 카드를 터치한다. 크레디부스 이용 시 충전 금액에 따라 버스 요금이 달라지는 시스템으로, 5€ 충전 시 1회 0.87€, 10€ 충전 시 1회 0.85€, 20€ 충전 시 1회 0.83€씩 요금이 차감된다(2024년 말까지 50% 특별 할인 적용으로 각각 0.44€, 0.43€, 0.42€ 차감). 1시간 이내에 무료로 환승할 수 있으며, 버스를 탈 때마다 단말기나 개찰기에 반드시 카드를 찍어야 한다.

★
버스 환승할 때 주의!

알람브라 버스를 포함한 그라나다의 모든 시내버스는 1시간 이내에 다른 버스로 무료 환승할 수 있다. 교통카드 소지자는 물론, 바코드가 인쇄된 종이 티켓만 있으면 1회권 및 컨택리스 신용·체크카드 사용자 모두 가능하다. 버스 안에도 개찰기 및 카드 단말기가 설치돼 있지만, 자동판매기가 설치된 버스 정류장에서는 가급적 정류장에 있는 단말기에서 미리 개찰하고 탑승한다. 개찰을 생략했을 때 검표원에게 걸리면 20€(5일째부터는 250€)의 벌금을 물어야 하니 주의하자. 1회용 버스 종이 티켓의 바코드는 환승할 때 필요하니 손상되지 않도록 조심한다.

검표원이 수시로 티켓을 검사하러 다닌다.

★
그라나다 카드 Granada Card

시내버스와 시티 투어 버스를 이용할 수 있고, 덤으로 알람브라와 그라나다 대성당 등 주요 명소에도 입장할 수 있는 통합권이다. 홈페이지에서 구매 후 QR코드가 있는 바우처를 출력하거나 스마트폰에 저장해 관광지에서 바로 사용할 수 있다. 단, 카드를 구매할 때 알람브라 입장 날짜와 나스르 궁전의 입장 시각을 지정해야 한다. 카드 개시일도 구매할 때 선택하며 변경할 수 없다.
시내버스는 그란비아 거리(Gran Via 4, 7, 29, 32) 등의 버스 정류장에 설치된 자동판매기에서 교통카드를 발급받아 이용한다(총 9회 이용 가능). 자동판매기의 영어 화면에서 'Granada Card Tourist'를 선택해 바우처에 있는 'Loc. Bus' 코드를 입력하면 된다. 시티 투어 버스 1회 탑승권은 정류장에서 기사에게 살 수 있다(hop on-hop off 불가).

€ 72시간 56.57€, 48시간 49.06€, 24시간(나스르 궁전 야간입장만 가능) 46.92€, 정원(헤네랄리페와 성 포함. 나스르 궁전은 제외) 46.92€
entradas.granadatur.com

2. 그라나다 시티 투어 버스 Granada City Tour Bus

코끼리 열차의 생김새로 시내 주요 명소 대부분을 지나 인기 있다. 알람브라를 기점으로 알바이신, 사크로몬테, 시내 중심부를 왕복 운행하며, 티켓의 유효 시간 동안 중간 정류장에서 마음껏 타고 내릴 수 있다. 단, 야간에는 알람브라 노선이 생략된다. 티켓은 홈페이지나 앱, 여행사와 같은 현지 판매처에서 구매하며, 시내버스 티켓이나 교통카드로는 탑승할 수 없다.

★
그라나다 시티 투어 버스
www.granadacitytour.com

✚ 그라나다 시티 투어 버스 운행 정보

요금	1일권 9.10€(66세 이상 4.55€), 2일권 13.65€(66세 이상 6.80€), 8세 이하 무료
운행 시간	09:30~19:30(4~10월 ~21:00)/30~45분 간격, 1회 왕복 시 1시간 20~30분 소요 누에바 광장 첫차 09:30, 막차 19:20, 알람브라 첫차 10:00
노선	알람브라 → 누에바 광장 → 산 크리스토발 전망대(알바이신) → 투우장(Plaza de Toros) → 그라나다 대성당 → 엘 코르테 잉글레스 백화점 → 알람브라

3. 택시 Taxi

그라나다의 택시 요금은 미터기로 계산하며, 요일과 운행 시각에 따라 요금 기준이 T-1, T-2로 다르게 적용된다(토·일·공휴일 심야에는 특별요금 추가). 가까운 거리를 가더라도 내야 하는 최소 이용 요금이 정해져 있다.

택시 승차장에는 주요 지점까지의 대략적인 요금이 적혀있다.

✚ 택시 요금 정보

요금 1 (T-1)	월~목 07:00~22:00(금 ~21:00) : 기본요금 1.60€/이후 km당 0.99€, 대기요금 21.84€/1시간, 최소요금 4.25€
요금 2 (T-2)	월~목 22:00~07:00(금 21:00~), 토·일·공휴일 : 기본요금 2.02€/이후 km당 1.18€, 대기요금 27.33€/1시간, 최소요금 5.28€
심야 특별요금	토·일·공휴일 01:00~06:00 : 기본요금 2.47€/이후 km당 1.33€, 대기요금 34.15€/1시간, 최소요금 6.50€

*추가 요금: 60cm를 초과하는 짐 1개당 0.53€, 기차역·버스터미널에서 출발할 경우 0.53€

★
그라나다 시청 여행안내소
Oficina Municipal de Turismo de Granada

그라나다 시내의 여행안내소 중 규모가 가장 크고 친절한 곳. 1일 한정된 수량만큼 판매하는 알람브라 입장권에 관한 문의로 성수기에는 그 어떤 도시보다 혼잡한 편이다.

5CF2+MG 그라나다 M 402p-B2

Ayuntamiento de Granada, Plaza del Carmen ☎ 958 24 82 80 ⏱ 09:30~17:30(일~목 ~13:30) 이사벨 라 카톨리카 광장 옆 카르멘 광장의 시청사 1층 turismo.granada.org/es

플레이 그라나다
Play Granada

세그웨이 투어 등 개별 투어 상품을 판매하는 민간 여행사지만, 공식 여행안내소 못지않게 친절한 안내를 받을 수 있다. 특히 영업시간 동안 짐을 보관해줘 여행자에게 유용하다. 요금은 5~10€, 시즌에 따라 마감 시간이 달라진다.

5CG4+X2 그라나다
M 402p-C2

Carrera del Darro, 1 ☎ 679 95 69 69 ⏱ 09:00~21:00(시즌에 따라 다름) 누에바 광장의 여행안내소 맞은편 www.playgranada.com

DAY PLANS

알람브라와 알바이신을 방문하는 섹션 A는 그라나다에서 빼놓아서는 안 될 필수 코스다.
볼거리 다양한 알람브라는 대표 명소들만 둘러봐도 한나절 이상 소요되므로,
그라나다에 머무는 시간이 짧다면 알람브라의 하이라이트인 나스르 궁전의 입장시간을 중심으로 관람하자.
섹션 B의 시작점인 이사벨 라 카톨리카 광장은 알람브라행 버스가 출발하는 곳이기도 하다.
일정이 빠듯하다면 알람브라행 버스를 타기 전에 그라나다 대성당 주변을 빠르게 둘러보는 것도 좋다.

Section A 알람브라 & 알바이신 404p

❶ **알람브라** → 도보 15분 또는 알람브라에서 C32번 버스 탑승, 누에바 광장 하차 → ❷ **누에바 광장** → 도보 2분 → ❸ **다로 강변길** → 누에바 광장에서 C31·C32번 버스 탑승, 산 니콜라스 광장 하차 → ❹ **알바이신**(산 니콜라스 전망대) → 도보 15분 → ❺ **사크로몬테**

Section B 그라나다 센트로 419p

❻ **이사벨 라 카톨리카 광장** → 도보 2분 → ❼ **그라나다 대성당** → 도보 2분 → ❽ **왕실 예배당** → 도보 1분 → ❾ **아랍 시장**(알카이세리아)

알찬 일정을 위해 준비해두세요

섹션 A 알람브라 입장권을 예약한다. 특히 성수기에는 입장권 확보조차 힘들다. 알람브라의 나스르 궁전은 예약할 때 지정한 시각에만 입장할 수 있으며, 시간 변경은 안 된다. 나스르 궁전 입장 시각을 알람브라 입장 시각으로 착각하는 경우가 종종 있으니 주의하자.

A
B
C
1
2
3
그라나다 버스터미널
Estación de Autobus de Granada
그라나다역
Estación de Granada
그라나다 공항
Aeropuerto Federico García Lorca(GRX)
그라나다 파이브 센시즈
Granada Five Senses
생 제르맹
Saint Germain
오스탈 로드리
Hostal Rodri
그라나다 대성당
Catedral de Granada
왕실 예배당
Capilla Real de Granada
아랍 시장 (알카이세리아)
Alcaicería
추레리아 알람브라
Churrería Alhambra
바르 포에
Bar Poë
그라나다 시청 여행안내소
Oficina Municipal de Turismo de Granada
푸에르타 레알
Puerta Real
파스텔레리아 안달루시 누하일라
Pastelería Andalusí Nujaila
플레이 그라나다
Play Granada
보데가스 카스타녜다
Bodegas Castañeda
공항행 ALSA
Granada. Gv Colon. Sta Lucia
누에바 광장
Plaza Nueva
AMC 그라나다
AMC Granada
엘라데리아 로스 이탈리아노스
Heladería Los Italianos
바르 로스 디아만테스
Bar Los Diamantes
C31/C32/C34번 버스
Plaza Nueva
알람브라행 C30/C32번 버스
Puerta de la Justicia
이사벨 라 카톨리카 광장
Plaza Isabel la Católica
다로 강변길
Carrera del Darro
알바이신 (산 니콜라스 전망대)
Albaicín (Mirador de San Nicolás)
C31/C32번 버스
Plaza San Nicolás
Mirador de Santa Isabel la Real
Placeta Cristo Azucenas
타베르나 라 타나
Taberna La Tana
공항행 ALSA
Granada. Acera del Darro
파스텔레리아 카사 이슬라 앙헬로
Pastelería Casa Isla Angelo
엘 코르테 잉글레스
El Corte Inglés
바르 아빌라
Bar Ávila
Plaza del Campillo
Parque Cuarto Real de Santo Domingo
Puerta de las Granadas
그란 비아 데 콜론 대로
Calle Gran Vía de Colón
아세라 델 다로 거리
Calle Acera del Darro
나바스 거리
Calle Reyes Católicos
Calle Recogidas
Calle Ángel Ganivet
Calle San Jerónimo
Calle Gran Capitán
Calle San Juan de Dios
Calle Elvira
Cuesta de Alhacaba
Plaza de la Trinidad
Plaza de Bib-Rambla
Plaza de Mariana Pineda
Plaza Romanilla
Plaza de las Pasiegas
Plaza de Santa Ana
Plaza del Carmen
Plaza de Los Lobos
Cuesta de Gomérez

D
E
F
1
2
3
사크로몬테 동굴 박물관
삼브라 마리아 라 카나스테라
Zambra Maria la Canastera
5 사크로몬테
Sacromonte
쿠에바 데 라 로치오
Cueva de la Rocio
C34번 버스
Camino del Sacromonte 89
Camino del Sacromonte
C34번 버스
Camino del Sacromonte 39
Cuesta del Chapiz
Placeta de Abad
Cuesta de San Agustín
Carril de San Agustín
C/ Carril de las Tomasa
C/ Carreillos San Agustín
Calle Valenzuela
Calle San Juan de los Reyes
Calle Gloria
Calle Santísimo San Pedro
Puente del Aljibillo
Paseo del Padre Manjón
Carrera del Darro
플라멩코 댄서 동상
분수
Fuente Paseo de los Tristes
밀회를 목격한 나무
Patio del Ciprés de la Sultana
헤네랄리페
Generalife
나스르 궁전
Palacios Nazaríes
1 알람브라
Alhambra
카를로스 5세 궁전
Palacio de Carlos V
Jardines del Paraíso
그라나다 파라도르
Parador de Granada
C30/C32번 버스
Puerta de la Justicia
워싱턴 어빙 동상
Puerta de Birrambla
Cuesta de Gomérez
C30/C32번 버스
Palacio Emperador Carlos V
C30/C32번 버스
Alhambra - Generalife
Paseo del Generalife
알람브라 궁전 매표소
Callejón Niño del Royo
Realejo
Calle Antequeruela Baja
Paseo de los Mártires
Paseo de la Sabica
Camino Viejo del Cementerio
Molinos
Calle Molinos
0
100m

SECTION

A

그라나다를 가장 완벽하게 즐기는 방법 **알람브라 & 알바이신**

유럽 땅에 남은 최고의 아랍 건축물로 꼽히는 알람브라. 그 맞은편에는 알바이신 언덕과 사크로몬테가 궁전을 바라보고 있다. 이른 아침부터 줄을 서 궁전 구석구석을 구경했다면, 이제 그 건너편 언덕 전망대에 올라 붉은 성채로 내려앉는 노을을 감상할 차례. 물담배 냄새가 자욱한 좁은 골목을 헤매며 아랍식 민트 티 한잔을 마셔도 좋다.

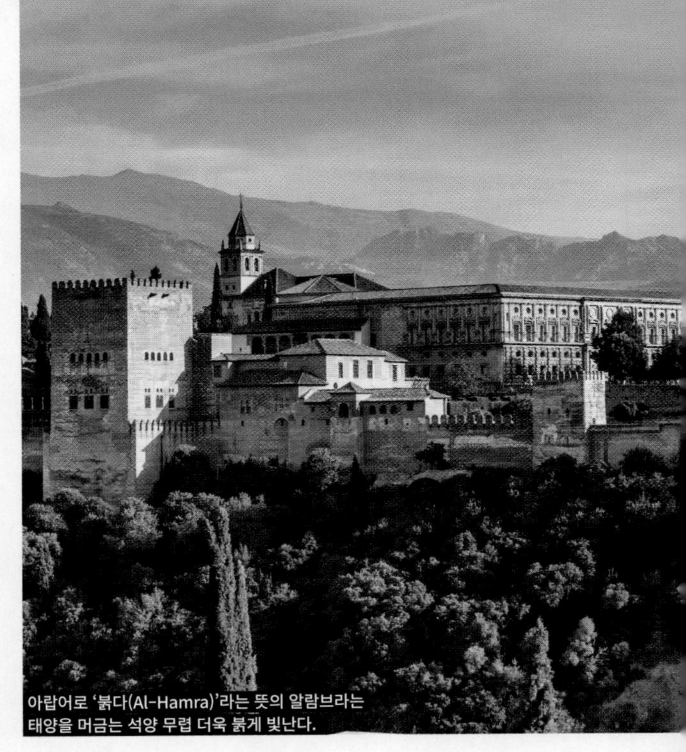

아랍어로 '붉다(Al-Hamra)'라는 뜻의 알람브라는 태양을 머금는 석양 무렵 더욱 붉게 빛난다.

01 그라나다를 꿈꾸게 하는 단 하나의 이름 **알람브라** Alhambra

알람브라는 스페인의 마지막 아랍 왕조인 나스르 왕국(1230~1492년)이 남기고 간 뜻밖의 선물이다. 13세기부터 멸망 직전인 15세기 후반까지 언제 가톨릭 군대가 공격할지 모른다는 불안 속에서 지어지고 덧붙여진 궁전. 마지막일 지도 모른다는 절박함 속에서 집착적일 만큼 섬세해진 장식 하나하나가 희대의 걸작을 완성시켰다. 하지만 이곳을 아름답다고 해야 할지, 아련하다고 해야 할지는 몇 번이고 망설이게 된다. 왕국의 마지막 함락 장면까지도 알람브라에서 쓰였기 때문이다. 궁전 안에 갇힌 무슬림이 기아 상태에 이를 때까지 이사벨과 페르난도 부부 왕의 포위는 계속됐고, 결국 남은 이들의 생명과 신앙의 자유를 지켜준다는 조건으로 1492년 항복하며 최후의 술탄 보압딜은 통한의 눈물을 흘렸다.
빼앗은 궁전은 아이의 손에 들어온 장난감처럼 곧 잊혀져 버렸다. 폐허가 된 궁전에 관심을 가진 건 잠시 머물 곳을 찾던 거지와 집시들뿐. 방치됐던 궁전은 1832년 워싱턴 어빙의 <알람브라 이야기>가 공전의 히트를 치면서 기사회생의 복원이 이루어졌고, 그렇게 알람브라는 그라나다를 꿈꾸게 하는 단 하나의 이름이 됐다.

G 그라나다 알람브라 M 403p-D2
Calle Real de la Alhambra 이사벨 라 카톨리카 광장에서 알람브라 버스 C30·C32번을 타고 Alhambra-Generalife(매표소) 또는 Puerta de la Justicia(정의의 문) 정류장 하차 www.alhambra-patronato.es

#CHECK

알람브라 관람 팁 A to Z!

알람브라는 크게 네 부분으로 나뉜다. 이슬람 왕궁인 나스르 궁전, 왕궁을 지키는 요새 알카사바, 가톨릭 왕국이 증축한 카를로스 5세 궁전(무료입장), 이슬람 왕의 여름 별장 헤네랄리페. 이 중 하이라이트는 나스르 궁전이다. 30분 단위로 300명씩 입장 인원을 제한하고, 예매 시 한 번 정한 관람 시각을 바꿀 수 없을 만큼 콧대가 높다.

● 입장권 구매 방법

❶ 공식 홈페이지 : 오늘 날짜를 기준으로 1년 이후 입장권까지 예약이 가능하며, 예약 수수료 5%와 부가세 1%가 추가된다. 보통 2~3개월 전부터 마감되며 인기 있는 시간대는 더 빠른 속도로 매진되니 그라나다 여행 일정이 확정되면 곧바로 예약하자. 예약 완료 후 이메일로 받은 QR코드를 휴대폰에 저장하거나 인쇄해 간다.

❷ 취소 & 잔여 티켓 : 관람 일정이 가까워졌을 때 취소 처리 되는 티켓이 공식 홈페이지에 풀리기도 한다. 풀리는 순간 매진되기 때문에 끝없이 새로 고침을 할 각오로 대기해야 한다. 당일 아침 매표소에서도 잔여 티켓을 선착순으로 판매하지만, 선호도가 떨어지는 공원 입장권이나 야간 입장권 정도만 남아 있을 때가 대부분. 역시 오픈과 동시에 마감된다.

❸ 그라나다 카드 : 알람브라 입장권이 포함되며, 마찬가지로 나스르 궁전 입장 시각을 지정할 수 있다. 알람브라 홈페이지에서 나스르 궁전 입장권이 이미 마감됐어도 그라나다 카드 구매 시 선택하는 입장권은 남아있을 수 있다. 선택의 폭이 넓진 않지만, 의외로 가까운 날의 티켓을 구할 수도 있다. 단, 입장권보다 비싼 가격을 지불할지는 본인의 선택. 그라나다 카드에 관한 자세한 사항은 398p를 참고하자.

❹ 투어 : 알람브라 입장권이 포함된 투어 상품을 신청한다. 다만, 최근 티켓 확보가 어려워지면서 한국인 가이드 투어는 티켓을 직접 구매한 후 신청을 받는 경우가 많다. 티켓 확보를 위한 해외 여행사 상품은 방문 당일에나 확정 여부를 알 수 있는 경우가 많고, 가격도 꽤 비싼 편이다.

● 입장권 종류

입장권	요금	입장 범위	오픈(1월 1일·12월 25일 휴무)
일반 입장권 Alhambra General	18€	나스르 궁전, 헤네랄리페, 알카사바	08:30~20:00 (겨울철 ~18:00)
정원 입장권 Gardens, Generalife and Alcazaba	10€	헤네랄리페, 알카사바	08:30~20:00 (겨울철 ~18:00)
나스르 궁전 야간 입장권 Night Visit to Nasrid Palaces	10€	나스르 궁전	화~토 22:00~23:30 (겨울철 금·토 20:00~21:30)
체험 입장권 Alhambra Experiences	18€	나스르 궁전(야간), 알카사바·헤네랄리페(다음 날)	화~토 22:00~23:30, 다음 날 08:30~20:00 (겨울철 금·토 20:00~21:30, 다음 날 08:30~18:00)
헤네랄리페 야간 입장권 Night Visit to Gardens and Generalife	7€	헤네랄리페	화~토 22:00~23:30 (겨울철 금·토 20:00~21:30)

*겨울철: 10월 15일~3월 31일 *카를로스 5세 궁전 및 일부 정원은 무료 개방
*11세 이하는 무료 입장. 단, 보호자가 입장권 예매 시 등록 필요(매표소에서는 불가)
*온라인 구매 수수료 및 수수료에 대한 VAT 별도

★
여권 지참 필수!
암표 거래 방지를 위해 여권으로 본인 확인을 한다. 예약 시 여권 정보를 정확하게 입력하고, 실물 여권을 반드시 지참할 것! 여권 정보가 다르거나 여권이 없는 경우 입장이 제한된다.

★
동선 정하기
동선은 나스르 궁전 입장 시각에 맞춰 조정해야 한다. 나스르 궁전 입장 전에 여유가 있다면 알카사바 → 카를로스 5세 궁전 → 나스르 궁전 → 헤네랄리페 순으로 돌아보는 것이 가장 효율적이다. 큰 가방은 갖고 들어갈 수 없으니 짐 보관소에 맡기고 입장한다.

★
입장권 예매
tickets.alhambra-patronato.es

★
입장권의 시각은 나스르 궁전의 것!
나스르 궁전은 치열한 티켓 쟁탈전에서 승리한 자에게만 입장을 허락한다. 입장권에 표시된 관람 시각에 늦지 않도록 미리 대기한다. 입장권에 표시된 시각은 나스르 궁전의 입장 시각임을 기억해둘 것. 이를 알람브라 입장 시각이라고 착각해 나스르 궁전의 관람을 놓치는 사람이 꽤 많다. 나스르 궁전은 입장권에 기록된 시각에만 입장할 수 있으며, 관람 시간 내내 입장권을 잘 소지해야 한다.

큰 가방은 갖고 들어갈 수 없으니 짐 보관소에 맡기고 입장한다.

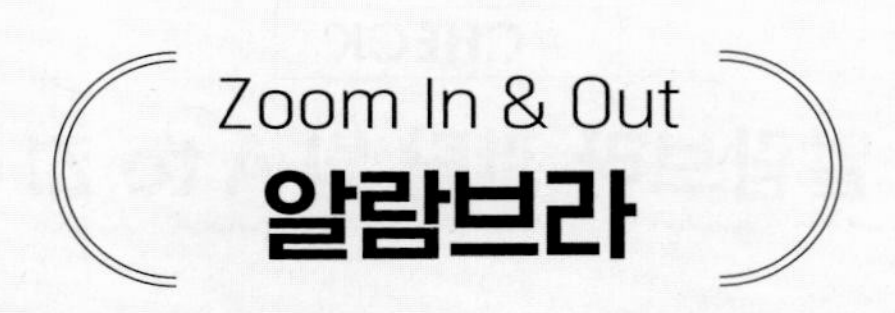

★

알카사르 vs 알카사바

스페인을 여행하다 보면 자주 보는 단어다. 일반적으로 알카사르(Alcázar)는 군주가 사는 궁전을, 알카사바(Alcazaba)는 왕궁을 지키고 방어하는 요새를 가리킨다.

사자의 정원

I 나스르 궁전
Palacios Nazaríes

헤네랄리페 쪽에서 바라본 나스르 궁전

어쩌면 천국에도 이런 궁전은 없을 거라 믿게 만드는 화려함의 극치를 보여주는 궁전이다. 알람브라에서도 술탄과 왕실의 가족이 머물며 각료와 외국 사신들을 접견하던 공간이었다. 이슬람 건축 기교가 최고조에 달한 14세기 중반에 지어져 눈길 닿는 곳마다 아라베스크 무늬를 빼곡히 채워 넣었다. 특히 레오네스 궁 중정에 있는 사자상 물시계(사자의 정원 안)와 화려한 벌집 모양의 천장이 화룡점정을 이룬 두 자매의 방을 놓치지 말자.

이슬람 건축이나 공예에서 광범위하게 사용되는 아라베스크 무늬

❶ 메수아르 방 Sala de Mexuar

술탄을 만나러 온 손님들이 대기하던 장소로 추정된다. 각료들의 회의 장소로도 사용됐다. 코란을 암송하던 안쪽 기도실에는 메카의 방향을 가리키는 미흐랍이 남아 있다.

❷ 아라야네스 정원 Patio de los Arrayanes

잔잔한 연못 수면에 코마레스 탑Torre de Comares과 파란 하늘이 반사돼 일렁인다. 어떻게 찍어도 그림 같은 엽서가 나오는 대표적인 포토 스폿이다. 물과 건축물이 완벽하게 조화를 이루는 이곳은 인도 타지마할에도 영감을 주었다.

❸ 대사의 방 Sala de Los Embajadores

코마레스 탑 아래층에서 술탄의 접견실로 사용된 장소다. 외국 사신들에게 부와 권력을 과시하려는 의지가 가득한 공간으로, 금빛 천장에 이슬람교의 일곱 단계 천국을 표현했다. 복잡한 별 문양을 만들기 위해 무려 8000개 이상의 삼나무 조각이 동원됐다고 한다. 벽면 가득 아름답게 조각된 아라베스크 문양 역시 걸작이다.

❹ 사자의 정원 Patio de los Lenoes

술탄의 사적인 공간인 레오네스 궁Palacio de los Leones이 시작되는 정원이다. 124개의 기둥이 중정을 둘러싸고, 가운데에는 하얀 대리석으로 조각한 12개의 사자상이 있다. 이는 유대인들이 바친 선물로, 당시에는 매시 정각에 사자들이 돌아가며 물을 뿜는 물시계 역할을 했다고 한다. 그러나 가톨릭 세력이 작동 원리를 파악하기 위해 분수를 분해하자 그 기능이 고장 나버려 지금은 분수로만 사용한다.

5

❺ 두 자매의 방 Sala de las Dos Hermanas

나스르 궁전의 하이라이트! 돔 천장의 창문을 통해 햇빛이 들어오면 흡사 별들이 쏟아지는 은하수 같은 방이다. 목이 아플 정도로 올려다보고도 믿기지 않는 광경이다. 이러한 벌집 모양의 장식을 모카라베 양식이라고 하는데, 천장을 가득 뒤덮은 종유석 장식은 선지자 무하마드가 코란을 받은 동굴을 표현한 것이라고. 두 자매의 방이라는 이름은 벽면에 난 쌍둥이 창문에서 유래했다. 궁정의 여인들은 위층 목조 창살의 틈새로 아래층을 내려다보곤 했다.

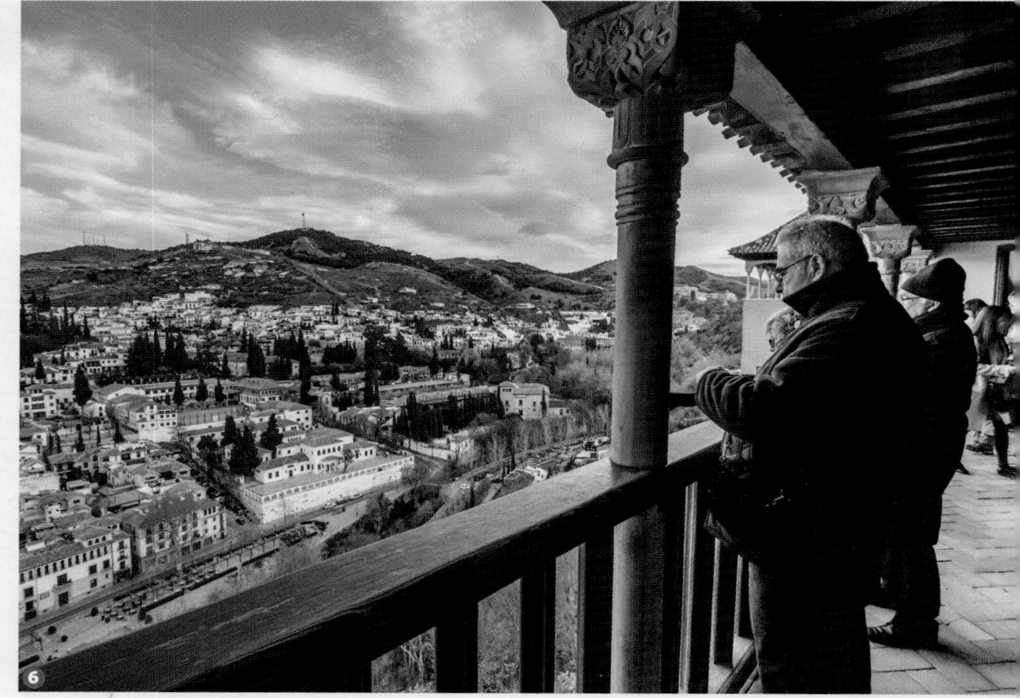

❻ 황제의 방 Habitaciones de Carlos V

두 자매의 방을 나와 계단을 올라가면 <알람브라 이야기>의 저자 워싱턴 어빙이 잠시 머물던 황제의 방이 있다. 방 안은 공개하지 않지만, 방 앞쪽으로 이어지는 발코니는 알바이신 풍경이 시원하게 펼쳐지는 최고의 전망대다.

알람브라에서 구시가로 내려가는 길목에 있는 워싱턴 어빙의 동상

★

지금의 알람브라를 있게 한 작가 워싱턴 어빙 Washington Irving

워싱턴 어빙은 스페인 문화에 관심이 많은 미국 공사관 직원이었다. 그라나다의 이슬람 왕국 이야기를 책으로 쓰고 싶었던 그는 잠시나마 알람브라에 머무는 특권을 얻게 됐고, 궁전에 사는 집시들과 가이드가 전하는 수많은 이야기를 들으며 <알람브라 이야기>를 썼다. 이후 그는 알람브라를 세계에 알린 공로로 1842년부터 4년간 스페인 대사로 근무하기도 했다.

⑦ 아벤세라헤스의 방 Sala de los Abencerrajes

두 자매의 방과 비슷한 구조의 모카라베 양식으로 치장했다. 방 이름은 이곳에서 몰살당한 한 가문의 이름에서 따왔다. 이 비극적 사건을 두고 당시 큰 세력을 떨치던 아벤세라헤스 가문을 시기한 모략이었다는 추측과, 가문의 한 귀족이 왕의 후궁과 사랑에 빠졌기 때문이라는 설이 있다. 당시 처형당한 36인의 피로 사자의 정원이 흥건히 물들고, 사자상의 입에서도 피가 흘러나왔다고 한다.

마리아 포르투니의 <아벤세라헤스 가문의 학살>(1870년)

⑧ 파르탈 정원 Patio del Partal

나스르 궁전 출구를 나오면 만나는 정원이다. 20세기 초에 조성된 정원이지만, 커다란 사각형 연못에 비치는 건축물 귀부인의 탑Torre de las Damas은 무하마드 3세 시절부터 자리를 지켜왔다. 이 건축물의 본래 이름은 '기둥이 있는 현관'이라는 뜻의 파르탈. 우아한 5개의 아치가 물빛에 반사된 모습이 일품이다.

MORE

알람브라에서의 하룻밤

수도원을 개조한 스페인 국영 호텔, 그라나다 파라도르(Parador de Granada). 스페인 여행의 절정이라 할 만한 알람브라 안에서 호젓한 하룻밤을 지낼 수 있다는 점이 워낙 큰 매력이다보니 방 구하기도 무척 어렵다. 숙박비는 매우 비싸지만, 멋진 풍광을 감상하며 알람브라가 남긴 여운을 좀 더 느낄 수 있는 곳이다. 미슐랭 추천 레스토랑인 파라도르 레스토랑은 숙박하지 않아도 누구나 이용할 수 있다.

그라나다 파라도르
www.parador.es

벨라의 탑(Torre de la Vela). 결혼 적령기 여인이 1월 2일에 종을 울리면 그 해가 가기 전에 짝을 찾는다는 이야기가 전해온다.

Ⅱ 알카사바
Alcazaba

가파른 능선을 따라 지은 난공불락의 요새. 그라나다를 차지한 나스르 왕조가 가톨릭 군으로부터 도시를 지키기 위해 가장 먼저 건설했다. 정식 왕궁을 짓기 이전에 술탄과 왕실 가족까지도 군대와 함께 거주하던 곳이라 알람브라의 나머지 영역과는 확연히 다른 초기 성채 도시의 모습을 짐작할 수 있다. 대부분 집터의 형태로 남아 있으며, 적의 동태를 살피던 탑은 이제 여행자들의 차지가 됐다. 여러 탑 중에서도 가장 높은 곳에 있는 벨라의 탑은 알람브라와 그라나다의 전경을 한눈에 담을 수 있는 명소다. 그라나다를 함락한 이사벨 여왕이 승리의 종을 울린 곳이기도 해, 지금도 알람브라를 점령한 1월 2일마다 종을 울리는 관습이 있다.

알카사바에서 바라보는 그라나다 전망

❶ 커다란 벽돌과 대리석으로 지은 카를로스 5세 궁전

❷ 줄지은 기둥이 원형 중정을 둘러싸고 있다.

❸ 알람브라 박물관(Museo de la Alhambra). 알람브라에서 발굴한 유물을 전시한다. 08:30~20:00(화·일 ~14:30, 겨울철 ~18:00)/월요일 휴무, 요금 무료.

❹ 그라나다 미술관(Museo de Bellas Artes de Granada). 그라나다파 화가들의 작품을 전시하며, 성화가 주를 이룬다. 09:00~20:00(일 ~15:00, 겨울철 ~18:00)/월요일, 1월 1·6일, 5월 1일, 12월 24·25·31일 휴무, 요금 1.50€.

Ⅲ 카를로스 5세 궁전
Palacio de Carlos V

이슬람 성채 한가운데 자리한 이 이질적인 이탈리아 궁전은 알람브라에서 가장 뜬금없다는 혹평에 시달리는 건물이다. 1526년 그라나다로 신혼여행을 온 신성로마제국의 황제이자 스페인의 왕인 카를로스 1세가 알람브라보다 멋진 여름 궁전을 짓겠다며 이슬람 궁전 일부를 허물고 공사를 시작했다. 하지만 멀쩡한 건물을 허물고 새 궁전을 올리면서 이슬람인들에게 세금을 거둬들인 통에 거센 반란으로 공사가 한동안 중단되기도 했다.
땅을 상징하는 직사각형 건물 안에 하늘을 뜻하는 원형의 중정이 내접하는 획기적인 구조로, 건물만 놓고 보면 르네상스 건축의 혁명이라고 칭송하는 건축가도 많다. 현재 1층은 알람브라 박물관, 2층은 그라나다 미술관으로 쓰이고 있다.

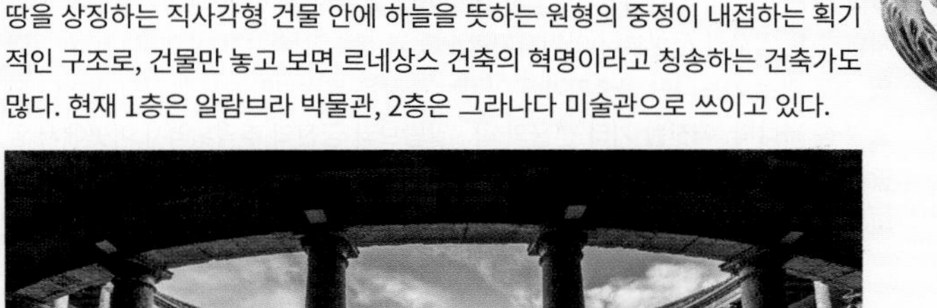

★
카를로스 1세? 카를로스 5세? 카를 5세?
스페인어로 카를로스 1세(Carlos I)라고 표기하는 왕은 신성로마제국의 황제이기도 했는데, 신성로마제국의 왕호로는 카를 5세(Karl V)다. 카를로스 5세 궁전은 카를로스 1세가 지었으나, 신성로마제국의 왕호에 따라 카를로스 5세 궁전이라 이름 붙였다.

Ⅳ 헤네랄리페
Generalife

짙은 녹음 사이로 흐르는 물소리가 더위마저 잊게 하는 여름 별장. 나스르 궁전이 왕실 가족이 상주하는 일상의 공간이라면, 헤네랄리페는 작은 본채를 제외하고는 모두 정원이라 할 만큼 물과 숲으로 이루어진 휴양지다. 사이프러스 나무가 미로처럼 솟은 입구의 정원부터 아기자기한 연못과 분수가 숨겨져 있고, 약 50m 길이의 수로 위로 가느다란 물줄기가 떨어지는 중정은 알람브라에서 놓치지 말아야 할 풍경 중 하나다. 애잔한 기타 선율의 곡 <알람브라 궁전의 추억> 역시 이곳에서 영감을 얻어 탄생했다. 본채를 거쳐 들어가면 U자형 수로가 나무와 꽃을 둘러 싼 왕비의 정원도 볼 수 있다.

❶ 수로의 중정(Patio de la Acequia)
❷ 입구의 정원(Jardines Nuevos)

★
밀회를 목격한 나무

왕비의 정원 한켠에는 비쩍 말라 죽은 나무 한 그루가 볼썽사납게 솟아있다. 나스르 궁전 아벤세라헤스의 방에서 처형당한 귀족과 후궁의 밀회가 이뤄진 장소다. 위험한 불장난이 불러온 술탄의 화는 가문의 몰살로도 모자라 현장을 목격한 나무마저 고사시켰다고 한다.

❸ 왕비의 정원(Patio del Ciprés de la Sultana)
❹ 정원 회랑의 이슬람 건축 양식
❺ 정원 창문 밖으로 알카사바와 나스르 궁전이 보인다.
❻ 밀회를 목격한 나무
❼ 계단 난간에도 물이 흐르는 수로가 있다.
❽ 산 니콜라스 전망대에서 바라본 헤네랄리페

02 여행과 일상 사이 누에바 광장 Plaza Nueva

이름은 '새로운' 광장이지만, 사실은 그라나다에서 가장 오래된 광장이다. 지금처럼 다로 강이 도로 아래쪽을 흐르기 전, 시내 동쪽과 서쪽을 오가는 다리를 만든 것이 이 광장의 출발이다. 다리로 감당하기에는 둘 사이에 오가는 통행량이 너무 많아지자 결국 1506년 강 위를 덮어 광장을 만들었다. 과거에는 투우 등 각종 행사가 열렸고, 오늘날에도 소박한 매력이 있어 따뜻한 볕을 쬐러 나온 마을 사람들이 하나 둘 모여든다. 알람브라나 알바이신 지구에 걸어 올라가려면 지나치는 곳이라 여행자도 오며 가며 지친 다리를 쉬어가기에 딱! 광장 주변에 있는 카페 테라스에 앉아 여유로운 현지 분위기를 즐겨 보자.

G 그라나다 누에바광장 M 402p-C2
알람브라에서 도보 15분 또는 알람브라 버스 C32번을 타고 Plaza Nueva 하차/그라나다 버스터미널에서 4·33번 버스를 타고 Gran Vía De Colón-Catedral 하차 후 도보 3분

03 오래된 강변 산책로 다로 강변길 Carrera del Darro

알람브라와 알바이신을 가르는 얇은 물줄기를 따라 다로 강변 길을 거닐어 보자. 강이라 부르기도 무색할 만큼 좁은 개울이지만, 운치 있는 오랜 돌다리와 16~17세기에 지어진 강변의 옛집들이 정겹다. 언덕 위 전망대까지 버스로 이동하면 볼 수 없는 좁은 골목길 끝에는 알람브라 궁전의 북면 전경이 시원한 배경으로 펼쳐지는 공원과 분수Fuente Paseo de los Tristes가 나온다. 로맨틱한 분위기를 풀풀 풍기는 이곳은 현지인 가족과 커플들의 쉼터. 야외 테라스에서는 식사도 즐길 수 있다.

G 5CH4+7Q 그라나다
M 402p-C2
누에바 광장에서 도보 4분

공원의
플라멩코 댄서
동상을 따라
포토제닉 포즈!

뜨거운 햇볕을 반사하기 위해
모든 벽을 하얗게 칠한 알바이신

04 알람브라를 위한 최고의 전망 포인트 알바이신(산 니콜라스 전망대) Albaicín(Mirador de San Nicolás)

알람브라의 높은 테라스에서 건너편을 바라보면 하얀 집들이 빼곡히 들어찬 아름다운 언덕이 있다. 오랫동안 이슬람교도의 거주지였던 이곳은 알람브라 전체가 담기는 멋진 인증사진을 찍기 위해서라도 꼭 올라가야 하는 포인트다. 이곳에서 알람브라를 바라보든 알람브라에서 이곳을 바라보든, 서로가 서로에게 가장 좋은 전망대가 돼 주는 셈이다.

그중 최고의 뷰를 자랑하는 산 니콜라스 전망대는 해가 지기 전부터 좋은 자리를 차지하려는 경쟁이 매우 치열하다. 눈 덮인 네바다 산맥을 병풍 삼아 우뚝 솟은 알람브라는 그야말로 장관. 빌 클린턴 전 미국 대통령이 학생 시절 산 니콜라스 전망대를 여행한 후 결코 잊지 못할 풍경에 다시 찾았다는 일화도 유명하다. 마을 전체는 1994년 유네스코 세계문화유산으로 선정됐다.

낮 동안 햇빛이 새하얗게 부서지는 골목 산책도 좋지만, 해 질 무렵의 정취나 야경을 가만히 바라보는 곳으로도 유명하다. 단, 외진 골목이 많은 편이니 늦은 시간에는 동행을 구하도록 하자.

Ⓖ 산니콜라스 전망대 Ⓜ 402p-C1

📍 Calle Del Agave, 1A 🚌 누에바 광장에서 알람브라 버스 C31·C32번을 타고 Plaza de San Nicolás 하차

05 동굴에 살던 집시들의 언덕
사크로몬테
Sacromonte

다로 강을 사이에 두고 알람브라와 마주 본다.

이번에는 집시들이 살던 동굴이 옹기종기 모인 높은 언덕이다. 인도의 히말라야 지역에서 유럽으로 들어와 오늘날까지 전 세계를 떠돌고 있는 집시. 그라나다의 집시들은 이슬람인들이 쫓겨난 후 비어 있는 동굴 집에 모여 여름에는 더위를, 겨울에는 추위를 피해 살아갔다. 하지만 언덕 아주 높은 곳으로 올라가지 않는 한 오늘날 실제 집시가 사는 동굴을 만날 확률은 매우 낮다. 집시 대부분이 1960년대 이후 도시 외곽의 저소득층 주거단지로 밀려나면서, 지금의 동굴 집(쿠에바Cueva)은 보헤미안적 삶을 꿈꾸는 예술가들의 차지가 됐다. 동굴 안에서 살았던 집시들의 삶은 사크로몬테 동굴 박물관에서 간접적으로 느낄 수 있다.

5CJ8+PC 그라나다 M 403p-F1
누에바 광장에서 알람브라 버스 C34번을 타고 Camino del Sacremonte, 39 하차

사크로몬테 동굴 박물관(Museo Cuevas del Sacromonte). 10:00~20:00(겨울철 ~18:00), 5€

MORE

사크로몬테-알바이신 산책로

사크로몬테까지 버스를 타고 왔다면, 돌아갈 때는 알바이신 지구로 천천히 걸어 내려가는 것도 좋다. 군데군데 집시의 감성으로 꾸며 놓은 독특한 집들을 발견할 수 있다. 밤에 다니기에는 위험한 지역으로 알려졌지만, 버스가 다니는 도로 쪽은 밤에도 문을 여는 플라멩코 클럽이나 바르가 많아 비교적 안전한 편이다. 단, 동굴이 있는 산 위쪽은 올라가지 않는 것이 좋다.

특유의 감성으로 채색한 집들이 언덕 경사면에 층층이 자리 잡고 있다.

SECTION

B

위풍당당! 이사벨 여왕의 행보 **그라나다 센트로**

이슬람 왕국을 함락하고 스페인을 가톨릭 세상으로 만든 이사벨 여왕의 흔적이 가득한 지역. 신대륙 발견의 영웅 콜럼버스와 여왕의 만남을 기념하는 광장부터 대대손손 가톨릭이 번창하기를 바라며 지은 대성당과 왕실 예배당까지. 뒤쪽에는 여왕에게 밀려 사라진 이슬람 신학교와 아랍 시장이 좁은 골목길 양쪽으로 빽빽하게 들어서 있다.

★

푸에르타 레알 Puerta Real

홍대입구역 9번 출구 앞 열기가 느껴지는 곳. 이사벨 라 카톨리카 광장 남동쪽으로 이어지는 가톨릭 왕의 거리(Calle Reyes Católicos)를 따라 교차로까지 내려가면 나오는, 젊은이들의 만남의 장소다. 예전에는 왕의 문이 있던 시가지 입구로, 지금은 일행을 기다리는 현지인들로 붐빈다.

Ⓖ 5CF2+C5 그라나다 Ⓜ 402p-B3

06 콜럼버스와 이사벨 여왕의 위대한 만남
이사벨 라 카톨리카 광장
Plaza Isabel la Católica

대항해 시대의 문을 연 두 주역, 콜럼버스와 이사벨 여왕을 위한 광장이다. 정식 명칭은 '가톨릭 여왕 이사벨'이라는 뜻이지만, 현지인들은 '콜럼버스의 광장La Plaza de Colon'이라 부르는 것을 더 선호한다. 목숨을 걸고 항해한 콜럼버스와 선원들을 기리기 위함이다. 광장 한가운데는 콜럼버스와 여왕의 만남 장면을 동상으로 세워 신대륙 탐험 400주년을 기념해놓았다.
광장은 그라나다 여행의 출발점이기도 하다. 알람브라로 가는 버스의 기점이며, 그라나다 투어도 이곳에서 시작한다. 광장 앞으로는 그라나다의 메인 도로인 그란 비아 데 콜론 대로Calle Gran Via de Colon가 쭉 뻗어있고, 그 뒤쪽 골목에는 그라나다 대성당과 아랍 시장 등 옛 흔적이 고스란히 남아있다.

Ⓖ 5CG3+72 그라나다 Ⓜ 402p-B2
📍 Plaza Isabel la Católica, 1
🚊 누에바 광장에서 도보 3분

콜럼버스와 만나는 가톨릭 부부 왕의 모습을 담고 있는 동상 아래의 부조

그란 비아 데 콜론 거리

푸에르타 레알

07 그라나다 대성당

가톨릭의 위세를 온 천하에!

Catedral de Granada

줄지어 선 기둥 덕분에 더욱 웅장해 보이는 성당 내부

주 예배당. 천국을 상징하는 푸른 돔과 형형색색의 스테인드글라스로 꾸몄다.

그라나다의 수호성인인 성모를 모신 예배당. 금박을 입힌 조각으로 화려하게 장식했다.

다른 도시의 대성당과는 달리 골목 안에 소심하게 숨어있다. 건물들 틈에 가려져 밖에서는 그 규모를 짐작하기 힘드나, 안으로 들어서면 웅장한 스케일에 입이 떡 벌어진다. 줄지은 기둥과 금빛으로 번쩍이는 주 예배당, 높은 창문에 수 놓인 스테인드글라스까지. 눈을 어디부터 둬야 할지 모를 정도로 압도적인 화려함을 뽐낸다.

지금의 대성당은 모스크가 있던 자리를 허물고 지어졌다. 스페인 최후의 이슬람 왕국을 몰아낸 가톨릭의 위대함을 온 천하에 알려야 했기 때문이다. 건설 기간만 181년. 수백만 명의 목숨을 앗아간 흑사병과 유대인 축출로 인한 재정 위기까지 닥치면서 공사는 길어졌고, 원래 81m까지 올렸어야 하는 탑은 아직도 미완성 상태다. 몇 세대에 걸친 공사로 설계 당시의 고딕 스타일과 르네상스 양식, 바로크 양식까지 가미돼 웅장함과 화려함을 모두 갖췄다.

Ⓖ 그라나다 대성당 Ⓜ 402p-B2

Calle Gran Vía de Colón, 5 10:00~18:15(일 15:00~)/종교 행사 시 휴무 6€, 25세 이하 학생 4.50€, 12세 이하 무료/오디오가이드 포함/무료입장 일요일 15:00~17:45 (사전 예약 필요) 이사벨 라 카톨리카 광장에서 도보 4분 www.catedraldegranada.com

알카사바에서 내려다본 모습. 미완성 상태인 탑을 볼 수 있다.

주교들의 조각상과 성화를 전시한 성구 보관실. 주 예배당 오른쪽에 입구가 있다.

성구 보관실과 연결된 종교 미술 전시실

부부 왕과 후아나 1세 부부의 관

08 그라나다를 탈환한 부부 왕의 무덤
왕실 예배당
Capilla Real de Granada

통일 스페인의 기반을 이룩한 이사벨과 페르난도 부부 왕이 잠들어 있는 곳이다. 필생의 소원이던 통일 스페인을 이룩했으니 이제는 사후의 안식을 계획할 순간. 자신들 이후의 모든 스페인 왕들의 무덤으로 쓰고자 지은 왕실 예배당이다. 하지만 증손자인 펠리페 2세가 마드리드 근처에 왕궁 겸 수도원 엘 에스코리알을 지으면서, 이후 스페인 왕들의 영묘 역할은 이곳 대신 엘 에스코리알로 옮겨졌다. 천하의 부부 왕이라도 모든 일이 다 뜻대로 된 건 아니었다.

예배당 한가운데는 부부 왕과 딸 후아나 1세 부부의 관이 있고, 그 위에는 이들의 생전 모습을 그대로 조각해 눕혀 놓았다. 잘생긴 얼굴과 바람기로 후아나를 미치게 했다는 미남 왕 펠리페 1세의 얼굴도 확인해 볼 수 있다.

Ⓖ 그라나다 왕실예배당 Ⓜ 402p-B2
📍 Calle Oficios ⏰ 10:00~18:30(일 11:00~18:00)/1월 1일·부활전 전 금요일·12월 25일·1월 2일 오전·10월 12일 오전·특별 행사 시 휴무 € 5€, 25세 이하 학생 3.50€, 12세 이하 무료/무료입장 수요일 14:30~18:30(사전 예약 필수) 🚉 그라나다 대성당에서 도보 2분 www.capillarealgranada.com

왕실 예배당 입구

09 아랍의 향기를 싣고 온 시장
아랍 시장(알카이세리아)
Alcaicería

좁은 골목 가득 휘황찬란한 색의 물결이 휘몰아친다. 이국적인 향기가 가득한 알카이세리아는 이슬람 통치 시절부터 비단을 거래해오던 전통 시장 지구다. 아랍풍의 옷가지나 스카프를 구경하는 재미는 물론 가죽 신발이나 가방, 도자기와 타일, 알록달록한 전등갓 등 기념품을 골라가기에도 좋다.

대성당 북쪽으로 길을 건너면 칼데레리아 누에바 거리 Calle Caldereria Nueva에 형성된 아랍 시장도 있다. 아랍식 찻집인 테테리아Teterias도 밀집해 현지 젊은이들이 어울려 물담배도 피우고 소소한 쇼핑도 하는 곳. 복작복작한 골목에 향긋한 물담배 연기가 뭉게뭉게 피어오르며 역시나 아랍 분위기가 물씬 풍긴다.

Ⓖ 알카이세리아 재래시장 Ⓜ 402p-B2
📍 Calle Alcaicería, 1 ⏰ 10:00~21:00 🚉 왕실 예배당에서 도보 1분 www.alcaiceria.com

알카이세리아 골목 입구
칼데레리아 누에바 거리

SPECIAL PAGE

그라나다냐, 세비야냐, 그것이 문제로다

동굴 플라멩코

스페인 남부를 여행하는 이들이 마주할 선택의 기로! 바로 어느 도시에서 플라멩코를 볼 것인가에 관한 문제다.
집시들이 살던 동굴에서 즐기는 그라나다 플라멩코는
예술적인 품격이 가미된 세비야의 플라멩코와는 확연하게 다른 느낌이다.

그라나다 플라멩코

세비야 플라멩코

● 그라나다 플라멩코 vs 세비야 플라멩코

구분	그라나다	세비야
댄서	사크로몬테 집시 출신 무용수	플라멩코 전문 댄서
무대 형태	동굴 집을 개조한 무대	소극장 형태의 전문 공연장
특징	- 직선적이고 원초적인 동작 - 집시 출신의 댄서와 연주자	- 세련된 연출과 섬세한 동작 - 전문 댄서, 수준급 실력의 가수와 연주자

● 그라나다 플라멩코, 어디서 예약할까?

공연장 홈페이지나 예약 대행 사이트(flamencotickets.com 등)를 이용한다. 알람브라 버스 C34번이 공연장들 주변에 정차하니 픽업 서비스를 포함하지 않는 저렴한 옵션을 선택해도 좋다. 단, 버스 막차 시각(금·토·일 ~23:00, 그외 ~22:00)을 고려해 이른 시간대의 공연을 택하자. 숙소에 문의하면 업체를 추천해주거나 예약해주기도 한다. 여행안내소에서는 현재 영업 중인 플라멩코 공연장 리스트와 요금을 확인할 수 있다.

©Zambra Maria la Canastera

G 5CJ8+Q9 그라나다
M 403p-E1
Camino del Sacromonte, 89
☎ 958 12 11 83
공연 21:15 (1시간)
€ 공연+식사 53.50~62€, 공연+음료 24€
누에바 광장에서 도보 22분/ 누에바 광장에서 버스 C34번을 타고 Camino del Sacromonte, 89 하차
marialacanastera.com

❖ 삼브라 마리아 라 카나스테라 Zambra Maria la Canastera

50년 넘게 운영해 온 그라나다 플라멩코의 정석! 마리아 라 카나스테라는 16살 때 알폰소 13세 앞에서 공연했을 만큼 유명한 플라멩코 댄서 겸 가수로, 1900년대 중반 그라나다 플라멩코를 대표하는 인물이다. 그녀의 가족이 살던 동굴집에서 후손들이 하는 공연이라 순도 100%의 그라나다 정통 플라멩코를 만날 수 있다. 무대와 객석이 분리돼 있지 않아 한결 생생한 느낌이다. 전통만큼이나 원숙하고 관록 있는 무용수가 클라이맥스를 선사한다.

❖ 쿠에바 데 라 로치오 Cueva de la Rocio

무용수의 섬세한 표정 연기와 거침없는 몸짓이 두 눈에 가득 찬다. 공연장에 무대와 관객석의 구분이 없는 덕에 무용수들의 에너지가 그대로 전달되는 느낌이다. 좁고 긴 동굴 천장에는 집시들이 직접 만들어 팔던 주방기구들을 매달아 유니크한 인테리어 효과를 더했다. 미셸 오바마, 후안 카를로스 1세 부부, 빌 클린턴 등 유명인이 방문한 플라멩코 공연장으로도 유명하다. 공연이 끝나면 관객들을 불러 함께 플라멩코를 추는 흥겨운 뒤풀이가 시작된다.

Ⓖ 5CJ7+JV 그라나다 Ⓜ 403p-E1

📍 Camino del Sacromonte, 70 ☎ 659 11 51 87 ⏱ 공연 20:00·21:00·22:00·23:00 € 공연+음료 28€, 공연+식사 60€ 🚌 누에바 광장에서 도보 20분/누에바 광장에서 알람브라 버스 C34번을 타고 Camino del Sacromonte, 39 하차 🌐 www.cuevalarocio.es

오늘 저녁은

타파스 바르 투어 어때?

그라나다는 맥주나 와인을 한 잔 주문할 때마다 타파스 한 종류를 공짜로 내주는 넉넉한 인심으로 유명하다. 바르마다 타파스가 천차만별이고 맛도 훌륭해 골목골목 찾아다니는 타파스 투어가 성행할 정도. 타파스 바르만 옮겨 다녀도 점심, 저녁에 야식까지 해결할 수 있다.

돼지고기와 파인애플 꼬치 (Pincho de Cerdo y Pina)

② Estofado de Carne con Piri Piri

타파스로 세계 일주

바르 포에
Bar Poë

런던 출신 할아버지가 운영하는 타파스 바르다. 전 세계의 음식을 타파스로 제공하는 것이 이 집의 콘셉트! 태국, 포르투갈, 브라질 등 타파스로 세계 여행을 떠나보자. 무료 타파스를 직접 선택할 수 있는 것도 장점이다. 전반적으로 맵고 단맛이 강한 편이라 우리 입맛에도 잘 맞는다.

매콤달콤한 소스의 ① 타이 치킨은 쌀밥을 곁들여 든든한 안주로 제격이다. 매운맛이 그립다면 아주 매운 피리피리 고추로 맛을 낸 아프리카 스타일의 ② 소고기 스튜를 추천한다.

Ⓖ 59FW+QJ 그라나다 Ⓜ 402p-A2 *#그라나다 대성당*

📍 Calle Verónica de la Magdalena, 40 ⏰ 20:00~02:00(금·토 ~03:00, 일 ~02:00)/ 월·화요일 휴무 Ⓔ 맥주·와인 2.40€~/1잔, 추가 타파스 2.30€, 1접시(Ración) 8€ 🚇 그라나다 대성당에서 도보 8분

① Pollo en Salsa Thailandés

MORE

나바스 거리 Calle Navas

그라나다의 흥겨운 타파스 바르 문화를 체험하고 싶다면, 대표적인 바르 밀집 지역인 나바스 거리로 가자. 안달루시아의 후한 인심을 느낄 수 있는 바르가 많다. 맥주 한 잔만 시켜도 간단한 타파스를 덤으로 내준다. 점심시간에 '메누 델 디아'를 주문하면 든든한 한 끼 식사도 가능하다.

Ⓖ 5CF2+9W 그라나다

Ⓜ 402p-B3

🚇 이사벨 라 카톨리카 광장에서 도보 3분

야외 테이블을 내놓은 카페와 레스토랑이 많다.

돼지 갈비(Costilas en Abodo)

모르시야(Morcilla)

그라나다 가정식 그대로!

◉ 바르 아빌라
Bar Ávila

가정집에 온 듯 편안하고 푸근한 분위기. 오랜 단골들이 문지방 닳도록 찾는 소박한 타파스 바르다. 개업한 지 50년이나 된 곳이라 내부장식은 소박하지만 그만큼 오랫동안 찾아오는 단골이 많다.
이 집 요리는 입에 착 감기는 감칠맛이 매력이다. 특히 육류 타파스가 많아 저렴한 예산으로 든든한 한 끼를 해결할 수 있다. 짭짤하고 바삭하게 구운 하몬 타파스는 맥주 안주로 제격. 뭉근하게 오래 끓인 스튜 같은 타파스도 국물을 빵에 찍어 먹으면 맛있다. 그라나다의 오랜 전통대로 음료를 시키면 간단한 타파스를 무료로 제공한다.

5CC2+29 그라나다 M 402p-B3
#엘 코르테 잉글레스 백화점
Calle Verónica de la Virgen, 16 12:00~17:00, 20:00~24:00/일요일 휴무 맥주 3€/1잔, 1/2 접시(Media Ración) 8~10€, 1접시(Ración) 12~15€ 이사벨 라 카톨리카 광장에서 도보 10분

진한 블루스와 분위기 있는 술 한잔

◉ 생 제르맹
Saint Germain

젊은이들의 취향을 저격하는 센스 있는 음식과 은은한 분위기, 술과 음악이 어우러진 세련된 바르다. 맥주나 와인을 주문할 때마다 무료로 제공하는 타파스들은 소스 맛이 특히 매력적! 제일 흔한 감자 오믈렛을 올린 타파스에도 갈릭소스와 피스타치오 가루로 풍미를 더했다. 브리 치즈를 이용하는 타파스 종류도 이 집의 인기 메뉴다.

5CH2+94 그라나다 M 402p-B2
#그라나다 대성당
Calle Postigo Velutti, 4 13:00~24:00(목~토 24:30)/일·월요일 휴무 와인 4.50€~/1잔 이사벨라 카톨리카 광장에서 도보 5분

다진 돼지 볼살을 얹은 타파스
(Carrilleras de cerdo estofadas)

와인에 어울리는
무료 타파스가 나온다.

진정한 와인 마니아들의 아지트

◉ 타베르나 라 타나
Taberna La Tana

일명 타파스 골목이라 불리는 나바스 거리Calle Navas 가장 안쪽, 와인 마니아들이 즐겨 찾는 와인 전문 바르다. 품질 좋은 와인을 엄선해 저렴한 가격에 제공하며, 잔 와인을 주문할 때마다 와인과 찰떡궁합인 타파스를 무료로 내준다. 와인을 추천받으려면 바 쪽에 앉는 게 편하다.

Ⓖ 5CF3+3H 그라나다 Ⓜ 402p-C3
#나바스 거리

Placeta del Agua, 3 ⏰ 13:00~16:00, 20:30~24:00(토·일 13:00~) Ⓔ 와인 5.50€~/1잔, 맥주 2.60€ 🚇 이사벨 라 카톨리카 광장에서 도보 6분

손님 취향에 맞는 와인을
영어로 추천해준다.

맥주와 함께 해산물 튀김
타파스가 주로 나온다.

❶ Surtido de Pescado(1/2접시, 14€)

맥주 한 잔과 마성의 해산물 튀김

◉ 바르 로스 디아만테스
Bar Los Diamantes

튀겨서 맛없는 음식은 없다지만 이 가게의 튀김은 정말 특별하다. 폭신하면서 달콤짭짤한 마성의 튀김옷이 비밀병기! 오징어, 생선 살, 새우, 앤초비 등을 섞어 주는 ❶ 모둠 생선튀김은 1/2접시부터 주문 가능하다. 튀김Frito 대신 구이Plancha 종류도 주문할 수 있다. 그라나다 시내에 있는 3개의 지점 중 누에바 광장 앞 가게가 가장 넓고 찾아가기 쉽다. 이 집 역시 맥주 한 잔에 조그만 무료 타파스 하나를 제공한다.

Ⓖ 5CG3+JJ 그라나다 Ⓜ 402p-C2
#누에바 광장

Plaza Nueva, 13 ⏰ 12:00~24:00 Ⓔ 해산물 요리 1/2접시 11~16€, 와인 3.80€/1잔, 빵 1€ 🚇 이사벨 라 카톨리카 광장에서 도보 2분

❶ Vermut(2.70€)

❷ Arroz

바 뒤쪽 커다란 오크통에서
베르뭇을 따라준다.

피로가 사라지는 베르뭇 한잔

◉ 보데가스 카스타녜다
Bodegas Castañeda

스페인 사람들이 즐겨 마시는 가향 와인 ❶ 베르뭇 전문 바르다. 베르뭇은 얼음과 레몬을 넣어 시원하게 마시는 것이 정석! 여러 오크통의 술을 조금씩 섞어 만든 칵테일 칼리카사스Calicasas는 맛이 한결 부드러워 술술 넘어간다. 그 달콤함에 홀짝홀짝 마시다 보면 금방 취기가 올라오니 주의할 것. 음료와 함께 내주는 무료 타파스 중에는 스페인식 리소토 ❷ 아로스가 인기다

Ⓖ 5CG3+P6 그라나다 Ⓜ 402p-B2
#누에바 광장

Calle Almireceros, 1-3 ⏰ 11:30~24:30 Ⓔ 맥주 2.70€~, 와인 3.50€~, 자릿세 0.30€, 식전 빵 1.55€ 🚇 이사벨 라 카톨리카 광장에서 도보 3분

❶ Tarta(2.90€)

명물 아이스크림으로 달달한 당 충전

◉ 엘라데리아 로스 이탈리아노스
Heladería Los Italianos

알람브라의 인기에 버금가는 유명한 아이스크림 가게다. 어른아이 할 것 없이 손에 하나씩 쥐고 있는 건 이 집의 시그니처 아이스크림 ❶ 타르타. 아이스크림 케이크를 조각조각 잘라서 콘에 담아준다.
일반 아이스크림 중에는 고소하고 달콤한 스페인 전통 과자 투론 맛이 현지인에게 인기다. 우리나라 여행자라면 달콤한 맛과 상큼한 맛을 하나씩 섞는 것을 추천한다. 아쉽게도 겨울철에는 문을 열지 않는다.

딸기·투론(Turrón) 맛 아이스크림

5CG2+GX 그라나다 M 402p-B2
#이사벨 라 카톨리카 광장
Calle Gran Via de Colón, 4
10:00~24:00/11월 중순~3월 중순 휴무
콘(Barquillos) 1~3€, 컵(Tarrinas) 1.60~14€
이사벨 라 카톨리카 광장에서 도보 3분

화이트 초콜릿-바닐라 피오노노
❶ Tradicional

원조 피오노노를 만날 수 있는 곳

◉ 파스텔레리아 카사 이슬라 앙헬로
Pastelería Casa Ysla Angelo

그라나다의 대표 디저트 피오노노를 처음으로 만든 빵집이다. 피오노노는 시럽에 적신 얇은 스펀지케이크를 둥글게 만 뒤 달콤한 크림을 얹어 만든 일종의 미니 컵케이크. 초콜릿, 화이트 초콜릿, 레몬, 오렌지 등 다양한 맛 중에서 가장 기본 맛인 ❶ 트라디시오날을 추천한다. 차갑게 먹는 피오노노가 따뜻한 커피를 만나면 입안에서 사르르 녹아 황홀한 맛을 선사한다.

5CC2+7M 그라나다 M 402p-B3
#엘 코르테 잉글레스 백화점

Calle Acera del Darro, 62
08:00~21:00 피오노노 1.60€/1개~, 커피 1.50€~ 이사벨 라 카톨리카 광장에서 도보 8분

어서 와, 안달루시아 추로스는 처음이지?

추레리아 알람브라
Churreria Alhambra

지역마다 조금씩 다른 맛과 모양의 스페인 추로스. 그중 안달루시아의 추로스는 밋밋한 생김새와 달지 않은 심심한 맛이 특징이다. 찹쌀 도넛 반죽처럼 짭짤하고 고소한 맛이라 달콤한 디저트를 상상했다면 당황할 수 있다. 이때 필요한 건 역시 달달한 초콜라테! 짭조름한 추로스를 '찍먹'하면 단맛이 급상승한다. 단, ❶ 추로스와 초콜라테 외의 메뉴는 추천하지 않는다. 추로스는 1인분 치고는 양이 많은 편이다.

5CF2+V5 그라나다 M 402p-B2 #그라나다 대성당

Plaza de Bib-Rambla, 27
08:00~23:00 추로스 2.80€, 초콜라테 2.90€ 이사벨 라 카톨리카 광장에서 도보 3분

❶ Coctel Imperial

달달한 아랍식 디저트 카페

파스텔레리아 안달루시 누하일라
Pastelería Andalusí Nujaila

이슬람 향기 가득한 아랍 골목에 모로코 상인이 작은 빵집을 열었다. 바클라바와 카다이프 등 평소 쉽게 볼 수 없는 아랍식 디저트가 있는 곳. 주로 설탕 시럽에 절이거나 과일 잼을 넣어 만들기 때문에 단맛이 강한 아랍식 디저트는 허브차와 함께 먹으면 좋다. 블랙티의 일종인 ❶ 콕텔 임페리알이나 향이 강하지 않은 쿠엔토스 데라 알람브라가 무난하다.

5CH3+45 그라나다 M 402p-B2 #누에바 광장

Calle Calderería Nueva, 9 09:30~14:00, 17:00~21:00
아랍식 디저트 1.30~1.60€/1개, 허브 차 1.20€~ 이사벨라 카톨리카 광장에서 도보 5분

그란 비아 대로의 세련된 호텔

그라나다 파이브 센시즈
Granada Five Senses

넓은 방을 갖춘 현대적인 호텔. 공항 버스와 4번 버스가 지나는 그란 비아 대로에 있어 찾기 쉽다. 주차장과 스파, 운동시설, 옥상에는 테라스와 미니 수영장을 갖췄다.

5CH2+C6 그라나다 M 402p-B1
#그란 비아 대로
Calle Gran Via de Colón, 25 ☎ 958 28 54 64 더블룸 87€~/조식 별도 이사벨 라 카톨리카 광장에서 도보 5분 www.maciahoteles.com/granadafivesenses

누에바 광장 바로 앞

AMC 그라나다
AMC Granada

흰색 톤으로 심플하게 꾸민 내부의 청소 상태가 매우 좋고 다니기에 편리한 위치다. 객실 종류는 더블룸과 트리플룸이 전부지만, 건물 구조가 독특해 방 모양이 다양하다.

5CG3+MP 그라나다 M 402p-C2
#누에바 광장
Cuesta de Gomérez, 1 ☎ 958 10 16 20 더블룸 73€~/조식 별도 누에바 광장의 분수대에서 도보 1분 www.amcgranada.com

청결 상태 최고!

오스탈 로드리
Hostal Rodri

깨끗한 욕실을 가장 중요하게 여기는 이들에게 추천한다. 개인이 운영하는 게스트하우스지만, 관리만큼은 일류 호텔 못지않다. 최신식 엘리베이터를 갖추고 있으며, 방 수가 적어 예약이 빨리 차는 편이다.

59GX+M3 그라나다 M 402p-A2
#그라나다 대성당
Calle Laurel de las Tablas, 9 ☎ 958 28 80 43 싱글룸 26€~, 더블룸 37€~/조식 없음 누에바 광장에서 도보 9분 www.hostalrodri.com

SEVILLA

세비야
(영어명 : 세빌 Seville)

봄날의 상큼한 오렌지꽃 향기를 타고 무수한 이야기가 떠도는 도시 세비야. 알카사르 궁전의 은밀한 전설은 셰익스피어에게 희곡 <오셀로>의 영감을 주었고, 수백 년 된 건물 사이사이마다 바람둥이 <돈 주앙>과 팜므 파탈 <카르멘>이 숨결을 불어넣는다.
강렬한 햇볕만큼이나 세비야 사람들의 뜨거운 정열이 플라멩코와 투우를 꽃피운 지도 오래. 안달루시아에서 놓칠 수 없는 단 하나의 도시다.

#대항해시대 #황금시대 #이슬람퓨전 #플라멩코 #투우

e SEVILLA
FERIA D
SEVILL

Getting to SEVILLA

스페인 남부 안달루시아를 대표하는 도시 세비야. 저가 항공은 물론 기차, 버스 등 교통편이 잘 발달해 있다. 버스터미널은 2개로, 어떤 도시를 오가느냐에 따라 출발·도착 터미널이 달라질 수 있으므로 미리 위치를 파악해두는 것이 좋다.

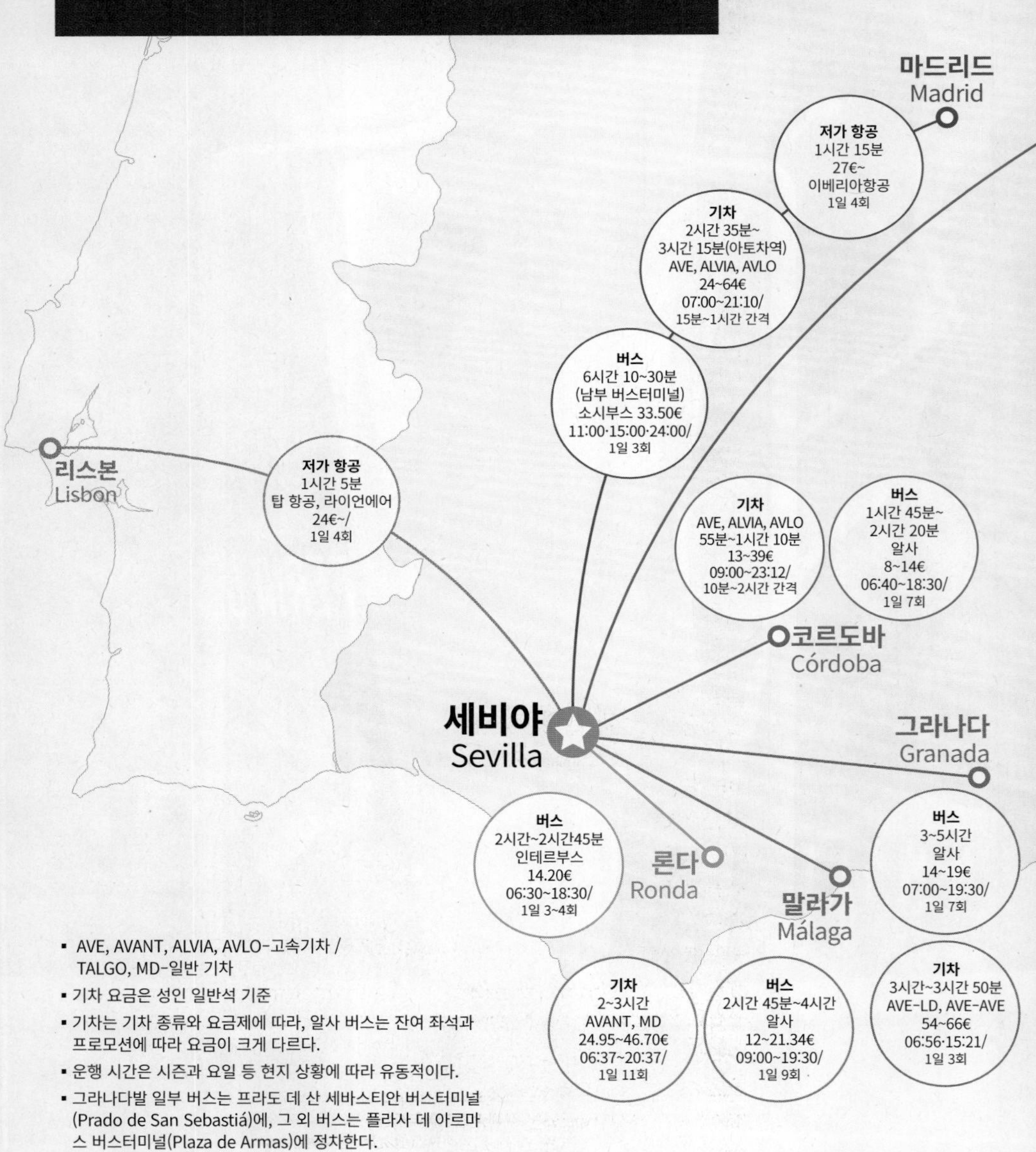

- AVE, AVANT, ALVIA, AVLO-고속기차 / TALGO, MD-일반 기차
- 기차 요금은 성인 일반석 기준
- 기차는 기차 종류와 요금제에 따라, 알사 버스는 잔여 좌석과 프로모션에 따라 요금이 크게 다르다.
- 운행 시간은 시즌과 요일 등 현지 상황에 따라 유동적이다.
- 그라나다발 일부 버스는 프라도 데 산 세바스티안 버스터미널(Prado de San Sebastiá)에, 그 외 버스는 플라사 데 아르마스 버스터미널(Plaza de Armas)에 정차한다.
- 론다 출발 버스는 요일에 따라 시간표와 노선별 소요 시간이 바뀌니 확인 후 이용한다.

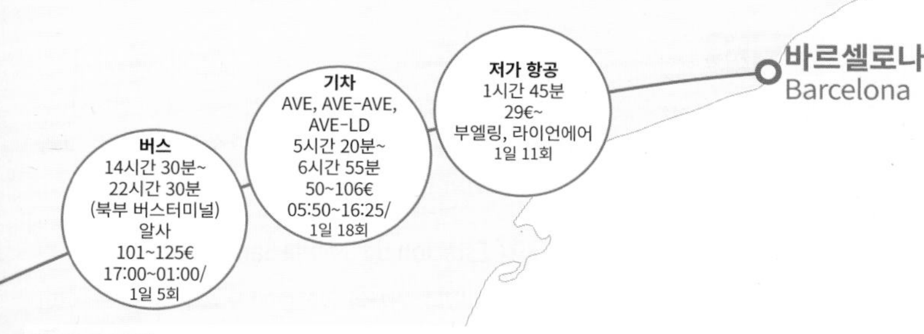

1. 항공

바르셀로나, 마드리드를 비롯해 파리, 로마, 리스본 등 유럽의 주요 도시에서 하루 4~6회 직항편을 운항한다. 부엘링 등 저가 항공도 취항한다.

★
세비야 공항
세비야 공항
www.aena.es

◆ 세비야 공항 Aeropuerto de Sevilla(SVQ)

시내에서 동쪽으로 약 9km 떨어져 있다. 시내까지는 보통 공항버스인 EA(Especial Aeropuerto, 이하 EA 버스)를 타고 이동하며, 공항택시는 모두 정가제로 운행한다.

세비야 공항 출발 층

EA 버스 정류장 근처에 택시 승차장이 있다.

공항 도착 층 밖 EA 버스 정류장. 티켓은 버스 기사에게 구매한다. 멀티 카드 및 컨택리스 신용·체크카드(다회 결제 가능) 사용 가능

EA 버스의 기·종점인 플라사 데 아르마스 버스터미널 앞 정류장. 시내에서 공항으로 가는 EA 버스는 이곳부터 거의 만석이다.

✚ EA 버스 운행 정보

요금	버스 기사에게 구매 또는 컨택리스 신용·체크·멀티 카드(투쌈 카드) 사용 시 5€
소요 시간	세비야 산타 후스타역까지 약 25분, 프라도 데 산 세바스티안 버스터미널까지 약 30분, 플라사 데 아르마스 버스터미널까지 약 45분
운행 시간	공항 → 시내 04:30~24:05, 시내 → 공항 05:22~01:00/14~30분 간격
노선	세비야 공항(Aeropuerto) ⇌···⇌ 세비야 산타 후스타역(Estación de Santa Justa) ⇌···⇌ 프라도 데 산 세바스티안 버스터미널(Prado San Sebastián(Carlos V)) ⇌ 황금의 탑(Paseo Colón) ⇌···⇌ 플라사 데 아르마스 버스터미널(Estación Plaza de Armas)

EA 버스 내부. 큰 짐을 놓을 수 있는 공간이 있다.

✚ 공항택시 운행 정보

요금	월~금 07:00~21:00: 24.98€, 월~금 21:00~07:00 및 토·일·공휴일·세마나 산타·4월 축제 기간 07:00~21:00: 27.84€, 세마나 산타 및 4월 축제 기간 21:00~07:00: 34.79€
소요 시간	세비야 대성당까지 약 20분

★
세비야 산타 후스타역
92RF+PV 세빌
04:30~24:30(토·일 05:15~)
www.renfe.com

2. 기차

바르셀로나(산츠역), 마드리드 (아토차역), 말라가 등에서 항공편 대신 선택할 수 있다. 버스보다 요금은 비싸지만, 소요 시간을 절반 이상 단축할 수 있다. 그라나다와 바르셀로나에서는 환승 노선이 많은 편이니 예매할 때 확인한다.

◆ 세비야 산타 후스타역 Estación de Sevilla Santa Justa

시내에서 북동쪽으로 약 3km 떨어져 있다. 기차역 안에는 매표소와 맥도날드, 코인로커, ATM 등이 있고, 정문 앞 버스 정류장에서 시내버스 21번(알카사르 방향)이나 32번(메트로폴 파라솔 방향)을 타면 시내로 갈 수 있다. 시내버스 정보는 436p 참고.

세비야 산타 후스타역

기차역 앞 시내버스 정류장

기차 탑승 전에 공항검색대처럼 짐 검사를 한다. 기차 출발 시각보다 조금 여유있게 도착하도록 하자.

3. 버스

마드리드로 오갈 땐 기차 대비 이용 빈도가 낮으나, 그라나다, 론다, 코르도바 등 근교 안달루시아 도시에서 이동할 땐 유용하다. 버스터미널은 구시가를 기준으로 서쪽과 동쪽에 총 2곳이 있다. 장거리 버스는 주로 서쪽의 플라사 데 아르마스 버스터미널을 이용하며, 그라나다발 일부 버스는 동쪽의 프라도 데 산 세바스티안 버스터미널에 정차한다.

✚ 세비야행 버스 정보

도시	버스 회사	홈페이지
말라가, 그라나다, 코르도바	알사	www.alsa.com/en
마드리드	소시부스	www.socibusventas.es
론다	인테르부스	www.interbus.es

◆ 플라사 데 아르마스 버스터미널 Estación Plaza de Armas

세비야 구시가 서쪽 강변에 있는 버스터미널이다. 스페인 대부분 도시에서 온 장거리 버스와 포르투갈 등을 오가는 국제버스가 정차하고, 공항버스인 EA 버스의 종착지이기도 하다. 세비야의 중심인 누에바 광장이나 세비야 투우장까지는 이곳에서 크리스토발 콜론 대로(Paseo de Cristóbal Colón)를 따라 도보 약 10분. 숙소가 대성당 동쪽 산타 크루스 지구에 있다면 시내버스 C4번을 타자. 시내버스 정보는 436p 참고.

★
플라사 데 아르마스 버스터미널
9XRW+PC 세빌
www.autobusesplazadearmas.es

플라사 데 아르마스 버스터미널 / 시외버스 승강장 / 매표소 / 여행안내소에서 버스 정보를 얻을 수 있다. / 코인 로커(05:00~24:00, 3.50€/24시간) / 버스터미널 앞 시내버스 정류장

◆ 프라도 데 산 세바스티안 버스터미널 Prado de San Sebastián

세비야 구시가 동남쪽, 에스파냐 광장 근처에 위치한 버스터미널이다. 세비야 근교 소도시에서 오는 버스와 그라나다에서 오는 버스 일부가 이곳에 선다. 터미널 밖으로 나와 메넨데스 펠라요 대로(Av. de Menéndez Pelayo)를 건너 무리요 공원(Jardin de Murillo)을 통과하면 대성당 동쪽 구시가까지 도보로 약 15분 소요된다.

대성당이나 누에바 광장 근처로 간다면 터미널 앞 정류장에서 트램을 이용하는 것이 가장 편리하다. 버스터미널에서 곧바로 플라사 데 아르마스 버스터미널로 가려면 메넨데스 펠라요 대로의 버스 정류장에서 시내버스 C4번을 탄다. 트램·시내버스에 관한 자세한 내용은 436p 참고.

★
프라도 데 산 세바스티안 버스터미널
92J7+HG 세빌

프라도 데 산 세바스티안 버스터미널

시외버스 승강장 / 버스터미널 앞 트램 정류장

Around **SEVILLA** : 시내 교통

세비야는 매우 큰 도시지만 여행자들의 볼거리는 대부분 구시가에 모여 있어 충분히 걸어서 다닐 수 있다. 단, 한낮에는 더위를 피해 트램이나 시내버스 등을 적절히 이용하는 것도 좋은 방법이다. 대부분의 시내버스와 트램, 메트로에서 컨택리스 신용·체크카드를 사용할 수 있다.

★
트램 & 시내버스 정보
www.tussam.es

TUSSAM
TRANSPORTES URBANOS DE SEVILLA S.A.M.
BILLETE UNIVIAJE
METRO CENTRO
IMPORTE: 1,40 €

트램 1회권. 영수증 형태로 발급되므로 개찰이나 각인하지 않아도 된다.

트램 티켓 자동판매기. 멀티 카드 충전도 가능하다.

트램 내부

트램 검표원

1. 트램 Tranvía

세비야의 트램은 구시가 중심부만 운행하기 때문에 노선이 매우 짧고 노선도 하나밖에 없다. 여행자가 주로 이용하는 구간은 T1 노선의 프라도 데 산 세바스티안 버스터미널과 누에바 광장 사이. 속도는 매우 느리지만, 시원한 냉방 시설 덕분에 한여름에는 유용하다. 요금은 전 구간에서 동일하다. 1회권은 트램 정류장에 설치된 자동판매기에서 구매하며, 검표에 대비해 내릴 때까지 티켓을 꼭 소지하고 있어야 한다. 멀티 카드나 여행자용 카드를 미리 구매했다면 트램과 버스에서 공용으로 사용할 수 있다. 컨택리스 신용·체크카드로 탑승 가능.

누에바 광장의 트램 정류장

트램 내부의 멀티 카드 & 컨택리스 신용·체크카드용 단말기

✚ 트램 운행 정보

요금	1회권(Billete Univiaje) 1.40€
운행 시간	월~목 06:00~23:30, 금·토·공휴일 전날 06:00~02:00, 일·공휴일 07:00~23:30/ 7~9분 간격, 24:00 이후 27분 간격/방향에 따라 조금씩 다름
주요 노선	**T1** 프라도 데 산 세바스티안 버스터미널, 세비야 대학, 세비야 대성당, 누에바 광장 등

2. 시내버스 Bus

골목이 복잡한 구시가 안쪽까지는 가지 않지만, 시내에서 기차역이나 버스터미널 사이를 오갈 때 편리하게 이용할 수 있다. 기억해야 할 노선은 21번, 32번, C4번 세 가지다. 버스 기사에게 1회권을 구매하거나 충전식 교통카드인 멀티카드를 사용해 요금을 결제한다. 컨택리스 신용·체크카드로 결제할 수 있는 단말기를 갖춘 버스도 있다.

멀티 카드 & 컨택리스 신용·체크카드용 단말기

빨간색 일반 시내버스

시내버스 정류장

✚ 시내버스 운행 정보

요금	1회권 1.40€	
주요 노선	**21번**	세비야 산타 후스타역, 세비야 대학, 알카사르, 프라도 데 산 세바스티안 버스터미널 등(06:04~23:25/10~14분 간격)
	32번	세비야 산타 후스타역, 메트로폴 파라솔 등(06:10~23:31/7~14분 간격)
	C4번	플라사 데 아르마스 버스터미널, 세비야 투우장, 황금의 탑, 에스파냐 광장 앞 로터리, 프라도 데 산 세바스티안 버스터미널 등(06:00~23:30/7~18분 간격)

3. 메트로 Metro

세비야에는 메트로 노선이 1개뿐이다. 관광지를 지나지 않아 여행자가 이용할 일은 거의 없다. 별도의 교통카드를 사용하므로 멀티 카드와 여행자용 카드를 사용할 수 없다. 1회권을 구매하거나 컨택리스 신용·체크카드를 이용해 탑승한다.

✚ 메트로 운행 정보

요금	1회권 1.35~1.80€
운행 시간	월~목 06:30~23:00, 금·공휴일 전날 06:30~02:00, 토 07:30~02:00, 일·공휴일 07:30~23:00/4~7분 간격, 21:00 이후 12~16분 간격

★
메트로 정보
www.metro-sevilla.es/en

★
세비야의 교통카드, 멀티 카드 & 여행자용 카드

트램과 시내버스를 자주 이용한다면 충전식 교통카드인 멀티 카드(일명 투쌈 카드Tussam Card)가 경제적이다. 카드 보증금과 최소 충전 금액이 있지만, 다회 결제가 가능하고, 1회당 이용 금액이 훨씬 저렴하다. 여럿이 같이 쓸 때는 인원수만큼 단말기에 접촉한다. 2024년 말까지(변동 가능) 대중교통 할인 정책에 따라 1회당 이용 금액을 50% 할인 중이다.

멀티 카드 Tarjeta Multiviaje(버스 & 트램 공용)
최소 충전 금액 7€, 카드에 따라 보증금 1.50~2€ 별도, 1회 이용 시 0.69€ 차감, 1회 이용+환승 시 0.76€ 차감/개찰 후 60분 이내 환승 가능
*2024년 12월 말까지 50% 특별 할인으로 1회 이용 시 0.35€, 1회 이용+환승 시 0.38€

여행자용 카드 1·3일권 Tarjeta Turistica de 1·3 Dias(버스 & 트램 공용)
1일 또는 3일간 버스와 트램을 무제한 승차할 수 있다. 단, 1인 1카드 필수.
1일권 5€, 3일권 10€, 카드에 따라 보증금 1.50€ 별도

멀티 카드(투쌈 카드)

프라도 데 산 세바스티안 터미널 앞의 투쌈 공식 안내소

◆ **멀티 카드(투쌈 카드) 판매처 Puntos de Información y Venta de TUSSAM**
프라도 데 산 세바스티안 버스터미널 앞에 있는 투쌈 공식 안내소를 비롯해 플라사 데 아르마스 버스터미널 앞의 키오스크, 'Tussam' 마크가 있는 담배가게(Tabacos) 등 시내 지정판매소에서 구매할 수 있다. 여행자용 카드 구매와 보증금 환불 관련 처리는 투쌈 공식 안내소에서 진행한다.

투쌈 공식 안내소
Plaza San Sebastián 월~금 08:00~16:00/토·일·공휴일 휴무

4. 택시 Taxi

기차역이나 버스터미널은 물론 시내 곳곳에서 대기 중인 택시를 쉽게 잡아탈 수 있다. 공항택시를 제외한 택시 요금은 미터기를 기준으로 책정되며, 평일 야간과 주말·공휴일·세마나 산타(세비야 부활절 축제) 기간에는 할증이 붙는다.

하얀색 세비야 택시

✚ 택시 요금(Tarifa) 정보

Tarifa 1	월~목 07:00~21:00 금·공휴일 전날 07:00~20:00	기본요금 1.55€+km당 1.06€, 최소요금 4.21€
Tarifa 2	월~목 21:00~07:00 금요일 및 공휴일 전날 20:00~22:00·00:00~07:00 토·일·공휴일 06:00~20:00 12월 24·31일 00:00~22:00 세마나 산타 및 4월 축제 기간 07:00~21:00	기본요금 1.87€+km당 1.32€, 최소요금 5.24€
Tarifa 3	금요일 및 공휴일 전날 22:00~24:00 토·일·공휴일 22:00~06:00 세마나 산타 및 4월 축제 기간 21:00~07:00	기본요금 2.34€+ km당 1.65€, 최소요금 6.56€
추가 요금	10kg을 초과하는 짐 1개당 0.55€, 기차역에서 출발할 경우 1.64€ 등	

시티 투어 버스.
여러 개의 버스 회사가
비슷한 노선을 운영한다.

5. 시티 투어 버스 Hop-on Hop-off Seville

천장이 열린 이층버스를 타고 세비야 시내를 한 바퀴 도는 버스다. 티켓을 개시한 후 24시간 동안 모든 정류장에서 자유롭게 타고 내릴 수 있다. 황금의 탑에서 출발해 에스파냐 광장을 지나 강변도로를 따라 도시 외곽을 크게 순환한다. 구시가 안쪽으로 들어가지는 않지만, 걸어서는 보기 힘든 세비야 풍경의 큰 그림을 그릴 수 있다.

✚ 시티 투어 버스 운행 정보

요금	24시간권(워킹 투어 포함) 28.60€, 5~12세 14.30€, 4세 이하 무료
운행 시간	10:00~22:00/30분 간격(내리지 않고 1회 왕복 시 1시간 15분 소요)
홈페이지	city-sightseeing.com/en/1/seville

★

마차 타고 세비야 한 바퀴!

세비야 대성당 앞에는 많은 마차가 대기하고 있다. 대성당 앞을 출발해 구시가의 주요 명소와 강변도로를 한 바퀴 도는 기본 코스가 45분 정도. 다만, 스페인어를 모르는 외국인에게는 경로와 시간을 축소하는 경향이 있다. 요금은 기본 코스 기준 45€~. 세마나 산타 기간과 4월 축제 기간에는 요금이 다소 오른다.

대성당 앞에 대기 중인 마차

Around SEVILLA : 실용 정보

세계적으로 인기가 높은 관광 도시답게 여행자를 위한 편의시설이 잘 갖춰져 있다. 더욱 알찬 세비야 여행을 도와줄 각종 팸플릿과 자료가 넘쳐나는 곳이기도 하다. 흥미를 끌 만한 공연이나 이벤트 일정도 꼼꼼하게 체크해보자.

① 여행안내소 Oficina de Turismo de Sevilla

시내 여러 곳에 있다. 운영 주체도 다양한 편. 가장 이용하기 편한 곳은 알카사르 출구 주변에 있는 안내소로, 세비야시에서 운영한다. 공항과 기차역에도 여행안내소가 있다.

G 92P5+37 세빌 M 441p-B2

주소 Plaza del Triunfo, 1(알카사르 출구 쪽)
전화 954 78 75 78
오픈 09:00~19:30(토·일·공휴일 09:30~15:00)
교통 세비야 대성당에서 도보 1분. 알카사르 출구 앞
홈피 andalucia.org | www.visitasevilla.es

② 카르푸 익스프레스(누에바 광장 지점) Carrefour Express : 슈퍼마켓

누에바 광장과 가까운 슈퍼마켓. 간단한 간편식과 과일도 판매한다.

G 92P3+VQ 세빌 M 441p-B2

주소 C. Harinas, 7
오픈 09:00~22:30(일 10:00~)
교통 누에바 광장에서 도보 2분

③ 카르푸 익스프레스(알팔파 광장 지점) Carrefour Express : 슈퍼마켓

살짝 멀지만, 구시가 근처에서는 가장 큰 규모의 마트. 가격도 저렴한 편이다.

G 92R5+3V 세빌 M 441p-B2

주소 Pl. de la Alfalfa, 4
오픈 08:30~22:30/일요일 휴무
교통 세비야 대성당에서 도보 8분

④ 미니마켓 아시아티코 Minimarket Asiatico

: 슈퍼마켓

세비야 구시가에 있는 조그만 동네 슈퍼. 한국의 컵라면이나 봉지라면을 판매할 때도 있으니 필요하다면 들러보자.

G 92Q3+PF 세빌 M 441p-B2

주소 Calle Méndez Núñez, 15
오픈 09:00~23:00(일 ~23:30)
교통 누에바 광장 북서쪽 코너에서 북쪽으로 이어지는 골목 Calle Méndez Núñez로 들어서면 오른쪽에 있다. 도보 2분

DAY PLANS

섹션 A~C는 세비야 관광의 필수 코스인 세비야 대성당과 에스파냐 광장 등을 둘러보는 일정이다. 아침 일찍 세비야 대성당과 알카사르를 방문한 후 오후에 에스파냐 광장과 과달키비르 강변 주변을 산책하자. 해 질 무렵에는 강변의 크루즈나 메트로폴 파라솔에서 일몰 감상을 추천. 둘째 날에는 첫날 가보지 못한 곳을 방문하자. 플라멩코 공연을 보려면 야심한 밤의 스케줄은 비워둘 것!

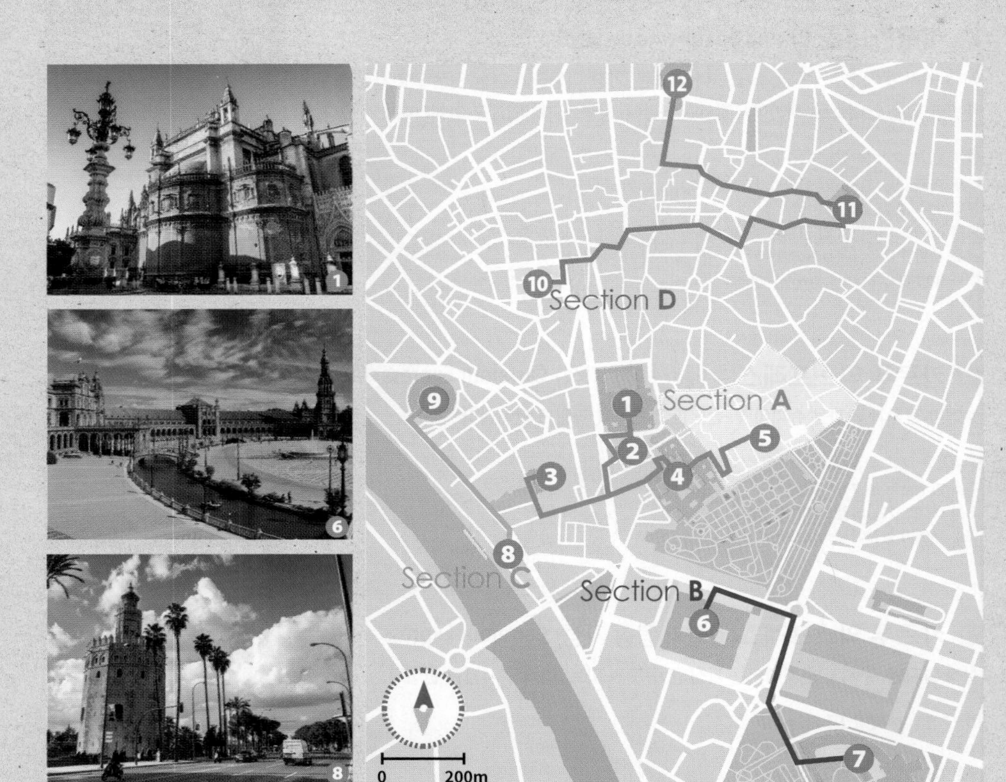

Section **A** 세비야 대성당 주변 442p

❶ **세비야 대성당** → 도보 1분 → Option ❷ **인디아스 고문서관** → 도보 4분 → Option ❸ **자선 병원** → 도보 5분 → ❹ **알카사르** → 도보 2분 → ❺ **산타 크루스 지구**

Section **B** 에스파냐 광장 주변 453p

❻ **세비야 대학** → 도보 5분 → ❼ **에스파냐 광장**

Section **C** 과달키비르 강변 456p

❽ **황금의 탑** → 도보 5분 → ❾ **세비야 투우장**

Section **D** 누에바 광장 주변 458p

❿ **누에바 광장** → 도보 10분 → Option ⓫ **필라토스의 집** → 도보 8분 → ⓬ **메트로폴 파라솔**

★ 한여름 폭염 주의!
한낮 최고 온도가 40°C에 육박하는 세비야의 여름은 무덥기로 소문났다. 이때는 많이 걷는 에스파냐 광장을 이른 아침이나 저녁 무렵에 가고, 틈틈이 타파스 바르에서 쉬어가는 시간도 챙겨두자.
A
B
C
1
2
3
세비야 공항 Aeropuerto de Sevilla(SVQ)
에슬라바 Eslava
12 메트로폴 파라솔 Metropol Parasol
플라사 데 아르마스 버스터미널 Plaza de Armas
공항행 EA 버스 Estacion Plaza de Armas(Interior)
시내행 C4번 버스 Torneo(Estacion Plza de Armas)
노마드 호스텔 Nomad Hostel
바르 엘 코메르시오 Bar El Comercio
카르푸 익스프레스 Carrefour Express
11 필라토스의 집 Casa de Pilatos
바르 알팔파 Bar Alfalfa
엘 코르테 잉글레스 El Corte Inglés
미니마켓 아시아티코 Minimarket Asiatico
세비야 산타 후스타역 Estación de Sevilla Santa Justa
무세오 델 바일레 플라멩코 Museo del Baile Flamenco
10 누에바 광장 Plaza Nueva
세비야 시청
산 프란시스코 광장 Plaza de San Francisco
라 카르보네리아 La Carbonería
카르푸 익스프레스 Carrefour Express
보데가 산타 크루스 Bodega Santa Cruz
라 카사 델 플라멩코 La Casa del Flamenco
히랄다 탑 Giralda
알칸타라 호텔 Alcántara Hotel
9 세비야 투우장 Plaza de toros de la Real Maestranza de Caballería de Sevilla
카사 모랄레스 Casa Morales
1 세비야 대성당 Catedral de Sevilla
5 산타 크루스 지구 Barrio de Santa Cruz
산타 크루스 광장 Plaza de Santa Cruz
레피나도레스 광장 Plaza de los Refinadores
비네리아 산 텔모 Vineria San Telmo
2 인디아스 고문서관 Archivo de Indias
자선 성당 Iglesia de la Caridad
3 자선 병원 Hospital de la Caridad
입구:사자의 문 Puerta del León
엘 레이 델 모로 호텔 부티크 El Rey del Moro Hotel Boutique
4 알카사르 Real Alcázar de Sevilla
알카사르 호텔 Alcázar Hotel
무리요 공원 Jardín de Murillo
TOC 호스텔 TOC Hostel Sevilla
강변 크루즈 Cruceros Torre del Oro
8 황금의 탑 Torre del Oro
공항행 EA 버스 Paseo Colón
시내행 EA 버스 Paseo Colón
시내행 21번 버스 Menéndez Pelayo(Juzgados)
시내행 C4번 버스 Menéndez Pelayo(Juzgados)
프라도 데 산 세바스티안 버스터미널 Prado de San Sebastián
투쌈 공식 안내소 Puntos de Información y Venta de TUSSAM
6 세비야 대학 Universidad de Sevilla
시내행 EA 버스 Carlos V(Prado San Sebastián)
공항행 EA 버스 Carlos V(Prado San Sebastián)
입구:사자의 문 Puerta del León
7 에스파냐 광장 Plaza de España
마리아 루이사 공원 Parque de María Luisa
과달키비르 강 Guadalquivir
0 200m
Calle Torneo
Pasarela de la Cartuja
Puente de Isabel II (Puente de Triana)
Puente de San Telmo
Puente de los Remedios
Paseo de Cristóbal Colón
Paseo de las Delicias
Av. de la Constitución
Calle San Fernando
Av. Portugal
Av. de María Luisa
Av. Menéndez Pelayo
세비야 산타 후스타역 Estación de Sevilla Santa Justa
시내행 21번/32번 버스 José Laguillo (Estación de Santa Justa)
시내행 EA 버스 Estación de Santa Justa (Auxiliar Kansas City)
공항행 EA 버스 Estación de Santa Justa (Kansas City / Huerta Santa Teresa)
아이레 호텔 Ayre Hotel
Parque Agumore
Av. de Kansas City
Av. José Laguillo

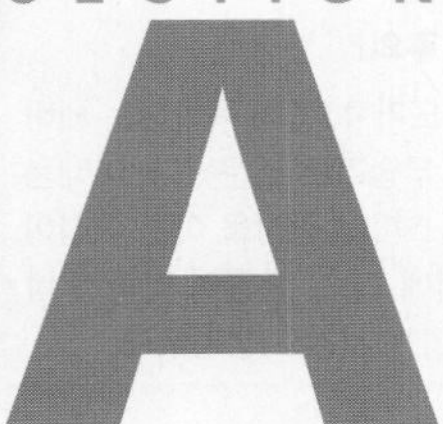

SECTION

세비야의 심장 세비야 대성당 주변

세비야 전성기를 만날 수 있는 구시가의 심장부다. 히랄다 탑이 우뚝 솟은 대성당은 가톨릭의 위용을 뽐내고 섰는데, 건너편의 알카사르에선 이슬람의 향기가 짙게 풍겨 온다. 반전 매력에 넋을 잃고 걷다 보면 어느새 산타 크루스 지구. 중세 시대 영화 세트장 같은 이곳에선 길을 잃을수록 나만의 아지트를 발견할 확률이 높아진다.

01 이토록 찬란한 성당이라니! 세비야 대성당 Catedral de Sevilla

"사람들이 우리를 미쳤다고 생각할 정도로 거대한 성당을 짓자!" 이슬람 알모아데 왕조(1151~1212년)의 본거지였던 세비야를 힘겹게 되찾은 가톨릭 세력은 더 이상 이 땅의 주인이 이슬람이 아니라는 사실을 만방에 증명하고 싶었다. 가장 좋은 방법은 150년 넘게 성당으로 사용하던 이슬람 사원 자리에 대성당을 짓는 것. 1528년, 장장 127년의 공사 기간 끝에 당대 세계 최대 규모의 성당이 완공됐다.

대성당 동쪽에는 오늘날 세비야의 상징이 된 히랄다Giralda 탑이 있다. 이 탑이야말로 그 시절 그토록 없애고자 했던 이슬람의 유산이라는 게 역사의 아이러니다. 대성당을 짓는 과정에서 이슬람 특유의 돔형 지붕을 허물고 꼭대기에 전망대와 풍향계(히랄다)가 있는 종루를 더했지만, 히랄다 탑은 여전히 스페인에서 볼 수 있는 가장 완벽한 이슬람 건축물로 꼽힌다.

풍향계는 가톨릭 최후 승리에 대한 믿음을 상징하는 히랄디요Giraldillo의 형상을 하고 있다. 한 손에는 방패, 다른 한 손에는 종려나무 가지를 든 이 여인의 청동 조각상은 대성당 남문에 있는 복제품에서 보다 자세히 관찰할 수 있다.

현재는 세계에서 세 번째로 큰 성당에 이름을 올리고 있다.

대성당 동쪽 광장에서 바라본 히랄다 탑. 16세기에 20여 미터 증축돼 104m가 됐다.

금빛으로 물든 세비야 대성당의 야경

Ⓖ 세비야 대성당 Ⓜ 441p-B2
Avenida de la Constitución 11:00~19:00(일 14:30~19:00)/폐장 1시간 전까지 입장/1월 1·6일, 12월 25일, 종교행사 시 휴무 13€(히랄다 탑 입장 포함), 25세 이하 학생 7€, 13세 이하 무료/온라인 예약 시 1€ 할인/루프탑 가이드 투어 1일 오전 2회, 야간 2~3회(90분, 영어) 21€ **트램** Archivo de Indias 정류장 하차/누에바 광장에서 도보 5분 www.catedraldesevilla.es

❶ 성당 안은 고딕·신고딕·르네상스 양식과 이슬람의 흔적이 고루 섞여 있다.
❷ 성당 남문의 히랄디요 복제품
❸ 성당 서쪽에 있는 정문(Puerta Mayor). 세비야의 부활절 축제 주간인 세마나 산타(Semana Santa) 때만 열린다.

★

히랄다 탑은 어떻게 살아남았을까?

히랄다 탑은 이슬람 알모아데 왕조의 권력이 최고점을 찍던 12세기에 세워져 지금껏 완벽하리만치 정교한 비례를 자랑한다. 항복 이후 이슬람의 흔적이 대대적으로 지워질 거라는 걸 미리 직감한 걸까. 1248년 페르난도 3세에게 항복한 이슬람 지도자 악사타프는 이슬람의 정신이 깃든 이 탑을 제 손으로 부수고 가겠노라 요청했다. 하지만 페르난도 3세의 맏아들 알폰소 10세는 도리어 "벽돌 하나라도 없어지면 세비야에 있는 이슬람 교도의 목을 모조리 베겠다"며 맞받아쳤고, 이 덕분에 모순적이게도 히랄다 탑이 온전한 모습으로 남게 됐다.

Zoom In & Out

세비야 대성당

고야의 <성녀 후스타와 성녀 루피나>

세계 최대 규모로 꼽히는 화려한 제단 장식

❶ 콜럼버스의 묘 Tumba de Cristóbal Colón

세비야 대성당에 와야 하는 가장 큰 이유다. 카스티야·레온·아라곤·나바라 왕국의 수호자 조각상들이 그의 관을 어깨에 짊어 메고 있다. 콜럼버스가 죽고 여러 번 이장 과정을 거쳤기에 관 속의 유골이 가짜라는 소문도 있다. 앞줄에 있는 두 조각상 중 오른쪽 레온 왕국의 수호자 상의 발을 만지면 사랑하는 이와 세비야를 다시 찾고, 왼쪽 카스티야 왕국의 수호자 상의 발을 만지면 부자가 된다는 속설이 있다.

❷ 성가대석 Coro

마호가니 원목에 각기 다른 조각을 새긴 성가대석. 비밀의 문을 가진 파이프 오르간 자리는 주 예배당 못지않게 호화롭다.

❸ 성배 보관실 Sacristía de los Cálices

세비야 제2 미술관으로 불릴 만큼 귀한 작품을 다수 소장하고 있다. 정면에 고야가 그린 <성녀 후스타와 성녀 루피나>(1817년)와 반대편 문 위에 걸려 있는 수르바란의 <십자가에 못 박힌 예수>(17세기)를 눈여겨보자.

❹ 주 예배당 Capilla Mayor

대성당의 하이라이트. 신대륙에서 가져온 금으로 고딕 양식의 웅장한 제단을 만들었다. 예수와 성모의 삶을 보여주는 45가지 장면을 아름답고 섬세하게 조각해 화려하기 그지없다.

은제 성체 안치대

<십자가에서 내려지는 예수>

왕이 말을 탄 채 올라갈 수 있도록 계단 대신 경사로를 설치했다.

세비야 전경이 한눈에 내려다보인다.

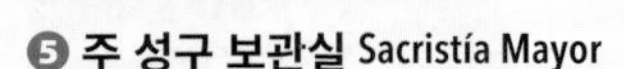

❺ 주 성구 보관실 Sacristía Mayor

금과 은으로 만든 성구가 가득한 보관실은 세비야가 얼마나 큰 부와 영화를 누렸는지 여실히 보여준다. 그중에서도 눈길을 끄는 작품은 475kg에 달하는 '은제 성체 안치대'다. 석조 돔 아래 중앙 제단에는 페드로 데 캄파나의 <십자가에서 내려지는 예수>(1547년), 수르바란의 <성녀 테레사>(1641~1658년) 등 대성당이 자랑하는 걸작들이 걸려 있다.

❻ 성직자실 Sala Capitolar

대성당의 사제단의 회의 장소. 대주교의 좌석 위에 무리요가 그린 <원죄 없는 성모 마리아>(1662년)가 걸려 있다.

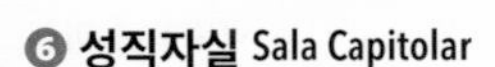

❼ 히랄다 탑 Giralda

대성당 안 경사로를 통해 히랄다 탑으로 올라갈 수 있다. 탑 사이에 난 틈으로 대성당을 구경하며 10분쯤 오르면 종루에 닿는다.

❽ 오렌지 정원 Patio de los Naranjos

12세기 모스크 사원의 정원으로, 요새와도 같은 성벽에 둘러싸여 아늑한 분위기를 풍긴다. 60여 그루의 오렌지 나무 사이를 걸으며 잠시 꽃향기에 취해보자.

★

히랄다 탑을 잡고 있는 두 여인은 누구?

대성당 안에는 성녀 후스타와 루피나가 히랄다 탑을 잡고 있는 그림이 자주 등장한다. 리스본의 2/3를 무너트릴 만큼 강력했던 1755년 대지진 때 세비야도 피해를 입었는데, 히랄다 탑이 비교적 멀쩡했던 이유를 두고 당시 성녀가 나타나 탑을 잡는 걸 보았다는 신앙 고백이 이어지면서 대성당에 대폭 추가된 그림들이다.

Option

02 스페인 대항해 시절의 기록 인디아스 고문서관 Archivo de Indias

세비야 대성당, 알카사르와 함께 1987년 세계문화유산으로 지정될 만큼 귀한 자료들이 넘쳐나는 곳이지만, 그 가치를 알지 못하는 사람들은 그저 무심히 지나치기 쉽다. 신대륙을 처음 발견한 1492년부터 드넓은 제국이 끝을 고한 19세기 말까지 8000만 페이지의 기록을 보관하는 스페인 최고 고문서관이다. 대항해 시대의 지도와 문서들, 배의 모형 등을 보며 스페인의 가장 화려한 시절을 만들어 낸 아메리카와 아시아 식민지에 대한 호기심을 풀 수 있다.

무료 입장이라는 건 더 반가운 소식. 건물 자체도 식민 시대의 무역을 관장하기 위해 세운 일종의 국립 무역관이었다. 훗날 최초의 세계일주를 한 마젤란 역시 이곳에 구름처럼 모여든 항해사 중 한 명이었다고.

92M4+XQ 세빌 M 441p-B2

Av. de la Constitución 09:30~16:30 (일·공휴일 10:30~13:30) 무료 세비야 대성당 남문 맞은편. 트램이 다니는 거리(Av. de la Consti-tución)에 입구가 있다.

고문서관의 서고

Option

03 어느 바람둥이의 회개 자선 병원 Hospital de la Caridad

산타 크루스 지구(451p)에서 만날 돈 후안처럼 희대의 바람둥이로 살다가 뒤늦게 정신을 차린 한 귀족의 소설 같은 삶의 무대다. 여자들을 유혹했다가 농락하고 버리는 게 일상다반사였던 세비야의 난봉꾼 미겔 마냐라. 그는 꿈 속에서 자신의 장례식을 본 뒤 삶의 방향을 극적으로 전환한다. 그는 그간의 잘못을 참회하며 수도와 봉사, 신앙의 길을 걷게 되는데, 연고 없는 시신의 장례식을 치러주고 집 없는 이들의 쉼터를 만들어 준 것이 이 병원의 시작이었다. 오늘날에도 병원의 자선 활동은 쭉 진행 중이다. 자선 성당과 중정을 돌아보는 입장료로 자선에 일조할 수 있다.

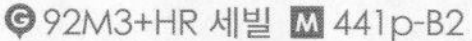

92M3+HR 세빌 M 441p-B2

Calle Temprado, 3 10:30~19:00(토·일 14:00~) 8€(오디오가이드 포함), 17세 이하 2.50€, 6세 이하 무료/무료입장 일요일 16:30~ 인디아고 고문서관에서 도보 5분

www.santa-caridad.es

작은 미술관을 방불케 하는 성당 내부

꿈 하나로 개과천선한 난봉꾼 미겔 마냐라(Miguel Mañara)

17세기 세비야 출신 바로크 회화의 대가 발데스 레알의 그림에 주목해 보자.

❶ 주교실 벽면에 걸린 <자선 단체의 규칙을 낭독하는 미겔 마냐라>

❷ 성당 출입구 위에 걸린 <세상 영광의 끝>. 미겔 마냐라를 회개하게 만든 꿈속의 죽음을 묘사했다.

❸ 성당 출입구에서 바로 정면에 보이는 <눈 깜박이는 순간>. 죽음은 순식간에 다가오니 인생의 추악함에 매달리지 말라는, 마냐라의 후회이자 고백이다.

04 <왕좌의 게임> 덕후 인증! 도른 왕국의 촬영지
알카사르 Real Alcázar de Sevilla

오래된 궁전을 걷는다는 것은 방마다 깃들어 있는 역사의 한 페이지와 만나는 일이다. 더구나 이곳은 유네스코 세계문화유산에 등재된 궁전 중 유럽에서 가장 오래된 곳. 이슬람 소왕국이던 세비야 타이파 시대(11세기)에 처음 세워져 새로운 군주가 짐을 풀 때마다 얼마나 많은 건물이 바뀌고 지어졌는지, 이제는 어디부터 어디까지가 원형인지조차 애매해졌다.

가장 놀라운 변화는 아이러니하게도 가톨릭 군주인 페드로 왕(재위 1350~1369년) 시절에 꽃 피었다. 그가 궁전을 짓기 시작한 1364년은 이미 세비야에서 이슬람의 흔적을 지워가던 때였다. 다만, 건축에서만큼은 이슬람 특유의 칼리프 양식을 버리지 못했는데, 페드로 왕은 칼리프 양식에 고딕 양식을 더한 무데하르 양식으로 알카사르 최고의 걸작품인 돈 페드로 궁전을 세상에 남겼다. 분수나 연못 등 물이 흐르는 정원을 가운데 두고 방들을 배치한 이슬람식 건축 구조에 고딕 양식의 기둥, 르네상스 양식의 천장 장식이 절묘하게 결합해 스페인 건축사에 균형미로 빛나는 예술성을 발산하고 있다.

알카사르는 '작은 알람브라'라고도 불린다.

중세 이후 스페인 건축 양식의 대표 주자로 꼽히는 무데하르 양식으로 장식돼 있다.

G 알카사르 세비야 M 441p-B2

Patio de Banderas 09:30~19:00(11~3월 ~17:00)/1월 1일·1월 6일·성 금요일·12월 25일 휴무 € 일반 14.50€, 14~30세 학생 7€, 65세 이상 7€, 13세 이하 무료/월요일 18:00 이후(11~3월 16:00 이후) 무료 입장(예약 필수)/온라인 예약 수수료 1€ 추가 세비야 대성당 남문에서 도보 1분 www.alcazarsevilla.org

* 원하는 날짜와 시간에 방문하려면 예약을 서두르자. 당일 현장 구매는 시간대별로 수량이 매우 한정적이며, 선착순으로 빠르게 소진된다. 무료입장 역시 두어 달 전부터 매진되니 빠른 예약 필수!(예약비 1€ 별도)

Zoom In & Out
알카사르

★ 사자의 문을 통과해 매표소를 지나면 사자의 정원과 사냥의 정원으로 이어진다. 가장 아름다운 방들이 모여 있는 돈 페드로 궁전을 구경한 뒤 2층으로 올라가 고딕 궁전을 둘러보자. 메르쿠리오 연못으로 나가 미로와도 같은 녹음 가득한 정원까지 모두 구경을 마쳤다면 마르체나 문을 통과해 출구로 나갈 수 있다.

사자의 정원(Patio del León)

항해사들이 긴 항해를 떠나기 전 기도를 올리던 성모 마리아의 그림. 무역의 집에 있다. ▶

사냥의 정원에서 바라본 돈 페드로 궁전

❶ 사자의 문 Puerta del León

알카사르의 정문 역할을 한다. 문 위에 새겨진 사자 문양 때문에 '사자의 문'이라 이름 붙였다. 문을 지나면 사자의 정원이 바로 이어진다.

❷ 사냥의 정원 Patio de la Montería

사방이 궁전 건물로 둘러싸인 안뜰. 화려한 석재 아치 장식이 있는 곳이 돈 페드로 궁전이고, 오른쪽 건물은 무역의 집이다. 무역의 집 안은 세비야 역사에 관한 19~20세기 회화 작품을 전시하는 제독관Cuarto del Almirante으로 꾸며져 있다.

❸ 소녀의 정원 Patio de las Doncellas

돈 페드로 궁전의 중심이 되는 안뜰. 영화 <킹덤 오브 헤븐>의 촬영지이기도 하다. 궁전에서 가장 아름다운 방들로 둘러싸여 있고, 가톨릭 세력이 지었다고 하기에는 믿기 어려울 만큼 이슬람 건축 양식이 가득하다. 소녀의 정원 북쪽에 있는 왕의 침실도 들러보자.

▲ 말발굽 모양의 아치와 채색 타일, 치장 벽토로 장식한 왕의 침실(Alcoba Real)

높은 유리 천장에서 은은하게 들어오는 빛이 오묘한 분위기를 더한다.

❹ 인형의 정원 Patio de las Muñecas

세비야 알카사르의 하이라이트! 돈 페드로 궁전에서 가장 내밀하면서도 유혹적인 공간이다. 회반죽을 발라 섬세하게 조각한 아치 기둥은 알람브라의 아름다움에 결코 뒤지지 않는다.

❺ 왕자의 방 Cuarto del Principe

이사벨과 페르난도 부부 왕의 유일한 아들이었던 왕자 후안이 태어난 곳이다. 합스부르크 왕가의 마가리타 공주와 정략결혼한 후안은 금슬이 너무 좋은 나머지 몸이 급속히 쇠약해져 결혼 1년 만에 결핵으로 사망했다.

❻ 대사의 방 Salón de los Embajadores

페드로 왕의 공식 알현실인 만큼 가장 화려하고 웅장한 공간이다. 목재 돔 천장의 별 무늬가 쏟아져 내릴 것처럼 압도적이다. 동그랗게 들어간 돔 부분이 오렌지를 닮았다 해서 '오렌지 반쪽의 방Sala de la Media Naranja'이란 별명을 얻었다.

❼ 고딕 궁전 Palacio Gótico

몽환적인 이슬람 분위기의 소녀의 정원에서 남동쪽 모퉁이에 난 계단을 오르면 엄숙한 가톨릭의 세계로 순간 이동 하는 느낌이다. 왕실의 역사와 성서를 주제로 한 커다란 태피스트리를 사방에 걸어놓았다.

로마 신화 속 상업과 교역의 신 메르쿠리우스 조각상

❽ 메르쿠리오 연못 Estanque de Mercurio

고딕 궁전에서 정원으로 나오면 제일 먼저 만나는 풍경이다. 벽화가 그려진 성벽에 기대어 인공 연못을 만들어 놓았다.

❾ 춤의 정원 Jardín de la Danza

작은 육각형 분수를 중심으로 조성된 로맨틱한 정원이다. 채색 타일로 장식한 벤치에 앉아 잠시 시간을 보내며 낭만적인 분위기를 만끽할 수 있다.

❿ 마리아 데 파디야의 목욕탕 Baños Doña María de Padilla

페드로 왕이 평생 사랑한 여인 마리아 데 파디야의 목욕탕이다. 고딕 궁전 지하에 비밀처럼 숨겨져 있다. 페드로 왕은 환상적인 몸매의 애첩을 자랑하고자 그녀가 목욕할 때면 신하들을 데려가 구경하게 하고 목욕한 물까지 마시라고 명했다. 물 마시기를 거부한 한 신하가 "자고새의 육수를 마시면 자고새가 먹고 싶어집니다. 이 목욕물을 마시면 그녀를 탐할까 두렵습니다"고 답해 용서를 받았다는 일화가 유명하다.

⓫ 그루테스코 갤러리 Galería del Grutesco

메르쿠리오 연못 벽화 위쪽으로 올라가면 나오는 기다란 통로. 이슬람 시대에 남겨진 옛 성벽을 따라 궁전과 드넓은 정원 풍경을 감상할 수 있다.

크고 작은 분수의 물소리로 가득한 베가 잉클란 후작 정원

⓬ 마르체나 문 Puerta de Marchena

이슬람 시대에 남겨진 옛 성벽. 드넓은 베가 잉클란 후작 정원Jardín Marqués de la Vega Inclán으로 나가는 통로다.

05 길을 잃은 채 떠돌아도 좋아! 산타 크루스 지구 Barrio de Santa Cruz

몇 걸음만 걸어도 중세 시대 영화 세트 속으로 들어온 것 같은 고풍스러운 시가지다. 똑바로 난 길은 찾아보기도 힘들 만큼 꼬불꼬불한 골목이 얽혀 있고, 대부분 사람들은 이곳에 들어서면 곧 방향감각을 잃는다. 여름철 강렬한 햇살을 조금이라도 피해 보고자 다닥다닥 붙여 놓은 건물들이 이제껏 스페인에서 보아온 어느 골목길보다 좁은 골목을 연출한다. 마주 보는 집에서 창문을 열면 키스도 할 수 있다고 해 '키스의 골목Calle de los Besos'이라는 별명을 가진 거리가 있을 정도(원래 거리 이름은 Calle Reinoso다).

오랜 시간 같은 자리를 지켜온 조그만 바르들이 구석구석 숨어 있어 나만의 비밀장소를 발견하는 재미도 큰 곳이다. 커다란 짐을 끌고 숙소를 찾는 중만 아니라면, 기꺼이 길을 잃고 헤매어 보자.

G plaza del triunfo(승리의 광장)
M 441p-B2
Plaza de la Alianza 알카사르에서 도보 1분

중세 때부터 부유한 유대인이 주로 살아 '유대인 지구(Juderia)'라고도 부른다. 사진은 승리의 광장 동쪽의 알리안사 광장(Plaza de la Alianza).

Zoom In & Out
산타 크루스 지구

처음 찾는 이들에게 추천 루트!

알카사르 출구 → ❶ 유대인 골목Calle Juderia → ❷ 생명의 골목Calle Vida → ❸ 도냐 엘비라 광장Plaza de Doña Elvira → ❹ 수소나 골목Calle Susona → ❺ 후추의 골목Calle Pimienta → ❻ 영광의 골목Calle Gloria → ❼ 베네라블레스 광장Plaza de los Venerables → ❽ 물의 골목Calle Agua → ❾ 산타 크루스 광장Plaza de Santa Cruz → ❿ 레피나도레스 광장Plaza de los Refinadores

❷ 생명의 골목 입구

❸ 산타 크루스 지구만의 낭만을 만끽할 수 있는 도냐 엘비라 광장. 오렌지 나무 아래에서 쉬어가 보자.

❹ 종교 재판이 거세던 15세기 후반, 반란을 준비하던 유대인 사회의 지도자 디에고 수손은 귀족과 사랑에 빠진 딸 수소나의 밀고로 유대인들과 함께 처형당했다. 잘못을 깨달은 수소나는 자신과 같은 실수를 반복하지 말라는 경고의 의미로 자신의 목을 잘라 이 거리에 걸어달라는 유언을 남겼다. 현재 해골 모양 타일이 있는 자리에 그녀의 해골이 백 년 넘게 걸려 있었다고 한다.

❼ 베네라블레스 광장에 있는 미술관. 콜럼버스 일행이 신대륙에서 옮겨온 매독을 치료하기 위해 지은 최초의 성병 전문 병원을 개조해 만들었다.

❽ <알람브라 이야기>를 쓴 작가 워싱턴 어빙이 잠시 머물던 집. 물의 골목 끝자락에 있다.

❿ 레피나도레스 광장에 세워진 돈 후안의 동상. 14세기 전설 속 바람둥이인 돈 후안을 주인공으로 희곡 <세비야의 난봉꾼과 석상의 초대>가 쓰였다.

SECTION

B

플라멩코
기타 선율이
떠오르는
에스파냐
광장 주변

스페인의 광장 중 가장 유명하고, 가장 아름답기로 소문난 이곳은 세비야 현지인들이 나른한 오후의 한때를 보내기 위해 즐겨 찾는 장소다. 광장으로 가는 길에는 오페라 <카르멘>의 무대가 된 세비야 대학도 들를 수 있다.

★

주머니 가벼운 여행자는 세비야 대학 앞으로!

세비야 대학 앞 트램이 지나는 산 페르난도 거리(Calle San Fernando)에는 노천 카페가 많다. 여느 대학가답게 커피와 맥주 등 음식값이 저렴하고 양도 푸짐한 것이 특징. 스페인의 다른 음식점과 달리 브레이크 타임이 없어 아무 때나 찾을 수 있는 것도 장점이다.

산 페르난도 거리 쪽 입구. 꼭대기의 천사 조각상이 이 대학의 상징이다.

분수가 있는 중정

<카르멘>에 등장한 담배공장으로 올라가는 계단 입구

06 오페라 <카르멘>의 무대 **세비야 대학** Universidad de Sevilla

유구한 역사를 자랑하는 도시 세비야가 이토록 젊고 활력이 넘치는 이유. 시내 중심에는 천 년 전 지은 옛 궁전도 있지만, 담벼락 하나를 사이에 두고 언제나 생기발랄한 목소리가 새어 나오는 세비야 대학이 있다.

화려한 정면 파사드가 눈길을 사로잡는 석조건물은 18세기에 유럽 최초로 세워져 담배를 독점으로 공급하던 왕립 담배공장Real Fábrica de Tabacos이자 비제의 오페라 <카르멘>의 무대였다. 오페라 속 인물의 사연은 담배공장 시절 걸려 있던 벽의 간판으로만 남아 있지만, 누구에게도 얽매이지 않는 자유분방한 집시 카르멘의 영혼만은 이곳에 머무는 듯하다. 현재는 스페인에서도 탑 클래스로 꼽히는 유서 깊은 대학으로, 이곳에서 공부하는 학생들의 표정에선 자부심도 느껴진다.

G 세비야대학 M 441p-B3

Calle San Fernando, 4 평일 08:00~21:00/건물 내부 방문은 사전 예약 필수(전화 954 55 10 00) **트램** Puerta de Jerez 정류장 하차 후 도보 2분/에스파냐 광장에서 도보 5분

★

스페인의 상징이 된 <카르멘>

오페라 <카르멘>은 정열적인 팜므 파탈인 스페인 여인의 대명사다. 담배공장에서 일하는 유혹적인 집시 여인 카르멘과 위병으로 근무하는 돈 호세의 운명적 사랑과 비극을 그린 이야기. 박진감 넘치는 투우장을 그린 '투우사의 노래', 강렬한 플라멩코가 인상적인 '집시들의 노래' 등이 관객들을 매혹시키며 전 세계 오페라 극장에서 엄청난 히트를 기록했다.

광장의 수로를 따라 보트를 탈 수 있다.

07 당신의 인생 사진을 위해!
에스파냐 광장 Plaza de España

스페인 곳곳에서 많은 '에스파냐 광장'을 만날 수 있지만, 그중에서도 가장 유명한 에스파냐 광장이다. 화려한 플라멩코 의상을 입고 서 있으면 더없이 어울릴 장소인지라, 우리나라 여러 화보와 CF에도 단골 등장했다. 광장과 그 주변은 1929년 이베로 아메리칸 박람회를 위해 정비됐다. 스페인과 포르투갈, 그리고 그들의 예전 식민지 사이를 돈독하게 하기 위한 목적이었던 만큼 본관 건물은 당시에도 옛 시절을 그리는 복고풍으로 지었다. 줄지어 늘어선 기둥들과 큰 원을 그리며 휘어진 웅장한 건물의 태, 거기에 적갈색 벽돌과 알록달록 채색 타일로 무늬를 넣은 디테일이 마치 수백 년 전 제국 시절의 것처럼 고풍스럽다.
건물 바로 곁을 흐르는 반달 모양의 수로는 나른한 오후의 한때를 보내기에 그지없다. 어느 각도에서 찍어도 근사한 배경은 호화 스튜디오가 부럽지 않고, 세비야의 강렬한 햇살이 조명 역할을 자처하니 우르르 몰려와 서로 인생 사진 찍어주는 여행자들의 모습에 절로 고개가 끄덕여진다.

Ⓖ 세비야 스페인광장 Ⓜ 441p-C3
Pl. de España Av de Isabel la Católica 08:00~22:00 Ⓔ 무료
세비야 대학에서 도보 5분/**트램** Prado de San Sebastián 정류장 하차 후 도보 6분

MORE

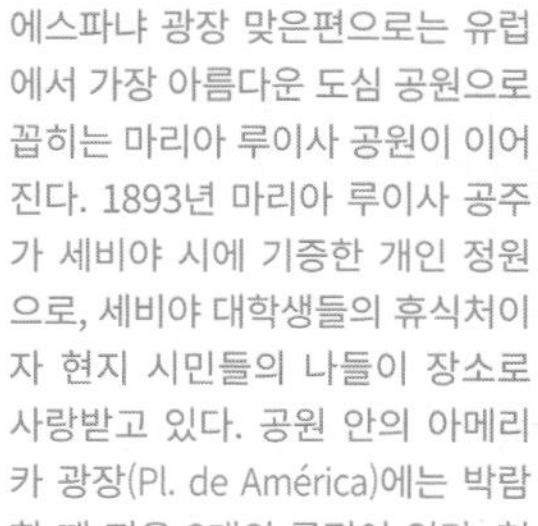

마리아 루이사 공원
Parque de María Luisa

에스파냐 광장 맞은편으로는 유럽에서 가장 아름다운 도심 공원으로 꼽히는 마리아 루이사 공원이 이어진다. 1893년 마리아 루이사 공주가 세비야 시에 기증한 개인 정원으로, 세비야 대학생들의 휴식처이자 현지 시민들의 나들이 장소로 사랑받고 있다. 공원 안의 아메리카 광장(Pl. de América)에는 박람회 때 지은 3개의 궁전이 있다. 현재 고고학 박물관과 세비야 전통 예술 박물관으로 사용 중이다.

❶❷ 본관 건물과 회랑. 20세기 최고의 스페인 건축가 아니발 곤살레스의 작품이다.

❸❹ '아술레호(Azulejo)'라 부르는 타일로 장식한 벤치들은 자리 경쟁이 치열하다. 스페인 48개 주의 역사적 사건을 그려놓았다.

❺❻❼ 마리아 루이사 공원. 세비야 대성당에서 출발한 마차가 들르는 필수 코스다.

SECTION

C

대항해 시대의 항로 **과달키비르 강변**

콜럼버스가 발견한 신대륙에서 끝도 없이 금과 은이 실려 오고, 마젤란이 세계일주를 위해 닻을 띄웠던 강변. 이곳에는 그 시절 풍요로움을 기억하는 황금의 탑이 서 있다. 강물을 따라 유유히 걷다 보면 스페인에서 가장 오래된 투우장도 나타나고, 론하델 바랑코 시장(465p)에 들러 타파스 타임도 가져볼 수 있다.

42년이라는, 최장 현역 기록을 남긴 투우사 쿠로 로메로의 동상

08 과달키비르 강이 기억하는 황금빛 과거 **황금의 탑** Torre del Oro

그 옛날 과달키비르 강은 신대륙에서 실어온 금과 은을 들이던 '금길'이었다. 강변에는 이름부터 찬란한 황금의 탑이 서 있어 당시의 호화로움을 상상하게 하지만, 탑의 이름은 건축 당시 모르타르와 석회, 밀짚을 섞어 만든 회반죽의 색에서 유래했다는 설이 가장 유력하다.

사실 이 탑은 이슬람 알모하드 왕조(1121~1269년)가 쇠퇴하던 1220년경에 세워져 기구한 운명을 보냈다. 첫 목적은 세비야 항구를 보호하기 위한 최후의 보루. 지금은 없어졌지만 강 건너에 똑같은 탑을 세워 쇠사슬로 두 탑을 묶고는 허가 없이 드나드는 배를 막았다. 하지만 스페인 함대에 의해 작전은 실패로 끝났고, 이후 주인 잃은 탑은 예배당, 감옥, 생선시장 등으로 쓸모를 달리했다.

마젤란이 이곳에서 세계일주를 떠난 인연 덕분에 현재 탑 안은 해양 박물관으로 사용 중이다. 박물관보다는 옥상에서 만나는 근사한 전망이 여행자의 시선을 사로잡는다. 피라미드 모양의 장식으로 둘러싼 전망대 겸 망루에서 시원하게 펼쳐지는 강과 세비야 시내를 내려다보자.

G 황금의 탑 M 441p-B3
Paseo de Cristóbal Colón 09:30~19:00(토·일 10:30~18:45)/공휴일 휴무
3€ 세비야 대성당 남문에서 도보 8분

황금의 탑 옥상 전망대에서 바라본 풍경

강변에 우뚝 솟아 있어 멀리서도 찾기 쉽다. 같은 이유로 공개 처형 장소가 되기도 했다.

해양 박물관(Museo Naval Torre del Oro)이 탑의 2·3층에 걸쳐 있다.

MORE

과달키비르 강 크루즈

강바람을 맞으며 시원하게 세비야를 둘러보는 방법. 황금의 탑 아래쪽 선착장에서 크루즈를 타고 약 1시간 동안 구시가 북쪽 신도시까지 다녀오는 것이다. 오픈 데크 형태라 어디서나 전망이 좋다. 한낮보다는 석양이 질 무렵에 타야 분위기를 200% 만끽할 수 있다.

⏰ 11:00~22:00(11~3월 ~19:00)/30분~1시간 간격 Ⓔ 18€(온라인 예매 시 17€) cruserosensevilla.com

투우사가 모서리에 몰리는 것을 막기 위해 타원형으로 설계했다.

박물관 내부

09 스페인 투우의 성지
세비야 투우장
Plaza de toros de la Real Maestranza de Caballería de Sevilla

스페인에서 가장 오랜 역사를 자랑하는 투우장이다. 세비야 사람들에게는 마지막 자존심과 같은 곳. 동물 학대 논란으로 투우의 인기는 예전만 못하나, 여전히 '4월 축제Feria de Abril' 기간만 되면 전국에서 골수팬들이 몰려들어 달려오는 소의 심장에 투우사의 긴 칼이 꽂히는 '진실의 순간'을 고대한다. 정식 명칭에도 흔적이 남아 있듯 이곳은 원래 스페인 왕가가 1670년에 세운 기병 양성 학교였다. 이곳 출신 기병들이 프랑스 루이 14세의 손자인 펠리페 5세의 스페인 왕위 계승 전쟁에서 큰 역할을 하게 되며 '왕립Real'이라는 칭호를 받았고, 더불어 투우 경기를 개최할 수 있는 특권까지 누리게 됐다.

Ⓖ 세비야 투우장 Ⓜ 441p-B2
📍 Paseo de Cristóbal Colón, 12 ⏰ 투어 09:30~21:30(11~3월 ~19:30, 투우 경기가 있는 날 15:30)/12월 25일 휴무 Ⓔ 투어 10€, 26세 이하 학생·65세 이상 6€, 7~11세 3.50€, 6세 이하 무료 🚇 황금의 탑에서 도보 5분 www.realmaestranza.com

★
자리에 따라 달라지는 경기 관람료

여행자에게 가장 유명한 투우 경기는 바로 세비야 봄의 축제 기간에 열리는 경기들이다. 관람석의 위치에 따라 입장료가 달라지는데, 경기장과 가장 가까운 바레라(Barrera)는 약 150€. 그 뒤로 텐디도(Tendido), 그라다(Grada), 안다나다(Andanada) 순으로 요금이 매겨진다. 여기서 그늘지는 자리인 솜브라(Sombra), 해가 비친 후에 그늘 석이 되는 솔 이 솜브라(Sol y Sombra), 경기 내내 해가 비치는 솔(Sol)로 다시 구분된다.

SECTION

D

세비야의 과거, 현재, 미래
누에바 광장 주변

신대륙이 발견된 이후 돈이 넘쳐 흐르던 세비야에 인생의 기회를 좇아 유럽 각지에서 상인들이 몰려들던 광장. 그리고 그 북쪽 끝으로는 오늘날 새로운 랜드마크로 급부상한 메트로폴 파라솔이 현대의 시작을 알리고 있다. 독특한 구조의 지붕 위에 올라 세비야의 석양에 취해보자.

'나를 저버리지 않았다(No Ma Dejado)'는 뜻의 'NO8DO' 표식

13세기 카스티야 왕국과 레온 왕국을 통일하고 이슬람 세력을 세비야, 코르도바, 하엔에서 추방한 가톨릭의 영웅 페르난도 3세의 기마상이 광장 한가운데 서 있다.

10 삶에 가장 가까이 닿은 풍요
누에바 광장 Plaza Nueva

신대륙의 발견으로 금과 은이 넘쳐 흐르던 16세기, 세비야의 풍요로움이 세비야 대성당을 거쳐 이곳까지 흘러들었다. 이탈리아에서 불어온 르네상스 영향으로 주변에는 속속 아름다운 건물들이 올라갔고, 새로운 기회를 잡으러 유럽 각지에서 온 상인들이 북쪽 시에르페스 거리로 나아가 지금껏 세비야 최고의 상업 중심지로서 명성을 이어가고 있다.

누에바 광장 자리는 1840년 이전까지만 해도 거대한 수도원의 터였다. 이후 수도원을 광장으로 바꾸는 과정에서 동쪽에 남은 16세기 바로크 양식의 건물을 시청사로 활용하게 됐고, 이때부터 누에바 광장이 세비야 행정의 심장으로 군림하게 됐다. 산 프란시스코 광장으로 가서 시청사 건물 뒷면을 바라보면 창문 위쪽에서 세비야의 상징인 'NO8DO' 표식을 확인할 수 있다. 12세기 말 왕위 계승을 둘러싼 전쟁에서 끝까지 충성을 다한 세비야에 알폰소 10세가 내린 선물로, 세비야 곳곳에서 이 같은 표식을 발견하는 재미가 있다.

G nueva 세비야 M 441p-B2
세비야 대성당에서 트램 철로를 따라 북쪽으로 도보 5분

❶ 세비야 대성당과 누에바 광장을 잇는 콘스티투시온 대로(Avenida de la Constitución)에는 20세기 초반에 지은 네오바로크 양식의 근사한 건물들이 즐비하다.

❷ 누에바 광장보다 유서 깊은 산 프란시스코 광장(Plaza de San Francisco)

❸ '큰 뱀의 길'이란 뜻을 가진 시에르페스 거리(Calle Sierpes). 길 아래 하수도에 아이들을 잡아먹는 큰 뱀이 살았다는 전설이 있다.

★
세비야의 전설, 헤라클레스와 카이사르

시청사 남쪽 끝 아치문의 좌우에는 헤라클레스와 율리우스 카이사르의 조각상이 나란히 새겨져 있다. 세비야 사람들은 헤라클레스가 열 번째 과업(스페인에서 게리온의 소떼를 몰고 오는 것)을 마친 후 아름다운 여인을 쫓아다니다가 발견한 과달키비르 강 주변의 매력에 빠져 오늘날의 세비야란 도시를 세웠다고 믿고 있다. 로마 황제가 되기 전 세비야 지역에서 근무했던 카이사르 역시 헤라클레스와 동급으로 존경받고 있다.

헤라클레스 카이사르

Option 11

세비야 명문 귀족의 대저택

필라토스의 집

Casa de Pilatos

'유럽의 수도'라 불리며 세비야가 전성기를 구가하던 16세기, 그런 세비야를 주름잡던 메디나셀리 가문의 저택이다. 왕궁보다는 규모가 작지만, 귀족의 모든 자원을 동원해 세비야에서 가장 아름다운 저택을 완성했다. 영화 <나잇 앤 데이>에서 톰 크루즈가 인질로 잡힌 카메론 디아즈를 구출해 내던 그 장소다. 이탈리아를 여행하면서 그곳의 건축에 반한 집주인은 이 집을 세비야에 르네상스 건축 양식을 소개하는 일종의 쇼케이스로 만들고자 했다. 최대 볼거리는 스페인 주택의 안뜰인 중정 파티오. 안뜰을 둘러싼 건물 벽면의 화려한 채색 타일과 섬세하게 조각한 아치가 시선을 사로잡는다. 메디나셀리 가문이 수백 년간 대대로 살던 건물 2층에는 가문의 초상화와 고야의 그림이 걸려 있다.

G 92Q7+X3 세빌 M 441p-C2
Plaza de Pilatos, 1 09:00~18:00/토·일요일 휴무 1층 12€, 2층 6€(2층을 방문하려면 1층 입장료도 내야 함) 누에바 광장에서 시청사 왼쪽 골목으로 들어가 큰길을 따라 동쪽으로 도보 11분 fundacionmedinaceli.org

❶ 파티오. 이탈리아 제노바식의 대리석 분수가 중앙에 있다.

❷ 2층 회랑, 오리지널 부조와 벽화가 남아 있다.

❸ 벽면 장식은 무데하르 양식, 발코니는 고딕 양식이다.

독일의 건축가 위르겐 마이어가 만든 세계 최대의 목조 건축물이다.

12 세비야에 과거만 있다고 생각하면 오산!

메트로폴 파라솔
Metropol Parasol

예스러운 주변 풍경과는 확연히 다른 초현대적인 건축물이 불쑥 솟아 있다. 공중에 떠 있는 커다란 와플 같기도 한 이곳은 메트로폴 파라솔. 현지에서는 '버섯'이라는 뜻의 '라스 세타스Las Setas'로도 불린다. 이곳 엔카르나시온 광장Plaza de la Encarnación에서 열리던 전통시장의 재개발 공사 중 발견한 로마·이슬람의 유적을 전시한 박물관과 전망대, 야외 공원을 합쳐 3400개의 목재를 결합해 만들었다. 어느 도시나 그렇듯 혁신적인 건축물이 들어설 때마다 겪는 주민 반대와 비용 초과, 공사 지연 등의 진통을 겪었지만, 2011년 완공과 함께 세비야의 랜드마크로 등극하며 건축학도들의 필수 견학 코스가 됐다. 하이라이트는 지붕 위에서 바라보는 세비야의 스카이라인이다. 특히 해가 지면 조명이 켜지면서 독특한 야경을 선사하는데, 해 질 무렵에 올라가 노을을 감상하기 시작해 근사한 여름밤을 보내기에 최적의 장소다.

Ⓖ 메트로폴 파라솔 Ⓜ 441p-B1
Plaza de la Encarnación, 14 ⓞ 09:30~24:00(4~10월 ~24:30)
ⓔ 15€, 15~25세 12€ 누에바 광장에서 도보 10분 www.setasdesevilla.com

조명을 밝힌 지붕 위 산책로에서 바라본 세비야의 야경

1층에 다시 자리 잡은 전통시장

★
예약 추천!
여행자가 몰리는 인기 시간대에는 예약하고 가는 것이 좋다. 한국에서 가상사설망(VPN)을 사용해 홈페이지에서 예약하거나 스페인 입국 후에 예약할 수 있다.

발상지에서 느껴보는

플라멩코

안달루시아의 영혼을 느끼기에는 플라멩코만 한 것이 없다.
플라멩코의 발상지답게 스페인 어느 도시보다 수준 높고 세련된 공연이 펼쳐진다.
여기 세비야의 밤을 후끈하게 달궈줄 플라멩코 공연장 3곳을 소개한다.

❖ 무세오 델 바일레 플라멩코 Museo del Baile Flamenco

일명 '플라멩코 박물관'. 낮에는 플라멩코 소품을 전시하는 박물관이었다가, 밤에는 플라멩코 공연장이 된다. 수준 높은 공연을 대형 공연장보다 저렴하게 볼 수 있어 인기다. 무용수의 치맛자락이 닿을 만큼 무대와 가까운 객석 앞줄은 최소 1시간 전에는 와야 차지할 수 있지만, 뒷줄에 앉아도 의자가 높아서 잘 보인다. 어둠 속에서 떨어지는 몇 줄기 조명이 엄숙하고 압도적인 분위기를 자아낸다. 홈페이지를 통해 신청하면 낮에 플라멩코 강습도 받을 수 있다(강습당 20명).

Ⓖ 플라멩고 박물관 Ⓜ 441p-B2
📍 Calle Manuel Rojas Marcos, 3
☎ 954 34 03 11 ⏰ 박물관 11:00~18:00, 공연(1시간)17:00~20:45(시즌과 요일에 따라 1일 3~4회) € 공연 25€, 공연+박물관 29€ 🚉 세비야 대성당 북문에서 도보 4분 📶 tickets.museodelbaileflamenco.com

❖ 라 카사 델 플라멩코 La Casa del Flamenco

공연 시작 30분 전에 도착해야 맨 앞자리에 앉을 수 있다.

알칸타라 호텔에서 운영하는 플라멩코 공연이다. 호텔 옆 작은 파티오에서 공연하며, 객석이 3줄을 넘지 않아 어느 자리에 앉아도 집중해서 관람할 수 있다.
댄서 2~3명, 연주자 1명, 가수 1명의 조촐한 구성이지만, 아담한 무대를 가득 채운 밀도 있는 공연은 가격 대비 만족스러운 수준이다. 공연 중에는 사진을 찍을 수 없지만, 피날레 5분 전에는 포토 타임을 준다. 알칸타라 호텔 투숙자는 보다 저렴하게 관람할 수 있다.

Ⓖ 92P6+GH 세빌 Ⓜ 441p-C2
📍 Calle Ximénez de Enciso, 28 ☎ 955 02 99 99 ⏰ 공연(1시간) 19:00~22:00(시즌과 요일에 따라 1일 1~2회) € 22€, 25세 이하 학생 17€, 6~12세 11€, 5세 이하 관람 불가 🚉 세비야 대성당 동쪽 광장(Plaza Virgen de los Reyes)에서 도보 5분 🌐 www.lacasadelflamencosevilla.com

❖ 라 카르보네리아 La Carboneria

입장료 없이 음료만 시키면 무료로 플라멩코 공연을 볼 수 있는 곳. 바에서 음료를 주문한 뒤 받아서 원하는 자리에 앉으면 된다. 공연은 화로 앞이나 테이블 옆 작은 무대에서 펼쳐진다. 공연의 내실보다는 저렴한 가격에 편안하게 관람한다는 데 의미를 두자. 현금만 받으며, 사진·영상 촬영 금지!

음료 역시 맛은 기대하지 않는 게 좋다.

Ⓖ 92Q7+43 세빌
Ⓜ 441p-C2
📍 Calle Céspedes, 21 ☎ 954 22 99 45 ⏰ 19:00~01:00, 공연(30분) 20:30~22:30(1일 3회 € 베르뭇 6€~/1잔, 칵테일 6€~/신용카드 불가 🚉 세비아 대성당 남문에서 도보 8분

타파스로 대동단결!

안달루시아의 식탁

세비야에서 한 끼 이상은 무조건 타파스여야 한다. 스페인의 영광을 함께한 부자 동네였던 만큼, 재료 사용에 아낌이 없었으니까. 다른 지역에서는 구경하기 힘든 다채로운 타파스를 심지어 저렴한 가격에 즐길 수 있다. 물론 안달루시아 전통 음식 살모레호와 페스카이토 프리토, 짬짬이 당을 채워줄 주전부리들도 꿀맛.

달걀노른자를 올린 비스코초 (Huevo Sobre Bizcocho, 4.80€). 2010년 세비야 타파스 경연대회 우승작이다.

시가 모양으로 만든 달콤하고 고소한 스프링롤(Un Cigarro para Bécquer, 4.90€). 2013년 세비야 타파스 대회 3등작이다.

세비야 타파스 경연대회 우승의 위엄

◉ 에슬라바
Eslava

'그 음식을 먹으러 일부러 찾아갈 만한 가치가 있는 집'이란 미식가들이 꼽는 맛집의 정의에 가장 부합할 만한 집일지도 모르겠다. 관광명소와 멀리 떨어져 있고 늘 손님들로 북적이지만, 힘겹게 타파스 한 접시 받아 들고 나면 이내 그 맛에 고개를 끄덕이게 된다.

세비야 타파스 경연대회에서 우승을 차지한 만큼 무얼 주문해도 가격을 뛰어넘는 맛을 자랑한다. 좀 더 보장된 맛을 경험하고 싶다면 메뉴판에 따로 표시된 경연대회 출품작을 선택하자. 실내와 실외 웨이팅 리스트가 따로 있으며, 대기 시간이 꽤 길어질 수 있으니 음료를 먼저 주문해 마시면서 기다리자.

부드러운 푸아그라 크림을 올린 헤이즐넛 빵(Mi-cuit de Foie, 5.50€). 푸아그라 초보자에게도 추천!

우리 입맛에 딱! 로즈마리 꿀을 코팅한 돼지갈비(Costilla de Cerdo con Miel de Romero al Horno, 5.80€)

G 92W3+X6 세빌 M 441p-B1 *#메트로폴 파라솔*

Calle Eslava, 3 ⏰ 12:30~24:00/일·월요일 휴무 € 타파스 3.80~5.80€(바르 주문 기준), 와인 3.20€~/1잔, 빵 별도 🚇 메트로폴 파라솔에서 도보 12분 www.espacioeslava.com

쫄깃 짭짤한 하몽 샌드위치

안달루시아 고향의 맛

◉ 바르 알팔파
Bar Alfalfa

안달루시아 전통 수프인 ❶ 살모레호로 이름난 집이다. 토마토와 마늘 향이 감도는 차가운 살모레호는 안달루시아의 또다른 전통 수프인 가스파초보다 크리미한 편. 잘게 자른 하몬과 삶은 달걀, 올리브유를 곁들여 먹는다. 은은하게 새콤하면서 부드러운 살모레호는 꽤 중독적이다. 첫 도전이라면 빵 위에 고소한 치즈를 얹고 살모레호를 뿌린 ❷ 브루스케타 안달루사를 추천. 야들야들 뭉근하게 끓여낸 이베리코 돼지볼살 스튜(Carrillada Iberica, 4.80€~)도 우리 입맛에 살살 녹는다.

Ⓖ 92R5+2W 세빌 Ⓜ 441p-C2
#필라토스의 집

📍 Calle Candilejo, 1 ⏰ 09:00~24:00 Ⓔ 타파스 3.50~5.50€ 🚉 필라토스의 집에서 도보 3분/세비야 대성당 동쪽 광장 Plaza Virgen de los Reyes에서 도보 7분 🌐 www.facebook.com/baralfalfa

❶ Salmorejo(3.30€)

❷ Brusquetttas Andaluza (3.80€)

12:00까지는 아침 메뉴만 판매한다.

❶ Berenjenas con Miel

파에야 타파스

❷ Pringa. 안주 겸 간식으로 인기!

한국인이 사랑하는 타파스 맛집

◉ 보데가 산타 크루스
Bodega Santa Cruz

저렴하면서도 맛있는 타파스로 우리나라 여행자들에게 인기 만점. 대부분 타파스를 3€대로 부담 없이 주문할 수 있다. 세비야 대성당과도 가까워 관광객 전용인가도 싶지만, 현지인 단골도 즐겨 찾는 맛집이다.

우리나라 여행자들에겐 생선 알 튀김이나 달콤한 ❶ 꿀을 뿌린 가지 튀김이, 현지인에게는 살짝 매콤한 고기조림을 넣은 특제 샌드위치 ❷ 프링가와 5가지 치즈를 넣은 시금치 타파스(Espinacas 5 Quesos)가 유독 사랑받는다. 그날 준비된 타파스를 칠판에 적어놓으며, 재료가 떨어지면 메뉴 이름을 하나씩 지워간다. 오전에는 간단한 토스트 등의 아침 메뉴만 판매한다.

Ⓖ 92P5+CM 세빌 Ⓜ 441p-B2
#산타 크루스 지구 #세비야 대성당 근처

📍 Calle Rodrigo Caro, 1 ⏰ 08:00~24:00(금·토~24:30) Ⓔ 타파스 2.80~3.10€ 🚉 세비야 대성당 동쪽 Plaza Virgen de los Reyes에서 도보 2분

❶ Pulpo a la Gallega(15€/Plato).
삶은 감자가 깔려 나온다.

지역 주민들이 너무 사랑해!

◉ 카사 모랄레스
Casa Morales

벽면 가득 커다란 와인 통들이 세워져 있고, 그 앞에 서거나 앉은 채로 와인을 즐기는 사람들로 빼곡하다. 1850년에 문을 열어 오랜 단골이 특히 많은 이 집은 주변 바르에 비해 저렴한 하우스 와인이 인기의 비결. 타파보다 큰 접시인 라시온Ración 단위로 판매하는 안주 중 ❶ 갈리시아식 문어 요리도 유명하다. 간단한 타파스로는 고소하고 부드러운 감자 오믈렛을 추천한다. 다만, 넘치는 손님에 비해 종업원 수가 부족한 편이라 사람이 많은 저녁에는 자리 싸움과 주문 전쟁을 각오해야 한다.

Ⓖ 92P4+J4 세빌 Ⓜ 441p-B2
#세비야 대성당
📍 Calle García de Vinuesa, 11
🕒 12:30~23:30/일요일 휴무
€ 타파스 3~3.50€, 라시온 6~16€
🚉 세비야 대성당 북문에서 도보 1분

간판에는 'HIJOS DE E.MORALES'라고 적혀 있다.

❶ 감자 칩을 곁들인 아르헨티나 비프 타파스(Grilled Argentinian Beef)

❷ Rascacielos(8.90€)

스테이크도 타파스가 되나요?

◉ 비네리아 산 텔모
Vineria San Telmo

부에노스아이레스의 오래된 동네 '산 텔모'에서 이름을 가져왔듯이, 질 좋은 ❶ 아르헨티나 스테이크와 와인 맛집이다. 메뉴가 그리 저렴하지는 않지만, 작은 접시인 타파 단위로 주문할 수 있어 다채롭게 맛보기 좋고 타파에 담긴 양도 넉넉한 편. 스테이크 종류는 피가 배어 나올 정도로 살짝만 익혀준다. 더 익혀내기를 바란다면 주문할 때 미리 요청하자. 연어와 염소 치즈, 가지, 토마토를 탑처럼 쌓아 올린 시그니처 메뉴 ❷ 라스카시엘로스는 염소젖 특유의 쿰쿰한 향이 진하니 염소 치즈 마니아에게만 추천한다.

Ⓖ 92P7+59 세빌 Ⓜ 441p-C2
#프라도 데 산 세바스티안 버스터미널
📍 Paseo de Catalina de Ribera, 4 🕒 09:30~16:30, 20:00~24:00 € 타파스 3.90~16.80€ 🚉 프라도 데 산 세바스티안 버스터미널에서 도보 8분 🌐 vineriasantelmo.com

와인과 추로스의 궁합은?

◉ 바르 엘 코메르시오
Bar El Comercio

세비야에서 제일 맛있는 ❶ 추로스를 먹을 수 있는 바르다. 1904년부터 대를 이어온 유서 깊은 가게. 보통 추로스는 아침 식사를 제공하는 카페나 빵집에서 판매하지만, 이 집에선 술을 파는 바 바로 옆에 추로스 기계가 대기 중이다. 술을 마신 후에는 초콜라테에 푹 적신 추로스로 허기진 배를 채우는 스페인 특유의 해장 문화다. 바로 튀겨 낸 따끈한 추로스는 바삭한 맛이 최고. 약초와 향료로 달달한 맛을 낸 가향 와인 ❷ 베르뭇과도 의외로 조화롭다. 물론, 달콤한 초콜라테에 찍어 먹는 베이직한 방법 역시 매우 훌륭하다.

Ⓖ 92R5+83 세빌 Ⓜ 441p-B1
#누에바 광장

Calle Lineros, 9 ⏰ 07:30~21:00(토 08:00~)/일요일 휴무 Ⓔ 추로스 2.50€, 초콜라테 2.50€ 🚇 누에바 광장에서 도보 5분

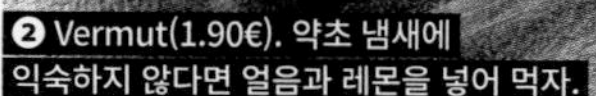
❷ Vermut(1.90€). 약초 냄새에 익숙하지 않다면 얼음과 레몬을 넣어 먹자.

엘 레이 델 모로 호텔 부티크의 파티오

아름다운 파티오를 품은 부티크 호텔

엘 레이 델 모로 호텔 부티크

El Rey del Moro Hotel Boutique

구시가 골목 안쪽 깊숙한 곳에 자리한 부티크 호텔. 처음 찾아가기는 다소 힘들지만, 일단 입구로 들어서면 아기자기한 파티오에 반하게 된다. 모든 방이 파티오를 향해 있으며, 복도 쪽에 테이블과 의자를 두어 파티오를 바라보며 쉴 수 있게도 해놓았다. 가격은 비싼 편이지만 안달루시아 전통가옥 특유의 정취를 만끽할 수 있다.

92P6+42 세빌 M 441p-C2 *#산타 크루스 지구*

Calle Reinoso, 8 ☎ 954 56 34 68 더블룸 170€~ 세비야 대성당 동쪽 Plaza Virgen de los Reyes에서 도보 5분 www.elreymoro.com

위치가 최대 장점!

알카사르 호텔

Alcázar Hotel

프라도 데 산 세바스티안 버스터미널과 가까운 호텔. 대로변에 있어 찾기도 쉬우며, 구시가에서도 가깝다. 호텔 바로 옆에는 한식당도 있다. 넓은 로비와 리셉션, 엘리베이터를 갖춘 중급 호텔로, 기본 시설은 조금 오래된 편이다. 방과 욕실은 대부분 넓지만, 호텔 구조에 따라 좁은 방이 배정될 순 있다. 방 안에 냉장고와 커피포트가 있다.

92W3+X6 세빌 M 441p-C2 *#프라도 데 산 세바스티안 버스터미널*

Avenida Menéndez Pelayo, 10 ☎ 954 41 20 11 더블룸 113€~ 프라도 데 산 세바스티안 버스터미널에서 도보 4분 www.hotelalcazar.com

구시가의 깊은 곳, 조용한 더블룸

알칸타라 호텔 Alcántara Hotel

구시가 깊숙이 위치한 가성비 좋은 호텔이다. 살짝 낡은 가구가 가정집 분위기를 풍기는 객실은 충분히 넓고 청결하다. 이것저것 신경을 많이 쓴 욕실에는 욕조와 유럽식 비데, 목욕용 스펀지, 샤워젤이 마련돼 있다. 엘리베이터가 있어 편리하나, 와이파이 속도는 느린 편. La Casa del Flamenco 공연장이기도 해서 플라멩코 쇼 할인을 받을 수 있다. 필요하면 데스크에 문의하자.

92P6+GG 세빌 M 441p-C2 *#산타 크루스 지구*
Calle Ximénez de Enciso, 28 ☎ 954 50 05 95 더블룸 85€~ 세비야 대성당 동쪽 Plaza Virgen de los Reyes에서 도보 4분 www.hotelalcantara.net

믿고 찾는 체인 호스텔

TOC 호스텔 TOC Hostel Sevilla

마드리드와 바르셀로나에서도 볼 수 있는 체인 호스텔이다. 세비야에서는 손꼽힐 정도로 좋은 시설과 분위기로, 우리나라 여행자들에게 인기다. 문을 나서면 대성당과 알카사르가 보이는 훌륭한 위치이고, 지문인식 시스템도 갖췄다. 침대마다 커튼은 없지만, 개별 콘센트와 전등이 마련돼 있다. 레스토랑 바를 겸하는 1층 로비에서 조식을 유료로 제공한다.

TOC 호스텔 세비야 M 441p-B2 *#세비야 대성당 #알카사르*
Calle Miguel Mañara, 18-22 ☎ 954 50 12 44 8인실 도미토리 20€~ 세비야 대성당 남문에서 도보 3분 tochostels.com/sevilla

누에바 광장 쇼핑가 앞 깨끗한 호스텔

노마드 호스텔 Nomad Hostel

누에바 광장의 쇼핑가 한가운데에 있는 호스텔이다. 구시가에서는 조금 떨어져 있지만, 거리를 감수할 만한 가치가 있는 곳. 도미토리 층이 따로 있고, 프라이빗 룸이 쓰는 공용 욕실이 좋아 욕실 딸린 더블룸보다 공용 욕실을 사용하는 방을 가성비 면에서 더 권장하고 싶을 정도. 간단한 무료 조식이 제공되며, 금~일요일 저녁에는 옥상 테라스 바를 운영한다.

92R3+G9 세빌 M 441p-B1 *#프라도 데 산 세바스티안 버스터미널*
Calle Itálica, 1 ☎ 955 63 85 98 더블룸(공용욕실) 80€~ 누에바 광장에서 도보 6분 www.thenomadhostel.com

01

ANDALUSIA

코르도바

CÓRDOBA

(영어명 : 코르도바 Cordova)

코르도바만큼 천 년 전 풍경이 궁금하고, 또한 그리운 도시도 없다. 코르도바는 한때 남부 스페인과 포르투갈을 지배했던 이슬람의 코르도바 칼리프조(祖)의 수도였다. 8세기 중반, 시리아에서 도망쳐 온 우마이야 왕조의 후예들은 자신들을 쫓아낸 원수이자 경쟁자들이 다스리는 바그다드보다 더 아름답고 영예로운 도시를 이곳에 건설하고자 했다. 당시 서유럽 최대 규모의 도시로 성장해 600여 개의 이슬람 사원과 1000여 개의 공중목욕탕을 만들었고, 거리를 밝히던 가로등도 런던이나 파리보다 700년이나 앞선 것이라고 한다. 기이할 정도로 아름다운 걸작 메스키타 대성당에서, 10세기의 아련한 기억이 불쑥 불쑥 나타난다.

#이슬람사원 #가톨릭성당 #한지붕두종교 #중세여행 #안달루시아음식

코르도바 가는 법

공항은 없지만, 철도망이 잘 발달해 안달루시아 주변 도시와 마드리드에서 쉽게 오갈 수 있다. 세비야, 그라나다, 말라가에서는 버스를 이용해도 편리하다.

마드리드 아토차역
기차 1시간 40분~2시간 10분, AVE, ALVIA, AVLO 25€~, 07:00~21:00/25분~1시간 간격

세비야
기차 45분~1시간, AVE, AVLO, AV City, MD 19€~, 05:50~20:40/5~30분 간격
버스 1시간 45분~2시간 15분, (플라사 데 아르마스 버스터미널) 알사 9€~, 09:30~22:00/1일 5회

그라나다
기차 1시간 40분, AVE 26€~, 06:56~19:25/1일 4회
버스 2시간 30~45분 알사 9€~, 08:30~18:30/1일 6회

말라가(마리아 삼브라노역)
기차 50분~1시간, AVE, AVLO 18€~ 06:28~20:00/1~2시간 간격
버스 2시간 30분~3시간 20분, 알사 7€~, 09:00~19:30/1일 4회

코르도바 Córdoba

*AVE, AVANT, ALVIA, AV City-고속기차, MD-일반 기차
*시즌과 요일에 따라 운행 시간이 자주 바뀌니 이용 전 다시 확인한다.

★
코르도바역
코르도바역
www.renfe.com
코르도바 시내 교통
www.aucorsa.es

1. 기차

마드리드와 세비야, 말라가에서 고속기차를 타면 버스로 가는 시간의 반 정도 만에 도착할 수 있다. 프로모션 티켓을 일찍 예매하면 요금도 저렴해지니 당일치기 여행자는 예약부터 서두르자.

◆ 코르도바역 Estación de Tren de Córdoba

메스키타 대성당이 있는 구시가에서 북쪽으로 약 2km 떨어져 있다. 시내버스 3번을 타면 구시가까지 약 15분 소요되며, 짐이 없다면 걸어서도 이동할 수 있는 거리다. 기차역 플랫폼에서 에스컬레이터를 타고 올라와 왼쪽 문으로 나가면 버스터미널과 기차역 사잇길에 버스 정류장이 노선별로 늘어서 있다. 구시가로 가는 3번 버스 정류장은 기차역을 등지고 왼쪽 끝까지 가면 길 건너 주차장 근처에 있다. 기차역으로 돌아갈 때는 메스키타 대성당 앞 강변도로 정류장에서 3번 버스를 탄다.

코르도바역

시내로 갈 때 이용하는 3번 버스 정류장

시내버스 3번

✚ 시내버스 3번 운행 정보

요금	1회권 1.30€(버스 기사에게 구매)
운행 시간	06:00~23:00/12~15분(토·일 15~19분) 간격
노선	**기차역·버스터미널 → 시내**(Fuensanta 방향) : 기차역 서쪽/버스터미널(Renfe-Est. Buses OESTE) →···→ 산 페르난도 거리(San Fernando) → 포트로 여관(El Potro(la Ribera)) →···→ Sta. Emilia de Rodat(종점) **시내 → 기차역·버스터미널**(Albaida 방향) : Sta. Emilia de Rodat(시점) →···→ 포트로 여관(El Potro (La Ribera) D.C.) → 메스키타 대성당·로마교 푸엔테 문(Puerta del Puente) → 알카사르 근처(Mártires) →···→ 기차역·버스터미널(Renfe-Est. Buses)

기차역에는 없는 코인 로커(4€~)가 있다. 자동판매기에 1€·2€ 동전을 넣고 로커용 코인으로 교환한 후 이용한다.

코르도바 버스터미널. 기차역과 마주보고 있다.

2. 버스

코르도바 버스터미널(Estación Autobuses Córdoba)은 기차역과 도로를 사이에 두고 마주 보고 있다. 말라가에서 출발하는 경우 노선에 따라 소요 시간이 크게 다르니 꼭 확인한다.

치유의 천사, 라파엘의 도시

푸엔테 문 옆의 라파엘 기념탑

코르도바 시내에는 라파엘 상이 12개나 있다. 그중 가장 유명한 것이 로마교의 푸엔테 문 바로 옆의 라파엘 기념탑(1781년)이고, 가장 처음 세워진 것이 로마교 중간의 석상(1651년)이다. 라파엘 천사는 코르도바에 사상 최악의 페스트가 돌던 16세기, 한 사제의 꿈에 나타나 '코르도바를 페스트로부터 구해주겠노라' 계시를 내려 도시의 수호성인으로 추앙받았다. 라파엘 상은 살아남은 이들이 신께 감사를 드리며 세우기 시작했다.

오랜 세월만큼
느린 걸음으로
걷는
구시가 핵심 명소들

천 년 전 이미 서유럽 최대 규모로 번성한 코르도바와 제대로 만나려면, 그 긴 시간만큼이나 느린 걸음으로 걸어야 한다. 한 지붕 아래 두 종교를 품은 메스키타 대성당과 알카사르만 해도 밤새워 헤아릴 수 없는 많은 이야기가 차분히 스며들었으니까.

01 모스크와 성당의 기이한 동거 메스키타 대성당

Mezquita-Catedral de Córdoba(Antigua Mezquita)

가톨릭 신자와 이슬람 신자 모두 묘한 기분을 느끼게 될 건축물이다. 1200여 년 전 코르도바를 정복한 이슬람이 메카(이슬람 창시자인 무함마드의 출생지) 다음으로 크게 지은 모스크에, 훗날 이슬람에 승리한 가톨릭 왕국이 보란 듯이 대성당을 증축하며 오늘의 모습을 갖췄다. 덕분에 여행자는 마치 운석이라도 떨어진 듯 이슬람 모스크에 생뚱맞게 박힌 고딕 양식의 대성당을 감상할 수 있다. 하지만, 증축 전 모스크가 얼마나 아름다웠던지 1523년 이를 허물라고 지시한 카를로스 1세조차도 "세상에 하나밖에 없는 것을 허물고 세상 어디에나 있는 건물을 지었다"며 후회했다고 한다.
이슬람 사원의 상징인 미흐랍(예배 방향을 나타내는 오목한 벽)은 약 2만 5000명의 신자가 동시에 기도할 수 있는 대성당 안에서도 가장 눈길을 사로잡는다. 더욱 재미난 건 여기에 가톨릭 제국의 대명사인 비잔티움 황제의 선물이 더해져 있다는 사실. 미흐랍 주위에서 빛나는 황금빛 모자이크에 홀린 듯 걷다 보면, 어느새 이슬람과 가톨릭이 만나는 기묘한 기분을 체험할 수 있다. 내부는 노출이 심한 옷을 입거나 모자를 쓰고 들어갈 수 없으며, 음식물과 큰 가방도 반입이 금지된다.

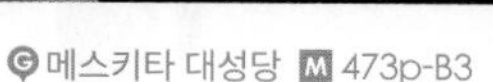
성당에는 기둥만 855개다. 로마와 서고트 왕국 유적에서 가져와 모양이 제각각이다.

붉은 벽돌과 흰 돌을 교차한 줄무늬 아치는 메스키타의 상징이다.

화려한 예배당 장식

Ⓖ 메스키타 대성당 Ⓜ 473p-B3
- Calle Cardenal Herrero, 1
- 성당 10:00~19:00(일 08:30~11:30, 15:00~19:00), 종탑 09:30~18:30(일 09:30~12:30, 14:00~18:30)/변동이 많으니 홈페이지에서 확인 필수
- 성당 13€, 15~26세 학생 10€, 10~14세 7€, 9세 이하 무료, 종탑 3€/무료입장 월~토 08:30~09:30(종교축일 및 행사 진행 시 제외)
- 코르도바역에서 3번 버스를 타고 El Potro(La Ribera) 하차 후 도보 7분/코르도바역·버스터미널에서 도보 25분
- mezquita-catedraldecordoba.es

❶ 비잔티움 황제의 선물인 1600kg의 황금 모자이크로 장식한 미흐랍. 미흐랍은 보통 성지인 메카의 방향을 향하게끔 설계되지만, 코르도바 메스키타의 미흐랍은 메카가 있는 남동쪽이 아닌 남쪽을 바라보고 있다. 시리아에서 쫓겨 온 우마이야 가문의 한을 담았는지, 시리아 다마스쿠스 대모스크 내 미흐랍과 같은 방향이다.

❷ 입장료를 내지 않아도 들어갈 수 있는 오렌지 나무 정원. 모스크 시절 예배 전 몸을 씻는 구역이었다.

❸ '메스키타'는 '이슬람 사원'이란 뜻. 이슬람의 기도 시간을 알려주는 탑 미나렛 자리에 가톨릭인들은 바로크 양식의 캄파나리오 탑(Torre Campanario)을 세웠다.

칼라오라 탑 위에서 바라본 로마교와 코르도바의 풍경

02 이천 년을 지켜온 길목 로마교 Puente Romano

오래된 도시의 좁은 골목길만 생각했다면 갈대가 무성한 과달키비르 강변 풍경은 의외의 발견이다. 철새 도래지인 강 위에는 1세기경 로마 시대부터 도시의 길목 노릇을 해온 우직한 돌다리가 서 있다. 전쟁과 재해로 파괴된 것을 여러 번 메우고 고쳐 가며 사용한 것이 벌써 2000여 년. 해 질 녘 황금빛으로 붉게 물드는 다리 위의 돌이 잔잔한 강물과 함께 특별한 정취를 자아낸다.

로마교 양쪽 끝에 있는 2개의 탑 중 메스키타 대성당과 가까운 푸엔테 문은 남쪽에서 다리를 건너온 사람들이 도심으로 들어가는 출입구였다. 그 곁을 하늘에 닿을 듯 높이 솟아 지켜내는 라파엘 기념탑도 볼거리다.

Ⓖ V6HC+39 코르도바(푸엔테 문) Ⓜ 473p-B3
🚊 메스키타 대성당 정원의 서쪽 문에서 도보 4분

로마교 중간에 있는 라파엘 조각상

미국 드라마 <왕좌의 게임> 시즌 5에도 등장했다.

푸엔테 문(Puerto del Puente). 16세기 르네상스 양식으로 재건축했다.

MORE

칼라오라 탑 Torre de la Calahorra

로마교의 북쪽 푸엔테 문이 시내로 들어가는 관문이라면, 남쪽 칼라오라 탑은 로마교를 지키는 망루다. 다리만 건너면 도시의 심장부가 바로 이어지기에 적들에게는 반드시 건너야 할 길이었고, 아군에게는 반드시 지켜야 할 곳이었다. 병사들이 지키던 탑 위는 이제 여행자들의 차지다. 흔히 높은 탑 위에 올라 평면적으로 내려다보는 전망과는 달리, 강 건너에서 도시의 입면을 파노라마처럼 펼쳐볼 수 있어 매력적이다. 탑 안으로 들어가면 메스키타의 원래 모습을 담은 건축모형 전시실과 10세기경 이슬람 시대의 생활상을 재현한 미니어처 전시실도 있다.

⏰ 10:00~14:00, 16:30~20:30(11~2월 10:00~18:00, 10월·3~5월 ~19:00) Ⓔ 4.50€, 학생 3€, 7세 이하 무료 📶 www.torrecalahorra.es

이슬람 시대를 재현한 미니어처

칼라오라 탑

사자의 탑(Torre de los Leones) 위에서 바라본 전망

03 이슬람 유적 위에 핀 가톨릭의 꽃
알카사르
Alcázar de los Reyes Cristianos

코르도바를 통치한 모든 군주는 강가에 탄탄하게 자리한 이 요새를 왕국의 심장으로 삼아왔다. 서고트 왕국의 요새가 있던 자리를 756년 이슬람 왕국이 차지했을 때도, 그로부터 480년 후 가톨릭 세력이 이 땅을 되찾았을 때도, 알카사르는 코르도바를 차지한 군주들에게 전리품과도 같은 존재였다. 세력이 바뀔 때마다 모습을 바꿔야 하는 건 알카사르의 숙명이다. 결국 마지막 주인인 가톨릭 왕국에 의해 1328년 고딕 양식을 가미한 현재의 모습이 갖춰졌고, 공식 이름부터가 '가톨릭 군주의 알카사르'일 만큼 당시 왕이었던 알폰소 11세의 공이 크게 들어갔다. 하지만 5세기 동안 이 땅의 주인이던 이슬람의 흔적을 완벽히 지우기란 사실상 불가능한 일. 스페인 사람들은 이슬람 칼리프 양식에 로마네스크와 고딕 양식을 적절히 섞은 무데하르 양식을 자신들만의 문화로 받아들이기 시작했다.
여행자에게도 고딕풍의 유럽식 석조 건물보다는 이슬람 스타일로 꾸며놓은 안뜰과 정원이 눈에 띈다. 햇살이 좋은 날이면 좁고 기다란 수로와 일렬로 늘어선 오렌지 나무 주위로 흩날리는 분수의 물방울이 한없이 찬란하다.

Ⓖ 코르도바 알카사르 Ⓜ 473p-A3
📍 Plaza Campo Santo de Los Mártires ⏰ 9월 16일~6월 14일 08:15~20:00(일·공휴일 ~14:45, 토 09:30~18:00), 6월 15일~9월 15일 08:15~14:45/월요일 휴무/행사 및 공사 시 유동적 운영/폐장 1시간 전까지 입장 Ⓔ 알카사르 5€, 26세 이하 학생 2.50€/13세 이하 무료 🚉 푸엔테 문에서 도보 5분
🛜 www.alcazardelosreyescristianos.cordoba.es

❶ 이사벨 여왕과 페르난도 왕 부부와 콜럼버스의 역사적인 첫 만남을 묘사한 조각상. 이사벨-페르난도 부부 왕은 이곳에 거주하며 레콘키스타(국토회복전쟁)의 마지막 단원을 수행했다.
❷ 알폰소 11세가 연인을 위해 개축한 왕실 목욕탕(Baños Reales). 종교재판소로 쓰이던 시기(1492~1812년)에는 고문실로 사용되었다.
❸ 오렌지 나무와 분수가 있는 알카사르 정원

★
입맛 따라 루트 정하기!
매표소를 통과해 왼쪽으로 가면 파티오와 성채 건물이, 오른쪽으로 가면 정원이 나온다. 전망을 보고 먼저 싶다면 1층 복도 중간에 있는 사자의 탑(폐장 25분 전까지 개방) 연결통로를 따라가자.

04 스페인 왕실의 자랑 왕실 마구간 Caballerizas Reales

스페인의 황금기를 이끈 펠리페 2세의 관심은 바로 승마. 왕의 취미는 그저 단순한 취미를 넘어 국가사업으로 확대되기 마련이다. 이슬람 기마병이 남기고 간 아랍 혈통의 말 목장을 1567년 왕실 목장으로 전환해 지금껏 근사한 종마들이 뛰어다니는 왕실 마구간으로 운영하고 있다. 이곳에서 기르는 말에는 왕실을 뜻하는 낙인 'R'이 찍혀 있다.

왕실 마구간에 입장하려면 마장마술에 플라멩코 공연이 더해진 티켓을 사야 한다. 티켓 종류에 따라 공연 시작 전 입장 가능 시간(15분 전~30분 전)과 공연 전 촬영 가능 여부가 다르다. 입구 왼쪽에 있는 마구간에서 왕실 마차를 구경할 수 있으며, 공연 자체의 만족도는 크지 않다.

V6G8+MP 코르도바 M 473p-A3
Calle Caballerizas Reales, 1 공연: 수~금 하루 1~2회/요일마다 다르니 홈페이지 참고/일~화요일 휴무 마술+플라멩코 공연 17.50€(60분) 알카사르 정문에서 도보 2분
www.cordobaecuestre.com

말이 훈련받는 모습을 꽤 가까이에서 구경할 수 있다.

05 골목길의 꽃밭 꽃들의 골목 Calleja de las Flores

온통 하얗게 칠한 벽마다 색색의 꽃이 한 무더기씩 피어 있다. 창틀 밖 가득 내어놓은 화분도 모자라 벽에도 대롱대롱 화분을 매달아 놓은 이곳. 이름부터가 '꽃들의 골목'이다.

구시가의 흔한 골목과 다른 점이 있다면 이 길을 걸어야만 볼 수 있는 비밀 풍경이 있다는 것. 마주 본 흰 벽을 도화지 삼아 선명하게 피어 있는 꽃들과 그 좁은 틈 사이로 빼꼼히 고개 내민 대성당의 노란 종탑은 어느 관광엽서도 부럽지 않을 멋진 배경을 만들어 낸다. 참고로 코르도바에서 제일 좁은 골목은 손수건만하다고 해서 이름 붙여진 '손수건 골목 Calleja el Pañuelo'이다. 그 골목 끝에서 만나게 되는 조그만 공터 역시 '세계에서 가장 작은 광장'이라고 코르도바 사람들은 얘기한다.

V6JC+44 코르도바 M 473p-B2
메스키타 대성당 정원의 북동쪽 문에서 1분

대성당의 종탑이 보이는 꽃들의 골목. 이렇게 찍으면 성공!

06 <돈키호테> 속 여관 포트로 여관 (포스포리토 플라멩코 센터) Posada del Potro (Centro Flamenco Fosforito)

세계적으로 유명한 여관을 하나 꼽자면 코르도바의 포트로 여관을 빼놓을 수 없다. 소설 <돈키호테> 속 시끌벅적한 여관이 바로 이곳. 코르도바에서 어린 시절을 보낸 작가 세르반테스는 당시의 기억에서 영감을 얻어 이 여관을 소설에 등장시켰다. 당시 포트로 광장의 가축 시장으로 모여든 상인들은 타고 온 말이나 당나귀를 안뜰에 매고, 1층에서 거나하게 술을 걸친 다음 2층으로 올라가 투숙하곤 했다.

여관은 600년간 영업을 이어가다가 1972년부터 전설의 플라멩코 가수 안토니오 페르난데스 디아스 포스포리토를 기리는 플라멩코 센터로 운영하고 있다. 공연은 입구의 안내센터에서 예약할 수 있다.

V6JG+83 코르도바 M 473p-C2
Plaza del Potro 9월 16일~6월 14일 08:15~20:00(일·공휴일 ~14:45, 토 09:30~18:00), 6월 15일~9월 15일 08:15~14:45/월요일 휴무 2€, 26세 이하 학생 1€ 로마교 푸엔테 문에서 도보 8분 centroflamencofosforito.cordoba.es

안달루시아 음식의 수도
코르도바 전통 요리

코르도바는 자신이 안달루시아 음식의 원조라는 자부심이 대단하다.
하몬과 치즈를 넣은 돼지고기 튀김 플라멩킨부터 보들보들한 소꼬리 찜, 차갑고 걸쭉한 토마토 수프와
당밀소스를 뿌린 가지 튀김까지. 코르도바 전통 요리만 골라서 주문해도 식탁이 한가득이다.

❶ Flamenquín Cordobés de Cabezal Ibérico(17.50€)

유명인들의 사인이 적힌 오크통이 입구에 쌓여 있다.

코르도바 전통 음식의 정수

◉ 보데가스 캄포스
Bodegas Campos

코르도바의 손맛을 느낄 수 있는 안달루시아 전통 레스토랑. 영국 블레어 전 총리, 프랑스 배우 장 르노 등 각국의 유명인사가 코르도바에 오면 꼭 한 번 들르는 오랜 명성 있는 가게다. 단골들이 입을 모아 추천하는 메뉴는 고추와 감자튀김을 곁들인 ❶ 플라멩킨. 얇게 편 돼지고기에 하몬과 치즈를 돌돌 말아 튀긴 전통 요리로, 어려서부터 이 음식에 길든 현지인들이 최고로 치는 맛이다. 단골이라면 빼 놓지 않고 주문하는 이베리아 돼지 볼살 요리(Carrillada Ibérico con Cremoso de Patata)와 상큼한 라즈베리 소스를 곁들인 치즈 밀푀유(Milhojas de Queso y Emulsión de Frambuesa)도 놓치면 섭섭하다.

맛있는 와인과 오랜 세월 잘 훈련된 웨이터, 따뜻하고 고전적인 분위기가 멋스러워 시내 중심에서 살짝 떨어져 있어도 찾아가는 수고가 아깝지 않다.

V6JG+JH 코르도바 M 473p-C2
#포트로 여관
Calle Lineros, 32 ☎ 957 49 75 00
13:00~16:00, 20:00~23:00 전채 11.50~17.50€, 튀김 요리 13~17.50€, 고기 요리 18.50~30€, 디저트 6.50€~ 포트로 여관에서 도보 2분/메스키타 대성당 남쪽에서 도보 9분 www.bodegascampos.com

비수기에는 타베르나(술집) 쪽 공간만 열기도 한다.

❶ Rabo de Vaca Vieja Estofado con Patatas(1/2 접시, 23€)

접근성과 맛 모두 잡았다!

◉ 카사 페페 데 라 후데리아
Casa Pepe de La Judería

구시가 관광의 중심지에서 가장 먼저 추천할 만한 식당이다. 코르도바 전통 음식을 잘하기로 소문난 레스토랑으로, 작은 접시인 타파 단위로 주문할 수 있어 이것저것 맛보기에 좋다. 뭉근하게 끓여 부드러운 이 집의 자랑 ❶ 소꼬리 찜을 메인 요리로 시키고, 차가운 전통 토마토 수프 ❷ 살모레호나 속이 크림처럼 부드러운 ❸ 크로켓을 타파로 주문해보자. 평소 먹는 양이 적다면 소꼬리 찜 1/2 접시(1/2 Ración)를 주문하는 것도 좋다.

Ⓖ V6H9+VF 코르도바 Ⓜ 473p-A2 *#메스키타 대성당*
⚲ Calle Romero, 1 ⏰ 13:00~16:00, 19:30~23:00(금·토 ~23:30) Ⓔ 타파스 11~24€, 메인 요리 21~43€ 🚊 메스키타 대성당 정원의 북서쪽 문에서 도보 2분 ᯤ www.restaurantecasapepedelajuderia.com

❷ Salmorejo Cordobés con Huevo y Jamón Ibérico

❸ Croquetas Cremosas de Puchero y Jamón Ibérico

주문과 동시에 제조 시작!

비타민으로 원기 충전!

◉ 라 비시클레타
La Bicicleta

허름한 모양새에 스쳐 지나가기 쉬운 이 집은 단언컨대 코르도바에서 제일 신선하고 맛있는 과일 주스를 파는 곳이다. 내부는 시골 동네 술집 같지만, 한 잔씩 다들 손에 쥔 건 맥주가 아닌 주스. 재료 선정에서 만드는 과정까지 아주 깐깐하게 관리한다. 또 설탕이나 첨가물을 넣지 않아 맛이 순하다. 두 가지 과일을 섞어 만드는 주스가 기본이며, 추가 요금을 내면 원하는 과일을 더 넣을 수도 있다.

Ⓖ V6HF+XP 코르도바 Ⓜ 473p-C2 *#포트로 여관*
⚲ Calle Cardenal Gonzalez, 1 ⏰ 14:00~01:00/화~목 휴무 Ⓔ 과일 주스 3.75€, 토스트 4.95~8.95€, 샐러드 13.95€ 🚊 포트로 여관에서 도보 2분/메스키타 대성당 남쪽에서 도보 5분

홈메이드 콩 수프

송아지 고기로 만든 스튜는 부드러운 고기와 소스 맛이 최고다.

젊은 감각으로 건강한 점심 한 끼

◉ 엘 아스트로나우타
El Astronauta

코르도바에 사는 젊은이들이 점심 식사로 가장 만족스러워하는 집이다. 당일치기 여행자에게는 살짝 애매한 위치지만, 기차역이나 버스터미널에서 시내버스 3번을 타고 구시가로 향하는 길에 잠시 들러볼 만하다. 영업시간은 길지만, 뭐니 뭐니 해도 가성비가 가장 좋은 메뉴는 평일 점심의 메누 델 디아다. 그때그때 달라지는 메뉴들로 전채, 메인 요리, 후식까지 즐길 수 있다.

V6MF+MC 코르도바 M 473p-B1
#꽃들의 골목

Calle Diario De Córdoba, 18 ⏰ 13:30~17:00, 20:00~23:00(금·토 21:00~24:00)/일요일 휴무 € 평일 메누 델 디아 10~12€ 🚉 코르도바역·버스터미널에서 3번 버스를 타고 Diario Cordoba 하차 후 바로 elastronauta.es

02

ANDALUSIA

론다

RONDA

세비야, 그라나다와 함께 안달루시아를 대표하는 3대 관광 도시다. 깎아지른 듯이 깊은 협곡과 그 사이를 높게 가로지르는 누에보 다리. 세상 어디에도 없을 이 드라마틱한 풍경이 19세기 낭만파 예술가들에겐 무한한 영감을 주었다. 높은 절벽 끝에 아찔하게 매달린 주택들이 밀회하는 연인의 극적인 감정과 닮아서일까. "사랑하는 사람과 로맨틱한 시간을 보내기 좋은 곳"이라던 헤밍웨이의 말이 제법 그럴듯하게 들린다.

#절벽위백색도시 #아찔한다리 #출사여행 #헤밍웨이 #소꼬리찜

론다 가는 법

안달루시아 남부에 위치한 론다는 세비야와 말라가에서는 버스로, 코르도바에서는 기차로 이동하는 것이 가장 편리하다.

세비야
버스(플라사 데 아르마스 터미널) 2시간~2시간 55분, 인테르부스 14.20€, 09:00~18:30/1일 4회

말라가
버스 1시간 45분~2시간, 인테르부스 12.02€, 08:30~20:30/1일 6회

코르도바
기차 1시간 40분~3시간 30분, AVE-MD, AVANT-MD, IC 24.50€~, 08:50~18:30/1일 6회

그라나다
기차 2시간 40분~4시간 10분, AVE-MD, AVANT-MD, IC 23.05~48.20€, 06:56·13:20·15:35·19:25/ 1일 4회

론다
Ronda

*AVE, AVANT-고속기차, MD-일반기차

*시즌과 요일에 따라 운행 시간이 자주 바뀌니 이용 전 다시 확인한다.

1. 버스

세비야와 말라가에서 출발할 때는 버스가 편리하다. 특히 세비야에서는 기차가 버스보다 오래 걸리고 환승도 해야 하며 요금도 비싸기 때문에 버스가 가장 유용한 교통수단이다. 세비야에서는 구시가 서쪽 강변에 있는 플라사 데 아르마스 버스터미널에서 출발한다. 요일에 따라 운행 시간이 바뀌고 노선에 따라 소요 시간도 다르니 출발·도착 시각을 꼭 확인한다.

말라가에서는 인테르부스 또는 아반사 버스를 이용할 수 있는데, 아반사보다는 소요 시간이 비교적 짧고 운행 횟수가 많은 인테르부스 버스가 일정 잡기에 편하다. 당일치기 여행을 계획한다면 출발·도착 시각을 꼼꼼하게 확인해야 낭패를 보지 않는다.

◆ 론다 버스터미널 Estación de Autobuses de Ronda

론다의 신시가 쪽에 있는 버스터미널에서 구시가 여행의 출발점인 누에보 다리까지 걸어서 10분 정도 소요된다. 버스터미널에서 나와 터미널을 등지고 오른쪽으로 3블록 가다 헤레스 거리(Calle Jerez)에서 좌회전해 5분 정도 직진하면 누에보 다리가 나온다.

론다에서 버스를 타고 다른 도시로 이동할 계획이라면 버스 티켓을 최대한 빨리 예약해 두자. 론다 버스터미널에서 예약한다면 버스 회사마다 운영하는 매표소의 휴식시간이 다르고 운영 시간도 짧은 편이니 각 창구 앞에 붙여놓은 운영시간을 확인하도록 한다. 버스터미널 안에는 유료화장실(0.50€)도 있다.

일반 건물 1층을 사용하는 작은 규모의 버스터미널. 플랫폼은 건물 뒤쪽에 있다.

★
론다 버스터미널
론다버스터미널
인테르부스(구 다마스)
www.interbus.es
아반사
www.avanzabus.com

2. 기차

코르도바에서 출발할 때는 기차가 편리하다. 렌페 홈페이지에서는 직행과 환승 노선이 모두 검색되니 환승 여부와 환승역을 확인한 후 예약한다. 고속기차(AVE, AVANT)와 일반기차(MD)의 환승 노선이 더 일반적이다. 현지 상황에 따라 일부 구간을 버스로 대체 운행하기도 하니 예약 시 확인하자.

그라나다에서 론다로 가는 고속기차 환승편(AVANT-MD 또는 AVE-MD)은 1일 4회 운행한다. 다만, 노선에 따라 소요 시간의 차이가 크고, 예약 시스템에 등록되는 일정도 불규칙하다. 게다가 보통 한 달 이내(때에 따라 2주 전) 티켓만 예약할 수 있어서 일정을 미리 확정한 뒤 움직여야 하는 단기 여행자는 기차표 확보 때문에 마음고생하게 되는 구간이다.

★
론다역
PRXQ+96 론다
www.renfe.com

◆ 론다역 Estación de Tren Ronda

구시가의 관문인 누에보 다리까지 약 1km, 도보로 12분 정도 소요되며, 버스터미널과는 400m 정도 떨어져 있다. 짐이 많다면 택시를 이용한다. 구시가까지 요금은 10~12€.

★

여행안내소 Oficina Municipal de Turismo de Ronda

신시가 쪽 론다 투우장 바로 앞에 여행안내소가 있다. 교통편과 볼거리에 대한 상세한 정보 및 무료 지도를 얻을 수 있다.

- PRRM+P6 론다
- Paseo Blas Infante
- 09:30~19:00(토 09:30~14:00·15:00~18:00, 일~15:00)/비수기에는 단축 운영
- 론다 투우장 앞
- www.turismoderonda.es

다리를 건너자 타임워프가 시작됐다!

중세와 현대를 오가는 시간 여행

아찔한 협곡 사이에 매달린 누에보 다리를 기준으로 구시가와 신시가로 나뉜다. 다리를 건너 구시가로 들어가면 절벽 위 중세 도시가 고스란히 보존돼 있고, 근사한 풍경은 덤! 이후 헤밍웨이에게 영감을 준 투우장을 만나기 위해 신시가로 돌아온다. <누구를 위해 종은 울리나>의 배경인 옛 시청 건물에는 그의 이름을 딴 길도 있다.

01 타호 협곡이 쓰는 드라마
누에보 다리 Puente Nuevo

스페인의 그 어떤 도시보다 론다를 드라마틱한 곳으로 기억하는 이유. 움찔거리며 다가갈 만큼 아찔한 낭떠러지에 론다 최고의 명물 석재 다리가 놓여 있다. 다리 난간마다 대롱대롱 매달린 사람들은 98m나 떨어진 타호 협곡의 바닥을 확인하며, 그만 화들짝 놀라 뒤로 물러서곤 한다.
누에보 다리는 '옛 다리' 푸엔테 비에호Puente Viejo를 대체하며 1793년에 등장했다. 1735년에 만든 푸엔테 비에호는 8개월이라는 짧은 기간 동안 건설하다 보니 설계와 시공 모두 부실해 6년만에 무너졌다. 이후 충분한 모금과 설계를 거쳐 푸엔테 비에호보다 약간 상류인 지금의 자리에 새로운 다리를 건설했다. 협곡에 마지막으로 지어진 다리이기에 200년이 지난 지금도 이름은 아직 '새로운 다리'. 이 덕에 론다 사람들은 협곡 아래로 내려갔다가 올라오는 수고를 덜 수 있게 됐다.
다리는 크게 3층 구조다. 협곡 바닥에서부터 올라온 1개의 아치가 제일 아래층, 그 위에 가장 길쭉한 타원형 아치가 두 번째 층, 그 위로 조금 짧은 아치가 꼭대기의 상판을 지지한다. 신시가 쪽 에스파냐 광장Plaza de España에서 다리 오른쪽에 보이는 출입구로 들어가면 과거 감옥으로 사용하던 작은 방도 구경할 수 있다. 죄수의 기분으로 바라보는 창문 너머의 풍경은 왠지 더 특별한 감흥을 일게 한다.

누에보 다리 M 485p

24시간/다리 내부 09:30~19:00(토 10:00~14:00·15:00~18:00, 일 ~15:00) 무료/다리 내부 2.50€, 25세 이하 학생 2€, 14세 이하 무료 보노 투리스코 론다 버스터미널에서 도보 10분(신시가와 구시가의 경계 지점)

MORE

론다 파라도르 Parador de Ronda

헤밍웨이의 소설 <무기여 잘 있거라>에도 등장한 론다 파라도르. 이야기 속에서는 시청 건물로 등장했다. 다리 북쪽의 에스파냐 광장에 인접해있어 이곳에서 하룻밤을 묵는다면 테라스에서 즐기는 누에보 다리의 밤 풍경을 추억으로 가져갈 수 있다. 신혼 여행자들 사이에서 특히 인기가 있으며, 다리 전망 객실은 무엇보다 빠른 예약이 필수다.

다리 꼭대기의 두 개의 아치 사이에 있는 작은 창문이 달린 방. 입장은 유료다.

론다 파라도르

누에보 다리

전망 포인트

신시가 에스파냐 광장에서 누에보 다리를 구경해도 좋지만, 한 걸음 떨어져서 바라보면 높고 아찔한 다리의 모습을 더 잘 감상할 수 있다. 특히 다리 전체를 한 컷에 담고 싶다면 다음의 전망 포인트를 주목!

❖ 서쪽 산책로

구시가에서 협곡 아래로 내려가는 길이다. 걷기는 조금 힘들지만, 누에보 다리를 올려다보는 색다른 뷰를 선사한다. 입구는 구시가 내 작은 정원이 있는 광장Plaza de Maria Auxiliadora에 있고, 5분 정도 내려가면 첫 번째 전망 포인트가, 여기서 다시 5분 더 내려가면 무너진 성터와 함께 두 번째 전망 포인트가 나온다.

*서쪽 산책로는 보수공사 등 현지 상황에 따라 산책로가 잠시 폐쇄되기도 한다. 이런 경우 누에보 다리를 서쪽에서 바라볼 수 있는 전망 포인트까지 택시 투어를 이용하는 방법을 고려해보자. 요금은 10분가량 머무는 조건으로 15€~.

❶ 첫 번째 전망 포인트 ❷ 두 번째 전망 포인트에서 바라본 누에보 다리

❖ 쿠엥카 정원 Jardines de Cuenca 전망대

PRRP+69 론다 M 485p
Calle Escolleras, 1
08:00~19:00
누에보 다리 신시가 쪽 끝 지점에서 도보 4분

신시가 쪽 절벽에서 누에보 다리를 바라볼 수 있는 전망 포인트다. 누에보 다리 북동쪽에 자리한 공원으로, 층층이 계단 형태의 길을 따라 내려가면 전망 포인트가 계속 나타난다. 반대편으로는 협곡 아래쪽 '옛 다리'인 푸엔테 비에호Puente Viejo도 볼 수 있는 곳. 푸엔테 비에호를 건너면 구시가의 동쪽 입구로 이어진다.

쿠엥카 정원 북쪽 입구

정원에는 층층이 전망 포인트가 있다.

쿠엥카 정원에서 바라본 누에보 다리

펠리페 5세의 문으로 이어지는 '옛 다리' 푸엔테 비에호(Puente Viejo)

중정과 우물이 있는 구시가의 옛 건물

02 절벽에 매달린 아랍풍 중세 도시
구시가 La Ciudad

120m 다리 하나만 건너면 순간 600년의 시간을 거슬러 오른 듯 기묘한 체험을 할 수 있다. 시인 라이너 마리아 릴케가 "거대한 절벽이 등에 작은 마을을 지고 있고, 뜨거운 열기에 마을은 더 하얘진다"며 감탄을 표현한 곳. 알렉상드르 뒤마와 헤밍웨이, 오손 웰즈 등 19~20세기 여러 예술가를 매료시킨 이곳 구시가는 이국적이면서도 황량하고, 아득하면서도 기억에 또렷한 인상을 남긴다.

론다의 골목길에서는 확실히 이슬람 도시의 분위기가 느껴진다. 1485년 가톨릭 세력이 정복하긴 했지만, 골목 깊숙한 곳에는 여전히 이전 주인이던 이슬람의 색채가 진하게 남아 있다. 구시가의 동쪽은 지금도 건재한 성벽으로 둘러싸여 있다. 능선 아래로 올리브 나무와 양 떼들의 평화로운 풍경이 펼쳐진 동쪽 성벽 탑에 오르면, 성벽 좌우 도시의 모습이 한눈에 내려다보인다.

G walls of ronda(동쪽 성벽의 탑)
M 485p
신시가에서 누에보 다리 건너 바로

❶ 구시가의 남쪽 입구, 알모카바르 문(Puerta de Almocábar)
❷ 구시가의 동쪽 입구, 펠리페 5세의 문(Arco de Felipe V)
❸ 동쪽 성벽 탑. 성벽으로 오르는 길은 구시가 중앙의 시청사 뒷길을 건너 곧바로 반대편 좁은 골목으로 들어가면 찾을 수 있다.
❹ 구시가 중심의 산타 마리아 라 마요르 성당(Parroquia Santa María La Mayor). 모스크 첨탑을 개조해 종루로 만들었다.

#CHECK

구시가 6개 명소 통합 입장권, 보노 투리스코

구시가 골목에 늘어선 오래된 건물 안을 구경해보고 싶다면 보노 투리스코(Bono Turisco) 티켓을 활용해보자. 골목에서는 높은 외벽들만 보이지만, 건물 안으로 들어가면 절벽 지형과 어우러진 근사한 건축 양식을 구경할 수 있다. 아래 3곳을 포함해 누에보 다리 내부, 카사 델 히간테(Casa del Gigante), 산토도밍고 수도원 등 총 6곳의 명소를 방문할 수 있다. 가격은 티켓을 일일이 살 때보다는 저렴한 12€(25세 이하 학생 9€)이지만, 모두 방문할 것인지 판단한 후 여행안내소에서 구매한다.

❶ 몬드라곤 저택(론다 박물관) Palacio de Mondragón

론다가 이슬람 세력권이던 시절 모로코 술탄의 아들 압벨 말릭이 살던 집으로, 이슬람의 전통 건축 양식에서 이어져 스페인의 대표 양식이 된 파티오(중정)를 제대로 구경할 수 있는 곳이다. 파티오를 둘러싼 기둥의 모양과 배치에 따라 무데하르 양식, 고딕 양식, 르네상스 양식의 파티오를 모두 둘러 볼 수 있다. 건물 2층에는 론다 역사박물관이 있지만, 사람들은 타호 협곡에 바짝 붙은 테라스의 전망을 즐기는 데 더 많은 시간을 들이곤 한다.

PRQM+38 론다 M 485p

Plaza Mondragón 10:00~19:00(토·일10:00 ~15:00), 가을·겨울 ~18:00(토·일 휴무), 무료입장 수요일 3€ 보노 투리스코 누에보 다리 구시가 쪽 끝에서 도보 6분 www.museoderonda.es

현관 위 아스텍 문장

살라 무데하르(Sala Mudejar) 전시실. 론다 스타일의 건축 미학을 대변하는 천장 장식을 주목해보자.

무데하르 양식의 파티오

절벽 방향으로 테라스의 전망이 훌륭한 작은 정원이 있다.

❷ 호아킨 페이나도 미술관 Museo Unicaja Joaquín Peinado

스페인의 한적한 소도시 론다에서 멕시코의 옛 제국인 아스텍의 흔적을 만난다는 건 모두에게 예상 밖의 일이다. 이 주변 여느 집과 마찬가지로 하얗게 칠해진 평범한 건물이지만, 현관 위에는 아스텍 왕가의 문장이 분명하게 새겨져 있다. 주인이 스페인 군대에 의해 포로로 잡혀 온 아스텍 황제 목테수마 2세의 후손이라는 증거다. 무데하르 양식과 르네상스 양식이 뒤섞인 건축 양식은 19~20세기 론다에서 크게 유행한 건축 스타일이다. 2층의 방에선 론다가 낳은 위대한 화가 호아킨 페이나도의 그림을 연대 순으로 전시하고 있다.

호아킨 페이나도의 자화상

PRQM+9M 론다 M 485p

Plaza del Gigante 10:00~17:00(토 ~15:00), 7월 10:00~15:00/일·공휴일·7월의 토요일·8월 휴무 4€, 학생 2€, 14세 이하 무료/무료입장 화 15:00~17:00 보노 투리스코 누에보 다리 구시가 쪽 끝에서 도보 6분 www.museopeinado.com

❸ 아랍 목욕탕 Baños Árabes de Ronda

서남아시아나 북아프리카에 가지 않고도 아랍권의 목욕 문화를 들여다 볼 수 있는 기회다. 천장에 뚫린 작은 별 모양이 아랍식 목욕탕의 특징. 두꺼운 유리 너머로 구멍을 통해 내려오는 빛이 특유의 몽환적인 분위기를 연출하는 한편, 돋보기처럼 욕탕 내부를 따뜻하게 데우는 기능을 했다. 당시에는 당나귀와 수차를 이용해 천장까지 끌어 올린 계곡물이 열탕과 온탕, 냉탕으로 흘러들었다. 지금은 스피커를 통해 물소리를 실감나게 재현하고 있다.

PRQP+HR 론다 M 485p

Calle Molino de Alarcón, 11 10:00~18:00(월·토 10:00~14:00·15:00~18:00, 일 ~15:00) 4.50€, 25세 이하 학생 3€ 보노 투리스코 누에보 다리 구시가 쪽 끝에서 도보 7분

론다 상업의 중심지, 에스피넬 거리(Carrera Espinel)

03 아름다운 정원에 숨은 지하 광산
레이 모로의 저택
Casa del Rey Moro

겉모습만 봐서는 절대 알 수 없는 비밀을 간직한 저택이다. 평범한 저택의 입장료치고는 다소 과한 요금에(게다가 저택은 보수공사 진행 중), 보노 투리스코에도에도 포함되지 않은 콧대 높은 명소. 대부분 여행자는 그 속을 모른 채 그저 발길을 돌리지만, 타호 협곡의 바닥까지 닿을 수 있다는 것을 알면 쉽게 발을 뗄 수 없다. 목적지는 14세기 아랍인들이 도시에 물을 공급하기 위해 만든 지하 '물 광산'. 노예들이 물을 길어 올리기 위해 암석을 깎아 만든 187개 계단을 내려가면 이내 론다가 감춰 둔 초록빛 물길과 마주할 시간이다. 다시 올라가느라 진땀을 뺄 괴로움은 잠시 잊어도 좋을 만큼 평화로운 분위기다. 단, 튼튼한 다리는 필수!

Ⓖ PRQP+W7 론다 Ⓜ 485p
📍 Calle Cuesta de Santo Domingo, 9 ⏰ 10:00~20:00(5~9월 ~21:30) ⓔ 10€, 11세 이하 3€ 🚊 누에보 다리 구시가 쪽 끝에서 도보 4분 casadelreymoro.org/en/home

지하 감옥을 연상케 하는 계단길

누에보 다리 아래로 흐르는 물길이 코앞이다.

04 론다의 오늘을 사는 번화가
신시가
El Mercadillo

구시가에서 내려와 누에보 다리를 다시 건너면 에스파냐 광장과 함께 신시가가 시작된다. 현대적인 기준에서 본다면 사람도 많고 상가도 번화한 시내다운 풍경이지만, 사실 이곳은 구시가에서 넘쳐난 상인들이 세금을 피해 성문 밖에다 좌판을 펼치면서 비롯되었다. 비록 간이 시장에서 출발했지만, 지금은 번듯한 광장과 번화가가 있는 현대 도시의 심장부가 됐다. 특히 메인 거리인 에스피넬 거리를 걷다 보면 옷 가게와 장난감 가게, 초콜릿 가게를 둘러보며 지금의 론다를 살아가는 사람들과 만날 수 있다.

Ⓖ 론다 plaza del socorro(소코로 광장) Ⓜ 485p
📍 Plaza del Socorro(에스피넬 거리 중간의 중심 광장) 🚊 누에보 다리 신시가 쪽 끝에서 도보 4분

MORE

알라메다 델 타호 공원
Parque Alameda del Tajo

신시가의 서쪽 끝, 도시의 허파와 같은 공원이다. 울창한 나무 사이를 지나 테라스 앞에 서면 깎아지른 절벽과 함께 구불구불 시골길이 어우러진 평원의 풍광이 펼쳐진다.

⏰ 08:00~24:00(겨울철 ~22:00)

알라메다 델 타호 공원

헤밍웨이의 길에서 바라본 전망

관람석은 투우를 잘 볼 수 있는 곳과 그늘진 곳일수록 가격이 비싸진다.

Calle Virgen de la Paz 쪽에 기념품숍이 있다.

05 헤밍웨이가 사랑한, 헤밍웨이를 사랑한 헤밍웨이의 길 Paseo de E. Hemingway

헤밍웨이만큼 자신의 작품 속 배경을 세계적인 명소로 만든 이도 드물다. 그는 현장을 오래 겪으며 진짜 그곳의 이야기를 작품 속에 녹여내기로 유명한데, 스페인에서는 론다가 그런 장소였다. 스페인 내전 당시 파시스트에 대항하며 공화파에 가담한 헤밍웨이는 종군 기자로서 자신의 체험을 토대로 여러 작품을 써 내려갔고, 그 중 하나가 스페인 내란을 배경으로 한 소설 <누구를 위해 종은 울리나>다. 미국인이지만 스페인에 남다른 애정을 가진 작가를 기리며 론다 사람들은 누에보 다리 다음으로 전망이 멋진 곳에 '헤밍웨이의 길'이란 이름을 붙여주었다. 스페인에 귀 기울여 준 거장에게 론다 사람들이 바치는 존경의 표시인 셈이다.

G PRRM+F9 론다 M 485p
Paseo de E. Hemingway 에스파냐 광장에서 도보 1분

헤밍웨이 기념비

06 고독하지만 화려한 근대 투우의 발상지 론다 투우장 Plaza de Toros de Ronda

칼 한 자루와 붉은 망토만 들고 커다란 수소와 맞서는 오늘날 투우사의 모습이 처음 만들어진 역사적인 장소다. 이전까지는 여러 사람이 말을 타고 소를 몰면서 공격했다면, 지금 투우의 대표 이미지가 된 한 명의 투우사가 소와 일대일로 펼치는 대결은 18세기에 일어난 우연한 사고에서 탄생했다. 론다 투우장에서 경기 도중 말에서 떨어진 프란시스코 로메로가 즉흥적으로 망토를 벗어 소와 맞섰고, 이 같은 위험천만하고 자극적인 장면이 많은 이의 시선을 사로잡은 것. 이후 그의 손자 페드로 로메로는 활동 당시 아이돌급의 인기를 누렸을 정도로 론다 투우의 인기는 뜨거웠다.

1785년에 지어져 스페인 원형 투우장의 모델이 된 경기장은 투우 경기가 열리는 기간만 아니라면 황금색 모래가 깔린 경기장 안까지도 마음껏 밟아볼 수 있다. 경기장을 둥글게 감싼 관람석 2층 계단을 장식한 타일도 놓치지 말자. 박물관에서는 전설적인 투우사들의 사진과 황금색 자수가 놓인 투우사의 복장 등을 볼 수 있다.

G 토로스 데 론다 광장 M 485p
Calle Virgen de la Paz, 15 10:00~20:00(11~2월 ~18:00, 3·10월 ~19:00)/투우 축제 기간 제외 9€, 오디오가이드 포함 11€ 에스파냐 광장에서 도보 2분 rmcr.org

전망이 맛있는

론다의 식당들

외따로 떨어진 작은 마을 론다에는 식당이 많지 않다.
관광명소인 누에보 다리와 절벽 주위에 자리한 식당들은 멋진 전망에 비해 맛이나 서비스가 따라가지 못하는 편.
보다 만족할만한 맛을 기대한다면 마을 사람들이 즐겨 찾는 신시가의 소박한 식당을 찾아보자.

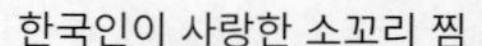

한국인이 사랑한 소꼬리 찜

◉ 푸에르타 그란데
Puerta Grande

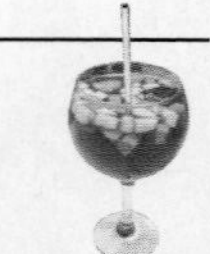

론다의 많은 라보 데 토로 맛집 중에서도 유독 한국인이 많이 찾는 곳이다. 다른 전통 식당에 비해 덜 짜고, 소스에 단맛이 돌아 우리나라 여행자들 사이에서 입소문이 났다. 두 명 이상 방문한다면 ❶ 라보 데 토로 하나에 다른 메인 메뉴를 추가해 골고루 맛보면 좋다. 달콤한 ❷ 당밀소스를 뿌린 가지 튀김도 추천할 만한 안달루시아 전통 음식 중 하나. 달콤한 와인을 식후주로 제공하는 등 서비스도 괜찮다.

❶ Rabo de Toro(25€)

사과·치즈 소스에 찍어 먹는 모르시야 튀김 (Crujiente de Morcilla con Manzana y Salsa de Queso)

Ⓖ 푸에르타 그란데 Ⓜ 485p #신시가
⊙ Calle Nueva, 10 ⏰ 12:00~15:30, 19:00~22:00/토·일요일 휴무 Ⓔ 라보 데 토로 25€, 가스파초 10€, 와인 3.50€~/1잔 🚊 에스파냐 광장에서 도보 1분 📶 www.restaurantepuertagrande.com

❷ Berenjenas Fritas con Miel de Caña

MORE

론다의 명물 소꼬리 찜, 라보 데 토로 Rabo de Toro

투우 경기를 뛰는 소들은 죽기 전까지는 투우장을 벗어나지 못한다. 30분 정도의 싸움에서 죽은 소는 인근 고깃집과 레스토랑으로 팔려나가고, 투우장 근처의 식당들은 이를 먹기 위한 손님들로 북적거린다. 특히 소꼬리를 푹 삶아서 요리한 라보 데 토로는 안달루시아 지역의 대표 향토 요리다.

❶ Lechuguita(1.20€)

스페인식 순대, 모르시야 데 아로스(Morcilla de Arroz)

오늘부터 1인 1배추!

바르 엘 레추기타
Bar El Lechuguita

론다에서 제일 저렴한 인기 타파스 바르다. 재료도 인테리어도 평범하지만, 한 접시에 1€ 남짓한 타파스가 많아 인기의 이유가 이해된다. 독특하게도 이 집의 시그니처 타파스는 새콤달콤한 소스를 살짝 뿌린 배추, ❶ 레추기타다. 단골들은 모두 1인 1배추를 들고 있을 정도. 배추를 안주로 먹는다는 게 생소할 수 있지만, 의외로 다른 메뉴들과 궁합이 좋다. 바에 놓인 주문표에 먹고 싶은 음식을 체크한 뒤 바텐더에게 건네면 주문 완료!

G PRRP+H5 론다 M 485p #신시가

Calle Virgen de los Remedios, 35 ⏰ 13:00~15:15, 20:15~23:30/일요일 휴무 € 타파스 1.20€~, 맥주·와인 1~3€/1잔 🚉 누에보 다리 신시가 쪽 끝 지점에서 도보 3분

❶ Café con Leche + ❷ Churros 세트(3€)

론다 사람들의 아침을 책임지는 곳

추레리아 알바
Churrería Alba

론다에서 하룻밤을 묵었다면, 아침 식사는 이곳 주민처럼 추레리아에서 해결하자. 보통 아침에는 ❶ 카페라테(카페 콘 레체)와 함께 고소한 ❷ 추로스를 먹는다. 이 집의 추로스는 막대 모양이 아니라 모기향처럼 돌돌 말린 모양. 살짝 짭짤한 반죽에 설탕도 뿌리지 않는다. 우리나라에서는 간식으로 즐기는 추로스가 스페인 사람들의 아침 식사로는 어떤 맛을 내는지 제대로 느껴볼 기회다.

G PRVP+87 론다 M 485p #신시가

Carrera Espinel, 44 ⏰ 08:00~16:00 € 추러스 콘 초코라테 3.50€ 🚉 론다 투우장에서 도보 5분

조식과 친절함이 무기

호텔 콜론
Hotel Colon

론다 버스터미널과 누에보 다리 사이에 위치한 호텔이다. 매우 훌륭한 청결 상태와 엘리베이터가 돋보인다. 숙박비에 포함된 조식은 1층 카페에서 제공한다.

PRVM+R4 론다 M 485p *#신시가*
Calle del Pozo, 1 ☎ 952 87 02 18 더블룸 74€~/조식 포함 론다 버스터미널에서 도보 4분 www.hcolon.es/en

위치와 가성비가 좋은 호텔

호텔 로열
Hotel Royal

버스터미널과 누에보 다리 중간쯤 위치해 접근성이 좋다. 전망 좋은 공원이 바로 앞에 있고, 투우장과도 가깝다. 전체적으로 청결해서 가성비가 높으나, 엘리베이터가 없는 것이 단점.

PRVM+H4 론다 M 485p *#신시가*
Calle Virgen de la Paz, 42 ☎ 952 87 11 41 더블룸 50€~ 론다 버스터미널에서 도보 5분 www.hoteleswebs.com/hotel-royal-ronda

보행자 거리의 저렴한 호텔

호텔 산 카예타노
Hotel San Cayetano

신시가 쇼핑 거리가 가까워 활기찬 분위기 속에서 묵을 수 있다. 역시 버스터미널과 누에보 다리가 모두 5분 거리. 주변에 식당과 은행 등 편의 시설도 많다.

PRVP+F3 론다 M 485p *#신시가*
Calle Sevilla, 16 ☎ 952 16 12 12 더블룸 50€~ 론다 버스터미널에서 도보 5분 hostalsancayetano.com

남부 해안 지역

Málaga · Nerja · Frigiliana · Mijas

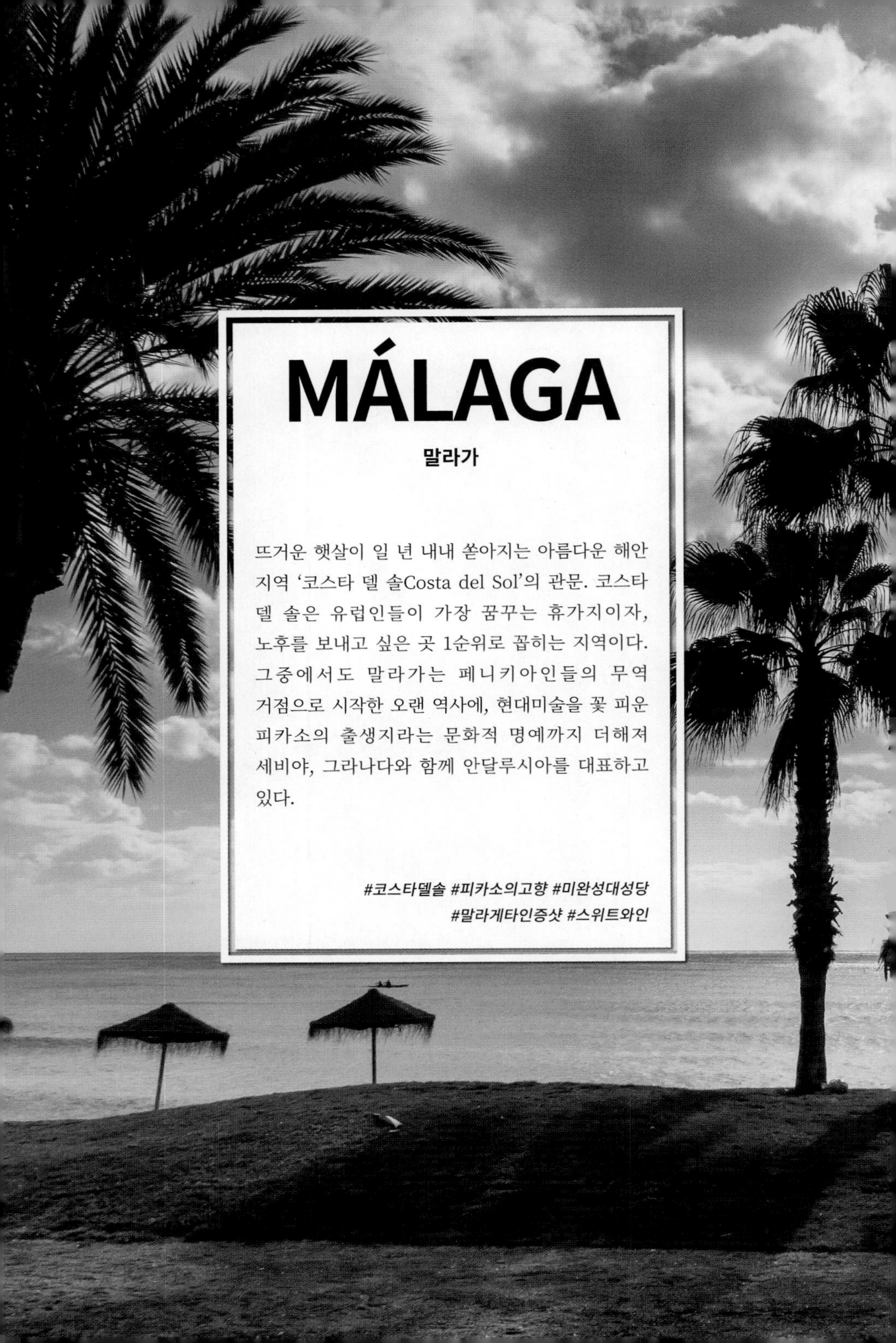

MÁLAGA

말라가

뜨거운 햇살이 일 년 내내 쏟아지는 아름다운 해안 지역 '코스타 델 솔Costa del Sol'의 관문. 코스타 델 솔은 유럽인들이 가장 꿈꾸는 휴가지이자, 노후를 보내고 싶은 곳 1순위로 꼽히는 지역이다. 그중에서도 말라가는 페니키아인들의 무역 거점으로 시작한 오랜 역사에, 현대미술을 꽃 피운 피카소의 출생지라는 문화적 명예까지 더해져 세비야, 그라나다와 함께 안달루시아를 대표하고 있다.

#코스타델솔 #피카소의고향 #미완성대성당
#말라게타인증샷 #스위트와인

Getting to MÁLAGA

말라가는 스페인 남부 안달루시아의 교통의 요지다. 스페인 각 도시에서 저가 항공, 버스, 기차를 이용해 편리하게 이동할 수 있다. 특히 네르하와 미하스 등 스페인 남부 해안 도시의 거점으로 말라가를 중심에 두고 움직이는 것이 좋다.

★
하얀 마을 해변도로

'태양의 해변'이란 뜻의 '코스타 델 솔(Costa del Sol)'을 우리나라 여행자는 '하얀 마을 해변도로'라고 부른다. 해안을 따라 언덕 위로 하얀 집이 끝없이 이어지기 때문이다. 지브롤터-미하스-말라가-네르하-프리힐리아나 등을 지나 알메리아(Almería)에 이르는 대략 300km의 길은 드라이브하기에도 좋다.

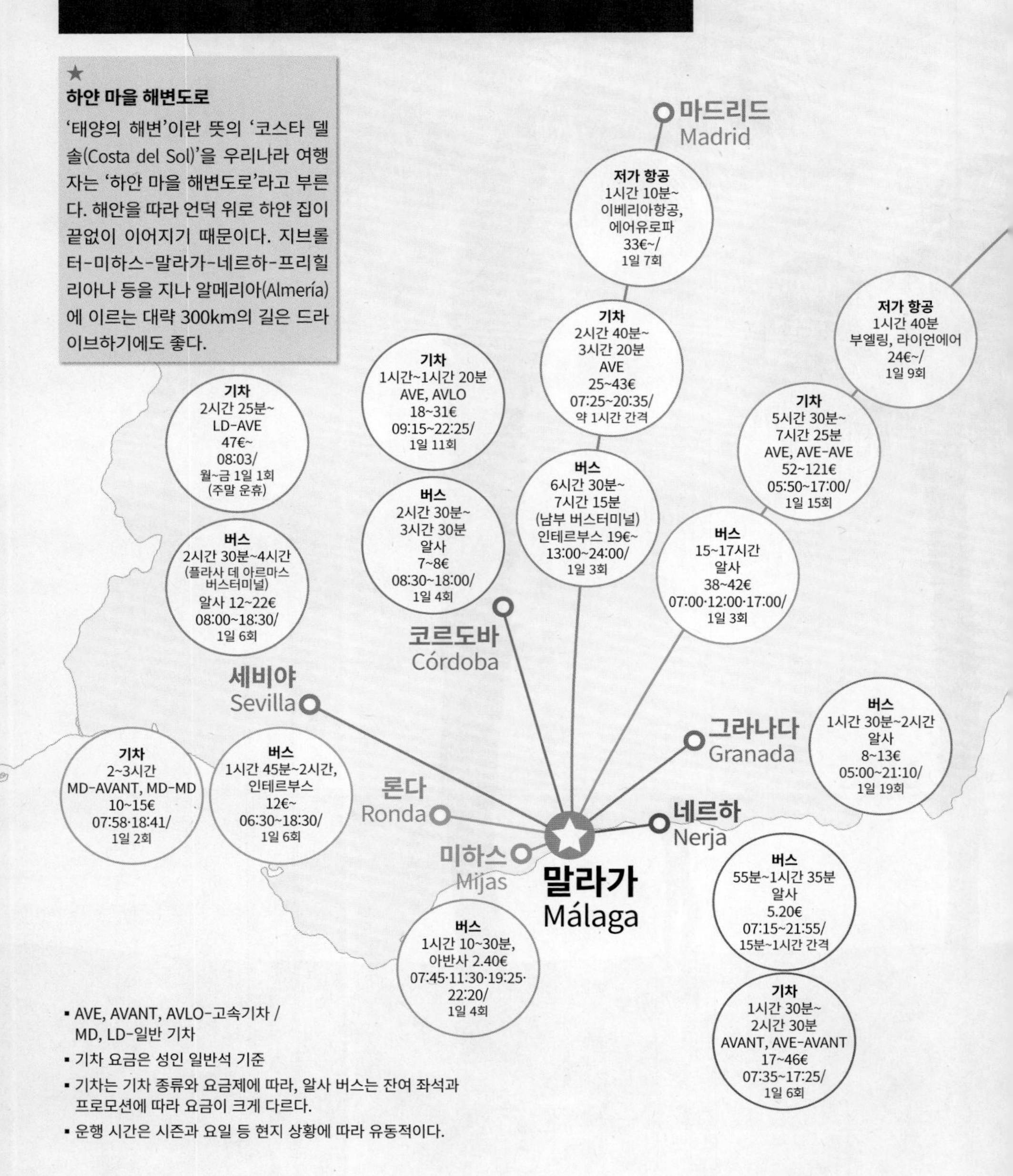

- AVE, AVANT, AVLO-고속기차 / MD, LD-일반 기차
- 기차 요금은 성인 일반석 기준
- 기차는 기차 종류와 요금제에 따라, 알사 버스는 잔여 좌석과 프로모션에 따라 요금이 크게 다르다.
- 운행 시간은 시즌과 요일 등 현지 상황에 따라 유동적이다.

바르셀로나
Barcelona

1. 항공

마드리드와 바르셀로나에서 각각 하루 7~9회, 빌바오에서 하루 1~2회 직항편을 운항한다. 유럽인들이 꿈꾸는 휴양지인 만큼 파리, 베를린, 뮌헨, 로마, 밀라노, 암스테르담 등에서도 직항편이 있다.

◆ 말라가-코스타 델 솔 공항 Aeropuerto de Málaga-Costa del Sol(AGP)

말라가 공항은 시내에서 서쪽으로 12km 정도 떨어져 있다. 공항버스와 렌페 세르카니아스가 시내를 연결한다. 렌페 세르카니아스는 구시가 서쪽의 센트로 알라메다역까지만 운행하므로 숙소가 알카사바 근처에 있다면 공항버스가 좀 더 편하다.

★
말라가-코스타 델 솔 공항
MGG5+V9 말라가
www.aena.es

출발 로비

도착 로비로 들어서면 바로 오른쪽에 여행안내소가 있다.

▶ 공항에서 시내로 이동하기

❶ 공항버스 A번

공항 청사의 도착 로비 밖으로 가면 왼쪽 정면에 시내행 공항버스 정류장이 있다. 요금은 버스 기사에게 직접 낸다.

공항버스 정류장

✚ 공항버스 A번 운행 정보

요금	편도 4€
소요 시간	알카사바가 있는 파르케 대로(Paseo del Parque)까지 15~25분
운행 시간	공항 → 시내 07:00~24:00/30~45분 간격
노선	말라가-코스타 델 솔 공항 도착 층(Aeropuerto) ⇌…⇌ 말라가 마리아 삼브라노역 남쪽(Explanada La Estación) ⇌ 말라가 버스터미널(Estación de Autobuses de Málaga) ⇌…⇌ 알라메다 대로(Alameda Principal) ⇌ 파르케 대로(Paseo del Parque)

❷ 통근열차 렌페 세르카니아스

말라가 근교를 연결하는 통근열차인 렌페 세르카니아스(Renfe Cercanías) C1 노선을 이용하면 교통 체증 걱정 없이 빠르게 시내로 이동할 수 있다. 제3 터미널 도착 로비 밖으로 나와 'Railway' 표지판을 따라 길 건너 아에로푸에르토역(Aeropuerto)으로 간다. 승차권은 역내 매표소나 세르카니아스 전용 자동판매기에서 구매한다. 최초 구매 시 충전형 교통카드인 렌페 통근열차카드(Renfe & Tú Card) 발급비 0.50€가 추가된다.

아에로푸에르토역

✚ 렌페 세르카니아스 C1 노선 운행 정보

요금	1회권(1~2구간) 1.80€+렌페 통근열차카드(Renfe & Tú Card) 최초 발급비 0.50€
소요 시간	말라가 센트로 알라메다역(Malaga Centro Alameda)까지 12분
운행 시간	공항 → 시내 06:44~24:54/20~30분 간격
노선	아에로푸에르토역 ⇌…⇌ 말라가 마리아 삼브라노역 ⇌ 말라가 센트로 알라메다역
홈페이지	www.renfe.com/es/en/suburban/suburban-malaga

말라가 중심가와 가까운 말라가 센트로 알라메다역

❸ 택시

공항 도착 로비 밖으로 나가면 택시 승차장이 보인다. 요금은 미터기에 제시된 금액 외에 짐 요금과 공항 출입비 등의 추가 요금이 있다. 공항 출입 시에는 가까운 거리라도 최소요금이 비싸다는 것도 알아두자. 시내까지 20~30€ 정도 나온다.

✚ 택시 운행 정보

요금	월~금 06:00~22:00 최소요금 3.85€+0.88€/km(공항 출입 시 최소요금 15.21€) 월~금 22:00~06:00 및 토·일·공휴일 최소요금 4.75€+1.07€/km(공항 출입 시 최소요금 19.01€)
소요 시간	마리나 광장(Plaza de la Marina)까지 약 20분
추가 요금	공항 출입비 5.50€, 항구 출입비 1€, 60cm 초과하는 짐 1개당 0.45€

★
말라가 버스터미널
ⓖ 말라가 버스터미널 ATM
www.estabus.emtsam.es

인테르부스 Interbus
(마드리드·론다 출발)
www.interbus.es

아반사 Avanza(론다 출발)
www.avanzabus.com

알사
www.alsa.es

2. 버스

안달루시아 지방의 각 도시를 오갈 때 버스를 이용한다. 세비야, 론다, 코르도바에서는 3시간대, 그라나다에서는 2시간대에 이동할 수 있다. 네르하, 미하스 등 스페인 남부 해안 소도시에서도 버스를 이용한다. 일부 버스는 말라가 버스터미널에 도착하기 전 시내 중심인 마리나 광장(Plaza de la Marina)에 세워주기도 한다.

◆ 말라가 버스터미널 Estación de Autobuses de Málaga

1층에 회사별 매표소가 있고, 버스 승강장은 건물 남쪽 출구에 있다. 승강장으로 나가는 문 근처의 터미널 안내소에서 각 버스의 정보를 제공한다. 도착지를 말하면 시간표를 출력해주며, 창구에 사람이 없을 땐 터치형 안내 스크린을 이용한다.

버스터미널에서 시내까지는 걸어서 20분 정도 거리이므로 시내버스를 타는 것이 편리하다. 터미널 안내소 정면에 있는 문으로 나가 오른쪽 정류장(Paseo de los Tilos)에서 4·19번 시내버스에 탑승한다. 요금은 버스 기사에게 직접 낸다.

터치형 버스 정보 안내 시스템

코인 로커(4€, 자동판매기에서 토큰 구매 후 이용, 01:30~06:00에는 이용 불가)

말라가 버스터미널. 정문으로 나오면 오른쪽에 택시 승차장이 있다.

버스 승강장

알사 버스 매표소

버스터미널 앞 시내버스 정류장

✚ 4·19번 시내버스 운행 정보

요금	1회권 1.40€
소요 시간	알카사바가 있는 파르케 대로(Paseo del Parque)까지 약 10분
운행 시간	06:15~23:00/11~15분 간격
노선	말라가 버스터미널 ⇄…⇄ 알라메다 대로 ⇄ 마리나 광장 ⇄ 파르케 대로

3. 기차

마드리드, 바르셀로나, 코르도바 등의 도시에서 고속기차를 타면 시간을 절약할 수 있다. 단, 바르셀로나에서 출발하는 말라가행 기차는 기차 종류에 따라 소요 시간의 차이가 크다. 고속기차도 환승과 직행 노선이 있으니 예약할 때 확인한다. 론다에서는 하루 1편뿐인 오후 출발 편을 이용하면 말라가에서 당일치기 여행이 가능하다.

★
말라가 마리아 삼브라노역
PH69+VC 말라가
05:00~24:45(쇼핑몰 10:00~22:00, 레스토랑 12:00~01:00)
www.renfe.es

◆ 말라가 마리아 삼브라노역 Estación de Málaga-María Zambrano

스페인 주요 도시에서 출발한 기차 및 말라가 근교 도시를 연결하는 통근열차인 렌페 세르카니아스를 이용할 수 있다. 커다란 쇼핑몰과 연결돼 있어 카페, 레스토랑, 패스트푸드점, 슈퍼마켓 등 편의시설을 잘 갖추고 있다.
기차역은 버스터미널 건너편에 있어 역시 시내버스를 타고 시내 중심가인 알라메다 대로와 파르케 대로로 이동한다. 기차역 플랫폼(1~8번)을 등지고 정문으로 나가 횡단보도를 건너면 나오는 버스 정류장에서 C2·20번을 이용한다. 또는 기차역 남쪽으로 한 블록 더 내려가 아얄라 거리(Calle Ayala)나 살리트레 거리(Calle Salitre)의 버스 정류장에서 1·3번 시내버스를 탄다. 기차역에서 버스터미널까지 실내로 연결되므로 버스터미널 정문 앞에서 4·19번 시내버스를 타도 된다.

플랫폼 입구
시내로 가는 3번 버스
기차역에서 버스터미널 방향을 가리키는 표지판

기차역에서 버스 터미널로 들어가는 입구

★

시내의 중심, 알라메다 대로
Alameda Principal

버스터미널이나 기차역에서 시내버스를 타고 가다가 하늘을 뒤덮을 듯이 나무가 우거진 커다란 대로가 나오면 바로 알라메다 대로다. 도로가 넓어서 중앙선에도 인도가 만들어져 있는데, 여기에 꽃집들이 가득한 것이 특징이다.

Around MÁLAGA : 시내 교통

말라가 시내에서는 대부분 시내버스를 이용하므로 여행자가 메트로를 이용할 일은 거의 없다. 시내 중심가를 동서로 관통하는 알라메다 대로(Alameda Principal)와 파르케 대로(Paseo del Parque)를 잘 기억해두자. 대부분 버스 노선이 이곳을 지난다.

일부 버스 안에서는 무료 Wi-Fi 가능

★
말라가 시내버스
www.emtmalaga.es

1. 시내버스 EMT Malaga

버스터미널이나 기차역을 오갈 때 주로 이용한다. 알라메다 대로와 파르케 대로에는 버스 정류장이 촘촘하게 있고, 정류장에는 각 버스의 운행 정보가 잘 표시돼 있다. 1회권은 버스 기사에게 현금을 지급하거나 컨택리스 카드로 결제한다. 컨택리스 카드 사용 시 버스 단말기에 따라 오류가 종종 발생하므로 현금도 함께 준비한다. 10회권 교통카드를 이용하면 대중교통 할인 정책에 따라 1회 요금이 0.42€다(2024년 말까지 유지 예정). 10회권 교통카드의 최초 발급비는 1.90€이며, 여럿이 함께 사용할 때는 인원 수 만큼 단말기에 태그한다.

버스 정류장

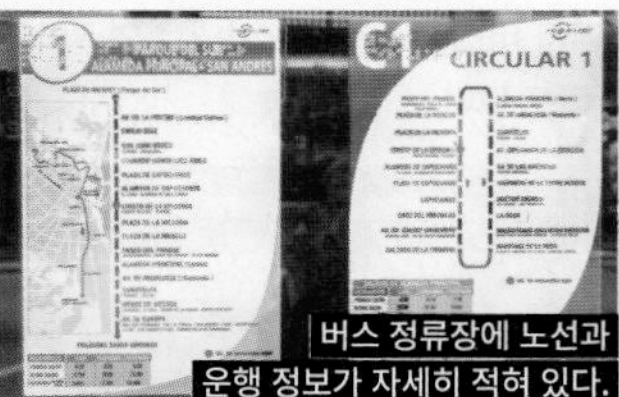

버스 정류장에 노선과 운행 정보가 자세히 적혀 있다.

✚ 시내버스 운행 정보

요금	1회권 1.40€, 10회권 4.20€+최초 발급비 1.90€(추가 충전 가능)	
운행 시간	06:30~23:00/노선과 정류장에 따라 다름	
주요 노선	**4·19번**	말라가 버스터미널 ⇌ 알라메다 대로 ⇌ 파르케 대로
	C1번	파르케 대로 ⇌ 알라메다 대로 ⇌ 말라가 마리아 삼브라노역
	C2번	말라가 마리아 삼브라노역 ⇌ 알라메다 대로 ⇌ 파르케 대로
	35번	알라메다 대로 ⇌ 파르케 대로 ⇌ 알카사바

★
마차 Paseo en Coche de Caballos

알라메다 대로와 파르케 대로가 만나는 마리나 광장 앞에는 항상 마차가 대기하고 있다. 시원하게 뻗은 대로와 해안 산책로를 따라 도시를 둘러볼 수 있다. 시에서 요금 규정을 관리해 바가지 걱정도 없다.

09:00~20:00/약 45분 탑승
43€(최대 4인)

2. 시티 투어 버스 City Sightseeing

24시간 동안 자유롭게 타고 내릴 수 있는 투어 버스다. 알라메다 대로와 파르케 대로 주변을 돌며 핵심 볼거리를 볼 수 있는 레드 루트, 도심 서쪽 지역을 도는 블루 루트, 식물원으로 가는 그린 루트를 운행한다. 영어 오디오가이드를 제공하며, 워킹 투어, 박물관 입장권을 결합한 옵션 상품도 다양하다. 마리나 광장(Plaza de la Marina)이나 알카사바, 말라가 대성당 큰길 앞 정류장에서 탑승하며, 티켓은 버스 기사에게 구매한다.

✚ 시티 투어 버스 운행 정보

요금	24시간권 27€, 4~12세 13.54€	운행 시간	레드 10:00~19:00/20~40분 간격
소요 시간	중간에 내리지 않고 순환 시 80분	홈페이지	www.city-sightseeing.com

3. 택시

말라가 택시는 하얀색 차체에 파란 줄이 그어진 문이 특징이다. 야간이나 주말, 공휴일에는 요금 체계가 다르며 공항 출입 시에는 추가 요금 및 최소요금이 있다. 택시 요금에 관한 자세한 내용은 504p 참고.

★

마리나 광장 앞 여행안내소

알카사바 앞 부스(10:00~14:00, 16:00~18:00(일 ~14:00)

여행안내소 Oficina de Turismo

말라가에서 가장 큰 여행안내소는 시내 중심인 마리나 광장에 있다. 기념품숍을 겸하고 있어 피카소 관련 굿즈를 구경할 수 있다. 알카사바처럼 여행자가 즐겨 찾는 동선에는 간이 부스를 세웠다. 단, 시내 여행안내소에서 제공하는 시외버스 시간표에는 오류가 많다는 점에 주의하자.

마리나 광장 앞 여행안내소

PH8H+XQ 말라가 M 507p

Plaza de la Marina, 11 09:00~19:00 마리나 광장 내 visita.malaga.eu/es

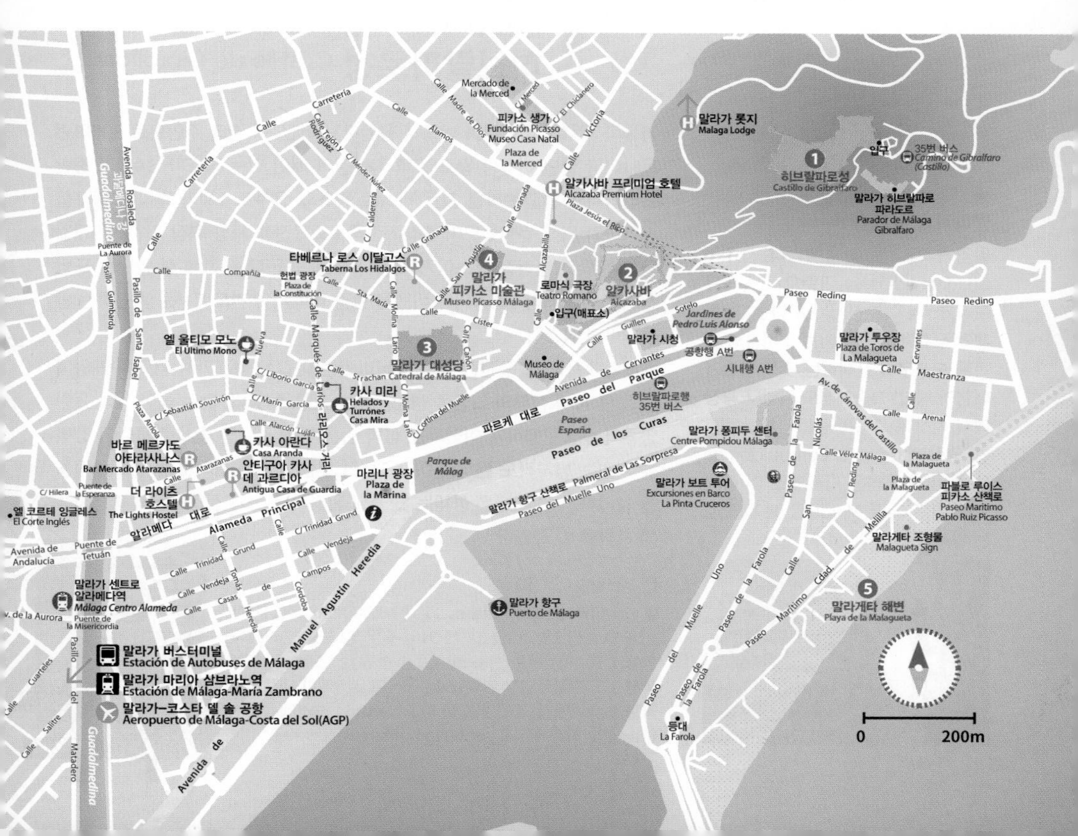

시간이 쌓아 올린 말라가의 자부심
말라가 중심 지구

이슬람의 색채가 느껴지는 요새를 지나 로마 시대 극장 앞을 통과하고, 중세 시대 유대인이 살던 골목을 걸어서 피카소의 영혼이 담겨 있는 미술관까지. 이 모든 것을 한 번에 누리고 사는 말라가 사람들의 자부심이 이 도시를 더욱 특별하게 하는 이유다.

★
말라가 구시가 Centro Histórico

말라가 시내는 과달메디나 강(Río Guadalmedina)을 기준으로 동쪽은 구시가, 서쪽은 신시가로 나뉜다. 중세의 정취가 물씬 풍기는 구시가의 골목을 구석구석 산책하는 것은 말라가 여행의 백미! 그중에서도 마리나 광장에서 시작해 북쪽의 콘스티투시온(헌법) 광장(Plaza de la Constitución de Málaga)까지 뻗은 마르케스 데 라리오스 거리(Calle Marques de Larios)는 말라가 최대의 번화가다.

라리오스 거리

01 말라가를 지키던 난공불락의 요새
히브랄파로성 Castillo de Gibralfaro

가톨릭 세력이 이베리아 반도를 탈환하기 이전, 이 땅의 주인으로 800여년 동안이나 살던 이슬람 왕조의 역사가 깊이 배어 있는 장소다. 14세기 중반 그라나다의 알람브라를 지은 나스르 왕조의 유수프 1세가 말라가 항구를 방어하기 위해 건설했으며, 1487년 국토회복전쟁 사상 최장 기간인 6개월간의 전투가 벌어진 장소이기도 하다. 가톨릭 군대를 피해 성 안으로 도망친 이슬람인들이 3개월이나 버텼을 만큼 이베리아 반도에서도 손꼽히는 난공불락의 성채다.

스페인에서 가장 온전한 형태로 남아있는 아랍식 성채라서 영화나 게임에서 보던 중세 성채의 느낌을 생생하게 체험할 수 있다. 돌로 높이 쌓아 올린 망루와 구불구불하게 이어지는 성벽 위를 따라 걸으면 중세로 돌아가 성벽을 지키는 병사라도 된 기분이 든다. 그 옛날 도시와 바다로 들어오는 적들을 감시하기 위해 지은 성채는, 오늘날 말라가 최고의 전망대로서 여행자들의 사랑을 받고 있다.

G 히브랄파로성 M 507p

Camino de Gibralfaro, 11 ⏰ 09:00~20:00(11~3월 ~18:00)/1월 1일, 12월 24·25·31일 휴무 € 3.50€, 6~16세·학생 1.50€/알카사바+히브랄파로성 통합권 5.50€, 6~16세·학생 2.50€/무료입장 일요일 14:00~ 🚌 알라메다 대로 또는 파르케 대로에서 35번 버스를 타고 Camino de Gibralfaro (Castillo) 하차 alcazabaygibralfaro.malaga.eu

입장권 자동 판매기. 왼쪽은 단독 입장권, 오른쪽은 알카사바 통합권 버튼이다.

입장료가 저렴하니 놓치지 않고 둘러보기를 권한다.

성벽은 언덕 위 히브랄파로성까지 이어진다.

성벽 사이로 아기자기한 정원이 숨겨져 있다.

❶ 로마 극장(Teatro Romano)

❶ 성채 전망대. 해발 131m의 산 꼭대기에 지어져 말라가 시내와 지중해 너머까지 한 눈에 들어온다.

❷ 성벽 위를 따라 걸으며 관람한다.

❸ 성채 안 박물관. 14세기 히브랄파로성과 알카사바를 재현한 축소 모형이 있다.

★
알카사바로 내려가는 길

알카사바를 관람한 뒤 히브랄파로성에 오르려면 체력 소모가 크다. 버스를 타고 히브랄파로성으로 먼저 올라가 성을 구경한 뒤 성벽을 오른쪽에 두고 내리막길을 통해 알카사바로 넘어가는 코스를 추천한다.

언덕을 내려가는 길에 있는 전망대

02 알카사르와는 또 다른 매력 알카사바 Alcazaba

말라가에서 가장 짙고 고혹적인 이슬람의 향기가 풍겨오는 곳. 히브랄파로성에서 내려다보이던 아랍식 정원과 성벽이 바로 여기다. 알람브라 못지않게 화려한 세비야, 코르도바의 알카사르가 주거용 궁전이라면, 그에 비해 규모도 작고 장식도 소박한 이곳 알카사바는 방어를 위한 요새형 궁전에 가깝다.

알카사바와 히브랄파로성 사이에는 지그재그 형태의 이중 성벽으로 연결통로를 만들어 방어막을 구축했다. 요새의 중앙에는 13세기 말 알모하드 왕조로부터 말라가를 빼앗은 나스르 왕조가 개보수한 이슬람 정원 3개와 궁전 일부가 보존돼 있다. 중정 한복판의 작은 분수나 수로를 따라 물이 흘러가도록 설계한 정원 모두 알람브라의 축소판이다.

Ⓖ 말라가 알카사바 Ⓜ 507p

📍 Calle Alcazabilla, 2 ⏰ 히브랄파로성과 동일(508p 참고) Ⓔ 히브랄파로성과 동일(508p 참고) 🚶 히브랄파로성에서 성벽을 따라 도보 15분 📶 www.alcazabamalaga.com

❶ 알카사바 성벽 바로 아래에 기원전 1세기에 지은 로마식 극장 좌석의 일부분이 남아있다. 알카사바 건설 당시 이 극장의 기둥과 석재를 건설 재료로 사용한 것으로 알려졌다. 알카사바 정문 옆 테라스에서 극장을 내려다볼 수 있으며, 반대편 유리 컨테이너 건물을 통해 안으로 들어가 볼 수도 있다. 야간 조명이 켜지면 알카사바와 어우러져 더욱 아름답다.

적갈색 삼나무로 만든 성가대석

03 미완성이라 더 유명해진 성당
말라가 대성당
Catedral de Málaga

바르셀로나의 사그라다 파밀리아 성당과 함께 미완성 그 자체로도 예술이 될 수 있음을 보여주는 성당이다. 지금도 공사가 한창인 사그라다 파밀리아와는 달리 미완성으로 종결됐다. 자금 부족으로 건물의 정면과 탑 한쪽을 완성하지 못해 '외팔이 여인'이란 뜻의 '라 만키타La Manquita'라고도 불린다. 모스크가 있던 자리에 대성당을 짓기 시작한 1528년 이후 공사가 250년이나 이어지며 지층은 고딕, 상층부와 내부는 르네상스, 정문 파사드와 지붕은 바로크 양식으로 다양한 건축 기법이 혼재한다. 특히 40m 높이의 거대한 돔 천장이 받치고 선 내부는 그라나다 대성당에 견줄 만큼 안달루시아 최고의 르네상스 양식으로 꼽힌다. 함께 눈여겨볼 것은 17세기 목조 조각의 거장 페드로 데 메나가 참여한 성가대석의 조각장식이다. 예술적 가치로는 톨레도와 코르도바 대성당과 함께 스페인 3대 성가대석 중 하나로 꼽힌다. 4000개가 넘는 파이프를 사용해 만든 18세기 오르간은 지금도 사용하고 있다.

르네상스 양식의 실내 천장

히브랄파로성에서 바라본 대성당

Ⓖ 말라가 대성당 Ⓜ 507p

📍 Calle Molina Lario, 9 ⏰ 성당 월~금 10:00~19:30(토 ~18:00, 일 14:00~18:00), 지붕 11:00~18:00(일 16:00~18:00, 매시 정각 입장) € 성당 10€, 지붕 10€, 성당+지붕15€ 🚇 알카사바에서 도보 2분 www.malagacatedral.com

스페인 기독교 미술의 역사와 가치를 느낄 수 있는 작품이 전시된 대성당 박물관(Museo Catedralicio). 대성당 출구 옆 작은 목조 계단으로 올라간다.

미술관 안의 중정
입장료에 오디오가이드가 포함돼 있다(한국어 없음).

생가 앞 메르세드 광장

04 고향에서 만나는 거장의 작품
말라가 피카소 미술관
Museo Picasso Málaga

말라가가 낳은 위대한 화가 피카소는 '내 고향에 미술관을 만들라'는 유언을 남겼다. '프랑코 독재정권이 남아 있는 한 스페인에 돌아가지 않겠다'고 공언한 그였기에, 그의 바람은 사후 30년이 지난 2003년에서야 이루어졌다.
피카소의 장남 파울로의 미망인이 기증한 155점의 작품에서 이 미술관이 시작된 덕분에 전 세계 곳곳에 있는 피카소 미술관에 비해 가족사가 담긴 그림을 많이 만날 수 있다. 특히 피카소는 파울로의 어머니이자 첫 번째 부인이었던 올가와의 결혼을 전후로 그녀가 싫어한 입체주의 시대를 마감하고 신고전주의로 화풍을 급격하게 전환했기에, 그가 초현실주의로 들어서기 이전에 회화적인 구도로 표현한 작품들도 감상할 수 있다.
12개의 작은 갤러리로 구성된 상설전시실에는 피카소 가족이 기증한 작품들이 주로 걸려 있고, 보다 규모가 큰 특별전시실에서는 시즌마다 매력적인 기획전을 개최한다. 개조 공사 중에 발견한 페니키아 시대의 성벽 잔해와 생선 액젓(가룸)을 만들던 로마시대 공장 유적도 지하전시실에서 볼 수 있다.
오디오가이드를 들으며 모든 작품을 감상하려면 관람 시간을 꽤 넉넉히 잡아야 한다.

G 말라가 피카소 미술관 M 507p
Palacio de Buenavista, Calle San Agustín, 8 10:00~19:00(7~8월 ~20:00, 11~2월 ~18:00, 12월 24일·12월 31일·1월 5일 ~15:00)/12월 25일·1월 1일·1월 6일 휴무 온라인 예약 시 12€, 25세 이하 학생 10€, 16세 이하 무료/현장 구매 시 1€ 추가/무료입장 매주 일요일 폐관 2시간 전부터, 2월 28일·5월 18일·9월 27일·10월 25일 말라가 대성당에서 도보 2분 museopicassomalaga.org

MORE

피카소 생가
Fundación Picasso Museo Casa Natal

피카소가 태어나고 유년 시절을 보낸 말라가의 생가. 작품보다는 유년기의 소품이나 사진 자료, 일기와 편지 등이 주로 전시돼 있다. 생가 앞 메르세드 광장은 어린 피카소의 놀이터로 알려져 있고, 한 구석 벤치에는 피카소의 동상이 앉아 있다.

G PHFJ+JX 말라가 M 507p
Plaza de la Merced, 15
09:30~20:00(12월 24·31일 ~15:00)/1월 1일·12월 25일 휴무
3€(오디오가이드 포함), 26세 이하 학생 2€, 17세이하 무료/무료입장 일요일 16:00~ 20:00·2월 28일·5월 18일·9월 27일·10월 25일
말라가 피카소 미술관에서 도보 4분 www.museocasanatalpicasso.malaga.eu

Zoom In & Out

말라가 피카소 미술관

작품의 주요 등장인물인 올가는 피카소가 정식 결혼한 첫 번째 부인이다. 피카소의 끝없는 여성 편력에 결혼 생활은 순탄치 않았고, 그가 부인을 바라보는 시선도 그림 속에 여실히 드러난다. 둘 사이가 무난했을 때는 신고전주의로 아름다움을 강조했으나, 사이가 틀어진 시기에는 심하게 뒤틀린 초현실주의로 묘사된다. 결혼 9년 만인 1927년 피카소가 17살 소녀에게 빠지며 둘의 관계는 끝이 났지만, 피카소가 재산 분할에 동의하지 않아 법적인 혼인 상태는 올가가 죽은 1955년까지 이어졌다.

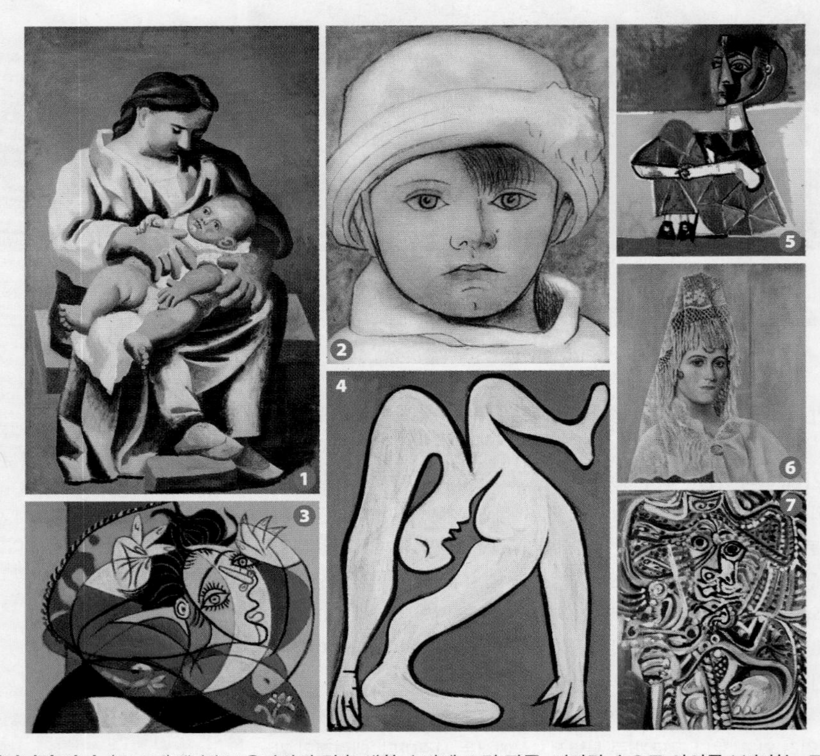

❶ **<어머니와 아이>**(1921년) 갤러리 2: 올가와의 결혼 생활 초반에 그린 작품. 커다란 손으로 아이를 보호하는 모성을 강조한 따뜻한 느낌이다. ❷ **<파울로의 어린 시절 초상>**(1923년) 갤러리 2: 피카소의 유일한 적자인 파울로는 성공한 아버지 그늘에 가려져 평생을 방황하며 살았다. 피카소의 마지막 부인인 자클린과 상속권 분쟁을 벌이던 도중 사망한다. ❸ **<손을 올린 여인>**(1936년) 갤러리 5: 딸 마야를 낳은 마리 테레즈를 버리고 도라 마르와 연애를 시작한 시기의 그림이다. 작품 속 검은 머리 여인이 도라 마르다. ❹ **<곡예사>**(1930년) 갤러리 6: 페르낭드 올리비에와의 열애로 발현된 피카소의 장밋빛 시대(1904~1906년)의 작품. 당시 주요 소재인 곡예사를 주제로 작업했다. ❺ **<앉아 있는 자클린>**(1954년) 갤러리 8: 피카소가 두 번째로 정식 결혼한 자클린 로크의 초상화. 1973년 피카소의 장례식에 옛 연인들은 물론 자손들도 오지 못하게 해 원성을 들었다. ❻ **<만티야를 쓴 올가>**(1917년) 갤러리 9: 러시아 출신 발레리나였던 올가를 처음 만난 1917년의 작품. 약혼을 기념하며 스페인 전통 의상을 입은 올가의 초상화를 그렸다. ❼ **<칼을 든 총사>**(1972년) 갤러리 11: 17~18세기 스페인 황금기를 표현한 피카소 말년의 작품

모래를 쌓아 조각한 듯한 모습의 '말라게타' 글자 조형물

05 말라게타 앞에서 기념사진을!
말라게타 해변 Playa de la Malagueta

구시가 골목에서 남쪽으로 향하면 시원한 바다와 항구가 펼쳐진다. 항구에 정박한 거대한 유람선을 배경으로 조깅하거나 자전거를 타려는 시민들이 즐겨 찾는 장소다. 마리나 광장Plaza de la Marina과 이어지는 항구 옆 산책로에는 야자수를 형상화한 멋진 조형물이 장식하고 있고, 항구에서 몇 블록 더 동쪽으로 가면 말라가를 대표하는 해변 말라게타가 나타난다. 해변의 'Malagueta' 조형물 앞에서 찍는 기념사진은 여행자들의 필수 코스. 야자수를 따라 1.2km가량 이어지는 모래밭에는 에메랄드빛 바다로 낚싯대를 드리운 사람들, 노을 지는 하늘을 배경으로 모래 낙서하는 아이들, 뜨거운 태양 아래 일광욕을 즐기는 젊은이들로 활기를 띤다.

G PH8Q+VX 말라가 M 507p
Paseo Marítimo Pablo Ruiz Picasso 🚉 말라가 대성당에서 도보 20분

★
파블로 루이스 피카소 산책로
Paseo Maritimo de Pablo Ruiz Picasso

모래 해변을 따라 이어지는 기다란 산책로. 피카소가 연인을 통해 낳은 자손들은 그의 성을 얻기 위해 소송까지도 벌였다는데, 그에 비하면 이 거리는 손쉽게 피카소란 이름을 얻었다. 높은 야자수가 이국적인 정취를 풍기는 산책로에는 비치 바와 해산물 식당들이 줄지어 들어서 여름이면 불야성을 이룬다.

인공미 넘치는 말라가 항구 옆 산책로 (Palmeral de Las Sorpresa)

파리 퐁피두 센터의 팝업 전시관인 말라가 퐁피두 센터(Centre Pompidou Málaga)

술이 술술~ 사랑이 솔솔~

말라가의 식탁

달콤하고 향긋한 말라가 스위트 와인의 본고장! 술에 관심 많은 사람이라면 말라가에서 맞이하는 식탁이 내내 즐겁다. 젊은 기운이 넘실거리는 뜨거운 해변의 도시에서 꿋꿋이 살아남아 오랜 시간 사랑받는 전통의 와이너리, 추로스 가게, 아이스크림 가게를 방문해 보자.

저렴한 해산물 타파스의 천국

◉ 바르 메르카도 아타라사나스
Bar Mercado Atarazanas

말라가에서의 첫 끼로 추천하는 곳! 한 번 맛보면 두 번, 세 번 찾게 될 최고의 해산물 타파스 전문점이다. 말라가 구시가의 대표 시장 아타라사나스 중앙시장Mercado Central de Atarazanas 한가운데 있어 장 보러 온 사람이나 시장 상인들이 한 끼 해결하는 곳이다. 워낙 저렴하고 맛있는 음식으로 소문이 자자해 여행자들 사이에서도 필수 코스가 됐다. 발 디딜 틈 없는 'ㄷ'자 모양의 바에 기대 비스듬히 서서 먹는 것이 이곳의 매력이자 재미다.

시장에서 바로 조달해온 해산물을 이용해 파에야, 구이, 튀김 등 각종 해산물 타파스를 만들어 낸다. 해산물 파에야는 점심 시간이 지나기도 전에 바닥나는 일이 종종 있는 인기 메뉴. 맥주 안주로는 커다란 대구 알을 기름지고 고소하게 구워낸 ❶ 대구 알 구이를 추천한다. 아랍풍 향신료와 고춧가루를 뿌린 ❷ 새우 꼬치구이나 푸짐한 ❸ 모둠 생선튀김도 인기다. 음식에 따라 작은 접시의 타파Tapa, 1/2인분인 메디오 라시온Medio Ración, 1인분인 라시온Ración 단위로 주문할 수 있다.

Ⓖ PH9G+78 말라가 Ⓜ 507p *#알라메다 대로(마리나 광장)*
📍 Calle Atarazanas, 10 ⏰ 09:00~14:00/일요일 휴무 💰 타파 2€, 1/2인분 5~8€, 1인분 7~20€ 🚉 알라메다 대로 중간 지점에서 북쪽으로 도보 1분

❶ Huevas Merluza a la Plancha(1/2인분, 7€)

❷ Pincho de Gambas(5€)

❸ Mixto Pescado Frito(1/2인분, 8€)

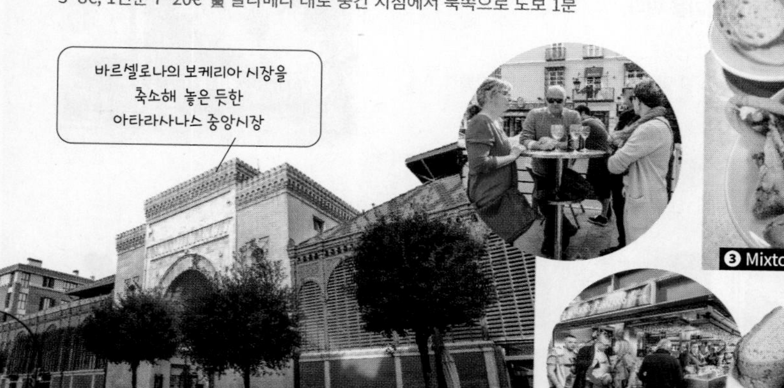

바르셀로나의 보케리아 시장을
축소해 놓은 듯한
아타라사나스 중앙시장

다양한 종류의 말라가 와인.
오크 통에 적힌 이름대로 주문한다.

숙성 기간과 포도 배합에 따라 색과 맛이 다르다.

삶은 새우처럼 간단한 안주를 판다.

말라가를 기억하게 할 와인

◉ 안티구아 카사 데 과르디아
Antigua Casa de Guardia

ANTIGUA CASA DE GUARDIA FUNDADA EN 1840 VINOS DE MALAGA

건포도처럼 달콤하고 아몬드처럼 향긋한 말라가식 주정 강화 와인으로 유명한 바다. 어린 피카소가 이곳에서 찍은 사진이 남아 있을 만큼 오랜 역사를 자랑하는 곳으로 1845년에 처음 문을 열었다. 기다란 바 뒤에 줄지어 있는 오크 통에서 직접 만든 와인을 따라 준다. 계산서 역시 전통 방식 그대로 바 위에 분필로 적어둔 금액을 계산 후에 쓱 문질러 지운다.
제일 인기 있는 와인은 페드로 히메네스 포도 100% 와인을 36개월간 숙성시킨 파하레테Pajarete 1908. 부드럽고 은은한 꿀 향과 건포도 향, 스모키한 오크 향이 일품이다.

Ⓖ PH9G+4M 말라가 Ⓜ 507p *#알라메다 대로(마리나 광장)*
📍 Alameda Principal, 18 ☎ 952 21 46 80 ⏰ 11:00~22:00(금·토 ~22:45, 일 11:30~15:00) € 와인 1.40~2.10€/1잔, 맥주 1.50€~/1잔, 파하레테 11.50€/750mL 🚉 알라메다 대로 중간 지점에서 북쪽으로 도보 1분 📶 www.antiguacasadeguardia.com

계산서 대신 바 위에 분필로 금액을 적어둔다.

레몬과 얼음을 넣은 베르뭇

MORE

태양의 선물, 말라가 와인

말라가 와인 대부분은 페드로 히메네스, 모스카텔 품종으로 만드는 스위트 와인이다. 달콤한 포도를 말라가의 뜨거운 햇볕에 15일 정도 말려 수분을 날리기 때문에 진득할 정도로 당도가 높다. 알코올 도수를 16° 정도로 높인 강화 와인이 대부분이라 진한 풍미를 느낄 수 있다. 오래 숙성할수록 마호가니 같은 짙은 갈색으로 변한다.

▶ 숙성 기간에 따른 말라가 와인 구분법
말라가 Malaga: 6개월~2년
말라가 노블레 Malaga Noble: 2~3년
말라가 아녜호 Malaga Añejo: 3~5년
말라가 트라사녜호 Malaga Trasañejo: 5년 이상

▶ 알코올 첨가 여부에 따른 와인 구분법
비노스 데 리코르 Vinos de Licor: 알코올을 첨가해 15~22°로 만든 강화 와인
비노스 트란킬로스 Vinos Tranquilos: 별도의 알코올을 첨가하지 않은 와인

말라게타들을 위한 보양식

타베르나 로스 이달고스
Taberna Los Hidalgos

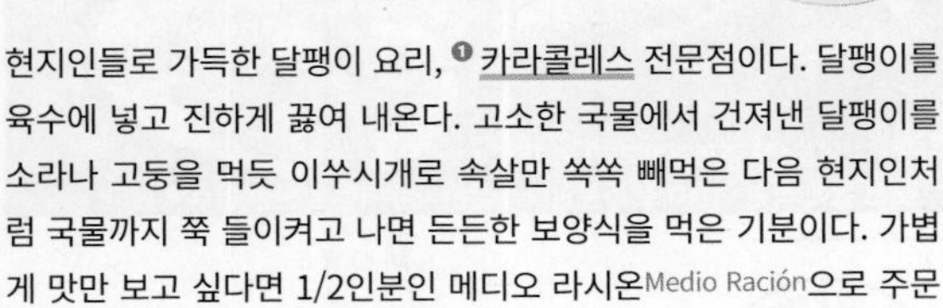

현지인들로 가득한 달팽이 요리, [1] 카라콜레스 전문점이다. 달팽이를 육수에 넣고 진하게 끓여 내온다. 고소한 국물에서 건져낸 달팽이를 소라나 고둥을 먹듯 이쑤시개로 속살만 쏙쏙 빼먹은 다음 현지인처럼 국물까지 쭉 들이켜고 나면 든든한 보양식을 먹은 기분이다. 가볍게 맛만 보고 싶다면 1/2인분인 메디오 라시온Medio Ración으로 주문하자.

앙증맞은 크기의 [2] 미니 버거 역시 달팽이만큼 유명하다. 우리가 숯불고기를 먹은 다음 냉면을 먹듯, 이곳 사람들은 달팽이 요리를 먹고 나서 입가심으로 미니 버거를 먹는다. 엄마가 손수 만든 간식처럼 소박한 모양새지만, 의외로 맛이 좋다.

PHCJ+F4 말라가 M 507p *#말라가 대성당 #말라가 피카소 미술관*

Calle Duque de la Victoria, 8 ☎ 952 25 92 22 ⏰ 13:00~16:30(목~토 13:00~16:30, 20:00~24:00)/월요일 휴무 € 카라콜레스 1인분 12€, 미니 버거 3€ 🚉 말라가 대성당에서 도보 2분 loshidalgos.es

❷ 왼쪽부터 돼지고기를 올린 이달기토(Hidalguito), 소고기 패티를 올린 마놀리토(Manolito), 닭고기를 올린 카르멜리토(Carmelito)

❶ Caracoles(1/2인분, 8€)

사과·망고·생강을 갈아 만든
주스와 요거트에 파인애플·
복숭아·라즈베리·
바나나를 넣은 스무디.
직접 구운 머핀과
브라우니도 인기다.

상큼한 과일주스와 함께 휴식을~

엘 울티모 모노
El Último Mono

말라가에서 가장 신선하고 품질 좋은 과일 주스가 있는 핫 플레이스다. 구시가 좁은 골목에 있지만, 아침부터 저녁까지 몸 생각하는 사람들의 아지트로 역할을 톡톡히 하고 있다.

오렌지, 사과 등 과일뿐만 아니라 꿀, 생강, 당근 등 재료도 다양하다. 원하는 재료를 골라 만들 수 있고, 맛과 영양을 고려해 가게에서 조합한 메뉴를 선택해도 좋다. 메뉴판의 1~7번은 짜서 만든 주스, 8~14번은 갈아 만든 주스, 15~21번은 스무디다. 스무디의 베이스는 우유와 요거트 중에서 고를 수 있다.

PHCG+2Q 말라가 M 507p
#말라가 대성당 #피카소 미술관

Calle Duende, 6 ⏰ 09:00~19:30/일요일 휴무 € 3.70~4.20€, 스무디 4.20~4.40€ 🚉 말라가 대성당에서 도보 5분

1 & 2

맛있는 추로스의 정석

◉ 카사 아란다
Casa Aranda

스페인 전역에 수두룩한 추로스 가게 중에서도 최상위권으로 손꼽히는 말라가의 명물이다. 80년이 넘는 오랜 역사를 고스란히 간직한 가게 안에는 수북한 추로스를 앞에 두고 행복해하는 말라가 사람들이 가득하다.
속이 잔뜩 부푼 갓 튀긴 ❶ 추로스는 한입 물면 '파삭'하는 소리가 날 정도로 겉이 바삭하다. 달콤하고 걸쭉한 ❷ 초콜라테에 추로스를 찍어 먹는 건 스페인 어디에서나 옳다! 고소하고 짭짤한 추로스와 달콤한 초콜라테 사이의 완벽한 균형을 맛볼 수 있다. 추로스는 1인당 2~3개면 적당하다.

PH9G+GJ 말라가 M 507p *#알라메다 대로(마리나 광장)*
Calle Herreria del Rey, 2 08:00~12:45, 16:30~20:15
추로스 0.70€, 초콜라테 1.55€(테이블 이용 시 1.95€) 알라메다 대로에서 도보 4분 www.casa-aranda.net

작은 골목을 사이에 두고 여러 매장을 운영한다.
어느 쪽이든 맛은 같으니 앉기 편한 곳을 찾자.

130년 전통의 아이스크림

◉ 카사 미라
Helados y Turrónes Casa Mira

말라가 사람이면 누구라도 첫손에 꼽을 유명한 전통 아이스크림 가게다. 화려한 간판으로 가득한 마르케스 데 라리오스 거리에서 다소 투박하고 낡은 간판으로 되레 눈길을 끄는 곳이다.
대표 메뉴는 스페인 전통 과자 투론Turrón으로 만든 아이스크림. 미숫가루처럼 구수하면서도 달콤한 맛이 매력적이다. 진한 단맛을 좋아한다면 고급스러운 캐러멜 맛이 나는 둘세 데 레체Dulce de Leche를 추천한다. 말라가 어르신들이 더운 여름에 갈증 해소용으로 즐기는 전통 음료 ❶ 오르차타에도 도전해 보자.

PH9H+QC 말라가 M 507p *#말라가 대성당(마리나 광장)*
Calle Marqués de Larios, 5 10:30~24:00(금·토 ~01:30)/겨울철 단축 운영 오르차타 2.70~3€, 아이스크림 콘(Cucuruchos) 2.80€~, 컵(Tarrinas) 3.10€~ 말라가 대성당에서 도보 3분

말라가에서 주로 나는
추파로 만든다.
배탈 났을 때도 마시는
스페인 민간요법 소화제
Helados Turrones Casa Mira

❶ Horchata(2.70€)

외국인 친구 사귀기 좋은 호스텔

더 라이츠 호스텔

The Lights Hostel

재래시장과 가깝고, 시내버스·공항버스 정류장이 있는 알라메다 대로에서도 지근거리다. 옥상 테라스 바에서 매일 저녁 상그리아를 무료로 제공해 친구를 사귀기에도 더없이 좋은 분위기. 넉넉한 공용 욕실과 화장실, 부엌을 갖췄다.

PH9G+5F 말라가 M 507p *#알라메라 대로*

Calle Torregorda, 3 ☎ 951 25 35 25 € 도미토리 30€~(3일·7일 등 장기 숙박 시 10~20% 할인)/조식 별도 알라메다 대로에서 도보 1분 www.thelights.es

구시가 중심의 세련된 부티크 호텔

알카사바 프리미엄 호텔

Alcazaba Premium Hotel

구시가 중심에 자리하며, 특히 건물 옥상의 레스토랑은 알카사바 성채가 한눈에 펼쳐지는 시내 최고의 전망 포인트다.

PHCM+V6 말라가 M 507p

#알카사바 #말라가 피카소 미술관

Calle Alcazabilla, 12 ☎ 952 22 98 78 € 더블룸 125€~/조식 별도 알카사바에서 도보 3분 www.hotelalcazabapremium.com

깐깐하게 운영하는 게스트하우스

말라가 롯지

Malaga Lodge

구시가에서 조금 떨어져 있고 모두 공용 욕실을 사용해야 하는 것이 아쉽지만, 욕실 바닥에 물이 튀는 것조차 미안할 만큼 깨끗하다. 대부분의 객실이 최소 3박 이상 장기체류자에게 적합한 곳으로, 1층에는 공용 부엌과 거실도 있다. 리셉션이 없으므로 체크인·체크아웃 시간을 꼭 미리 알려줘야 한다.

PHHP+WJ 말라가 M 507p

Calle Hospital Militar, 14 ☎ 666 53 44 87 € 더블룸(공용 욕실) 50€~ 알라메다 대로에서 1번 버스를 타고 약 15분 뒤 Fernando el Catolico 하차 후 도보 1분 www.malagalodge.com

01

COSTA DEL SOL

네르하

NERJA

연인과 함께 설 만한 낭만적인 포인트를 찾는 이들에게 살짝 귀띔해 주고 싶은 코스타 델 솔의 작은 해안 마을이다. 멀리 바라보면 햇빛을 받아 거울처럼 반짝이는 바다가 한없이 이어지고, 고개를 숙여 보면 그 푸른 물결이 밀려와 에메랄드빛 해변을 만드는 로맨틱함을 누려볼 수 있다. 발아래가 온통 바다라 넘실거리는 파도 위에 설 수 있는 절벽 지형만의 특별한 매력이 있다.

#코스타델솔 #유럽의발코니 #해안절벽
#기원전동굴 #꼬마 기차

말라가
버스 1시간 10분~2시간,
알사 5.20€,
06:30~23:00/1일 23회

그라나다
버스 1시간 55분~3시간,
알사 12.37€,
07:00~17:00/1일 6회

네르하
Nerja

*네르하 → 말라가 06:15~23:15
네르하 → 그라나다 06:30~19:00
*시즌과 요일에 따라 운행 시간이 자주 바뀌니 이용 전 다시 확인한다.

네르하 가는 법

말라가에서 동쪽으로 약 55km 떨어진 작은 해안 도시다. 말라가나 그라나다에서 버스를 타고 다녀오는 것이 일반적이며, 프리힐리아나행 버스도 이곳에서 출발한다.

버스

말라가나 그라나다에서는 버스터미널에서 시외버스를 타고 간다. 이용자가 많은 인기 노선이니 미리 예약할 것. 말라가에서 출발할 경우 직행과 근교 마을을 거쳐가는 완행으로 나뉘며, 그라나다 역시 노선마다 소요 시간이 다르니 확인 후 예약한다. 말라가에서 갈 때는 운전석 반대쪽, 그라나다에서는 운전석 쪽에 앉아야 해안도로를 따라 이어지는 멋진 경치를 감상할 수 있다. 프리힐리아나행 버스는 알사 버스 매표소 근처의 정류장(아래 지도 참고)에서 평일 기준 하루 11~12회 출발하며, 티켓은 버스 기사에게 구매한다(1.20€).

◆ 네르하 버스 정류장 Estación de Autobuses de Nerja

네르하에는 별도의 버스터미널 건물이 없으며, 시가지의 시작점인 칸타레로 광장 옆 도로변에 간이 버스 매표소와 정류장이 있다. 매표소는 운영 시간이 유동적이니 알사 홈페이지나 애플리케이션을 이용해 예약하면 편하다. 말라가·프리힐리아나행 버스는 매표소 앞에서, 그라나다행 버스는 매표소 건너편에서 출발한다.

네르하행 시외버스는 해안도로를 타고 달린다.

★
알사 버스
www.alsa.es

네르하 알사 버스 매표소

07:00~12:15·14:45~19:00
(시즌과 요일에 따라 유동적)

★
여행안내소 Oficina de Turismo de Nerja

P4WF+48 네르하
Calle Carmen, 1
10:00~14:00, 17:00~20:30
(토·일 ~13:30)/비수기 단축 운영
발콘 데 에우로파 건너편 시청사 1층
www.nerja.es/turismo/

네르하의 모든 길은 '유럽의 발코니'로 통한다

'유럽의 발코니'란 이름만으로도 설레는 곳이다. 절벽 끝 발코니에서 푸른 지중해를 바라보는 것만으로도 네르하의 일정은 사실상 끝! 발코니 주변 골목이나 광장을 슬슬 산책하며 여운을 더 길게 이어갈 수 있다. 대자연의 신비에 끌린다면 네르하 동굴에도 다녀오자.

포토존으로 사랑받는 알폰소 12세의 동상

★
알폰소 12세(1857~1885년)
1868년 민중봉기로 왕실이 국외 추방을 당한 이후 어렸을 때부터 망명생활을 한 알폰소 12세는 1874년 친위 쿠데타로 재집권에 성공하며 시민과 소통하는 입헌군주로 사랑받았다. 의회의 반대를 무릅쓰고 결혼한 왕비와 다섯 달 만에 사별한 사연과 오페라 가수 엘레나 산스와의 로맨스 등은 그가 낭만적인 왕으로 기억되는 이유다. '유럽의 발코니'라는 이름 역시 로맨티스트다운 작명이다.

발코니 아래쪽은 전망 레스토랑!
소원을 비는 별이 그려진 자리에 앉아 있는 사람들

01 지중해를 바라보는 '유럽의 발코니'
발콘 데 에우로파 Balcón de Europa

모든 길이 로마로 통하듯 네르하 마을의 거리는 모두 이곳으로 모여든다. 버스에서 내려 자석에 이끌리듯 바다로 향하면, 앞으로 돌출된 가파른 해안 절벽 끝에 넓은 발코니가 나타나고 양옆에 푸른 바다가 펼쳐진다. 19세기 알폰소 12세는 "여기가 바로 유럽의 발코니"라며 감탄했고, 이후 작은 어촌 마을은 유명 휴양지로 급부상했다. 발코니 한켠에는 알폰소 12세의 공로에 감사라도 표하듯 그의 동상이 실물 크기로 세워져 있다. 발코니 중앙의 한 단 높은 공간에 별 모양이 그려져 있는데, 그 별 한가운데 서서 소원을 빌면 이루어진다는 말이 있으니 속는 셈 치고 소원을 말해보자.
발코니 아래층은 레스토랑으로 전면이 유리로 된 숨겨진 전망 맛집이다. 동쪽 계단을 내려가면 스노클링 포인트로 인기인 칼라온다 해변이 나오고, 서쪽으로는 여름철 해수욕을 즐기는 사람들로 가득한 엘 살론 해변이 이어진다.

G P4VF+PR 네르하 M 520p
칸타레로 광장에서 도보 10분

칼라온다 해변(Playa de Calahonda)

엘 살론 해변(Playa el Salón)

에르난도 데 카라베오 거리
(Calle Hernando de Carabeo)의 풍경

02 느린 걸음으로 둘러보는 네르하 감성
네르하 시가지
Nerja Centro

버스에서 내려 발콘 데 에우로파까지 넉넉잡고 10분, 여기에 한 시간이면 한 바퀴 다 돌아볼 만한 아기자기한 시가지가 펼쳐진다. 가장 먼저 마을 사람들이 따뜻한 햇볕을 쬐러 나오는 발콘 데 에우로파 광장Plaza Balcón de Europa은 발코니 반대편으로 난 작은 골목으로, 이 조그만 광장 가득 야외 테이블이 나와 늦은 밤까지 손님을 맞이한다.

근사한 전망대를 하나 더 챙기고 싶다면 에르난도 데 카라베오 거리를 따라 동쪽으로 가보자. 부리아나 해변Playa Burriana을 내려다보는 전망 테라스가 발콘 데 에우로파와는 또 다른 절경을 선사한다. 시가지 서쪽 깊숙한 곳에는 네르하 사람들의 일상이 숨어 있다.

살바도르 성당 뒤쪽 엘 바리오 거리Calle el Barrio는 현지인들의 상업 지구. 여기서 바다 쪽으로 더 가면 네르하에 휴양 온 유럽인들이 주로 머무는 로스 캉그레호스 광장 공원Parque Plaza de los Cangrejos이 나타난다. 이곳에서 해안 산책로를 걷다 보면 발콘 데 에우로파 전경을 멀리서 담을 수 있다.

G P4WF+2H 네르하 M 520p
🚊 발콘 데 에우로파를 중심으로 동서로 뻗은 골목들

에르난도 데 카라베오 거리 끝 전망 테라스

발콘 데 에우로파 진입로 오른쪽 살바도르 성당(Parroquia El Salvador). 웨딩 채플로 인기다.

03 다섯 소년이 발견한 지하 동굴
네르하 동굴
Cueva de Nerja

깊고 오래된 동굴은 언제나 우연히 발견된다. 1959년 박쥐 사냥을 나간 동네 소년 5명이 발견한 네르하 동굴 역시 박쥐가 훅훅 사라져버리는 구멍의 돌을 부수자 그 안에서 수백만 년 전의 동굴이 나타난 것. 깜짝 놀라 달려온 학자들을 더욱 놀라게 한 건 동굴에서 발견된 무려 기원전 2만5000년의 벽화다(연구를 위해 출입은 제한된다).

200만 년 전부터 긴긴 세월과 함께 쌓여온 석순과 종유석 중에는 최고 32m 높이의 기둥도 있어 누구라도 자연의 경이로움을 느끼게 한다. 일반에는 동굴의 3분의 1만 공개하며, 오디오가이드와 함께 45분 가량 둘러볼 수 있다. 성수기에는 홈페이지에서 예약하고 갈 것을 추천. 여름철이면 다채로운 공연이 열리는데, 동굴 속 울림을 그대로 전하는 천연 스피커는 독특하고도 근사한 감동을 선물한다.

G 네르하 동굴 M 520p
📍 Fundación Cueva de Nerja ⏰ 09:00~16:30(7·8월 ~19:00/폐장 1시간 전까지 입장/1월1일·5월 15일 휴무 € 동굴 15.50€(영어 오디오가이드 포함), 동굴+박물관+꼬마 기차 왕복 19.50€ 🚊 네르하 박물관 앞에서 꼬마 기차 탑승/네르하 버스 정류장에서 동굴행 알사 버스(10:45~17:00, 1일 5회, 편도 1.34€)를 타고 약 10분 뒤 종점 하차 📶 www.cuevadenerja.es

매년 네르하 국제 음악 축제가 열리는 폭포 홀(Sala de la Cascada)

세계에서 가장 큰 동굴 기둥이 있는 대격변의 전당 (Sala del Cataclismo)

꼬마 기차 타고

네르하 한 바퀴!

네르하 동굴과 네르하 박물관 사이를 오가는 꼬마 기차(Tren Turístico Nerja)를 타고 마을 풍경을 즐겨보자. 박물관 출발 기준으로 오른쪽에 바다가 펼쳐진다. 티켓은 홈페이지 또는 박물관 데스크에서 구매할 수 있다.

⏰ 네르하 출발 10:00~15:00/1시간 간격(7~8월·성수기 10:00~18:00/30분~1시간 간격),
동굴 출발 10:30~16:30/1~2시간 간격(7~8월·성수기 10:30~19:00/30분~1시간 간격)
€ 네르하 동굴+네르하 박물관+꼬마 기차 왕복 19.50€ 🚆 발콘 데 에우로파에서 도보 7분
www.cuevadenerja.es

① 네르하 박물관 Museo de Nerja

네르하 동굴 관련 영상물과 동굴에서 발견한 유물을 볼 수 있다.

G 네르하 박물관
📍 Plaza de España, 4 ⏰ 10:00~16:00/월요일 휴무 € 4€

▶

② 아길라 수도교 El Acueducto del Águila

19세기 말 로마 수도교 방식으로 지은 다리. 마로 마을 설탕 공장에 물을 공급하기 위해 지었다.

▼

③ 마로 마을 Maro 네르하 동굴의 아랫마을

◀

④ 네르하 동굴 Cueva de Nerja

▼

⑤ 찬케테의 배 Barco de Chanquete

1981년 네르하를 배경으로 한 스페인 인기 드라마 <푸른 여름>의 어선 복제품. 네르하 시가지 서쪽 베라노 아술 공원(Parque Verano Azul)에 있다. 동굴에서 돌아오는 길에 이곳에 내려 천천히 걸어봐도 좋다.

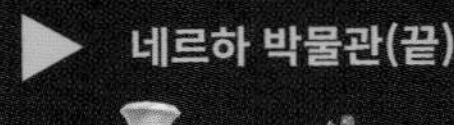

바다가 있어 행복한

낭만 가득 네르하

평화로운 해변 휴양지에서 즐기는 여유로운 식탁. 네르하에 터를 잡은 장기 체류자들이 특별한 날 찾아가는 레스토랑부터 동네 사람들이 참새 방앗간처럼 드나드는 단골 바르까지. 작고 조용한 마을이지만 있을 건 다 있다.

❶ Langostinos Kataifii(17.25€). 터키의 디저트 '카다이프'를 응용한 요리법이다.

시즌마다 새롭게 선보이는 오리 요리는 이 집 셰프의 장기다.

참신한 감각의 지중해 레스토랑

올리바
Oliva

이 조그만 마을에서 뜻밖에 파인 다이닝 레스토랑을 만났다. 올리브 가루를 뿌린 홈메이드 버터, 아뮤즈 부시로 제공하는 셔벗, 식사의 마무리로 수제 사탕과 젤리까지, 제대로 대접받는 기분이다. 파인 다이닝 레스토랑이지만, 인테리어나 가격이 과하지 않고 합리적이다.

가는 면으로 돌돌 말아서 ❶ 튀긴 새우에 크리미한 푸아그라 소스를 곁들인 전채는 오랫동안 사랑받은 이 집의 시그니처 메뉴다. 메인 요리로는 시즌마다 색다른 조리법으로 변신을 시도하는 오리 요리를 빼놓을 수 없다. 서양식 오리 요리가 궁금하다면 이곳에서 한번 경험해 보자. 지중해 음식을 기반으로 하면서 세계 각국의 재료와 요리 기법을 창의적으로 응용하는 실력이 메뉴 곳곳에서 여실히 드러난다. 근사한 저녁 식사를 하고 싶다면 예약부터 서둘러야 하며, 예약하지 않았다면 여유로운 점심시간에 방문하자.

Ⓖ 네르하 올리바 Ⓜ 520p
⊙ Plaza de España, 2 ☎ 952 52 29 88 ⏰ 13:00~16:00, 19:00~23:00 € 전채 12.50~15.50€, 메인 26~30€, 7코스 테이스팅 메뉴 60€+와인 페어링 25€ 🚉 발콘 데 에우로파에서 도보 3분 📶 www.restauranteoliva.com

MORE

오스탈 플라사 칸타레로
Hostal Plaza Cantarero

여유롭고 평화로운 분위기를 즐길 수 있는 중급 호텔. 버스에서 내려 발콘 데 에우로파로 가는 길목에 있어 짐을 내려놓고 관광에 나서기에도 딱 좋은 위치다. 가족이 운영하는 소규모 호텔이라 리셉션에 상주하는 직원이 없으니 미리 도착 시각을 알려둘 것.

Ⓖ Q42F+49 네르하 Ⓜ 520p
⊙ Calle Pintada, 117 ☎ 952 52 87 28 € 더블룸 52€~59€, 수피리어 더블룸 58~65€ 🚉 네르하 버스 정류장에서 도보 2분 📶 www.hostalplazacantarero.com

❶ 시원하게 얼린 잔에 따라주는 생맥주
❷ Chipirones

❶ 새우를 넣은 크림 스파게티 (Crema Langostino, 5€)
❷ Arroz Marinera(6€)

근사한 전망의 야외 테라스

신선한 해산물 타파스 선술집

◉ 엘 풀기야
El Pulguilla

온 동네 사람들이 마실 나오는 바르다. 다른 도시에서 흔히 보는 바르와는 달리 즉석에서 요리한 해산물 타파스 전문이다. 갓 구워낸 싱싱한 해산물을 안주 삼아 마시는 시원한 맥주 한잔은 네르하 사람들이 하루의 피로를 푸는 방법이다.

이 집에서는 제대로 식사를 하기보다는 기다란 바르 쪽에 앉아 ❶ 생맥주부터 한 잔 주문할 것. 제일 작은 카냐(200mL 정도) 한 잔만 시켜도 간단한 무료 타파스가 나온다. 가볍게 혼술하기에 딱 좋은 가성비 선술집이다. 마을 사람들에게 제일 인기가 많은 건 조그만 ❷ 꼴뚜기. 올리브유를 뿌려 살짝 구웠을 뿐인데 감칠맛이 끝내준다.

Ⓖ P4WF+JQ 네르하 Ⓜ 520p
📍 Calle Almte. Ferrándiz, 26 ☎ 952 52 13 84 ⏰ 12:30~15:45, 19:00~23:45 /월요일 휴무 € 해산물요리 9.90~24€/1접시, 생맥주 카냐 2.30€ 🚉 발콘 데 에우로파에서 도보 4분

장기체류자들의 단골 피자 가게

◉ 라 다마
La Dama

휴양지답지 않게 놀랄 만큼 저렴하고 푸짐한 피자 & 파스타 전문점이다. 뒷골목에 위치한 허름한 가게라서 스치듯 지나가는 여행자 발길에는 쉽게 닿지 않는 곳이지만, 장기 여행자들에게는 착한 가격이 고마운 단골 가게다.

다양한 피자와 파스타, 리소토가 준비돼 있는데, 우리 기준으로 파스타 1인분의 양도 만만치 않다는 것을 명심할 것. 식당에서는 ❶ 해산물을 넣은 스파게티 종류를 먹고 야식용으로 피자를 포장해 가는 것도 좋다. 조개와 홍합, 새우를 푸짐하게 넣은 ❷ 짭조름한 해물 밥도 양이 매우 넉넉하다. 대신, 저렴한 가격으로 승부하는 곳인 만큼 대단한 맛을 기대하지는 말자.

Ⓖ P4WG+92 네르하 Ⓜ 520p
📍 Calle Hernando de Carabeo, 19 ☎ 951 10 71 79 ⏰ 12:00~24:00 € 피자·파스타 3.50~5€, 와인 6€~/1병, 탄산음료 1.20€ 🚉 발콘 데 에우로파에서 도보 3분

반전의 수평선 뷰를 품은 테라스 카페

◉ 아나이
Anahí

저렴한 커피 한 잔 값으로 살 수 있는 최고의 명당자리! 지중해를 내려다보는 발콘 데 에우로파 바로 옆, 작은 해변 위쪽의 높다란 절벽에 자리 잡은 베이커리 카페다. 보행자 거리 쪽에서 보면 그저 평범한 빵집 같지만, 안쪽에 있는 야외 테라스로 나가면 시원한 바다 풍경이 펼쳐진다.

1977년부터 동네 장사를 해온 곳이라 각종 페이스트리의 맛도 좋다. 크루아상과 커피로 간단하게 아침 식사를 해도 좋고, 갓 짠 오렌지 주스나 달콤한 페이스트리를 간식으로 즐겨도 좋다. 단, 햄버거나 토스트처럼 요기 삼아 주문할 수 있는 메뉴는 지극히 평범한 맛이다.

Ⓖ P4WF+4M 네르하 Ⓜ 520p
📍 Calle Puerta del Mar, 6 ☎ 952 52 14 57 ⏰ 08:00~22:00 € 커피 1.85€~, 크루아상 2.90€~, 샌드위치 3.75€~ 🚉 발콘 데 에우로파에서 도보 1분

프리힐리아나
FRIGILIANA

햇살 좋은 날이면 눈도 제대로 뜨기 힘들 만큼 눈부신 하얀색의 향연이 펼쳐진다. 푸른 지중해를 바라보는 언덕, 집마다 선명하게 박힌 파란 대문, 창틀에 흐드러지게 핀 붉은 꽃들이 누구라도 '스페인의 산토리니'라는 별명을 절로 떠오르게 한다. 네르하에 짐을 풀고 잠시 다녀오기에 딱 좋은 한나절 여행지. 스페인에서 가장 예쁜 마을, 프리힐리아나로 떠나보자.

#코스타델솔 #스페인판산토리니
#스페인에서가장예쁜OOO의향연

프리힐리아나 가는 법

네르하에서 북쪽으로 7km, 알미하라산맥(Sierra de Almijara)의 산등성이에 자리 잡고 있다. 주로 네르하에서 버스를 타고 가며, 일요일과 공휴일에는 운행 횟수가 크게 줄어드니 일정을 잘 맞춰야 한다.

버스

네르하 알사 매표소 근처의 버스 정류장(520p 참고)에서 파하르도(Grupo Fajardo)가 운행하는 프리힐리아나행 버스가 출발한다. 프리힐리아나 마을 중심에 있는 트레스 쿨투라스 광장(Plaza de las Tres Culturas)에 정차하며, 광장에서 언덕으로 이어지는 골목부터 구시가가 시작된다. 버스 운행 횟수가 많지 않아 성수기에는 여행자들로 북적인다. 시즌에 따라 일요일과 공휴일은 운행을 중단하거나 단축 운행하니 버스 시간부터 확인하고 출발하자. 요금은 버스 기사에게 현금(가급적 동전)으로 직접 낸다.

'Frigiliana'행인지 확인하고 탄다.

프리힐리아나의 트레스 쿨투라스 광장

트레스 쿨투라스 광장에는 꼬마 기차가 대기 중! 마을 외곽을 한 바퀴 도는 데 25분(3.50€). 마을 안 예쁜 골목은 볼 수 없다.

여행안내소 전망대에서 바라본 프리힐리아나 마을

네르하
버스 파하르도 20분, 1.20€, 월~토 07:20~20:30/1일 11회, 일·공휴일 09:30~20:50/1일 7회/시즌에 따라 변경

↓

프리힐리아나
Frigiliana

*프리힐리아나 → 네르하 07:00~21:00/1일 12회/일·공휴일 09:50~21:10/1일 7회/시즌에 따라 변경
*프리힐리아나행 버스 운행 정보 www.grupofajardo.es

★
여행안내소 Oficina de Turisme de Frigiliana

고고학 박물관(Museo Arqueológico-Casa del Apero) 1층 리셉션이 여행안내소 역할을 겸하고 있다. 건물 중정 계단을 올라가면 마을 북쪽이 한눈에 보이는 전망대가 있다.

Q4R4+53 프리질리아나
Calle Cuesta del Apero, 12
10:00~18:00(토 10:00~14:00·16:00~20:00, 일 ~14:00, 7월~9월 15일 월~토 10:00~14:30· 17:30~21:00)
트레스 쿨투라스 광장에서 도보 2분
www.museodefrigiliana.org
www.turismofrigiliana.es

누구나
사진가가 되는
'스페인의 산토리니'

이 작은 마을을 한 바퀴 둘러보는 짧은 시간 동안 여행자의 카메라는 참으로 바빠진다. 누가 찍어도 작품 사진이 나올 만한 최고의 야외 스튜디오가 바로 이곳. 몇 걸음마다 나타나는 예쁜 피사체들과 만나는 순간, 스페인 관광청에서 '스페인의 가장 예쁜 마을'로 선정한 이유를 바로 알게 된다.

01 안달루시아에서 가장 예쁜 마을 프리힐리아나 구시가
Casco Histórico de Frigiliana

온통 하얗게 칠한 집마다 파란색 대문과 빨간색 창틀, 무엇보다 가파른 언덕 지형을 그대로 살린 집들의 배치가 흥미로운 마을이다. 동글동글한 자갈이 깔린 좁은 골목을 걷다 보면, 아랫집의 지붕이 윗집의 마당이 되고, 옆집의 대문이 모두의 계단이 되는 유기적인 아름다움을 만날 수 있다.
구시가의 출발점인 옛 왕실 곡물 저장소Los Reales Pósitos 옆에는 지중해에서 가장 아름다운 골목길이 펼쳐진다. '무어인 지구Barrio Morisco'라 부르는 이곳에는 이름처럼 이슬람 장인들이 만든 무데하르 양식의 집들이 가득하다. 흑백의 조약돌을 사용해 길 위에 무늬를 낸 것도 프리힐리아나 사람 특유의 마을을 꾸미는 방식이다.
언덕 위쪽으로 올라갈수록 더욱 근사한 전망이 펼쳐진다. '스페인에서 가장 예쁜 달동네'로 통하는 바리바르토El Barribarto 마을에 닿게 되는 것. 작은 집들이 이어지다가 끊어지는 틈새마다 저 멀리 지중해의 수평선이 고개를 내밀면 계단을 오르느라 거칠어진 숨소리가 어느새 탄성으로 바뀐다.

Ⓖ Q4R3+CV 프리질리아나(트레스 쿨투라스 광장) Ⓜ 527p
네르하에서 출발한 버스가 정차하는 트레스 쿨투라스 광장에서 북쪽 자갈길을 따라 바로

❶ 프리힐리아나에서 벌어진 비극을 묘사한 타일 그림. 가톨릭 세력이 이베리아 반도를 재정복한 후 탄압받던 이슬람인들은 1568년 반란을 일으켰다가 제압돼 스페인 군대에 쫓긴다. 프리힐리아나로 모여든 이슬람인들은 결국 여자와 아이들을 포함해 2000여 명이 1569년 학살된다.

❷ 옛 왕실 곡물 저장소. 1767년에 지은 반원형 벽돌 아치가 아직 남아 있다.

❸ 유럽의 마지막 남은 옛날식 당밀 공장. 나무로 불을 지피는 1909년식 기계를 그대로 사용한다.

❹ 기념품 가게의 단골 상품인 프리힐리아나 특산 당밀(Ingenio Nuestra Señora del Carmen)

❺ 계단이 많은 바리바르토 마을. '윗동네'라는 뜻의 'Barri Alto'에서 변형된 이름이다.

❻ 바리바르토 전망 포인트에서 바라본 풍경

❼ 도로포장용 돌마저 예쁜 프리힐리아나

03

COSTA DEL SOL

미하스
MIJAS

로맨틱한 소도시 여행을 즐기는 사람들에게 폭발적인 인기를 끌고 있는 곳이다. 붉은 기와지붕과 하얀 벽, 격자무늬 창틀과 꽃들이 만발한 골목이 안달루시아 특유의 '하얀 마을Pueblo Blanco' 풍경을 만든다. 유럽 사람들이 선호하는 별장 지역 중 하나라 느긋하게 걷는 노부부들이 유난히 많은데, 그 걸음만큼 평화롭고 여유로운 시간을 보낼 수 있다.

#코스타델솔 #하얀마을 #언덕위전망산책

미하스 가는 법

말라가에서 서쪽으로 30km 정도 떨어진 미하스는 당일치기 여행지로 인기가 높다. 하루에 2~4회 다니는 버스를 타고 1시간 정도 가면 산 중턱에 자리 잡은 미하스 마을에 도착한다. 마을은 매우 작아서 걸어서 돌아보는 데 몇 시간이 채 걸리지 않는다.

버스

말라가 버스터미널에서 아반사(Avanza)가 운영하는 M-112번 버스를 탄다. 단, 버스가 자주 운행하지 않으니 운행 시간부터 확인해둬야 한다. 좀 더 자주 운행하는 M-122번을 타려면 말라가 센트로 알라메다역에서 렌페 세르카니아스 C1을 타고 푸엔히롤라(Fuengirola)역까지 간 다음, 푸엔히롤라 버스터미널 앞의 정류장에서 M-122번 버스를 탄다. C1 노선은 05:20~23:30에 20~30분 간격으로 운행하며 약 45분 소요, 요금은 2.70€(Zone 4)다. M-122번은 07:20~21:30에 30분~1시간(토·일 45분~2시간) 간격으로 운행하며 약 25분 소요, 요금은 1.55€다. 말라가로 돌아갈 때는 올 때 내린 정류장에서 타면 된다. 같은 정류장에 여러 개의 노선이 정차하니 탑승할 때 버스 번호를 꼭 확인한다.

말라가 버스터미널

미하스 마을의 버스 정류장

당나귀 택시

0 100m
A-387
Ctra. Circunvalación Mijas
말라가행 M-112번 버스
당나귀 택시 Burro Taxi
Plaza Virgen de la Peña
라 페냐 성모 예배당 Ermita Virgen de la Peña
후안 안토니오 고메스 알라르콘 전망대 Mirador Juan Antonio Gómez Alarcon
산 세바스티안 거리 Calle San Sebastián
민속 박물관 Casa Museo Municipal
콤파스 길
콘스티투시온 광장 Plaza de la Constitución
알카사바 데 미하스 La Alcazaba de Mijas
투우장 Plaza de Toros
교구 성당 Iglesia Parroquial
요새 정원 La Muralla & Jardines
Calle Málaga
Calle Canteras
Paseo de la Muralla
Calle Larga del Palmar
Calle Cristóbal Alarcón

말라가
버스 아반사 M-112번 1시간 10분~1시간 30분, 2.40€, 06:35·09:50·13:00·21:00/1일 4회(토·일·공휴일 15:25 1일 1회)

↓

미하스 Mijas

*미하스 → 말라가 07:45·11:30·19:25·22:20/1일 4회(토·일·공휴일 11:20 1일 1회)

*시즌에 따라 시간이 자주 바뀌니 홈페이지를 확인한다.

★
말라가 광역 교통 정보
www.ctmam.es
미하스행 버스 운행 정보
malaga.avanzagrupo.com/en

★
여행안내소 Oficina de Turismo de Mijas
지도를 받을 수 있으며, 건물 뒤쪽 전망도 훌륭하다.
H9W7+9C 미하스
Plaza Virgen de la Peña
09:00~19:00(토·일 10:00~14:00)/비수기 단축 운영
버스에서 내려 버스 진행 방향으로 도보 1분
turismo.mijas.es

★
당나귀 택시 Burro Taxi
가장 많은 셔터 세례를 받는 미하스의 마스코트다. 원래는 마을 사람들이 일을 마치고 귀가할 때 타던 교통수단이었으나, 여행자들의 관심이 커지면서 '당나귀 택시 운전수'라는 직업까지 생겼다. 여행안내소 옆 정류장에서 출발하며, 당나귀 택시를 20분 정도 타는 데 15~20€, 말이 끄는 마차를 타는 데 25€ 정도다.

걸을 수록 빠져드는 **미하스 마을 산책**

하얀 담벼락을 꽃 화분으로 장식한 아기자기한 골목 풍경 자체가 미하스의 대표 볼거리다. 여행안내소에서 출발해 마을을 한 바퀴 도는 데는 한 두 시간이면 충분하다. 대리석이나 자갈을 깐 골목이 굽이굽이 이어지는데, 좋은 전망을 찾아 언덕을 오르락내리락하다 보면 다리는 조금 아플지도.

★

보통 '미하스'라고 하면?

해발 428m 미하스산맥 기슭에 있는 마을 미하스 푸에블로(Mijas Pueblo)와 해변의 리조트 지역 미하스 코스타(Mijas Costa)가 있다. 여행자들 사이에서 '미하스'라고 하면 보통 언덕 위 하얀 마을인 미하스 푸에블로로 통한다.

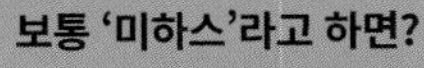

01 꽃들이 만발한 미하스 대표 골목
산 세바스티안 거리
Calle San Sebastián

미하스에서도 가장 예쁘기로 소문난 거리. 여행안내소 앞쪽의 콤파스 거리 Av. del Compas를 따라 3분 정도 가다 보면 마을의 중심 광장인 콘스티투시온 광장Plaza de la Constitución에 다다른다. 여기서 북쪽으로 난 말라가 거리Calle Malága를 걷다가 왼쪽 첫 번째 골목으로 들어가면 그 길부터가 산 세바스티안 거리의 시작이다. 정면의 산을 바라보는 오르막길로, 양옆에 기념품 가게와 레스토랑이 오밀조밀 모여 있다. 미하스에서 영화나 사진 촬영을 했다고 하면 바로 이곳! 마을을 소개하는 관광 엽서마다 등장하는 거리다.

H9W6+47 미하스 M 531p
버스 정류장 근처 여행안내소에서 도보 5분

MORE

민속 박물관 Casa Museo Municipal

미하스는 말라가와 카디스를 잇는 무역로에 자리해 예로부터 중요한 상업의 중심지였다. 당시 거래하던 물건들과 당나귀를 이용해 올리브유를 짜내는 방앗간, 전통 가옥, 와인을 만들던 도구 등 흥미로운 전시물이 준비돼 있다. 입장료가 저렴하니 부담 없이 들러보자.

H9W6+3H 미하스 M 531p
10:00~15:00, 17:00~19:00 1€ 콘스티투시온 광장에서 도보 1분

02 세계에서 제일 작은
투우장
Plaza de Toros

1900년에 지은 세상에서 가장 작은 타원형 투우장이다. 아기자기한 크기인 만큼 실제 투우 경기가 펼쳐질 때는 박진감 넘쳤다고 한다. 지금은 투우장 계단에 앉아 주위 풍경을 둘러보는 여행자들이 자리를 대신하고 있다.

투우장 옆에 위치한 교구 성당Iglesia Parroquial도 함께 둘러보자. 16세기에 지어진 성당 안 종탑은 마을이 공격을 받을 때를 대비해 주민들이 피신할 용도로 세워졌다. 한적한 성당 앞 공원은 쉬어가기에 좋다.

H9V6+F8 미하스 M 531p
Calle Cuesta de la Villa, 0 10:30~19:00(여름철 월~금 10:00~21:00, 토·일 11:00~19:00) 4€(기념품 가게에서 판매) 콘스티투시온 광장에서 도보 2분

콘스티투시온 광장. 1884년 홍수에 떠밀려온 바위로 분수와 벤치를 만들었다.
민속 박물관
산 세바스티안 거리 풍경

투우장 계단에 서면 마을 풍경이 내려다보인다.
교구 교회

미하스 마을 전망 포인트

작은 마을이지만 시원한 뷰를 자랑하는 전망 포인트가 많다. 구석구석 둘러보려면 언덕길을 오르내려야 하므로 산 세바스티안 거리나 콘스티투시온 광장 주변의 카페에서 잠시 쉬어가는 것도 좋다.

예배당 앞 전망

동굴을 연상케 하는 예배당 내부

❶ 라 페냐 성모 예배당 Ermita Virgen de la Peña

버스 정류장에서 출발해 여행안내소를 지나 계속 걸어가다 보면 왼쪽의 공원 안에 돌로 세운 듯한 건물이 보인다. 1586년 어린 목동들이 비둘기 형상의 성모를 만났다는 전설을 기반으로 지은 예배당이다. 마을의 동쪽 끝 절벽에 위치해 주변의 풍경을 바라볼 최고의 전망 포인트이기도 하다.

H9W7+6Q 미하스

❷ 알카사바 데 미하스 La Alcazaba de Mijas

콘스티투시온 광장의 남쪽, 하얀색 회랑이 딸린 3층짜리 긴 복합건물이다. 건물 안쪽에 야외 테이블이 놓여 있는 넓은 테라스가 있다. 레스토랑 '라 알카사바(La Alcazava)' 또는 '파노라믹 뷰(Panoramic View)' 표지판을 따라 아치 통로로 들어가자. 꼭 식사를 하지 않아도 분수 소리를 들으며 잠시 구경할 수 있다.

H9V6+QJ 미하스

알카사바 데 미하스에서 바라본 전망

전망대에서 바라본 미하스

❸ 후안 안토니오 고메스 알라르콘 전망대(구 시에라 전망대)
Mirador Juan Antonio Gómez Alarcon(Mirador de la Sierra)

미하스 마을을 한눈에 내려다볼 수 있는 언덕 위 전망 포인트다. 계단을 오르는 게 조금 힘들지만, 그만한 가치가 있는 곳. 산 세바스티안 거리를 따라 걷다가 하얀 집들 사이로 이어지는 계단 길을 좀 더 올라간다. 미로처럼 좁은 골목이 이어지니 '미라도르(Mirador)' 방향 화살표를 따라갈 것. 아주 맑은 날이면 지브롤터 해협을 넘어 모로코 해안까지 보인다. 원래 이름은 시에라 전망대였으나, 2010년에 실종된 산악인 청년을 기리면서 2021년에 지금의 이름을 붙였다.

H9W5+3G 미하스

❹ 요새 정원 La Muralla & Jardines

투우장 옆 교구 교회의 남쪽, 옛 요새의 남은 성벽을 전망대 겸 정원으로 꾸몄다. 멀리 바다가 보이는 근사한 전망 포인트로, 절벽 틈새에서 암벽 등반을 즐기는 이들도 있다.

H9V6+4G 미하스

아찔한 절벽 틈 위로 전망대를 만들었다.

5

북부 지역

Bilbao · San Sebastián

BILBAO

빌바오

버려진 고철 덩이만 가득하던 강변에 구겐하임 미술관이 들어서면서 감각적인 도시로 거듭난 빌바오. 대서양이 스페인 북부와 만나는 비스케이 만의 중심 도시로, 한때 아메리카 대륙을 연결하는 스페인 최고 무역항이자 철강·조선업의 발달로 스페인에서 가장 부유한 도시라는 명성을 떨쳤다. 아이러니하게도 도시는 우리나라 철강·조선업의 발전과 함께 내리막을 걷는 듯했으나, 버려진 고철 더미에서 최첨단 디자인으로 예술적 공간을 꽃피워 제2의 전성기를 맞고 있다.

#구겐하임미술관 #초현대건축물 #중세구시가
#디자인도시 #미식여행

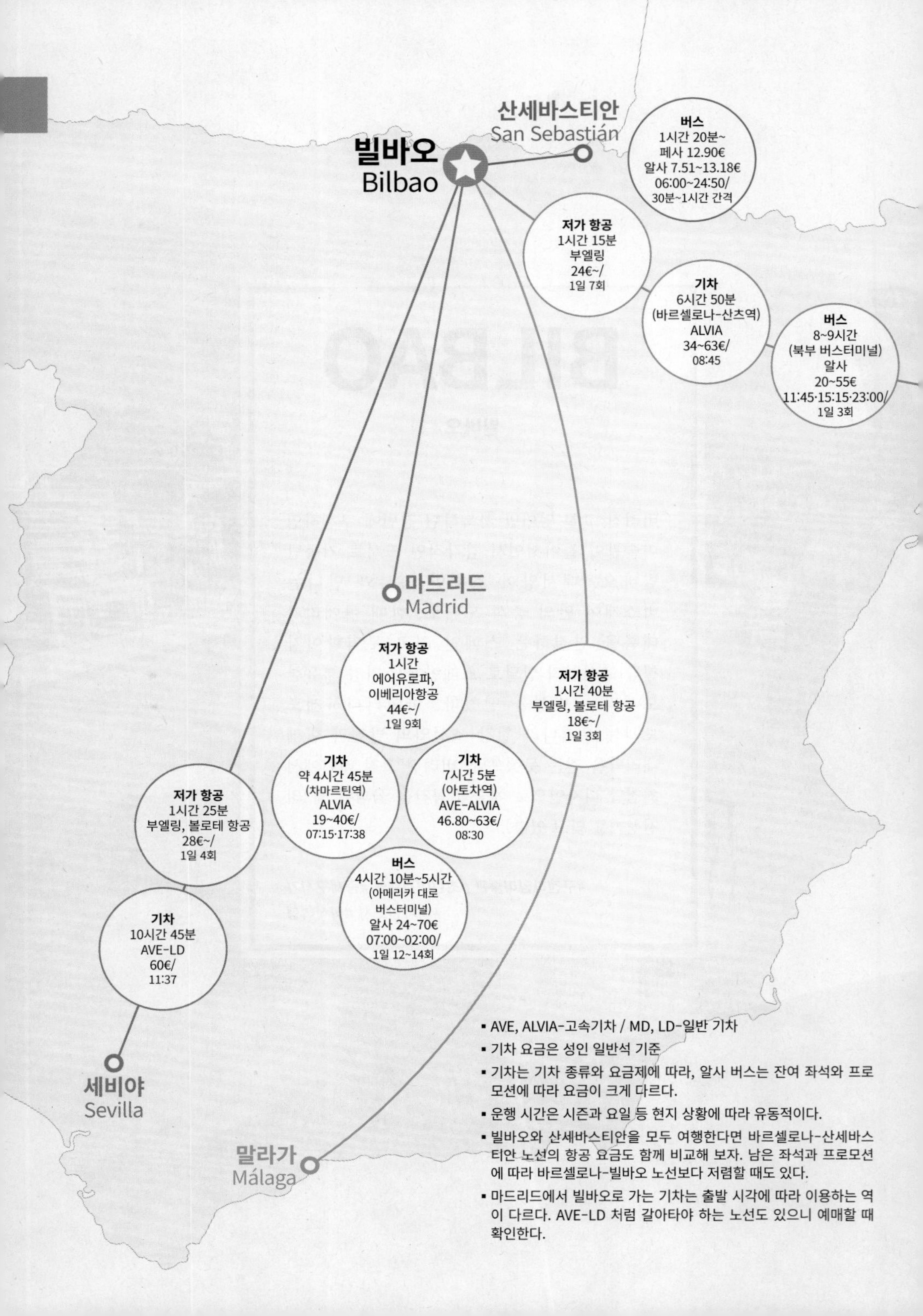

- AVE, ALVIA-고속기차 / MD, LD-일반 기차
- 기차 요금은 성인 일반석 기준
- 기차는 기차 종류와 요금제에 따라, 알사 버스는 잔여 좌석과 프로모션에 따라 요금이 크게 다르다.
- 운행 시간은 시즌과 요일 등 현지 상황에 따라 유동적이다.
- 빌바오와 산세바스티안을 모두 여행한다면 바르셀로나-산세바스티안 노선의 항공 요금도 함께 비교해 보자. 남은 좌석과 프로모션에 따라 바르셀로나-빌바오 노선보다 저렴할 때도 있다.
- 마드리드에서 빌바오로 가는 기차는 출발 시각에 따라 이용하는 역이 다르다. AVE-LD 처럼 갈아타야 하는 노선도 있으니 예매할 때 확인한다.

Getting to BILBAO

빌바오는 스페인 북부, 바스크 지방 교통의 중심지다. 마드리드와 바르셀로나 등 스페인 대도시를 비롯해 유럽 각지에서 연결되는 교통편이 다양하다.

바르셀로나
Barcelona

1. 항공

스페인 북부 지역의 관문으로, 국내선 운항 편수가 많은 편이다. 바르셀로나와 마드리드를 비롯해 세비야, 말라가에서도 직항편을 운항한다. 그중 바르셀로나가 운항 편수도 가장 많고 요금도 저렴하다. 프로모션을 이용하면 20€대에도 예약할 수 있다. 세비야, 말라가를 연결하는 직항편도 거리 대비 요금이 저렴한 편이고, 파리, 암스테르담 등 유럽 주요 도시에서도 국제선이 활발하게 오가고 있다.

★
빌바오 공항
빌바오공항
www.aena.es

◆ 빌바오 공항 Aeropuerto de Bilbao(BIO)

빌바오 공항은 시내에서 북쪽으로 약 9km 떨어져 있다. 디자인 도시답게 마치 새 한 마리가 날개를 펴고 앉은 듯한 초현대적인 외관이 스페인 여느 도시와는 다른 독특한 인상을 전한다. 도착 로비에 여행안내소, ATM, 카페테리아가 있고, 누워서 쉴 수 있는 의자나 테이블도 곳곳에 놓여 있다. 청사 밖으로 나가면 공항버스 정류장과 택시 승차장으로 연결된다.

빌바오 공항 여행안내소(24시간 운영)

여행안내소에 설치된 스크린에서 여행 정보를 편리하게 얻을 수 있다.

★
비스카이부스
web.bizkaia.eus/eu/web/bizkaibus

모유아 광장의 공항버스 정류장

차내에 비행기 운행 정보 스크린이 설치돼 있다.

공항의 택시 승차장

▶ 빌바오 공항에서 시내 가기

빌바오 시내버스 중 녹색 비스카이부스(Bizkaibus) A3247번이 공항과 시내를 연결한다. 도착 로비에서 청사 바깥을 바라보고 오른쪽 끝 출구로 나가면 정류장이 있고, 출구 앞 매표소에서 티켓을 구매한 후 탑승한다. 컨택리스 신용·체크카드 소지자는 차내 컨택리스 단말기에 카드를 대면 바로 결제된다. 버스는 구겐하임 미술관 근처와 시내 중심인 모유아 광장을 지나 도심 서쪽의 빌바오 버스터미널까지 간다. 종점인 버스터미널은 트램·메트로·렌페 세르카니아스와 연결돼 시내 어디로든 이동하기 편하다.

공항에서 택시를 타려면 도착 로비의 출구로 나가 왼쪽으로 간다. 시간대에 따라 정해진 미터기 요금으로 운행하며, 빌바오 시내까지 24~29€ 정도 나온다.

비스카이부스 A3247번

컨택리스 신용·체크카드 단말기

✚ 비스카이부스 A3247번 운행 정보

요금	1회권 3€/컨택리스 신용·체크카드 사용 가능	
소요 시간	구겐하임 미술관 근처까지 약 15분, 버스터미널까지 약 25분	
운행 시간	**공항 → 시내**	06:00~24:00/15~20분 간격(겨울철 08:00까지는 30분 간격)
	시내 → 공항	05:00~22:00/15~20분 간격(겨울철 20:00부터는 30분 간격)
노선	**공항 → 시내**	공항(Aireportua) → 구겐하임 미술관 근처(Alameda Recalde 14) → 그란 비아(Gran Via 46) → 그란 비아(Gran Via 74) → 빌바오 버스터미널(Termibus)
	시내 → 공항	빌바오 버스터미널(Termibus) → 그란 비아(Gran Via 79) → 모유아 광장(Moyúa Plaza) → 구겐하임 미술관 근처(Alameda Recalde 11) → 공항(Aireportua)

★
알사 버스
www.alsa.es
페사 버스
www.pesa.net

2. 버스

알사 버스가 마드리드나 바르셀로나에서 빌바오 버스터미널(Bilbao Intermodal Termibus)까지 직행 노선을 운영하고 있다. 스페인 북쪽 연안에 있는 빌바오는 마드리드나 바르셀로나 등 다른 대도시로부터 400km이상 떨어져 있어 버스를 이용해 빌바오로 들어오는 여행자는 많지 않다.

마드리드에서 출발하는 버스는 아메리카 대로 버스터미널을 주로 이용한다. 일부 노선은 마드리드 공항을 거쳐 가니, 비행기를 타고 마드리드로 들어와 빌바오로 곧장 이동할 경우 유용하다. 바르셀로나에서는 8~9시간 정도 걸리기 때문에 야간 버스를 타면 시간을 아낄 수 있다. 알사 버스는 대부분 북부 버스터미널에서 출발해 산츠 버스터미널을 거쳐 가지만, 북부 버스터미널에서 바로 가는 노선도 있으니 출발 정류장을 꼭 확인한다. 야간 버스는 밤 11시경에 출발해 다음 날 아침 7시 전후에 빌바오에 도착한다.

빌바오-산 세바스티안 구간은 알사 버스보다는 페사 버스가 자주 다닌다. 주말에는 이용자가 많고, 특히 성수기에 두 도시를 이동한다면 티켓을 서둘러 예매하는 것이 좋다. 알사 버스는 남은 좌석 수에 따라 요금이 바뀌며, 일찍 예매할수록 유리하다.

빌바오 버스터미널

◆ 빌바오 버스터미널 Bilbao Intermodal

예전 터미널이 있던 자리에 완전히 새로운 버스터미널이 문을 열었다. 건물의 간판이나 버스 예약 홈페이지에서 사용하는 정식 명칭은 '빌바오 인테르모달(Bilbao Intermodal)'이지만, 예전 이름인 '테르미부스(Termibus)'라고 부르는 사람도 여전히 많다.

일반적인 버스터미널과는 달리 대형버스가 출발·도착하는 승강장 시설을 모두 지하에 만들었기 때문에 밖에서 봤을 땐 전혀 터미널 같지 않으니 주의한다. 지상의 입구로 들어가 에스컬레이터를 타고 내려가면 지하 1층(Planta -1)에 매표소가, 지하 2층(Planta -2)에 승강장이 나온다. 메트로·렌페 세르카니아스 산 마메스역(San Mamés)도 지하 통로로 연결된다.

버스터미널 내부는 매표소, 카페테리아, 짐 보관소, 자동판매기 등 편의시설이 있는 대기 구역과 버스를 타고 내리는 플랫폼이 분리돼 있다. 승객은 지하 1층에서 개찰기를 통과한 후 지하 2층으로 내려가, 플랫폼 번호가 적힌 유리문 앞에서 대기하다가 지정 시간에 맞춰 입장한다. 탑승 전 플랫폼 번호를 다시 한번 확인하고, 내가 탈 버스가 맞는지 확인하며 탑승한다.

★ **빌바오 버스터미널**
726X+CR 빌바오 M 522p
www.bilbaointermodal.eus

지하 1층 짐 보관소

지하 1층 매표소

지하 2층 플랫폼으로 내려가려면 티켓의 QR코드를 찍고 개찰기를 통과해야 한다.

지하 2층 버스 승강장

▶ 빌바오 버스터미널에서 시내 가기

시내 중심인 모유아 광장(Moyúa Plaza)에서 서쪽으로 1.5km 정도 떨어져 있어 짐이 많지 않다면 시내까지 걸어서 이동할 수 있다. 또는 터미널과 지하 통로로 연결된 산 마메스(San Mamés)역에서 메트로나 렌페 세르카니아스를 이용해 시내 주요 지점까지 갈 수 있다. 모유아 광장이나 시내 동쪽에 있는 구시가 카스코 비에호(Casco Viejo)역으로 갈 때는 메트로가 편하다.

구겐하임 미술관까지는 트램으로 4정거장이며, 구시가의 라 리베라 시장 쪽으로 갈 때도 트램이 편리하다. 트램을 탈 때는 버스터미널 북쪽의 도로 한가운데 있는 산 마메스(San Mamés)역을 이용한다. 교통수단별 자세한 이용 방법과 요금은 시내 교통(545p)을 참고한다.

트램 정류장에 설치된 자동판매기

렌페 세르카니아스 산 마메스역의 지상 입구

도로 한가운데 있는 산 마메스 트램 정류장

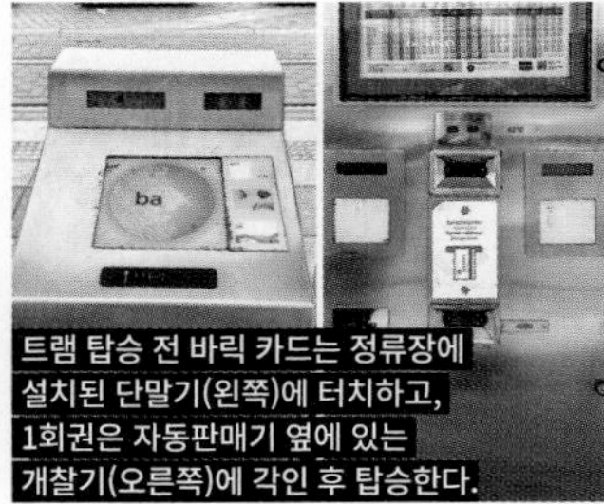
트램 탑승 전 바릭 카드는 정류장에 설치된 단말기(왼쪽)에 터치하고, 1회권은 자동판매기 옆에 있는 개찰기(오른쪽)에 각인 후 탑승한다.

★
아반도역
736F+73 빌바오 M 523p
M L1·L2 Abando 또는 **트램** Abando 정류장에서 하차, 버거킹이 있는 건물로 들어간다.

고속기차 정보
www.renfe.com

콩코르디아역. 아르누보 스타일의 화려한 외벽을 가졌다. 아반도역과 헷갈리지 않도록 주의!

3. 기차

바르셀로나와 마드리드에서 빌바오로 가는 기차 편수는 많지 않다. 마드리드에서는 차마르틴역에서 고속기차가 출발한다. 아토차역에서 출발하는 노선은 중간에 갈아타야 하며, 시간도 오래 걸린다. 바르셀로나에서는 산츠역에서 고속기차 직행편이 출발한다.

빌바오 시내에도 기차역이 2곳 있다. 둘 다 빌바오 시내 중심에서 동쪽으로 약간 치우친 네르비온 강변에 모여 있으며, 동부와 남부를 오가는 기차는 주로 아반도역을 이용한다. 바로 옆에 있는 콩코르디아역(Estación de La Concordia)은 스페인 서쪽 칸타브리아 지역을 연결하는 민간 철도 회사 페베(Feve)가 운영하는 기차가 정차한다.

◆ 아반도역 Estacion Abando Indalecio Prieto

현지에서 '북부역(Estación del Norte)'으로 더 많이 불리는 기차역. 마드리드·바르셀로나에서 온 기차와 근교 기차 렌페 세르카니아스가 정차한다. 플랫폼에 내리면 바스크 지방의 생활 양식과 전통문화를 묘사한 15m 높이의 스테인드글라스가 디자인 도시에 온 걸 환영하는 듯하다.

아반도역 내부. 스테인드글라스와 바스크 분리독립을 주장한 공화파 정치인 인달레시오 프리에토의 청동상이 여행자를 반긴다.

아반도역 플랫폼

▶ 아반도역에서 시내 가기

아반도역에서 시내 중심인 모유아 광장까지는 돈 디에고 대로(Gran Vía de Don Diego López Haroko)를 따라 도보로 약 10분 거리다. 구겐하임 미술관까지는 약 1km, 트램을 타면 3정거장이다. 네르비온 강 동쪽에 자리한 구시가인 카스코 비에호로 가려면 콩코르디아역 방향으로 가서 아레날교(Puente del Arenal)만 건너면 된다.

기차역에서 버거킹 매장 쪽 정문으로 나오면 로터리 오른쪽에 여행안내소가 보인다. 여행안내소가 있는 건물 뒤쪽 도로에 아반도 트램 정류장이 있고, 반대로 로터리에서 왼쪽으로 길을 한 번 건너면 메트로 역이 나온다.

★
트램 승차권은 여행안내소에서!
아반도 트램 정류장에는 티켓 자동판매기가 없다. 대신 트램 정류장 옆 여행안내소 안에 트램용 1회권이나 교통카드를 살 수 있는 자동판매기가 있다. 여행안내소가 문을 닫은 후에는 티켓을 살 수 없으니 여행 계획을 세울 때 참고하자.

메트로 아반도역 입구

여행안내소 안에 마련된 교통 티켓 자동판매기

트램 탑승 전 인도에 설치된 단말기에서 티켓을 개찰한다.

Around BILBAO : 시내 교통

디자인 도시 빌바오의 위력은 시내 교통에서도 느낄 수 있다. 기능적이면서도 쾌적하게 설계된 메트로, 강변을 따라 도시 경관과 어우러지며 달리는 트램은 그 자체로도 볼거리가 된다. 단, 교통수단마다 운영하는 회사가 달라 무료 환승은 안 된다. 교통편을 자주 이용할 계획이라면 빌바오의 모든 교통수단을 이용할 수 있는 교통카드(바릭 카드)를 구매하자.

★
빌바오 메트로 정보
www.metrobilbao.eus/en

1. 메트로 Metro

빌바오 시내를 통과해 대서양 연안을 따라 북쪽으로 이어지는 1호선과 네르비온 강변 남쪽의 포르투갈레테 지역으로 향하는 2호선, 강변 북쪽 지역을 연결하는 3호선 등 총 3개의 노선이 있다. 버스터미널이 있는 산 마메스역과 카스코 비에호 사이는 1·2호선이 겹쳐 운행하므로 시내에서만 이동할 때는 노선에 신경 쓰지 않아도 된다.

요금은 운행 거리에 따라 3개 구역(Zona)으로 나뉘어 이용하는 거리에 따라 차등 적용된다. 빌바오 중심가와 카스코 비에호는 모두 1구역 안에 있으므로 기본 요금만 내면 된다. 또한 같은 구간 내에서는 환승도 자유롭다.

메트로 역 개찰기. 바릭 카드 사용자는 단말기에 카드를 터치한다.

메트로 역과 열차 안에서는 음식물 섭취 금지!

출구가 있는 거리 이름이 적힌 표지판을 따라 나간다.

✚ 메트로 운행 정보

요금(1회권)	1구역 1.70€, 2구역 1.90€, 3구역 1.95€/바릭 카드 사용 시 1구역 0.48€, 2구역 0.57€, 3구역 0.62€
운행 시간	06:00~23:00/노선과 방향에 따라 다름

★
오랜 저항의 아이콘, 바스크 지방 Pais Vasco

빌바오가 속한 바스크 지방은 프랑스와 국경을 이루는 피레네산맥의 남쪽, 스페인 북부와 프랑스 남서부에 걸쳐 있다. 눈썹이 짙고 강한 턱을 가지고 있는 바스크인은 외형도 보통의 스페인 사람과 확연히 다르며, 고유 언어인 에우스케라어(Euskera)를 사용하면서 나름의 자치권을 인정받았다. 하지만 스페인 내전 중이던 1937년, 프랑코를 지원하는 독일의 폭격기가 빌바오 인근의 작은 마을 게르니카를 무차별 공습해 수많은 사상자를 낸 후 바스크 지방은 스페인에 통합돼 프랑코의 무자비한 탄압을 받았다. 1959년에는 바스크 지방에 독립 국가를 건설한다는 명분으로 '바스크 조국과 자유(ETA)'라는 무장조직이 결성됐고, 이 단체의 테러로 수십 년간 스페인 전역에서 850여 명의 사상자가 발생하기도 했다. ETA는 2018년 공식 해체됐으나, 바스크 지방의 분리독립 열기는 여전히 뜨겁다. 아반도역 안에는 프랑코에게 맞서 싸운 공화파 정치인 인달레시오 프리에토(1883~1962년)의 청동상이 세워져 있다.

바스크 지방에서는 대부분 간판과 표지판에 바스크어(맨 위)와 스페인어(가운데)를 병기한다.

렌페 세르카니아스 전용 티켓 자동판매기

2. 렌페 세르카니아스 Renfe Cercanias

국영 철도 회사 렌페가 운영하는 빌바오 근교 기차 노선으로, 빌바오 시내 구간을 메트로처럼 편리하게 이용할 수 있다. 노선은 총 3개로, 아반도역에서 비스카야교를 지나는 C-1 노선이 여행자에게 특히 유용하다.

✚ 렌페 세르카니아스 운행 정보

요금	1회권 1구역 1.65€, 2구역 1.95€, 3구역 2.05€, 4구역 2.60€ 바릭 카드 이용 시 1구역 1.06€, 2구역 1.41€, 3구역 1.91€, 4구역 2.18€
운행 시간	05:10~23:18/노선과 방향에 따라 다름
노선	**C-1** 아반도역 ⇄…⇄ 빌바오 버스터미널(San Mamés) ⇄ 산 마메스 스타디움(Olabeaga) ⇄…⇄ 비스카야교(Portugalete) ⇄ 산투르치(Santurtzi)

★
렌페 세르카니아스 정보
renfe.com/es/es/cercanias/cercanias-bilbao

★
빌바오 트램 정보
www.euskotren.eus

3. 트램 Tranvia Bilbao

빌바오의 트램은 에우스코트렌(Euskotren) 사에서 운영한다. 노선은 1개뿐이지만, 길 위를 달리며 큰 창을 통해 주변 경치를 구경할 수 있어 여행자들에게 사랑받는다. 승차권은 정류장의 자동판매기에서 구매하며, 트램을 타기 전에 정류장에 설치된 개찰기에 승차권을 개찰(바릭 카드는 터치)하는 것을 잊지 말자. 승차권이 없거나 개찰하지 않고 탔을 경우 승차권 요금에 추가로 50€(현장에서 벌금을 내지 않으면 최대 6000€)의 벌금을 내야 하니 주의하자.

아담한 빌바오 트램

큰 통유리로 된 차창 밖으로 경치가 파노라마처럼 지나간다.

트램 티켓 자동판매기(왼쪽)와 개찰기(오른쪽)

트램 1회권은 개찰기에 넣어 각인하고 탑승한다.

바릭 카드는 단말기에 카드를 터치한 후 탑승한다.

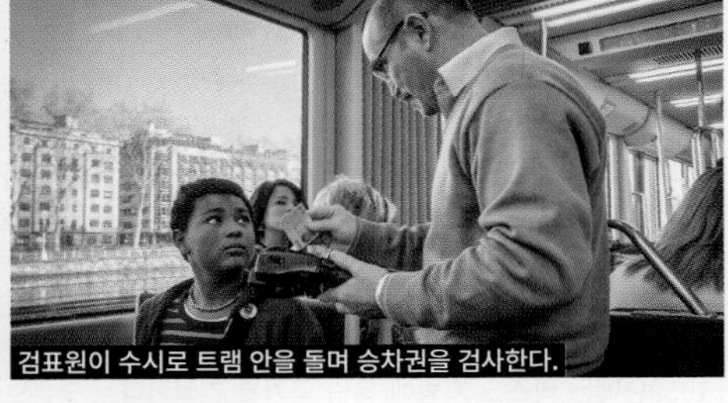
검표원이 수시로 트램 안을 돌며 승차권을 검사한다.

✚ 트램 운행 정보

요금	1회권 1.50€/ 바릭 카드 이용 시 0.36€
운행 시간	06:30~23:30

빌바오 메트로 & 트램 & 렌페 세르카니아스 노선도

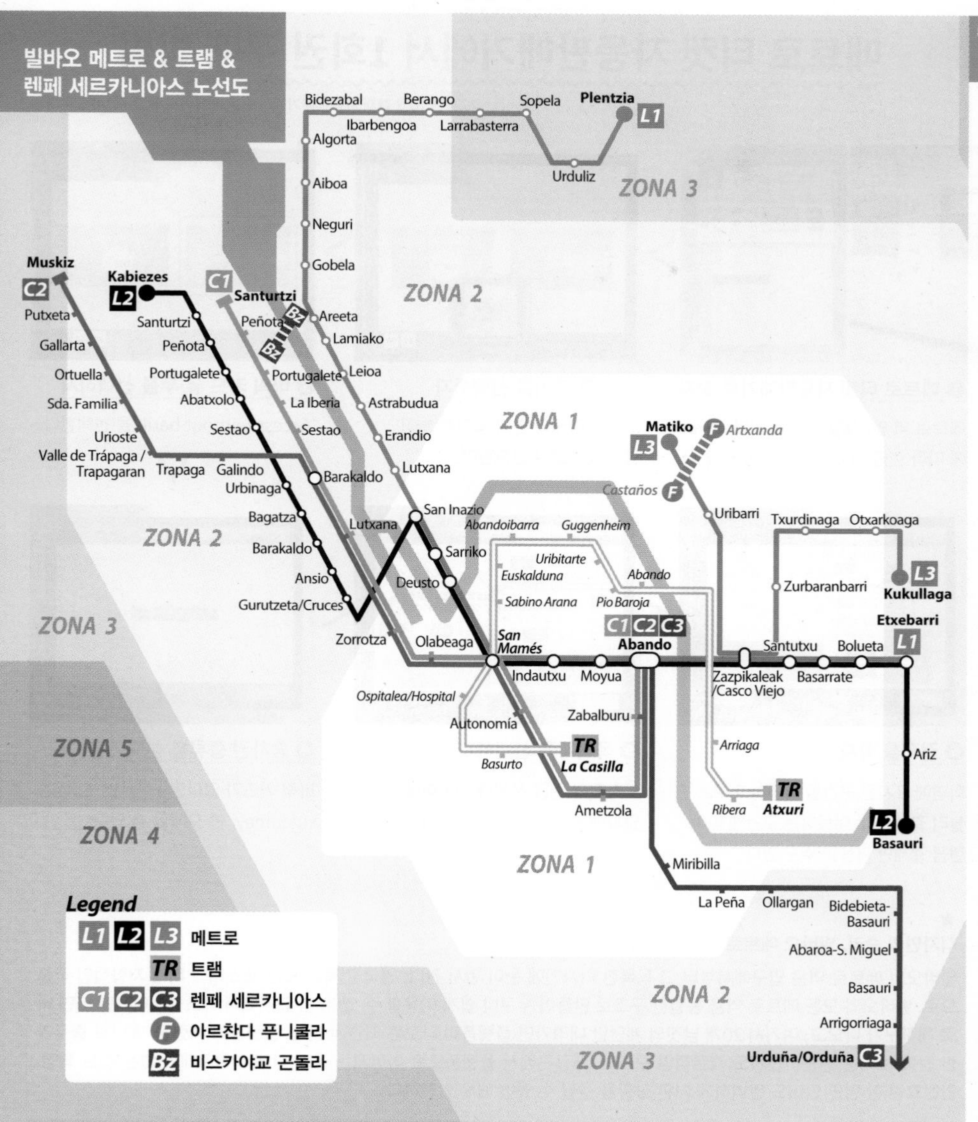

✚ 메트로 & 트램 주요 정류장

주요 명소	메트로 역	트램 정류장
빌바오 버스터미널	산 마메스 San Mamés	산 마메스 San Mamés
모유아 광장	모유아 Moyúa	-
구겐하임 미술관	-	구겐하임 Guggenheim
아반도역	아반도 Abando	아반도 Abando
카스코 비에호(구시가)	카스코 비에호 Casco Viejo	아리아가 Arriaga

#CHECK

메트로 티켓 자동판매기에서 1회권 구매 방법

* 2024년 10월 현재 자동판매기에서 신용·체크카드 결제 시 VISA만 가능

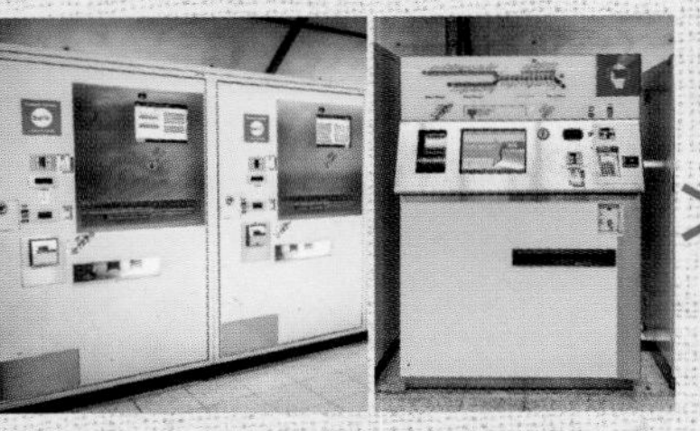

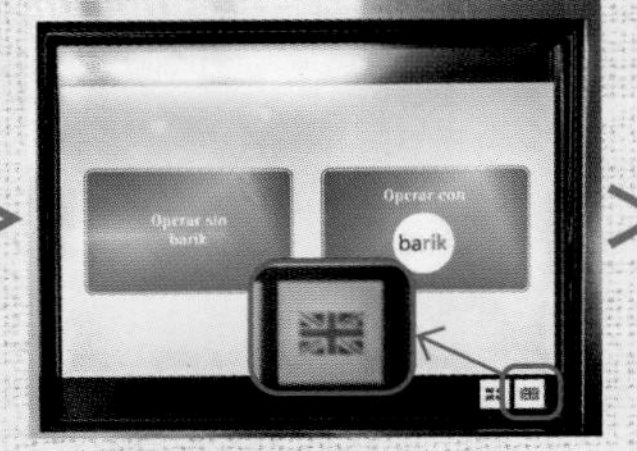

❶ 메트로 티켓 자동판매기를 찾자

메트로 역 안, 개찰구 앞에 있다. 기계에 따라 현금 결제만 가능한 것도 있다.

❷ 영국 국기를 선택하자

오른쪽 아래의 영국 국기를 눌러 영어 화면으로 전환한다.

❸ 바릭 카드 유·무를 선택하자

'Access without barik'을 선택한다.

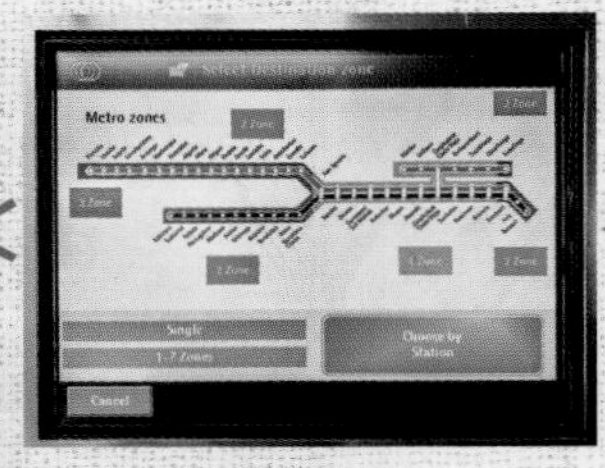

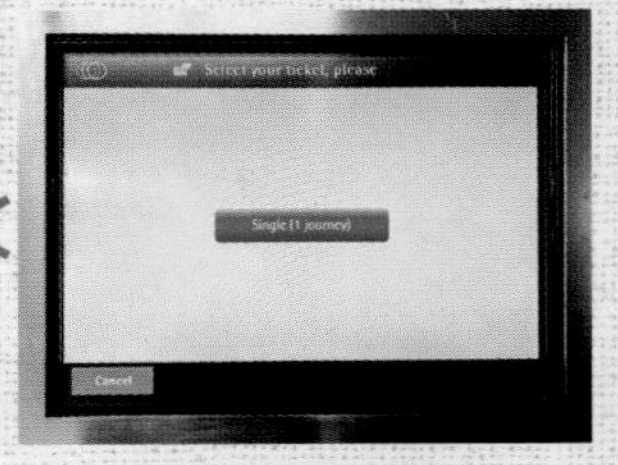

❻ 결제를 하자

화면에 표시된 구간을 확인하고 'Pay'를 눌러 결제한다. 이동하는 구간에 따라 현금 결제만 가능할 수도 있다.

❺ 목적지를 선택하자

도착지의 존을 선택하거나 이름을 알파벳 순서로 찾아 선택한다.

❹ 승차권 종류를 선택하자

바릭 카드가 없다면 1회권인 'Single (1 journey)'만 구매할 수 있다.

★

디자인의 승리, 빌바오 메트로

빌바오의 메트로 역은 입구에서부터 그 독특한 디자인에 눈이 먼저 간다. 영국 건축가 노만 포스터의 미래 지향적인 작품으로, 빌바오의 모든 메트로 역을 동일한 구조로 만들어 누구나 쉽게 이용할 수 있다. 역 입구에서 에스컬레이터만 타면 바로 개찰구가 나오고, 여기서 20개 남짓의 계단만 내려가면 플랫폼이 나오는 최단 동선에, 플랫폼에 내렸을 때 나갈 출구가 한 눈에 보이는 단순하면서도 직관적인 구조다. 개찰구에서 플랫폼으로 이어지는 공간 안에 사각지대가 없는 것도 특징. 안전요원 한 명만 있어도 완벽하게 치안 상황을 살필 수 있어 매우 안전하다.

비행기 조종석을 닮은 메트로 역 입구. 건축가 이름을 따 '포스테리토스 양식'이라 부른다.

#CHECK

빌바오 교통카드, 바릭 카드 Barik Card

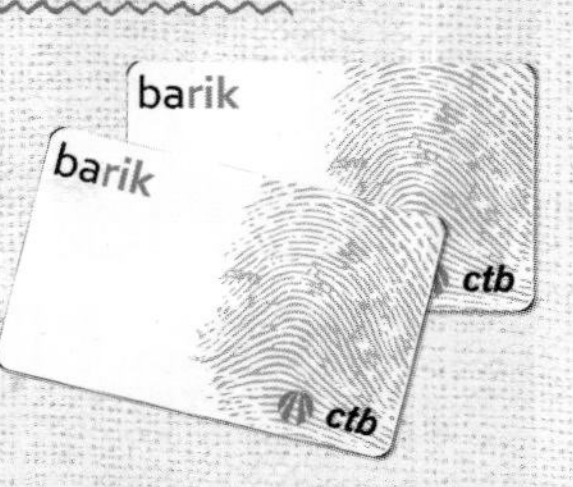

빌바오의 모든 교통수단을 이용할 수 있는 충전식 교통카드다. 메트로, 트램, 시내버스, 렌페 세르카니아스를 비롯해 아르찬다 언덕을 올라가는 푸니쿨라와 비스카야교 곤돌라, 산 세바스티안에서도 이용할 수 있다.

바릭 카드 구매 & 충전 & 이용 방법

별도의 카드 발급비(3€)가 들지만, 시내를 오가는 거의 모든 교통수단을 할인 금액으로 이용할 수 있다. 2024년 말까지(변동 가능) 유지되는 대중교통 할인 정책에 따라 1회권의 1/4 정도 가격으로 이용 가능. 한 장의 카드로 최대 10명까지 동시에 사용할 수 있으므로 여럿이 함께 여행할 경우 특히 유용하다(카드를 개찰기에 인원수만큼 연속으로 터치). 구매 및 충전은 지하철 역의 자동판매기나 아반도역 앞의 여행안내소에 설치된 교통카드 자동판매기를 이용한다(일부는 신용카드 사용 가능). 바릭 카드 충전 판매를 대행하는 담배 가게(Tabacos)에서도 현금으로 구매할 수 있다. 처음 바릭 카드를 구매할 때 드는 비용은 최소 8€(카드 발급비 3€ + 최소 충전 금액 5€)며, 카드 발급비와 잔액은 환급되지 않는다.

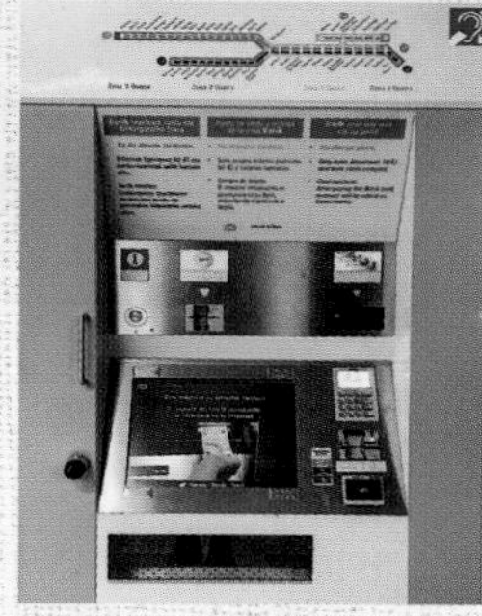

▲ 메트로 역에 설치된 바릭 카드 자동판매기. 구매와 충전 모두 가능하다.

바릭 카드 할인 요금

메트로	1.70€ → 0.48€(1구역)	아르찬다 푸니쿨라	2.50€ → 0.65€
트램	1.50€ → 0.36€	비스카야교 곤돌라	0.55€(할인 없음)
빌보부스	1.35€ → 0.33€	렌페 세르카니아스	1.65€ → 1.06€(1구역)
비스카이부스	1.35€ → 0.50€(1구역)		

*2024년 말까지(변동 가능) 적용되는 50% 특별 할인 요금임

자동판매기에서 바릭 카드 구매하기

* 2024년 10월 현재 자동판매기에서 신용·체크카드 결제 시 VISA만 가능

❶ 바릭 카드 구매를 선택하자

영어 화면으로 전환한 후 'Barik card purchase'를 선택한다.

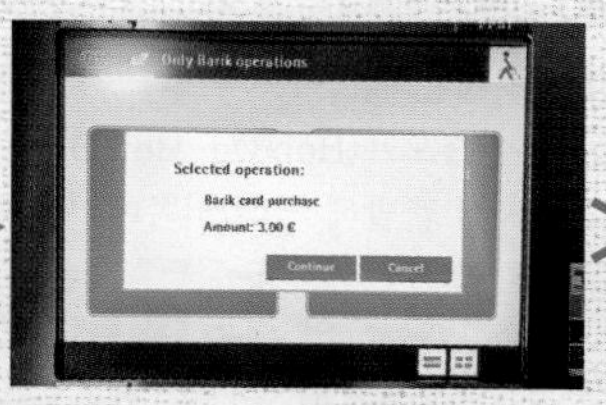

❷ 카드 발급 안내문을 확인하자

카드 발급비(3€)를 확인한 후 'Continue'를 누른다.

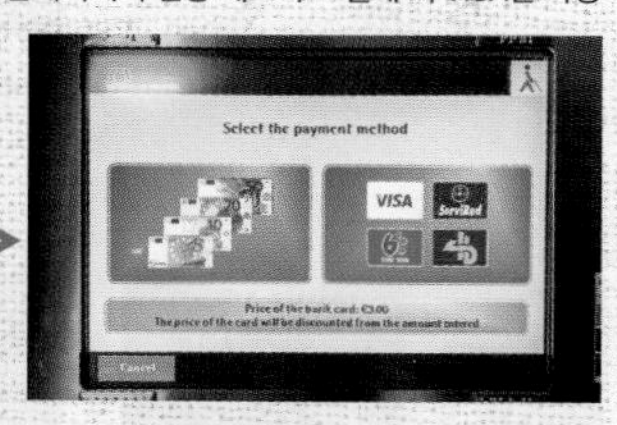

❸ 결제 방법을 선택하자

현금과 카드 등 결제 수단을 선택한다.

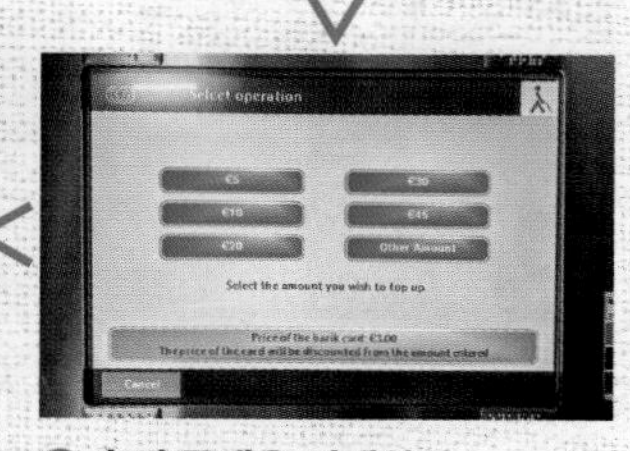

❹ 충전 금액을 선택하자

충전 금액을 선택한다.
최소 충전 금액은 5€다.

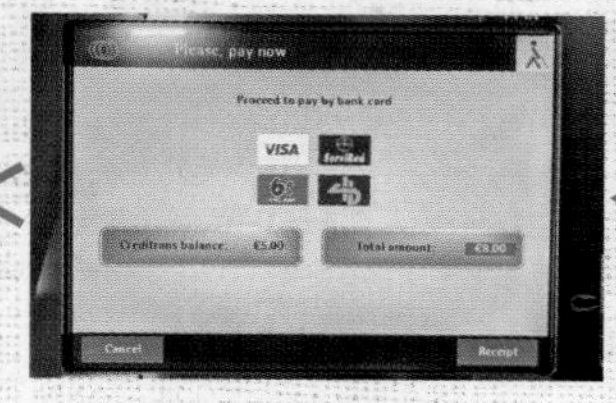

❺ 결제 금액을 확인하자

최종 금액을 확인한 후 결제한다.

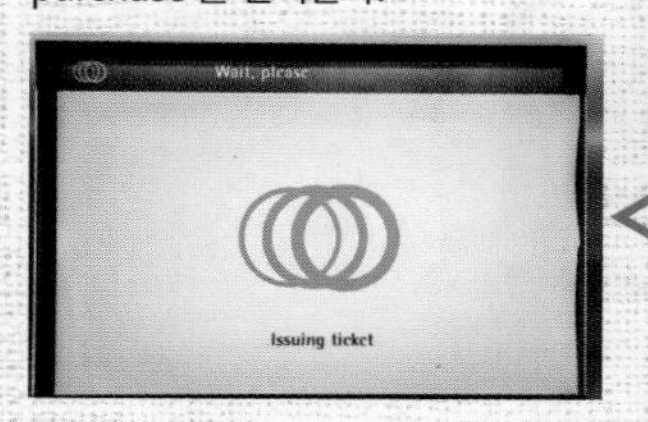

❻ 카드가 나올 때까지 기다리자

잠시 기다리면 카드와 영수증이 나온다.

바릭 카드 전용 단말기

4. 시내버스 Bus

시내 구석구석을 빨간색 빌보부스(Bilbobus)가 촘촘히 연결한다. 단, 노선이 복잡한 편이라서 트램이나 메트로에 비해 여행자들이 이용하기에는 효용성이 떨어진다. 녹색의 비스카이부스(Bizkaibus)는 빌바오 시내와 근교 지역을 운행하며, 그중 A3247번이 공항과 버스터미널 사이를 연결한다. 대부분의 버스에서 컨택리스 신용·체크카드를 사용할 수 있다.

빌보부스

비스카이부스

★
빌보부스
www.bilbobus.com
비스카이부스
web.bizkaia.eus/es/web/bizkaibus

✚ 시내버스 운행 정보

	빌보부스	비스카이부스
요금	1회권 및 컨택리스 신용·체크카드 1.35€ 바릭 카드 사용 시 0.33€	1회권 1구역(빌바오 시내) 1.35€, 빌바오 공항 3€ 바릭 카드 사용 시 1구역 0.50€
운행 시간	06:00~23:00	05:30~22:00

5. 시티 투어 버스 Bilbao City View

여행자들이 애용하는 이층버스다. 하루 동안 원하는 정류장에서 자유롭게 타고 내리는 '홉온홉오프(Hop-On, Hop-Off)' 방식으로 운영한다. 구겐하임 미술관 앞 정류장에서 출발해 시내 서쪽에서 동쪽까지 구석구석 순환하며, 한 바퀴 도는 데 약 1시간 소요된다. 승차권은 버스 기사에게 구매할 수 있으며, 오디오 가이드(영어)가 포함된다. 비수기에는 운행 횟수가 줄어드니 시간을 확인하고 이용하자.

★
시티 투어 버스
www.bilbaocityview.es

✚ 시티 투어 버스 운행 정보

요금	24시간권 16€, 6~12세 7€, 5세 이하 무료
운행 시간	10:30~19:30(구겐하임 미술관 앞 정류장 출발 기준, 시즌에 따라 다름)/ 성수기 30분~비수기 1시간 간격

Around BILBAO : 실용 정보

도시 규모는 작은 편이지만, 둘러볼 곳이 많아서 관련 정보를 알차게 챙기는 것이 좋다. 스페인의 도시들 중에서 손꼽히게 친절한 여행안내소를 적극적으로 이용하자. 여행 전 미처 몰랐던 귀한 정보도 얻을 수 있다.

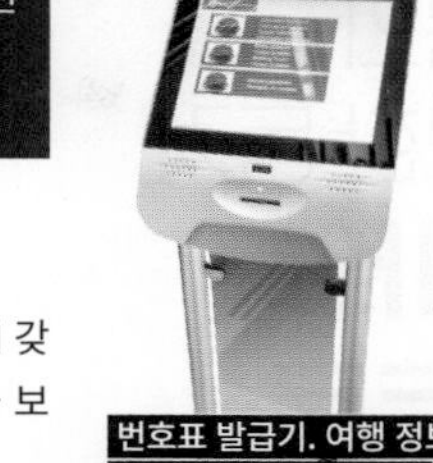

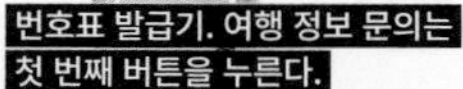
번호표 발급기. 여행 정보 문의는 첫 번째 버튼을 누른다.

❶ 아반도역 앞 여행안내소 Turismo Bulegoa Bilbo Bizkaia

직원들이 친절하고 전문적인 것으로 평판이 자자한 곳이다. 관광 자료도 풍부하게 갖추고 있다. 입구에서 번호표를 뽑고 순서를 기다리자. 입구로 들어가 바로 왼쪽을 보면 트램 티켓 자동판매기가 있다.

주소 Plaza Biribila, 1
오픈 09:00~19:30(비수기 ~17:30)
교통 아반도역에서 버거킹 쪽 출구로 나와 시르쿨라르 광장(Plaza Circular)의 로터리에 서면 커다란 'i' 간판이 붙은 입구가 보인다.
홈피 www.bilbaoturismo.net

❷ 구겐하임 미술관 앞 여행안내소 Bilbao Turismo Guggenheim

여행자라면 누구나 방문하는 빌바오의 대표 명소 구겐하임 미술관 앞에 있어서 편하게 들를 수 있다. 다만 운영시간이 짧고 시즌에 따라 유동적이다. 바로 앞에서 시티 투어 버스가 출발한다.

주소 Mazarredo Zumarkalea, 66
오픈 11:00~19:00(일 ~15:00)
교통 구겐하임 미술관의 커다란 강아지 조형물 앞. 컨테이너 형태의 1층짜리 건물 안에 있다.
홈피 www.bilbaoturismo.net

❸ 까르푸 익스프레스 Carrefour Express : 슈퍼마켓

아반도역 안의 슈퍼마켓. 여행자들의 주요 동선 안에 있고, 카스코 비에호와 가까워 이용하기 편리하다.

오픈 09:00~21:00
교통 아반도역 플랫폼으로 들어가는 입구 앞쪽에 있다.

❹ 에로스키 시티 EROSKI City : 슈퍼마켓

시내에 있는 슈퍼마켓 중에서는 규모가 큰 편이다. 구겐하임 미술관·모유아 광장과 가깝다.

주소 Calle Henao Kalea, 29
오픈 09:00~21:00/일요일 휴무
교통 모유아 광장에서 Deutche Bank 왼쪽 길로 두 블록 직진 후 좌회전하면 왼쪽에 있다. 도보 5분

최첨단 디자인과 고풍스러운 골목의 기묘한 동거

빌바오 센트로

빌바오의 이름을 전 세계에 알린 일등 공신 구겐하임 미술관은 모든 여행자의 필수 코스다. 미술 애호가라면 스페인 최고 수준의 명작들을 소장한 빌바오 예술박물관도 놓칠 수 없다. 이곳에서 다리 하나만 건너면 고풍스러운 석조 건물들이 늘어선 구시가 카스코 비에호가 나오고, 이 모든 것을 내려다볼 수 있는 아르찬다 언덕은 최고의 선셋 포인트다.

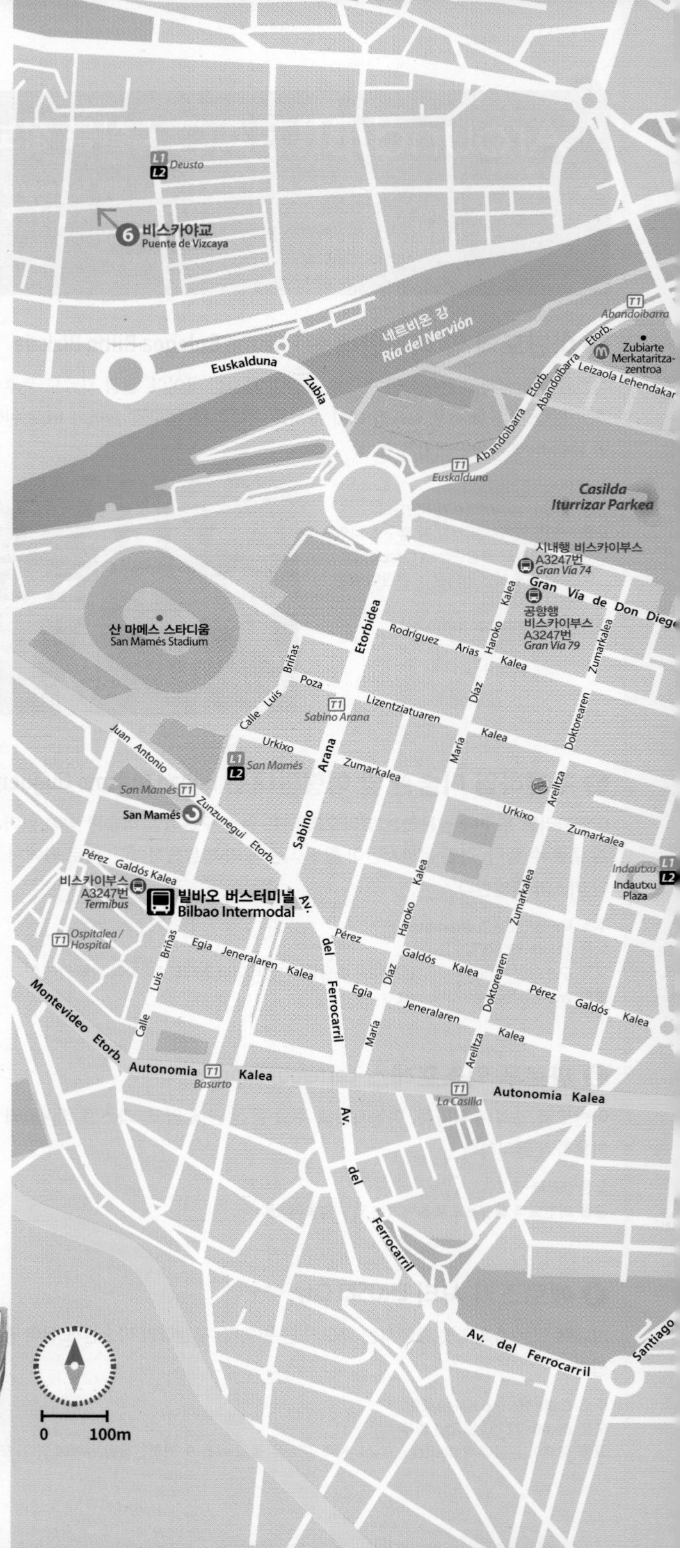

빌바오 공항
Aeropuerto de Bilbao(BIO)
아르찬다 언덕
Mont Artxanda
5
Matiko
L3 Matiko
아르찬다
푸니쿨라역(하부)
Funicular de Artxanda
Pasarela Pedro Arrupe
라 살베교
Puente de La Salve
〈튤립〉
〈마망〉
T1 Guggenheim
1
구겐하임 미술관
Guggenheim Museum
데우스토 대학 도서관
Biblioteca Universitaria de Deusto
Abandoibarra Etorb.
〈퍼피〉
드룰라 타워
ola Tower
스카디 광장
za Euskadi
Mazarredo Zumarkalea
Lersundi Kalea
공항행 비스카이부스
A3247번
Alameda Recalde 11
Barraincúa Kalea
Juan Ajuriaguerra Kalea
Iparraguirre Kalea
Recalde
Museo Plaza
2
예술박물관
ooko Arte
en Museoa
시내행 비스카이부스
A3247번
Alameda Recalde 14
Henao Kalea
에로스키 시티
EROSKI City
빌바오 시티 룸스
Bilbao City Rooms
Colón de Larreátegui Kalea
Elcano Kalea
Alameda
시내행 비스카이부스
A3247번
Gran Vía 46
Aguirre
공항행 비스카이부스
A3247번
Moyúa Plaza
모유아 광장
Moyúa Plaza
L1 Moyúa
L2
Ercilla Kalea
돈 디에고 대로
Gran Vía de Don Diego López Haroko
Arias Kalea
Campo de Volantín Pasealekua
Uribitarte Pasealekua
Castaños Kalea
Uriortu Kalea
Múgica y Butrón Kalea
Epalza Kalea
Tiboli Kalea
Uribitarte T1
수비수리 인도교
Zubizuri Footbridge
Mazarredo Zumarkalea
Heros Kalea
네르비온 강 Ría del Nervión
Pio Baroja T1
Ibáñez de Bilbao Kalea
Jardines de Albia Lorategiak
Udaletxeko Zubia
카페 이루냐
Café Iruña
라 비냐 델 엔산체
La Viña del Ensanche
Buenos Aires Kalea
수비아 어번 룸스
Zubia Urban Rooms
엘 코르테 잉글레스
El Corte Inglés
시르쿨라르 광장
Plaza Circular
L1 L2 Abando
C/ de la Amistad
T1 Abando
알로하미엔토 베고냐
Alojamiento Begoña
Lizentziatuaren Kalea
Bizkaia Plaza
바스크 지방 보건부 청사
Eusko Jaurlaritza Gobierno Vasco
Alameda de Recalde
Gardoki Kardenalaren Kalea
Urkixo Zumarkalea
아반도역
Estacion Abando Indalecio Prieto
아레날교
Puente del Arenal
Zazpikaleak/Casco Viejo L1 L2 L3
사스피칼레악역
Zazpikaleak
umarkalea
Arriquibar Plaza
3
아스쿠나 센트로아
Azkuna Zentroa
까르푸 익스프레스
Carrefour Express
콩코르디아역
Estación de La Concordia
아리아가 광장
Plaza Arriaga
아리아가 극장
Arriaga Antzokia
T1 Arriaga
소르힌술로
Sorginzulo
누에바 광장
Plaza Nueva
Posta Kalea
Askao Kalea
Fernández del Campo Kalea
Elcano Kalea
Hurtado de Amezaga Kalea
Bailén Kalea
4
카스코 비에호
Casco Viejo
아델리아 이바녜스
Adelia Ivañez
Kapelagile Kalea
Gurutze Kalea
San Mames Zumarkalea
Autonomía Kalea
San Frantzisko Kalea
Naxa Kalea
Erribera Kalea
Puente de la Merced
Dorre Kalea
Juan de Garay Kalea
Hernani Kalea
Mesedeetako Kalea
Barrenkale
라스 시에테 카예스
Las Siete Calles
Dendarikale
achín Kalea
Pablo Picasso Kalea
Puente de la Rivera
T1 Ribera
라 리베라 시장
Mercado de la Ribera
Bilbo Zaharra Kalea
San Antongo Zubia
Atxuri T1
Atxuri-Bilbao

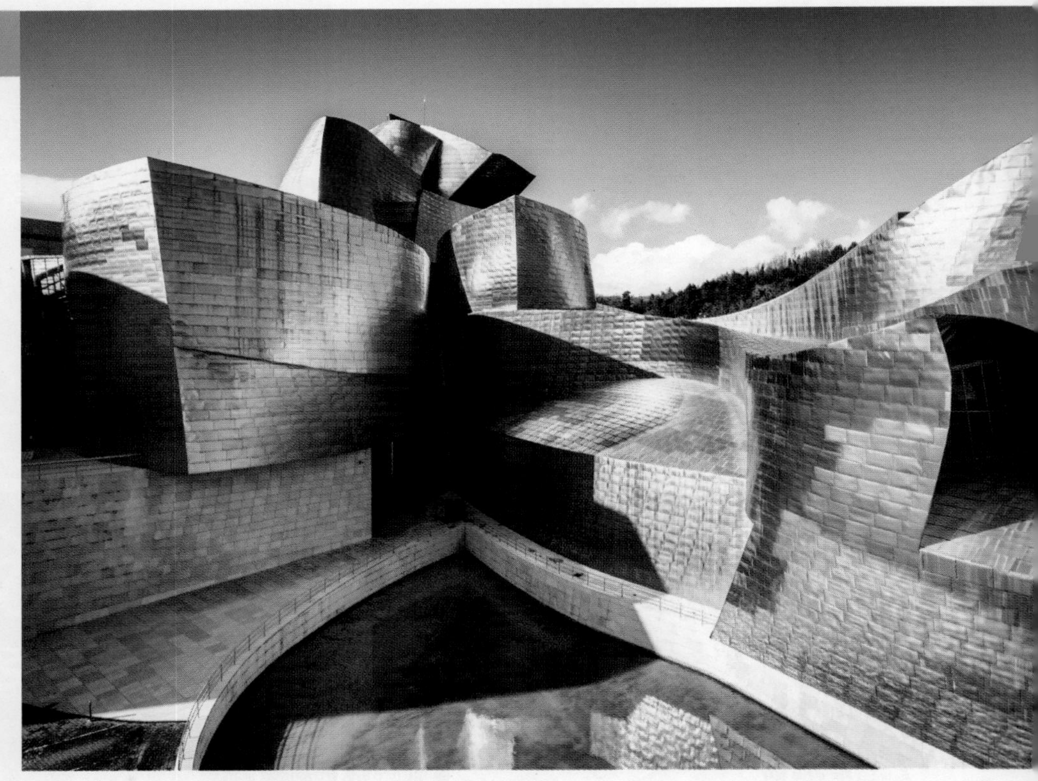

01 우리가 빌바오에 가는 이유
구겐하임 미술관
Guggenheim Museum

더 이상 미래가 보이지 않던 퇴색한 도시에 건축물 하나를 짓는다고 운명이 달라질 수 있을까? 빌바오는 그것이 충분히 가능한 일이라고 대답한다. 1억 달러라는 거금을 들이고, 3만 장이 넘는 티타늄 강판을 사용해 미끈한 곡선으로 뽑아낸 미술관 건물은 그 자체가 멋진 대형 작품! 도시 전체를 하나의 야외 미술관으로 바꾸는 효과까지 생겼다.

쇠락해가는 조선소와 공장의 폐자재가 가득했던 네르비온 강변에 지어진 미술관은 새롭게 닻을 내린 희망의 배를 상징한다. 설계 공모에서 만장일치로 선정된 건축가 프랭크 게리가 아르찬다 언덕에서 도시 전경을 내려보곤 '바로 저곳'이라고 외쳤던 장소. 그 강변을 따라 한 바퀴 돌며 미술관 야외에 설치된 작품을 감상할 수 있다.

밖에서 보기에는 하나의 덩어리 같은 건물이지만, 티타늄으로 둘러싸인 곡면은 전시 공간, 유리로 개방된 부분은 관람객이 움직이는 통로, 전통적인 석재로 만든 수직면은 지원 시설이다. 미술관의 입구이자 중심인 아트리움은 거대한 연꽃의 대롱 속에라도 들어온 것처럼 하얀색 곡면 기둥과 유리 커튼월이 조화를 이룬다. 전시실은 그 주위에 동심원의 날개처럼 펼쳐져 있다.

건물을 관통하는 거대한 아트리움

조명이 켜진 야경도 몽환적이다.

빌바오 구겐하임 미술관 M 553p

Avenida Abandoibarra, 2 10:00~19:00(12월 24·31일 ~17:00)/월요일(6월 중순~9월 중순 월요일 등 일부 제외)·12월 25일·1월 1일 휴무 12~18€, 18~26세 학생·65세 이상 6~9€/전시에 따라 다름 **트램** Guggenheim 정류장에서 도보 3분 www.guggenheim-bilbao.es

입장료에 포함된 오디오가이드

MORE

라 살베교 Puente de La Salve

구겐하임 미술관의 전경을 가장 잘 조망할 수 있는 포인트다. 미술관 옆으로 이어지는 계단을 통해 다리 위로 올라가면 닿을 수 있다. 공식 명칭은 '스페인 왕자들의 다리'지만, 항해를 마치고 무사히 돌아온 선원들이 다리를 건너며 성모 찬송 기도문(라 살베)을 바치던 게 유행하면서 '라 살베교'라는 별칭을 얻었다. 붉은색 아치(L'arc Rouge)는 구겐하임 미술관 개관 10주년을 기념해 덧붙인 예술 작품이다.

Zoom In & Out

구겐하임 미술관

❶ <퍼피>(1992년)**, 제프 쿤스**

도시의 마스코트가 된 강아지 모양 구조물로, 미술관 입구에 있다. 18세기 정원에서 영감을 얻은 꽃과 식물로 뒤덮여 있어 계절에 따라 다른 느낌을 선사한다. 높이는 12m가 넘어 위압적이지만, 귀여움의 대명사인 강아지와 달콤한 꽃장식이 친근감을 준다. 이처럼 이질적인 것들의 결합이 작가가 추구하는 주요 테마다.

❷ <마망>(1999년)**, 루이즈 부르주아**

미술관 옆 산책로에 있는, 사람 키보다 몇 배는 큰 거미 모양의 조각이다. '마망'은 '엄마'라는 뜻의 프랑스어로, 배 아래 주머니에 새끼를 품고 있다. 작가가 태피스트리(선염색사로 그림을 짜 넣은 직물) 복원가의 딸이라서, 실을 짓고 있는 거미의 모습은 조각가의 어머니로도 여겨진다. 그 밑을 지나는 사람들 역시 거미의 자식처럼 보이니, 거미는 우리 모두의 엄마인 셈. 도쿄의 롯폰기 힐스에도 같은 작품이 전시돼 있다.

❸ <튤립>(1995~2004년)**, 제프 쿤스**

반짝이로 포장된 사탕처럼 알록달록한 7개의 튤립 송이. 작품의 재료인 크롬 스테인리스 스틸은 차가운 금속이지만, 실제 눈으로 보면 그 질감이나 색감이 훨씬 따뜻하고 육감적이다. 무언가를 만지고 싶거나 먹고 싶은 식욕과 욕망을 자극하는 에로틱함을 표현한 설치 작품으로, 동심의 색깔로 칠해진 귀여운 꽃송이 모양이라서 더 상반된 느낌이다.

❹ <빌바오를 위한 설치 작품>(1997년), 제니 홀저

기다란 막대 모양의 LED 스크린 위로 글자가 흘러내린다. 일명 '전광판 작가'라고 불리는 제니 홀저의 작품이다. 전광판은 작가가 표현하고자 하는 주제를 여러 언어로 함축적이고 강하게 전달하고자 택한 그만의 방법이다. 아홉 개의 LED 기둥에서는 에이즈 연구를 후원하는 글에서 따온 바스크어·스페인어·영어 문장들이 반짝인다.

❺ <시간의 문제>(1994~2005년), 리처드 세라

철재로 만든 거대한 원형 구조물. 이는 2가지 방식으로 감상해야 한다. 먼저 1층 입구로 들어가 구조물 안에서 다양한 나선형 곡선을 따라 직접 걸으며 구조물의 안과 밖을 체험한다. 부드러운 곡선이 주는 시각적인 온화함과 차갑고 단단한 철재의 질감이 강렬하게 대비된다. 이후 반대쪽 계단을 따라 2층으로 올라가 전체 구조물들을 한눈에 내려다보자.

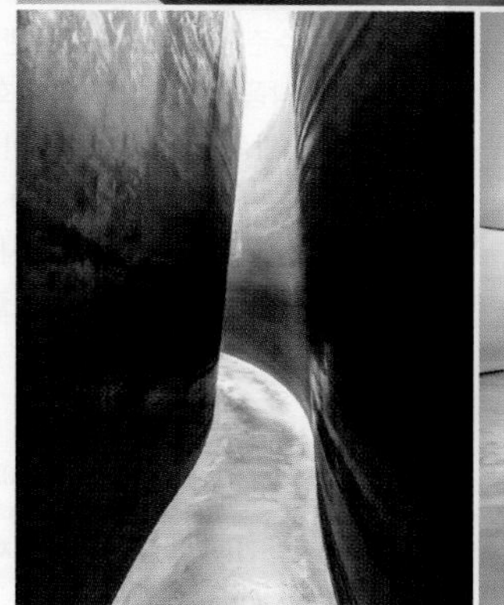

<퍼피> 마그넷

❻ 뮤지엄숍

소장품을 응용한 다양한 기념품을 판매한다. 구겐하임의 명성만큼이나 가격대가 높은 편. 퍼피, 마망, 튤립 그림을 새긴 머그잔은 10~20€, 티셔츠는 15~40€ 정도다.

❼ 비스트로 Bistró

미술관 내 레스토랑. 전채, 메인, 디저트에 빵과 물을 포함한 코스 메뉴가 28€~. 테라스 바에서 음료와 함께 바스크의 명물인 핀초스를 즐겨도 좋다.

⏰ 바 11:00~19:00, 비스트로 13:00~15:30(금·토 13:00~15:30, 20:00~22:30)/월요일 휴무

조각 작품들이 전시된 긴 복도를 따라가면 본관이 시작된다.

02 작품으로 승부한다! 빌바오 예술박물관

Bilboko Arte Ederren Museoa

바스크 사람들이 사랑하는 스페인 예술계의 거장들을 만날 수 있는 스페인 최고 수준의 순수 예술박물관. 엘 그레코, 무리요, 고야 등 유명 화가들의 귀한 작품을 소장하고 있어 회화를 좋아하는 이들이라면 구겐하임 미술관보다 만족도가 더 높을 것이다. 구겐하임이 건축물과 설치 작품, 전시 공간 등으로 복합적인 메시지를 전달하는 데 주력했다면, 이곳은 순수 미술이 주는 감성의 풍요로움과 시각적 즐거움에 방점을 찍는다. 특히 다른 지역에서는 볼 수 없는 바스크 출신 예술가들의 작품이 전시된 26~31번 전시실을 놓치지 말자.

G 7386+8Q 빌바오 M 553p
Museo Plaza, 2 10:00~20:00(일 ~15:00, 12월 24·31일 ~15:00/화요일·1월 1일·1월 6일·12월 25일 휴무 7€, 24세 이하 무료/보수 공사로 인해 일부 전시관만 관람 가능, 2024년 10월 현재 무료입장 구겐하임 미술관에서 도보 4분
www.museobilbao.com

❶ <수태 고지>(1596~1600년), 엘 그레코

❷ <어린 예수와 어린 성 요한과 함께 있는 성모 마리아>(1662년), 프란시스코 데 수르바란 (Francisco de Zurbarán). '수도사들의 화가'라고 불릴 만큼 성직자들과 수도원의 생활을 주요 소재로 삼았던 수르바란의 회화는 드라마틱하면서도 허세가 없는 리얼리즘이 특징이다. 이 작품에서는 마리아의 옷자락과 옆에 놓인 주석쟁반과 사과, 양털의 표현에 주목해 볼 것. 수르바란은 정물이나 천의 질감 표현에서 최고로 꼽히는 화가이기도 하다.

그밖에 주목할 작품들

<롯과 그의 딸들>(1628년), 오라치오 젠틸렌스키
<마르틴 사파테르의 초상화>(1797년), 프란시스코 데 고야
<아기를 안고 앉아 있는 여인>(1890년), 매리 카셋
<아를의 빨래터 여인들>(1888년), 폴 고갱

★
박물관 입구는 총 3곳!

일반 관람객은 청동상과 작은 연못이 있는 중앙 입구로 들어간다. 공원과 이어지는 입구는 당분간 폐쇄되었고, 강변에서 내려오는 에우스카디 광장(Plaza Euskadi) 쪽은 직원 전용이다.

03 과거와 미래를 융합한 복합문화공간
아스쿠나 센트로아
Azkuna Zentroa

오래된 기차역 같은 평범한 모양새지만, 안으로 들어서면 깜짝 놀랄만한 반전이 기다리고 있다. 천장까지 뻥 뚫린 공간에는 수십 개의 기둥이 설치돼 있고, 그 위에 큐브 모양의 벽돌 건물 3채가 올라가 있다. 오래된 와인 창고를 시민들을 위한 복합문화공간으로 개조한 것. 스티브 잡스의 생애 마지막 요트를 디자인한 프랑스 디자이너 필립 스탁이 이 같은 획기적인 아이디어를 냈다.
들어서자마자 여러 나라의 대표 문양으로 장식한 수십 개의 기둥이 마치 기둥 박물관을 연상케 한다. 위를 올려다보면 공중에 떠 있는 두 개의 작은 건물 사이로 유리 바닥의 수영장이 보이고, 그 속에서 어항 속 물고기처럼 느릿느릿 헤엄쳐 가는 사람들의 실루엣을 감상할 수 있다. 과거와 미래를 하나의 공간으로 소화한 디자인 도시 빌바오의 특징이 가장 잘 드러난 건축물로, 빌바오에 왔다면 꼭 한 번 방문해야 할 곳이다.

Ⓖ 7357+W7 빌바오 Ⓜ 553p
Arriquibar Plaza, 4 ⏰ 09:00~21:00 ⓔ 무료 🚊 M L1·L2 Moyúa 또는 Indautxu에서 도보 5분 www.azkunazentroa.eus

❶ 1층에서 유리 바닥으로 된 수영장을 올려다볼 수 있다.
❷ 어두운 건물 안에도 태양을 띄우고 싶다는 생각으로 설치한 천장 스크린
❸ 각기 다른 문명을 상징하는 기둥들
❹ 아스쿠나 센트로아 안에 마련된 빌바오 공공 도서관. 여행자도 입장할 수 있다. 무료 Wi-Fi를 제공하며, 노트북을 사용할 수 있는 공간도 있다.

04 빌바오가 시작된 곳
카스코 비에호
Casco Viejo

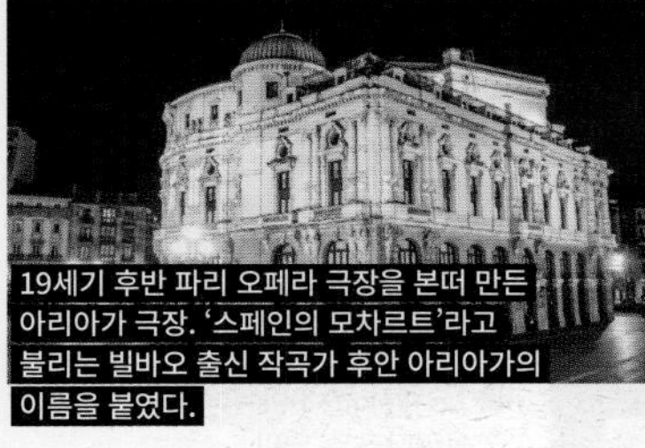
19세기 후반 파리 오페라 극장을 본떠 만든 아리아가 극장. '스페인의 모차르트'라고 불리는 빌바오 출신 작곡가 후안 아리아가의 이름을 붙였다.

구겐하임 미술관을 비롯해 현대적인 건축물로 중무장한 신시가. 그곳에서 다리 하나만 건너면 네르비온 강변을 따라 석조 건물들이 터를 지키는 중세의 고풍스러운 구시가 카스코 비에호가 나온다. 신대륙 발견 이후 무역항으로 급성장하던 시절에 형성된 '7개의 골목'이라는 뜻의 라스 시에테 카예스Las Siete Calles에는 수백 년의 세월을 견뎌낸 반짝이는 돌길과 떠들썩한 바르, 앤티크한 가게들이 줄지어 있다.

오늘날 사람들이 모이는 구시가의 중심은 아리아가 극장 앞의 아리아가 광장Plaza Arriaga과 유명한 핀초스 바르들이 줄지어 있는 누에바 광장Plaza Nueva이다. 누에바 광장 옆으로 이어지는 아케이드 또한 19세기 모습을 그대로 유지하고 있다. 시내를 걷다 보면 검은 베레모를 비스듬히 눌러 쓴 사람들이 자주 보이는데, 바스크 목동들이 쓰던 모자에서 유래한 베레모는 독립을 고집해 온 바스크 민족주의자들의 상징이다.

Ⓖ 아리아가 극장 Ⓜ 553p
트램 Arriaga 또는 Ribera 정류장 하차

MORE

라 리베라 시장
Mercado de la Ribera

라스 시에테 카예스 남쪽 끝 강변에 있는 라 리베라 시장은 유럽에서 가장 큰 실내형 시장으로 기네스에 이름을 올렸다. 2009년에 리노베이션을 하면서도 1929년 처음 설치한 아르데코풍 장식이나 격자 창문, 스테인드글라스를 그대로 살려 백 년 전 분위기를 느낄 수 있다. 배 모양의 건물 외관은 옆에 있는 다리로 올라가면 더욱 잘 볼 수 있다.

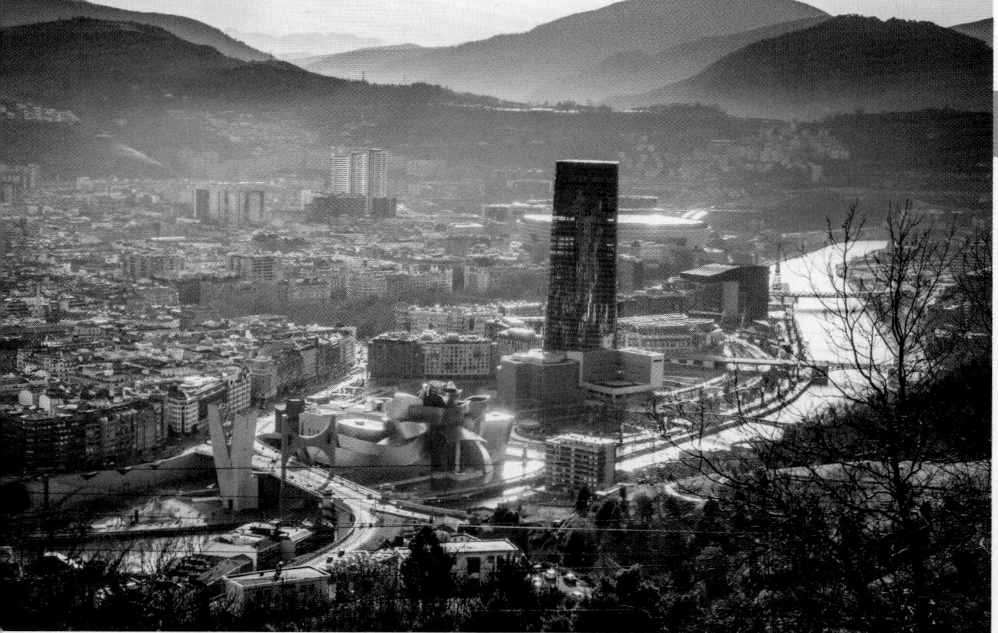

05 빌바오의 심장을 내려다보다 아르찬다 언덕 Mont Artxanda

빌바오의 운명을 바꾸어 놓은 건축가 프랭크 게리가 도시를 내려다보며 구겐하임 미술관의 위치를 점 찍었다는 바로 그 자리다. 구겐하임이 한눈에 들어오는 남쪽 테라스가 전망 포인트로, 붉은 노을이 내려앉기 시작할 즈음 올라가면 미래지향적인 도시 풍경을 생생하게 볼 수 있다. 어슴푸레 해가 지면 빌바오를 감싸고 있는 산 그림자에 도시가 서서히 잠기면서 아련한 분위기를 자아낸다. 데이트하는 연인들과 산책 나온 가족들에게는 퍽 로맨틱한 공간이다.

아르찬다 언덕의 경사면을 부지런히 오르내리는 푸니쿨라Funicular de Artxanda를 타는 것도 색다른 즐거움이다. 백 년 전 처음 만들었을 때는 나무로 된 차량이 벽돌로 쌓은 아치 위를 위태위태하게 달렸지만, 지금은 현대식 철제 푸니쿨라가 그 자리를 대신하고 있다. 푸니쿨라를 타고 언덕 위까지 가는 데는 5분이 채 걸리지 않는다.

Ⓖ 73FH+HP 빌바오 Ⓜ 553p
📍 Plaza Funicular ⏰ 푸니쿨라 07:15~22:00(6~9월 금·토 ~23:00, 전 시즌 일·공휴일 08:15~) € 푸니쿨라 편도 2.50€(바릭 카드 0.65€), 왕복 4.30€ **트램** Uribitarte 정류장 하차 후 언덕 아래 아르찬다 푸니쿨라역까지 도보 7분

❶ 바스크 출신의 조각가 후안호 노벨라(Juanjo Novella)의 <안전한 피난처 Aterpe-Shelter>(2006년). 1936년 발발한 스페인 내전의 아픔에서 도시를 보호하고자 하는 의미를 담고 있다. 구겐하임 미술관을 비롯해 도시 곳곳을 옮겨다니며 전시되고 있다.

언덕 아래 아르찬다 푸니쿨라역 입구

아르찬다 언덕에서 조망하는

디자인 빌바오

산 마메스 스타디움 San Mamés Stadium

빌바오 축구팀 '아슬레틱 빌바오Athletic Bilbao'의 홈 경기장. 주름진 플라스틱 호스를 칭칭 둘러싼 듯한 외벽은 역동성과 통일성을 상징한다.

Ⓖ 7372+M7 빌바오 Ⓜ 552p

데우스토 대학 도서관 Biblioteca Universitaria de Deusto

구겐하임 미술관 서쪽 공원에 있다. 유리창이 잘 보이지 않아 마치 커다란 장난감 블록을 쌓아 올린 듯한 모습이다.

Ⓖ 7397+94 빌바오 Ⓜ 553p

이베르드롤라 타워 Iberdrola Tower

바스크 지방에서 가장 높은 165m의 빌딩. 빌바오의 스카이라인을 바꾼 장본인이다. 4800장의 유리판을 사용한 이베르드롤라 전력 공사 본사 건물이다.

7396+5G 빌바오 M 553p

바스크 지방 보건부 청사 Eusko jaurlaritza gobierno vasco

건물 밖의 돌출부를 모두 불규칙하게 만들고 울퉁불퉁한 면 위에 유리를 붙였다. 덕분에 부서진 파편처럼 유리에 반사된 거리 풍경이 마치 추상적인 판화 작품처럼 느껴진다.

7367+8P 빌바오 M 553p

수비수리 인도교 Zubizuri Footbridge

'수비수리'는 바스크어로 '하얀 다리'라는 뜻. 강 위를 떠다니는 돛단배처럼 우아하게 기울어진 흰색의 아치가 눈길을 끈다.

738C+GV 빌바오 M 553p

06 세계 최초의 철제 수송교
비스카야교
Puente de Vizcaya

다리를 짓자니 화물선이 다닐 수 없고, 다리를 짓지 말자니 사람들이 불편하다는 딜레마에 빠졌을 때, 바스크 사람들이 생각한 방법은 다리를 하늘에 매다는 것이었다. 길이 164m의 다리를 높이 45m의 하늘 가까이 올리고, 커다란 곤돌라에 사람들을 실어 나르는 획기적인 발상을 120여 년 전에 해냈다. 그렇게 1893년 처음 운행을 시작한 곤돌라는 이후 스페인 내전이 벌어진 4년을 제외하고는 현재까지 바쁘게 사람과 차를 실어 나르고 있다.

철제로만 이루어진 구조물을 보고 에펠 탑이 떠올랐다면 그 또한 정답이다. 에펠 탑을 디자인해 철의 시대 개막을 알린 구스타브 에펠의 제자 알베르토 팔라시오가 기능적이고 실용적인 모습으로 설계해 건설 비용 또한 절약했다.

Ⓖ 비즈카야 다리 Ⓜ 552p

📍 Puente de Vizcaya Zubia 🚊 **렌페 세르카니아스** Portugalete에서 도보 5분(비스카야교 남단)/**M** L1 Areeta에서 도보 10분(비스카야교 북단)

★
아반도역 ⇄ 포르투갈레테역

🕐 05:10~23:18/20~30분 간격, 18분 소요

Ⓔ 1회권 1.95€(2구역)/바릭 카드 이용 시 1.32€(2구역)

🚊 렌페 세르카니아스 C1 노선 이용

비스카야교를 건너는
두 가지 방법

다리 남쪽은 포르투갈레테Portugalete, 북쪽은 게쵸Getxo 지역이다. 포르투갈레테는 철강 공장과 조선소에서 일하는 노동자 계층이 주로 살던 지역이고, 게쵸는 관리자급 이상이 살던 고급 주거지였다. 곤돌라나 인도교를 통해 아찔한 비스카야교를 건너면 이 두 지역을 모두 구경할 수 있다.

포르투갈레테 지역

게쵸 지역

커다란 곤돌라에 차와 사람을 싣고 강을 건넌다.

고소공포증 환자는 엄두가 나지 않을 인도교

인도교에서만 볼 수 있는 전경

❶ 곤돌라 La Barquilla

요금이 매우 저렴하고, 건너는 데 2분이 채 걸리지 않는다. 2006년에는 세계 최초의 철제 수송교로 인정받아 유네스코 세계문화유산에도 등재됐다. 티켓은 다리 양쪽의 입구에 있는 자동판매기에서 구매한다.

⏰ 06:00~24:00(6~10월 24시간, 11~5월 평일 심야(00:00~05:00) 시간당 2대 추가 운행) € 06:00~22:00 0.55€(22:00~24:00 0.80€, 00:00~06:00 1.70€), 3세 이하 무료/바릭 카드 사용 가능(요금 할인 없음)

❷ 인도교 Pasarela

엘리베이터를 타고 올라가 높은 다리 위를 직접 건너볼 수도 있다. 곤돌라가 지나갈 때마다 진동이 느껴지는 45m 높이의 철교를 걷는 건 생각보다 아찔한 체험이다. 대신 더 높이 올라 빌바오 만까지 펼쳐지는 근사한 전망을 마음껏 누릴 수 있다. 엘리베이터는 다리 양쪽에서 모두 탑승할 수 있으며, 입장권은 기념품숍에서 구매한다.

⏰ 10:00~14:00, 16:00~20:00(11~3월 포르투갈레테 쪽 엘리베이터 휴무) € 10€, 5~15세·60세 이상 8€, 4세 이하 무료

입맛 까다로운 현지인 따라

빌바오 미식 여행

스페인 최고의 미식 도시 산 세바스티안과 어깨를 겨룰 만큼 입맛이 까다로운 빌바오 사람들.
마치 미슐랭 레스토랑처럼 근사한 맛을 선사하는 타파스부터 자신만의 특별한 레시피로 전통을 지켜가는 핀초스까지.
맥주 한 잔도 따져가며 마시는 빌바오 사람들과 함께 특별한 미식 여행을 떠나자.

MORE

바스크 지방의 특산 음료

- **차콜리 Txakoli** 화이트 와인
- **시드라 Sidra** 사과 발효주

생맥주 최소 주문 단위, 수리토 Zurito

스페인 내 다른 지역에서는 제일 작은 잔(200mL)에 따른 생맥주를 주문할 때 '카냐(Caña)'라고 하지만, 바스크 지방에는 그보다 더 작은 잔인 '수리토(150mL)'가 있다. 일반 맥주잔보다 키가 작고 둘레가 넓은 잔에 맥주를 따라 줘, 다 비울 때까지 풍성한 거품과 함께 맥주를 즐길 수 있다.

빌바오 최고의 수리토 & 타파스

◉ 라 비냐 델 엔산체

La Viña del Ensanche

빌바오에서 첫손에 꼽히는 타파스 맛집. 미슐랭 레스토랑이 부럽지 않을 근사한 타파스를 맛볼 수 있다. 바에 자리를 잡자마자 주문해야 할 건 마오Mahoe 케그(맥주 저장용 작은 통)에서 따라주는 ❶ 수리토 한 잔이다. 우리나라의 맥줏집 사장들이 보면 기절할 만큼 여러 번 거품을 걷어가며 부드러운 크림 생맥주를 만들어준다. 여기에 토마토와 마늘 향이 감도는 차가운 수프 살모레호를 바른 짭짤한 ❷ 하몬 토스타다를 곁들이면 1차 목표 달성!
본격적인 요리를 맛보고 싶다면 미니 프라이팬에 담아 내는 ❸ 달걀과 푸아그라, 감자 퓌레 타파스를 추천한다. 오랜 시간 조리해 야들야들한 ❹ 이베리코 돼지 목살 타파스는 달큼한 소스와의 조화가 가히 완벽하다.

❶ Zurito

Ⓖ 7368+PW 빌바오 Ⓜ 553p
📍 Calle Diputación, 10 ⏰ 10:30~22:30(토 13:00~)/일·월요일 휴무 💰 타파스 5€~ 🚇 M L1·L2 Moyúa에서 도보 3분 📶 www.lavinadelensanche.com

❸ Tapa de Huevo, Foié y Puré de Patata(5€).
부드러운 감자 퓌레가 깔려 나온다.

❷ Tostada de Jamon con Salmorejo

❹ Tapa Carrillera Ibérica con Puré de Patata(5€)

감자 위에 얹은 구운 문어 타파
(Polpo Arrosto Su Letto di Patate)

양꼬치를 굽는 아흐멧 아저씨

❶ Agua de Bilbao(잔 단위로 주문 가능)

❷ Pintxo Moruno 3€/1개

'빌바오의 물'과 아랍풍 양꼬치의 만남

◉ 카페 이루냐
Café Iruña

100년 넘는 역사를 간직한 인테리어에, 전통을 지키며 세월을 보낸 흰 머리의 웨이터까지. 서비스에 대한 불만은 있지만 빌바오의 바르 중 가장 특별한 분위기를 경험할 수 있는 곳이다. 대표 음료는 '빌바오의 물'이라는 애칭으로 통하는 화이트 스파클링 와인 ❶ 아구아 데 빌바오다. 드라이하면서도 깔끔한 계열이라 어떤 핀초와도 잘 어울린다. 이 집의 또 다른 명물은 ❷ 무어식 양꼬치. 매콤한 아랍 향신료에 잘 재운 양고기를 숯불에 구워 레몬소스를 듬뿍 뿌려 내준다. 꼬치구이는 바 구석에 있는 화로 쪽에서 따로 주문한다.

G 736C+XQ 빌바오 M 553p
Colón de Larreátegui, 13 ⏰ 09:00~23:00(금 ~24:00, 토·일 11:00~24:00) € 핀초 모루노 3€/1개 🚆 M L1·L2 Abando에서 도보 2분 www.cafeirunabilbao.net

MORE

핀초스의 기초, 힐다 Gilda

힐다는 고추 절임인 힌디야(Guindilla)와 기름에 절인 앤초비, 올리브를 함께 꽂은 요리로, 가장 전통적인 형태의 핀초다. 바스크 지방의 바르라면 어디서든 볼 수 있고, 바스크 사람들은 이를 음료와 함께 제일 먼저 주문하곤 한다. 이 지역 특산 화이트 와인 차콜리나 드라이한 스파클링 와인 카바와 가장 잘 어울린다.

❶ Foie a la Plancha(7.75€)
❷ Croquetas de Gambas al Ajillo(7.25€). 마늘 향이 일품이다.

소박한 바르에서 만난 화려한 핀초스

소르힌술로
Sorginzulo

많은 바르가 모여 있는 카스코 비에호의 누에바 광장Plaza Nueva에서도 제일 인기가 높은 바르다. 아주 작은 규모지만, 고급 재료를 과감하게 사용한 감각적이고 화려한 핀초들이 시선을 사로잡는다. 특히 대표 메뉴인 ❶ 푸아그라 철판구이를 놓치지 말자. 농후한 푸아그라의 풍미에 달콤한 소스, 양젖으로 만든 브리오슈와 굵은 소금이 곁들여져 입안이 즐겁다.

맥주 안주로는 동글동글하게 튀긴 바삭한 크로켓 안에 부드럽고 진한 새우 크림을 가득 넣은 ❷ 새우 크로켓을 추천한다. 오징어 튀김이나 매운 소스를 얹은 감자튀김 역시 인기 안주다.

735H+P3 빌바오 M 553p
Plaza Nueva, 12 09:30~22:30(일 10:00~15:30) 핀초스 2.90€~, 감자튀김 7.25€ M L1·L2 Zazpi Kaleak/Casco Viejo에서 도보 1분 www.sorginzulo.com

투론으로 유명한 디저트 가게

아델리아 이바녜스
Adelia Iváñez

카스코 비에호 미식 여행을 달콤하게 마무리하기에 딱 좋은 장소. 1885년에 문을 열어 5대째 스페인 전통 과자 투론Turrón과 아이스크림을 만들고 있다. 깔끔하고 현대적인 인테리어지만, 문을 열 때부터 매장 한가운데 서 있던 나무 기둥이 이 집의 역사를 대변하고 있다.

투론으로 유명해진 가게인 만큼, 아이스크림에도 투론을 넣은 종류가 유난히 많다. 투론의 주재료인 아몬드의 풍미를 살려 은은하면서도 고소한 맛을 느낄 수 있다. 스모키한 럼 향과 달콤한 건포도의 찰떡궁합을 잘 살린 건포도 럼 아이스크림Ron con Pasas도 추천!

735G+FH 빌바오 M 553p
Posta Kalea, 12 09:00~21:00(금·토 ~22:00, 일 10:00~20:30) 콘 미니(1가지 맛) 3€, 무설탕 초콜릿 투론(Turrón de Chocolate Sin Azúcar) 13.70€/300g M L1·L2 Casco Viejo에서 도보 3분 www.adeliaivanez.com

콘 스몰(Cucuruchos Pequeño, 3.85€)

도심 한가운데, 현대적인 시설

빌바오 시티 룸스

Bilbao City Rooms

깔끔하고 현대적인 분위기의 중급 호텔을 찾는 사람에게 추천할 만한 숙소다. 모유아 광장Moyúa Plaza, 공항버스 정류장과 가깝고 구겐하임 미술관, 빌바오 예술박물관도 모두 도보 5분 거리다. 상업용 빌딩의 2개 층을 개조해서 사용하며, 객실 공간이 충분히 넓고 깨끗하다. 냉장고와 커피포트, 미니 금고까지 편의시설을 알차게 갖추고 있으며, 난방도 만족스럽다. 리셉션은 24시간 운영.

G 7388+27 빌바오 M 553p

Alameda Recalde, 24 ☎ 944 25 60 50 € 더블룸 70€~ M L1·L2 Moyúa에서 도보 4분/공항버스를 타고 Alameda Recalde, 11 하차 후 도보 2분 bilbaocityrooms.com

편안한 가정집 같은 게스트하우스

알로하미엔토 베고냐

Alojamiento Begoña

아반도 트램 정류장 건너편인 아미스타드 골목Calle de la Amistad에는 저가형 게스트하우스가 몰려 있다. 기차역도 바로 근처에 있어 이동하기에 편리한 위치. 그중에서도 이곳은 시설 관리가 가장 잘되고 있는 게스트하우스다. 옛 가정집처럼 편안한 분위기에 청소 상태가 좋고, 넓은 라운지를 갖췄다. 단, 스태프들이 조금 무뚝뚝한 것은 단점이다.

G 736F+CM 빌바오 M 553p

Amistad, 2 ☎ 944 23 01 34 € 더블룸 58€~ **트램** Abando 정류장에서 도보 2분 www.actioturis.com

공용 욕실을 사용해 저렴한 게스트하우스

수비아 어번 룸스

Zubia Urban Rooms

입구는 많이 낡아 보이지만, 객실과 욕실 등 내부 시설의 청소 상태는 양호한 저렴한 게스트하우스다. 안으로 들어가면 좁은 복도 좌우로 객실들이 기숙사처럼 촘촘히 늘어서 있다. 단출한 방 안에는 TV와 커피포트가 있고, 복도에는 냉온 정수기가 있다. 공용 욕실은 총 4곳이라 크게 부족하지는 않다. 친절한 스태프가 적극적으로 여행 정보를 제공해주는 것도 장점이다.

G 736F+GP 빌바오 M 553p

Calle Amistad, 5 ☎ 944 24 85 66 € 더블룸(공용 욕실) 36€~ **트램** Abando 정류장에서 2분 www.pensionzubia.com

Tapas
Sorginzulo
ATREVETE CON NUESTRAS
PATATAS
CANALLAS
Ración 4,75€

BASQUE

산 세바스티안

SAN SEBASTIÁN

스페인 왕실이 사랑하는 여름 휴양지로 세계적인 명성을 얻은 유럽 최고의 휴양 도시. 부유층이 선호하는 별장지로 스페인에서 제일 물가가 높은 곳 중 하나다. '스페인의 12대 보물'인 초승달 모양의 라 콘차 해변이 실크보다도 잔잔한 물결을 안겨주고, 스페인에서 첫 손에 꼽히는 미식의 도시이기도 하다. 골목마다 들어선 수백 개의 바르는 저마다 자신만의 레시피로 만든 특제 핀초스로 유명해 그곳들을 둘러보는 가이드북까지 만들어질 정도. 스페인어로는 '산 세바스티안', 바스크어로는 '도노스티아Donostia'라고 부른다.

#라콘차해변 #여왕의휴양지
#두개의언덕 #미식도시
#바르호핑

산 세바스티안 가는 법

스페인 북부 지역에 있는 작은 도시지만, 마드리드와 바르셀로나 등 주요 도시에서 비행기, 버스, 기차 등의 다양한 교통수단이 운행한다. 대부분 여행자는 산 세바스티안으로 곧장 가기보다는 도시 규모도 더 크고 교통편이 발달한 빌바오로 먼저 들어가 이곳을 찾는다.

1. 항공

바르셀로나와 마드리드에서 출발하는 국내선이 있다. 이베리아항공과 부엘링이 주로 운항하며, 편수는 많지 않다.

◆ 산 세바스티안 공항 San Sebastián Airport(EAS)

국내선이 오가는 공항으로, 빌바오 공항보다 규모가 매우 작다. 산 세바스티안 시내에서 동쪽으로 약 20km 떨어져 있다. 공항에서 시내까지는 제1 터미널 A 승강장에서 루랄데부스(Lurraldebus)사의 E21번 버스를 이용한다. 구시가 중심의 기푸스코아 광장까지 약 40분 소요되며, 요금은 버스 기사에게 직접 낸다. 버스 정류장은 공항 건물 밖 주차장을 지나 대로변에 있다.

스페인 대표 저가 항공, 부엘링

✚ 루랄데부스 E21번 버스 운행 정보

요금	편도 2.75€
소요 시간	공항 → 기푸스코아 광장 40분, 기푸스코아 광장 → 공항 25분
운행 시간	공항 출발 06:55~21:45(토·일 07:05~21:45) 기푸스코아 광장 출발 06:30~22:20/45분~1시간 30분 간격
노선	기푸스코아 광장(Gipuzkoa Plaza) →…→ 산 세바스티안 공항 →… → Sabina Arena(반환점) →…→ 기푸스코아 광장
홈페이지	www.lurraldebus.eus

★

빌바오 공항에서 산 세바스티안으로 바로 가기

바스크어 표기인 'Donostia' 행을 확인하자.

산 세바스티안에도 공항은 있지만, 빌바오 공항의 항공편이 더 많기 때문에 빌바오를 거쳐 가는 사람이 많다. 빌바오 공항의 도착 로비에서 청사 바깥을 바라보고 오른쪽 끝 출구로 나가면 산 세바스티안 버스터미널행 DO50B번 버스가 출발하는 정류장이 있다(빌바오 시내행 정류장 옆). 승차권은 출구 쪽에 있는 자동판매기에서 구매하거나(신용카드 사용 가능, 비밀번호 필요) 페사 홈페이지에서 예약한다. 버스터미널에 내려 다리를 건너면 산 세바스티안 시내다.

요금 편도 17€
운행 시간 빌바오 공항 출발 07:45~23:45(토·일 06:45~)/1시간 간격, 1시간 20분 소요
홈페이지 www.pesa.net

빌바오
버스 1시간 20분,
페사 12.90€,
06:30~22:30(토 07:30~, 일 09:00~)/30~60분 간격
알사 7.51~13.18€,
04:30~20:20/1일 12회

마드리드
저가 항공 1시간 15분,
에어에우로파, 이베리아항공
44€~, 1일 12회
또는
버스 5시간 30분~6시간 55분
(아메리카 대로 버스터미널),
알사 14~50€,
07:00~24:30/1일 9회
또는
기차 5시간 10분~6시간 10분,
(차마르틴역, 아토차역)
ALVIA, IC, AVE-ALVIA,
ALVIA-MD 18~62€,
07:15~17:38/1일 5회

바르셀로나
저가 항공 1시간 20분,
부엘링 24€~,
1일 9회
또는
버스 10시간~(북부 버스터미널),
알사 58~62€,
11:45, 23:00/1일 2회
또는
기차 5시간 45분
(바르셀로나-산츠역)
ALVIA
51~82€
15:30/1일 1회

산 세바스티안
San Sebastián

*시즌과 요일에 따라 운행 시간이 자주 바뀌니 이용 전 다시 확인한다.

★
산 세바스티안 공항
9645+HG 온다리비아
www.aena.es

★
산 세바스티안 버스터미널
828F+G3 도노스티아
576p
알사 버스
www.alsa.es
페사 버스
www.pesa.net

2. 버스

마드리드와 바르셀로나에서 산 세바스티안까지 알사 버스가 운행한다. 마드리드에서 더 자주 운행하며, 할인 프로모션도 자주 진행하는 편이다. 빌바오에서는 알사 버스와 페사 버스가 다닌다. 페사 버스는 운행 편수가 많고 정기적으로 운행해 편리하지만, 알사 버스에 비해 할인 프로모션이 거의 없는 건 단점이다.

◆ 산 세바스티안 버스터미널 Estación de Autobuses de San Sebastián(Autobuses Donosti)

우루메아(Urumea) 강변에 위치한 버스터미널로, 매표소와 승강장 모두 지하에 있다. 승강장마다 많은 버스가 정차해 있어 행선지를 확인하고 타야 한다. 주말에는 빌바오를 오가는 버스의 운행 횟수가 줄어든다. 특히 성수기 주말에는 버스 티켓이 빨리 매진되니 일정이 정해지면 서둘러 예매하는 것이 좋다.
시내까지는 걸어서 이동할 수 있다. 버스터미널 출입구 앞에서 마리아 크리스티나교(Puente Maria Cristina)를 건너면 바로 구시가다. 라 콘차 해변까지는 도보 약 20분. 다리를 건너지 않고 강변 길을 따라 가면 그로스 해변이 나온다.

지하의 버스 승강장
페사 버스 매표소
게이트 D 맞은편에 코인 로커(5€/24시간)가 있다.

버스터미널로 들어가는 지상 입구

버스터미널과 구시가를 잇는 마리아 크리스티나교

★
산 세바스티안역
829F+38 도노스티아
576p
기차 정보
www.renfe.com
에우스코트렌 정보
www.euskotren.eus/en/tren

3. 기차

마드리드에서 기차를 탈 때는 출발역을 확인한다. 차마르틴역에서는 직행 노선(ALVIA 또는 Intercity)과 1회 환승 노선(ALVIA-MD)이 1일 4회 출발하며, 아토차역에서는 환승 노선(AVE-ALVIA)만 1일 1회 출발한다.
바르셀로나에서는 직행 노선이 1일 1회 출발하며, 5시간 45분 소요된다. 1회 환승 노선(ALVIA-MD)은 7시간 30분이나 걸리지만 가격이 저렴하지도 않으니 가급적 직행 노선을 예약하자.

◆ 산 세바스티안역 Donostia-San Sebastián Adif

조그만 산 세바스티안역 내부

산 세바스티안역

산 세바스티안 버스터미널 길 건너에 있으며, 시내 중심까지 걸어서 쉽게 이동할 수 있다. 빌바오를 연결하는 에우스코트렌 E1 노선의 종점인 아마라역은 구시가 중심인 기푸스코아 광장에서 남쪽으로 1km 떨어져 있다.

산 세바스티안의 시내 교통

산 세바스티안은 도시 규모가 작아 버스터미널과 기차역에서 시내 중심까지 모두 걸어 다닐 수 있다. 단, 라 콘차 해변의 서쪽 끝에 있는 몬테 이겔도 전망대로 갈 때는 시내버스 데 부스를 이용하는 게 효율적이다.

1. 데 부스 D·Bus

산 세바스티안의 시내버스를 '데 부스'라고 부른다. 버스 안에 현재 위치와 다음 정류장을 알려주는 안내 스크린이 있어 편리하다. 몬테 이겔도 전망대로 갈 때는 16번을 탄다. 승차권은 버스 기사에게 구매하며, 빌바오에서 구매한 바릭 카드도 사용할 수 있다. 컨택리스 신용·체크카드 사용 시 1회권 요금이 적용된다.

버스 노선 및 정류장 안내 시스템

✚ 데 부스 16번 운행 정보

요금	1회권 1.85€, 바릭 카드 등 교통카드 이용 시 0.48€
운행 시간	07:05~22:05(토 ~24:00, 일·공휴일 08:35~, 7·8월 ~24:00)/20~30분 간격

2. 시티 투어 버스 Donostia-San Sebastián City Tour

동쪽의 그로스 해변에서 서쪽의 몬테 이겔도 푸니쿨라역까지 산 세바스티안의 주요 볼거리를 일주하는 투어 버스로, 한 바퀴 도는 데 약 1시간 소요된다. 노선 내 14개 정류장에서 횟수 제한 없이 자유롭게 승·하차할 수 있고, 영어 오디오 가이드를 제공한다. 티켓은 홈페이지나 여행안내소에서 구매하며, 성수기에는 출발 지점에서도 살 수 있다.

✚ 시티 투어 버스 운행 정보

요금	24시간권 12€, 5~12세 6€, 4세 이하 무료
운행 시간	10:30~17:30(11~3월 ~16:30)/1일 6~7회/성수기에는 추가 운행
노선	마리아 크리스티나 호텔 앞 → 아쿠아리움 → 그로스 해변 → 라 콘차 해변 → 몬테 이겔도 푸니쿨라역 → 미라마 궁전 → 마리아 크리스티나교
홈페이지	sansebastian.city-tour.com/en

★
산 세바스티안 버스 정보
www.dbus.eus/en

운전석 옆에 설치된 컨택리스 신용·체크카드 단말기 (다회 결제 가능)

★
산 세바스티안 시청
Donostiako Udaletxea

구시가 중심에 산 세바스티안 시청이 있다. 유명 바르도 시청 뒷골목에 모여 있어 길을 찾을 때 기준점으로 삼기 좋다. 라 콘차 해변에서 봤을 때는 동쪽에 있다.

Ⓖ 82C7+PJ 도노스티아
Ⓜ 576p

3. 시티 투어 열차 Tourist Train

시티 투어 버스 회사에서 운영하는 관광 열차로, 중간에 내리지 않고 시내를 한 바퀴 둘러본다. 시티 투어 버스에 비해 루트가 짧고 1회만 이용할 수 있어서 요금이 더 저렴하다. 승차권 구매 방법은 시티 투어 버스와 같다. 우루메아 강변의 서쪽, 우레펠(Urepel) 식당 앞쪽에서 출발한다.

✚ 시티 투어 열차 운행 정보

요금	1회권 5€, 어린이 3€
운행 시간	10:15~18:15(11~3월 ~16:15, 5~6월 17:15)/ 1~2시간 간격(7월 성수기에는 30분~1시간 간격)
홈페이지	sansebastian.city-tour.com/en

★

여행안내소 San Sebastian Turismoa

산 세바스티안 시청 북쪽, 보행자 도로에 있다. 여행에 유용한 정보와 브로슈어, 지도 등을 무료로 얻을 수 있다.

82F8+3J 도노스티아
Boulevard Zumardia, 8
10:00~18:00(일 ~14:00)
산 세바스티안 시청에서 도보 2분
sansebastianturismoa.eus/es

알리멘타시온 치노 Alimentación Chino

컵라면을 판매하는 작은 중국 슈퍼마켓. 유명한 핀초스 바르들이 밀집한 구시가 바르 골목 지역에 있다.

82F7+GQ 도노스티아
San Jeronimo Kalea, 20
10:00~22:00(금·토 ~22:30, 일 10:30~)
산 세바스티안 시청에서 도보 4분

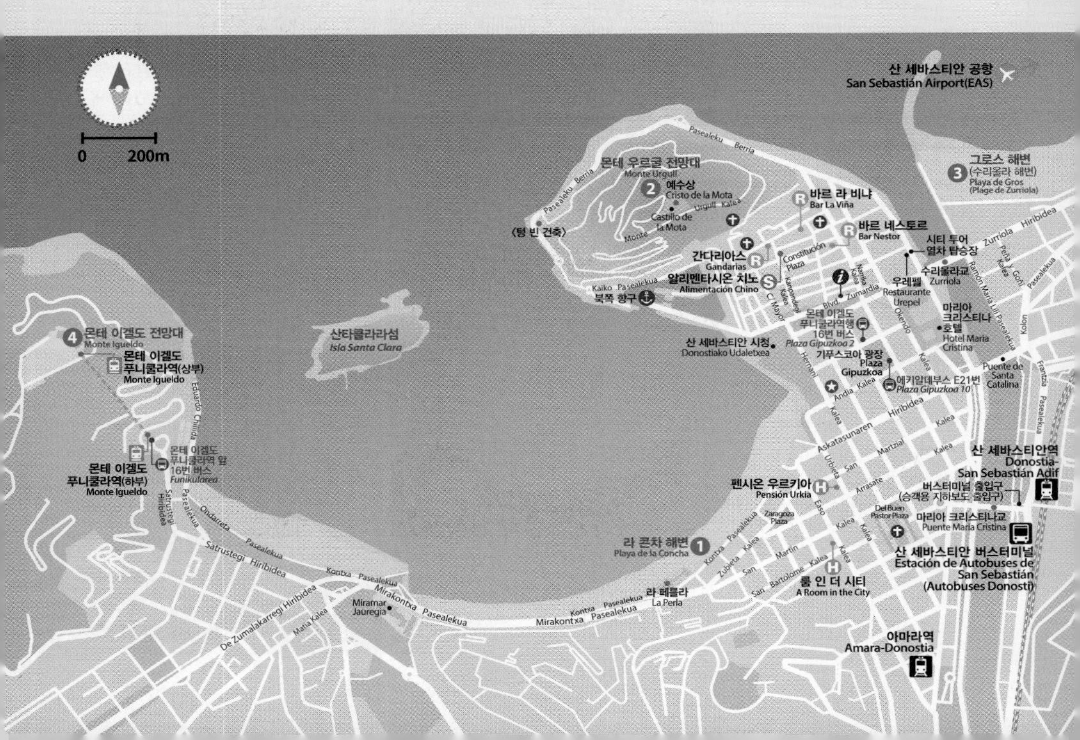

IACIA
Arkupe

초승달 해변 위를 시소 타듯 **두 전망대에 올라보기**

초승달처럼 휘어진 라 콘차 해변 양쪽 끝에는 근사한 언덕 전망대가 있다. 삐걱거리는 산악열차를 타고 몬테 이겔도 전망대에 오르면 거대한 대서양과 도시가 한눈에 들어온다. 그 반대편 몬테 우르굴 전망대에는 예수상이 세워져 있다. 전 세계 서퍼들의 로망인 그로스 해변까지 구경하고 나면 골목마다 즐비한 핀초스 바르를 순례할 차례다.

01 스페인 여왕이 사랑한 해변 **라 콘차 해변** Playa de la Concha

오래된 도시 한 가운데로 깊숙이 들어선 초승달 모양의 아름다운 해변. 하얗게 부서지는 파도가 부드러운 거품을 만들어낸다. 언덕에서 내려다보면 커다란 가리비 조개처럼 완만한 포물선을 그리고 있는데, 모양 그대로 '조개La Concha'라고 부르던 애칭이 해변의 이름이 됐다. 시민 혁명으로 인해 축출됐다가 복위한 알폰소 12세의 두 번째 아내 마리아 크리스티나 왕비가 너무나 사랑해 해마다 여름을 보내던 곳. 덕분에 '왕실의 여름 휴양지'라는 명성도 얻었다.

시내 중심가에서 몇 걸음만 걸으면 모습을 드러내는 근사한 바닷가와 콘차 산책로Kontxa Pasealekua를 걸어보자. 백 년도 넘게 산책로를 지켜온 가로등, 도시의 상징 문양이 새겨진 철제 난간도 특별하다. 유서 깊은 산 세바스티안 영화제의 트로피도 바로 이 가로등 모양에서 따온 것. 밤이 되면 노란 가로등 불빛이 모래사장을 비춰 한층 몽환적인 분위기를 풍긴다.

G 8275+WC 도노스티아 M 576p
Kontxa Pasealekua 🚆 산 세바스티안 시청 왼쪽으로 해변이 시작된다.

석양 무렵이면 해변이 내려다보이는 테라스마다 사람들이 모여든다.

해변 북쪽의 항구

1912년에 지은 왕실의 여름 별장
라 페를라 (La Perla).
현재는 스파 센터로 운영된다.

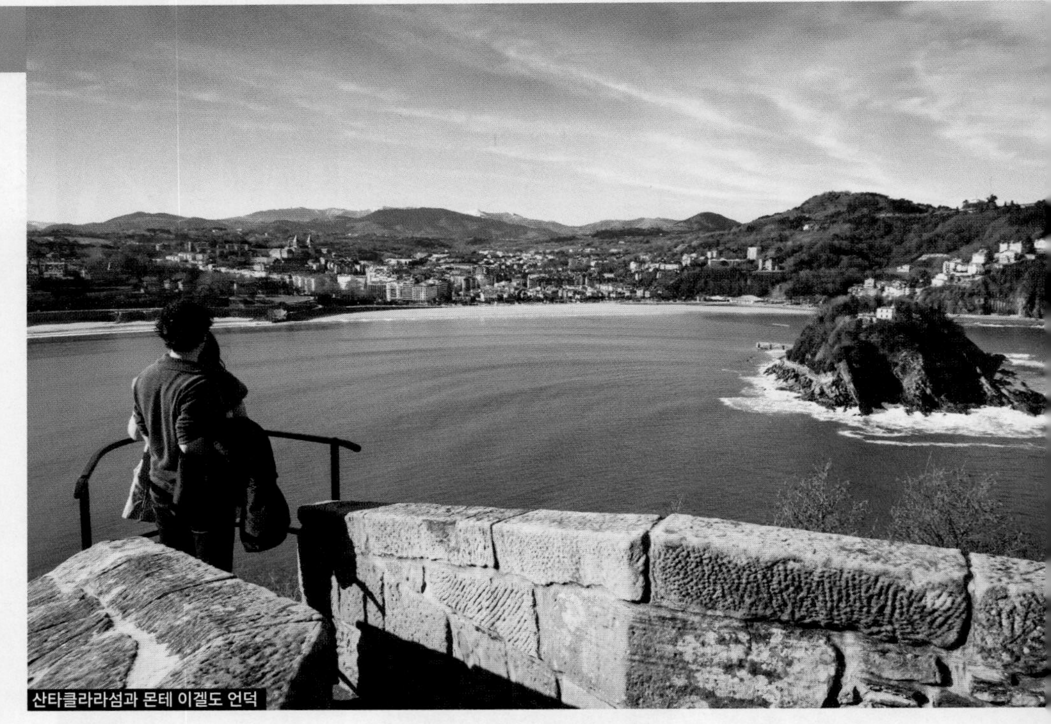
산타클라라섬과 몬테 이겔도 언덕

02 항구와 도시를 지키던 성채

몬테 우르굴 전망대

Monte Urgull

★

바스크가 낳은 예술가,
호르헤 데 오테이사 Jorge de Oteiza

항구에서 언덕으로 올라가는 길에는 바스크 지방에서 태어나 산 세바스티안에서 생을 마감한 예술가 호르헤 데 오테이사의 작품 <텅 빈 건축(Construcción Vacía)>이 서 있다. 50여 년 전 브라질 상파울루 비엔날레에서 우승하며 세계 현대 미술사에 영원한 레퍼런스가 된 걸작이다.

나지막한 해변과 항구를 산책하는 것으로 성에 차지 않다면, 언덕 위에서도 한번 내려다보자. 요트가 정박한 항구 뒤쪽 경사로를 따라 천천히 올라가면 한 걸음 높아질 때마다 절로 감탄사가 터져 나오는 전경이 펼쳐진다. 최종 목표 지점은 언덕 정상에 우뚝 서 있는 예수상Cristo de la Mota. 6~7km 떨어진 먼바다에서도 보이는 높이 12m의 예수상은 도시와 바다의 평안을 기원하며 1950년에 세워졌다. 예수상 아래에 있는 작은 성채 Castillo de la Mota는 800여 년 전 이 도시의 역사와 함께 처음 지어진 것. 항구 아래에서 바라본 정상은 꽤 높아 보이지만, 언덕까지 산책로가 잘 정비돼 있어 아이들도 어렵지 않게 오를 수 있다. 눈 아래로 펼쳐지는 황금빛 해변과 건너편에 솟아 있는 몬테 이겔도 언덕(전망대), 그리고 두 언덕 사이에 떠 있는 산타클라라섬Isla Santa Clara까지. 근사한 풍경을 마음껏 두 눈에 담아보자.

82G6+33 도노스티아 M 576p
Calle Monte Urgull 08:00~21:00(10~4월 ~19:30)
산 세바스티안 시청에서 정상까지 도보 20~30분

03 거센 파도가 차오르는 서퍼들의 성지

그로스 해변(수리올라 해변)
Playa de Gros(Plage de Zurriola)

온화한 파도가 개울처럼 넘실거리는 라 콘차 해변과는 달리 높고 거친 파도가 방파제를 향해 서슴없이 돌진하는 해변이다. 하늘 높이 솟구쳐 올랐다가 거침없이 내리꽂히는 파도를 보고 있으면 방파제의 돌들이 다 갈려 나가겠다 싶을 정도. 덕분에 서핑이 일상이 된 산 세바스티안 사람들은 물론, 서핑 좀 한다는 여행자들이 몰려드는 곳이다.

서로 다른 대륙의 끝인 것처럼 완전히 다른 라 콘차 해변과는 수리올라 교Zurriola를 통해 연결된다. 산 세바스티안 영화제가 열릴 때면 전 세계 스타들이 인터뷰하는 장소로 유명한 다리. 간혹 높은 파도가 카메라를 덮치는 해프닝이 일어나기도 하는 곳이다.

Ⓖ 82GF+9F 도노스티아

Ⓜ 576p

📍 Zurriola Ibilbidea 🚊 산 세바스티안 시청에서 도보 10분

해변 뒤로 걷기 좋은 산책로가 이어진다.

수리올라교

고색창연한 몬테 이겔도
푸니쿨라역

❶ 몬테 이겔도 푸니쿨라 : 3·10월 11:00~19:00, 4~6월 11:00~20:00, 7월 10:00~21:00, 8월 10:00~22:00, 9월 10:00~20:00, 11~2월 11:00~18:00/토·일 1시간 연장/11~2월 수요일+1~2월 중 약 4주간 휴무

❷ 전망대 절벽을 뺑 돌아 내려가는 초미니 플룸라이드(Mysterious River). 제법 아찔한 풍경이 펼쳐진다. 1회 2€

❸ 푸니쿨라 종착역에 있는 놀이공원 몬테 이겔도. 시즌과 요일에 따라 유동적 운영, 놀이기구 1~5€.

04 앤티크 푸니쿨라 타고 최고의 전망 포인트로! 몬테 이겔도 전망대
Monte Igueldo

라 콘차 해변의 근사한 전경을 담으려면 꼭 올라가야 할 포인트다. 온화하고 서정적인 지중해와는 다른 시원하고 남성적인 짙은 파란 색의 바다가 펼쳐지는 곳. 언덕을 삐걱거리며 오르내리는 백 년 된 앤티크 푸니쿨라를 타는 것도 색다른 재미다.

푸니쿨라 종착역에서 계단을 한 층 오르면 비로소 전망대에 다다른다. 라 콘차 해변을 따라 반대편에 몬테 우르굴 언덕(전망대)까지, 압도적인 파노라마에 가슴이 뻥 뚫리는 기분이다. 전망대 테라스를 따라 반 바퀴 정도 돌면 망망대해가 푸르게 펼쳐지는 풍경도 볼 수 있다. 전면 유리창 가득 바다 풍경이 담기는 카페테리아에서 커피 한잔의 휴식을 취해보는 것도 좋다.

Ⓖ 8X9V+MF 도노스티아(푸니쿨라역) Ⓜ 576p
📍 Plaza Funicular de Igueldo, 4 ⏰ 10:00~20:00(11~2월 ~18:00, 3·10월 ~19:00, 7월 ~21:00, 8월 ~22:00)/토·일 1시간 연장/1월 1·6·20일, 12월 25일 휴무 € 전망대 2.50€/푸니쿨라 왕복(전망대 입장료 포함) 4.50€, 7세 이하 2.50€ 🚌 기푸스코아 광장 북서쪽 길 건너 모퉁이에 있는 Plaza Gipuzkoa 2 정류장에서 데 부스 16번을 타고 Funikularea 하차, 몬테 이겔도 푸니쿨라로 환승 후 종점 하차 🌐 www.monteigueldo.es

바스크 지방의 명물 찾아

바르의 문턱이 닳도록!

스페인 미식 여행의 핵심이자 핀초스가 탄생한 산 세바스티안. 미식 여행을 위해 빌바오에서 일부러 들러갈 만하다. 유명한 바르들이 대부분 시청 뒤쪽 구시가 골목에 몰려 있으니, 내친김에 여러 집 문을 두드려 보자.

하루 딱 2판! 리미티드 에디션 감자 오믈렛

◉ 바르 네스토르

Bar Nestor

산 세바스티안 최고의 감자 오믈렛 ❶ 토르티야 데 파타타를 먹으려면 예약 리스트에 이름부터 올려야 한다. 가게 문을 열기도 전부터 그날의 예약 리스트가 채워지니, 정오 또는 저녁 7시 무렵 방문해 감자 오믈렛이 갓 구워져 나오는 오후 1시나 저녁 8시로 예약해두자. 감자 오믈렛은 스페인의 국민 메뉴지만, 이 가게에서만큼은 마치 수프를 농축한 듯 진득하게 구워낸 비법으로 귀한 몸 대접을 받는다. 따끈한 오믈렛을 자르면 주르륵 흘러내리는 속살이 영롱한 노란빛을 띤다.

하루에 딱 2판의 오믈렛을 팔고 나면 이후부터는 ❷ 토마토에 올리브유를 뿌린 샐러드와 스테이크가 안주로 등장한다. 30년 경력을 보유한 바텐더 할아버지가 따라주는 바스크 특산 화이트 와인 차콜리Txakoli의 안주로도 딱이다.

Ⓖ 82F8+GG 도노스티아 Ⓜ 576p

📍 Arrandegi Kalea, 11 ☎ 943 42 48 73 ⏰ 13:00~15:30, 20:00~22:30/일요일 저녁·월요일 휴무 Ⓔ 스테이크 60€/kg~, 토마토 샐러드 8€~, 핀초 2€~ 🚇 산 세바스티안 시청에서 도보 5분 🌐 bar-nestor.negocio.site

❶ Tortilla de Patata(1조각 3€)

❷ 감자 오믈렛만큼이나 골수팬이 많은 토마토 샐러드(Ensalada de Tomate, 8~20€)

❶ Tarta de Queso(6€)

❷ 1999년 핀초스 대회 수상작, Canutillo de Queso y Anchoa(2.20€)

바스크 번트 치즈케이크 원조는 바로 술집!

◉ 바르 라 비냐
Bar La Viña

스페인에서 가장 맛있는 ❶ 치즈케이크를 찾는다면 빵집보다는 이곳, 바르 라 비냐를 찾아야 한다. 평범해 보이는 바르의 문을 열면 오븐에서 틀째로 꺼낸 수십 개의 케이크가 기다리고 있다. 살짝 태워 짙은 갈색을 띠는 겉과 크림처럼 촉촉한 속의 식감이 놀랍도록 진하게 어우러져 아침마다 선반 가득히 구워낸 케이크가 광속으로 팔려나간다.
맥주 안주를 찾는다면 치즈 크림을 올린 ❷ 시그니처 핀초를 추천한다. 작은 고깔모자 과자에 시큼짭짤한 앤초비를 넣고 그 위에 부드러운 치즈 크림을 가득 채웠다.

82F8+Q3 도노스티아 M 576p
31 de Agosto Kalea, 3 ☎ 943 42 74 95 ⏰ 11:00~16:00, 19:00~22:30/월요일 휴무 € 핀초스 2~2.50€ 🚉 산 세바스티안 시청에서 도보 2분 www.lavinarestaurante.com

❶ Brocheta de Gamba (3.80€)

❷ Solomillo(3.30€)

맛있는 핀초스의 정석

◉ 간다리아스
Gandarias

산 세바스티안 핀초스의 정수를 보여주는 식당이다. 구시가 바르 골목에서도 제법 규모가 있는 가게로, 입구 오른쪽에는 바가, 왼쪽에는 레스토랑 테이블이 있다. 간단히 먹으려면 현지인처럼 비스듬히 바에 기대선 채로 먹는 걸 추천한다. 단, 정말 맛있는 핀초스는 미리 만들어 놓지 않는다는 사실. 전시해 놓은 핀초 말고 메뉴판을 보고 주문하는 것이 팁이다.
가장 먼저 주문해야 할 핀초는 탱글탱글한 새우를 철판에 구운 ❶ 새우 꼬치구이. 짭짤한 하몬을 잘게 다져 넣은 특제 소스가 새우의 맛을 한껏 살려준다. 부드러운 ❷ 돼지 안심구이를 빵 위에 얹은 핀초도 대표 메뉴. 달큼하게 구운 고추와 개운한 짠맛의 소금이 어우러져 조화를 이룬다. 이 두 가지 핀초에는 올리브와 오렌지를 살짝 띄운 포도주스 ❸ 모스토가 제격이다.

❸ Mosto

82F7+JM 도노스티아 M 576p
31 de Agosto Kalea, 23 ☎ 943 42 63 62 ⏰ 11:00~24:00 € 핀초스 3.80~6.80€, 와인 1.20~3.40€/1잔 🚉 산 세바스티안 시청에서 도보 4분 www.restaurantegandarias.com

2층 침대를 사용하는 저렴한 가격대의 트윈룸

깔끔하고 시설 좋은 호스텔

룸 인 더 시티
A Room in the City

산 세바스티안을 찾은 젊은 여행자들에게 가장 먼저 추천해줄 만한 숙소. 저렴하지만, 예비용 우산부터 소음방지용 귀마개까지 투숙객을 위한 세심한 배려를 느낄 수 있다. 고풍스러운 석조 건물을 말끔히 개조해 객실과 공용 공간 모두 밝고 화사한 분위기. 편안한 1층 라운지와 식당까지 제대로 갖춘 공용 부엌도 마음에 든다. 2개 건물을 사용하니 예약 시 안내되는 주소를 확인하자.

8288+C6 도노스티아 스페인 M 576p *#라 콘차 해변*
Easo Kalea, 20 & Manterola Kalea, 15 ☎ 943 42 95 89
€ 도미토리(공용 욕실) 21€~, 트윈룸(공용 욕실) 60€~ 산 세바스티안 버스터미널에서 도보 10분 www.aroominthecity.eu

전자레인지와 냉장고를 갖춘 더블룸

복도에 캡슐 커피머신과 작은 머핀이 항상 준비돼 있다.

가격 대비 만족도가 높은 숙소

펜시온 우르키아
Pensión Urkia

합리적인 가격에 만족도가 상당히 높은 중급 숙소다. 시내 중심가 건물 일부를 개조해서 사용하는데, 깐깐한 주인 할머니의 손길이 숙소 구석구석에서 느껴진다. 객실 공간은 작은 편이나, 청소 상태가 좋고 침구가 편안하다. 겨울철에는 라디에이터로 객실과 욕실을 따뜻하게 데우기 때문에 춥지 않게 보낼 수 있다. 단, 객실 벽이 얇아 옆방 소리가 잘 들린다는 건 단점이다.

8298+4G 도노스티아 M 576p *#라 콘차 해변*
Urbieta Kalea, 12 ☎ 943 42 44 36 € 더블룸 45€~ 산 세바스티안 버스터미널에서 도보 10분 www.ensionurkia.com

MORE

알뜰 여행자는 주말과 성수기를 피하자

산 세바스티안은 주말 여행지로 인기 높은 곳이라 숙소 가격 역시 주말에 비싸진다. 또 시즌에 따라 숙소 가격의 변동도 큰 편인데, 보통 7~9월이 성수기이며, 8월은 극성수기로 분류된다. 비수기는 크리스마스 시즌과 연말연시를 제외한 11~2월이다.

Index

가

나

다

라

마

바

THIS IS
디스이즈스페인
SPAIN